高职高专教育国家级精品规划教材
普通高等教育"十一五"国家级规划教材
全国水利职业教育优秀教材
中国水利教育协会策划组织

工程力学

(第3版)

主　编　叶建海　赵毅力　韩永胜　赵淑梅
副主编　佟　新　武金萍　管　欣　张翌娜
　　　　佟　颖　陈　威　郑荣伟
主　审　毕守一　丁灿辉

黄河水利出版社
·郑州·

内 容 提 要

本书是高职高专教育国家级精品规划教材，是普通高等教育“十一五”国家级规划教材，是按照教育部对高职高专教育的教学基本要求和相关专业课程标准，在中国水利教育协会的精心组织和指导下编写完成的。全书共分十九章，主要介绍了工程力学的基础知识，包括力的基本知识和物体的受力分析、力系的合成与平衡；杆件的承载能力计算，包括杆件的内力分析、平面图形的几何性质、杆件的强度计算、压杆稳定；结构的内力计算，包括结构的几何组成分析、静定结构的内力分析、静定结构的位移计算、力法、位移法、力矩分配法等内容；另外还介绍了影响线的概念。

本书适用于高职高专水利水电类专业以及建筑工程技术、工程监理、市政工程、道桥等土建类专业工程力学课程教学，亦可作为相关专业技术人员的参考书。

图书在版编目(CIP)数据

工程力学/叶建海等主编.—3 版.—郑州：黄河水利出版社，2015.8 (2019.1 重印)

高职高专教育国家级精品规划教材

ISBN 978-7-5509-1188-8

Ⅰ.工… Ⅱ.①叶… Ⅲ.①工程力学-高等学校-教材 Ⅳ.①TB12

中国版本图书馆 CIP 数据核字(2015)第 192840 号

组稿编辑：王路平 电话：0371-66022212 E-mail：hhslwlp@163.com

出 版 社：黄河水利出版社 网址：www.yrcp.com

地址：河南省郑州市顺河路黄委会综合楼 14 层 邮政编码：450003

发行单位：黄河水利出版社

发行部电话：0371-66026940、66020550、66028024、66022620(传真)

E-mail：hhslcbs@126.com

承印单位：河南承创印务有限公司

开本：787 mm×1 092 mm 1/16

印张：22

字数：510 千字 印数：8 001—12 000

版次：2002 年 8 月第 1 版 印次：2019 年 1 月第 3 次印刷

2009 年 1 月第 2 版

2015 年 8 月第 3 版

定价：45.00 元

第3版前言

本书是贯彻落实《国家中长期教育改革和发展规划纲要(2010～2020年)》、《国务院关于加快发展现代职业教育的决定》(国发〔2014〕19号)、《现代职业教育体系建设规划(2014～2020年)》和《水利部教育部关于进一步推进水利职业教育改革发展的意见》(水人事〔2013〕121号)等文件精神,在中国水利教育协会的精心组织和指导下,由中国水利教育协会职业技术教育分会高等职业教育教学研究会组织编写的高职高专教育国家级精品规划教材。该套教材以学生能力培养为主线,体现出实用性、实践性、创新性的教材特色,是一套理论联系实际、教学面向生产的精品规划教材。

本书第1版、第2版均由黄河水利职业技术学院李舒瑶教授主持编写,在此对李舒瑶教授及其他参编人员在本书编写过程中所付出的劳动和贡献表示感谢!第2版教材自2009年1月出版以来,因其通俗易懂、全面系统、应用性知识突出、可操作性强等特点,受到全国高职高专院校水利、土木类等专业师生及广大土建类专业从业人员的喜爱。

随着教学改革的不断深入,以及为了满足高等职业教育对学生培养目标的要求,原教材存在一些与现有教学要求不相适应之处。为了进一步提高教材质量,我们按照国家级精品课程及职业院校对教材建设的基本要求,并结合目前学生实际情况对本教材进行了修订。

尽管本教材是针对高等职业教育的学生,但又要考虑到工程力学课程的特点,因此原教材体系及章节结构保持基本不变。在编写过程中,注重对内容删繁就简,降低了一些知识点的教学要求,使教材更适合高职学生的认知水平。书中注重基本概念、基本理论和解决问题的基本计算方法。本书编写力求做到叙述简明、由浅入深,依托工程典型例题、习题,紧密结合工程实际,便于读者理解和掌握。因此,在编写过程中删除了一些烦琐的公式推导,着重介绍与工程相结合的实例及习题,使其更贴近工程实际,便于学生掌握。带*号部分为不同专业选修内容。

本书编写人员及编写分工如下:黄河水利职业技术学院叶建海编写第3版前言,第十五、十六章;河南水利与环境职业学院佟新编写第一、十四章;山西水利职业技术学院武金萍编写第二、十二章;浙江同济科技职业学院郑荣伟编写第三、十一章;辽宁水利职业学院佟颖编写第四章;黑龙江农垦科技职业学院赵淑梅编写第五章;黄河水利职业技术学院管欣编写第六、十三章;黄河水利职业技术学院张翌娜编写第七、九章;山西水利职业技术学院陈威编写第八、十章;杨凌职业技术学院赵毅力编写第十七章;山东水利职业学院韩永胜编写第十八、十九章。本书由叶建海、赵毅力、韩永胜、赵淑梅担任主编,叶建海负责全书统稿;由佟新、武金萍、管欣、张翌娜、佟颖、陈威、郑荣伟担任副主编。

本书由安徽水利水电职业技术学院毕守一和湖南水利水电职业技术学院丁灿辉担任主审，两位老师对教材进行了认真审阅，并提出了不少宝贵意见，在此向他们表示衷心的感谢！

由于编者水平有限且时间仓促，疏漏与不当之处在所难免，敬请读者多提宝贵意见。

编 者

2015 年 6 月

目　录

第一章　绪　论

第一节　工程力学的研究对象

工程力学是研究工程结构的受力、承载能力的基本原理和方法的科学。它是工程技术人员从事结构设计和施工所必须具备的理论基础。

在水利建筑、房屋建筑和道路桥梁等各种工程的设计和施工中都涉及工程力学问题。为了承受一定荷载以满足各种使用要求,需要建造不同的建筑物,如水利工程中的水闸、水坝、水电站、渡槽、桥梁、隧洞等,土木建筑工程中的屋架梁、板、柱和塔架等。

在建筑物中承受荷载并起到骨架作用的部分称为**结构**。组成结构的各单独部分称为**构件**。结构是由若干构件按一定方式组合而成的。例如:支撑渡槽槽身的排架是由立柱和横梁组成的刚架结构,如图 1-1(a)所示;支撑弧形闸门面板的腿架是由弦杆和腹杆组成的桁架结构,如图 1-1(b)所示;电厂厂房结构由屋顶、楼板和吊车梁、柱等构件组成,其屋顶是由板、次梁和主梁组成的肋形结构,如图 1-1(c)所示。结构受荷载作用时,若不考虑建筑材料的变形,其几何形状和位置不会发生改变。

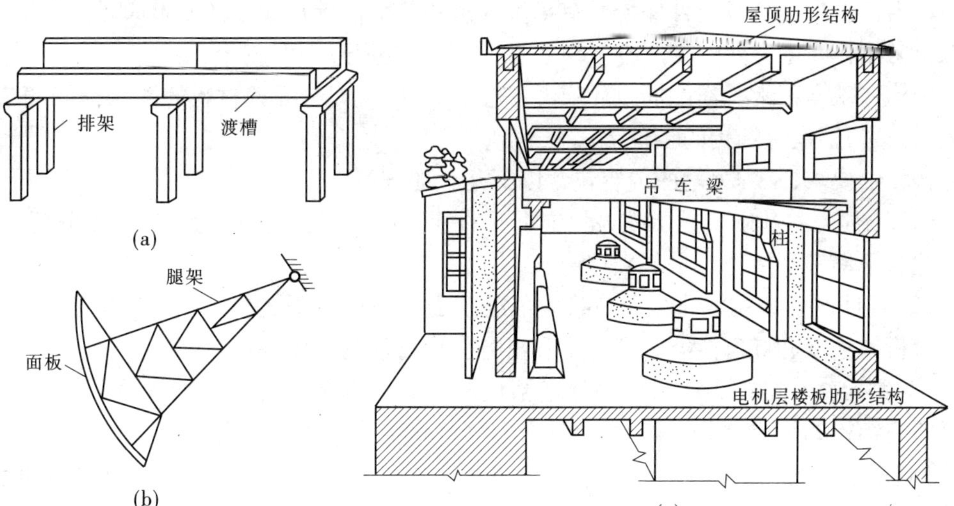

图 1-1

结构按其几何特征可分为以下三种类型:

(1)杆系结构:由杆件组成的结构。杆件的几何特征是其长度远远大于横截面的宽度和高度。

(2)薄壁结构:由薄板或薄壳构成的结构。板或壳的几何特征是其厚度远远小于另外两个方向的尺寸。

(3)实体结构:由块体构成的结构。块体的几何特征是三个方向的尺寸相近,基本为同一数量级。

工程力学的主要研究对象是杆系结构。

第二节 工程力学的研究内容和任务

工程力学的任务是进行结构的受力分析,分析结构的几何组成规律,解决在荷载作用下结构的强度、刚度和稳定性问题,即解决结构和构件所受荷载与其自身的承载能力这一对基本矛盾。研究平面杆系结构的计算原理和方法,为结构设计合理的形式,其目的是保证结构按设计要求正常工作,并充分发挥材料的性能,使设计的结构既安全可靠又经济合理。

进行结构设计时,首先须知道作用在结构和构件上的各种荷载,即进行受力分析。

结构设计要求各构件必须按一定规律组合,以确保在荷载作用下结构的几何形状和位置不发生改变,即进行结构的几何组成分析。

结构正常工作必须满足强度、刚度和稳定性的要求,即进行其承载能力计算。

强度是指结构和构件抵抗破坏的能力。满足强度要求即要使结构或构件正常工作时不发生破坏。

刚度是指结构和构件抵抗变形的能力。满足刚度要求即要使结构或构件正常工作时产生的变形不超过允许范围。

稳定性是指结构或构件保持原有平衡状态的能力。满足稳定性要求即要使结构或构件在正常工作时不突然改变原有平衡状态,以致因变形过大而破坏。

结构在安全正常工作的同时还应考虑经济条件,应充分发挥材料的性能,不至于产生过大的浪费,即设计结构的合理形式。

按教学要求,工程力学的内容包含以下几个部分:

(1)工程力学基础。是工程力学中重要的基础理论,其中包括物体的受力分析、力系的简化与平衡等刚体静力学基础理论。

(2)杆件的承载能力计算。是结构承载能力计算的实质,其中包括基本变形杆件的内力分析和强度、刚度计算,压杆稳定和组合变形杆件的强度、刚度计算。

(3)静定结构的内力分析。是静定结构承载力计算和超静定结构计算的基础,其中包括研究结构的组成规律、静定结构的内力分析和位移计算等。

(4)超静定结构的内力分析。可按杆件承载力计算方法进行超静定结构的强度和刚度等计算,其中包括力法、位移法、力矩分配法等求解超静定结构内力的基本方法。

第三节 刚体、理想变形固体及其基本假定

自然界中的物体及工程中的结构和构件,其性质是复杂多样的。不同学科只是从不同角度去研究物体性质的某一个或几个侧面。为使所研究的问题简化,常略去对所研究问题影响不大的次要因素,只考虑相关的主要因素,将复杂问题抽象化为只具有某些主要

性质的理想模型。工程力学中将物体抽象化为两种计算模型:刚体和理想变形固体。

刚体是在外力作用下形状和大小都不改变的物体。实际上,任何物体受力作用后都会发生一定的变形,但在进行结构和构件的受力分析及体系几何组成分析时,变形这一因素不影响所研究问题的性质,这时可将物体作为刚体处理。

理想变形固体是对实际变形固体的材料作出一定假设,将其理想化。在进行结构的内力分析和杆件的承载能力计算时,其变形是不可忽略的主要因素,这时应将其作为理想变形固体。理想变形固体材料的基本假设如下:

(1)**连续均匀假设**。连续是指材料内部没有空隙,均匀是指材料的性质各处相同。连续均匀假设即认为物体的材料无空隙地连续分布,且各处性质均相同。

(2)**各向同性假设**。认为材料沿不同方向的力学性质均相同。具有这种性质的材料称为**各向同性材料**,而各方向力学性质不同的材料称为**各向异性材料**。

按照上述假设理想化了的一般变形固体称为理想变形固体。刚体和理想变形固体都是工程力学研究中必不可少的理想化的力学模型。

变形固体受力作用产生变形。撤去荷载可完全消失的变形称为**弹性变形**。撤去荷载不能恢复的变形称为**塑性变形或残余变形**。在多数工程问题中,要求构件只发生弹性变形。工程中大多数构件在荷载作用下产生的变形量若与其原始尺寸相比很微小,称为**小变形**,否则称为大变形。小变形构件的计算,可采取变形前的原始尺寸并略去某些高阶微量,以达到简化计算的目的。

综上所述,工程力学中把所研究的结构和构件作为连续、均匀、各向同性的理想变形固体,在弹性范围内和小变形情况下研究其承载能力。

由于采用以上力学模型,大大方便了理论的研究和计算方法的推导。尽管所得结果只具有近似的准确性,但其精确程度可满足一般的工程要求。应该指出,实践是检验真理的唯一标准,任何假设都不是主观臆断的,而必须建立在实践的基础之上。同时,在假设基础上得出的理论结果,也必须经过实践的验证。工程力学的研究方法,除理论方法外,试验也是很重要的一种方法。

第四节　荷载的分类

结构在工作时所承受的其他物体作用的主动外力称为**荷载**。荷载可分为不同类型。

(1)按作用的性质不同可分为静荷载和动荷载。

缓慢地加到结构上的荷载称为**静荷载**。静荷载作用下结构不产生明显的加速度。

大小、方向随时间而变的荷载称为**动荷载**。地震力、冲击力、惯性力等都为动荷载。在动荷载作用下,结构上各点产生明显的加速度,结构的内力和变形都随时间而发生变化。

(2)按作用时间的长短可分为恒荷载和活荷载。

永久作用在结构上且大小、方向不变的荷载称为**恒荷载**。固定设备、结构的自重等都为恒荷载。

暂时作用在结构上的荷载称为**活荷载**。风荷载、雪荷载等都为活荷载。

(3)按作用的范围可分为集中荷载和分布荷载。

若荷载作用的范围与构件的尺寸相比很小,可认为荷载集中作用于一点,称为**集中荷载**。车轮对地面的压力、柱子对面积较大的基础的压力等都为集中荷载。

分布作用在体积、面积和线段上的荷载称为**分布荷载**。结构自重、风荷载、雪荷载等都为分布荷载。

当以刚体为研究对象时,作用在结构上的分布荷载可用其合力(集中荷载)代替,以简化计算;但以变形体为研究对象时,作用在结构上的分布荷载不能用其合力代替。

第二章　刚体静力学基础

静力学研究物体机械运动的特殊情况——物体的平衡规律。它包括力系的简化和力系的平衡条件及其应用两个基本问题。由于变形对此范围内研究的问题影响甚微,故在静力学中将物体视为**刚体**,又称为**刚体静力学**。本章介绍刚体静力学的一些基本概念,这些内容是以后各章的基础。

第一节　力和平衡的概念

一、力的概念

力的概念是人类在长期的生活和生产实践中由感性认识到理性认识逐步形成的抽象概念。人们用手推、拉、掷、举物体时,由于肌肉有紧张收缩的感觉,从而产生了对力的感性认识。随着生产的发展,又进一步认识到:物体机械运动状态的改变和物体形状大小的改变都是其他物体对该物体施加力的结果。例如,水流冲击水轮机叶片带动发电机转子转动,起重机起吊构件,弹簧受力后伸长或缩短。

牛顿定律给出了力的科学定义:**力是物体间相互的机械作用,这种作用使物体的机械运动状态发生改变,同时使物体发生变形**。

物体间相互机械作用的形式多种多样,大致可以分为两类:一类是直接接触作用,如水对水坝的压力,机车牵引车厢的拉力等;另一类是间接作用,即通过"场"对物体作用,如地球引力场对物体的引力,电场对电荷的引力或斥力等。由力的定义可知:力不可能脱离物体而单独存在,一个物体受到了力的作用,一定有另一个物体对它施加了这种作用。

在力学中不研究力的物理本质,只研究力对物体产生的效应。力对物体的效应一般可分为两个方面:一是物体的运动状态发生改变;二是物体的形状和尺寸发生改变。前者称为力的**运动效应**或**外效应**,后者称为力的**变形效应**或**内效应**。实际上变形也是物体受力后内部各部分运动状态变化的结果。静力学研究的对象是刚体,只研究力的运动效应。

实践表明,力对物体的作用效应完全取决于**力的三要素**:①力的大小;②力的方向;③力的作用点。

力的大小是指物体间相互机械作用的强弱程度。国际单位制中,衡量力的大小的单位为牛顿(N)或千牛(kN)。既有大小又有方向的量称为**矢量**。由力的三要素可知,力是矢量,可用一个有向线段来表示。如图 2-1 所示,线段的起点 A(或终点 B)表示力的作用点;线段的方位和箭头的指向表示力的方向;线段的长度(按一定比例)表示力的大小。通过力的作用点沿力的方向的直线,称为力的作用线。

具有确定作用点的矢量称为**定位矢量**,不涉及作用点的矢量称为**自由矢量**。可见力是定位矢量。有时需要从任一点作一个自由矢量来表示力的大小和方向,这种只表示力的大小和方向的矢量称为**力矢**。本书采用黑体字表示力矢量,如 $\boldsymbol{F}$,而用普通字母表示力的大小,如 F。

应当注意的是,力和力矢的含义是不同的。如图 2-2 所示,力 $\boldsymbol{F}_1$ 和力 $\boldsymbol{F}_2$ 大小、方向相同,它们是等力矢,即 $\boldsymbol{F}_1=\boldsymbol{F}_2$。但是由于力 $\boldsymbol{F}_1$ 与力 $\boldsymbol{F}_2$ 的作用点不同,它们不是作用效应相等的力。

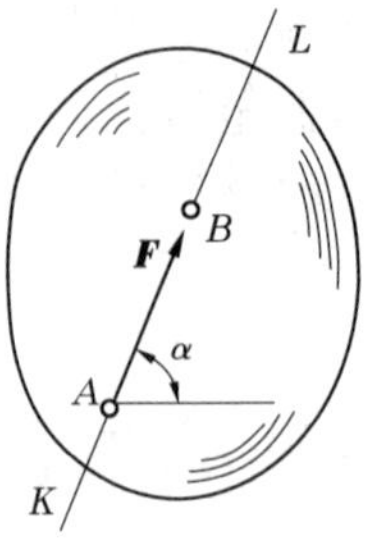

图 2-1

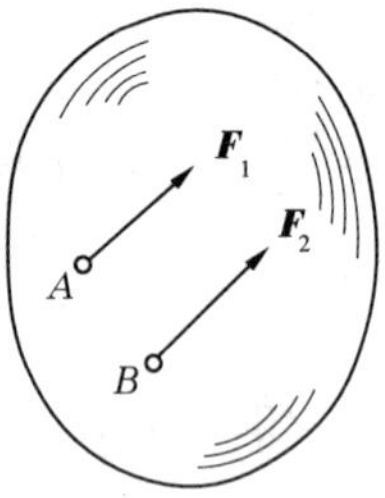

图 2-2

二、力系的概念

所谓**力系**,是指作用于物体上的一群力。

根据力系中各力作用线的分布情况可将力系分为平面力系和空间力系两大类。各力作用线位于同一平面内的力系称为**平面力系**,各力作用线不在同一平面内的力系称为**空间力系**。

若两个力系分别作用于同一物体上,其效应完全相同,则称这两个力系为**等效力系**。在特殊情况下,如果一个力与一个力系等效,则称此力为该力系的**合力**,而力系中的各力称为此合力的**分力**。用一个简单的等效力系(或一个力)代替一个复杂力系的过程称为**力系的简化**。力系的简化是刚体静力学的基本问题之一。

三、平衡的概念

平衡是指物体相对于惯性参考系保持静止或做匀速直线运动。平衡是物体机械运动的一种特殊形式。在一般的工程技术问题中,常取地球作为惯性参考系。例如,静止在地面上的房屋、桥梁、水坝等建筑物,在直线轨道上做等速运动的火车,它们都在各种力系作用下处于平衡状态。使物体处于平衡状态的力系称为**平衡力系**。研究物体平衡时,作用在物体上的力系应满足的条件是静力学的又一基本问题。

力系简化的目的之一是导出力系的平衡条件,而力系的平衡条件是设计结构、构件和机械零件时静力计算的基础。

第二节　静力学公理

静力学公理是人们对力的基本性质的概括。力的基本性质是人们在长期的生活和生产实践中积累的关于物体间相互机械作用性质的经验总结,又经过实践的反复检验,证明是符合机械运动本质的最普遍、最一般的客观规律。它是研究力系简化和力系平衡条件的依据。

一、二力平衡公理

作用于同一刚体上的两个力,使刚体保持平衡的必要与充分条件是:两个力大小相等,方向相反,作用在同一条直线上,如图 2-3 所示。

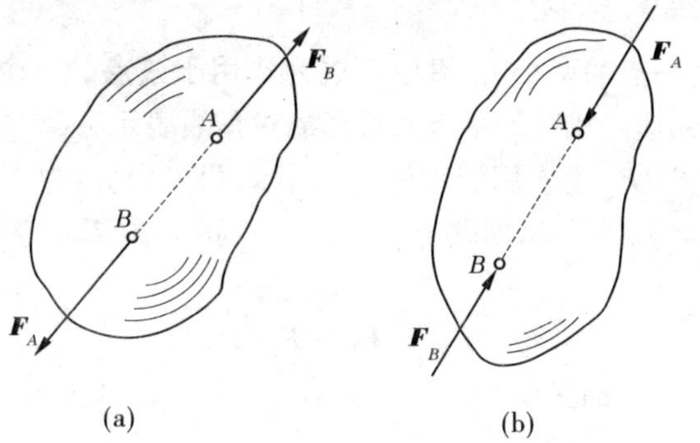

图 2-3

二力平衡公理表明了作用于刚体上的最简单力系平衡时所必须满足的条件。必须指出,这个条件对于刚体是必要而充分的,但对于变形体并不充分。例如,绳索在两端受到等值、反向、共线的拉力作用时可以平衡;反之,当受到压力作用时,则不能平衡。

工程结构中的构件受两个力作用处于平衡的情形是常见的。如图 2-4(a) 所示的支架,若不计杆件 *AB*、*AC* 的重量,当支架悬挂重物处于平衡时,每根杆在两端所受的力必等值、反向、共线,且沿杆两端连线方向,如图 2-4(b)、(c)所示。

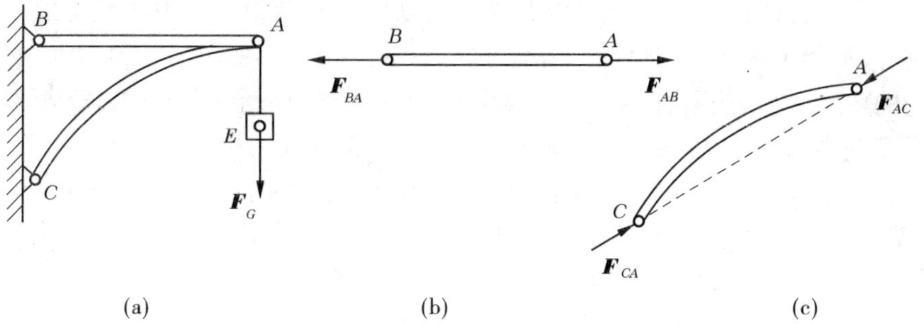

图 2-4

仅在两个力作用下处于平衡的构件称为**二力构件**或**二力杆件**,简称**二力杆**。二力杆与其本身形状无关,它可以是直杆、曲杆或折杆。

二、加减平衡力系公理

在作用于刚体的任意力系上,加上或减去平衡力系,并不改变原力系对刚体的作用效应。

该公理的正确性是显而易见的。因为平衡力系中的各力对于刚体的运动效应抵消,从而使刚体保持平衡。所以,在一个已知力系上,加上或减去平衡力系不会改变原力系对刚体的作用效应。

该公理表明,如果两个力系只相差一个或几个平衡力系,则它们对刚体的作用效应是相同的,因此可以等效替换。不难看出,加减平衡力系公理也只适用于刚体,而不能用于变形体。

三、力的平行四边形法则

作用于物体上的同一点的两个力,可以合成为作用于该点的一个合力。合力的大小和方向,由这两个力为邻边所构成的平行四边形的对角线表示。

如图 2-5(a)所示,$\boldsymbol{F}_1$、$\boldsymbol{F}_2$ 为作用于物体上 A 点的两个力,以力 $\boldsymbol{F}_1$ 和 $\boldsymbol{F}_2$ 为邻边作平行四边形 $ABCD$,其对角线 AC 表示两共点力 $\boldsymbol{F}_1$ 与 $\boldsymbol{F}_2$ 的合力 $\boldsymbol{F}_R$。合力矢与分力矢的关系用矢量式表示为

$$\boldsymbol{F}_R = \boldsymbol{F}_1 + \boldsymbol{F}_2 \tag{2-1}$$

即合力矢等于这两个分力矢的矢量和。

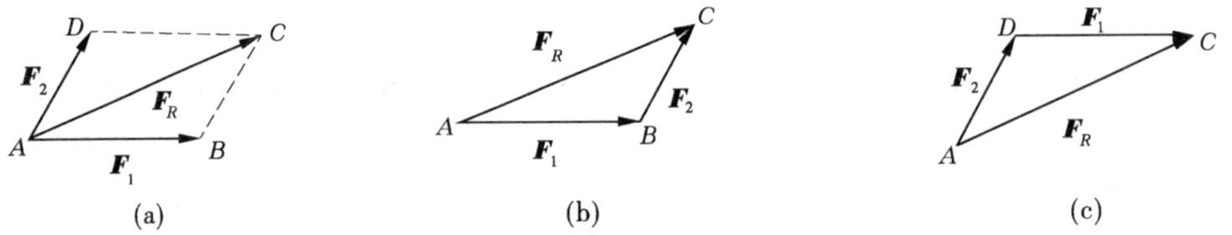

图 2-5

力的平行四边形法则可以简化为**力三角形法则**,如图 2-5(b)、(c)所示。力三角形的两边由两分力矢首尾相连组成,第三边则为合力矢 $\boldsymbol{F}_R$,它由第一个力的起点指向最后一个力的终点,而合力的作用点仍在二力交点。

将力的平行四边形法则加以推广,可以得到求平面汇交力系合力矢量的**力多边形法则**。

平面汇交力系:各力作用线的延长线相交于一点的平面力系。

设刚体受平面汇交力系作用如图 2-6(a)所示,根据力的平行四边形法则将这些力两两合成,最后求得一个通过力系汇交点 O 的合力 $\boldsymbol{F}_R$。若连续应用力三角形法则将各分力

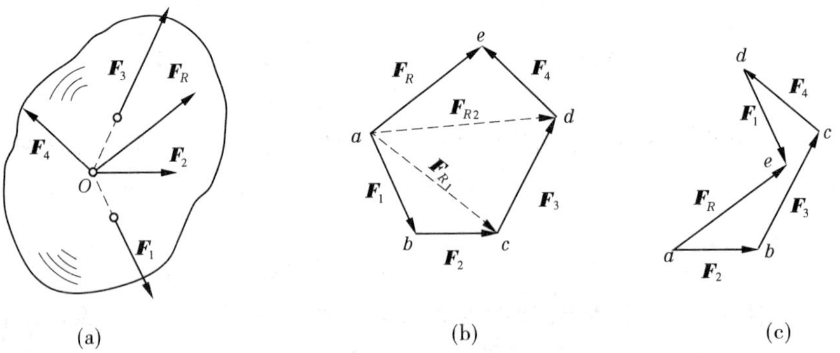

图 2-6

两两合成求合力 $\boldsymbol{F}_R$ 的大小和方向，则更为简便。如图 2-6(b)所示，分力矢与合力矢构成的多边形 *abcde* 称为**力多边形**。由图可知，作图时不必画出中间矢量 $\boldsymbol{F}_{R1}$、$\boldsymbol{F}_{R2}$，只需按比例将各分力矢首尾相接组成一开口的力多边形，而合力矢则沿相反方向连接此缺口，构成力多边形的**封闭边**。合力的作用线通过力系的汇交点。由于矢量加法符合交换率，故可以任意变换各分力的作图次序，所得的结果是完全相同的，如图 2-6(c)所示。综上所述，可得出如下结论：**平面汇交力系合成的结果是一个通过汇交点的合力，合力的大小和方向由力多边形的封闭边确定，即合力矢等于各分力矢的矢量和**。用矢量式可表示为

$$\boldsymbol{F}_R = \sum \boldsymbol{F} \tag{2-2}$$

根据力的平行四边形法则也可将一力分解为作用在同一点的两个分力。以该力为对角线作平行四边形，其相邻两边即表示两个分力的大小和方向，如图 2-7(a)所示。由于用同一对角线可作出无穷多个不同的平行四边形，因此解答是不确定的。工程实际中，常将一个力 $\boldsymbol{F}$ 沿直角坐标系 x、y 分解，得到两个相互垂直的分力 $\boldsymbol{F}_x$、$\boldsymbol{F}_y$（见图 2-7(b)）。

$$\left.\begin{aligned} \boldsymbol{F}_x &= \boldsymbol{F}\cos\alpha \\ \boldsymbol{F}_y &= \boldsymbol{F}\sin\alpha \end{aligned}\right\}$$

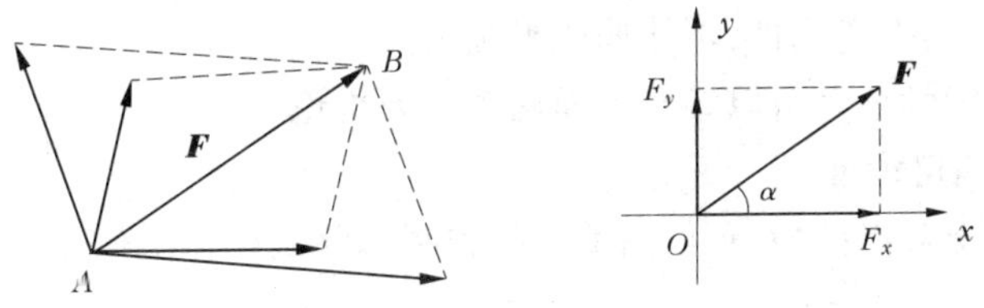

(a)　　(b)

图 2-7

四、作用与反作用定律

两个物体相互作用的力总是同时存在的，两力的大小相等，方向相反，沿着同一直线，分别作用在这两个物体上。

本公理揭示了两物体间相互作用力的定量关系。表明了作用力与反作用力总是成对出现的，并同时消失的。

如图 2-8(a)所示，重为 $\boldsymbol{F}_{G1}$ 的电动机 A 安装在基础 B 上，基础 B 重为 $\boldsymbol{F}_{G2}$，搁置在地基 C 上。各物体受力为：电动机受有重力 $\boldsymbol{F}_{G1}$ 和基础 B 的作用力 $\boldsymbol{N}_1$；基础 B 受有电动机的压力 $\boldsymbol{N}_1'$、重力 $\boldsymbol{F}_{G2}$ 和地基 C 的作用力 $\boldsymbol{N}_2$；地基受有基础 B 的作用力 $\boldsymbol{N}_2'$。其中，$\boldsymbol{N}_1$、$\boldsymbol{N}_1'$ 是分别作用在电动机 A 和基础 B 上的作用力与反作用力，$\boldsymbol{N}_1 = -\boldsymbol{N}_1'$；$\boldsymbol{N}_2$、$\boldsymbol{N}_2'$ 是分别作用在基础 B 和地基上的作用力与反作用力，$\boldsymbol{N}_2 = -\boldsymbol{N}_2'$；重力 $\boldsymbol{F}_{G1}$、$\boldsymbol{F}_{G2}$ 的反作用力则作用在地球上（图中未画出）。今后，作用力与反作用力用同一字母表示，但其中之一，在字母的右上方加“′”表示。

应当注意的是，必须把两个平衡力和作用力与反作用力严格区别开来。它们虽然都满足等值、反向、共线的条件，但前者作用在同一刚体上；而后者是分别作用在两个物体上

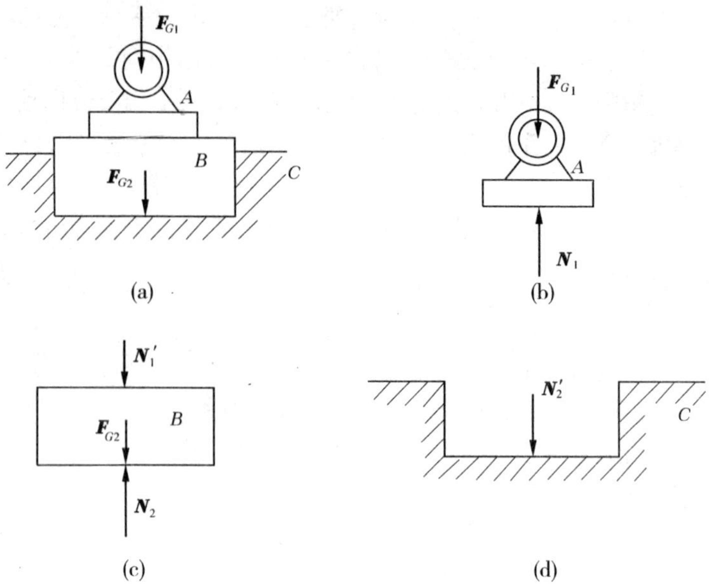

图 2-8

的,它们不符合二力平衡条件,不能构成平衡力系。

根据上述静力学公理可以导出下面两个重要推论:

推论 1　力的可传性。

作用于刚体上某点的力,可以沿着它的作用线移到刚体上任一点,并不改变该力对刚体的作用效应。

证明:设力 $\boldsymbol{F}$ 作用在刚体上 A 点,如图 2-9(a)所示。在力 $\boldsymbol{F}$ 作用线上任取一点 B,根据加减平衡力系公理,在 B 点加上一对平衡力 $\boldsymbol{F}_1$ 和 $\boldsymbol{F}_2$,且使力矢 $\boldsymbol{F}_1 = -\boldsymbol{F}_2 = \boldsymbol{F}$,如图 2-9(b)所示。由于 $\boldsymbol{F}$ 与 $\boldsymbol{F}_2$ 构成平衡力系,故可以去掉,只剩下一个力 $\boldsymbol{F}_1$,如图 2-9(c)所示。于是原来作用于 A 点的力 $\boldsymbol{F}$ 与力系($\boldsymbol{F}$,$\boldsymbol{F}_1$,$\boldsymbol{F}_2$)等效,也与作用在 B 点的力 $\boldsymbol{F}_1$ 等效。这样,就等于把原来作用在 A 点的力 $\boldsymbol{F}$ 沿其作用线移到了 B 点。

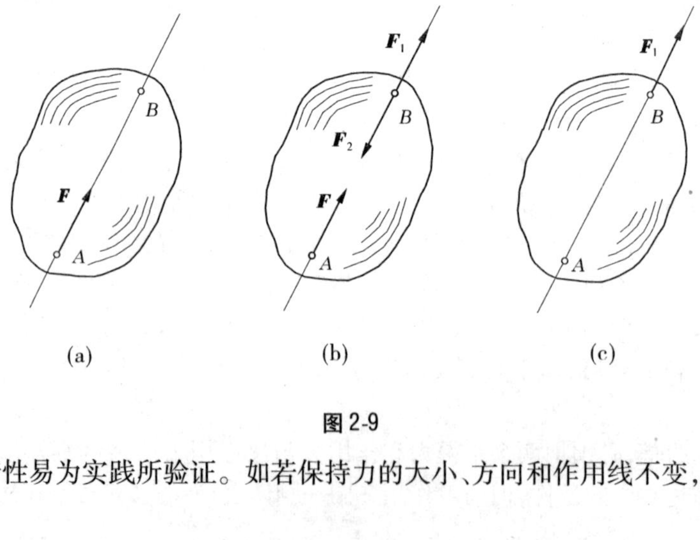

图 2-9

力的可传性易为实践所验证。如若保持力的大小、方向和作用线不变,用手推车和拉车的运动效果是完全一样的。由此可见，对于刚体而言，力的作用点已不是决定其效应的要素，它已为力的作用线所代替。因此，作用于刚体上**力的三要素是：力的大小、方向和作用线**。

需要指出的是，力的可传性只适用于刚体，对于变形体并不成立。如图 2-10(a)所示的可变形杆，在 A、B 两端作用等值、反向、共线的拉力时，杆将产生伸长变形。如果将力 $\boldsymbol{F}_1$、$\boldsymbol{F}_2$ 易位，如图 2-10 (b)所示，显然杆将产生压缩变形。

推论 2　三力平衡汇交定理。*

刚体在三个力作用下处于平衡时，若其中两个力的作用线汇交于一点，则第三个力的作用线必通过该点，且三力共面。

证明：在刚体的 A_1、A_2、A_3 三点上，分别作用着相互平衡的三个力 $\boldsymbol{F}_1$、$\boldsymbol{F}_2$、$\boldsymbol{F}_3$，如图 2-11所示。设力 $\boldsymbol{F}_1$ 与 $\boldsymbol{F}_2$ 的作用线相交于 O 点。根据力的可传性，将力 $\boldsymbol{F}_1$ 和 $\boldsymbol{F}_2$ 移到汇交点，然后由力的平行四边形法则得到此二力的合力 $\boldsymbol{F}_{R12}$，则力 $\boldsymbol{F}_3$ 与 $\boldsymbol{F}_{R12}$ 平衡。由二力平衡公理可知，$\boldsymbol{F}_3$ 与 $\boldsymbol{F}_{R12}$ 必共线，所以力 $\boldsymbol{F}_3$ 的作用线必通过 O 点并与力 $\boldsymbol{F}_1$ 和 $\boldsymbol{F}_2$ 共面。定理得证。

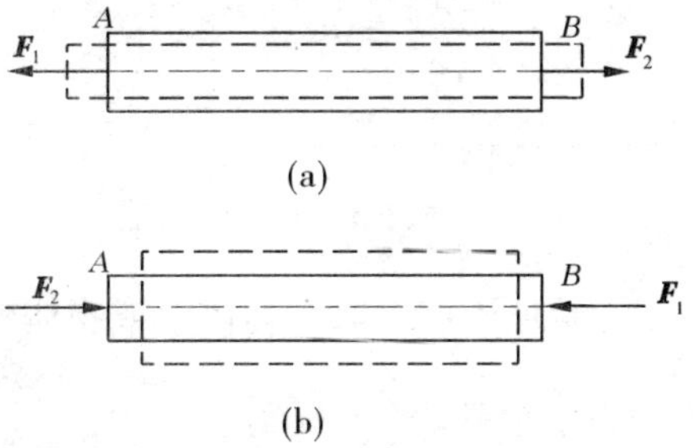

图 2-10

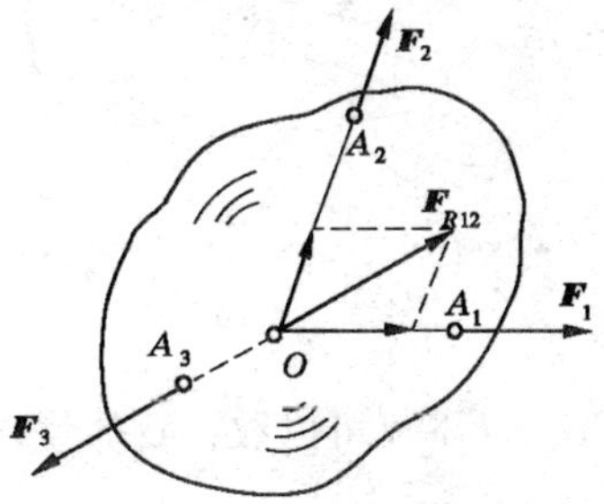

图 2-11

三力平衡汇交定理对于三力平衡是必要条件，并不充分。它常用来确定刚体在不平行三力作用下平衡时，其中某一未知力的作用线。

第三节　力矩和力偶

一、力对点之矩

力对刚体的运动效应包括移动效应和转动效应。其中，力对刚体的移动效应用力矢来度量；而力对刚体的转动效应可用力对点之矩来度量。

考察图 2-12 所示扳手拧螺栓的情形。在扳手 A 点加力 $\boldsymbol{F}$，将使扳手和螺母一起绕螺母中心 O 转动。力 $\boldsymbol{F}$ 使扳手绕 O 点转动的效应，不仅与力 $\boldsymbol{F}$ 的大小成正比，而且还与 O 点到力的作用线的垂直距离 d 成正比。另外，力的方向不同，扳手绕 O 点转动的方向也随之改变，即用扳手既可以拧紧螺栓，又可以松开螺栓，转动效果是不同的。因此，可以用**力 $\boldsymbol{F}$ 的大小与 O 点到力 $\boldsymbol{F}$ 作用线的垂直距离 d 的乘积，再冠以正负号来表示力 $\boldsymbol{F}$ 使物体**

绕 O 点转动的效应，称为力 $\boldsymbol{F}$ 对 O 点之矩，简称力矩。用符号 $m_O(\boldsymbol{F})$ 表示力矩，即

$$m_O(\boldsymbol{F}) = \pm F \cdot d \tag{2-3}$$

其中，O 点称为“**力矩中心**”，简称“**矩心**”；矩心 O 到力的作用线的垂直距离 d 称为“**力臂**”；力 $\boldsymbol{F}$ 与矩心 O 所确定的平面称为**力矩平面**。在平面图形中，矩心为一点，实际上它表示过该点且垂直于图平面的轴线。

式(2-3)中的正负号表示在力矩平面内力使物体绕矩心转动的方向，一般规定：**力使物体绕矩心逆时针方向转动时，力矩为正；反之，力矩为负**。可见，在平面问题中，力对点之矩只取决于力矩的大小和转向。因此，力矩是代数量。力矩的单位为 N·m 或 kN·m。

由图 2-13 可以看出，力 $\boldsymbol{F}$ 对 O 点之矩的大小，即 $F \cdot d$，它在数值上等于以力 $\boldsymbol{F}$ 为底边、矩心 O 为顶点所构成的三角形 OAB 面积的 2 倍，即

$$m_O(\boldsymbol{F}) = \pm F \cdot d = \pm 2S_{\triangle OAB} \tag{2-4}$$

式中，$S_{\triangle OAB}$ 为三角形 OAB 的面积。

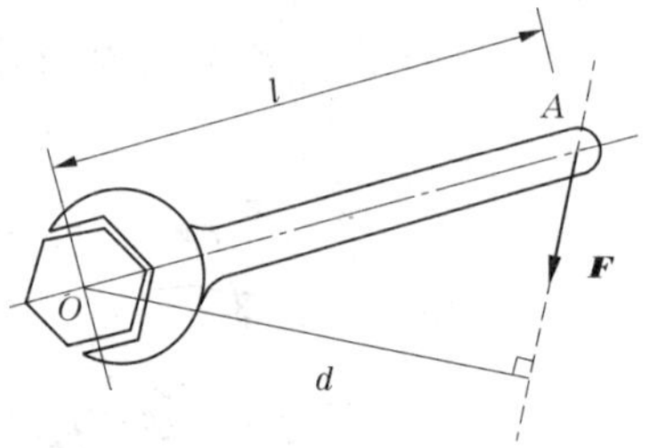

图 2-12

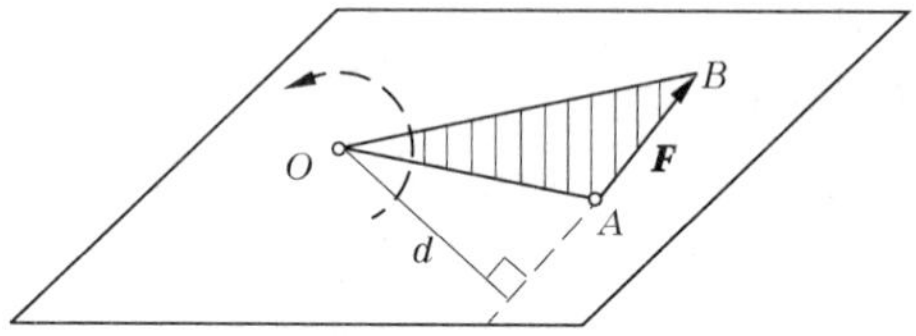

图 2-13

矩心 O 不仅可以取在物体绕之转动的固定支点，而且还可以取在物体上或物体外任意一点。

由力矩的定义可以得出如下结论：

(1)力对点之矩不仅与力的大小和方向有关，而且与矩心位置有关。同一个力对不同点的力矩，一般是不相同的。

(2)当力的大小为零或力的作用线通过矩心(即力臂 $d=0$)时，力矩恒等于零。

(3)当力沿其作用线滑动时，不改变力对指定点之矩。

二、合力矩定理

平面力系的合力对平面内任一点之矩，等于其各分力对同一点之矩的代数和。

证明：如图 2-14 所示，已知正交两分力 $\boldsymbol{F}_1$、$\boldsymbol{F}_2$ 作用于物体上 A 点，其合力为 $\boldsymbol{F}_R$。在力系平面内任取一点 O 为矩心。以 O 为坐标原点，建立直角坐标系 xOy，并使 Ox、Oy 轴分别与力 $\boldsymbol{F}_2$ 和 $\boldsymbol{F}_1$ 平行。设 A 点的坐标为 (x,y)，合力 $\boldsymbol{F}_R$ 与 x 轴的夹角为 α。根据力对点之矩的定义可得

$$m_O(\boldsymbol{F}_1) = F_1 \cdot d_1 = F_1 x$$

$$m_O(\boldsymbol{F}_2) = -F_2 \cdot d_2 = -F_2 y$$

$$m_O(\boldsymbol{F}_R) = -F_R \cdot d$$

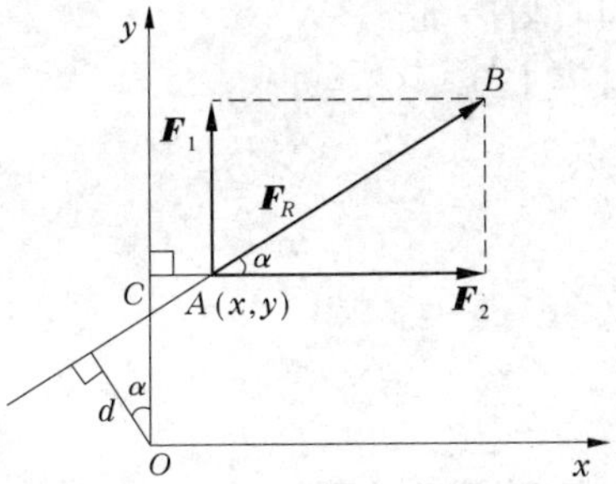

图 2-14

由图 2-14 可见，$d = OC\cos\alpha = (y - x\tan\alpha)\cos\alpha$，所以有

$$m_O(\boldsymbol{F}_R) = -F_R(y - x\tan\alpha)\cos\alpha$$
$$= -F_2(y - x\tan\alpha) = -F_2 y + F_1 x$$
$$= m_O(\boldsymbol{F}_1) + m_O(\boldsymbol{F}_2) = \sum m_O(\boldsymbol{F}) \quad (2\text{-}5)$$

应当指出，虽然这个定理是由两个共点的正交力组成的简单力系导出的，但是它适用于任何平面力系。合力矩定理给出了合力和其各分力对同一点力矩的关系。由此可简化力矩的计算。

【例 2-1】 试计算图 2-15 中力 $\boldsymbol{F}$ 对 A 点之矩。已知 F、a、b。

解：本例可有两种解法。

(1)由力矩的定义计算力 $\boldsymbol{F}$ 对 A 点之矩。

求力臂 d，由图中几何关系得

$$d = AD\sin\alpha = (AB - DB)\sin\alpha = (AB - BC\cot\alpha)\sin\alpha$$
$$= (a - b\cot\alpha)\sin\alpha = a\sin\alpha - b\cos\alpha$$

所以

$$m_A(\boldsymbol{F}) = F \cdot d = F(a\sin\alpha - b\cos\alpha)$$

(2)根据合力矩定理计算 $\boldsymbol{F}$ 对 A 点之矩。

将力 $\boldsymbol{F}$ 在 C 点分解为正交的两个分力 $\boldsymbol{F}_x$ 和 $\boldsymbol{F}_y$，由合力矩定理可得

$$m_A(\boldsymbol{F}) = m_A(\boldsymbol{F}_x) + m_A(\boldsymbol{F}_y) = -F_x \cdot b + F_y \cdot a$$
$$= -Fb\cos\alpha + Fa\sin\alpha$$
$$= F(a\sin\alpha - b\cos\alpha)$$

本例两种方法的计算结果是相同的，而当力臂不易确定时，用后一种方法较为简便。

【例 2-2】 已知挡土墙重 $F_G = 75$ kN，铅垂土压力 $F_N = 120$ kN，水平土压力 $F_H = 90$ kN，如图 2-16 所示。试分析挡土墙是否会绕 A 点倾倒。

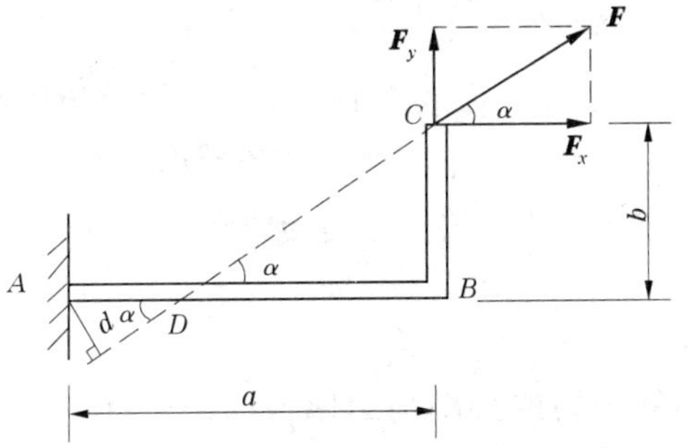

图 2-15

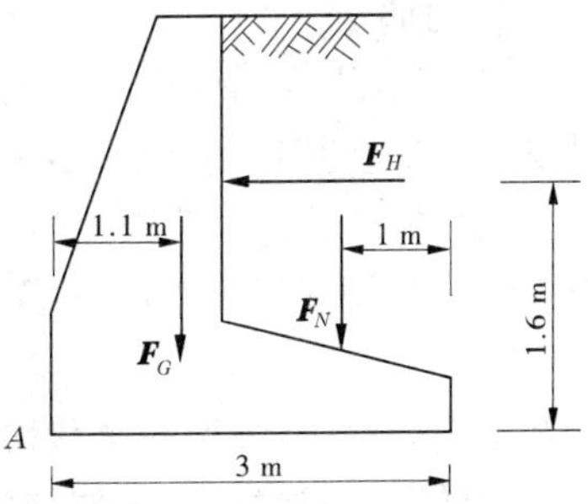

图 2-16

解：挡土墙受自重和土压力作用，其中水平土压力对 A 点的力矩 $m_{倾}$ 有使挡土墙绕 A 点倾倒的趋势，而自重和铅垂土压力对 A 点的力矩 $m_{抗}$ 起着抵抗倾倒的作用。若 $m_{抗} > m_{倾}$，挡土墙不会绕 A 点倾倒；若 $m_{抗} < m_{倾}$，挡土墙将会绕 A 点倾倒。

$$m_{倾} = m_A(\boldsymbol{F}_H) = 90 \times 1.6 = 144(\text{kN} \cdot \text{m})$$

$$m_{抗} = m_A(\boldsymbol{F}_G) + m_A(\boldsymbol{F}_N) = -75 \times 1.1 - 120 \times (3-1)$$
$$= -82.5 - 240 = -322.5(\text{kN} \cdot \text{m})$$

由于 $|m_{抗}| > m_{倾}$，所以挡土墙不会绕 A 点倾倒。

三、力偶及其性质

(一) 力偶

大小相等、方向相反且不共线的两个平行力组成的力系，称为力偶。

力偶常用记号$(\boldsymbol{F},\boldsymbol{F}')$表示。力偶中两力作用线所确定的平面称为**力偶作用面**，两力作用线之间的垂直距离称为**力偶臂**，如图 2-17 所示。

在日常生活和工程实际中，物体受力偶作用的情形是常见的。如图 2-18(a)所示，钳工用丝锥在工件上加工螺纹孔时，双手加在铰杠两端的力；又如图 2-18(b)所示，汽车司机转动方向盘时，双手加在方向盘上的两个力。此外，人们用手拧水龙头、瓶盖等，都是物体受力偶作用的例子。

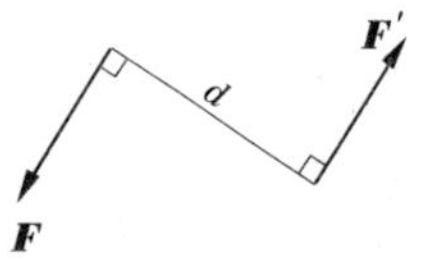

图 2-17

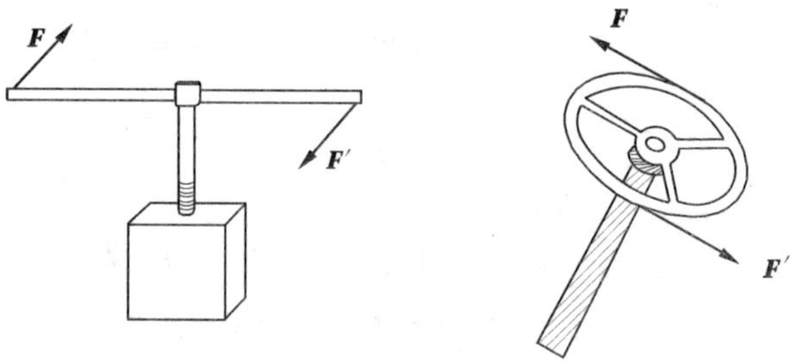

(a) (b)

图 2-18

需要注意的是，组成力偶的两个力虽然等值、反向，但由于不在一条直线上，因此力偶并不是平衡力系。力偶仅对刚体产生转动效应。

(二) 力偶矩

实践表明，平面力偶对物体的作用效应取决于组成力偶的力的大小和力偶臂的长短，同时也与力偶在其作用平面内的转向有关。因此，可以用力偶中力 $\boldsymbol{F}$ 的大小与力偶臂的乘积 $F \cdot d$，再冠以适当的正负号来度量力偶对物体的转动效应。力与力偶臂的乘积称为力偶矩，用记号 $m(\boldsymbol{F},\boldsymbol{F}')$ 表示，简记为 m，即

$$m = \pm F \cdot d \tag{2-6}$$

在平面问题中，**力偶矩是代数量，其绝对值等于力的大小与力偶臂的乘积，正负号表示力偶的转向，通常规定：力偶使物体逆时针方向转动时，力偶矩为正；反之为负。**

力偶矩的单位与力矩单位相同，即为 N · m 或 kN · m。**力偶矩的大小、力偶的转向、力偶的作用平面称为平面力偶的三要素。**

(三) 力偶的性质

力和力偶是静力学中两个基本要素。由力偶的定义及其对刚体的作用效应，可得力

偶的如下性质：

(1)**力偶不能简化为一个力，即力偶不能与一个力等效，也不能与一个力平衡，力偶只能与力偶平衡。**

(2)**力偶对其作用平面内任一点之矩恒等于力偶矩，与矩心位置无关。**

证明：设有力偶$(\boldsymbol{F},\boldsymbol{F}')$，其力偶矩$m=F\cdot d$，如图2-19所示。在力偶作用平面内任取一点$O$为矩心。设$O$点到力$\boldsymbol{F}'$作用线的垂直距离为$x$。力偶对$O$点的力矩，即组成力偶的两个力对$O$点力矩的代数和为

$$\begin{aligned} m_O(\boldsymbol{F},\boldsymbol{F}') &= m_O(\boldsymbol{F}) + m_O(\boldsymbol{F}') \\ &= F(x+d) - F'\cdot x = F\cdot d = m \end{aligned}$$

这个性质表明，力偶使物体绕其作用面内任一点的转动效应都是相同的。

(3)**作用在同一平面内的两个力偶，若二者力偶矩大小相等，转向相同，则两力偶等效。**

由力偶的等效性质可以得出以下两个推论：

推论1：只要保持力偶矩的大小和转向不变，力偶可以在其作用平面内任意转移，而不改变它对刚体的作用效应。即力偶对刚体的作用效应与力偶在其作用平面内的位置无关。

推论2：只要保持力偶矩的大小和转向不变，可以同时改变组成力偶的力的大小和力偶臂的大小，而不改变力偶对刚体的作用效应。

此外，还可以证明：**只要保持力偶矩的大小和转向不变，力偶可以从一个平面移至另一个与之平行的平面，而不会改变对刚体的效应。**

关于力偶等效的性质和推论，不难通过实践加以验证。如钳工用丝锥加工螺纹和司机转动方向盘，只要保持力偶矩大小和转向不变，双手施力的位置可以任意调整，其效果相同。

由力偶的性质可知，在平面问题中，力偶对刚体的转动效应完全取决于力偶矩。因此，分析与力偶有关的问题时，不必知道组成力偶的力的大小和力偶臂的长度，只须知道力偶矩的大小和转向即可，故可以用带箭头的弧线来表示力偶，如图2-20所示。图中弧线所在的平面代表力偶作用面，箭头表示力偶的转向，m表示力偶矩的大小。

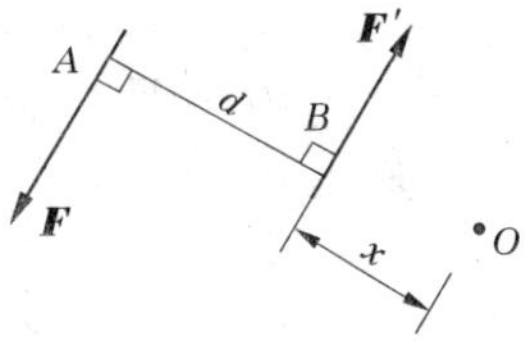

图2-19

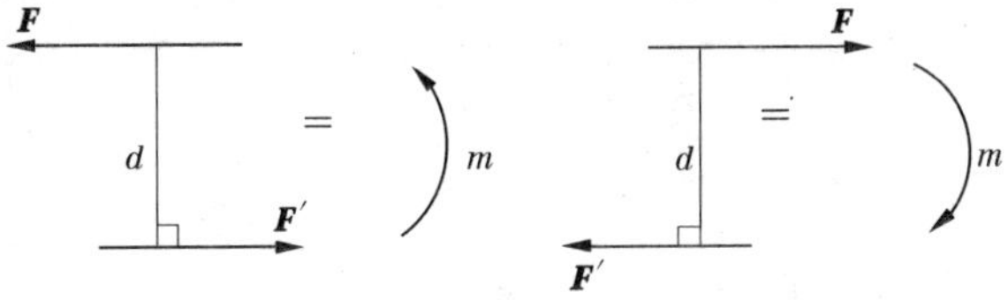

图2-20

四、力的平移定理

力的可传性表明，力可以沿其作用线滑移到刚体上的任意一点，而不改变力对刚体的作用效应。但当力平行于原来的作用线移动到刚体上任意一点时，力对刚体的作用效应便会改变。为了将力等效地平行移动，有如下的定理：

力的平移定理：作用于刚体上的力可以平行移动到刚体上任意一点，为保持原有的作用效应，必须同时附加一个力偶，附加力偶的力偶矩等于原来的力对平移点的力矩。

证明：设力 $\boldsymbol{F}$ 作用于刚体上 A 点，如图 2-21(a)所示。为将力 $\boldsymbol{F}$ 等效地平行移动到刚体上任意一点 B，为此，根据加减平衡力系公理，在点 B 加上两个等值、反向的力 $\boldsymbol{F}'$ 和 $\boldsymbol{F}''$，并使 $\boldsymbol{F}' = -\boldsymbol{F}'' = \boldsymbol{F}$，如图 3-21(b)所示。显然，力 $\boldsymbol{F}$、$\boldsymbol{F}'$、$\boldsymbol{F}''$ 组成的力系与原来的力 $\boldsymbol{F}$ 等效。由于在力系 $\boldsymbol{F}$、$\boldsymbol{F}'$ 和 $\boldsymbol{F}''$ 中，力 $\boldsymbol{F}$ 与力 $\boldsymbol{F}''$ 等值、反向且作用线平行，它们组成力偶($\boldsymbol{F}$，$\boldsymbol{F}''$)。于是，作用在 B 点的力 $\boldsymbol{F}'$ 和力偶($\boldsymbol{F}$,$\boldsymbol{F}''$)与原力 $\boldsymbol{F}$ 等效，亦即把作用于 A 点的力 $\boldsymbol{F}$ 平行移动到任一点 B，但同时附加了一个力偶，如图 2-21(c)所示。由图可见，附加力偶的力偶矩为

$$m = F \cdot d = m_B(\boldsymbol{F})$$

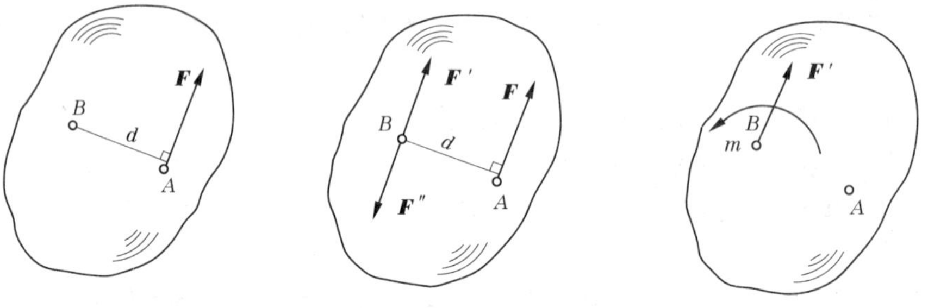

(a)　　(b)　　(c)

图 2-21

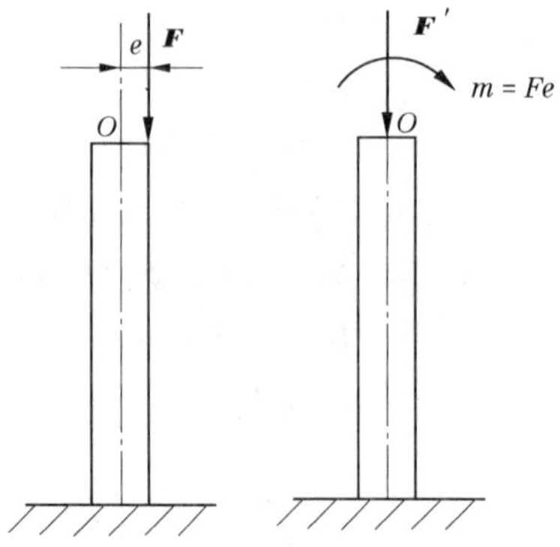

图 2-22

力的平移定理表明，一个力可以分解为作用在同一平面内的一个力和一个力偶；反之，也可以将同一平面内的一个力和一个力偶合成为作用在另一点的一个力。

力的平移定理不仅是力系向一点简化的依据，而且可以用来分析工程中某些力学问题。如图 2-22 所示的偏心受压柱，若将偏心压力 $\boldsymbol{F}$ 平移到柱截面形心 O 处，便得到一个中心压力 $\boldsymbol{F}'$ 和一个力偶矩为 m 的力偶。力 $\boldsymbol{F}'$ 使柱产生压缩变形，而力偶使柱产生弯曲变形。可见，偏心受压对构件的安全是不利的。

应当注意的是，力的平移定理只适用于刚体，而不适用于变形体，并且力只能在同一刚体上平行移动。

第四节　约束与约束反力

根据物体在空间的运动是否受到周围其他物体的限制，通常把物体分为两类：一类称为**自由体**，这类物体不与其他物体接触，在空间任何方向的运动都不受限制，如在空中飞行的飞机、炮弹和宇宙飞船等。另一类物体称为**非自由体**，这类物体在空间的运动受到与

其相接触的其他物体的限制，使其沿某些方向不能运动，如搁置在墙上的梁、用绳索悬挂的重物、沿轨道运行的火车、支承在轴承上的轴等。

限制非自由体运动的周围物体称为该非自由体的**约束**。如上述墙是梁的约束，绳索是重物的约束，钢轨是火车的约束，轴承是轴的约束。由于约束限制了物体的运动，即改变了物体的运动状态，因此约束必然受到被约束物体的作用力；同时，约束亦给被约束物体以反作用力，这种力称为**约束反力**，简称**反力**。**约束反力的方向，总是与约束所能阻碍的物体运动的方向相反；约束反力的作用点就在约束物体与被约束物体的接触处**。

作用在物体上的力除约束反力外，还有荷载，如重力、土压力、水压力、电磁力等，它们的作用使物体的运动状态发生变化或产生运动趋势，称为**主动力**。主动力一般是已知的，或可根据已有的资料确定。约束反力由主动力引起，随主动力的改变而改变，故又称为**被动力**。当物体在荷载和约束反力作用下处于平衡时，可应用力系的平衡条件确定未知的约束反力。

约束反力除与主动力有关外，还与约束的性质有关。下面介绍工程中常见的几种约束及其约束反力。

一、柔性约束

由不计自重的绳索、链条和胶带等柔性体构成的约束称为**柔性约束**，如图 2-23 所示。柔性约束只能限制物体沿柔性体中心线离开柔性体的运动，而不限制其他方向的运动。这类约束的性质决定了它们只能对被约束物体施加拉力，即**柔性约束的约束反力，作用在接触点，方向沿着柔性体中心线背离被约束物体**，常用符号 $\boldsymbol{F}_T$ 表示。如图 2-23 中钢索对钢梁的约束反力 $\boldsymbol{F}_{TA}$、$\boldsymbol{F}_{TB}$，胶带对胶带轮的约束反力 $\boldsymbol{F}_{T1}$、$\boldsymbol{F}_{T2}$都属于柔性约束反力。

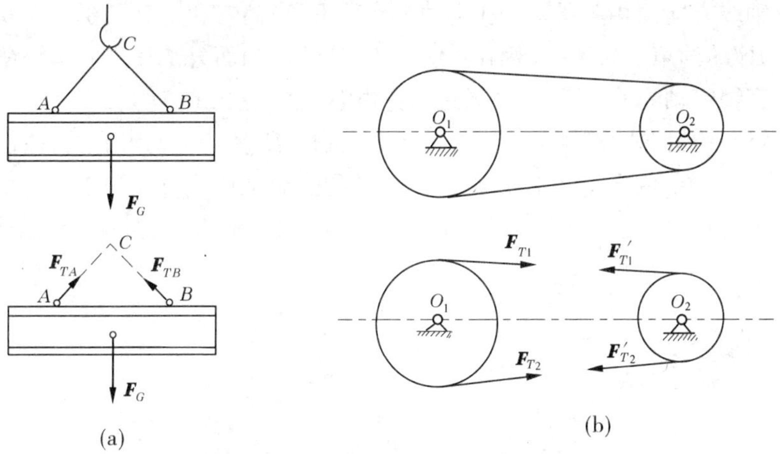

图 2-23

二、光滑面约束

不计摩擦的光滑平面或曲面若构成对物体运动的限制，称为**光滑面约束**，如图 2-24 所示。光滑面约束，只能限制物体沿接触面公法线并向约束内部的运动。因此，**光滑面约束**

的约束反力，作用在接触点，方向沿接触面公法线且指向被约束物体，即为压力。这种约束反力又称为**法向反力**，通常用符号 $\boldsymbol{N}$ 表示，如图 2-24(a)中小球所受的约束反力 $\boldsymbol{N}_A$。如果一个物体以其棱角与另一物体光滑面接触，如图 2-24(b)所示，则约束反力沿此光滑面在该点的法线方向并指向受力物体。与柔性约束类似，光滑面约束的反力方向是已知的，只有大小是未知的。

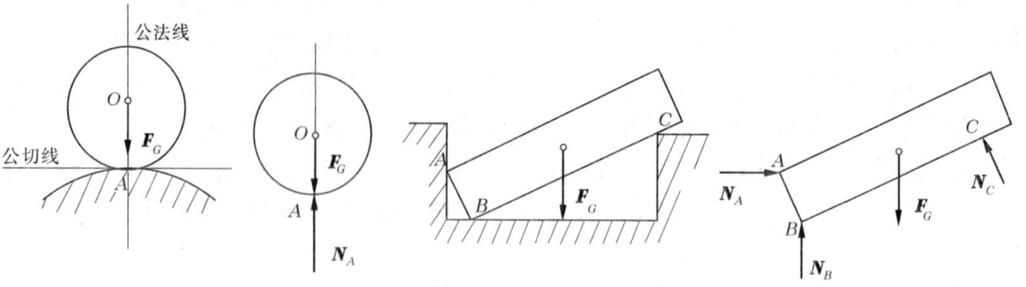

(a) (b)

图 2-24

三、光滑圆柱铰链约束

将两个钻有相同直径圆孔的构件 A 和 B，用销钉 C 插入孔中相连接，如图 2-25(a)所示。不计销钉与孔壁的摩擦，销钉对所连接的物体形成的约束称为**光滑圆柱铰链约束**，简称**铰链约束**或**中间铰**。图 2-25(b)为铰链约束的结构简图。铰链约束的特点是只限制物体在垂直于销钉轴线的平面内沿任意方向的相对移动，但不限制物体绕销钉轴线的相对转动和沿其轴线方向的相对滑动。在主动力作用下，当销钉和销钉孔在某点 D 光滑接触时，销钉对物体的约束反力 $\boldsymbol{F}_C$ 作用在接触点 D，且沿接触面公法线方向。**铰链的约束反力作用在垂直销钉轴线的平面内，并通过销钉中心**，如图 2-25(c)所示。

由于销钉与销钉孔壁接触点的位置与被约束物体所受的主动力有关，往往不能预先确定，故约束反力 $\boldsymbol{F}_C$ 的方向亦不能预先确定。因此，通常用通过铰链中心两个大小未知的正交分力 $\boldsymbol{F}_{Cx}$、$\boldsymbol{F}_{Cy}$ 来表示，如图 2-25(d)所示。分力 $\boldsymbol{F}_{Cx}$ 和 $\boldsymbol{F}_{Cy}$ 的指向可任意假定。

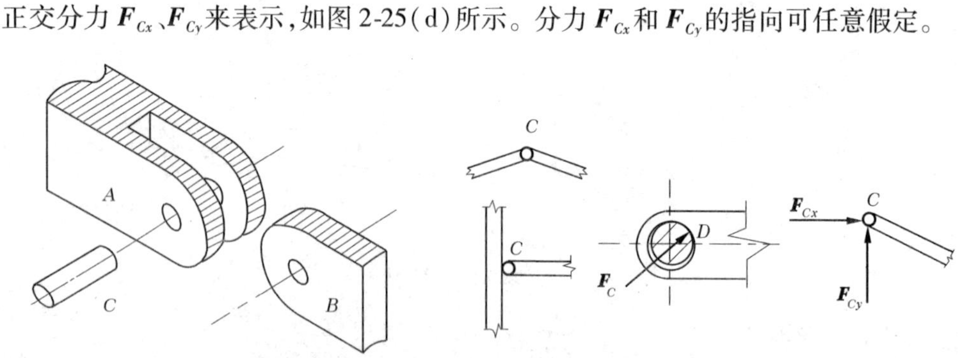

(a) (b) (c) (d)

图 2-25

四、固定铰支座

将结构物或构件连接在墙、柱、基础等支承物上的装置称为**支座**。用光滑圆柱铰链把结构物或构件与支承底板连接，并将底板固定在支承物上而构成的支座，称为**固定铰支座**。图 2-26(a)为其构造示意图，其结构简图如图 2-26(b)所示。为避免在构件上穿孔而影响构件的强度，通常在构件上固结另一穿孔的物体，称为上摇座，而将底板称为下摇座，如图 2-26(c)所示。

固定铰支座与光滑圆柱铰链约束不相同的是，两个被约束的构件，其中一个是完全固定的。但同样只有一个通过铰链中心且方向不定的约束反力，亦用正交的两个未知分力 $\boldsymbol{F}_{Ax}$、$\boldsymbol{F}_{Ay}$ 表示，如图 2-26(d)所示。

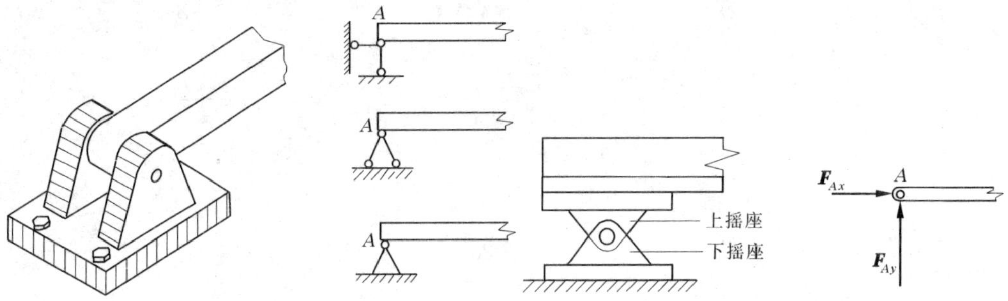

(a)　(b)　(c)　(d)

图 2-26

五、可动铰支座

在固定铰支座底板与支承面之间安装若干个辊轴，就构成了**可动铰支座**，又称为**辊轴支座**，如图 2-27(a)所示。图 2-27(b)为其结构简图。当支承面光滑时，这种约束只能限制物体沿支承面法线方向的运动，而不限制物体沿支承面方向的移动和绕铰链中心的转动。因此，**可动铰支座的约束反力垂直支承面，且通过铰链中心**。常用符号 $\boldsymbol{F}$ 表示，作用点位置用下标注明，如图 2-27(c)所示的 $\boldsymbol{F}_A$。

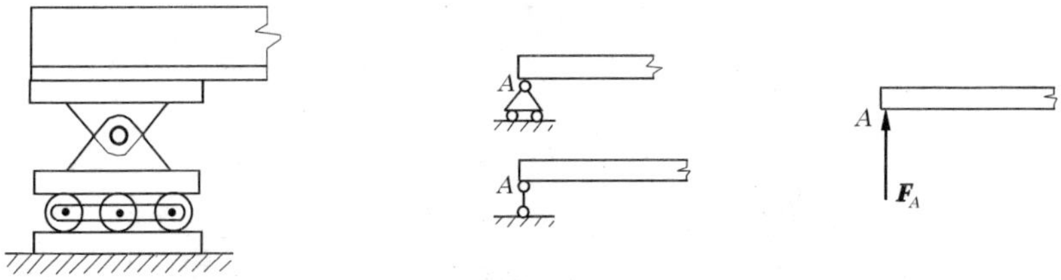

(a)　(b)　(c)

图 2-27

在桥梁、屋架等结构中常采用可动铰支座，以保证在温度变化等因素作用下，结构沿其跨度方向能自由伸缩，不致引起结构的破坏。

六、链杆约束

两端各以铰链与不同物体连接且中间不受力的直杆称为**链杆**，如图 2-28(a)所示。图 2-28(b)为其结构简图。这种约束力只能限制物体沿链杆轴线方向的运动，而不限制其他方向的运动。因此，**链杆对物体的约束反力为沿着链杆两端铰链中心连线方向的压力或拉力**，常用符号 $\boldsymbol{F}$ 表示，如图 2-28(c)所示的 $\boldsymbol{F}_A$。链杆属于二力杆的一种特殊情形，一般的二力杆作为约束时，根据其自身的受力特点，即可确定它对被约束物体的约束反力。

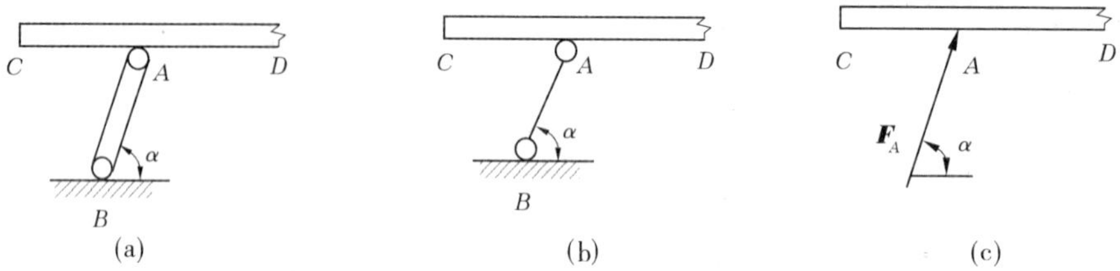

图 2-28

七、固定端支座

固定端支座也是工程结构中常见的一种约束。如图 2-29(a) 所示钢筋混凝土柱与基础整体浇筑时柱与基础的连接端、如图 2-29(b)所示嵌入墙体一定深度的悬臂梁的嵌入端都属于固定端支座，图 2-29(c)为其结构简图。这种约束的特点是：在连接处具有较大的刚性，被约束物体在该处被完全固定，即不允许被约束物体在连接处发生任何相对移动和转动。固定端支座的约束反力分布比较复杂，但在平面问题中，可简化为一个水平反力 $\boldsymbol{F}_{Ax}$、一个铅垂反力 $\boldsymbol{F}_{Ay}$ 和一个反力偶 m_A，如图 2-29(d)所示。

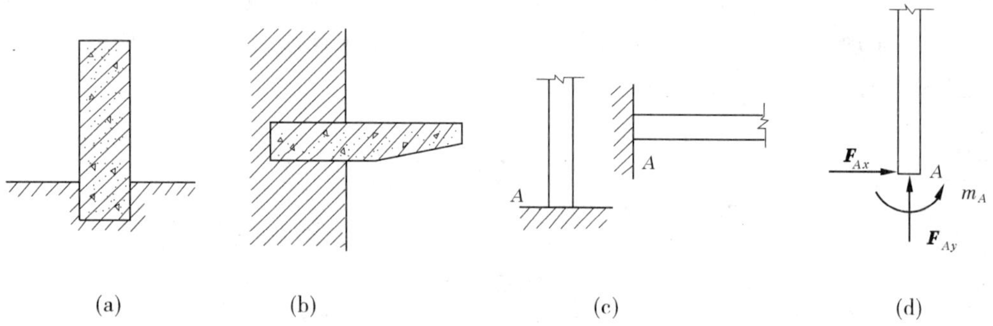

图 2-29

八、轴承约束

轴承是机器中支承轴的重要零件，根据其约束性质的不同，可分为**向心轴承**和**止推轴承**。

(一)向心轴承

向心轴承的构造如图 2-30(a)所示,图 2-30(b)为其结构简图。轴承限制了轴在垂直于轴线平面内的径向运动,但不限制轴在孔内的转动和沿孔中心线的移动。其约束反力和固定铰支座相似,约束反力垂直轴线且通过轴心,但方向不能预先确定。通常也用正交的两个分力 $\boldsymbol{F}_{Ax}$、$\boldsymbol{F}_{Ay}$ 来表示,如图 2-30(c)所示。

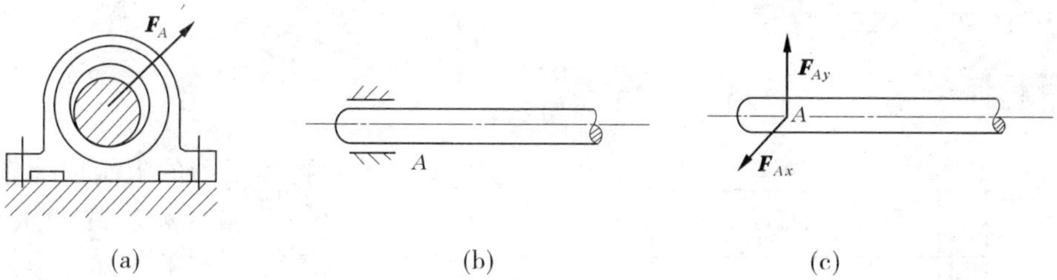

图 2-30

(二)止推轴承

止推轴承可视为用一光滑面将向心轴承圆孔的一端封闭而成,如图 2-31(a)所示。图 2-31(b)为其结构简图。与向心轴承相比较,止推轴承既限制了轴在垂直其轴线平面内的径向移动,又限制了轴沿轴线方向的运动。因此,约束反力有三个分量,如图 2-31(c)所示。

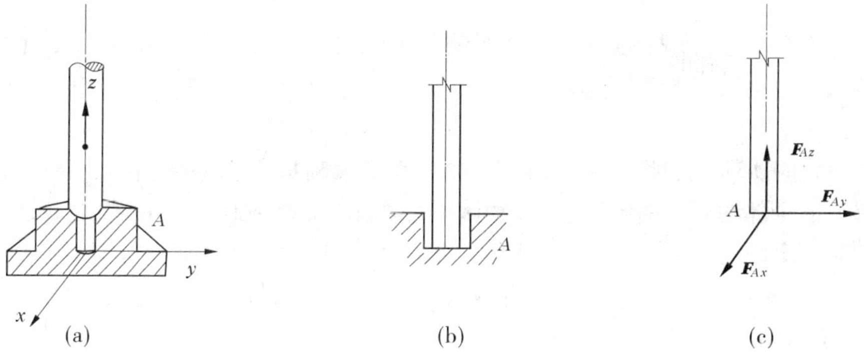

图 2-31

九、球铰链约束

如图 2-32(a)所示,将一端部为球体的构件置于固定底座的球窝内而形成的约束,称为**球铰链约束**,简称**球铰**。如电视机拉杆天线的底座就是球铰的一个例子。球铰的结构简图如图 2-32(b)所示。这种约束限制构件的球心不能有任何方向的移动,但构件可绕球心任意转动。若不计摩擦,与铰链约束相似,其约束反力为通过球心但方向不能预先确定的一个空间力,可用三个正交分力 $\boldsymbol{F}_{Ax}$、$\boldsymbol{F}_{Ay}$、$\boldsymbol{F}_{Az}$ 表示,如图 2-32(c)所示。

以上介绍的几种约束都是所谓的理想约束。工程结构中的约束形式是多种多样的,有些约束与理想约束极为接近,有些则不然。因此,在选取结构计算简图时,应根据约

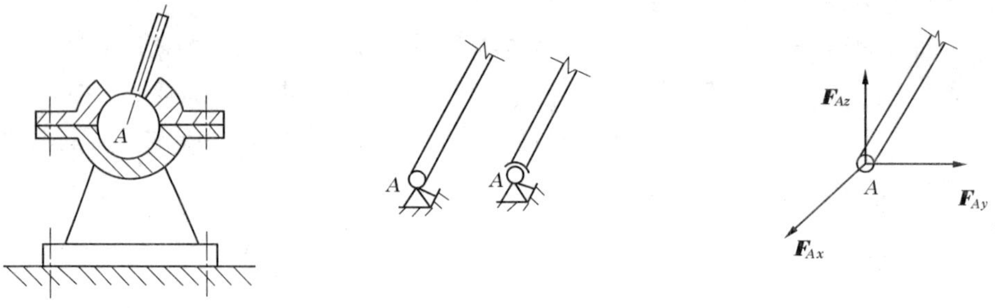

(a) (b) (c)

图 2-32

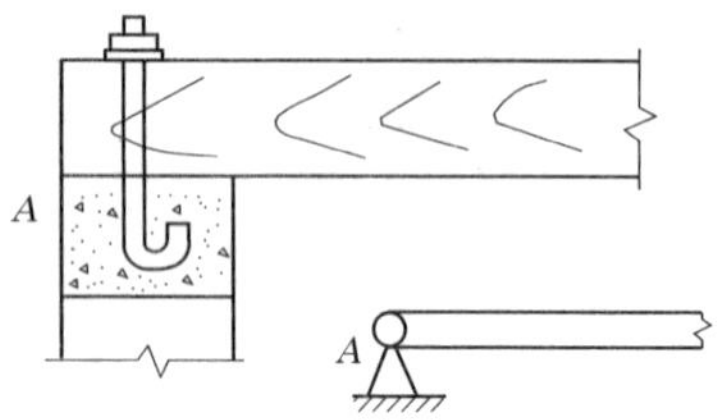

图 2-33

束对被约束物体运动的限制情况作适当简化，使之成为某种相应的理想约束。如图 2-33 所示，木梁的端部与预埋在混凝土垫块中的锚栓相连接，梁在该端的水平位移和竖向位移都被阻止，但梁端可以做微小的转动，故应将其简化为固定铰支座。

第五节　物体的受力分析与受力图

求解静力学问题，首先，要确定物体受哪些力作用，每个力的作用位置和方向；其次，还要确定哪些力是已知的，哪些力是未知的，以及未知力的数值。这个过程称为物体的**受力分析**。

受力分析时所研究的物体称为**研究对象**。为了清晰地表示物体的受力情况，必须解除研究对象的全部约束，并将其从周围物体中分离出来，单独画出它的简图，这种解除了约束并被分离出来的研究对象称为**分离体**或**隔离体**。将周围物体对研究对象的全部作用力（包括主动力和约束反力）都用力矢量标在分离体相应的位置上，得到物体受力的简明图形，称为**受力图**。

画受力图的步骤如下：

（1）选取研究对象，画分离体图。根据题意，选择合适的物体作为研究对象，研究对象可以是一个物体，也可以是几个物体的组合或整个系统。

（2）画分离体所受的主动力。

（3）画约束反力。根据约束的类型和性质画出相应的约束反力作用位置和作用方向。

画物体受力图是求解静力学问题的一个重要步骤。下面举例说明受力图的画法。

【例 2-3】　缆车通过钢缆牵引重为 $\boldsymbol{F}_G$ 的小车沿斜面匀速上升，如图 2-34(a) 所示。若不计小车轮与斜面间的摩擦，试画小车的受力图。

解：(1) 取小车为研究对象，解除钢缆和斜面约束，画分离体图。

(2) 画主动力。主动力为重力 $\boldsymbol{F}_G$，它作用在小车重心 C 处，铅垂向下。

(3)画约束反力。钢缆为柔性约束,故其约束反力为作用在D点且沿钢缆方向的拉力$\boldsymbol{F}_T$;因不计小车轮与斜面间的摩擦,所以斜面为光滑面约束,故其约束反力$\boldsymbol{N}_A$、$\boldsymbol{N}_B$分别为通过轮子与斜面接触点A、B且指向小车的压力。小车的受力图如图2-34(b)所示。

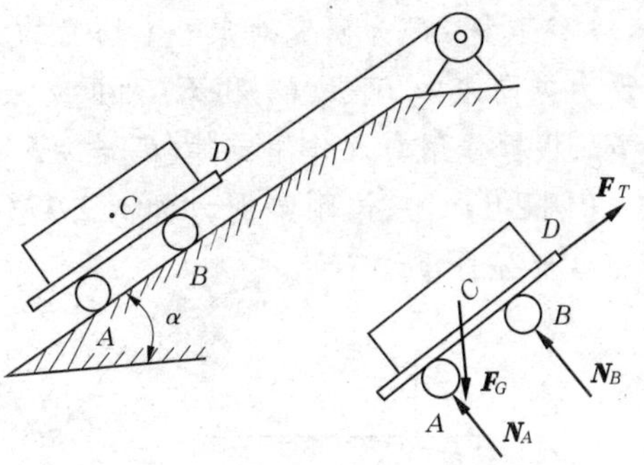

(a)　　　　(b)

图2-34

【例2-4】　简支梁AB,如图2-35(a)所示。梁跨中受集中荷载$\boldsymbol{F}$作用。若不计梁的自重,试画出梁AB的受力图。

解:(1)以梁AB为研究对象,将梁两端支座约束解除,画出其分离体图。

(2)画主动力。主动力为荷载$\boldsymbol{F}$,作用在梁中点C,方向铅垂向下。

(3)画约束反力。A端为固定铰支座,其约束反力$\boldsymbol{F}_{RA}$通过铰链中心,用通过铰链中心的正交分力$\boldsymbol{F}_{Ax}$和$\boldsymbol{F}_{Ay}$表示。B端为可动铰支座,其反力垂直支承面且通过铰链中心。梁AB的受力图如图2-35(b)所示,图中未知力的指向均为假设。

本例因梁受三力作用而平衡,故可根据三力平衡汇交定理确定固定铰支座约束力$\boldsymbol{F}_{RA}$的方向,得到梁的受力图的另一种表示形式,如图2-35(c)所示。

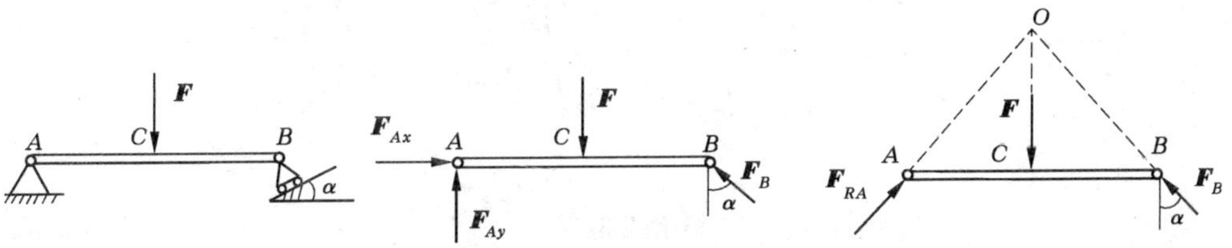

(a)　　　　(b)　　　　(c)

图2-35

【例2-5】　管道支架如图2-36(a)所示。重为F_G的管子放置在杆AC上。A、B处为固定铰支座,C为铰链连接。不计各杆自重,试分别画出杆BC和AC的受力图。

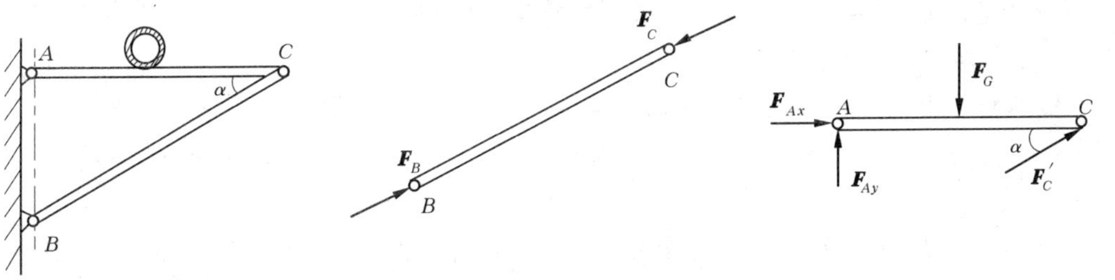

(a)　　　　(b)　　　　(c)

图2-36

解:(1)取BC杆为研究对象。因不计杆重,BC为二力杆件,故所受B、C铰链的约束反力必沿两铰链中心连线方向,受力图如图2-36(b)所示。

(2)取杆 AC 为研究对象。它所受的主动力为管道的压力 $\boldsymbol{F}_G$。A 处为固定铰支座,约束反力方向未知,可用 $\boldsymbol{F}_{Ax}$ 和 $\boldsymbol{F}_{Ay}$ 两正交分力表示。在铰链 C 处受有二力杆 BC 的约束反力 $\boldsymbol{F}'_C$,根据作用与反作用定律,$\boldsymbol{F}_C = -\boldsymbol{F}'_C$。杆 AC 受力图如图 2-36(c)所示。

【例 2-6】 三铰刚架受力如图 2-37(a)所示。试分别画出拱 AC、BC 和整体的受力图。各部分自重均不计。

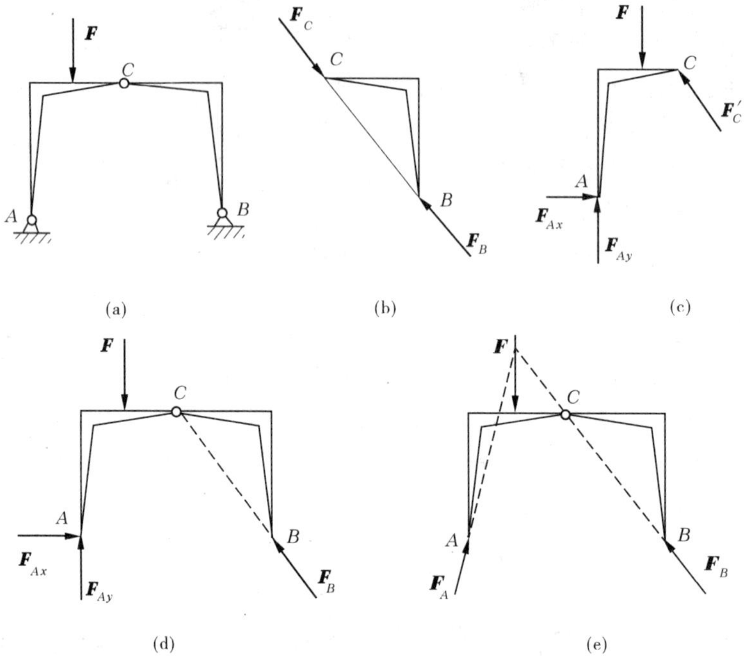

图 2-37

解:(1)取右半拱 BC 为研究对象。由于不计自重,且只在 B、C 两处受铰链的约束反力作用而平衡,故 BC 为二力构件,其约束力 $\boldsymbol{F}_B$、$\boldsymbol{F}_C$ 必沿 B、C 两铰链中心连线方向,且 $\boldsymbol{F}_B = -\boldsymbol{F}_C$,受力图如图 2-37(b)所示。

(2)取左半拱 AC 为研究对象。AC 所受的主动力为荷载 $\boldsymbol{F}$。在铰链 C 处受有右半拱的约束反力 F'_C,且 $F'_C = -F_C$。在 A 处受固定铰支座的约束反力,可用正交分力 $\boldsymbol{F}_{Ax}$ 和 $\boldsymbol{F}_{Ay}$ 表示,受力图如图 2-37(c)所示。

(3)取整体为研究对象。它所受的力有主动力 $\boldsymbol{F}$,A、B 处固定铰支座约束反力 $\boldsymbol{F}_{Ax}$、$\boldsymbol{F}_{Ay}$ 和 $\boldsymbol{F}_B$。受力图如图 2-37(d)所示。整体的受力图也可表示为图 2-37(e)的形式,在此不再赘述。

应该注意的是,在对整个系统(或系统中几个物体的组合)进行受力分析时,系统内物体间相互作用的力称为**系统的内力**。如例 2-6 中 AC 和 BC 在铰 C 处相互作用的力 $\boldsymbol{F}_C$ 和 $\boldsymbol{F}'_C$。系统的内力成对出现,并且互为作用力与反作用力关系,它们对系统的作用效应互相抵消,除去它们并不影响系统的平衡,故系统的内力在受力图上不必画出。在受力图上只需画出系统以外物体对系统的作用力,这种力称为**系统的外力**。如例 2-6 中荷载 $\boldsymbol{F}$ 和约束反力 $\boldsymbol{F}_A$、$\boldsymbol{F}_B$ 都是作用于系统的外力。还应注意,内力与外力是相对于所选的研究对象而言的。例如，当取 AC 为研究对象时，$\boldsymbol{F}_C'$为外力；但取整体为研究对象时，$\boldsymbol{F}_C'$又成为内力。可见，内力与外力的区分，只有相对于某一确定的研究对象才有意义。

【例 2-7】　如图 2-38(a)所示平面构架，由杆 AB、BC 和 CD 铰接而成。A 为固定铰支座，B 为链杆支座，绳索一端拴在 K 处，另一端绕过定滑轮悬挂一重为 F_G 的重物。各杆及滑轮重量不计。试分别画出杆 AB、杆 CD、滑轮及整体的受力图。

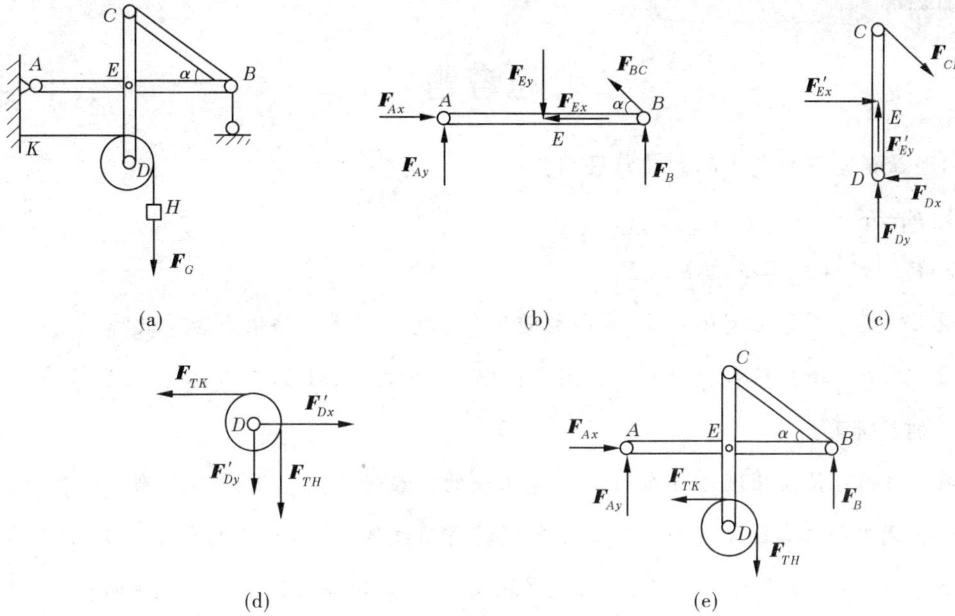

图 2-38

解：(1)取杆 AB 为研究对象。A 处受固定铰支座约束反力 $\boldsymbol{F}_{Ax}$、$\boldsymbol{F}_{Ay}$ 的作用；E 处受铰链的约束反力 $\boldsymbol{F}_{Ex}$、$\boldsymbol{F}_{Ey}$ 的作用；B 处除受链杆支座的约束反力 $\boldsymbol{F}_B$ 作用外，还有二力杆 BC 对它的作用力 $\boldsymbol{F}_{BC}$。杆 AB 的受力图如图 2-38(b)所示。

(2)取杆 CD 为研究对象。C 处受二力杆给它的约束反力 $\boldsymbol{F}_{CB}$ 的作用；E 处受杆 AB 的反作用力 $\boldsymbol{F}_{Ex}'$ 和 $\boldsymbol{F}_{Ey}'$ 的作用，且 $\boldsymbol{F}_{Ex}' = -\boldsymbol{F}_{Ex}$，$\boldsymbol{F}_{Ey}' = -\boldsymbol{F}_{Ey}$；$D$ 处受铰链约束反力 $\boldsymbol{F}_{Dx}$、$\boldsymbol{F}_{Dy}$ 作用。杆 CD 的受力图如图 2-38(c)所示。

(3)取滑轮为研究对象。其上受绳索的拉力 $\boldsymbol{F}_{TK}$ 和 $\boldsymbol{F}_{TH}$ 以及铰链 D 处的约束反作用力 $\boldsymbol{F}_{Dx}'$ 和 $\boldsymbol{F}_{Dy}'$ 作用，且 $\boldsymbol{F}_{Dx}' = -\boldsymbol{F}_{Dx}$、$\boldsymbol{F}_{Dy}' = -\boldsymbol{F}_{Dy}$、$F_{TH} = F_G$。滑轮的受力图如图 2-38(d)所示。

(4)取整体为研究对象。其上作用的主动力为 $\boldsymbol{F}_{TH}$，约束反力为 $\boldsymbol{F}_{Ax}$、$\boldsymbol{F}_{Ay}$、$\boldsymbol{F}_B$ 和 $\boldsymbol{F}_{TK}$。铰链 C、E、D 处所受的均为成对的内力，故不必画出。整体的受力图如图 2-38(e)所示。

通过以上例题分析，现将画受力图的注意点归纳如下：

(1)必须明确研究对象。明确对哪个物体进行受力分析，并取出分离体。

(2)正确确定研究对象受力的个数。由于力是物体间相互的机械作用，因此每画一个力都应明确它是哪一个物体施加给研究对象的，决不能凭空产生，也不可漏画任何一个力。凡是研究对象与周围物体相接触的地方，都一定存在约束反力。

(3)要根据约束的类型分析约束反力。根据约束的性质确定约束反力的作用位置和方向，决不能主观臆测。有时可利用二力杆或三力平衡汇交定理确定某些未知力的方向。

（4）在分析物体系统受力时应注意三点：①当研究对象为整体或为其中某几个物体的组合时，研究对象内各物体间相互作用的内力不要画出，只画研究对象以外物体对研究对象的作用力；②分析两物体间相互作用的力时，应遵循作用与反作用关系，作用力方向一经确定，则反作用力方向必与之相反，不可再假设指向；③同一个力在不同的受力图上表示要完全一致。同时，注意在画受力图时不要运用力的等效变换或力的可传性改变力的作用位置。

思考题

2-1　试说明下列式子的意义与区别：

（1）$\boldsymbol{F}_1=\boldsymbol{F}_2$ 和 $F_1=F_2$。

（2）$\boldsymbol{F}_R=\boldsymbol{F}_1+\boldsymbol{F}_2$ 和 $F_R=F_1+F_2$。

2-2　作用于刚体上大小相等、方向相同的两个力对刚体的作用是否等效？

2-3　二力平衡公理和作用与反作用定律中，作用于物体上的二力都是等值、反向、共线，其区别在哪里？

2-4　力的可传性原理在什么情形下是正确的？在什么情形下是不正确的？对于图示结构，作用在杆 AC 上 D 点的力 $\boldsymbol{F}$ 能不能沿其作用线传至杆 BC 上的 E 点？为什么？

2-5　等直杆 AB 重为 F_G，A 端靠在光滑墙面上，B 端用绳索拴在墙上。试问在图示位置时，AB 杆能否平衡？为什么？

2-6　判断下列说法是否正确：

（1）物体相对于地球静止时，物体一定平衡；物体相对于地球运动时，则物体一定不平衡。

（2）桌子压地板，地板以反作用力支撑桌子，二力大小相等、方向相反且共线，所以桌子平衡。

（3）合力一定比分力大。

（4）二力杆是指两端用铰链连接的直杆。

2-7　平面中的力矩与力偶矩有什么异同？

2-8　图中杆 AC、BC 和销钉 C 的受力图应如何画？

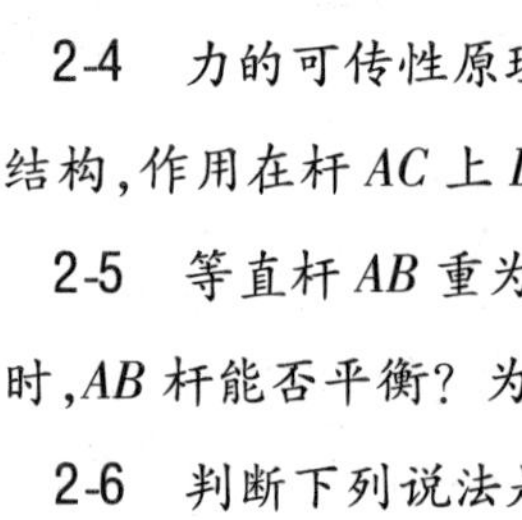

思 2-4 图

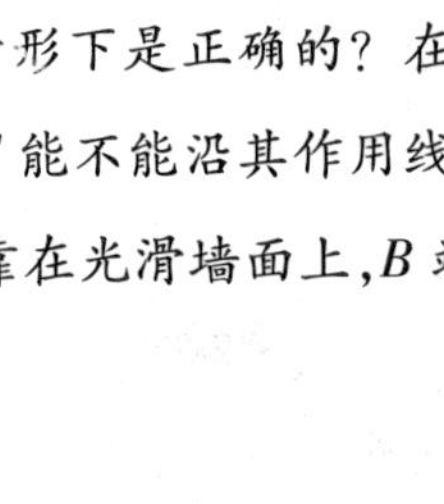

思 2-5 图

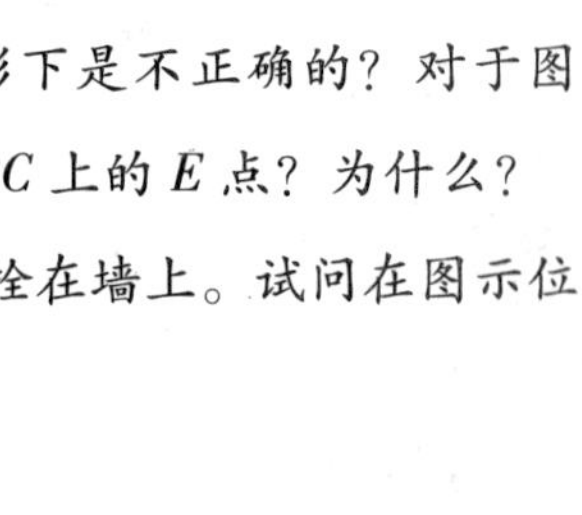

思 2-8 图

2-9　下列各物体受力图是否正确？若有错误请改正。

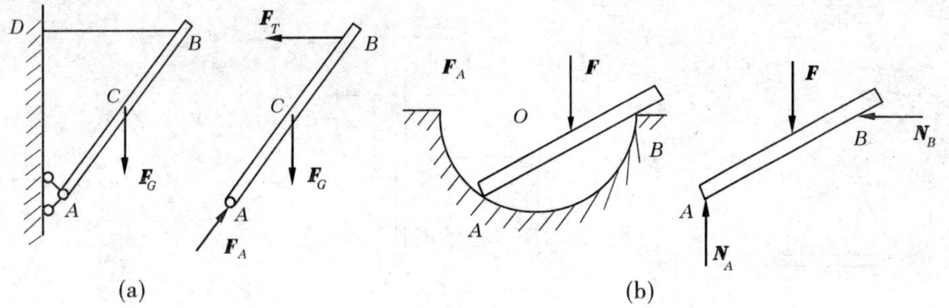

思 2-9 图

习　题

2-1　画出下列物体的受力图。未画重力的物体的重量均不计，所有接触处都为光滑接触。

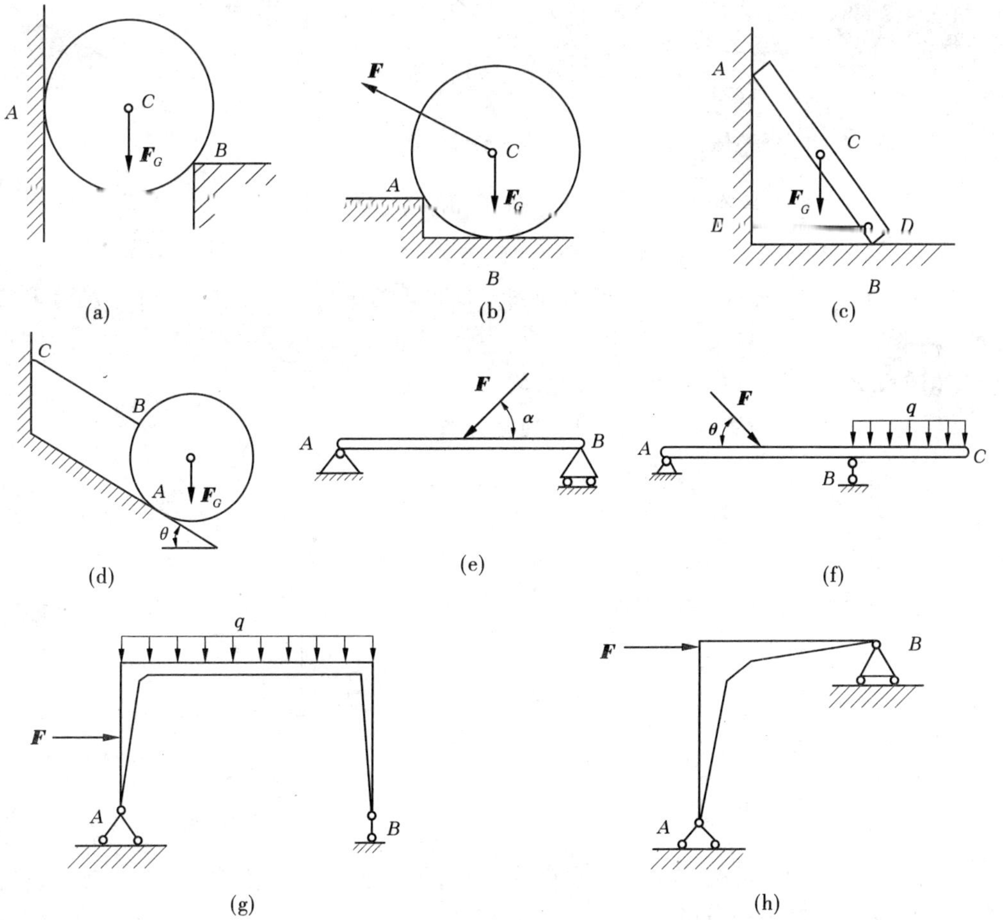

题 2-1 图

2-2　画下列各指定物体的受力图。未画重力的物体的重量均不计，所有接触处的摩擦均不计。

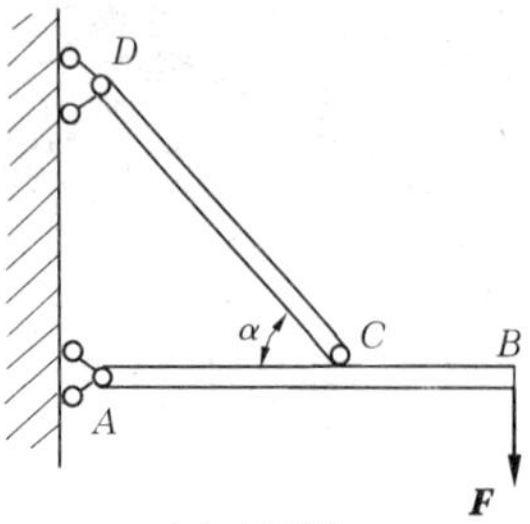

(a) AB杆

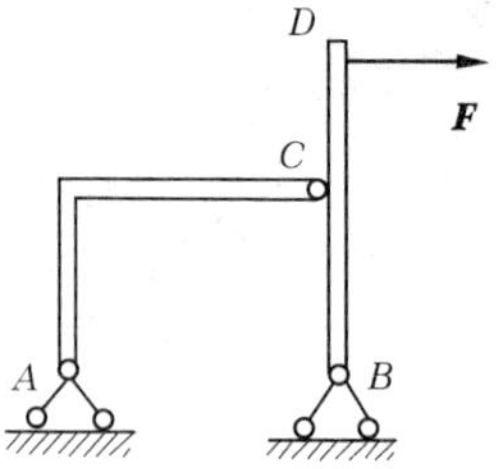

(b) BD杆

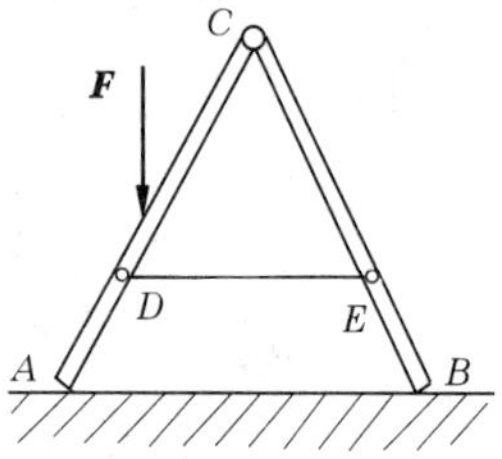

(c) AC杆、BC杆、整体

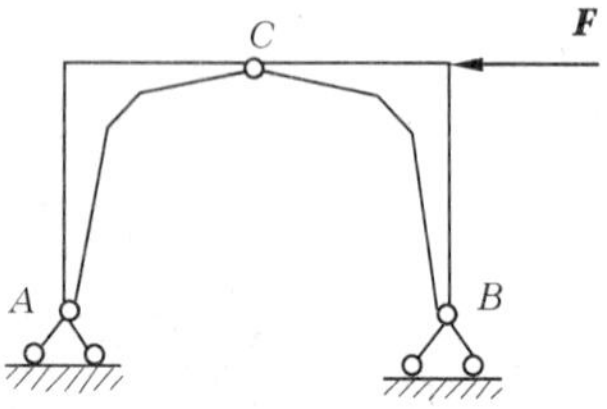

(d) AC杆、BC杆、整体

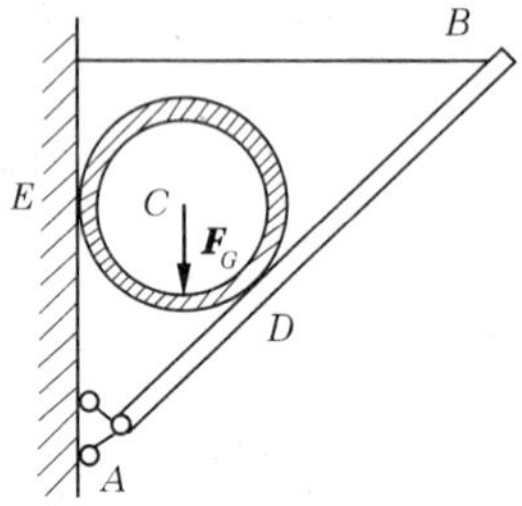

(e) AB杆、圆管

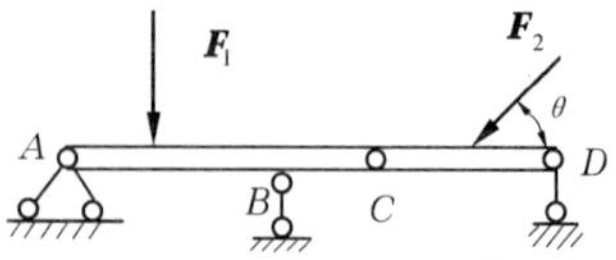

(f) AC杆、CD杆、整体

题 2-2 图

2-3　画出图示平面构架 AC 杆、ADB 杆、整体的受力图。

2-4　图示为一排水孔闸门的计算简图。闸门重为 $\boldsymbol{F}_G$，作用于其重心 C。$\boldsymbol{F}$ 为闸门所受的总水压力，$\boldsymbol{F}_T$ 为启门力。试画出：

（1）当 $\boldsymbol{F}_T$ 不够大，未能启动闸门时，闸门的受力图。

（2）当 $\boldsymbol{F}_T$ 刚好将闸门启动时，闸门的受力图。

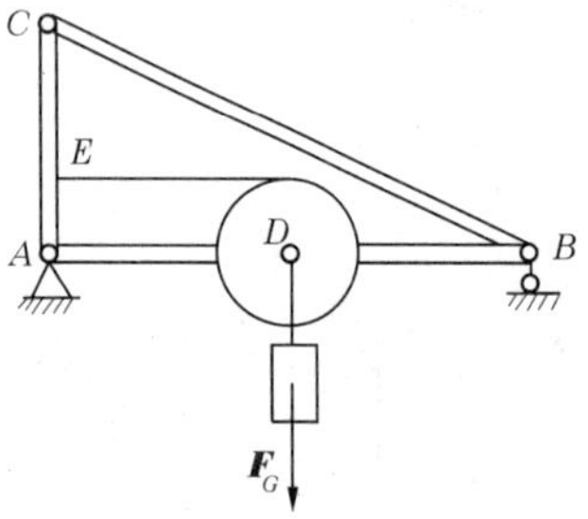

题 2-3 图

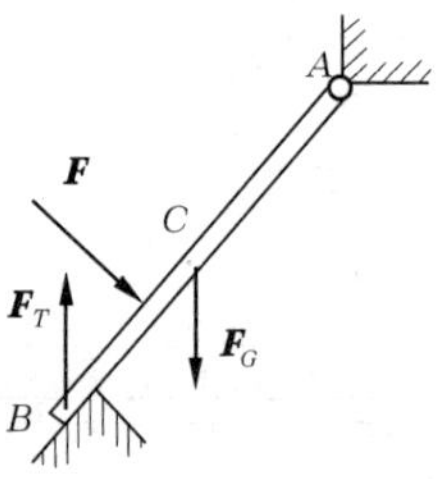

题 2-4 图

2-5　一重为 $\boldsymbol{F}_{G1}$ 的起重机停放在两跨梁上，被起重物体重为 $\boldsymbol{F}_{G2}$。试分别画出起重机、梁 AC 和梁 CD 的受力图。梁的自重不计。

2-6　计算下列图中力 $\boldsymbol{F}$ 对 O 点之矩。

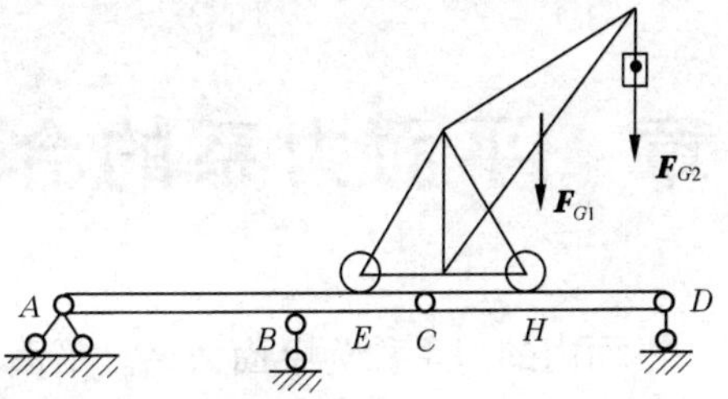

题 2-5 图

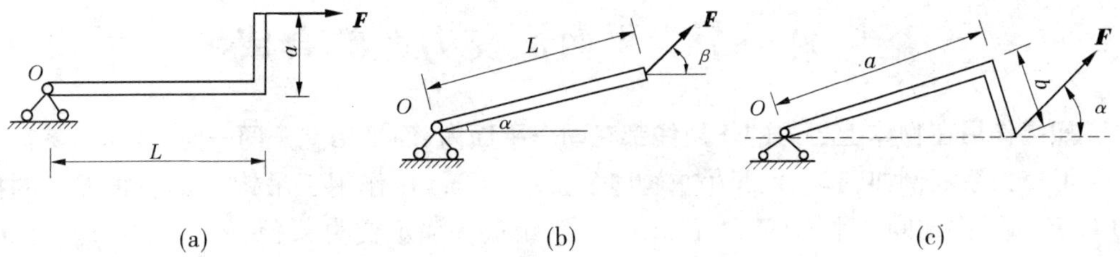

题 2-6 图

2-7　挡土墙如图所示，已知单位长墙重 $F_G = 95$ kN，墙背土压力 $F = 66.7$ kN。试计算各力对前趾点 A 的力矩，并判断墙是否会倾倒。

2-8　如图所示，两水池由闸门板分开，闸门板与水平面成 60°角，板长 2.4 m。右池无水，左池总水压力 $\boldsymbol{F}$ 垂直于板作用于 C 点，$\boldsymbol{F}_T$ 为启门力。试写出两力对 A 点之矩的计算式。

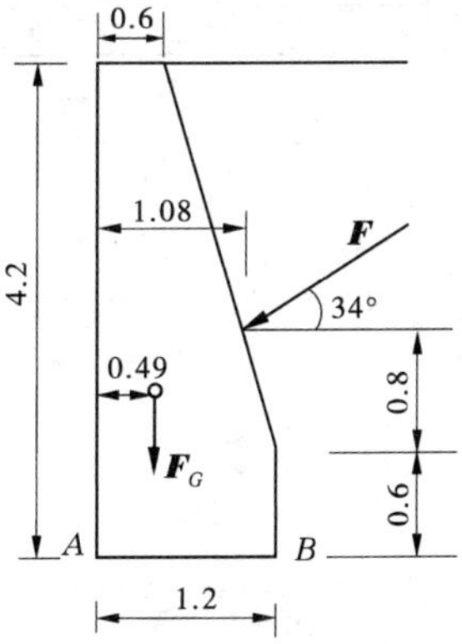

题 2-7 图　（单位：m）

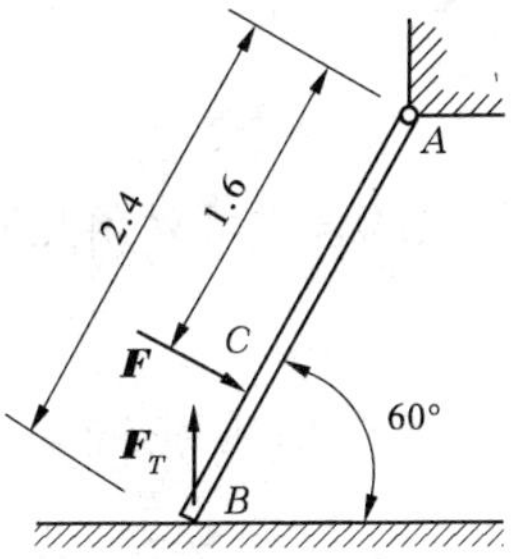

题 2-8 图　（单位：m）

第三章　平面力系的合成与平衡

各力的作用线都在同一平面内的力系称为**平面力系**。平面力系又可以分为平面汇交力系、平面力偶系和平面一般力系等几种情况。本章讨论各种平面力系的合成与平衡问题。

第一节　平面汇交力系的合成

如果作用在物体上各力的作用线都在同一平面内，而且相交于同一点，则该力系称为平面汇交力系。例如，起重机起吊重物时(见图3-1(a))，作用于吊钩 C 的三根绳索的拉力 $\boldsymbol{F}$、$\boldsymbol{F}_A$、$\boldsymbol{F}_B$ 都在同一平面内，且汇交于一点，组成平面汇交力系(见图3-1(b))。又如，如图3-2所示的桁架的结点作用有 $\boldsymbol{F}_1$、$\boldsymbol{F}_2$、$\boldsymbol{F}_3$、$\boldsymbol{F}_4$ 四个力，且相交于 O 点，也构成平面汇交力系。

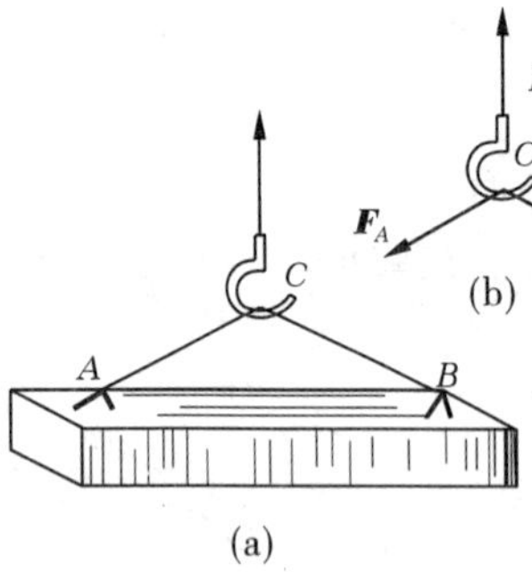

图3-1

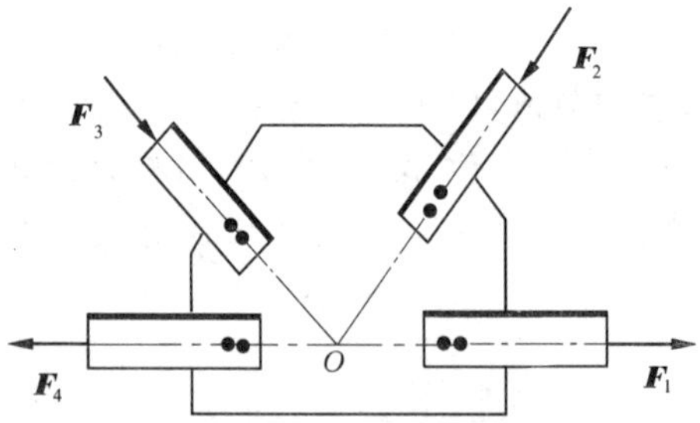

图3-2

平面汇交力系的合成可采用**几何法**和**解析法**。这里仅讨论以力在坐标轴上的投影为基础的解析法。

一、力在平面直角坐标轴上的投影

如图3-3所示，在力 $\boldsymbol{F}$ 作用的平面内建立直角坐标系 xOy。由力 $\boldsymbol{F}$ 的起点 A 和终点 B 分别向 x 轴引垂线，得垂足 a、b，则线段 ab 冠以适当的正负号称为力 $\boldsymbol{F}$ 在 x 轴上的**投影**，用 F_x 表示，即 $F_x = \pm ab$；同理，力 $\boldsymbol{F}$ 在 y 轴上的投影 $F_y = \pm a'b'$。

投影的正负号规定如下：若从起点到终点的方向与轴正向一致，投影取正号；反之，取负号。由图3-3 (a)、(b)可知，投影 F_x 和 F_y 可用式(3-1)计算

$$\left.\begin{aligned} F_x &= \pm F\cos\alpha \\ F_y &= \pm F\sin\alpha \end{aligned}\right\} \tag{3-1}$$

式中，α 为力 $\boldsymbol{F}$ 与 x 轴正向所夹的锐角。力在轴上的投影为代数量，**投影的大小等于力的**

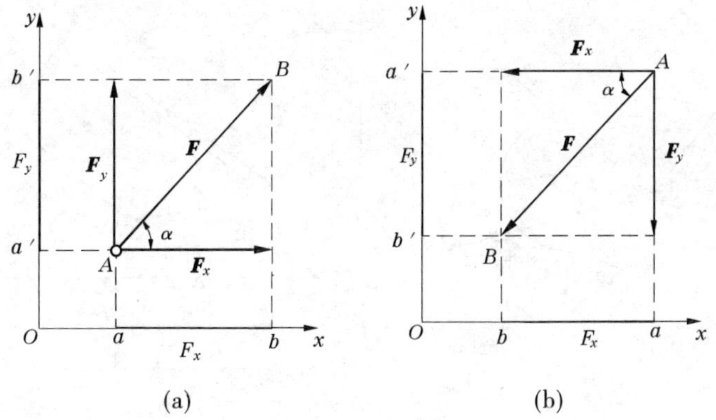

图 3-3

大小乘以力与轴所夹锐角的余弦,其正负可根据上述规则直观判断确定。

图3-3(a)、(b)还画出了力 $\boldsymbol{F}$ 沿直角坐标轴方向的分力 $\boldsymbol{F}_x$ 和 $\boldsymbol{F}_y$。应当注意的是,力的投影 F_x、F_y 与力的分力 $\boldsymbol{F}_x$、$\boldsymbol{F}_y$ 是不同的,力的投影只有大小和正负,它是标量;而力的分力是矢量,有大小,有方向,其作用效果还与作用点或作用线有关。当 Ox、Oy 轴垂直时,力沿坐标轴分力的大小与力在轴上投影的绝对值相等,投影为正号时表示分力的指向和坐标轴的指向一致,而当投影为负号时,则表示分力指向与坐标轴指向相反。

【例 3-1】 已知 $F_1=100\text{ N}, F_2=50\text{ N}, F_3=60\text{ N}, F_4=80\text{ N}$,各力方向如图3-4所示。试分别求出各力在 x 轴和 y 轴上的投影。

解:由式(3-1)可求出各力在 x、y 轴上的投影

$$F_{1x}=F_1\cos30°=100\times0.866=86.6(\text{N})$$
$$F_{1y}=F_1\sin30°=100\times0.5=50(\text{N})$$
$$F_{2x}=F_2\times3/5=50\times0.6=30(\text{N})$$
$$F_{2y}=-F_2\times4/5=-50\times0.8=-40(\text{N})$$
$$F_{3x}=0$$
$$F_{3y}=F_3=60(\text{N})$$
$$F_{4x}=F_4\cos135°=-80\times0.707=-56.56(\text{N})$$
$$F_{4y}=F_4\sin135°=80\times0.707=56.56(\text{N})$$

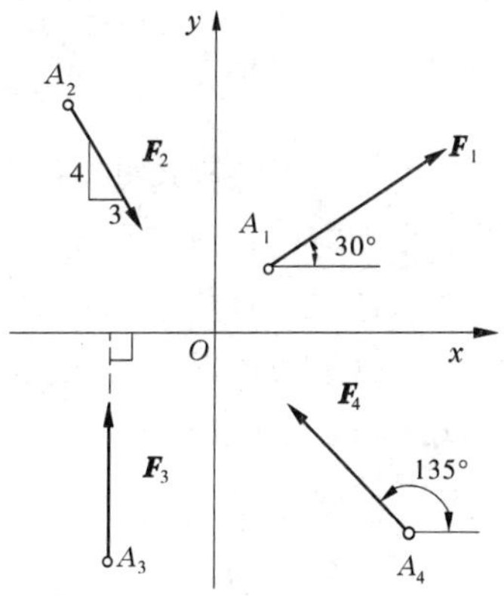

图 3-4

二、合力投影定理

设刚体受一平面汇交力系 $\boldsymbol{F}_1$、$\boldsymbol{F}_2$、$\boldsymbol{F}_3$ 作用,如图3-5(a)所示。在力系所在平面内作直角坐标系 xOy,从任一点 A 作力多边形 $ABCD$,如图3-5(b)所示。

图中:$\overline{AB}=\boldsymbol{F}_1, \overline{BC}=\boldsymbol{F}_2, \overline{CD}=\boldsymbol{F}_3, \overline{AD}=\boldsymbol{F}_R$。

各分力及合力在 x 轴上的投影分别为

$$F_{1x}=ab \qquad F_{2x}=bc \qquad F_{3x}=-cd \qquad F_{Rx}=ad$$

由图可知:$F_R=ad=ab+bc-cd$。

由此可得

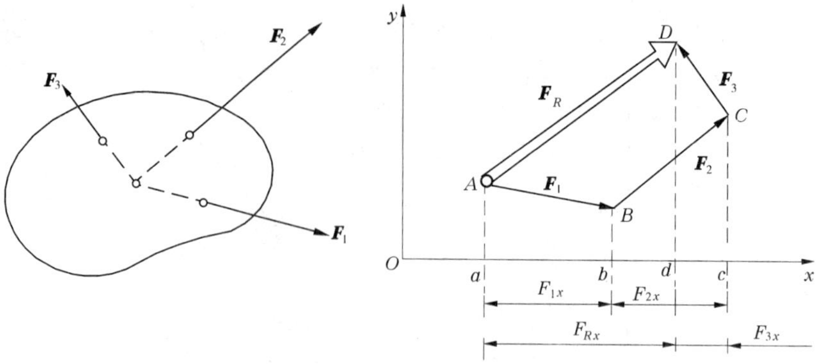

(a)　　　　　　　　　　　　(b)

图 3-5

$$F_{Rx} = F_{1x} + F_{2x} + F_{3x}$$

同理,合力与各分力在 y 轴上的投影关系是

$$F_{Ry} = F_{1y} + F_{2y} + F_{3y}$$

将上述关系推广到由 n 个力 $\boldsymbol{F}_1,\boldsymbol{F}_2,\cdots,\boldsymbol{F}_n$ 组成的平面汇交力系,则有

$$\left.\begin{aligned} F_{Rx} &= F_{1x} + F_{2x} + \cdots + F_{nx} = \sum F_x \\ F_{Ry} &= F_{1y} + F_{2y} + \cdots + F_{ny} = \sum F_y \end{aligned}\right\} \tag{3-2}$$

合力在任一轴上的投影等于各分力在同一轴上的投影的代数和。这就是合力投影定理。

三、平面汇交力系的合成

由多边形法则可知,平面汇交力系可以合成为通过汇交点的合力,现用解析法求合力的大小和方向。设有平面汇交力系 $\boldsymbol{F}_1,\boldsymbol{F}_2,\cdots,\boldsymbol{F}_n$,如图 3-6(a)所示,在力系所在的平面内任意选取一直角坐标系 xOy,为了方便,取力系的汇交点为坐标原点。应用合力投影定理,即式(3-2)可求合力在正交轴上的投影 F_{Rx} 和 F_{Ry}。由图 3-6(b)中的几何关系,可得出合力 F_R 的大小和方向为

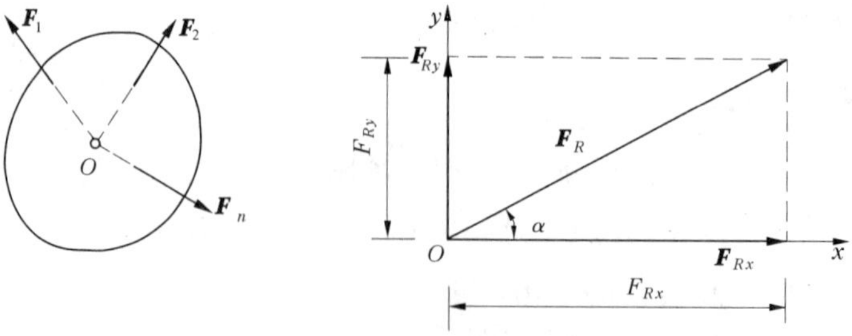

(a)　　　　　　　　　　　　(b)

图 3-6

$$\left.\begin{aligned} F_R &= \sqrt{F_{Rx}^2 + F_{Ry}^2} = \sqrt{(\sum F_x)^2 + (\sum F_y)^2} \\ \tan\alpha &= \left|\frac{F_{Ry}}{F_{Rx}}\right| = \left|\frac{\sum F_y}{\sum F_x}\right| \end{aligned}\right\} \quad (3\text{-}3)$$

式中，α 为合力 $\boldsymbol{F}_R$ 与 x 轴所夹的锐角，合力的指向由 $\sum F_x$ 和 $\sum F_y$ 的正负号决定，合力作用线通过力系的汇交点。

【例 3-2】　求图 3-7 所示平面汇交力系的合力。

解：取直角坐标系如图 3-7 所示，合力 $\boldsymbol{F}_R$ 在坐标轴上的投影为

$$F_{Rx} = \sum F_x = -400 + 250 \times \cos45° - 200 \times 4/5 = -383.2(\text{N})$$

$$F_{Ry} = \sum F_y = 250 \times \sin45° - 500 + 200 \times 3/5 = -203.2(\text{N})$$

$$F_R = \sqrt{F_{Rx}^2 + F_{Ry}^2} = 433.7(\text{N})$$

$$\alpha = \arctan(203.2/383.2) = 27.9°$$

因 F_{Rx}、F_{Ry} 均为负值，所以 $\boldsymbol{F}_R$ 在第三象限，如图 3-7 所示。

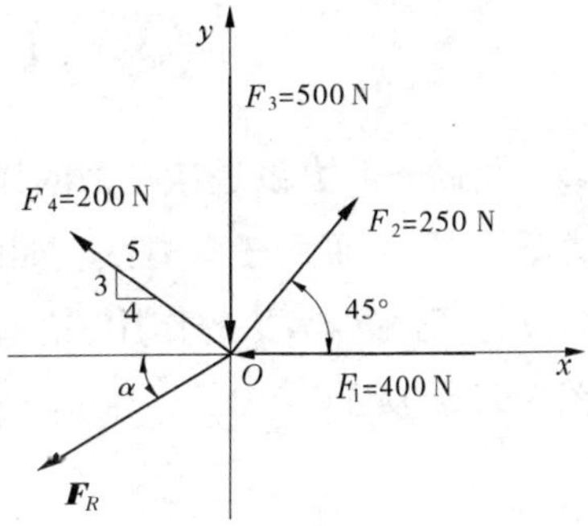

图 3-7

第二节　平面力偶系的合成

作用在同一平面内的若干个力偶组成的力系称为**平面力偶系**。设在物体某平面内作用两个力偶 m_1 和 m_2（图 3-8(a)），根据平面力偶等效的性质及推论，将上述力偶进行等效变换。为此，任选一线段 $AB = d$ 作为公共力偶臂，变换后的等效力偶中各力的大小分别为

$$F_1 = F_1' = m_1/d \qquad F_2 = F_2' = m_2/d$$

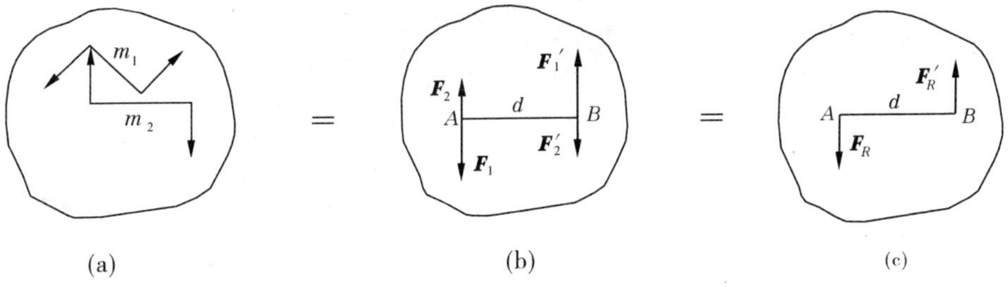

图 3-8

再将图 3-8(b) 中作用在 A 点和 B 点的力合成（设 $F_1 > F_2$）得

$$F_R = F_1 - F_2$$

$$F_R' = F_1' - F_2'$$

由于 $\boldsymbol{F}_R$ 与 $\boldsymbol{F}_R'$ 等值、反向且不共线，故组成一新力偶 $(\boldsymbol{F}_R, \boldsymbol{F}_R')$，如图 3-8(c) 所示。此力偶与原力偶系等效，称为原力偶系的合力偶。其力偶矩为

$$m = F_R \cdot d = (F_1 - F_2)d = m_1 + m_2$$

将上述关系推广到由 n 个力偶 $m_1, m_2, \cdots, m_n$ 组成的平面力偶系，则有

$$m = m_1 + m_2 + \cdots + m_n = \sum_{i=1}^{n} m_i \tag{3-4}$$

平面力偶系可以合成为一个合力偶，合力偶的力偶矩等于各分力偶矩的代数和。

第三节　平面一般力系的合成

平面一般力系是指各力的作用线在同一平面内但不都汇交于一点也不都互相平行的力系，又称为平面任意力系。如图 3-9(a)所示屋架，屋架受重力荷载 $\boldsymbol{F}_1$，风荷载 $\boldsymbol{F}_2$ 及支座反力 $\boldsymbol{F}_{Ax}$、$\boldsymbol{F}_{Ay}$、$\boldsymbol{F}_B$ 的作用，这些力的作用线都在屋架的平面内，组成一个平面力系，如图 3-9(b)所示。

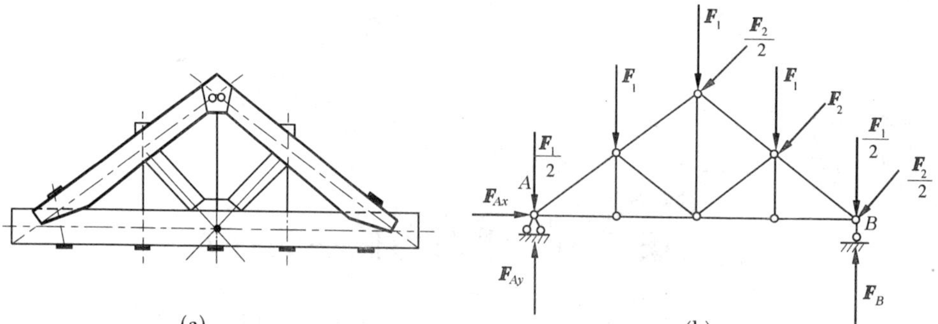

(a)　　　　(b)

图 3-9

又如图 3-10(a)所示水坝，通常取单位长度的坝段进行受力分析，并将坝段所受的重力、水压力和地基反力简化为作用于坝段对称平面内的一个平面力系，如图 3-10(b)所示。本节将讨论平面一般力系的合成问题。

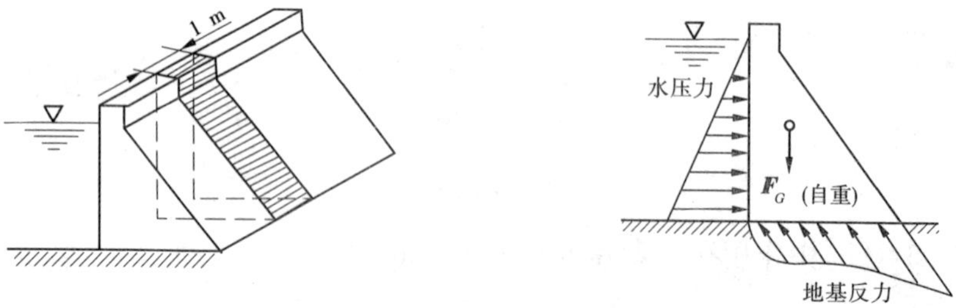

(a)　　　　(b)

图 3-10

一、平面一般力系的简化

设在某刚体上作用一平面任意力系 $\boldsymbol{F}_1,\boldsymbol{F}_2,\cdots,\boldsymbol{F}_n$，如图 3-11(a)所示。在力系所在平面内选一点 O 作为简化中心。根据力的平移定理，将力系中各力向简化中心 O 点平移，同时附加相应的力偶，于是原力系就等效地变换为作用于简化中心 O 点的平面汇交力系 $\boldsymbol{F}_1',\boldsymbol{F}_2',\cdots,\boldsymbol{F}_n'$ 和力偶矩分别为 $m_1,m_2,\cdots,m_n$ 的力偶组成的附加平面力偶系(见图 3-11(b))。其中，$F_1'=F_1,F_2'=F_2,\cdots,F_n'=F_n;m_1=m_O(\boldsymbol{F}_1),m_2=m_O(\boldsymbol{F}_2),\cdots,m_n=m_O(\boldsymbol{F}_n)$。分别将这两个力系合成，如图 3-11(c)所示。

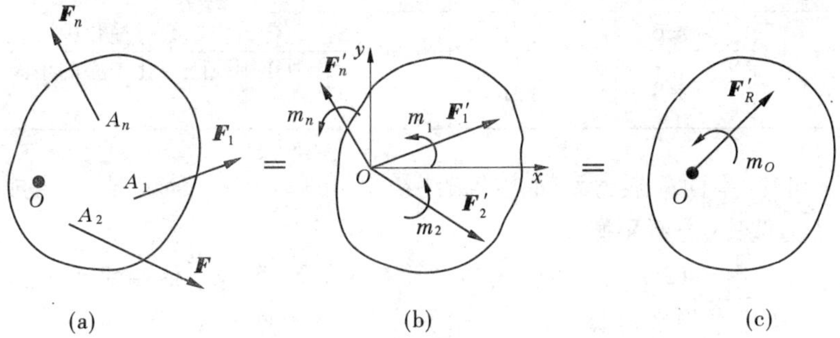

图 3-11

(一)主矢

作用在简化中心的平面汇交力系可以合成为一个合力，合力为

$$\boldsymbol{F}_R'=\boldsymbol{F}_1'+\boldsymbol{F}_2'+\cdots+\boldsymbol{F}_n'=\sum \boldsymbol{F}'=\sum \boldsymbol{F}$$

即合力矢等于原力系所有各力的矢量和。力矢 $\boldsymbol{F}_R'$称为原力系的**主矢**，其大小和方向可用解析法计算。主矢 $\boldsymbol{F}_R'$在直角坐标轴上的投影为

$$F_{Rx}'=\sum F_x'=\sum F_x$$

$$F_{Ry}'=\sum F_y'=\sum F_y$$

则

$$\left.\begin{aligned} F_R' &= \sqrt{(F_{Rx}')^2+(F_{Ry}')^2}=\sqrt{(\sum F_x)^2+(\sum F_y)^2} \\ \tan\alpha &= \left|F_{Ry}'/F_{Rx}'\right|=\left|\sum F_y/\sum F_x\right| \end{aligned}\right\} \tag{3-5}$$

(二)主矩

附加平面力偶系可以合成为一个合力偶，合力偶矩为

$$\begin{aligned} m_O &= m_1+m_2+\cdots+m_n \\ &= m_O(\boldsymbol{F}_1)+m_O(\boldsymbol{F}_2)+\cdots+m_O(\boldsymbol{F}_n)=\sum m_O(\boldsymbol{F}) \end{aligned} \tag{3-6}$$

即合力偶矩等于原力系所有各力对简化中心 O 力矩的代数和。m_O 称为原力系对简化中心的**主矩**。显然，主矩的大小和转向与简化中心位置有关。应当注意的是，一般情况下，

向 O 点简化所得的主矢或主矩，并不是原力系的合力或合力偶，它们中的任何一个并不与原力系等效。

二、平面一般力系的简化结果讨论

平面一般力系简化的结果有四种情况，见表 3-1。

表 3-1

主矢	主矩		最后结果	与简化中心的关系
$F'_R=0$	1	$m\neq0$	合力偶	与简化中心无关
	2	$m=0$	平衡	与简化中心无关
$F'_R\neq0$	3	$m=0$	合力	合力作用线过简化中心
	4	$m\neq0$	合力	合力作用线距简化中心的距离为 $d=\vert m\vert/F'_R$

由表 3-1 可见，平面一般力系简化的最终结果，可归纳为三种情况：**①合成为一个力；②合成为一个力偶；③力系平衡**。

【例 3-3】 如图 3-12 所示，一桥墩顶部受到两边桥梁传来的铅垂力 $F_1=1\ 940$ kN，$F_2=800$ kN，以及机车传来的制动力 $F_H=193$ kN。桥墩自重 $W=5\ 280$ kN，风荷载 $F_W=140$ kN，各力的作用线如图 3-12(a)所示。求这些力向基础中心 O 简化的最终结果。

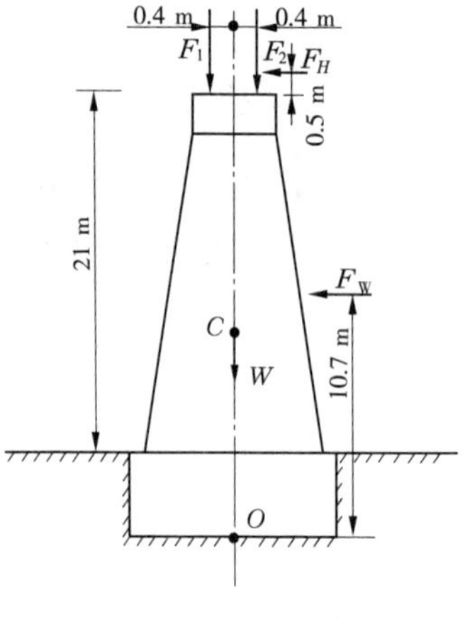

(a)桥墩受力图

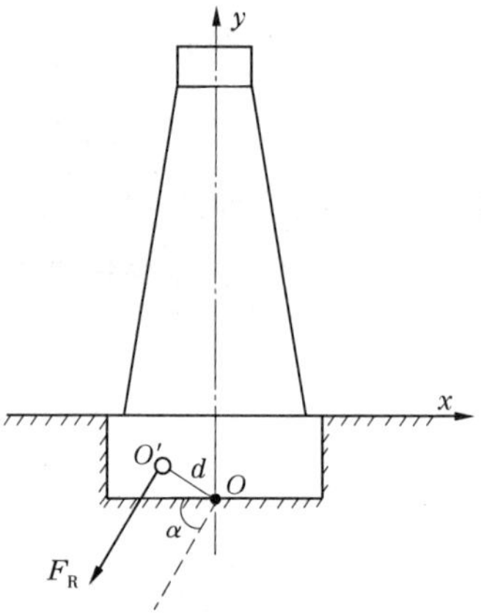

(b)桥墩受力简图

图 3-12

解：以桥墩基础中心 O 为简化中心，以点 O 为原点取直角坐标系 xOy，如图 3-12(b)所示，主矢的大小和方向计算如下：

$$\sum F_x=-F_H-F_W=-333(\text{kN})$$

$$\sum F_y=-F_1-F_2-W=-8\ 020(\text{kN})$$

得主矢大小为

$$F'_R=\sqrt{F_{Rx}^2+F_{Ry}^2}=\sqrt{(\sum F_x)^2+(\sum F_y)^2}=\sqrt{(-333)^2+(-8\ 020)^2}=8\ 027(\text{kN})$$

主矢的方向为

$$\tan\alpha = \left|\frac{\sum F_x}{\sum F_y}\right| = \left|\frac{-8\ 020\ \mathrm{kN}}{-333\ \mathrm{kN}}\right| = 24.084$$

$$\alpha = 87°37'(F'_R \text{ 与 } x \text{ 轴所夹锐角})$$

因均为负值，所以应在第三象限。

力系对 O 点的主矩为

$$m_O = \sum m_O(F_i) = F_1 \times 0.4 - F_2 \times 0.4 + F_{\mathrm{H}} \times 21.5 + F_W \times 10.7$$
$$= 6\ 103.5(\mathrm{kN \cdot m})$$

因 $F'_R \neq 0$，$m_O \neq 0$，故此力系简化的最后结果是一个合力 F_R，它的大小和方向与主矢相同，作用线的位置可由力的平移定理推出，得

$$d = \frac{|m_O|}{F'_R} = 0.76(\mathrm{m})$$

因为主矩为正值(即逆时针转动)，故合力 F_R 在简化中心的左边点处，如图 3-12(b)所示。该合力 F_R 全部由基础承受，根据此合力可进行基础强度校核，并进一步研究基础的沉降和桥墩的稳定问题。

第四节　平面一般力系的平衡

一、平面一般力系的平衡条件、平衡方程及其应用

由上节可知，平面一般力系向一点简化的结果之一是：主矢和主矩同时等于零。主矢 $F'_R = 0$，表明作用于简化中心 O 的平面汇交力系为平衡力系；主矩 $m_O = 0$，表明附加力偶系也是平衡力系，所以原力系必为平衡力系。因此，F'_R 与 m_O 同时等于零，是力系平衡的充分条件。

反过来，如果物体处于平衡状态，平面任意力系的主矢、主矩必同时等于零。因为，如果 $F'_R \neq 0$ 或 $m_O \neq 0$，则平面任意力系就可合成为一个合力或合力偶，于是刚体就不能保持平衡。所以，$F'_R = 0$ 和 $m_O = 0$ 又是平面任意力系平衡的必要条件。

因此，**平面一般力系平衡的必要和充分条件是：力系的主矢和力系对任一点的主矩都等于零**，即

$$F'_R = 0 \qquad m_O = 0$$

由于　$F'_R = \sqrt{(\sum F_x)^2 + (\sum F_y)^2} \qquad m_O = \sum m_O(\boldsymbol{F})$

于是平面一般力系的平衡方程为

$$\left.\begin{array}{l} \sum F_x = 0 \\ \sum F_y = 0 \\ \sum m_O(\boldsymbol{F}) = 0 \end{array}\right\} \tag{3-7}$$

式(3-7)为**平面一般力系平衡方程的基本形式**。它表明：平面一般力系平衡的必要与

充分条件是:**力系所有各力在两个任选的坐标轴上投影的代数和等于零,以及力系的各力对其作用平面内任一点力矩的代数和也等于零**。

平面力系的平衡方程除式(3-7)的基本形式外,还有二力矩式方程和三力矩式方程。若将式(3-7)中两个投影方程中的某一个用力矩式方程代替,则可得到下列**二力矩式平衡方程**:

$$\sum F_x = 0(或\sum F_y = 0) \quad \sum m_A(\boldsymbol{F}) = 0 \quad \sum m_B(\boldsymbol{F}) = 0 \tag{3-8}$$

附加条件:A、B 连线不能垂直于投影轴。否则,式(3-8)就只是平面任意力系平衡的必要条件,而不是充分条件。

若将式(3-7)中的两个投影方程都用力矩式方程代替,则可得**三力矩式平衡方程**,即

$$\sum m_A(\boldsymbol{F}) = 0 \quad \sum m_B(\boldsymbol{F}) = 0 \quad \sum m_C(\boldsymbol{F}) = 0 \tag{3-9}$$

附加条件:A、B、C 三点不共线。否则,式(3-9)只是平面任意力系平衡的必要条件,而不是充分条件。

上述三组平衡方程中,投影轴和矩心都是可以任意选取的,所以可写出无数个平衡方程,但只要满足其中一组,其余方程就都自动满足,故独立的平衡方程只有三个,最多可求解三个未知量。

【例 3-4】 梁 AB 上受力如图 3-13 所示,已知荷载集度 $q = 100$ N/m,力偶矩 $m = 500$ N·m。求活动铰支 D 和固定铰支 A 的反力。

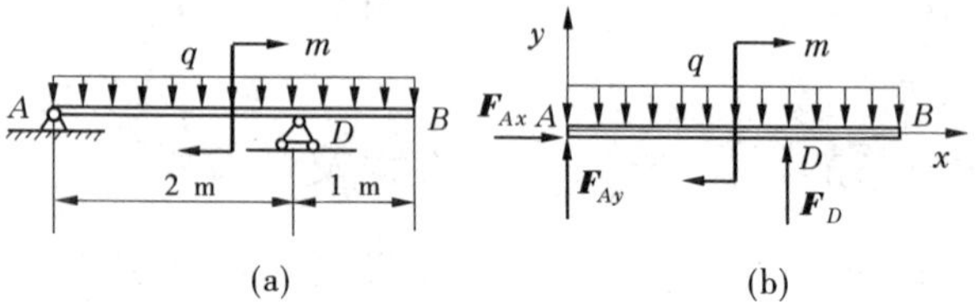

图 3-13

解:(1)取梁 AB 为研究对象,其受力如图 3-13(b)所示。

(2)列平衡方程,求解得:

$$\sum F_x = 0 \quad F_{Ax} = 0$$

$$\sum F_y = 0 \quad F_{Ay} - qL_{AB} + F_D = 0$$

$$\sum m_A(F) = 0 \quad -qL_{AB} \times \frac{L_{AB}}{2} + 2F_D - m = 0$$

计算得:$F_{Ax} = 0$　$F_D = 475$ N　$F_{Ay} = -175$ N

(3)校核:对 D 点求合力偶矩,得

$$\sum m_D(F) = -F_{Ay} \times 2 + q \times 2 \times 1 - m - q \times 1 \times \frac{1}{2} = 0$$

可见,计算无误。

二、几种特殊平面力系的平衡方程

平面汇交力系、平面平行力系和平面力偶系可以看作平面力系的特殊情况。它们的

平衡方程均可由式(3-7)导出。

(一)平面汇交力系

若取汇交点为矩心,则式(3-7)中的力矩式方程自动满足,故其平衡方程为

$$\sum F_x = 0 \qquad \sum F_y = 0 \tag{3-10}$$

由于只有两个方程,所以最多可以求解两个未知量。

【例 3-5】 支架由杆 AB、AC 构成,A、B、C 三处都是铰链,在 A 点悬挂重量为 $F_G=20$ kN 的重物,如图 3-14(a)所示,求杆 AB、AC 所受的力。杆的自重不计。

解:(1)取 A 铰为研究对象。

(2)画 A 铰受力图。如图 3-14(b)所示,因杆 AB、AC 都是二力直杆,它们对铰 A 的约束反作用力都沿着各自的轴线方向,并设为拉力。

(3)建立坐标系。如图 3-14(b)所示,将坐标轴分别和两未知力垂直,使运算简化。

由 $$\sum F_x = 0 \quad -F_{AC} - F_G\cos60° = 0$$

得 $$F_{AC} = -F_G\cos60° = -10\ (\text{kN})(压)$$

由 $$\sum F_y = 0 \quad F_{AB} - F_G\sin60° = 0$$

得 $$F_{AB} = F_G\sin60° = 17.3\ (\text{kN})\ (拉)$$

计算结果 F_{AB} 为正,表示该力实际指向与受力图中假设的指向一致,表明 AB 杆件受拉;F_{AC} 为负,表示该力实际指向与受力图中假设的指向相反,说明杆件 AC 受压。

(二)平面平行力系

对于如图 3-15 所示的平面平行力系 $\boldsymbol{F}_1,\boldsymbol{F}_2,\cdots,\boldsymbol{F}_n$,取 Ox 轴与各力垂直,则式(3-7)中 $\sum F_x=0$ 恒满足,于是独立的平衡方程就只有两个,即

$$\left.\begin{aligned}\sum F_y &= 0\\ \sum m_O(\boldsymbol{F}) &= 0\end{aligned}\right\} \tag{3-11}$$

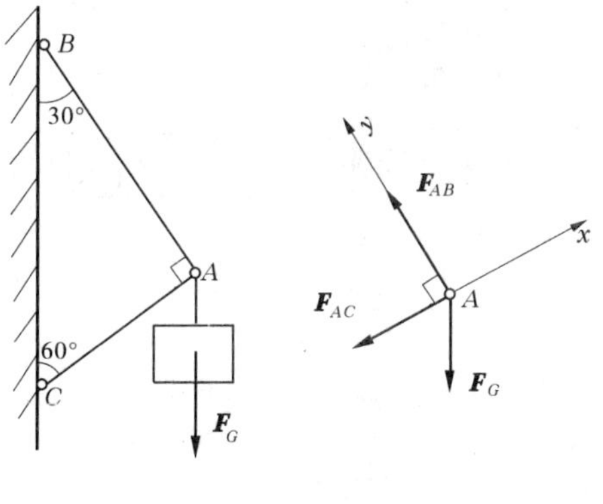

(a)　　(b)

图 3-14

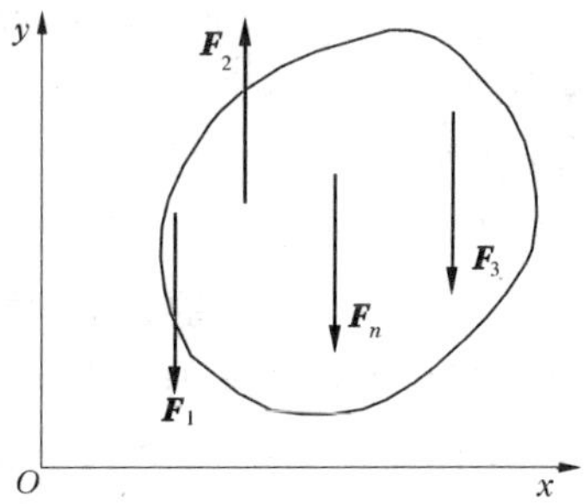

图 3-15

当荷载连续地作用在整个构件或构件的一部分上时,称为**分布荷载**,如水压力、土压力和构件的自重等。如果荷载是分布在一个狭长范围内,则可以把它简化为沿狭长面的中心线分布的荷载,称为**线荷载**。例如,梁的自重就可以简化为沿梁的轴线分布的线荷载。

当各点线荷载的大小都相同时，称为**均布线荷载**；当线荷载各点大小不相同时，称为**非均布线荷载**。

各点荷载的大小用荷载集度 q 表示，某点的荷载集度表示线荷载在该点的密集程度。其常用单位为 N/m 或 kN/m。

可以证明：**按任一平面曲线分布的线荷载，其合力的大小等于分布荷载图的面积，作用线通过荷载图形的形心，合力的指向与分布力的指向相同。**

【例 3-6】 如图 3-16(a) 所示水平梁受荷载 $F=20$ kN、$q=10$ kN/m 作用，梁的自重不计，试求 A、B 处的支座反力。

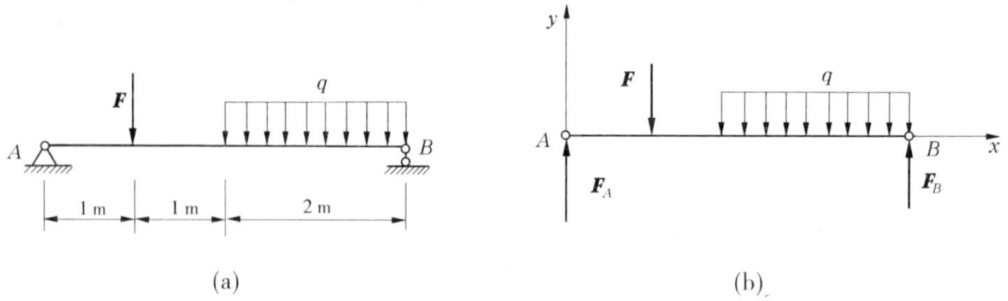

图 3-16

解：(1) 选取研究对象。取梁 AB 为研究对象。

(2) 画受力图。梁上作用的荷载 $\boldsymbol{F}$、q 和支座反力 $\boldsymbol{F}_B$ 相互平行，故支座反力 $\boldsymbol{F}_A$ 必与各力平行，才能保证力系为平衡力系。这样荷载和支座反力组成平面平行力系，如图 3-16(b) 所示。

(3) 列平衡方程并求解。建立坐标系，如图 3-16(b) 所示，由

$$\sum m_A(\boldsymbol{F})=0 \quad F_B\times 4-F\times 1-q\times 2\times 3=0$$

得

$$F_B=q\times 3/2+F/4=10\times 1.5+20/4=20\ (\text{kN})(\uparrow)$$

由 $\sum F_y=0 \quad F_A+F_B-F-q\times 2=0$

得

$$F_A=q\times 2+F-F_B=10\times 2+20-20=20\ (\text{kN})(\uparrow)$$

【例 3-7】 塔式起重机简图如图 3-17 所示。已知机架重量 $F_{G1}=500$ kN，重心 C 至右轨 B 的距离 $e=1.5$ m；起吊重量 $F_{G2}=250$ kN，其作用线至右轨 B 的最远距离 $L=10$ m；两轨间距 $b=3$ m。为使起重机在空载和满载时都不致倾倒，试确定平衡锤的重量 F_{G3}（其重心至左轨 A 的距离 $a=6$ m）。

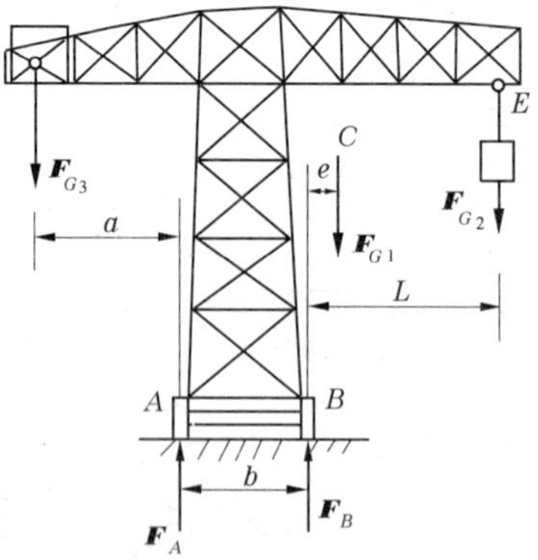

图 3-17

解：为了保证起重机不倾倒，须使作用在起重机上的主动力 $\boldsymbol{F}_{G1}$、$\boldsymbol{F}_{G2}$、$\boldsymbol{F}_{G3}$ 和约束力 $\boldsymbol{F}_A$、$\boldsymbol{F}_B$ 所组成的平面平行力系在满载和空载时都满足平衡条件，因此平衡锤的重量应有一定的范围。

(1) 满载时，若平衡锤重量太小，起重机可能绕 B 点向右倾倒。开始倾倒的瞬间，左轮与轨道 A 脱离接触，这种情形称为临界状态。这

时，$F_A=0$，满足临界状态平衡条件的平衡锤重为所必需的最小平衡锤重 $F_{G3\min}$，于是由

$$\sum m_B(F)=0 \quad F_{G3\min}(a+b)-F_{G1}e-F_{G2}L=0$$

得

$$F_{G3\min}=361\ \text{kN}$$

(2)空载时，$F_{G2}=0$，若平衡锤太重，起重机可能绕 A 点向左倾倒。在临界状态下，$F_B=0$，满足临界状态平衡条件的平衡锤重将是所允许的最大平衡锤重 $F_{G3\max}$，于是由

$$\sum m_A(F)=0 \quad F_{G3\max}a-F_{G1}(e+b)=0$$

得

$$F_{G3\max}=375\ \text{kN}$$

综上所述，为保证起重机在空载和满载时都不倾倒，平衡锤的重量应满足

$$375\ \text{kN}>F_{G3}>361\ \text{kN}$$

(三)平面力偶系

由平面力偶系的合成结果只有一个合力偶可知，若力偶系平衡，其合力偶矩必等于零；反之，若合力偶矩等于零，则原力偶系必定平衡。**平面力偶系平衡的必要和充分条件是：力偶系中所有各力偶的力偶矩的代数和等于零，即**

$$\sum m=m_1+m_2+\cdots+m_n=0 \tag{3-12}$$

【例3-8】 如图3-18(a)所示，梁 AB 上作用有两个力偶，它们的力偶矩分别为 $m_1=15\ \text{kN}\cdot\text{m}$，$m_2=24\ \text{kN}\cdot\text{m}$，$l=6\ \text{m}$。若梁重不计，试求支座 A、B 的约束反力。

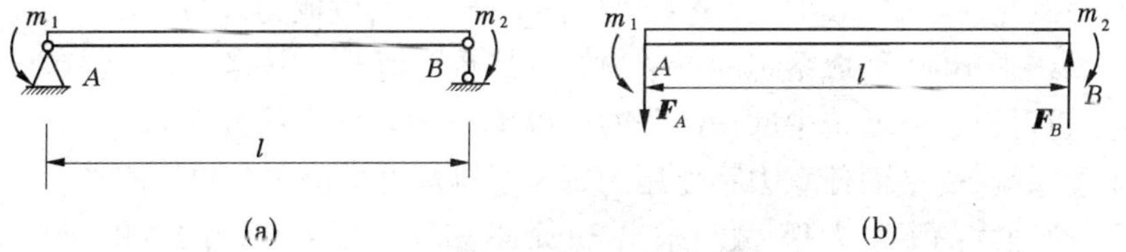

图3-18

解：由支座 B 的性质知，F_B 的作用线通过铰心 B 且与支承面垂直。支座 A 的反力 F_A 作用线通过铰心 A 但方位不能确定。梁上只有两个外力偶的作用，而力偶只能与力偶平衡，因此 F_A 与 F_B 必组成一个力偶。因而，F_A 的作用线必与 F_B 的作用线平行，并且大小相等、方向相反。梁 AB 的受力图如图3-18(b)所示，图中 F_A 与 F_B 的指向是假设的。由平衡方程

$$\sum m=0 \quad m_1-m_2+F_B\cdot l=0$$

得

$$F_B=(m_2-m_1)/l=1.5(\text{kN})\ (\uparrow)$$

所以

$$F_A=1.5(\text{kN})\ (\downarrow)$$

第五节　工程结构的平衡

工程结构通常是由几个构件通过一定的约束联系在一起的系统，这种系统称为物体

系统。如图 3-19(a)所示的三铰拱,就是由左半拱 AC 和右半拱 BC 通过铰 C 连接,并支承在 A、B 支座上而组成的一个物体系统。

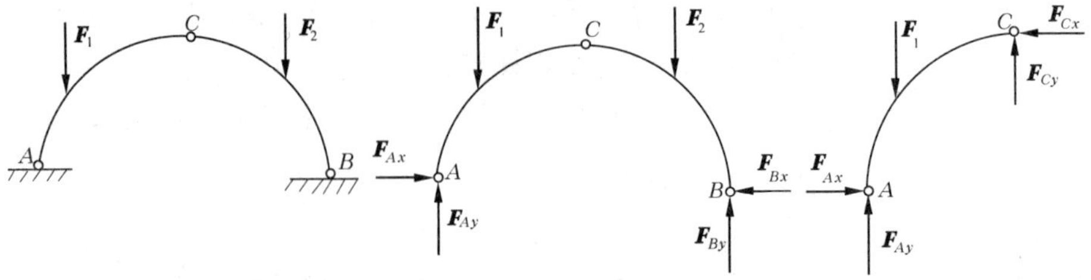

(a)　　(b)　　(c)

图 3-19

研究物体系统的平衡问题,不仅要求解支座反力,而且还需要计算系统内各物体之间的相互作用力。通常把作用在物体系统上的力分为外力和内力。所谓**外力**,就是系统以外的物体作用在这系统上的力;所谓**内力**,就是系统内各物体之间相互作用的力。对整个物体系统来说,内力总是成对出现的,且等值、反向、共线,其作用自行抵消。所以,内力不应出现在整个物体系统的受力图和平衡方程中。如图 3-19(b)中,主动力 $\boldsymbol{F}_1$、$\boldsymbol{F}_2$ 以及 A、B 处的约束反力 $\boldsymbol{F}_{Ax}$、$\boldsymbol{F}_{Ay}$、$\boldsymbol{F}_{Bx}$、$\boldsymbol{F}_{By}$ 都是三铰拱上的外力,而铰 C 处的约束反力属于内力,不必画出。但需要指出,内力与外力的概念是相对的,取决于所选择的研究对象。如图 3-19(c)中,当研究左半拱 AC 时,铰链 C 处的内力 $\boldsymbol{F}_{Cx}$、$\boldsymbol{F}_{Cy}$ 就成为外力了。

当物体系统平衡时,组成系统的每个物体也都是平衡的。因此,可以选取整个系统作为研究对象,也可以选取系统中的一部分物体或单个物体作为研究对象。对于由 n 个物体组成的平衡系统,受平面任意力系作用的每个物体都可列出 3 个独立的平衡方程,整个系统共有 $3n$ 个独立的平衡方程,故可求出 $3n$ 个未知量。当未知量的数目等于或小于独立的平衡方程式数目时,可由平衡方程求解出全部未知力,这类问题称为**静定问题**;当未知量的数目大于平衡方程式数目时,仅由平衡方程无法解出全部未知力,这类问题称为**超静定问题**。下面举例说明物体系统平衡问题的解法。

【例 3-9】 钢筋混凝土三铰刚架受荷载如图 3-20 所示,已知 $q = 12$ kN/m,$F = 24$ kN,求支座 A、B 和铰 C 的约束反力。

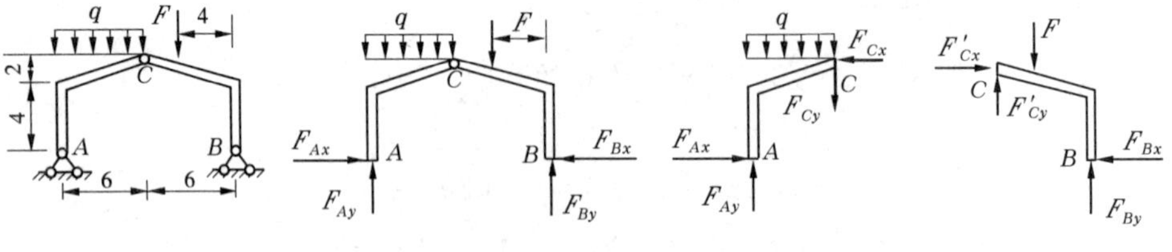

(a)　　(b)　　(c)　　(d)

图 3-20　(单位:m)

解:(1)取整个三铰刚架为研究对象,画出受力图,如图 3-20(b)所示。

由　$\sum m_A=0\quad -q\times6\times3-F\times8+F_{By}\times12=0$

求得　$F_{By}=\frac{1}{12}(q\times6\times3+F\times8)=\frac{1}{12}\times(12\times6\times3+24\times8)=34(\text{kN})(\uparrow)$

由　$\sum m_B=0\quad q\times6\times9+F\times4-F_{Ay}\times12=0$

求得　$F_{Ay}=\frac{1}{12}(q\times6\times9+F\times4)=\frac{1}{12}\times(12\times6\times9+24\times4)=62(\text{kN})(\uparrow)$

由　$\sum F_x=0\quad F_{Ax}-F_{Bx}=0$

求得　$F_{Ax}=F_{Bx}$

(2)取左半刚架为研究对象,画出受力图,如图3-20(c)的所示。

由　$\sum m_C=0\quad F_{Ax}\times6+q\times6\times3-F_{Ay}\times6=0$

求得　$F_{Ax}=\frac{1}{6}(F_{Ay}\times6-q\times6\times3)=\frac{1}{6}\times(62\times6-12\times6\times3)=26(\text{kN})(\rightarrow)$

由　$\sum F_y=0\quad F_{Ay}-F_{Cy}-q\times6=0$

求得　$F_{Cy}=F_{Ay}-q\times6=62-12\times6=-10(\text{kN})(\uparrow)$

由　$\sum F_x=0\quad F_{Ax}-F_{Cx}=0$

求得　$F_{Cx}=F_{Ax}=26(\text{kN})(\leftarrow)$

由　$F_{Ax}=F_{Bx}$

得　$F_{Bx}=F_{Ax}=26(\text{kN})(\leftarrow)$

(3)校核。以右半刚架为研究对象,画出受力图,如图3-20(d)所示。

$$\sum F_x=F'_{Cx}-F_{Bx}=26-26=0$$

$$\sum m_C=-F\times2+F_{By}\times6-F_{Bx}\times6=-24\times2+34\times6-26\times6=0$$

$$\sum F_y=F_{By}+F'_{Cy}-F=34-10-24=0$$

可见计算无误。

【例3-10】　图3-21(a)为一多跨静定梁,C处为中间铰。试求A、B、C、D处的反力。已知$q=0.2$ kN/m,$F=0.4$ kN,梁的自重不计。

解:(1)选取研究对象。若取整个组合梁为研究对象,则有四个未知量,不具备可解条件。若取梁CD为研究对象,未知量仅有三个,都可以求出。因此,解题的顺序是,先取梁CD为研究对象,再取梁AC(或系统$ABCD$)为研究对象,即可求得全部未知量。

(2)画受力图。均布荷载用其合力Q表示,$Q=6q=1.2$ (kN)。

(3)列平衡方程并求解。

先考虑CD的平衡,写出平衡方程

$$\sum F_x=0\quad F_{Cx}-F\cos30^\circ=0$$

得　$F_{Cx}=F\cos30^\circ=0.4\times0.866=0.346(\text{kN})$

$$\sum m_C(\boldsymbol{F})=0\quad 4F_D-2F\sin30^\circ=0$$

得　$F_D=(F/2)\sin30^\circ=0.4/2\times0.5=0.1(\text{kN})$

$$\sum F_y=0\quad F_{Cy}+F_D-F\sin30^\circ=0$$

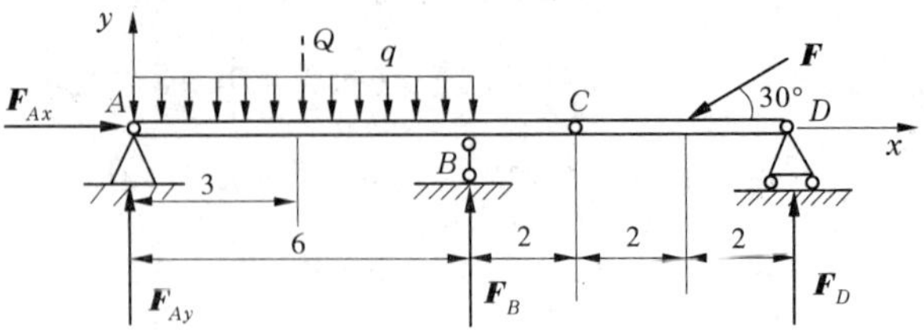

(a)

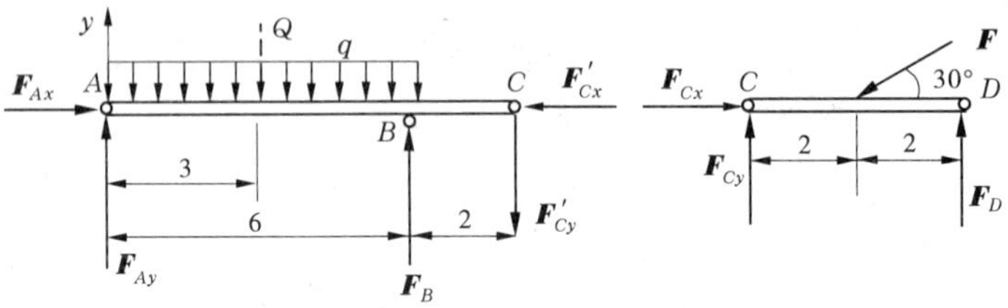

(b)

图 3-21　（单位:m）

得
$$F_{Cy} = F\sin30° - F_D = 0.4 \times 0.5 - 0.1 = 0.1\ (\text{kN})$$

再考虑 AC 的平衡，写出平衡方程

$$\sum F_x = 0 \quad F_{Ax} - F'_{Cx} = 0$$

得
$$F_{Ax} = F'_{Cx} = F_{Cx} = 0.346\ \text{kN}$$

$$\sum m_B(\boldsymbol{F}) = 0 \quad -6F_{Ay} + 3Q - 2F'_{Cy} = 0$$

得
$$F_{Ay} = \frac{Q}{2} - \frac{F'_{Cy}}{3} = 1/2 \times 1.2 - 1/3 \times 0.1 = 0.567\ (\text{kN})$$

$$\sum F_y = 0 \quad F_{Ay} - Q + F_B - F'_{Cy} = 0$$

得
$$F_B = -F_{Ay} + Q + F'_{Cy}$$
$$= -0.567 + 1.2 + 0.1 = 0.733\ (\text{kN})$$

通过以上例题分析，可概括出求解物体系统平衡问题的一般步骤和要点：

(1)弄清题意，判断物体系统的静定性质，确定是否可解。

(2)正确选择研究对象。一般先取整体为研究对象，求得某些约束反力。然后，根据要求的未知量，选择合适的局部或单个物体为研究对象。注意研究对象选取的次序，每次所取的研究对象上未知力的个数，最好不要超过该研究对象所受力系独立平衡方程式的个数，避免求解研究对象的联立方程。

(3)正确画出研究对象的受力图。根据约束的性质和作用与反作用定律，分析研究对象所受的约束力。只画研究对象所受的外力，不画内力。

(4)分别考虑不同的研究对象的平衡条件，建立平衡方程，求解未知量。列平衡方程时，要选取适当的投影轴和矩心，列相应的平衡方程，尽量使一个方程只含一个未知量，以使计算简化。

(5)校核。利用在解题过程中未被选为研究对象的物体进行受力分析，检查是否满足平衡条件,以验证所得结果的正确性。

第六节 考虑摩擦时物体的平衡

前面的讨论中,物体间的接触表面都被看作是绝对光滑的。事实上,接触面间绝对光滑是不可能的,在接触面间多少总有摩擦存在。在一些问题中,摩擦不是主要因素,因而可以不考虑它的影响。但在另一些问题中,如重力坝的抗滑稳定、闸门的启闭及胶带传动等,摩擦是重要的甚至是决定性的因素,就必须考虑。按照接触物体之间相对运动的形式,摩擦可分为滑动摩擦和滚动摩擦两种。本节只讨论滑动摩擦的一些规律。

一、滑动摩擦

(一)静滑动摩擦力和静滑动摩擦定律

当物体接触面间有相对滑动的趋势但仍保持相对静止时,沿接触点公切面彼此作用着阻碍相对滑动的力,称为**静滑动摩擦力**,简称**静摩擦力**,常用 $\boldsymbol{F}$ 表示。

设有 A 物体置于 B 物体上,如图 3-22(a)所示。当 A 物体受重力 $\boldsymbol{F}_G$ 和拉力 $\boldsymbol{F}_T$ 作用时,若接触面是绝对光滑的,则无论 $\boldsymbol{F}_T$ 如何小,物体都将发生沿接触面切向的滑动。事实上,接触面并非绝对光滑,拉力 $\boldsymbol{F}_T$ 较小的时候,物体并不发生滑动,这是因为有静摩擦力 $\boldsymbol{F}$ 起着阻碍作用。A 物体的受力如图 3-22(b)所示。

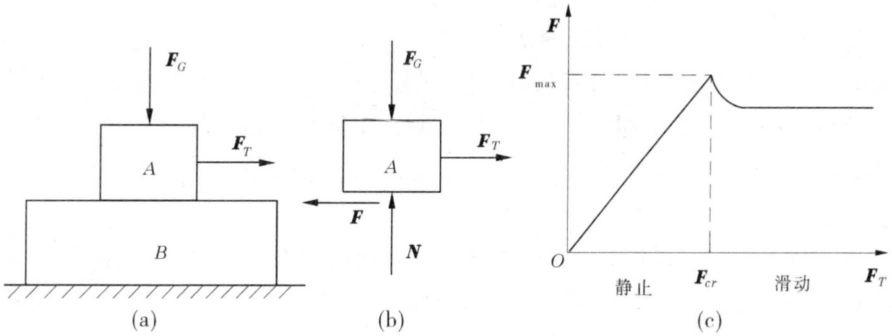

图 3-22

当滑动未发生时,物体 A 处于静止状态,静摩擦力由沿切向的平衡方程确定:

$$\sum F_x = 0 \quad F = F_T$$

随着 $\boldsymbol{F}_T$ 增大,静摩擦力 $\boldsymbol{F}$ 也增大,但它不能随 $\boldsymbol{F}_T$ 的增大而无限度地增大。当 $\boldsymbol{F}_T$ 达到某一数值 $\boldsymbol{F}_{cr}$ 时,物体便处于由静止到滑动的临界平衡状态;当再增大 $\boldsymbol{F}_T$ 时,物体就将向右滑动。在临界平衡状态,静滑动摩擦力达到最大值,用 $\boldsymbol{F}_{max}$ 表示。$\boldsymbol{F}_T$ 与 $\boldsymbol{F}$ 的关系如图 3-22(c)所示。

由上分析可知:**静摩擦力是阻止物体相对滑动的一种约束力,它的方向与物体相对滑**

动趋势的方向相反，它的大小随主动力而变化，变化范围在零和最大值 F_{max} 之间，即

$$0 \leqslant F \leqslant F_{max}$$

实验研究的结果表明，临界状态下接触面间的最大静（滑动）摩擦力与法向反力的大小成正比，即

$$F_{max} = f_s N \tag{3-13}$$

式（3-13）称为**静滑动摩擦定律**，式中的比例系数 f_s 称为静摩擦系数，它与两物体接触面间的材料、接触面的粗糙程度、温度和湿度等因素有关，其值由实验测定。表 3-2 列出了某些材料的 f_s 值以供参考。N 是接触面间的法向反力，可由平衡条件确定。

表 3-2 常用材料的摩擦系数

材料	摩擦系数			
	静摩擦系数		动摩擦系数	
	无润滑剂	有润滑剂	无润滑剂	有润滑剂
钢—钢	0.15	0.10～0.12	0.15	0.05～0.10
钢—铸铁	0.30		0.18	0.05～0.15
铸铁—铸铁		0.18	0.15	0.07～0.12
皮革—铸铁	0.30～0.50	0.15	0.60	0.15
橡皮—铸铁			0.80	0.50
木材—木材	0.40～0.60	0.10	0.20～0.50	0.07～0.15

（二）动滑动摩擦力和动滑动摩擦定律

若两个物体之间已发生相对滑动，则接触面之间产生的阻碍滑动的力称为**动滑动摩擦力**，简称**动摩擦力**。根据大量实验，得到与静摩擦定律相似的**动摩擦定律**：动摩擦力的方向与接触物体间相对速度方向相反，大小与正压力成正比，即

$$F' = f N \tag{3-14}$$

式中：f 为动摩擦系数，其值除与接触物的材料及表面的状况有关外，还与两物体相对滑动的速度有关，随着相对滑动速度的增大而略有减小。当相对速度变化不大时，可将其视为常数。实验表明，f 略小于 f_s，在一般的工程计算中，可以认为二者近似相等。

二、摩擦角和自锁*

在岩土工程、机械设计等领域，还要用到摩擦角的概念。如图 3-23（a）所示，物体在主动力 $\boldsymbol{F}$、$\boldsymbol{F}_G$ 作用下处于平衡。支承面法向反力 $\boldsymbol{N}$ 和静摩擦力 $\boldsymbol{F}$，可以合成为一个力 $\boldsymbol{F}_R$，称为**全约束反力**。当物体处于平衡的临界状态时，$F = F_{max}$，夹角 φ 也达到最大值 φ_m，如图 3-23（b）所示，全约束反力与接触面法线间的夹角 φ_m 称为**摩擦角**，显然有

$$\tan\varphi_m = \frac{F_{max}}{N} = \frac{f_s N}{N} = f_s \tag{3-15}$$

即摩擦角 φ_m 的正切等于静摩擦系数 f_s。

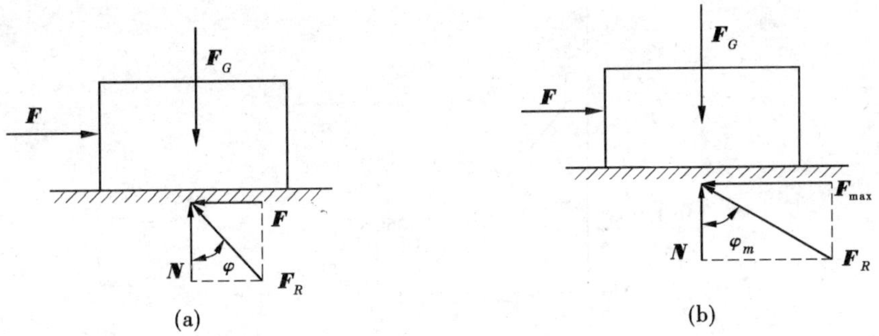

图 3-23

因为静摩擦力的变化有一个范围（$0 \leqslant F \leqslant F_{max}$），所以全反力 $\boldsymbol{F}_R$ 与法线的夹角 φ 也有一个变化范围（$0 \leqslant \varphi \leqslant \varphi_m$），由摩擦角的概念，全反力 $\boldsymbol{F}_R$ 的作用线只能在摩擦角 φ_m 内。因此，如果作用在物体上的主动力的合力 Q 的作用线在摩擦角之内，如图 3-24 所示，则不论其大小如何，总可以与全反力平衡，因而物体必处于静止状态，这种现象称为**自锁**。产生自锁现象需满足的条件称为自锁条件。显然，自锁条件为 $\alpha \leqslant \varphi_m$。

工程中常用自锁原理设计某些机构和夹具，如螺旋千斤顶、压榨机等。但在另一些情况下，又要防止自锁现象发生，如水闸闸门启闭时，就应注意避免自锁，以防闸门卡住。

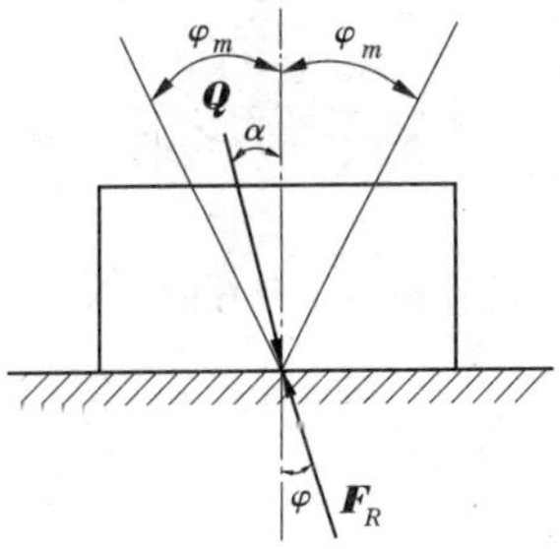

图 3-24

二、考虑摩擦时物体的平衡

考虑摩擦时物体的平衡问题，与不考虑摩擦时相同，作用在物体上的力系应满足平衡条件，解题的分析方法和步骤也基本相同。然而，这类问题也有它的特点。首先，受力分析时必须考虑摩擦力，其方向恒与物体相对滑动趋势方向相反。其次，因静滑动摩擦力在一定范围内变化，因此解答常为不等式所表示的一个范围，称为平衡范围。再次，一般情况下，摩擦力的大小应由平衡条件确定。但当物体处于临界平衡状态时，静摩擦力达到最大值，可补充物理方程 $F_{max} = f_s N$。最后需要指出的是，在求解考虑摩擦时物体的平衡问题时，有时为了方便，先在临界平衡状态下计算，求得结果后，再进一步讨论解的范围。

【例 3-11】 图 3-25 为某一混凝土重力坝的断面。该坝在 1 m 长度坝段上的自重为 22 680 kN，所受的水压力、扬压力如图 3-25 所示，若坝底与河床岩面间的静摩擦系数 $f_s = 0.6$，试校核此坝是否可能滑动。

解：以 1 m 长坝段为研究对象，画受力图如图 3-25 所示。根据平衡条件可求出使坝体保持不发生相对岩面滑动的静摩擦力 $\boldsymbol{F}$，要使坝体不产生相对岩面的滑动，其值必须满足 $F \leqslant F_{max}$。

设坝体处于平衡状态，列平衡方程

$$\sum F_x = 0 \quad 10\ 130 - 500 - F = 0$$

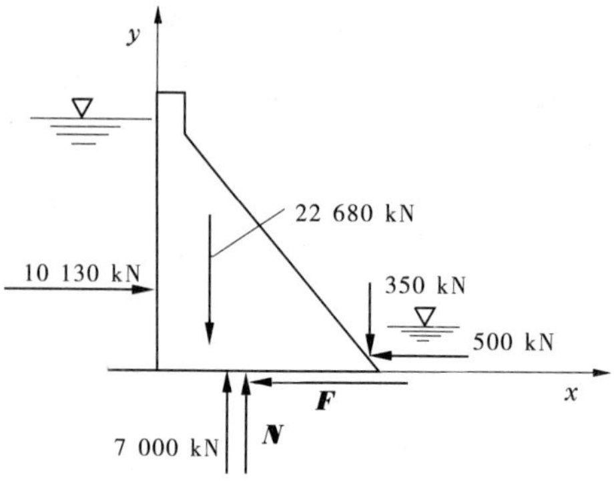

图 3-25

得

$$F=9\ 630(\text{kN})$$

$$\sum F_y=0 \quad N+7\ 000-22\ 680-350=0$$

得

$$N=16\ 030(\text{kN})$$

坝底与岩面之间可能产生的最大静摩擦力为

$$F_{max}=f_sN=9\ 618\ \text{kN}$$

因为 $F=9\ 630$ kN > $F_{max}=9\ 618$ kN,所以坝体要沿河床岩面滑动,这在工程上是绝对不允许的,必须改变设计或采取其他措施以增大最大静摩擦力,保证坝体的抗滑稳定。

思考题

3-1 一个平面力系是否总可用一个力平衡?是否总可用适当的两个力平衡?为什么?

3-2 平面汇交力系的平衡方程能否写成一投影式和一力矩式?能否写成二力矩式?其矩心和投影轴的选择有何限制?

3-3 在图示三铰刚架的 D 处作用一水平力 $\boldsymbol{F}$,求 A、B 支座反力时,水平力 $\boldsymbol{F}$ 是否可沿作用线移至 E 点?为什么?

3-4 图示分别作用一平面上 A、B、C、D 四点的四个力 $\boldsymbol{F}_1$、$\boldsymbol{F}_2$、$\boldsymbol{F}_3$、$\boldsymbol{F}_4$,以这四个力画出的力多边形刚好首尾相接。问:

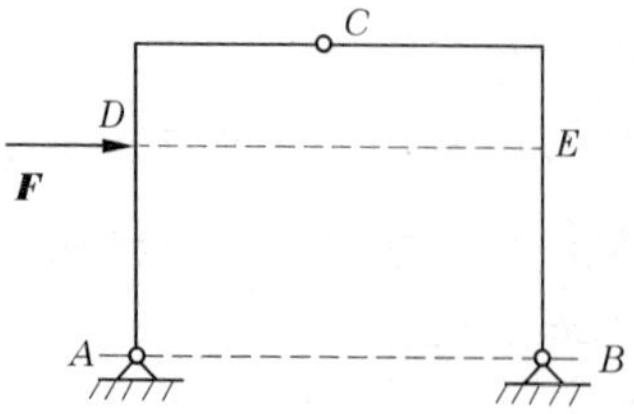

思 3-3 图

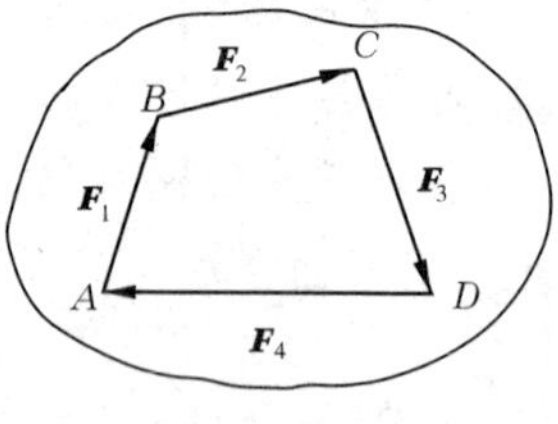

思 3-4 图

(1)此力系是否平衡?

(2)此力系简化的结果是什么?

3-5　如图所示,如选取的坐标系的 y 轴不与各力平行,则平面平行力系的平衡方程是否可写出 $\sum F_x=0$、$\sum F_y=0$ 和 $\sum m_O=0$ 三个独立的平衡方程? 为什么?

3-6　重物 $\boldsymbol{F}_G$ 置于水平面上,受力如图所示,是拉力还是推力? 若 $\alpha=30°$,摩擦系数为0.25,试求在物体将要滑动的临界状态下,$\boldsymbol{F}_1$ 与 $\boldsymbol{F}_2$ 的大小相差多少?

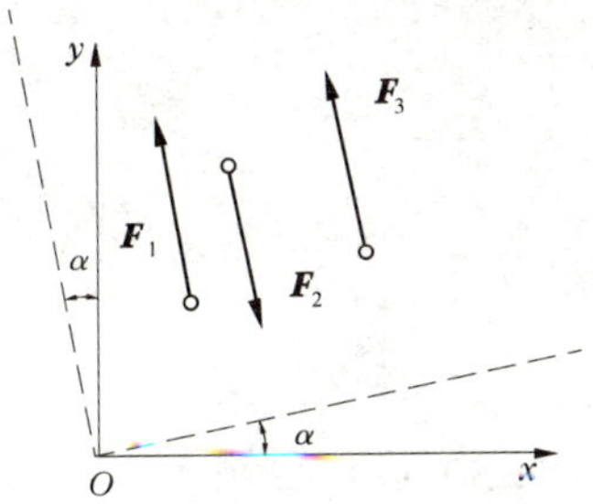

思 3-5 图

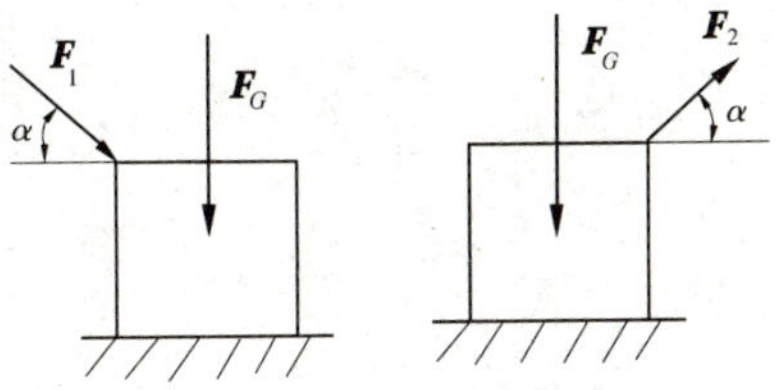

思 3-6 图

3-7　下面两图中结构均处于平衡状态,A、B 两处支座反力是否相同?

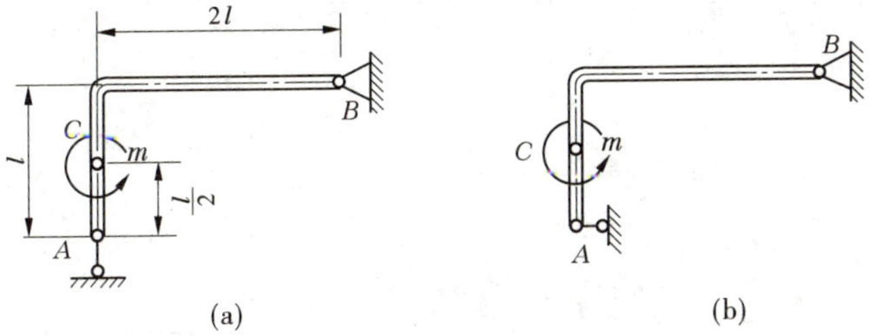

思 3-7 图

习　题

3-1　托架受力如图所示,求托架所受的合力。

3-2　求图中作用在耳环上的力 $\boldsymbol{F}_1$ 和 $\boldsymbol{F}_2$ 的合力 $\boldsymbol{F}_R$。已知 $F_1=7$ kN,$F_2=5$ kN。

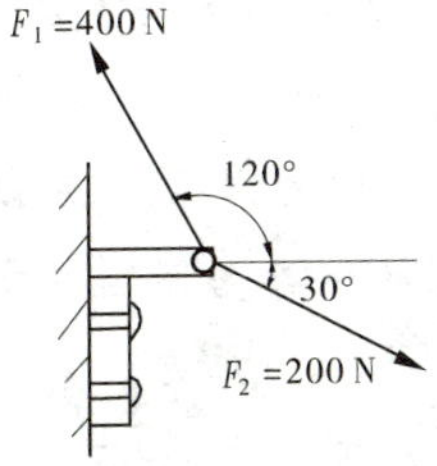

题 3-1 图

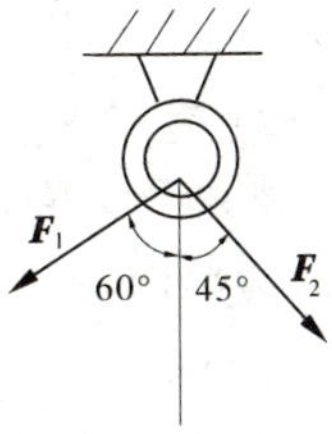

题 3-2 图

3-3　已知 $F_1=100$ N,$F_2=150$ N,$F_3=F_4=200$ N,各力的方向如图所示。试分别求

出各力在 x 轴和 y 轴上的投影。

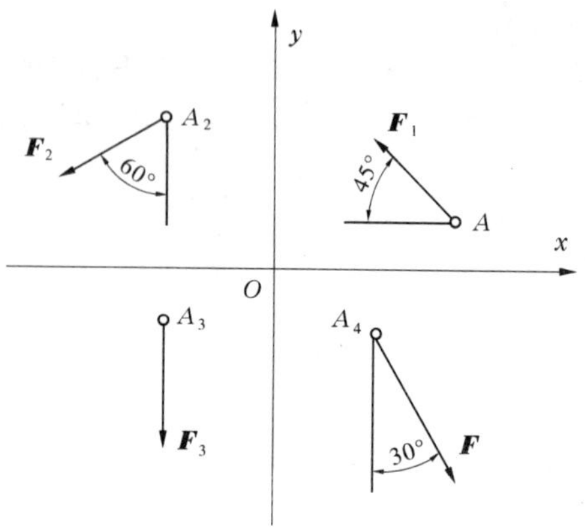

题 3-3 图

3-4　已知平面一般力系 $F_1=50$ N，$F_2=60$ N，$F_3=50$ N，$F_4=80$ N，各力方向如图所示，各力作用点坐标依次为：$A_1(20,30)$、$A_2(30,10)$、$A_3(40,40)$、$A_4(0,0)$，坐标单位为 mm。求该力系的合力。

3-5　如图所示，在物体某平面内受到三个力偶的作用。设 $F_1=200$ N，$F_2=600$ N，$m=100$ N · m，求其合力偶。

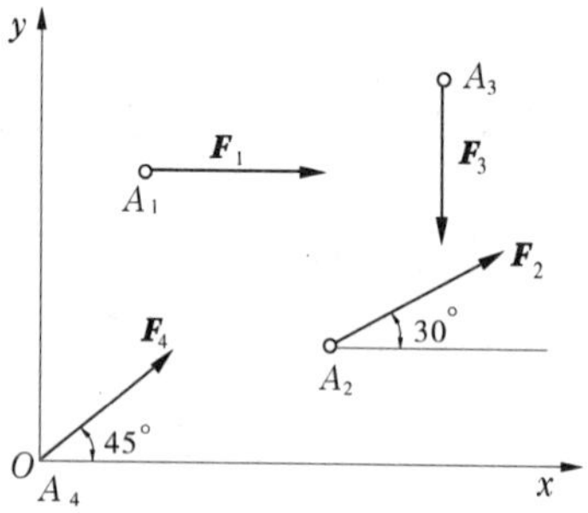

题 3-4 图

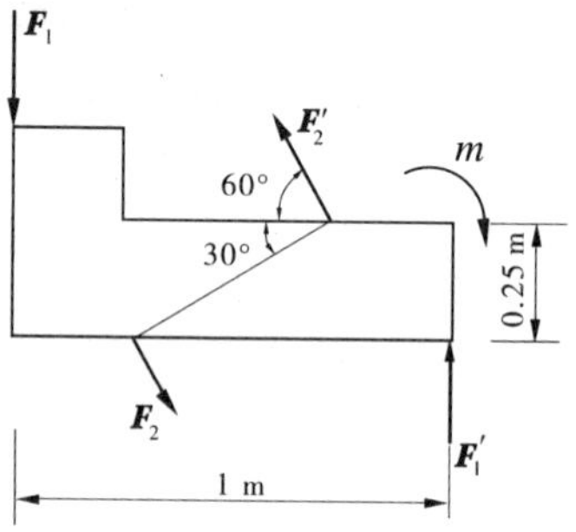

题 3-5 图

3-6　水坝受自身重量及上下游水压力作用，如图所示（按坝长 1 m 考虑）。试将此力系向坝底 O 点简化，并求力系合力的大小、方向、作用线位置，画出合力矢量。

3-7　重 F_G 的物块悬于长 l 的吊索上，以水平力 $\boldsymbol{F}$ 将物块向右推到水平距离 x 处，如图所示，已知 $F_G=1.2$ kN，$l=13$ m，$x=5$ m，试求所需水平力 $\boldsymbol{F}$ 的大小。

3-8　如图所示为一拔桩架，AC、CB 和 DC、DE 均为绳索。在 D 点用力 $\boldsymbol{F}$ 向下拉时，即有较力 $\boldsymbol{F}$ 大若干倍的力将桩向上拔。若 AC 和 CD 各为铅垂和水平，CB 和 DE 各与铅垂和水平方向成角 $\alpha=4°$，$F=400$ N，试求桩顶 A 所受的拉力。

3-9　一个桥梁桁架所受荷载如图所示，求支座 A、B 的反力。

3-10　如图所示窗外阳台的水平梁承受大小为 q 的均布载荷作用。水平梁的外伸端受到集中荷载 F 的作用。柱的轴线到墙的距离为 l。求梁根部处的约束力。

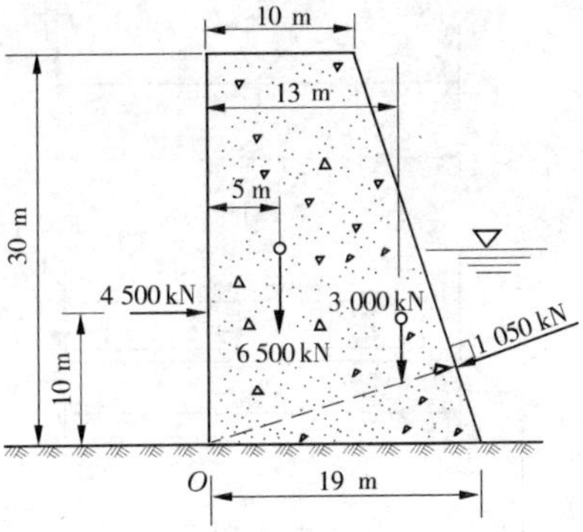

题 3-6 图

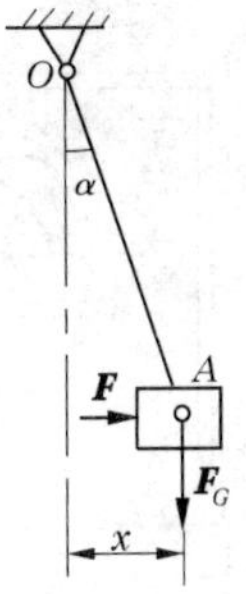

题 3-7 图

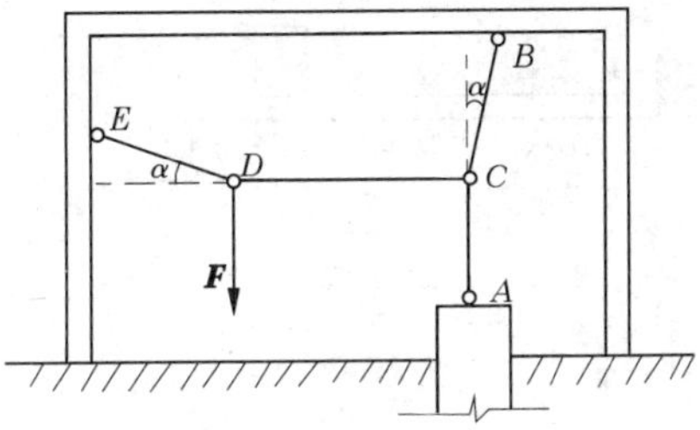

题 3-8 图

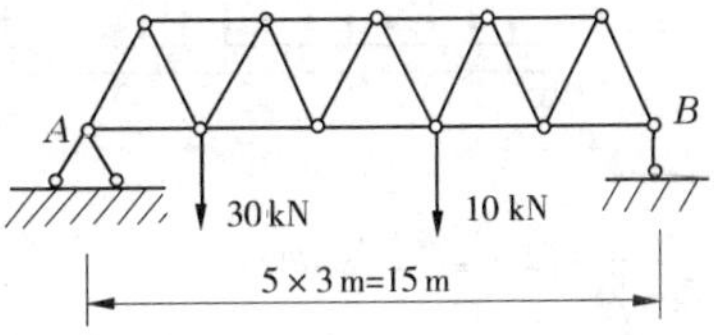

题 3-9 图

3-11　如图所示，杆 AB 和 CD 的 A 端和 D 端均为固定铰支座，二杆在 C 处为光滑接触，$CD=l$，且二杆重量不计。在 AB 杆上作用有已知力偶矩为 m_1 的力偶，为保持系统在图示位置平衡，在 CD 上作用的力偶矩为 m_2 的力偶应满足什么条件？并求此时 A、C、D 处的反力。

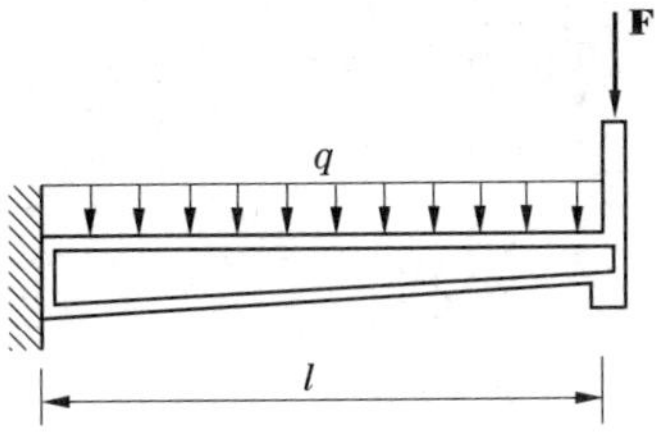

题 3-10 图

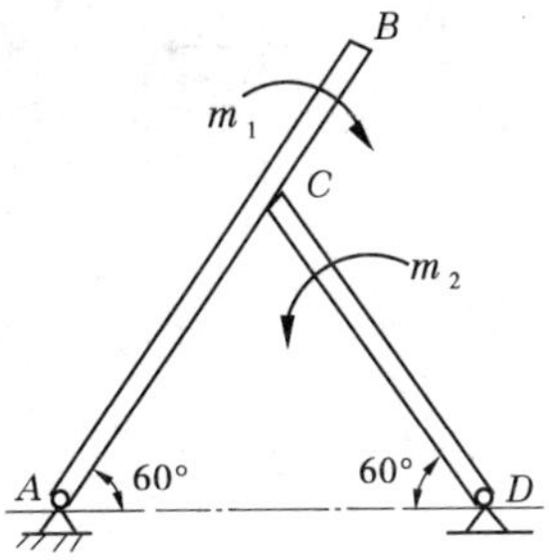

题 3-11 图

3-12　铰接四连杆机构 $ABCD$ 受两个力偶作用在图示位置平衡。设作用在杆 CD 上力偶的矩 $m_1=1\ \text{N}\cdot\text{m}$，求作用在杆 AB 上的力偶的力偶矩 m_2 及杆 BC 所受的力。各杆自重不计，$CD=400$ mm，$AB=600$ mm。

3-13　求图示各悬臂梁的支座反力。

3-14　求图示各梁的支座反力。

3-15　求图示刚架的支座反力。

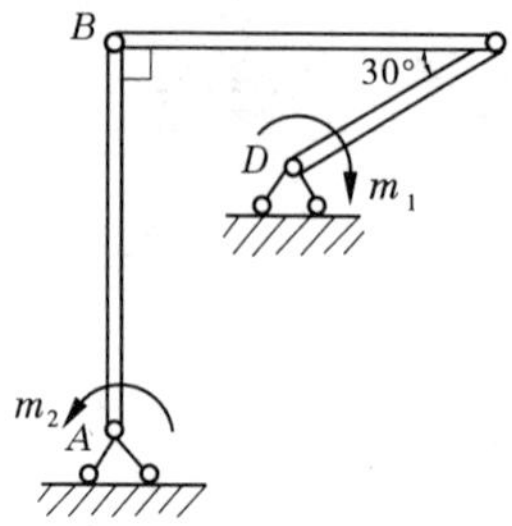

题 3-12 图

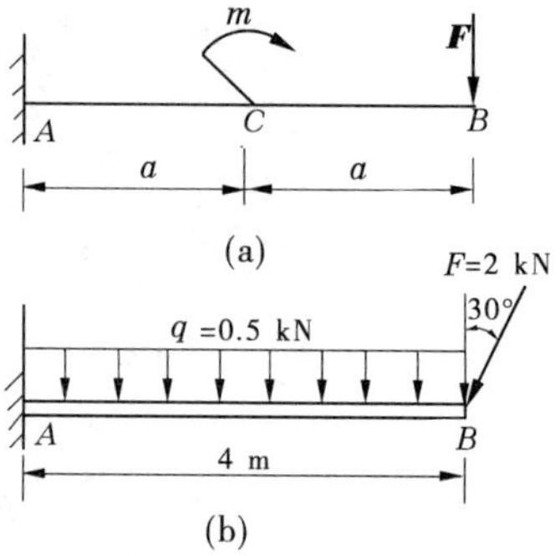

题 3-13 图

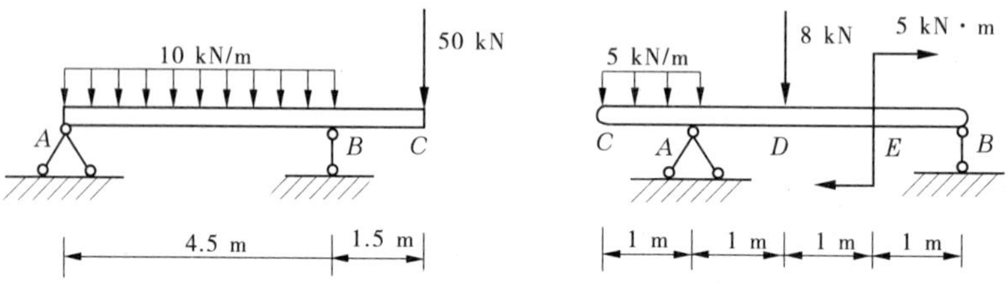

(a) (b)

题 3-14 图

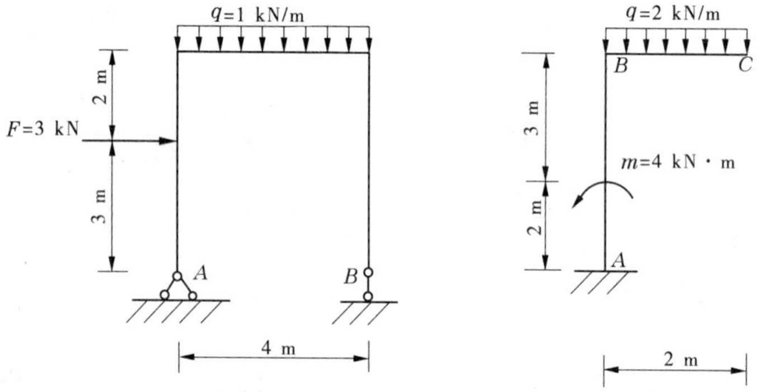

(a) (b)

题 3-15 图

3-16 如图所示一三铰刚架，试求 A、B、C 处的约束反力。

3-17 多跨梁受荷载作用如图所示。已知 $q=5$ kN/m，$F=30$ kN，梁自重不计，求支座 A、B、D 的反力。

3-18 多跨梁由 AB 和 BC 用铰链 B 连接而成，支承、跨度及荷载如图所示。已知 $q=10$ kN/m，$m=40$ kN · m。不计梁的自重，求固定端 A 及支座 C 处的约束反力。

3-19 混凝土坝的横断面如图所示。设 1 m 长的坝受到水压力 $F=3\ 390$ kN，作用位置如图所示。混凝土的容重 $\gamma=22$ kN/m^3，坝与地面的静摩擦系数 $f_s=0.6$。问：

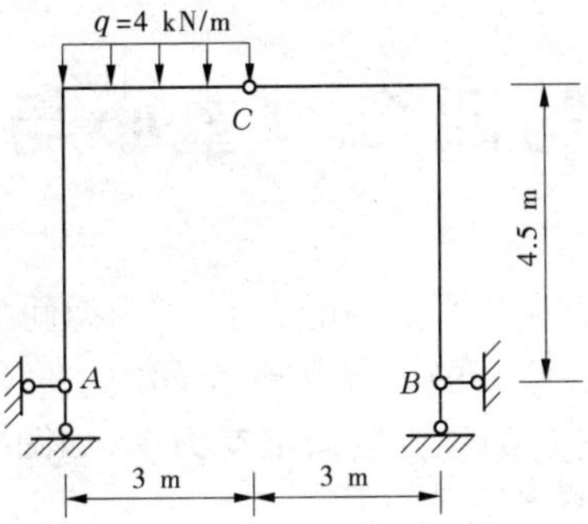

题 3-16 图

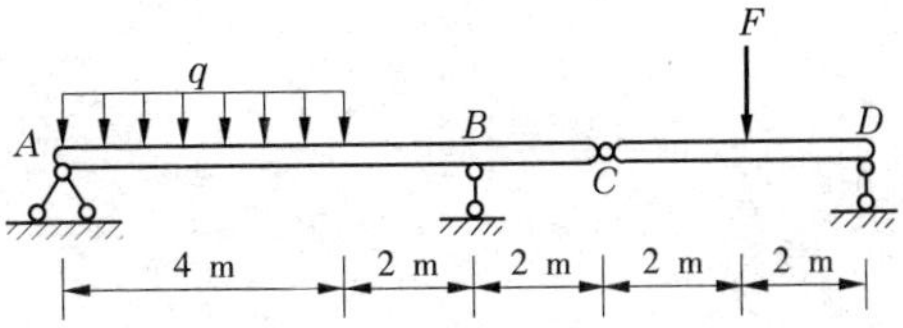

题 3-17 图

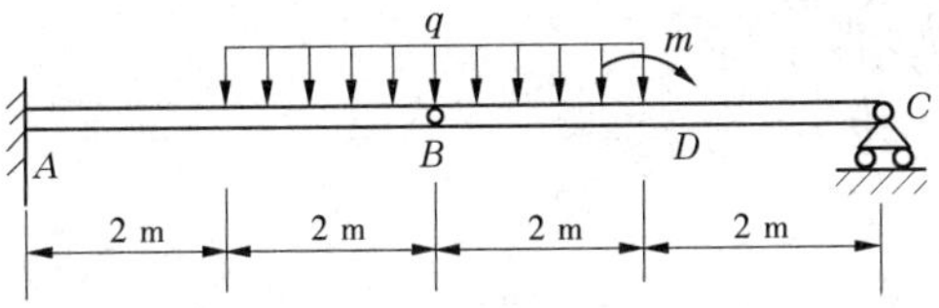

题 3-18 图

(1)此坝是否会滑动?

(2)此坝是否会绕 B 点而倾倒?

3-20 如图所示挡土墙,挡土墙自重 $F_G=100$ kN,铅直土压力 $F_N=120$ kN,水平土压力 $F_H=80$ kN,问:

(1)挡土墙是否倾倒?

(2)当坝底与河床岩面间的静摩擦系数 $f=0.65$ 时,此挡土墙是否可能滑动?

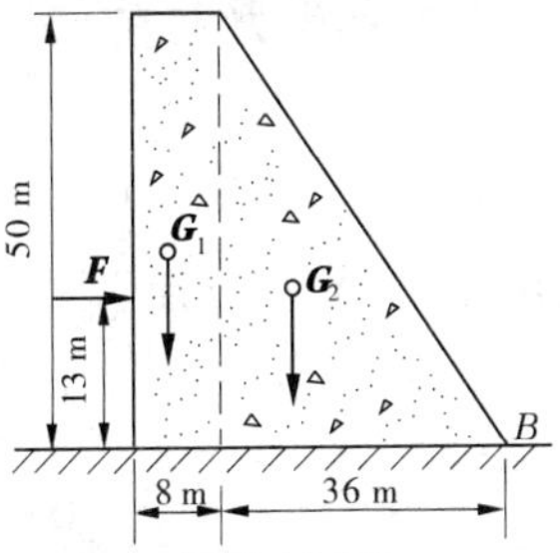

题 3-19 图

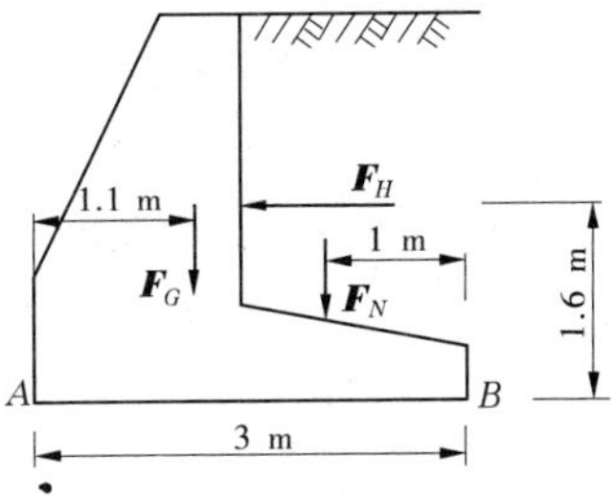

题 3-20 图

第四章　重心与形心

力系中各力的作用线不在同一平面内的力系，称为**空间力系**。

根据力系中各力作用线在空间的分布情况，空间力系可分为三类：

(1)各力作用线汇交于一点的称为**空间汇交力系**，如图4-1(a)所示三脚架所受的力及图4-1(b)所示空间桁架各节点所受的力。

(2)各力作用线互相平行的称为**空间平行力系**，如图 4-1(c)所示物体所受的力。

(3)各力作用线在空间任意分布的称为**空间一般力系**，如图 4-1(d)所示轮轴所受的力。

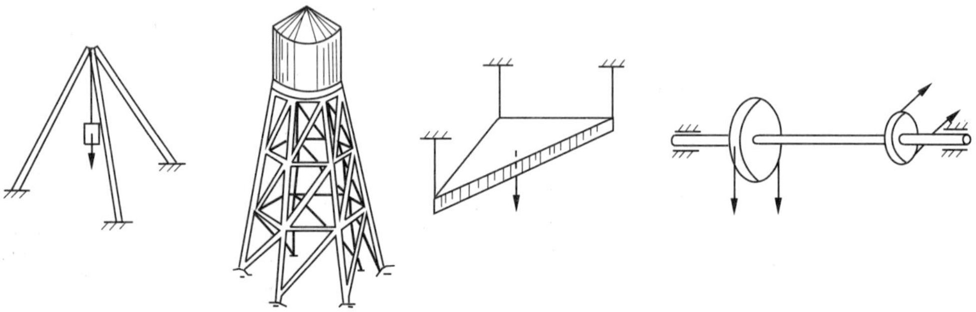

(a)　　(b)　　(c)　　(d)

图 4-1

本章将讨论力在空间直角坐标轴上的投影、力对轴之矩的概念及计算、重心与形心的概念及其计算。

第一节　力在空间直角坐标轴上的投影

在第三章已研究了力在与它共面的轴上的投影，本章将讨论不共面的情况。

已知力 $\boldsymbol{F}=\overrightarrow{AB}$与 x 轴不共面，如图 4-2(a)所示，过力的两端点 A、B 分别作垂直于 x 轴的平面 M 及 N，与 x 轴交于 a、b，则线段 ab 冠以正号或负号称为**力 $\boldsymbol{F}$ 在 x 轴上的投影**，即

$$F_x = \pm ab$$

符号的规定是：若从 a 到 b 的方向与 x 轴的方向一致取正号，反之取负号。

已知力 $\boldsymbol{F}=\overrightarrow{AB}$与平面 Q，如图 4-2(b)所示。过力的两端点 A、B 分别作平面 Q 的垂线 AA'、BB'，则矢量$\overrightarrow{A'B'}$称为**力 $\boldsymbol{F}$ 在平面 Q 上的投影**。应注意的是，力在平面上的投影是矢量，而力在轴上的投影是代数量。

已知力 $\boldsymbol{F}$ 及空间直角坐标系 $xOyz$(见图 4-3(a))，过力的端点分别作 x、y、z 三轴的垂直平面，则由力在轴上的投影的定义知，$\overrightarrow{OA}$、$\overrightarrow{OB}$、$\overrightarrow{OC}$就是力 $\boldsymbol{F}$ 在 x、y、z 轴上的投影。设力 $\boldsymbol{F}$ 与 x、y、z 所夹的角分别是 α、β、γ，则力 $\boldsymbol{F}$ 在空间直角坐标轴上的投影为

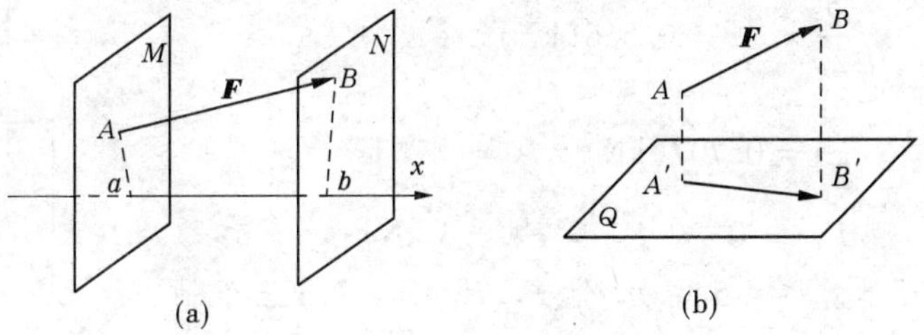

图 4-2

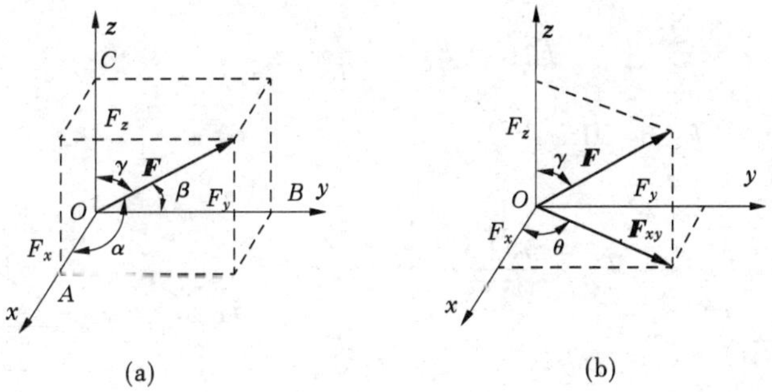

图 4-3

$$\left.\begin{aligned} F_x &= \pm F\cos\alpha \\ F_y &= \pm F\cos\beta \\ F_z &= \pm F\cos\gamma \end{aligned}\right\} \tag{4-1}$$

用这种方法计算力在轴上的投影称为**直接投影法。**

如果不易找到力与其中两轴之间（如与 x、y）的夹角，而已知与另一轴的夹角（设为 γ），则可先将力投影到坐标平面 xOy 上，然后再投影到 x、y 坐标轴上，如图 4-3（b）所示。设力 $\boldsymbol{F}$ 在 xOy 平面上的投影 $\boldsymbol{F}_{xy}$ 与 x 轴间的夹角为 θ，则

$$\left.\begin{aligned} F_x &= \pm F\sin\gamma\cos\theta \\ F_y &= \pm F\sin\gamma\sin\theta \\ F_z &= \pm F\cos\gamma \end{aligned}\right\} \tag{4-2}$$

用这种方法计算力在轴上的投影称为**二次投影法。**

如果把**一个力沿空间直角坐标轴分解，则沿三个坐标轴分力的大小等于力在这三个坐标轴上投影的绝对值。**

【例 4-1】 已知力 $F_1 = 2$ kN，$F_2 = 1$ kN，$F_3 = 3$ kN，试分别计算三个力在 x、y、z 轴上的投影（见图 4-4）。

解：$F_{1x} = -F_1 \times \dfrac{3}{5} = -1.2(\text{kN})$

$F_{1y} = F_1 \times \dfrac{4}{5} = 1.6(\text{kN})$

$F_{1z} = 0$

$F_{2x} = F_2 \times \dfrac{\sqrt{2}}{2} \times \dfrac{3}{5} = 0.424(\text{kN})$

$$F_{2y}=F_2\times\frac{\sqrt{2}}{2}\times\frac{4}{5}=0.566(\text{kN})$$

$$F_{2z}=F_2\times\frac{\sqrt{2}}{2}=0.707(\text{kN})$$

$$F_{3x}=0\qquad F_{3y}=0\qquad F_{3z}=F_3=3\ \text{kN}$$

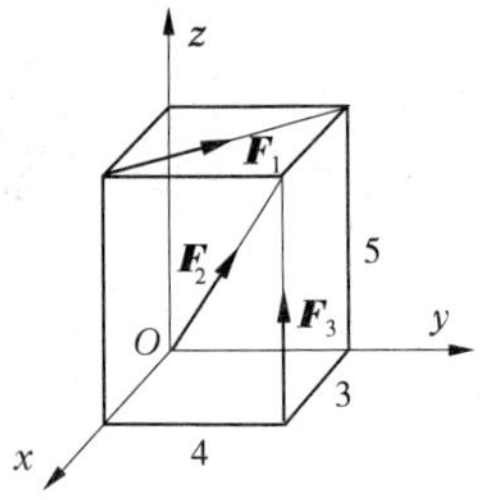

图 4-4

【例 4-2】 试计算图 4-5 中力 $\boldsymbol{F}_1$、$\boldsymbol{F}_2$、$\boldsymbol{F}_3$ 在 x、y、z 三个轴上的投影。已知 $F_1=300$ kN，$F_2=160$ kN，$F_3=240$ kN。

解：将 $\boldsymbol{F}_1$、$\boldsymbol{F}_2$、$\boldsymbol{F}_3$ 分别投影到 xOy 平面上，得

$$F_{1xy}=F_1\times\frac{3\sqrt{2}}{\sqrt{22}}\qquad F_{2xy}=F_2\times\frac{\sqrt{13}}{\sqrt{19.25}}$$

$$F_{3xy}=F_3\cos 30°24'$$

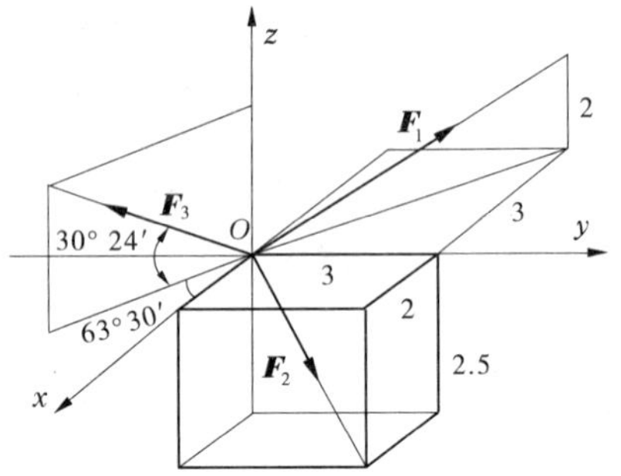

图 4-5

则 $\boldsymbol{F}_1$ 在 x、y、z 轴上的投影为

$$F_{1x}=-F_{1xy}\times\frac{3}{3\sqrt{2}}=-F_1\times\frac{3\sqrt{2}}{\sqrt{22}}\times\frac{1}{\sqrt{2}}=-192(\text{kN})$$

$$F_{1y}=F_{1xy}\times\frac{3}{3\sqrt{2}}=F_1\times\frac{3\sqrt{2}}{\sqrt{22}}\times\frac{1}{\sqrt{2}}=192(\text{kN})$$

$$F_{1z}=F_1\times\frac{2}{\sqrt{22}}=128(\text{kN})$$

$\boldsymbol{F}_2$ 在 x、y、z 轴上的投影为

$$F_{2x}=F_{2xy}\times\frac{2}{\sqrt{13}}=F_2\times\frac{\sqrt{13}}{\sqrt{19.25}}\times\frac{2}{\sqrt{13}}=72.9(\text{kN})$$

$$F_{2y}=F_{2xy}\times\frac{3}{\sqrt{13}}=F_2\times\frac{\sqrt{13}}{\sqrt{19.25}}\times\frac{3}{\sqrt{13}}=109.4(\text{kN})$$

$$F_{2z}=-F_2\times\frac{2.5}{\sqrt{19.25}}=-91.2(\text{kN})$$

$\boldsymbol{F}_3$ 在 x、y、z 轴上的投影为

$$F_{3x}=F_{3xy}\cos 63°30'=F_3\cos 30°24'\cos 63°30'=92.4(\text{kN})$$

$$F_{3y}=-F_{3xy}\sin 63°30'=-F_3\cos 30°24'\sin 63°30'=-185.3(\text{kN})$$

$$F_{3z}=F_3\sin 30°24'=121.4(\text{kN})$$

第二节　力对轴之矩

在研究空间力系时，将用到力对轴之矩的概念。实践表明，力使物体绕一个轴转动的效果，不仅与力的大小有关，而且和力与转动轴之间的相对位置有关。例如，如图 4-6 所示的一扇门可绕由铰链形成的铅垂轴 z 转动，但不论这扇门的重量多大，该门重力 $\boldsymbol{F}_G$ 不可能使门转动；如果加上一个与 z 轴相交的力 $\boldsymbol{F}_1$，同样也不能使门转动，而只有加上一个与 z 轴既不平行又不相交的力 $\boldsymbol{F}$ 时，才能使门转动；且由经验知，该力对门的转动效果与

力 $\boldsymbol{F}$ 对 z 轴的倾斜程度及与 z 轴距离的远近有关。将以上情况加以概括抽象，便可得出力对轴之矩的定义如下：

力对轴之矩是力使物体绕轴转动效果的度量，其大小等于这个力在垂直于该轴平面上的投影对该轴与平面交点的矩。

如图 4-7 所示，$\boldsymbol{F}$ 对 z 轴的矩为

$$m_z(\boldsymbol{F}) = m_O(\boldsymbol{F}') = \pm F' \cdot d \tag{4-3}$$

式中，d 仍称为力臂，符号仍表示力矩的转向。

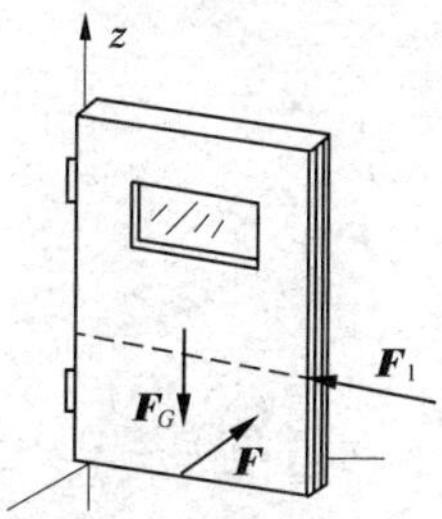

图 4-6

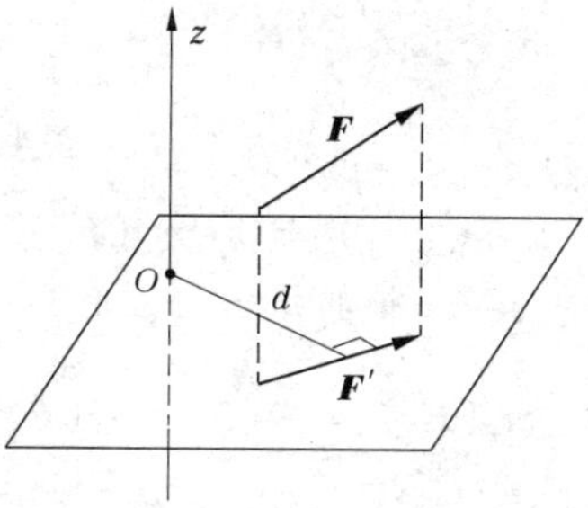

图 4-7

力使物体绕轴转动的转向有两种，其符号规定如下：

从轴的正向看，逆时针转向的力矩取正号，顺时针转向取负号。也可以用右手螺旋法则确定：用右手的四指表示力矩的转向，当大拇指的指向与轴的正向相同时力矩为正（见图 4-8(a)），反之为负（见图 4-8(b)）。

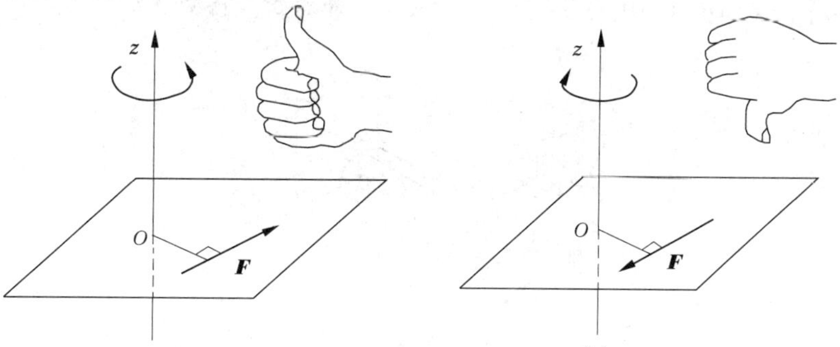

图 4-8

力对轴之矩的单位也是牛·米（N·m）或千牛·米（kN·m）等。

在计算力对轴之矩时，有时根据具体条件，先将该力沿坐标轴分解，然后应用合力矩定理计算该力对轴之矩，这样可使计算简化。

由力对轴之矩的概念可知，当力与轴平行或相交时，力对该轴的矩等于零。这两种情况可以归纳为一个条件表示，即当**力与轴共面时，力对轴的矩等于零。**

【例 4-3】 在矩形板的 A、B、C 上分别作用三个力 $\boldsymbol{F}_1$、$\boldsymbol{F}_2$、$\boldsymbol{F}_3$，如图 4-9 所示，试分别计算三个力对空间坐标轴的矩。

解：(1) 因 $\boldsymbol{F}_1$ 平行于 z 轴又与 x 轴相交，因此对 x、z 轴的矩等于零。$\boldsymbol{F}_1$ 在垂直于 y 轴平面（平面 xOz）上的投影 $\boldsymbol{F}_1$ 与 O 点的距离为 a。$\boldsymbol{F}_1$ 对三个轴的矩为

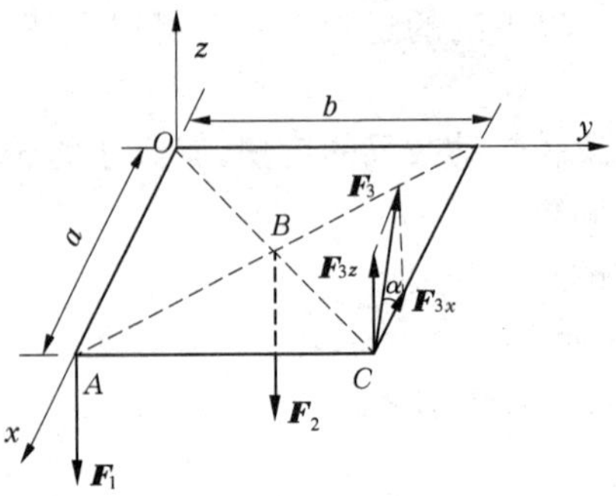

图 4-9

$$m_x(\boldsymbol{F}_1) = 0 \quad m_z(\boldsymbol{F}_1) = 0 \quad m_y(\boldsymbol{F}_1) = F_1 a$$

(2)同理,$\boldsymbol{F}_2$ 对 x、y、z 轴的矩为

$$m_x(\boldsymbol{F}_2) = -\frac{F_2 b}{2} \quad m_y(\boldsymbol{F}_2) = \frac{F_2 a}{2} \quad m_z(\boldsymbol{F}_2) = 0$$

(3)先将 $\boldsymbol{F}_3$ 沿 x 轴和 z 轴方向分解为两个互相垂直的分力 $\boldsymbol{F}_{3x}$和 $\boldsymbol{F}_{3z}$

$$F_{3x} = F_3\cos\alpha \quad F_{3z} = F_3\sin\alpha$$

则 $\boldsymbol{F}_3$ 对 x、y、z 轴的矩为

$$m_x(\boldsymbol{F}_3) = F_{3z} \cdot b = F_3 b\sin\alpha$$
$$m_y(\boldsymbol{F}_3) = -F_{3z} \cdot a = -F_3 a\sin\alpha$$
$$m_z(\boldsymbol{F}_3) = F_{3x} \cdot b = F_3 b\cos\alpha$$

【例 4-4】 求如图 4-10(a)所示力 $\boldsymbol{F}$ 对 x、y、z 轴的矩。已知 $F = 20$ N。

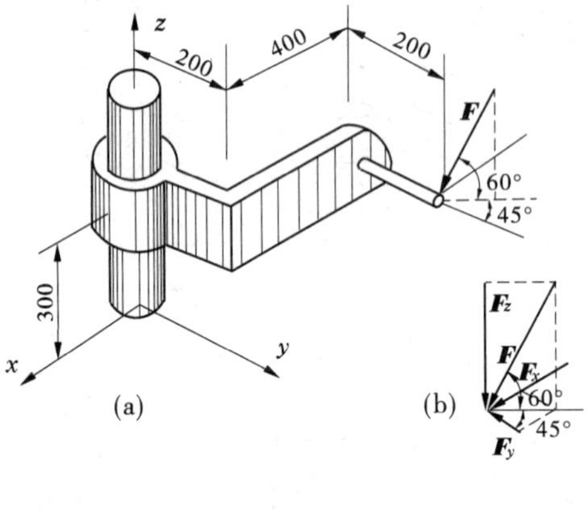

图 4-10 (单位:mm)

解:将 $\boldsymbol{F}$ 沿 x、y、z 三个方向分解为 $\boldsymbol{F}_x$、$\boldsymbol{F}_y$ 与 $\boldsymbol{F}_z$(见图 4-10(b))

$$F_x = F\cos60°\sin45° = 7.07(\text{N})$$
$$F_y = -F\cos60°\cos45° = -7.07(\text{N})$$
$$F_z = -F\sin60° = -17.32(\text{N})$$

则 $\boldsymbol{F}$ 对 x、y、z 轴之矩

$$m_x(\boldsymbol{F}) = F_y \times 0.3 - F_z \times (0.2 + 0.2)$$

$$= -4.81(\text{N}\cdot\text{m})$$

$$m_y(\boldsymbol{F}) = F_x \times 0.3 - F_z \times 0.4 = -4.81(\text{N}\cdot\text{m})$$

$$m_z(\boldsymbol{F}) = -F_x \times (0.2 + 0.2) + F_y \times 0.4 = 0$$

第三节　物体的重心与形心

一、概述

物体的重力是地球对物体的引力，如果把物体看成是由许多微小部分组成的，那么每个微小部分都受到地球的引力，这些引力汇交于地球的中心，形成一个空间汇交力系，但由于我们所研究的物体的尺寸与地球的直径相比要小得多，因此可以近似地将物体上这部分力系看作空间平行力系，该力系的合力称为物体的重量。通过实验知道，无论物体如何放置，这组平行力的合力作用线总是通过一个确定的点，这个点就是物体的重心。

在日常生活及工程实际中都会遇到重心问题。例如，用手推车推重物时，只有将物体放在适当位置，即物体重心与轮轴线在同一铅垂面时才能比较省力；塔式起重机要求空载或满载时保证其重心位置在支承轮之间，否则会引起翻车事故；挡水坝、挡土墙必须选择合适的形状及尺寸，使重心位于一定范围内；转动机械如果重心偏离转轴，会引起剧烈振动甚至导致机器的破坏。总之，物体重心的测定在工程实际中有着重要意义。

二、物体重心坐标公式

（一）重心坐标的一般公式

设一物体重心为 C，在如图 4-11 所示坐标系中的坐标为（x_C, y_C, z_C），物体的容重为 γ，总体积为 V。假想把物体分割成许多微小体积 ΔV_i，每个微小体积所受的重力为 $\Delta F_{Gi} = \gamma \Delta V_i$，其作用点坐标为（$x_i, y_i, z_i$）。整个物体所受的重力为 $F_G = \sum \Delta F_{Gi}$。应用合力矩定理可以推导出物体重心的**近似公式**

$$\left.\begin{aligned} x_C &= \frac{\sum_{i=1}^{n} \Delta F_{Gi} x_i}{F_G} \\ y_C &= \frac{\sum_{i=1}^{n} \Delta F_{Gi} y_i}{F_G} \\ z_C &= \frac{\sum_{i=1}^{n} \Delta F_{Gi} z_i}{F_G} \end{aligned}\right\} \tag{4-4}$$

微小体积 ΔV_i 分割愈小，重心位置愈精确，在极限情况下便得到物体重心的**一般公式**

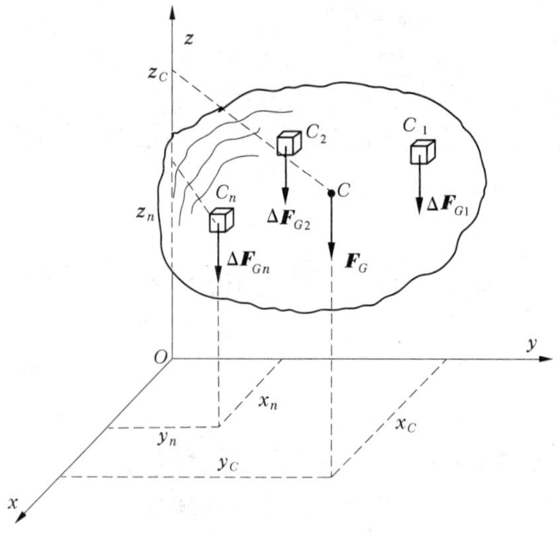

图 4-11

$$\left.\begin{aligned} x_C &= \lim_{\Delta V_i \to 0} \frac{\sum_{i=1}^{n} \Delta F_{Gi} x_i}{F_G} = \lim_{\Delta V_i \to 0} \frac{\sum_{i=1}^{n} \gamma \Delta V_i x_i}{\sum_{i=1}^{n} \gamma \Delta V_i} = \frac{\int_V \gamma x \mathrm{d}V}{\int_V \gamma \mathrm{d}V} \\ \text{同理} \quad y_C &= \frac{\int_V \gamma y \mathrm{d}V}{\int_V \gamma \mathrm{d}V} \\ z_C &= \frac{\int_V \gamma z \mathrm{d}V}{\int_V \gamma \mathrm{d}V} \end{aligned}\right\} \tag{4-5}$$

（二）均质物体重心（形心）坐标公式

对于均质物体（常把同一材料制成的物体称为均质物体，其 γ 为常量），式(4-5) 变为

$$\left.\begin{aligned} x_C &= \frac{\int_V x \mathrm{d}V}{\int_V \mathrm{d}V} = \frac{\int_V x \mathrm{d}V}{V} \\ y_C &= \frac{\int_V y \mathrm{d}V}{V} \\ z_C &= \frac{\int_V z \mathrm{d}V}{V} \end{aligned}\right\} \tag{4-6}$$

式(4-6)表明，对均质物体而言，物体的重心只与物体形状、尺寸有关，而与物体的重量无关，由物体的几何形状和尺寸所决定的物体的几何中心称为物体的形心。可见，均质

物体的重心与其形心重合。重心是物理概念，形心是几何概念。

（三）均质薄壳重心（形心）坐标公式

由于薄壳的厚度远小于其他两个方向尺寸，可忽略厚度不计，故形心公式为

$$x_C = \frac{\int_A x\mathrm{d}A}{A} \qquad y_C = \frac{\int_A y\mathrm{d}A}{A} \qquad z_C = \frac{\int_A z\mathrm{d}A}{A} \tag{4-7}$$

式中，A 为薄壳的总面积。

对于平板（或平面图形），如取平板所在的平面为 xOy 坐标平面，则 $z_C=0$，x_C、y_C 由式(4-7)中的前两式求得。

（四）均质杆重心（形心）坐标公式

对于均质细杆（或曲线），可以得到相应的坐标公式为

$$x_C = \frac{\int_l x\mathrm{d}l}{l} \qquad y_C = \frac{\int_l y\mathrm{d}l}{l} \qquad z_C = \frac{\int_l z\mathrm{d}l}{l} \tag{4-8}$$

式中，l 为细杆的总长度。

对于平面曲线，取曲线所在平面为 xOy，则 $z_C=0$，x_C、y_C 由式(4-8)中的前两式求得。

三、物体重心与形心的计算

根据物体的具体形状及特征，可用不同的方法确定其重心及形心的位置。

（一）对称法

由重心公式不难证明，具有对称轴、对称面或对称中心的均质物体，其形心必定在对称轴、对称面或对称中心上。因此，具有一根对称轴的平面图形（如T形、半圆、槽形等截面，如图4-12(a)所示），其形心在对称轴上；具有两根或两根以上对称轴的平面图形（如矩形、翼缘等宽的工字形、正方形、圆等截面，如图4-12(b)所示），其形心在对称轴的交点上；球体、立方体等均质物体，其形心必定在对称中心上（见图4-12(c)）。常用物体的形心列入表4-1，以供参考。

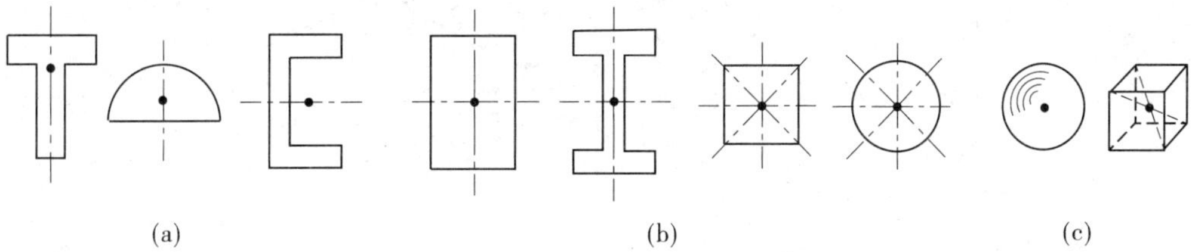

图 4-12

（二）积分法

对于没有对称轴、对称面或对称中心的物体，可用积分法确定形心位置。

如图4-13所示的二次抛物线 $y=\frac{b}{a^2}x^2$，与 x 轴所围成的图形 OAB 的形心用积分法确定如下：

表 4-1　简单形体的形心(重心)及面积(体积)

图形	形心坐标及面积(体积)	图形	形心坐标及面积(体积)
三角形 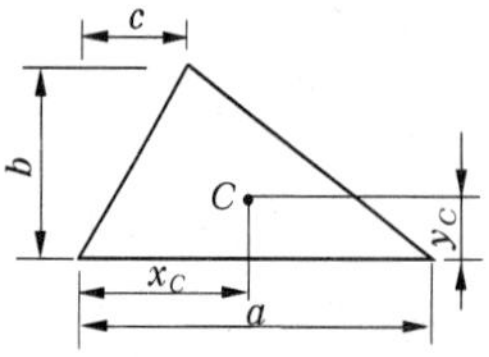	$x_C=\frac{1}{3}(a+c)$ $y_C=\frac{b}{3}$ $A=\frac{1}{2}ab$	抛物线形 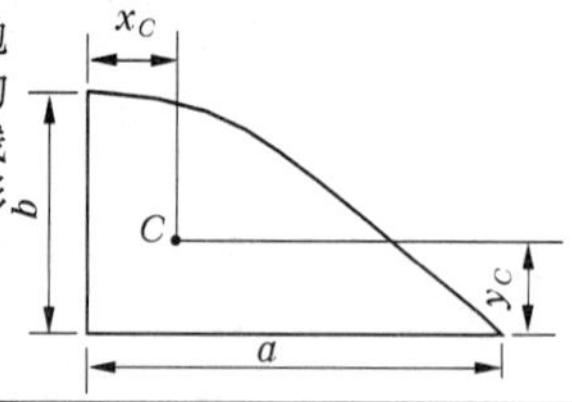	$x_C=\frac{3a}{8}$ $y_C=\frac{2b}{5}$ $A=\frac{2}{3}ab$
梯形 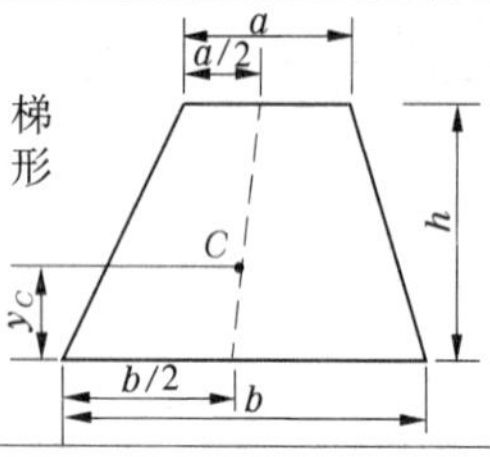	$y_C=\frac{h(2a+b)}{3(a+b)}$ $A=\frac{h}{2}(a+b)$	半球体 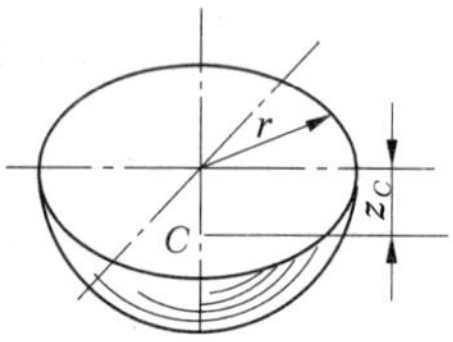	$z_C=\frac{3}{8}r$ $V=\frac{2}{3}\pi r^3$
扇形 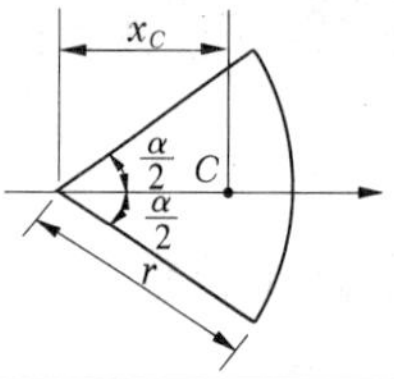	$x_C=\frac{4r}{3\alpha}\sin\frac{\alpha}{2}$ $A=\frac{1}{2}\alpha r^2$ 半圆：$x_C=\frac{4r}{3\pi}$	半圆柱体 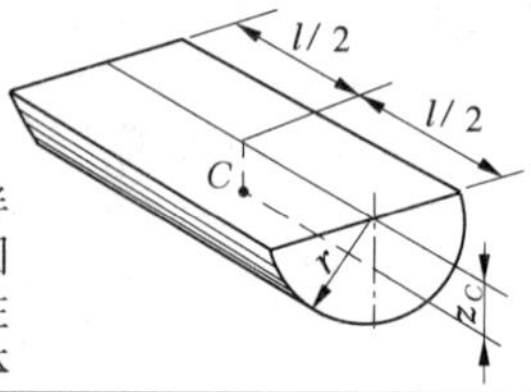	$z_C=-\frac{4r}{3\pi}$ $V=\frac{1}{2}\pi r^2 l$
部分圆环 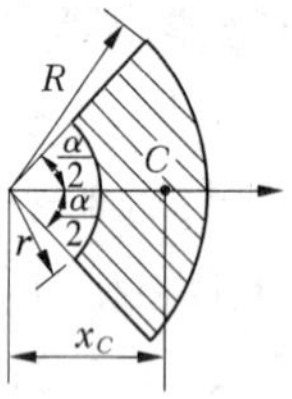	$x_C=\frac{2(R^3-r^3)\sin\alpha}{3(R^2-r^2)\alpha}$	锥体 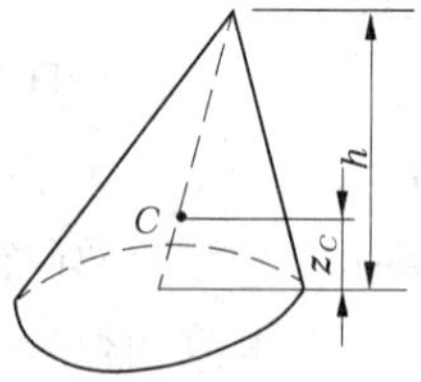	在锥顶与底面形心的连线上 $z_C=\frac{1}{4}h$ $V=\frac{1}{3}Ah$ (A为底面面积)
圆弧 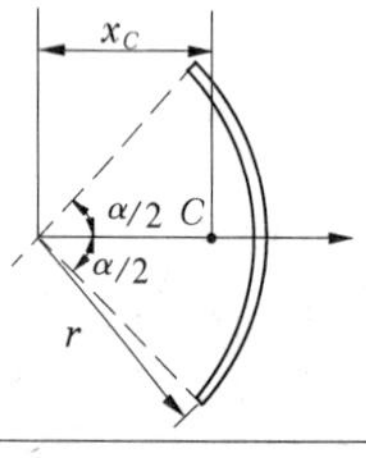	$x_C=\frac{2r}{\alpha}\sin\frac{\alpha}{2}$	三角棱柱体 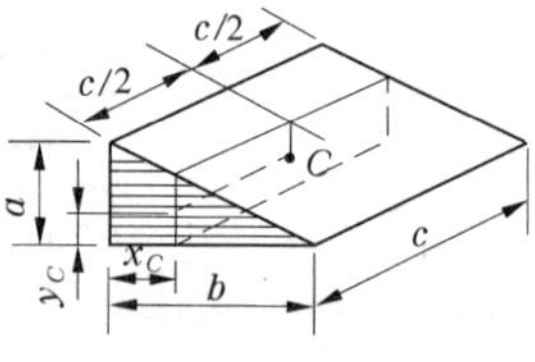	$x_C=\frac{b}{3}$ $y_C=\frac{a}{3}$ $V=\frac{1}{2}abc$
抛物线形 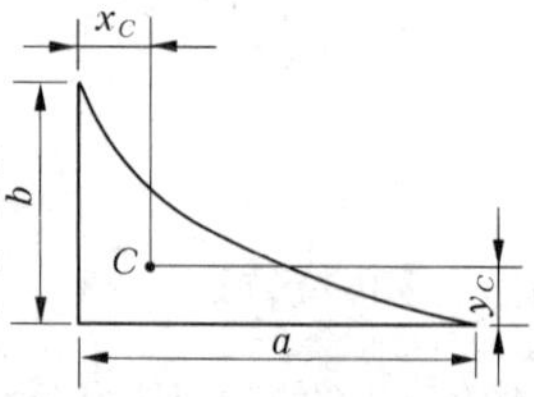	$x_C=\frac{a}{4}$ $y_C=\frac{3b}{10}$ $A=\frac{1}{3}ab$	正四面体 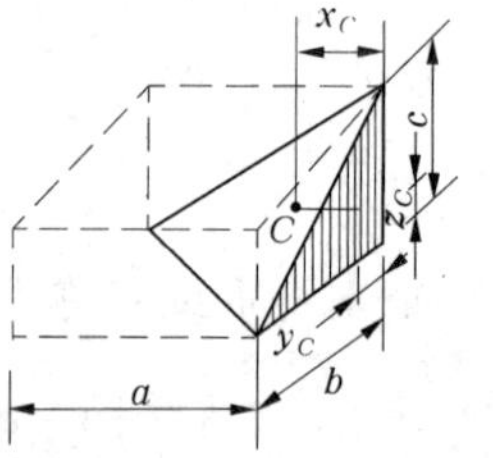	$x_C=\frac{a}{4}$ $y_C=\frac{b}{4}$ $z_C=\frac{c}{4}$ $V=\frac{1}{6}abc$

取与 y 轴平行的窄条作为微面积 dA，窄条的宽为 dx，高为 y，则 $dA = y dx$，微面积的形心坐标为 $(x, y/2)$，由式(4-7)可得

$$x_C = \frac{\int_A x dA}{\int_A dA} = \frac{\int_a^0 xy dx}{\int_a^0 y dx} = \frac{\int_a^0 x \frac{b}{a^2}x^2 dx}{\int_a^0 \frac{b}{a^2}x^2 dx} = \frac{3}{4}a$$

$$y_C = \frac{\int_A \frac{y}{2} dA}{\int_A dA} = \frac{\int_a^0 \frac{y}{2} y dx}{\int_a^0 y dx} = \frac{\int_a^0 \frac{b}{2a^2}x^2 \frac{b}{a^2}x^2 dx}{\int_a^0 \frac{b}{a^2}x^2 dx}$$

$$= \frac{3}{10}b$$

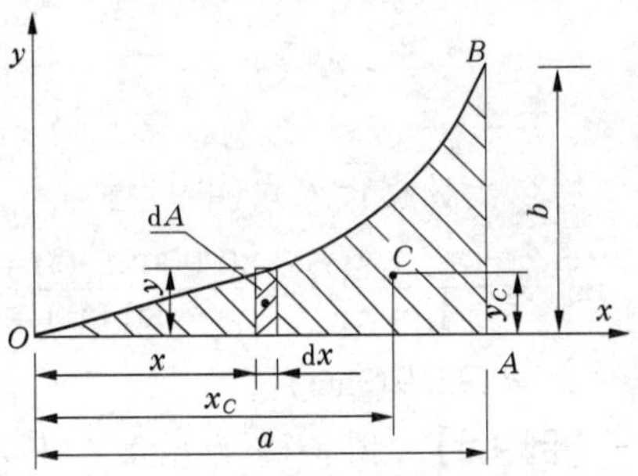

图 4-13

(三)组合法

有些平面图形是由几个简单图形组成的，例如梯形可以认为是由两个三角形(或一个矩形、一个三角形)组成的，T 形截面是由两个矩形组成的，这种图形称为组合图形。要求组合图形的形心位置，先把图形分成几个分图形，确定各分图形的面积和形心坐标，分图形的形心位置一般容易确定(或可由表 4-1 查得)，然后利用形心坐标公式计算组合图形的形心，这种方法称为**组合法**。

这里应指出，利用式(4-7)确定组合图形形心位置时，可以不用积分式，而改为用总和式，即把式(4-7)改为如下形式

$$\left.\begin{aligned} x_C &= \frac{A_1x_1 + A_2x_2 + \cdots + A_nx_n}{A_1 + A_2 + \cdots + A_n} = \frac{\sum_{i=1}^{n} A_ix_i}{\sum_{i=1}^{n} A_i} \\ y_C &= \frac{A_1y_1 + A_2y_2 + \cdots + A_ny_n}{A_1 + A_2 + \cdots + A_n} = \frac{\sum_{i=1}^{n} A_iy_i}{\sum_{i=1}^{n} A_i} \end{aligned}\right\} \tag{4-9}$$

式中，$A_1, A_2, \cdots, A_n$ 为各分图形(有限个)的面积；$x_1, x_2, \cdots, x_n, y_1, y_2, \cdots y_n$ 为各分图形对应的形心坐标。

【例 4-5】 图 4-14 为一倒 T 形截面，求该截面的形心。

解：取如图 4-14 所示坐标轴。因图形有一个对称轴，取该轴作为 y 轴，则图形形心必在该轴上，即 $x_C = 0$。将图形分成两部分 A_1、A_2，各分图形面积及 y_i 的值如下

$$A_1 = 200 \times 400 = 80\,000(\text{mm}^2)$$

$$y_1 = \frac{400}{2} + 100 = 300(\text{mm})$$

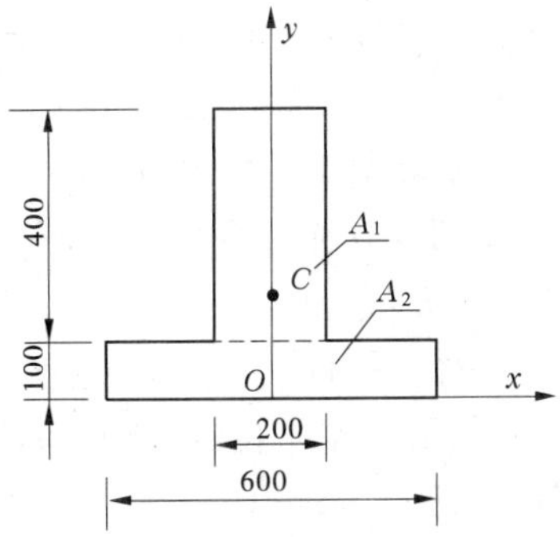

图 4-14　(单位：mm)

$$A_2 = 600 \times 100 = 60\ 000(\mathrm{mm}^2)$$

$$y_2 = \frac{100}{2} = 50(\mathrm{mm})$$

将以上数据代入式(4-9)得

$$y_C = \frac{A_1 y_1 + A_2 y_2}{A_1 + A_2} = \frac{80\ 000 \times 300 + 60\ 000 \times 50}{80\ 000 + 60\ 000}$$

$$= 192.9(\mathrm{mm})$$

【例 4-6】 图 4-15 为振动器中偏心块。已知 $R = 100$ mm, $r = 17$ mm, $b = 13$ mm。求偏心块形心。

解: 将偏心块看成是由三部分组成的,即半径为 R 的半圆 A_1、半径为 $(r+b)$ 的半圆 A_2 及半径为 r 的圆 A_3,但 A_3 应取负值,因为该圆是被挖去的部分。取如图 4-15 所示坐标轴,y 轴为对称轴,故 $x_C = 0$。各部分的面积及形心坐标为

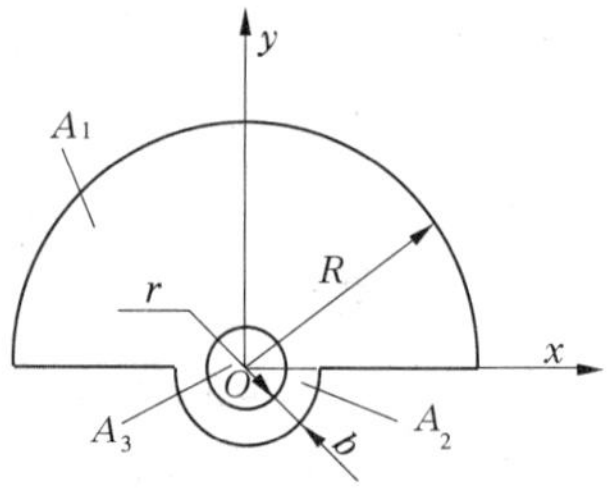

图 4-15

$$A_1 = \frac{1}{2}\pi R^2 \quad y_1 = \frac{4R}{3\pi}$$

$$A_2 = \frac{1}{2}\pi(r+b)^2 \quad y_2 = -\frac{4(r+b)}{3\pi}$$

$$A_3 = -\pi r^2 \quad y_3 = 0$$

$$y_C = \frac{A_1 y_1 + A_2 y_2 + A_3 y_3}{A_1 + A_2 + A_3} = \frac{\frac{\pi}{2} \times 100^2 \times \frac{4 \times 100}{3\pi} + \frac{\pi}{2}(17+13)^2\left[-\frac{4(17+13)}{3\pi}\right]}{\frac{\pi}{2} \times 100^2 + \frac{\pi}{2}(17+13)^2 - \pi \times 17^2} = 40(\mathrm{mm})$$

例 4-6 图形中的孔、洞面积取负值进行计算的方法叫作“**负面积法**”。

(四)实验法

一个形状比较复杂的物体,如果无法用积分法或组合法确定重心的位置,那么可用实验法来确定。常用的实验法有悬挂法及称重法,现分别介绍如下。

1. 悬挂法

如要求图 4-16(a)所示平面图形的形心,先用厚纸板做成模型,在厚纸板模型上选任一点 A,用细线把模型悬挂起来,然后沿细线方向画一条铅垂线(见图 4-16(b));再另选任一点 B,悬挂起来,画一条铅垂线,两线交点 C 即为该图形的形心。

2. 称重法

对形状复杂、非均质的物体,常用称重法确定重心的位置。如图 4-17 所示的链杆,本身具有两个互相垂直的对称面,因此其重心必在两对称面的交线 AB 上,进一步用称重法确定在 AB 线上的哪一点。

先称出链杆的重量 F_G,然后将其一端支承在固定的支点 O 上,另一端置于磅秤上,并使 AB 线处于水平位置,此时磅秤的读数为 N,量出两个支点的距离为 l,设重心距离支点 O 为 x_C,则

$$\sum m_O(\boldsymbol{F}) = 0 \quad -F_G x_C + Nl = 0$$

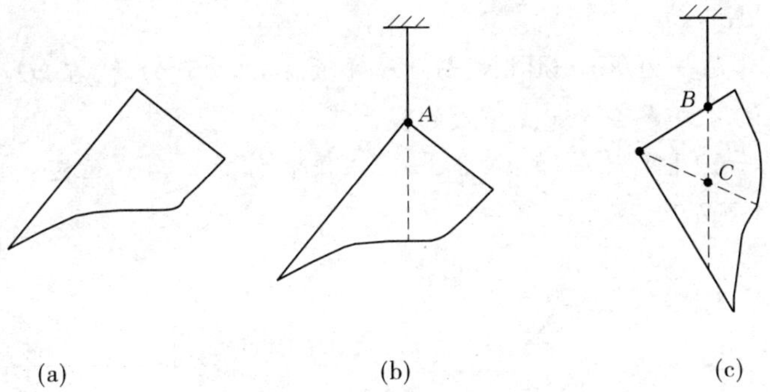

图 4-16

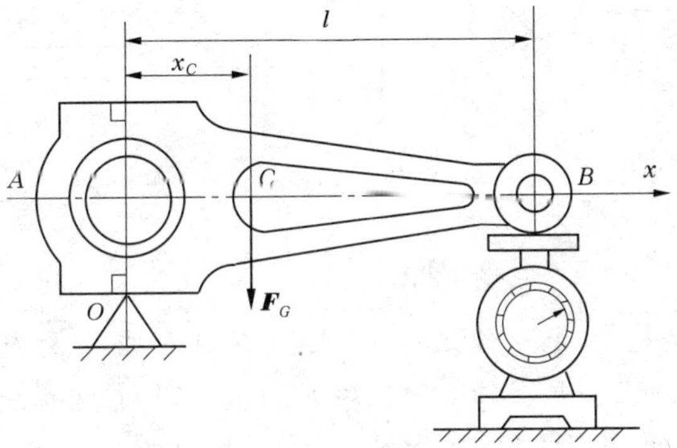

图 4-17

$$x_C = \frac{Nl}{F_G}$$

对于不对称的空间形状物体，可通过这种方法在三个方向三次称重来确定物体的重心位置。

思考题

4-1　已知一个力 F 的值及该力与 x 轴、y 轴的夹角 α、β，能否算出该力在 z 轴的投影 F_z？

4-2　力在平面上的投影是标量还是矢量？为什么？

4-3　物体的重心是否一定在物体的内部？

4-4　将物体沿过重心的平面切开成两部分，这两部分是否一定等重？

4-5　用组合法确定组合图形形心位置时用式(4-9)计算的 x_C、y_C 是精确值还是近似值？用该式计算时，将组合图形分割成分图形的数目愈少是否愈不准确？

4-6　力在空间直角坐标轴上的投影有几种计算方法？各种计算方法有哪些特点？

4-7　什么是形心？形心与重心有哪些联系？

习　题

4-1　分别计算图中 F_1、F_2、F_3 三个力在 x、y、z 轴上的投影。已知 $F_1 = 4$ kN，

$F_2=6$ kN，$F_3=2$ kN。

4-2　柱子上作用一力 $F=100$ kN，与 xOy 平面成 $\alpha=45°$ 的角，在 xOy 平面的投影与 x 轴夹角 $\beta=30°$。试求力 $\boldsymbol{F}$ 在 x、y、z 轴上的投影。

4-3　已知 $F_1=12$ kN，$F_2=15$ kN，$F_3=14.1$ kN，各力作用线位置如图所示。试分别计算三个力对三个轴的矩。

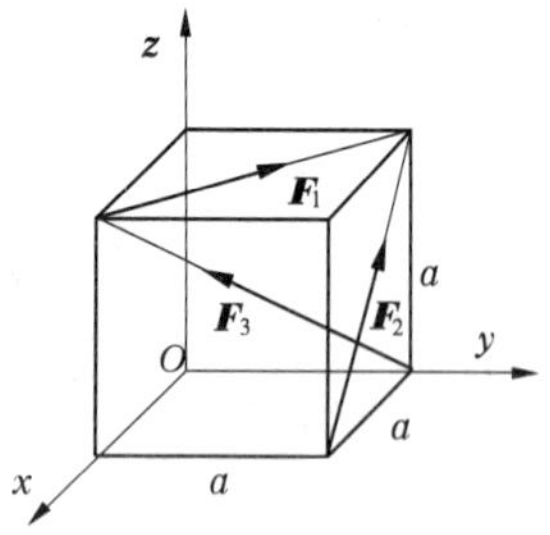

题 4-1 图

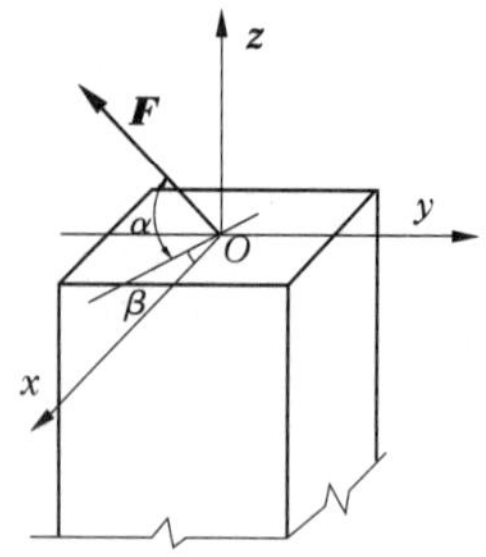

题 4-2 图

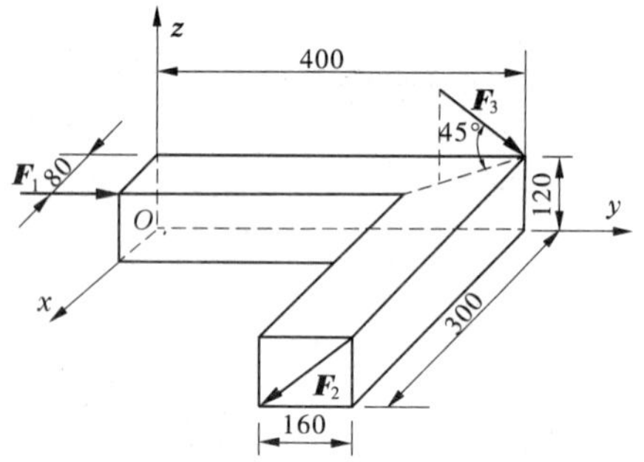

题 4-3 图　（单位：mm）

4-4　水平放置的轮上 A 点作用一力 $\boldsymbol{F}$，力 $\boldsymbol{F}$ 在铅垂平面内，与水平面成 30° 角，$F=1$ kN，$h=R=1$ m。试求 $\boldsymbol{F}$ 在轴上的投影 F_x、F_y、F_z 及对 z 轴的矩 $m_z(\boldsymbol{F})$。

4-5　试求下列平面图形的形心（除图上有注明尺寸单位外，其他尺寸单位是 mm）。

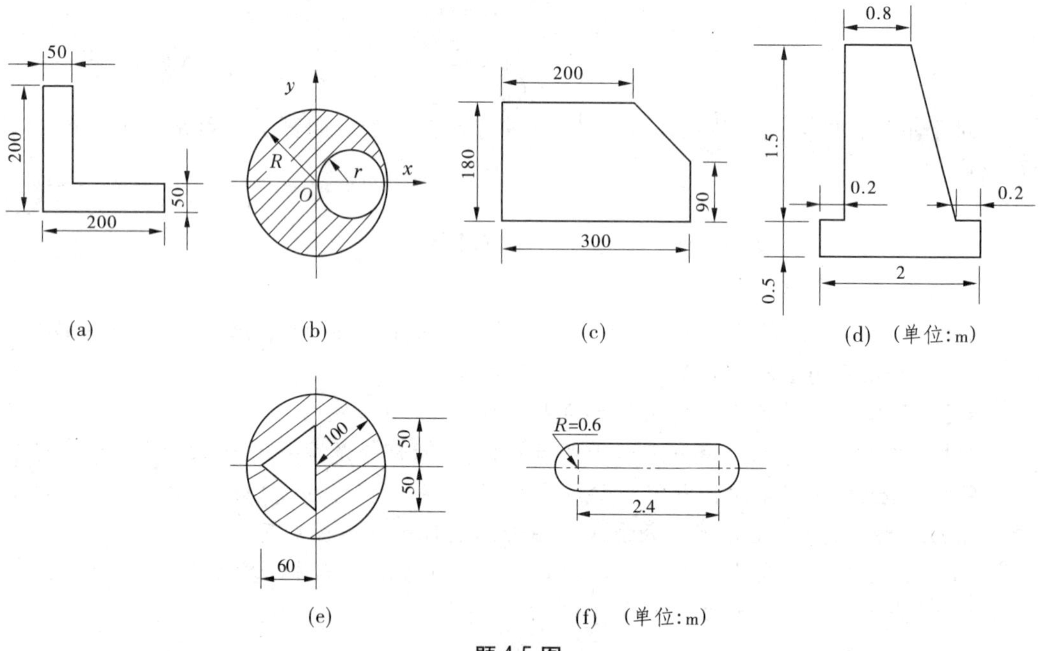

题 4-5 图

第五章　杆件的内力分析

在进行结构设计时，为保证结构安全正常工作，要求各构件必须具有足够的强度和刚度。解决构件的强度和刚度问题，首先需要确定危险截面的内力。内力计算是结构设计的基础。本章研究杆件的内力计算问题。

第一节　杆件的外力与变形特点

进行结构的受力分析时，只考虑力的运动效应，可以将结构看作刚体；但进行结构的内力分析时，要考虑力的变形效应，必须把结构作为变形固体处理。所研究杆件受到的其他构件的作用，统称为杆件的外力，**外力包括荷载（主动力）以及荷载引起的约束反力（被动力）**。广义地讲，对构件产生作用的外界因素除荷载以及荷载引起的约束反力外，还有温度改变、支座移动、制造误差等。杆件在外力作用下的变形可分为四种基本变形及其组合变形。

一、轴向拉伸与压缩

受力特点：杆件受到与杆轴线重合的外力作用。

变形特点：杆件沿轴线方向伸长或缩短。

产生轴向拉伸与压缩变形的杆件称为**拉压杆**。如图 5-1 所示屋架中的弦杆、牵拉桥的拉索和桥塔、闸门启闭机的螺杆等均为拉压杆。

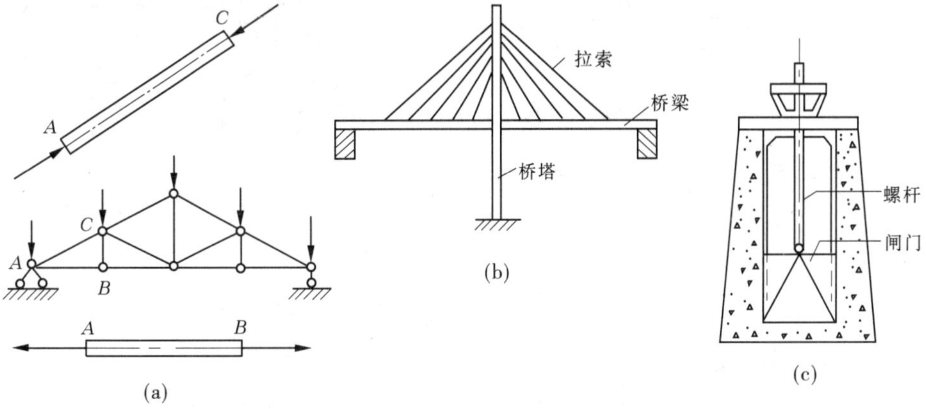

图 5-1

二、剪切

受力特点：杆件受到垂直杆轴方向的一组等值、反向、作用线相距极近的平行力作用。

变形特点:二力之间的横截面产生相对错动变形。

产生剪切变形的杆件通常为拉压杆的连接件。如图 5-2 所示螺栓、销轴连接中的螺栓和销钉,均产生剪切变形。

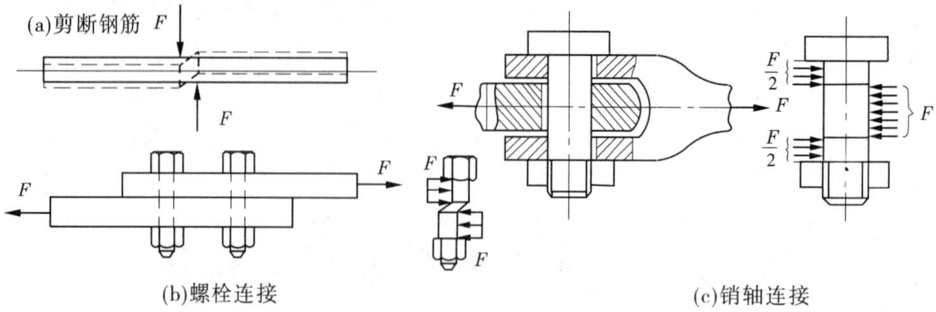

图 5-2

三、扭转

受力特点: 杆件受到垂直杆轴平面内的力偶作用。

变形特点: 相邻两横截面绕杆轴线产生相对扭转变形。

产生扭转变形的杆件多为传动轴,房屋的雨篷梁等也有扭转变形,如图 5-3 所示。

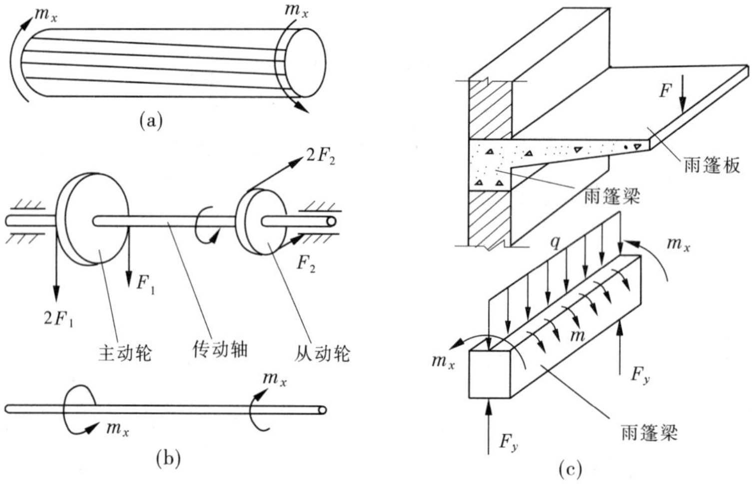

图 5-3

四、平面弯曲

受力特点:杆件受到垂直杆轴方向的外力,或杆轴所在平面内作用的外力偶。

变形特点:杆轴由直变弯。

产生弯曲变形的杆件称为**梁**。工程中常见梁的横截面多有一根对称轴(见图 5-4),各截面对称轴形成一个纵向对称平面。若荷载与约束反力均作用在梁的纵向对称平面内,梁的轴线也在该平面内弯成一条曲线,这样的弯曲称为**平面弯曲**,如图 5-4 所示。平面弯曲是最简单的弯曲变形,是一种基本变形。本章重点介绍单跨静定梁的平面弯曲内力。

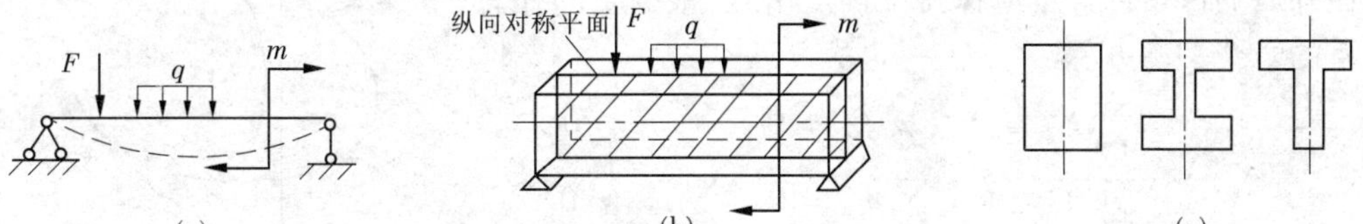

图 5-4

单跨静定梁有三种基本形式,如图 5-5 所示。

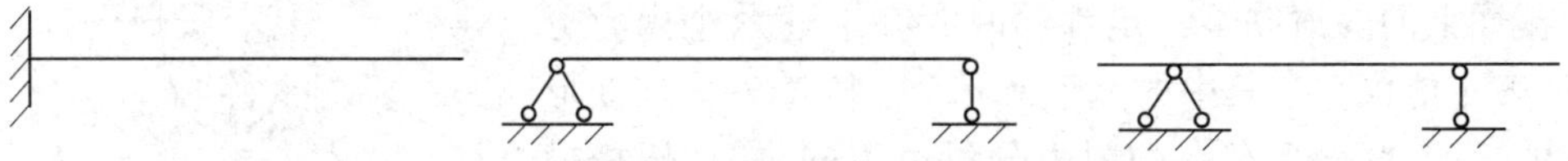

图 5-5

第二节　内力及其截面法

一、内力的概念

构件的材料是由许多质点组成的。构件不受外力作用时,材料内部质点之间保持一定的相互作用力,使构件具有固定形状。当构件受到外力作用产生变形时,其内部质点之间相互位置改变,原有内力也发生变化。这种**由于外力作用而引起的受力构件内部质点之间相互作用力的改变量称为附加内力**,简称**内力**。工程力学所研究的内力是由外力引起的,内力随外力的变化而变化,外力增大,内力也增大,外力撤销后,内力也随之消失。

显然,构件中的内力是与构件的变形相联系的,内力总是与变形同时产生的。内力的作用为力图使受力构件恢复原状。构件的内力随着变形的增加而增加,但对于确定的材料,内力的增加有一定的限度,超过这一限度,构件将发生破坏。因此,内力与构件的强度和刚度都有密切的联系。在研究构件的强度、刚度等问题时,必须知道构件在外力作用下某截面上的内力值。

二、截面法

确定构件任一截面上内力值的基本方法是截面法。图 5-6(a)为任一受平衡力系作用的构件。为了显示并计算某一截面上的内力,可在该截面处用一假想的截面将构件一分为二并弃去其中一部分。将弃去部分对保留部分的作用以力的形式表示,此即该截面上的内力。

根据变形固体均匀、连续的基本假设,截面上的内力是连续分布的。通常将截面上的分布内力用位于该截面形心处的合力(简化为主矢和主矩)来代替。尽管内力的合力是未知的,但总可以用其六个内力分量(空间任意力系)N_x、Q_y、Q_z 和 M_x、M_y、M_z 来表示,如

图5-6(b)所示。因为构件在外力作用下处于平衡状态,所以截开后的保留部分也应保持平衡。由此,根据空间任意力系的六个平衡方程

$$\sum F_x = 0 \quad \sum F_y = 0 \quad \sum F_z = 0$$

$$\sum m_x = 0 \quad \sum m_y = 0 \quad \sum m_z = 0$$

即可求出 N_x、Q_y、Q_z 和 M_x、M_y、M_z 等各内力分量。用截面法研究保留部分的平衡时,各内力分量均相当于平衡体上的外力。

截面上的内力并不一定都同时存在上述六个内力分量,一般可能仅存在其中的一个或几个。随着外力与变形形式的不同,截面上存在的内力分量也不同,如拉压杆横截面上的内力,只有与外力平衡的轴向内力 N_x。

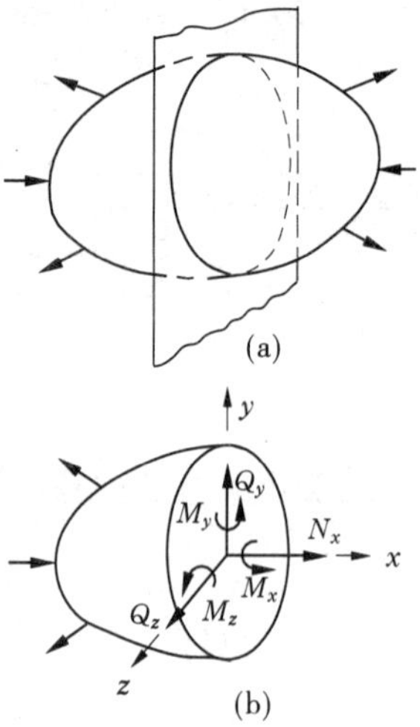

图5-6

截面法求内力的步骤可归纳如下:

(1)截开:在欲求内力截面处,用一假想截面将构件一分为二。

(2)代替:弃去任一部分,并将弃去部分对保留部分的作用以相应内力代替,即显示内力。

(3)平衡:根据保留部分的平衡条件,确定截面内力值。

截面法求内力与取分离体由平衡条件求约束反力的方法实质是完全相同的。求约束反力时,去掉约束代之以约束反力;求内力时,去掉一部分杆件,代之以该截面的内力。

注意:在研究变形体的内力和变形时,对"等效力系"的应用应该慎重。例如,在求内力时,截开截面之前,力的合成、分解及平移,力和力偶沿其作用线和作用面的移动等定理,均不可使用,否则将改变构件的变形效应;但在考虑研究对象的平衡问题时,仍可应用等效力系简化计算。

在本章以后各节中,将分别详细讨论几种基本变形杆件横截面上的内力计算。

第三节 轴向拉伸和压缩杆件的内力分析

轴向拉伸或压缩变形是杆件的基本变形之一。当杆件两端受到背离杆件的轴向外力作用时,产生沿轴线方向的伸长变形。这种变形称为**轴向拉伸**,杆件称为**拉杆**,所受外力为**拉力**。反之,当杆件两端受到指向杆件的轴向外力作用时,产生沿轴线方向的缩短变形。这种变形称为**轴向压缩**,杆件称为**压杆**,所受外力为**压力**,如图5-7所示。

用截面法求图5-8(a)中拉杆 $m—m$ 截面上的内力步骤如下:

(1)截开:假想用 $m—m$ 截面将杆件分为Ⅰ、Ⅱ两部分,并取Ⅰ为研究对象。

(2)代替:将Ⅱ部分对Ⅰ部分的作用以截面上的分布内力代替。由于杆件平衡,所取Ⅰ部分也应保持平衡,故 $m—m$ 截面上与轴向外力 F 平衡的内力的合力也是轴向力,这种内力称为**轴力**,记为 N,如图5-8(b)所示。

(3)平衡:根据共线力系的平衡条件:

$$\sum F_x = 0 \quad N - F = 0$$

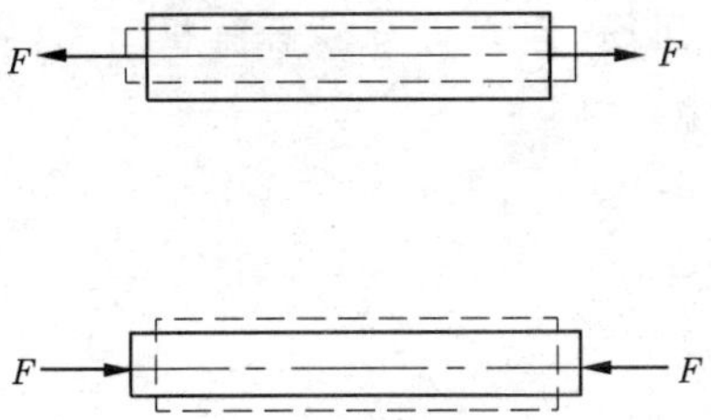

图 5-7

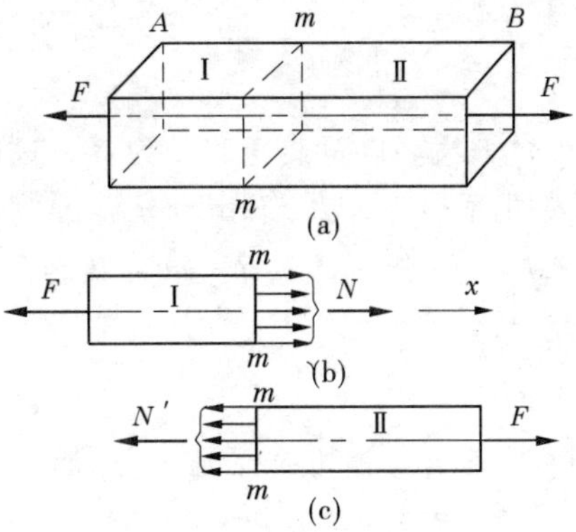

图 5-8

求得　$N = F$

所得结果为正值，说明轴力 N 与假设方向一致，为拉力。

若取Ⅱ部分为研究对象，如图 5-8(c)所示，同样方法可得：$N' = N = F$。显然，N 与 N' 是一对作用力与反作用力，其大小相等，方向相反，均为拉力。

为了截取不同研究对象计算同一截面内力时，所得结果一致，规定轴力符号为：**轴力为拉力时，N 取正值；反之，轴力为压力时，N 取负值，即轴力"拉为正，压为负"**。

当杆件上有多个轴向外力作用时，拉(压)杆横截面上的轴力一般不相同。为了直观地表示轴力随截面位置而变化的规律，取与杆轴平行的横坐标 x 表示各截面位置，取与杆轴垂直的纵坐标 N 表示各截面轴力的大小，这样画出的图形称为**轴力图**。画轴力图时，规定**正值的轴力画在轴上侧，负值的轴力画在轴下侧，并标明正负符号**。

【例 5-1】　如图 5-9(a)所示阶梯形杆件，自重不计。试绘出其轴力图。

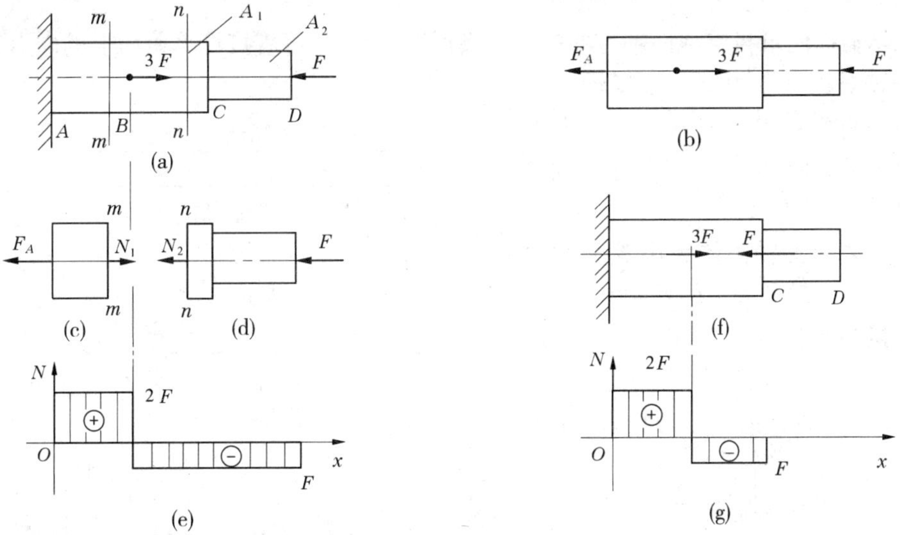

图 5-9

解：(1)求支座反力。取阶梯杆为研究对象画受力图(见图 5-9(b))。

由平衡方程 $\sum F_x = 0 \quad 3F - F_A - F = 0$

得 $F_A = 2F$

(2)分段。以荷载变化处为界,将杆分为 AB、BD 两段(因内力与截面面积无关,故 C 截面变化不影响轴力,不作为分界面)。各段杆轴力计算如下:

AB 段:取任一截面 $m—m$ 左侧为研究对象(见图 5-9(c)),取杆轴为 x 轴。

由平衡方程 $\sum F_x = 0 \quad N_1 - F_A = 0$

得 $N_1 = F_A = 2F$(拉力)

若取截面右侧为研究对象,可得同样结果,故悬臂式杆件可从自由端依次取研究对象求各截面内力,而不必求支座反力。

BD 段:取任一截面 $n—n$ 右侧杆段为研究对象(见图 5-9(d)),取杆轴为 x 轴。

由平衡方程 $\sum F_x = 0 \quad -N_2 - F = 0$

得 $N_2 = -F$(压力)

内力计算结果的正号说明内力实际方向与假设方向一致;反之,则表示内力实际方向与假设方向相反,如果未知轴力方向均按拉力假设,则所得结果的正负号即表示所求轴力的实际符号,而不必再标拉力或压力。

(3)作轴力图。首先取坐标系 xON,按一定比例将正值轴力标在轴上侧,负值轴力标在轴下侧,作轴力图(见图 5-9(e))。

由图可见:①各段杆轴力均为常量,轴力图为杆轴的平行线;②集中力作用处轴力图有突变,该截面轴力为不定值,因而计算轴力的截面不要取在集中荷载作用处;③BC、CD 杆段截面面积不同,但轴力值相同,即轴力只随截面位置变化,而与截面形状、尺寸无关。

本例若将力 F 从截面 D 移至截面 C(见图 5-9(f)),则轴力图将改变(见图 5-9(g))。说明力的可传性原理不适用于变形体。

总结截面法求指定截面轴力的计算结果可知,由外力可直接计算截面上的内力,而不必取研究对象画受力图。根据轴力与外力的平衡关系,以及杆段受力图上轴力与外力的方向,由外力直接计算截面轴力时:

任一截面上轴力的大小等于截面一侧杆上所有轴向外力的代数和,即由外力直接判断为:离开截面的外力(拉力)产生正轴力;指向截面的外力(压力)产生负轴力。仍可记为轴力"拉为正,压为负"。

这种计算指定截面轴力的方法称为**直接法**。

【例 5-2】 试作图 5-10(a)所示等截面直杆的轴力图。

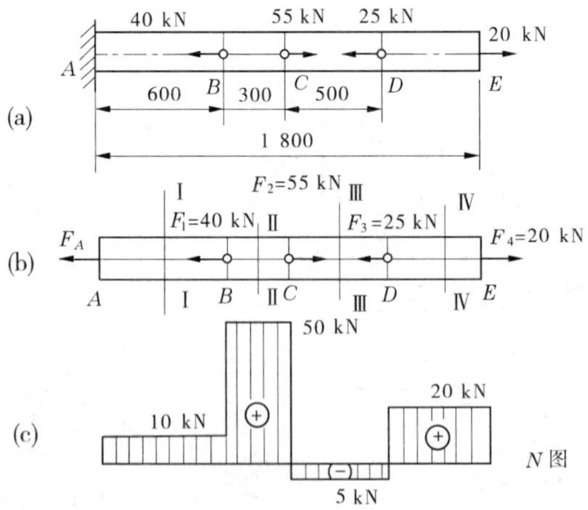

图 5-10 (单位:mm)

解:悬臂杆件可不求支座反力,直接从自由端依次取研究对象求各杆段截面轴力。

(1)求各杆段轴力。

AB 段: $$N_1 = -F_1 + F_2 - F_3 + F_4 = 10(\text{kN})$$

BC 段: $$N_2 = F_2 - F_3 + F_4 = 50(\text{kN})$$

CD 段: $$N_3 = -F_3 + F_4 = -5(\text{kN})$$

DE 段: $$N_4 = F_4 = 20(\text{kN})$$

(2)作轴力图(见图5-10(c)),由图可得

$$|N_{\max}| = 50\ \text{kN} \quad (\text{在}\ BC\ \text{段})$$

第四节 扭转轴的内力分析

一、功率、转速与外力偶矩之间的关系

研究扭转轴的内力,首先必须确定作用在轴上的外力偶矩,而工程中,传递转矩的动力机械往往仅标明轴的转速和传递的功率。根据轴每分钟传递的功与外力偶矩所做功相等,可换算出功率、转速与外力偶矩之间的关系为

$$m_x = 9\,550\frac{P}{n} \quad (\text{N}\cdot\text{m}) \tag{5-1}$$

式中,P 为轴传递的功率,单位为千瓦(kW);n 为轴的转速,单位为转/分(r/min);m_x 为外力偶矩,单位为牛顿·米(N·m)。

如果功率的单位为马力,则式(5-1)变为

$$m_x = 7\,024\frac{P}{n} \quad (\text{N}\cdot\text{m}) \tag{5-2}$$

二、扭矩、扭矩图

扭转轴横截面的内力计算仍采用截面法。设圆轴在外力偶矩 m_{x1}、m_{x2}、m_{x3} 作用下产生扭转变形,如图5-11(a)所示,求其横截面Ⅰ—Ⅰ的内力。①将圆轴用假想的截面Ⅰ—Ⅰ截开,一分为二;②取左段为研究对象,画其受力图如图5-11(b)所示,去掉的右段对保留部分的作用以截面上的内力 M_x 代替;③由保留部分的平衡条件确定截面上的内力。

由圆轴的平衡条件可知,横截面上与外力偶平衡的内力必为一力偶,该内力偶矩称为**扭矩**,用 M_x 表示。由平衡条件得

$$\sum M_x = 0 \quad m_{x1} - M_x = 0$$

$$M_x = m_{x1}$$

若取右段轴为研究对象(见图5-11(c)),由平衡条件得

$$\sum M_x = 0 \quad m_{x2} - m_{x3} - M'_x = 0$$

$$M'_x = m_{x2} - m_{x3} = M_x$$

为了取不同的研究对象计算同一截面的扭矩时,结果相同,扭矩的符号规定为:按右

手螺旋法则,以右手四指顺着扭矩的转向,若拇指指向与截面外法线方向一致,扭矩为正(见图 5-12(a));**反之为负**(见图 5-12(b))。

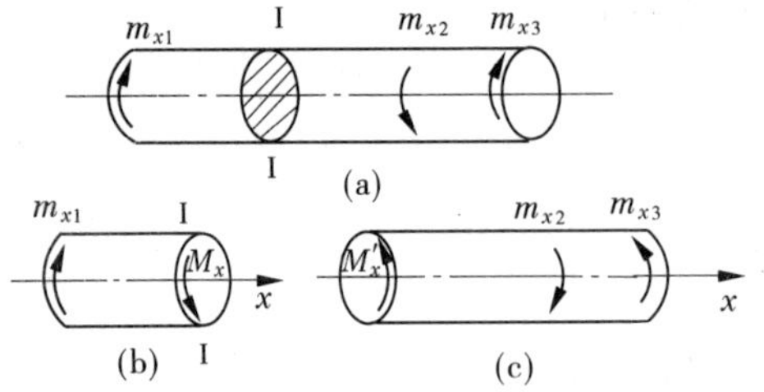

图 5-11

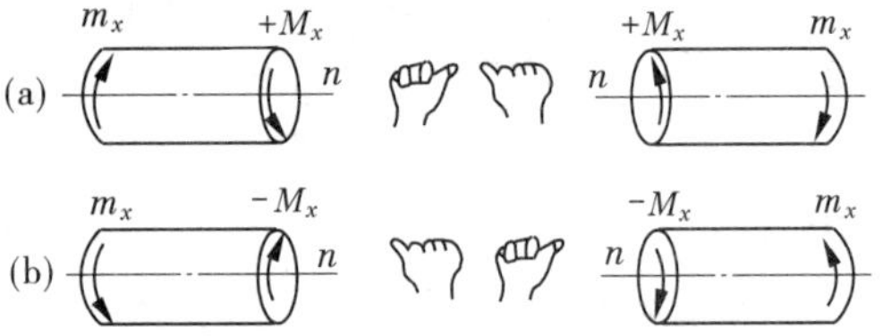

图 5-12

多个外力偶作用的扭转轴,计算横截面上的扭矩仍采用截面法。归纳以上计算结果,可由轴上外力偶矩直接计算截面扭矩。**任一截面上的扭矩,等于该截面一侧轴上的所有外力偶矩的代数和**:$M_x = \sum m_{xi}$。扭矩的符号仍用**右手螺旋法则**判断:**凡拇指离开截面的外力偶矩在截面上产生正扭矩;反之产生负扭矩。**

显然,不同轴段的扭矩不相同。为了直观地反映扭矩随截面位置变化的规律,以便确定危险截面,与轴力图相仿可绘出扭矩图。绘制扭矩图的要求是:选择合适比例将正值的扭矩纵标画在轴线上侧,负值的扭矩画在轴线下侧;图中标明截面位置,截面的扭矩值、单位和正负号。

【例 5-3】 传动轴如图 5-13(a)所示,主动轮 A 轮,输入功率 $P_A = 50$ kW,从动轮 B、C、D,输出功率分别为 $P_B = P_C = 15$ kW,$P_D = 20$ kW,轴转速为 $n = 300$ r/min。试绘制轴的扭矩图。

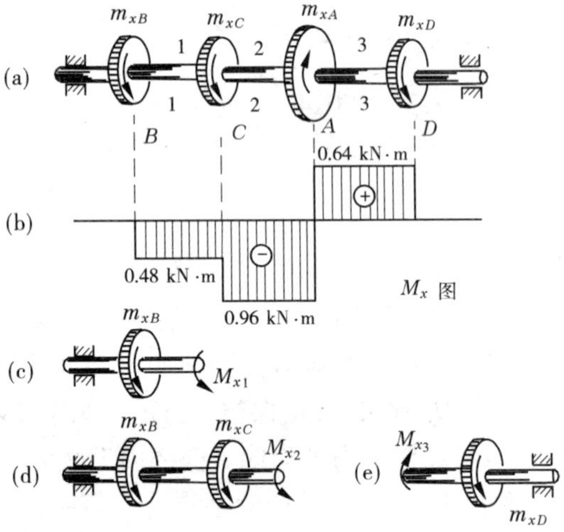

图 5-13

解:(1)计算外力偶矩。

$$m_{xA} = 9\ 550\frac{P_A}{n} = 9\ 550 \times \frac{50}{300} = 1.6(\text{kN} \cdot \text{m})$$

$$m_{xB} = m_{xC} = 9\ 550\frac{P_B}{n} = 9\ 550 \times \frac{15}{300} = 0.48(\text{kN} \cdot \text{m})$$

$$m_{xD}=9\ 550\frac{P_D}{n}=9\ 550\times\frac{20}{300}=0.64(\text{kN}\cdot\text{m})$$

(2)分段计算扭矩。

BC 段:用 1—1 截面将轴一分为二,取左段为研究对象,画其受力图,假设该截面扭矩为正转向,如图 5-13(c)所示。由平衡方程得

$$\sum M_x=0\qquad M_{x1}+m_{xB}=0$$

$$M_{x1}=-m_{xB}=-0.48\ \text{kN}\cdot\text{m}$$

计算结果为负,说明假设扭矩转向与实际转向相反,为负扭矩。

CA 段:截取 2—2 截面以左轴段计算扭矩 M_{x2},其受力图如图 5-13(d)所示。

$$\sum M_x=0\qquad M_{x2}+m_{xB}+m_{xC}=0$$

$$M_{x2}=-m_{xB}-m_{xC}=-0.96\ \text{kN}\cdot\text{m}$$

AD 段:取 3—3 截面右段为研究对象,计算 3—3 截面扭矩(见图 5-13(e))。

$$\sum M_x=0\qquad M_{x3}-m_{xD}=0$$

$$M_{x3}=m_{xD}=0.64\ \text{kN}\cdot\text{m}$$

(3)绘扭矩图。

由于扭矩在各段的数值不变,故该轴扭矩图由三段水平线组成,最大扭矩在 *CA* 段,$|M_{max}|=0.96\ \text{kN}\cdot\text{m}$,如图 5-13(b)所示。

若将该轴主动轮 *A* 装置在轴右端,则其扭矩图如图 5-14 所示。此时,轴的最大扭矩为 $|M_{max}|=1.6\ \text{kN}\cdot\text{m}$。显然,图 5-13(a)所示的轮布置比较合理。

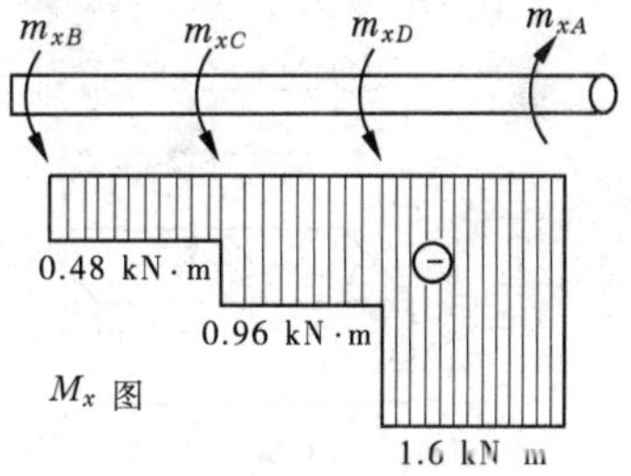

图 5-14

第五节　梁的内力分析

一、梁的内力

如图 5-15(a)所示,简支梁 *AB* 在荷载 *F* 和支座反力 F_A、F_B 的共同作用下处于平衡状态,用截面法分析 *n*—*n* 截面上的内力。

(1)假想用 *n*—*n* 截面将梁分为两段。

(2)取左段为研究对象(见图 5-15(b))。舍弃部分对保留部分的作用用截面上的内力代替,则内力与外力 F_A 平衡。显然,F_A 有使左梁段上下移动和绕截面形心 *O* 转动的作用,因而截面上相应有与之平衡的两种内力 *Q*、*M*。

剪力 *Q*——限制梁段沿截面方向移动的内力,单位为 N 或 kN。

弯矩 *M*——限制梁段绕截面形心 *O* 转动的内力矩,单位为 N·m 或 kN·m。

(3) 由梁段的平衡条件

$$\sum F_y=0\quad F_A-Q=0$$

得
$$Q = F_A$$
$$\sum M_O = 0 \quad F_A \cdot x - M = 0$$
得
$$M = F_A \cdot x$$

若研究右梁段的平衡,可得同样结果,如图 5-15(c)所示。
$$\sum F_y = 0 \quad F_B - F + Q' = 0$$
得
$$Q' = F - F_B = F_A = Q$$
$$\sum M_O = 0 \quad F_B \cdot (l - x) - F \cdot (a - x) - M' = 0$$
得
$$M' = F_B \cdot (l - x) - F \cdot (a - x) = F_A \cdot x = M$$

为了取不同的研究对象计算同一截面的内力时数值和符号均相同,梁的内力符号规定为:

剪力 Q:使截面邻近的微梁段有顺时针转动趋势的剪力为正值,反之为负值(见图 5-16(a))。

弯矩 M:使截面邻近的微梁段产生下边凸出,上边凹进变形的弯矩为正值,反之为负值(见图 5-16(b))。

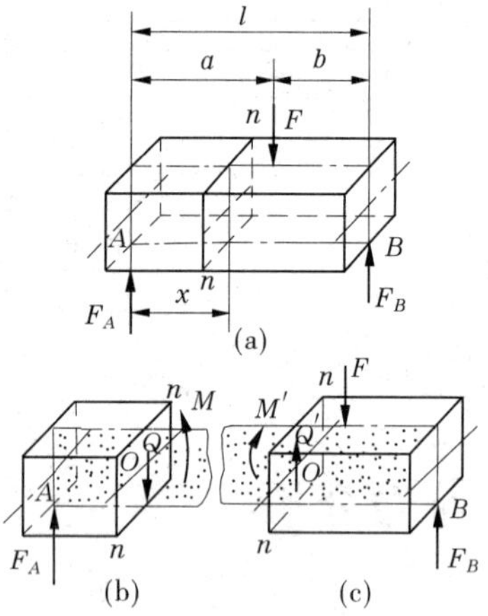

图 5-15

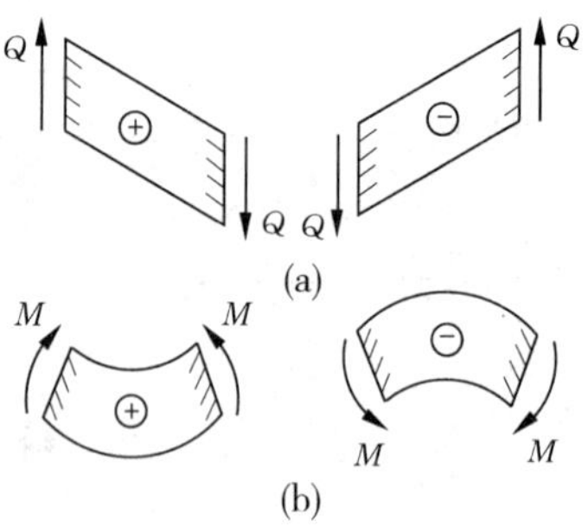

图 5-16

【例 5-4】 已知简支梁 AB 如图 5-17(a)所示。求距左端支座 2 m 处截面上的内力。已知 $F_1 = 20$ kN,$F_2 = 40$ kN。

解:(1)求支座反力。由整体的平衡条件得
$$\sum M_A = 0 \quad F_1 a + F_2(l - c) - F_B l = 0$$
$$F_B = \frac{F_1 a + F_2(l - c)}{l} = \frac{20 \times 1 + 40 \times (4 - 1)}{4} = 35(\text{kN})(\uparrow)$$
$$\sum M_B = 0 \quad F_1(l - a) + F_2 c - F_A l = 0$$
$$F_A = \frac{F_1(l - a) + F_2 c}{l} = \frac{20 \times (4 - 1) + 40 \times 1}{4} = 25(\text{kN})(\uparrow)$$

(2)用截面法求内力。截取截面左段梁为研究对象,画受力图如图 5-17(b)所示,为便于判断计算结果,图中未知内力都按符号规定的正向假设。由左段梁平衡条件得

$$\sum F_y = 0 \quad F_A - F_1 - Q = 0$$

$$Q = F_A - F_1 = 25 - 20 = 5(\mathrm{kN})$$

$$\sum M_O = 0 \quad F_A x - F_1(x - a) - M = 0$$

$$M = F_A x - F_1(x - a) = 25 \times 2 - 20 \times (2 - 1) = 30(\mathrm{kN \cdot m})$$

计算结果均为正值，实际内力方向如图 5-17(b)、(c)所示。

由以上计算结果可见，由梁上外力可直接计算截面上的内力。

(1)梁任一横截面上的剪力，在数值上等于该截面一侧梁段上所有外力在截面上投影的代数和，即 $Q = \sum F_{iQ}$。

(2)梁任一横截面上的弯矩，在数值上等于该截面一侧梁段上所有外力对截面形心力矩的代数和，即

$$M = \sum M_O(F_{iQ})$$

由外力直接判断内力符号为：

(1)**对截面产生顺时针转动趋势的外力**(截面左侧梁上所有向上的外力或截面右侧梁上所有向下的外力)**在截面上产生正剪力；反之产生负剪力**，如图 5-18(a)所示。

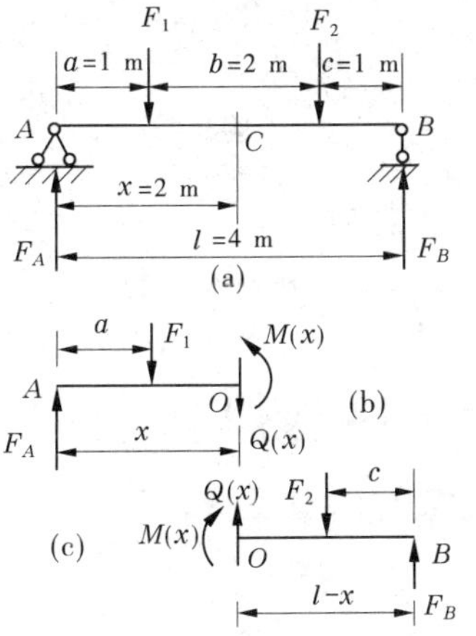

图 5-17

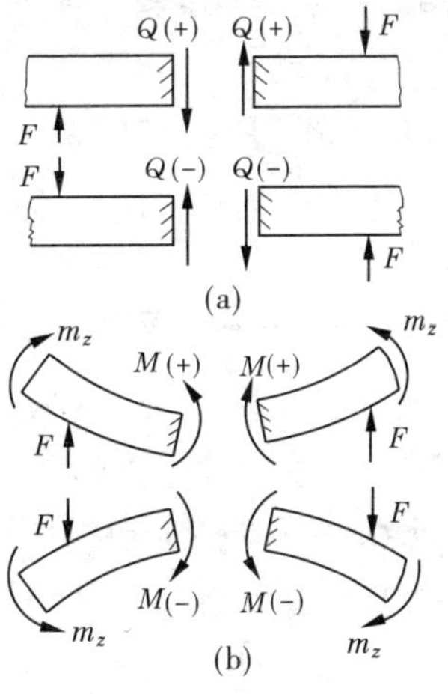

图 5-18

(2)**使梁段产生下边凸出、上边凹进变形的外力**(截面两侧梁上均为向上的外力，使梁产生左侧截面顺时针、右侧截面逆时针的外力矩)**在截面上产生正弯矩；反之产生负弯矩**，如图 5-18(b)所示。

直接由外力计算截面内力时，先看截面一侧有几个外力，再由各外力方向判断产生内力的符号，最后计算各项代数和确定截面内力。

【例 5-5】 简支梁上作用集中力 $F = 1$ kN，集中力偶 $m = 4$ kN·m，均布荷载 $q = 10$ kN/m，如图 5-19所示。试求 1—1 截面和 2—2 截面上的剪力和弯矩。

解：(1)求支座反力。由整体的平衡条件，可

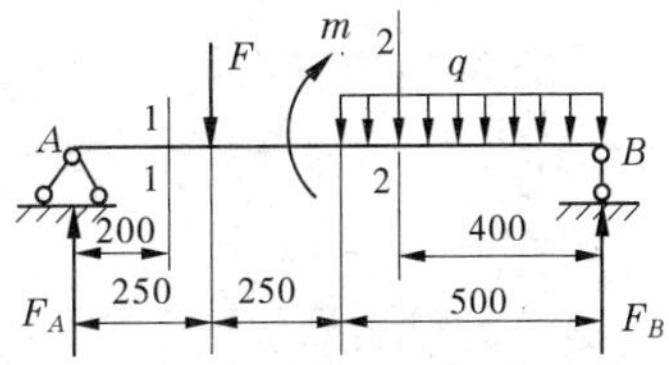

图 5-19　(单位：mm)

得

$$F_A = 0.75F - m + \frac{q}{2}(0.5)^2 = 0.75 \times 1 - 4 + \frac{10}{2} \times 0.25 = -2(\text{kN})(\downarrow)$$

$$F_B = 0.25F + m + q \times 0.5 \times 0.75 = 0.25 \times 1 + 4 + 10 \times 0.5 \times 0.75 = 8(\text{kN})(\uparrow)$$

(2)求内力。

由1—1截面左侧外力

$$Q_1 = F_A = -2\ \text{kN}$$

$$M_1 = 0.2F_A = -0.4(\text{kN} \cdot \text{m})$$

由2—2截面右侧外力

$$Q_2 = 0.4q - F_B = 0.4 \times 10 - 8 = -4(\text{kN})$$

$$M_2 = F_B \times 0.4 - \frac{q}{2}(0.4)^2 = 8 \times 0.4 - \frac{10}{2} \times (0.4)^2 = 2.4(\text{kN} \cdot \text{m})$$

【例5-6】 外伸梁受荷载作用如图5-20所示。图中截面1—1、2—2分别无限接近于截面A的左侧、右侧,截面3—3、4—4分别无限接近于跨中截面的左侧、右侧。试求图示各截面的剪力和弯矩。

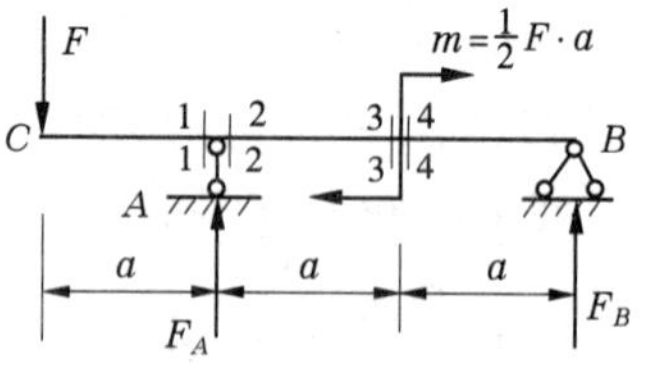

图5-20

解:(1)求支座反力。取整体为研究对象

由 $\sum M_B = 0 \quad F \times 3a - m - F_A \times 2a = 0$

得

$$F_A = \frac{3Fa - m}{2a} = \frac{3Fa - 0.5Fa}{2a} = 1.25F(\uparrow)$$

由

$$\sum M_A = 0 \quad Fa - m + F_B \times 2a = 0$$

得

$$F_B = \frac{-Fa + m}{2a} = \frac{-Fa + 0.5Fa}{2a} = -0.25F(\downarrow)$$

校核:$\sum F_y = F_A + F_B - F = 1.25F - 0.25F - F = 0$,计算无误。

(2)计算指定截面的剪力和弯矩。由截面左侧梁段上外力计算:

截面1—1 $\quad Q_1 = -F \quad M_1 = -Fa$

截面2—2 $\quad Q_2 = F_A - F = 0.25F \quad M_2 = -Fa$

由截面右侧梁段上外力计算:

截面3—3 $\quad Q_3 = -F_B = 0.25F \quad M_3 = -m + F_B \cdot a = -0.75Fa$

截面4—4 $\quad Q_4 = -F_B = 0.25F \quad M_4 = F_B \cdot a = -0.25Fa$

比较截面1—1、2—2的内力:

$$Q_2 - Q_1 = 0.25F - (-F) = 1.25F = F_A$$

$$M_2 = M_1$$

可见,**在集中力左右两侧截面上,弯矩相同,剪力发生突变,突变值等于该集中力值。**

比较截面3—3、4—4的内力:

$$Q_4 = Q_3$$

$$M_4 - M_3 = -0.25Fa - (-0.75Fa) = 0.5Fa = m$$

可见,**在集中力偶左右两侧横截面上,剪力相同,弯矩发生突变,突变值等于该集中力**

偶的力偶矩。

由此可知，计算集中力和集中力偶作用截面的内力时，须分别计算该截面两侧相邻截面的内力。

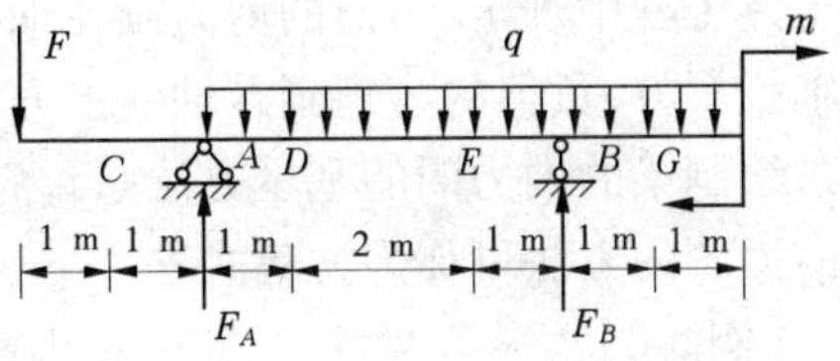

图 5-21

【例 5-7】　试求图 5-21 所示外伸梁 C、A、E、B、G 各截面上的内力。已知 $F = 3$ kN，$q = 1$ kN/m，$m = 6$ kN · m。

解：(1) 求支座反力。由整体平衡得：

由 $$\sum M_B = 0 \qquad F \times 6 + q \times 6 \times 1 - m - F_A \times 4 = 0$$

得 $$F_A = \frac{F \times 6 + q \times 6 \times 1 - m}{4} = \frac{3 \times 6 + 1 \times 6 \times 1 - 6}{4} = 4.5(\text{kN})(\uparrow)$$

$$\sum M_A = 0 \qquad F \times 2 - q \times 6 \times 3 + F_B \times 4 - m = 0$$

得 $$F_B = \frac{-F \times 2 + q \times 6 \times 3 + m}{4} = \frac{-3 \times 2 + 1 \times 6 \times 3 + 6}{4} = 4.5(\text{kN})(\uparrow)$$

校核：$\sum F_y = F_A + F_B - F - q \times 6 = 4.5 + 4.5 - 3 - 1 \times 6 = 0$，计算无误。

(2) 计算各截面内力。

截面 C：$Q_C = -F = -3(\text{kN})$　　$M_C = -F \times 1 = -3(\text{kN} \cdot \text{m})$

截面 $A_{左}$：$Q_{A左} = -F = -3(\text{kN})$　　$M_{A左} = -F \times 2 = -6(\text{kN} \cdot \text{m})$

截面 $A_{右}$：$Q_{A右} = F_A - F = 1.5(\text{kN})$　　$M_{A右} = -F \times 2 = -6(\text{kN} \cdot \text{m})$

截面 E：$Q_E = F_A - F - q \times 3 = -1.5(\text{kN})$

$M_E = F_A \times 3 - F \times 5 - q \times 3 \times 1.5 = -6(\text{kN} \cdot \text{m})$

截面 $B_{左}$：$Q_{B左} = q \times 2 - F_B = -2.5(\text{kN})$　　$M_{B左} = -q \times 2 \times 1 - m = -8(\text{kN} \cdot \text{m})$

截面 $B_{右}$：$Q_{B右} = q \times 2 = 2(\text{kN})$　　$M_{B右} = -q \times 2 \times 1 - m = -8(\text{kN} \cdot \text{m})$

截面 G：$Q_G = q \times 1 = 1(\text{kN})$

$M_G = -q \times 1 \times 0.5 - m = -6.5(\text{kN} \cdot \text{m})$

二、剪力图和弯矩图

进行梁的强度和刚度计算时，除需要计算指定截面的内力外，还必须了解剪力和弯矩沿梁轴线的变化规律，并确定最大内力值及其作用位置。由梁横截面的内力计算可知，一般情况下，梁在不同截面上的内力是不同的，即梁各截面的内力是随截面位置而变化的。若取梁轴线为 x 轴，坐标 x 表示各截面位置，则梁各截面上的剪力和弯矩均为 x 坐标的函数：

$$Q = Q(x) \qquad M = M(x)$$

此函数关系即内力方程，分别称为**剪力方程**和**弯矩方程**。为使内力方程形式简单，可任意选定坐标原点和坐标轴方向。

为了直观地显示梁各截面剪力和弯矩沿轴线的变化规律，可绘出内力方程的函数图形，称为**剪力图**和**弯矩图**。其绘图方法与绘轴力图和扭矩图相仿，以平行梁轴线的横坐标

x 表示各横截面位置，以垂直梁轴线的纵坐标表示各横截面的内力值，选适当比例绘图。在土建工程中规定：正值的剪力画在轴线上方，负值的剪力画在轴线下方；正值的弯矩画在轴线下方，负值的弯矩画在轴线上方，即弯矩图画在受拉侧，一般可不标正、负号。

绘制梁的内力图的基本方法是首先列出梁的内力方程，然后根据方程作图。这种绘梁内力图的方法可称为**方程式法**。下面举例说明。

【例 5-8】 悬臂梁在自由端作用集中荷载 F，如图 5-22(a) 所示。试绘制其剪力图和弯矩图。

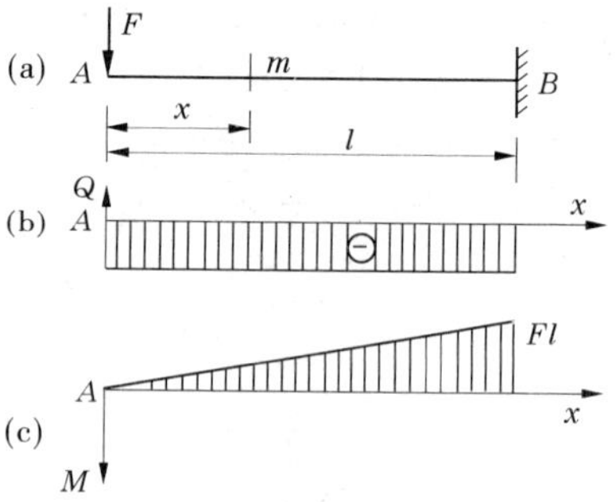

图 5-22

解：(1) 建立剪力方程和弯矩方程。将坐标原点取在梁左端 A 点，截取任意截面 x 的左段梁为研究对象，由平衡条件分别列出该截面的剪力和弯矩的函数表达式，即该梁段的剪力方程和弯矩方程。

$$Q(x) = -F \qquad (0 < x < l) \qquad \text{(a)}$$

$$M(x) = -Fx \qquad (0 \leqslant x \leqslant l) \qquad \text{(b)}$$

(2) 绘剪力图和弯矩图。由式(a)可知，剪力函数为常量，该梁的剪力 Q 不随截面位置而变化。取直角坐标系 xAQ，选适当比例尺，画出梁的剪力图为平行于 x 轴的水平线，因各截面剪力均为负值，故剪力图画在轴下侧，并注明负号(见图 5-22(b))。

由式(b)可知，弯矩 M 为 x 的一次函数，故弯矩图为一条斜直线。一般由梁段两端的弯矩值来确定该直线：在 $x=0$ 处，$M_A=0$；在 $x=l$ 处，$M_B=-Fl$。取直角坐标系 xAM，选适当比例绘弯矩图。因 M 为负值，按规定 M 图画在轴上侧，可不注负号(见图 5-22(c))。

(3) 确定内力最大值。由图可见：$|Q|_{max}=F$，发生在全梁各截面；$|M|_{max}=Fl$，发生在固定端截面上。

内力图特征为：**无荷载作用的梁段上，剪力图为水平线，弯矩图为斜直线。**

【例 5-9】 简支梁受集度为 q 的均布荷载作用，如图 5-23(a) 所示。试作其剪力图和弯矩图。

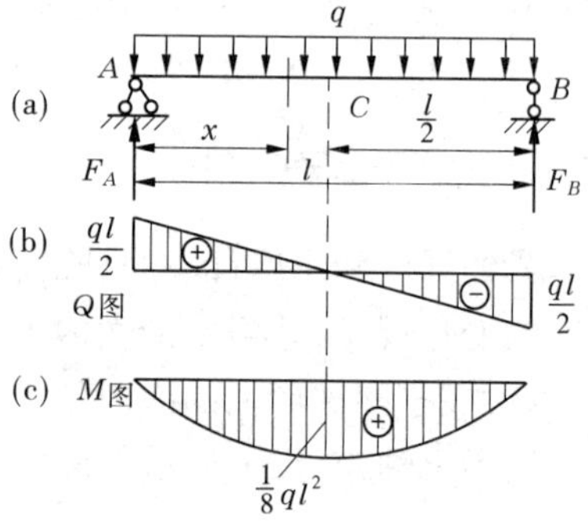

图 5-23

解：(1) 求支座反力。由结构和外力的对称性，可知两支座反力相等，即

$$F_A = F_B = 0.5ql(\uparrow)$$

(2) 建立剪力方程和弯矩方程。坐标原点取在 A 端，根据任意截面 x 左侧梁段外力直接求截面内力

$$Q(x) = F_A - qx = 0.5ql - qx \qquad (0 < x < l) \qquad \text{(a)}$$

$$M(x) = F_A x - 0.5qx^2 = 0.5qlx - 0.5qx^2 \qquad (0 \leqslant x \leqslant l) \qquad \text{(b)}$$

(3) 绘剪力图和弯矩图。由剪力方程(a)可知，剪力为 x 的一次函数，剪力图为斜直线。在 $x=0$ 处，$Q_A=0.5ql$；在 $x=l$ 处，$Q_B=-0.5ql$。选合适比例定两点作剪力图

(见图5-23(b))。注明正负号,可不画坐标轴。

由弯矩方程式(b)可知,弯矩为 x 的二次函数,弯矩图为二次抛物线,确定曲线至少需要三个点。在 $x=0$ 处,$M_A=0$;在 $x=l$ 处,$M_B=0$;在 $x=0.5l$ 处,$M_C=\frac{1}{8}ql^2$。选合适比例在受拉侧作弯矩图(见图5-23(c))。M 图上有极值点。由弯矩函数的一阶导数(剪力函数)为零确定极值点位置,再代入弯矩方程求出 M 极值。如本题,由 $M'(x)=0.5ql-qx=0$,得 $x=0.5l$,代入弯矩方程,得

$$M(x)\Big|_{x=0.5l}=\frac{ql^2}{4}-\frac{ql^2}{8}=\frac{ql^2}{8}$$

(4) 确定内力最大值。由内力图可直观确定:

$|Q|_{max}=0.5ql$,在 A、B 两端截面;$|M|_{max}=\frac{1}{8}ql^2$,在跨中截面。

内力图特征:**在均布荷载 q 作用的梁段,剪力图为斜直线;弯矩图为二次抛物线,曲线弯曲方向与 q 指向相同;在剪力为零的截面,弯矩有极值。**

【例5-10】 简支梁 AB 在 C 点处作用集中力 F,如图5-24(a)所示。试作梁的内力图。

解:(1)求支座反力。由整体平衡方程得

$$\sum M_B=0\quad -F_Al+Fb=0$$

和
$$\sum M_A=0\quad F_Bl-Fa=0$$

得 $F_A=Fb/l(\uparrow)$　　$F_B=Fa/l(\uparrow)$

校核:$\sum F_y=F_A+F_B-F=0$,计算无误。

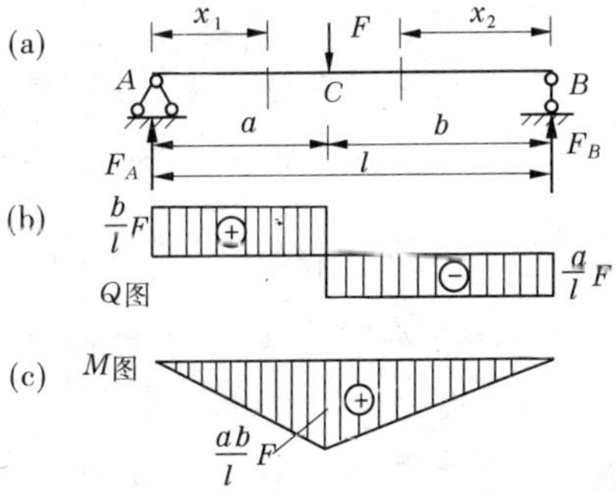

图5-24

(2)建立剪力方程和弯矩方程。因集中力两侧杆段的内力变化规律不同,故剪力方程和弯矩方程应分 AC、CB 两段分别列出。

AC 段:坐标原点取在 A 端,取任意截面 x_1 左侧梁段为研究对象,由外力直接求截面内力

$$Q(x_1)=F_A=Fb/l\qquad(0<x_1<a)\tag{a}$$

$$M(x_1)=F_Ax_1=Fbx_1/l\qquad(0\leqslant x_1\leqslant a)\tag{b}$$

CB 段:为使内力方程形式简单,坐标原点取在 B 端,取任意截面 x_2 右侧梁段为研究对象,由外力直接求截面内力为

$$Q(x_2)=-F_B=-Fa/l\qquad(0<x_2<b)\tag{c}$$

$$M(x_2)=F_Bx_2=Fax_2/l\qquad(0\leqslant x_2\leqslant b)\tag{d}$$

(3)绘剪力图和弯矩图。由式(a)、式(c)可知,剪力与 x 无关,为常量,在 AC 段为正值,在 CB 段为负值,故剪力图为两段水平线,如图5-24(b)所示。

由式(b)、式(d)可知,在 AC、CB 梁段,M 均为 x 的一次函数,故弯矩图为两段斜率不同的斜直线,在 $x_1=0$ 处,$M_A=0$;在 $x_1=a$ 处,$M_C=Fab/l$;在 $x_2=0$ 处,$M_B=0$;在 $x_2=b$ 处,

$M_C = Fab/l$。作弯矩图如图 5-24(c)所示。

(4)确定内力最大值。由内力图可知：

$|Q|_{max} = Fb/l(b>a)$，在 AC 梁段各截面；$|M|_{max} = Fab/l$，在 C 截面。

如果集中力 F 作用在跨中截面，即 $a=b=l/2$ 时，$|M|_{max} = Fl/4$，在跨中截面。

内力图特征：**在集中力 F 作用截面，剪力图有突变，突变的绝对值为 F；弯矩图有尖角，尖角的指向与 F 相同。**

剪力图在集中力作用处不连续的情况，是由于忽略集中力作用面积的简化结果。实际上，集中力总是分布在梁上某一范围内，若将力 F 按作用在梁微段上的均布荷载处理，则剪力图将不会发生突变，如图 5-25 所示。

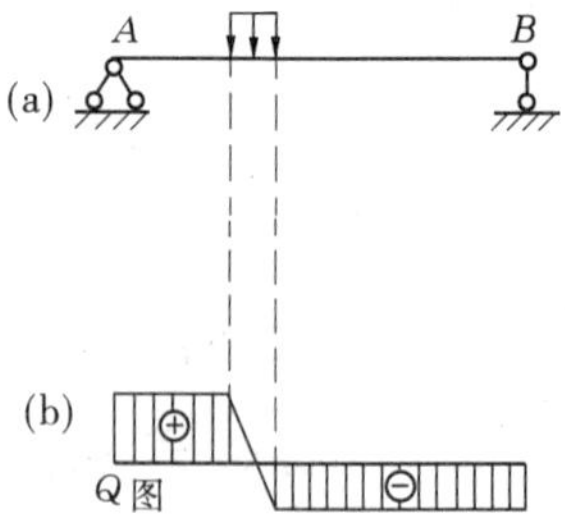

图 5-25

【例 5-11】 简支梁 AB 在 C 处作用一集中力偶 m，如图 5-26(a)所示。试作其内力图。

解：(1)求支座反力。由整体平衡方程得

$$F_A = -m/l(\downarrow) \qquad F_B = m/l(\uparrow)$$

校核无误。

(2)建立剪力方程和弯矩方程。由于集中力偶作用截面左、右两侧梁段内力变化规律不同，应分段列内力方程。

AC 段：取坐标原点为 A 点，由 x_1 截面左侧梁段外力，直接求截面内力

$$Q(x_1) = F_A = -m/l \qquad (0 < x_1 \leqslant a) \tag{a}$$

$$M(x_1) = F_A x_1 = -\frac{m}{l}x_1 \qquad (0 \leqslant x_1 < a) \tag{b}$$

CB 段：坐标原点取在 B 端，由 x_2 截面右侧梁段外力，直接求截面内力

$$Q(x_2) = -F_B = -m/l \qquad (0 < x_2 \leqslant b) \tag{c}$$

$$M(x_2) = F_B x_2 = \frac{m}{l}x_2 \qquad (0 \leqslant x_2 < b) \tag{d}$$

(3)绘内力图。由式(a)、式(c)可见，AC、CB 梁段剪力相同，剪力图为水平线，如图 5-26(b)所示。

由式(b)、式(d)可见，AC、CB 梁段弯矩均为 x 的一次函数，弯矩图为两条斜率不同的斜直线。在$x_1=0$处，$M_A=0$；在 $x_1=a$ 处，$M_{C左} = -ma/l$；在 $x_2=0$处，$M_B=0$；在$x_2=b$处，$M_{C右} = mb/l$。绘梁弯矩图如图 5-26(c)所示。

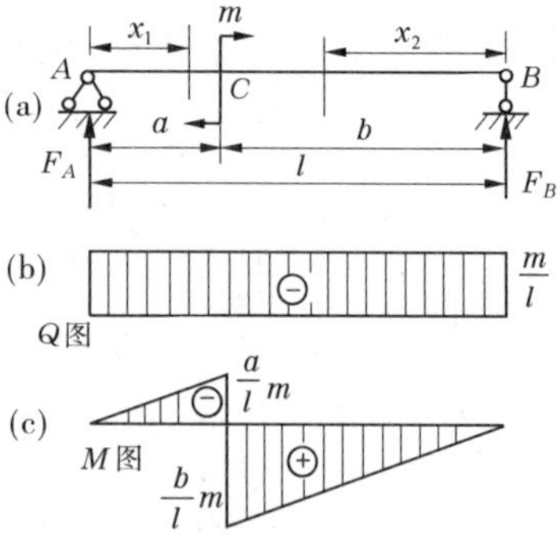

图 5-26

(4)确定内力最大值。设 $a<b$，从内力图上直观确定 $|Q|_{max} = m/l$，沿全梁各截面；$|M|_{max} = mb/l$，在 $C_{右}$ 截面处。

内力图特征：**在集中力偶作用处，剪力图不受影响；弯矩图发生突变，突变值等于该力偶矩的大小。**

第六节 弯矩、剪力、荷载集度间的关系

一、弯矩、剪力、荷载集度间的关系

梁在荷载作用下,横截面上将产生弯矩和剪力两种内力。若梁上作用一分布荷载 $q(x)$,则横截面上的弯矩、剪力和分布荷载的集度都是 x 的函数,三者之间存在着某种关系,这种关系有助于梁的内力计算和内力图的绘制。下面从一般情况推导这种关系式。

设梁上作用有任意分布荷载 $q(x)$,如图 5-27(a)所示,规定 $q(x)$ 以向上为正、向下为负。坐标原点取在梁的左端。在距左端为 x 处截取长度为 dx 的微段梁研究其平衡。微段梁上作用有分布荷载 $q(x)$。由于微段 dx 很微小,在 dx 微段上可以将分布荷载看作是均匀的。微段左侧横截面上的剪力和弯矩分别为 $Q(x)$ 和 $M(x)$;微段右侧截面上的剪力和弯矩分别为 $Q(x)+dQ(x)$ 和 $M(x)+dM(x)$,如图 5-27(b)所示。

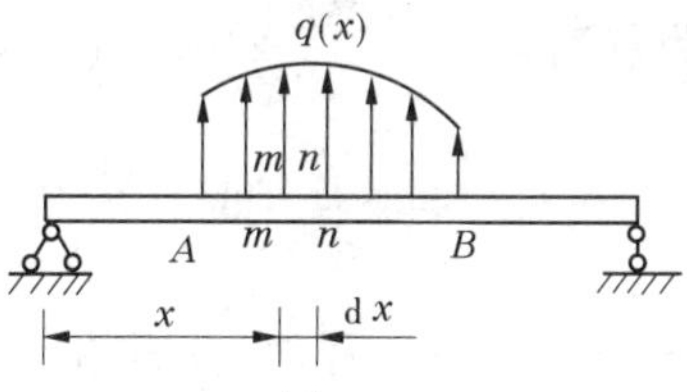

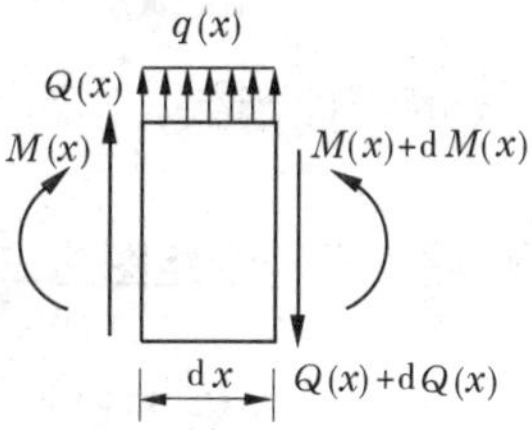

图 5-27

由微段梁平衡条件 $\sum F_y=0$ 可得

$$Q(x)+q(x)\cdot dx-[Q(x)+dQ(x)]=0$$

整理得到
$$\frac{dQ(x)}{dx}=q(x) \tag{5-3}$$

即剪力对 x 的一阶导数等于该截面分布荷载的集度。

由微段梁平衡条件 $\sum M_O=0$(矩心 O 取在右侧截面的形心)可得

$$[M(x)+dM(x)]-M(x)-Q(x)dx-q(x)dx\cdot dx/2=0$$

略去二阶微量整理得到
$$\frac{dM(x)}{dx}=Q(x) \tag{5-4}$$

即弯矩对 x 的一阶导数等于该截面的剪力。

将式(5-4)代入式(5-3)又可得
$$\frac{d^2M(x)}{dx^2}=q(x) \tag{5-5}$$

即弯矩对 x 的二阶导数等于该截面分布荷载的集度。

式(5-3)、式(5-4)、式(5-5)就是弯矩、剪力、荷载集度间普遍存在的微分关系式。

二、弯矩、剪力、荷载集度间的关系在内力图绘制中的应用

在数学上,一阶导数的几何意义是曲线上切线的斜率。所以,$\frac{dQ(x)}{dx}$、$\frac{dM(x)}{dx}$分别代

表剪力图、弯矩图上的切线的斜率。$\frac{dQ(x)}{dx}=q(x)$表明:剪力图曲线上某点处切线的斜率等于该点处分布荷载的集度。$\frac{dM(x)}{dx}=Q(x)$表明:弯矩图曲线上某点处切线的斜率等于该点的剪力值。二阶导数$\frac{d^2M(x)}{dx^2}=q(x)$可以用来判断弯矩图曲线的凹凸性。

根据上述各关系式及其几何意义,可得画内力图的一些规律如下:

(1)$q(x)=0$ 时。当梁段上没有分布荷载作用时,$q(x)=0$,由$\frac{dQ(x)}{dx}=q(x)=0$ 可知,$Q(x)=$常量,此梁段的**剪力图为水平线**。由$\frac{dM(x)}{dx}=Q(x)=$常量可知,$M(x)$为 x 的线性函数,此梁段的**弯矩图为斜直线**。当 $Q(x)>0$ 时,$M(x)$为增函数,弯矩图为向右下斜直线;当 $Q(x)<0$ 时,$M(x)$为减函数,弯矩图为向右上斜直线。

(2)$q(x)=$常量时。当梁段上作用有均布荷载时,$q(x)=$常量,由$\frac{dQ(x)}{dx}=q(x)=$常量可知,$Q(x)$为 x 的线性函数,此梁段的**剪力图为斜直线**。由$\frac{dM^2(x)}{dx^2}=q(x)$可知,$M(x)$为 x 的二次函数,此梁段的**弯矩图为二次曲线**。当均布荷载向下作用时,$\frac{dQ(x)}{dx}=q(x)<0$,$Q(x)$为减函数,剪力图为向右下斜直线;由$\frac{d^2M(x)}{dx^2}=q(x)<0$ 可知,弯矩图应向下凸。当均布荷载向上作用时,$\frac{dQ(x)}{dx}=q(x)>0$,$Q(x)$为增函数,剪力图为向右上斜直线;由$\frac{d^2M(x)}{dx^2}=q(x)>0$ 可知,弯矩图应向上凸。由$\frac{dM(x)}{dx}=Q(x)$可知,在 $Q(x)=0$ 处 $M(x)$有极值,即**剪力等于零的截面上弯矩有极大值或极小值**。

(3)集中力 F 作用处。如上节所述,在集中力作用处,**剪力图发生突变,且突变值等于该集中力的大小;弯矩图出现尖角,且尖角的方向与集中力的方向相同**。

(4)集中力偶作用处。如上节所述,在集中力偶作用处,**剪力图不变化;弯矩图发生突变,且突变值等于该集中力偶的力偶矩**。

掌握上述荷载与内力图之间的规律,将有助于绘制和校核梁的剪力图和弯矩图。将这些规律列于表 5-1。根据表中所列各项规律,只要确定梁上几个控制截面的内力值,就可按梁段上的荷载情况直接画出各梁段的剪力图和弯矩图。一般取梁的端点、支座及荷载变化处为控制截面。如此,绘梁的内力图不需列内力方程,只求几个截面的剪力和弯矩,再按内力图的特征画图即可,非常简便。这种画图方法称为**简捷法**。下面举例说明。

【例 5-12】 用简捷法绘出图 5-28(a)所示简支梁的内力图。

解:求支座反力为

$$F_A=6\ \text{kN}(\uparrow)\qquad F_B=18\ \text{kN}(\uparrow)$$

根据荷载变化情况,该梁应分为 AC、CB 两段。

表 5-1　梁的荷载、剪力图、弯矩图之间的关系

	梁上荷载情况	剪力图	弯矩图
1	无分布荷载 （$q=0$）	Q 图为水平直线 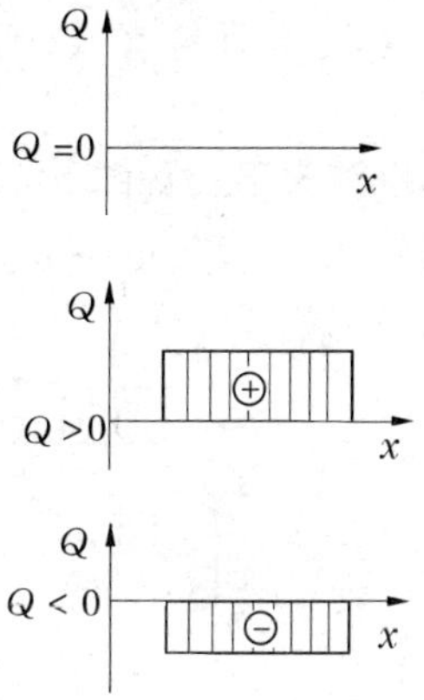	M 图为斜直线 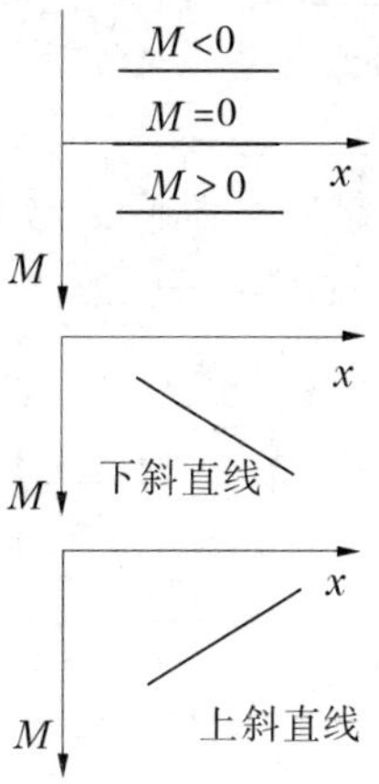
2	均布荷载向上作用 $q>0$ 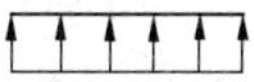	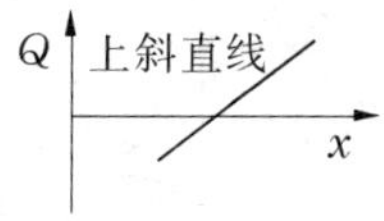	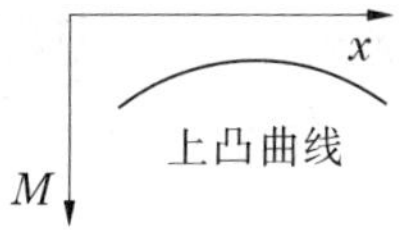
3	均布荷载向下作用 $q<0$ 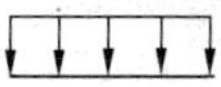	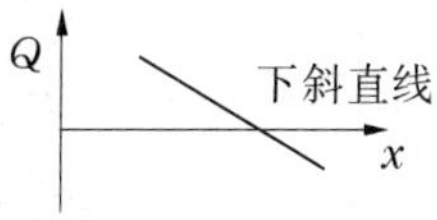	
4	集中力作用 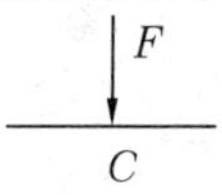	C 截面有突变 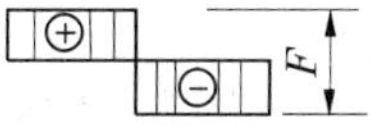	C 截面有转折 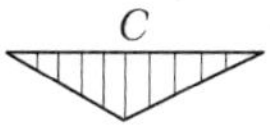
5	集中力偶作用 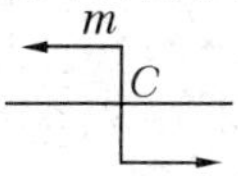	C 截面无变化	C 截面有突变 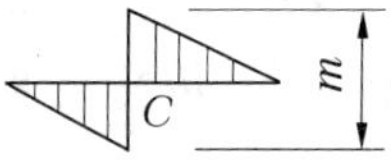
6		$Q=0$ 截面	M 有极值

(1)剪力图。CB 梁段有均布荷载，剪力图为斜直线，可通过 $Q_C=6\ \text{kN}$，$Q_{B左}=-F_B=-18\ \text{kN}$画出。该梁段 $Q=0$ 处弯矩有极值。设该截面到 B 支座距离为 a，极值点位置计算：

$$Q_0=-F_B+qa=0 \qquad a=F_B/q=18/6=3(\text{m})$$

AC 梁段无外力，剪力图为水平线，可通过 $Q=F_A=6\ \text{kN}$ 画出。剪力图如图 5-28(b)所示。由图可见，$|Q|_{max}=18\ \text{kN}$，作用在 $B_左$ 截面。

(2)弯矩图。AC 梁段无外力，弯矩图为斜直线，可通过 $M_A=0$，$M_{C左}=F_A\times 2=12(\text{kN}\cdot\text{m})$画出。

CB 梁段有向下的均布荷载，弯矩图为下凸的二次抛物线。可通过 $M_{C右}=M_{C左}+m=24(\text{kN}\cdot\text{m})$，$M_B=0$，$M_a=F_B\times a-q\times a^2/2=27(\text{kN}\cdot\text{m})$画出。

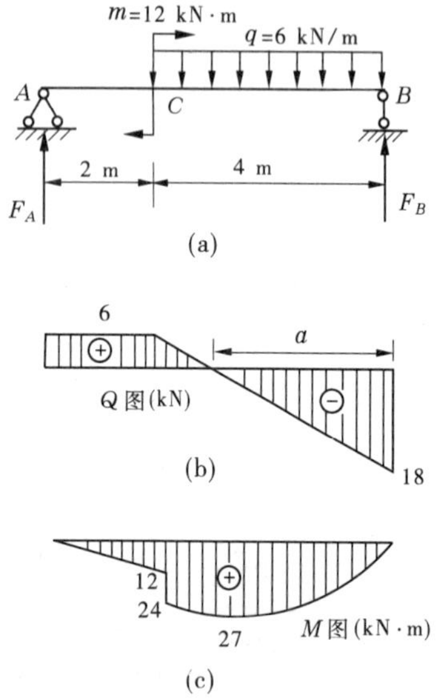

图 5-28

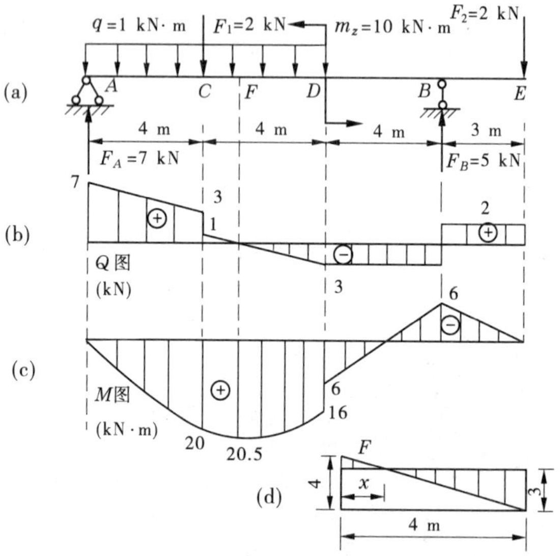

图 5-29

弯矩图如图 5-28(c)所示。由图可见：$|M|_{max}=27\ \text{kN}\cdot\text{m}$，作用在距 B 支座 3 m 处。

【例 5-13】 试绘制图 5-29(a)所示外伸梁的剪力图和弯矩图。

解：求支座反力为

$$F_A=7\ \text{kN}(\uparrow) \qquad F_B=5\ \text{kN}(\uparrow)$$

梁分段为 AC、CD、DB、BE 四段。

(1)剪力图。先确定各控制截面内力，再按内力图特征画图。

AC 段：　$Q_{A右}=F_A=7\ \text{kN}$　　$Q_{C左}=Q_{A右}-q\times 4=3(\text{kN})$

CD 段：　$Q_{C右}=Q_{C左}-F_1=1\ \text{kN}$　　$Q_D=Q_{C右}-q\times 4=-3(\text{kN})$

因 Q 变号，M 有极值。$Q=0$ 截面位置可由几何关系确定，如图 5-29(d)所示。

$$\frac{x}{4}=\frac{1}{4}$$

$$x=1\ \text{m}$$

DB 段：　$Q_D=Q_{B左}=-3\ \text{kN}$

BE 段：　$Q_{B右}=Q_{E左}=2\ \text{kN}$

剪力图如图 5-29(c)所示。由图可见：$|Q|_{max}=7$ kN，作用在截面 $A_{右}$。

(2)弯矩图：

AC 段：　$M_A=0$　　$M_C=F_A\times4-q\times4\times4/2=20(\text{kN}\cdot\text{m})$

CD 段：　$M_F=F_A\times5-q\times5\times5/2-F_1\times1=20.5(\text{kN}\cdot\text{m})$

$M_{D左}=F_A\times8-q\times8\times8/2-F_1\times4=16(\text{kN}\cdot\text{m})$

DB 段：　$M_{D右}=M_{D左}-m_z=6\ \text{kN}\cdot\text{m}$

BE 段：　$M_B=M_{D右}-3\times4=-6\ \text{kN}\cdot\text{m}$　$M_E=0$

弯矩图如图 5-29(c)所示。由图可见：$|M|_{max}=20.5\ \text{kN}\cdot\text{m}$，作用在距 A 支座 5 m 处。

简捷法绘制梁内力图的步骤如下：

(1)求支座反力。

(2)根据外力情况将梁分段，一般分界截面即梁内力图的控制截面。

(3)确定各控制截面内力值。

(4)根据各梁段内力图特征，逐段画内力图。

(5)校核内力图并确定内力最大值。

第七节　叠加法作剪力图和弯矩图

一、叠加原理

叠加原理：在弹性范围、小变形情况下，各荷载共同作用时，梁的某一参数（支座反力、某截面的内力、位移等）等于各荷载单独作用时所引起的该参数的代数和。下面以悬臂梁为例，说明叠加原理在绘梁内力图中的应用。

分析悬臂梁在三种荷载情况下的反力、剪力图和弯矩图，如图 5-30 所示。

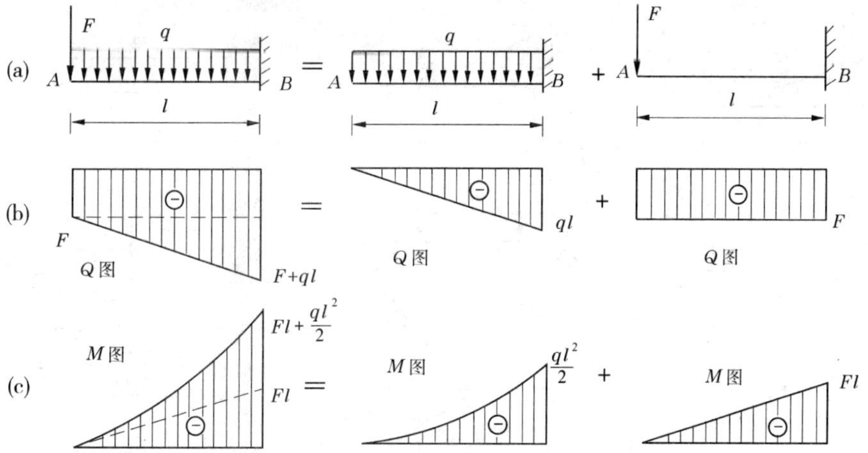

图 5-30

固定端处的支座反力为

$$F_B=F+ql=F_{BF}+F_{Bq}\qquad m_B=Fl+\frac{1}{2}ql^2=m_{BF}+m_{Bq}$$

距左端为 x 的任一截面上的剪力和弯矩分别为

$$Q(x) = -F - qx \qquad M(x) = -Fx - qx^2/2$$

由上列各式可见，梁的反力和内力均由两部分组成：第一部分等效于集中力 F 单独作用在梁上所引起的反力和内力；第二部分等效于均布荷载 q 单独作用在梁上所引起的反力和内力。因此，图 5-30 中的第一种情况等效于第二、三两种情况的叠加。所以，计算图 5-30(a)所示梁的反力和内力时，可先分别计算出 F 和 q 单独作用时的结果，然后再代数相加。这种方法称为**叠加法**。

二、叠加法绘内力图

如图 5-30 所示，将集中力 F 和均布荷载 q 单独作用下的剪力图和弯矩图分别叠加，即得到二者共同作用时的剪力图和弯矩图（见图 5-30 (b)、(c)）。

注意：**内力图的叠加，是内力图上对应纵坐标的代数相加，而不是内力图的简单拼合。**

叠加法绘内力图步骤如下：

(1)荷载分组。把梁上作用的复杂荷载分解为几组简单荷载单独作用情况。

(2)分别作出各简单荷载单独作用下梁的剪力图和弯矩图。各简单荷载作用下单跨静定梁的内力图可查表 5-2。

表 5-2　静定梁在简单荷载作用下的 Q 图、M 图

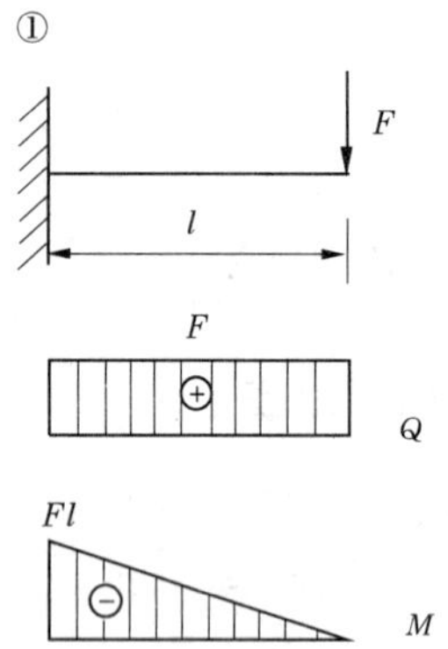	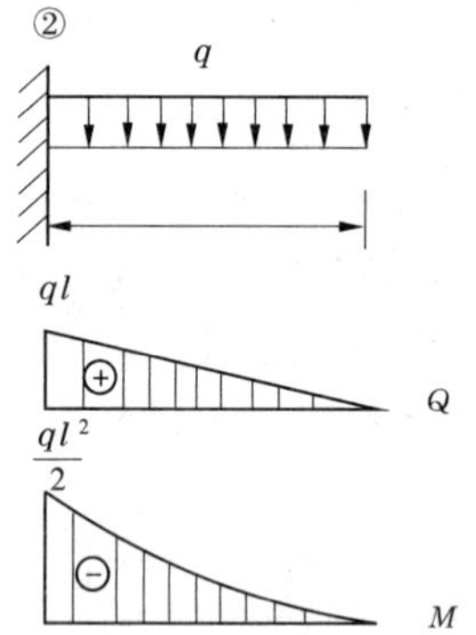	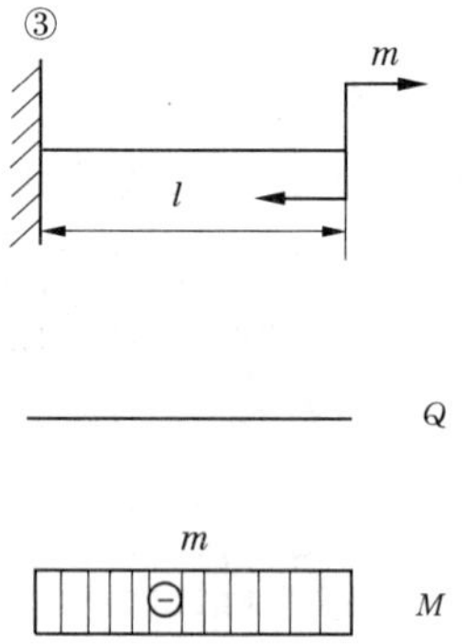
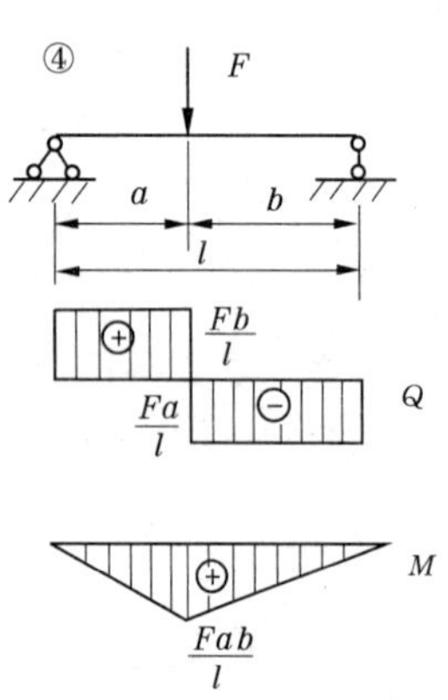	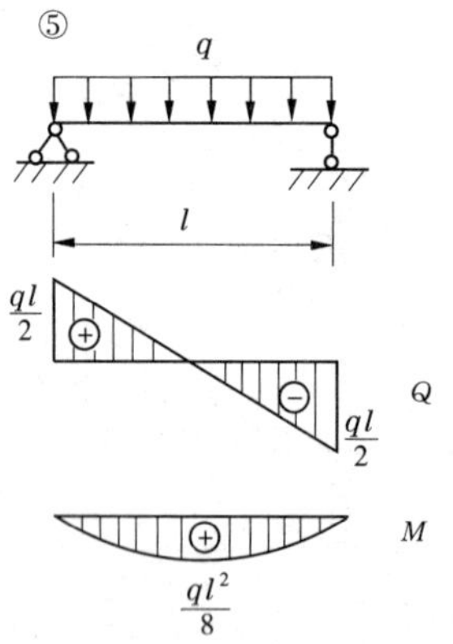	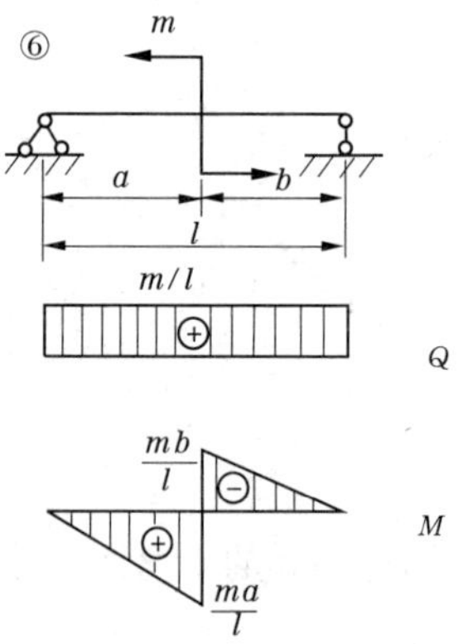

续表 5-2

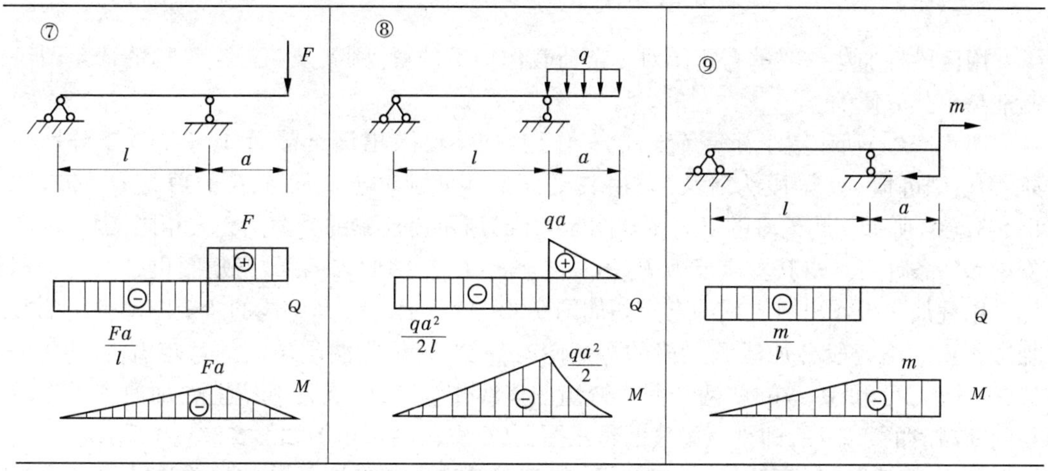

(3)叠加各内力图上对应截面的纵坐标代数值,得原梁的内力图。

【例 5-14】 用叠加法作图 5-31 所示外伸梁的 M 图。

解:(1)分解荷载为 F_1、F_2 单独作用情况。

(2)分别作二力单独作用下梁的弯矩图,如图 5-31(b)、(c)所示。

(3)叠加得梁最终的弯矩图。有两种叠加方法。

第一种方法:叠加 A、B、C、D 各截面弯矩图的纵坐标,可得 0、45 N·m、-150 N·m、0;再按弯矩图特征连线(各段无均布荷载均为直线),得图 5-31(a)。

第二种方法:在 M_1 图的基础上叠加 M_2 图得图 5-31(d)。其中画 AC 梁段的弯矩图时,将 ac 线作为基线,由斜线中点 b 向下量取 $bb_1=120$ N·m,连 ab_1 及 cb_1,三角形 ab_1c 即为 M_2 图。这种方法也可以叫作区段叠加法。

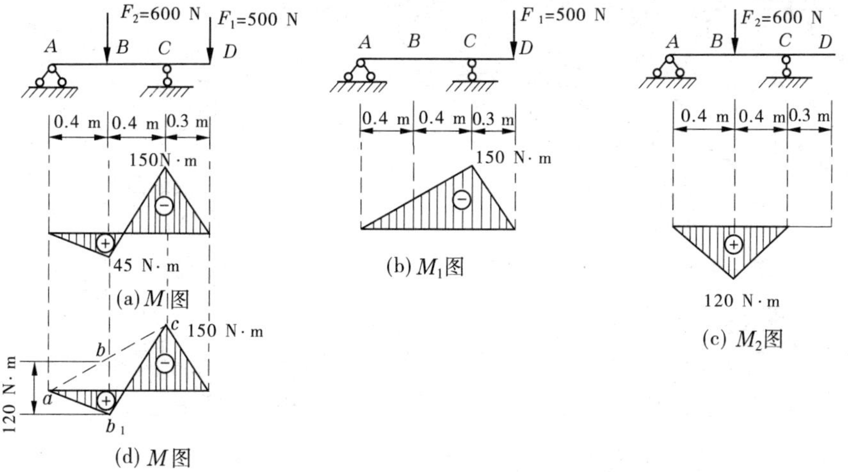

图 5-31

三、区段叠加法作梁的弯矩图

用区段叠加法作梁的弯矩图对复杂荷载作用下的梁、刚架及超静定结构的弯矩图绘制都是十分方便的。

图5-32(a)所示梁上承受荷载 q、F 作用,如果已求出该梁截面 A、B 的弯矩分别为 M_A、M_B,则可取 AB 梁段为脱离体,由其平衡条件分别求出截面 A、B 的剪力 Q_A、Q_B,如图5-32(b)所示。此梁段的受力图与图5-32(c)所示简支梁的受力图完全相同,因为由简支梁平衡条件可求出其支座反力 $F_A=Q_A$,$F_B=-Q_B$。因此,二者的弯矩图也必然完全相同。用叠加法可作出简支梁的弯矩图如图5-32(d)所示,故 AB 梁段的弯矩图也可用此叠加法作出。用区段叠加法画梁段的弯矩图时,一般先确定两端截面的弯矩值,如 BD 梁段,先求出 M_B 和 $M_D=0$,将两端截面弯矩的连线作为基线,在此基线上叠加简支梁作用杆间荷载时的弯矩图,即得该梁段的弯矩图。BD 梁段的弯矩图如图5-32(e)所示。

结论:**任意梁段都可以看作简支梁,都可用简支梁弯矩图的叠加法作该梁段的弯矩图**。这种作图方法称为"**区段叠加法**"。

区段叠加法作静定梁的弯矩图,应先将梁分段。分段的原则是:分界截面的弯矩值易求;所分梁段对应简支梁的弯矩图易画(可查表5-2)。

【例5-15】 用叠加法作图5-33(a)所示外伸梁的弯矩图。

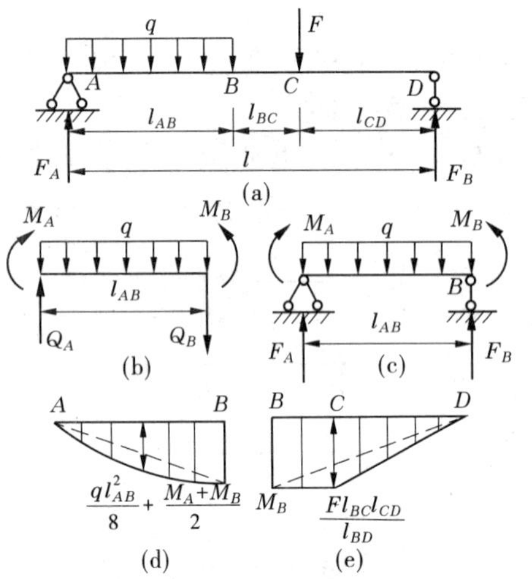

图5-32

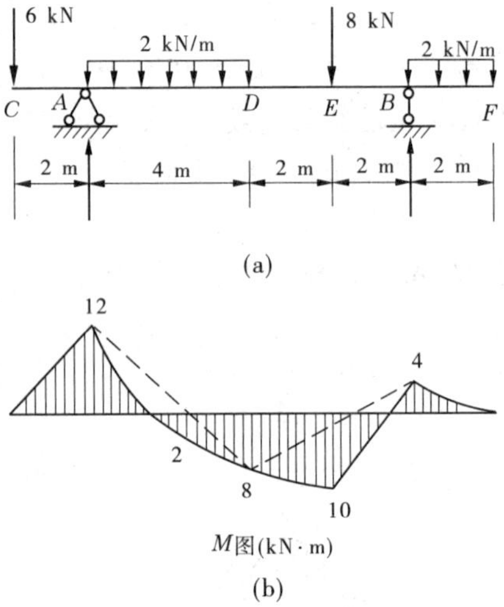

图5-33

解:(1)求支座反力。

$$F_A=15(\text{kN})\ (\uparrow) \qquad F_B=11(\text{kN})(\uparrow)$$

(2)分段并确定各控制截面弯矩值,该梁分为 CA、AD、DB、BF 四段。

$$M_C=0$$

$$M_A=-6\times2=-12(\text{kN}\cdot\text{m})$$

$$M_D=-6\times6+15\times4-2\times4\times2=8(\text{kN}\cdot\text{m})$$

$$M_B=-2\times2\times1=-4(\text{kN}\cdot\text{m})$$

$M_F = 0$

(3)用区段叠加法绘制各梁段弯矩图。先按一定比例绘出各控制截面的纵坐标,再根据各梁段荷载分别作弯矩图。如图5-33(b)所示,CA梁段无荷载,由弯矩图特征直接连线作图;AD、DB有荷载作用,则把该段两端弯矩纵坐标连一虚线,称为基线,在此基线上叠加对应简支梁的弯矩图。其中,AD、DB段中点的弯矩值分别为

$$M_{AD中} = \frac{-12+8}{2} + \frac{ql_{AD}^2}{8} = \frac{-12+8}{2} + \frac{2\times 4^2}{8} = 2(\text{kN}\cdot\text{m})$$

$$M_{DB中} = \frac{8-4}{2} + \frac{Fl}{4} = \frac{8-4}{2} + \frac{8\times 4}{4} = 10(\text{kN}\cdot\text{m})$$

思考题

5-1 试分析图示杆件中哪些部位可以作为轴向拉压问题处理。

5-2 粗细不同的两根钢轴,在受到相同外力偶矩作用下,轴内所受扭矩是否相同?

5-3 试判断下述说法是否正确:

(1)作用分布荷载的梁,求其内力时可用静力等效的集中力代替分布荷载。

(2)无集中力偶和分布荷载的简支梁上仅作用若干个集中力,则最大弯矩必发生在最大集中力作用处。

(3)梁内最大剪力作用面上亦必有最大弯矩。

5-4 利用弯曲内力知识说明为什么标准双杠的尺寸设计为 $a=l/4$。

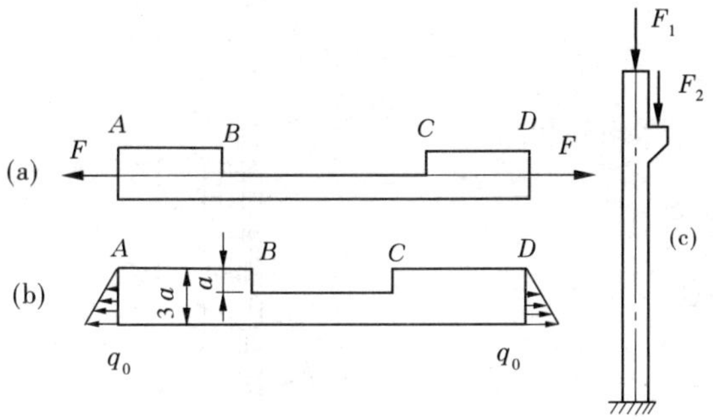

思5-1图

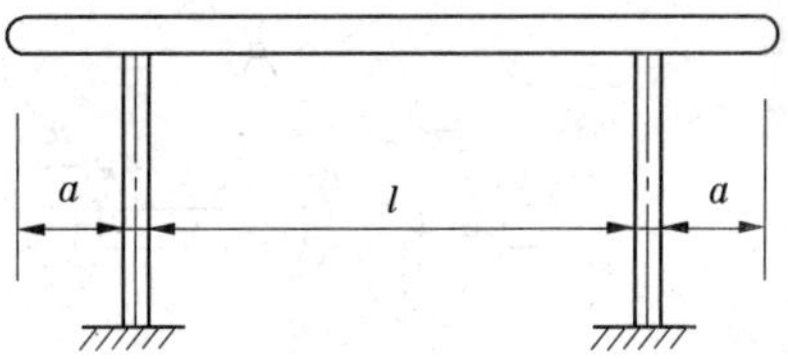

思5-4图

习 题

5-1 试求图示杆件各指定截面的轴力。

5-2 如图示简易吊车,试求各杆内力。

5-3 求图示杆件各指定截面的轴力,并作轴力图。

5-4 某传动轴,转速 $n=200$ r/min,主动轮2输入功率 $N_2=60$ kW,从动轮1、3、4、5的输出功率分别为 $N_1=18$ kW,$N_3=12$ kW,$N_4=22$ kW,$N_5=8$ kW。试绘制该轴的扭矩图。

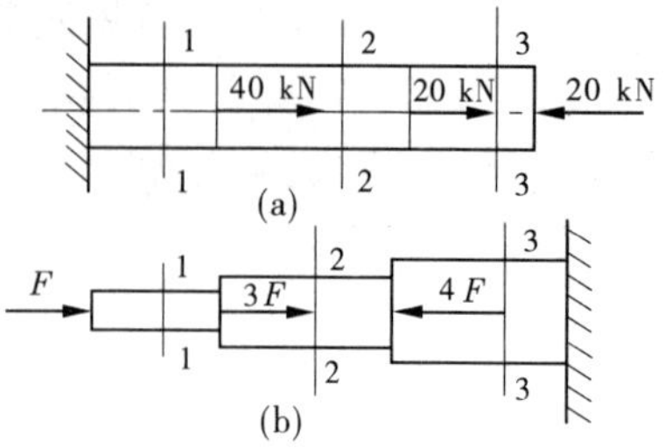

题 5-1 图

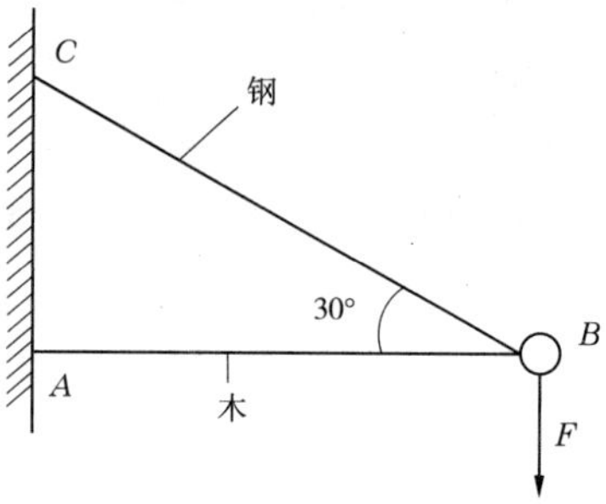

题 5-2 图

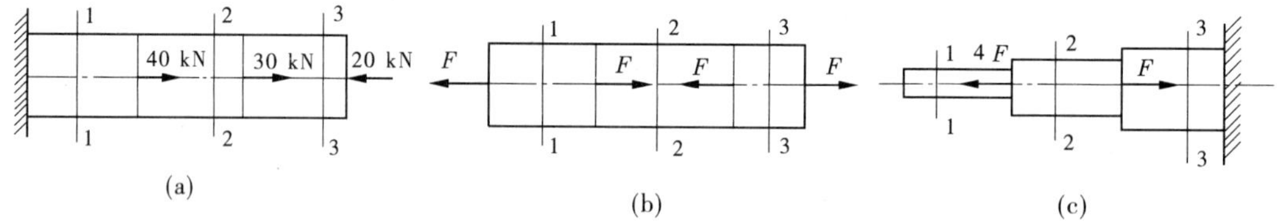

题 5-3 图

5-5　某钻探机的功率为 10 kW，转速 $n=180$ r/min，钻杆进入土层的深度 $l=40$ m。设土层对钻杆的阻力为均匀分布的力偶。试求该均布力偶的集度 m_0，并绘制钻杆的扭矩图。

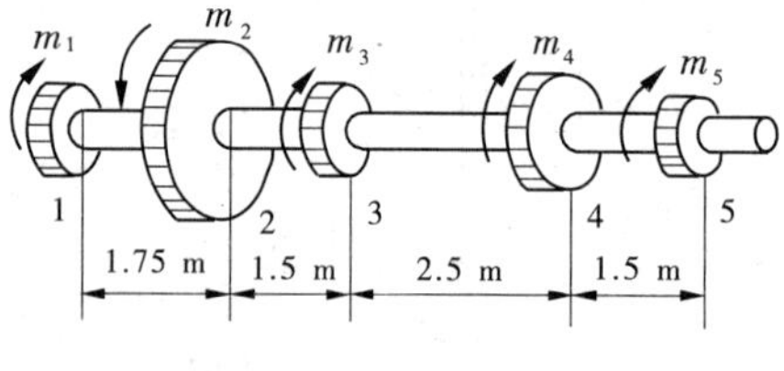

题 5-4 图

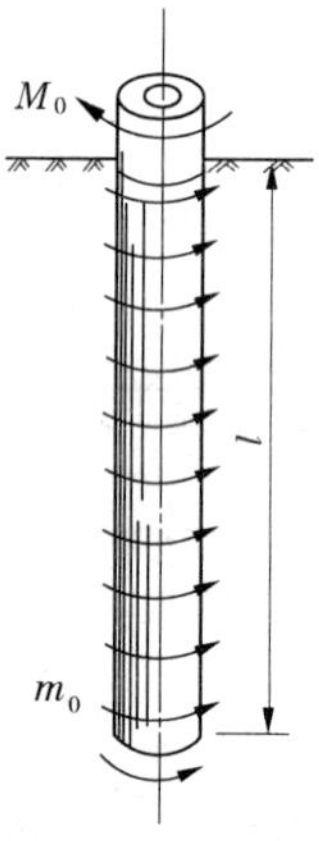

题 5-5 图

5-6　求图示各梁指定截面的剪力和弯矩。

5-7　列出题 5-6 图中各梁的 Q、M 方程，绘制内力图，并确定 $|Q|_{max}$、$|M|_{max}$。

5-8　用简捷法绘制图示各梁的内力图，并确定 $|Q|_{max}$、$|M|_{max}$。

5-9　试根据弯矩、剪力与荷载集度之间的微分关系指出图示剪力图和弯矩图的错误。

5-10　试用叠加法绘制图示各梁的弯矩图。

5-11　试用区段叠加法绘制图示各梁的弯矩图。

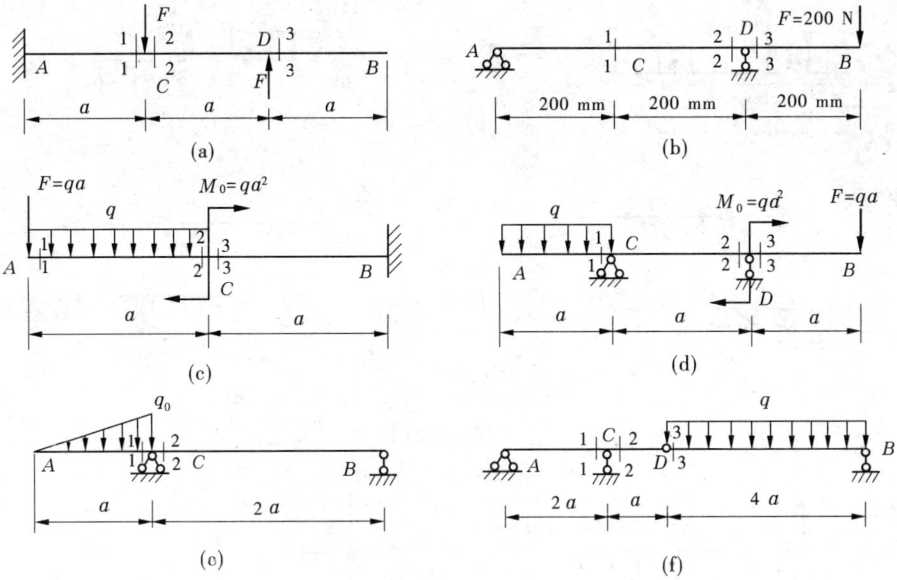
F
1 2
1 2
A C
D 3
3
F
B
a a a
(a)
A
F=200 N
1 1 C
2 D 3
2 3
B
200 mm 200 mm 200 mm
(b)
F=qa
$M_0=qa^2$
q
1 1
2 2
3 3
A C B
a a
(c)
q
$M_0=qa^2$
F=qa
1 C
1
2 3
2 3
A D B
a a a
(d)
q_0
1 2
1 2
A C B
a 2a
(e)
q
1 C 2
1 2
A D 3
3 B
2a a 4a
(f)

题 5-6 图

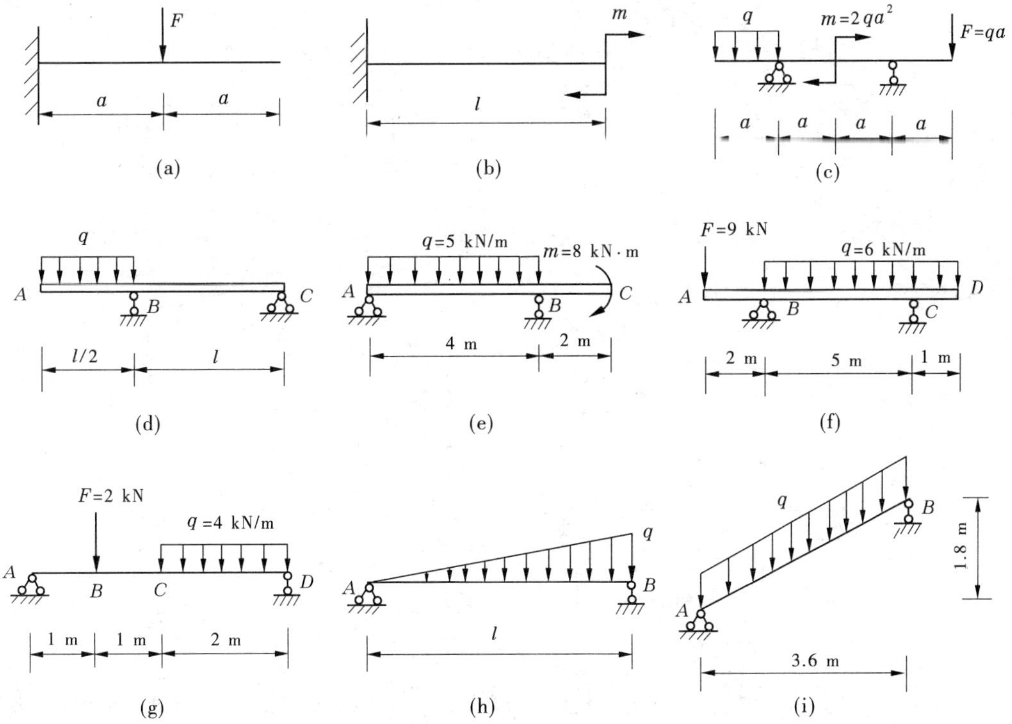
F
a a
(a)
m
l
(b)
q
$m=2qa^2$
F=qa
a a a a
(c)
q
A B C
l/2 l
(d)
q=5 kN/m
m=8 kN·m
A B C
4 m 2 m
(e)
F=9 kN
q=6 kN/m
A B C D
2 m 5 m 1 m
(f)
F=2 kN
q=4 kN/m
A B C D
1 m 1 m 2 m
(g)
q
A B
l
(h)
q
A B
1.8 m
3.6 m
(i)

题 5-8 图

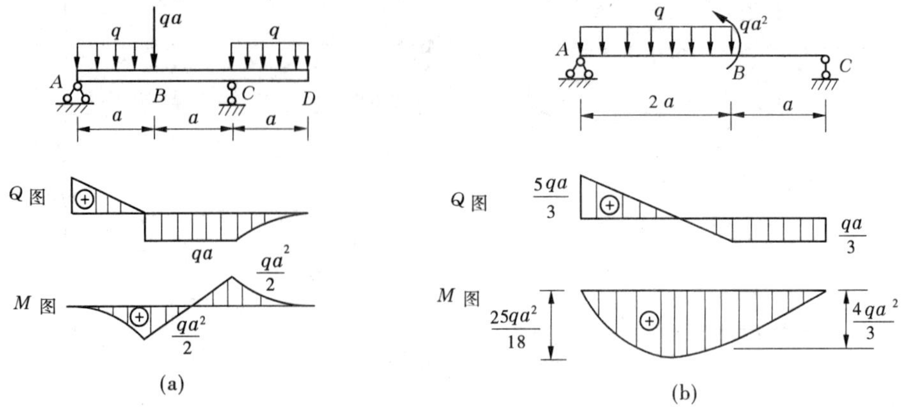

题 5-9 图

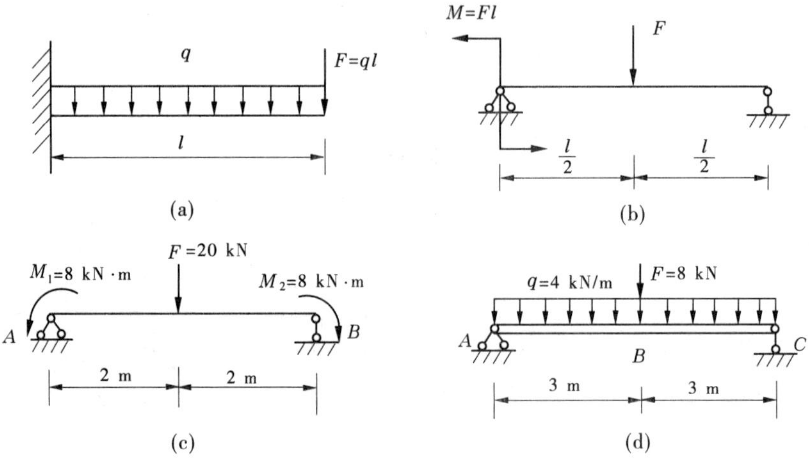

题 5-10 图

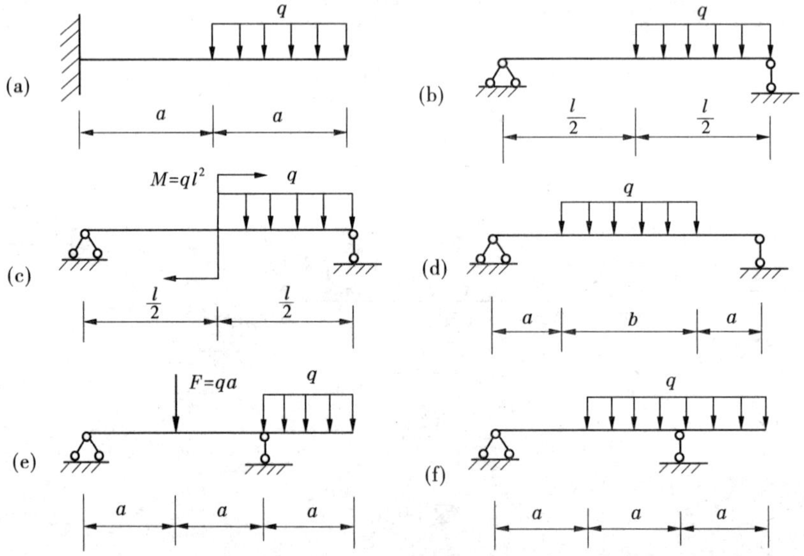

题 5-11 图

第六章　轴向拉伸和压缩的强度计算

第一节　应力的概念

内力是构件横截面上分布内力系的合力，只求出内力，还不能解决构件的强度问题。例如，两根材料相同、粗细不同的直杆，在相同的拉力作用下，随着拉力的增加，细杆首先被拉断，这说明杆件的强度不仅与内力有关，而且还与截面的尺寸有关。为了研究构件的强度问题，必须研究内力在截面上分布的规律，为此引入应力的概念。**内力在截面上某点处的分布集度，称为该点的应力。**

设在某一受力构件的 $m—m$ 截面上，围绕 K 点取微面积 ΔA（见图 6-1（a）），ΔA 上的内力的合力为 ΔF，这样，在 ΔA 上内力的平均集度定义为

$$p_{平均} = \frac{\Delta F}{\Delta A}$$

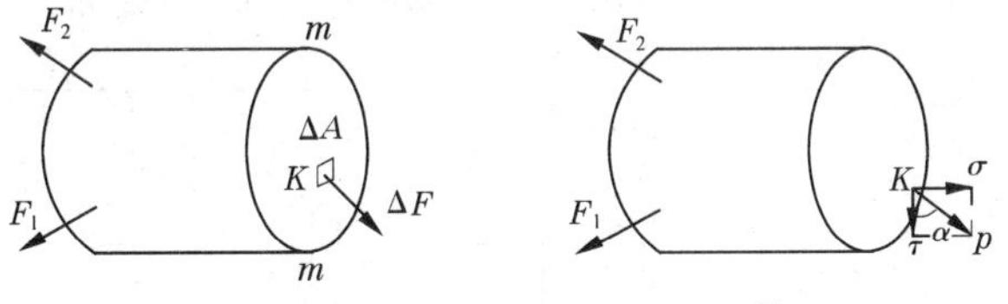

(a)　　　(b)

图 6-1

一般情况下，$m—m$ 截面上的内力并不是均匀分布的，因此平均应力 $p_{平均}$ 随所取 ΔA 的大小而不同，当 $\Delta A \to 0$ 时，上式的极限值

$$p = \lim_{\Delta A \to 0} \frac{\Delta F}{\Delta A} = \frac{dF}{dA} \tag{6-1}$$

即为 K 点的分布内力集度，称为 K 点处的总应力。p 是一个矢量，通常把应力 p 分解成垂直于截面的分量 σ 和相切于截面的分量 τ（见图 6-1（b））。由图中的关系可知

$$\sigma = p\sin\alpha \qquad \tau = p\cos\alpha$$

σ 称为**正应力**，τ 称为**剪应力**。在国际单位制中，应力的单位是帕斯卡，以 Pa（帕）表示，1 Pa = 1 N/m^2。由于帕斯卡这一单位甚小，工程中常用 kPa（千帕）、MPa（兆帕）、GPa（吉帕）。1 kPa = 10^3 Pa，1 MPa = 10^6 Pa，1 GPa = 10^9 Pa。

工程计算中，长度单位常用 mm 表示，则 1 MPa = 10^6 N/m^2 = 1 N/mm^2。

第二节　轴向拉伸和压缩杆件截面上的应力

一、横截面上的正应力

取一等截面直杆，实验之前，在杆的表面刻画出两条垂直于轴线的横向线见 ab、cd 及平行于杆轴的纵向直线 ef、gh（见图 6-2（a））。加上轴向拉力 F 后可以观测到杆件的变形

现象：

（1）横向线 ab、cd 分别移到 $a'b'$、$c'd'$ 位置，但仍保持为直线（见图 6-2（a）中虚线），并且仍然垂直于杆轴线。

（2）纵向线 ef、gh 分别伸长为 $e'f'$、$g'h'$，但仍然保持与杆轴线平行（见图 6-2（a）中虚线）。

根据以上变形现象，可作出假设如下：轴向拉（压）时，变形前为平面的横截面，变形后仍保持为平面且与轴线垂直，这就是**平面假设**。

根据平面假设可以断定拉杆所有纵向纤维的伸长相等。又因材料是均匀的，各纵向纤维的性质相同，因而其受力也就一样。所以，杆件横截面上的内力即轴力是均匀分布的，即在横截面上各点的应力相等（见图 6-2（b）），其方向与轴力 N 方向一致，故横截面上应力为正应力，即

$$\sigma = \frac{N}{A} \tag{6-2}$$

这就是拉杆横截面上正应力 σ 的计算公式，它也适用于直杆压缩的情况。正应力符号与轴力 N 的符号规定一样，拉应力为正，压应力为负。

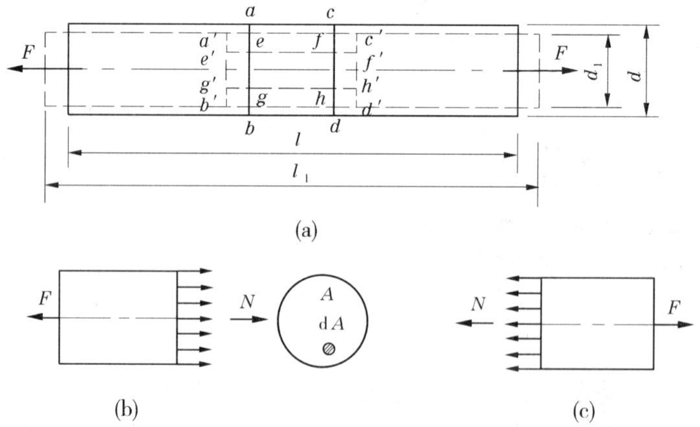

图 6-2

由于拉压杆横截面上各点的正应力相同，故求其应力时只需确定截面，不必指明点的位置。

实验证明：在靠近外力 F 作用点处，拉压杆的变形不满足平面假设，应用式（6-2）只能计算该区域内横截面上的平均应力。但根据圣维南原理，这一范围不大。因此，工程中一般将二力之间截面上各点的应力均用式（6-2）计算。

【例 6-1】 一横截面为正方形的砖柱，分上、下两段，其受力情况、各段横截面尺寸如图 6-3（a）所示，$F = 60$ kN，砖柱自重忽略不计，试求荷载引起的最大工作应力。

解：首先画立柱的轴力图，如图 6-3（a）所示。

由于砖柱为变截面杆，故需分段求出每段横截面上的正应力，再进行比较，确定全柱的最大工作应力。

$$N_{上} = -F = -60(\text{kN}) \quad N_{下} = -3F = -180(\text{kN})$$

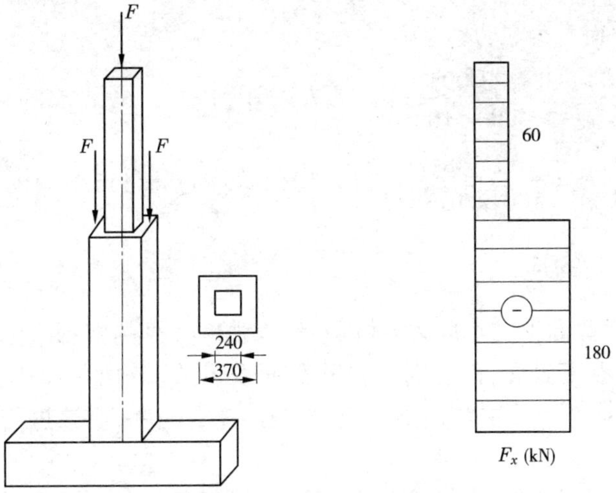

(a)（单位：mm）　　(b)

图 6-3

上段：　$\sigma_{0上} = \dfrac{N_上}{A_上} = \dfrac{60 \times 10^3}{240 \times 240 \times 10^{-6}} = 1.04 \times 10^6 = 1.04(\mathrm{MPa})$

下段：　$\sigma_{0下} = \dfrac{N_下}{A_下} = \dfrac{180 \times 10^3}{370 \times 370 \times 10^{-6}} = 1.31 \times 10^6 = 1.31(\mathrm{MPa})$

由上述计算结果可见，砖柱的最大工作应力在柱的下段，其值为1.31 MPa，是压应力。

【例6-2】　图6-4(a)为起重机机架，承受荷载 $F_G = 20$ kN，若 BC 杆和 BD 杆横截面面积分别为 $A_{BC} = 400\ \mathrm{mm}^2$ 和 $A_{BD} = 100\ \mathrm{mm}^2$。试求此两杆横截面上的应力。

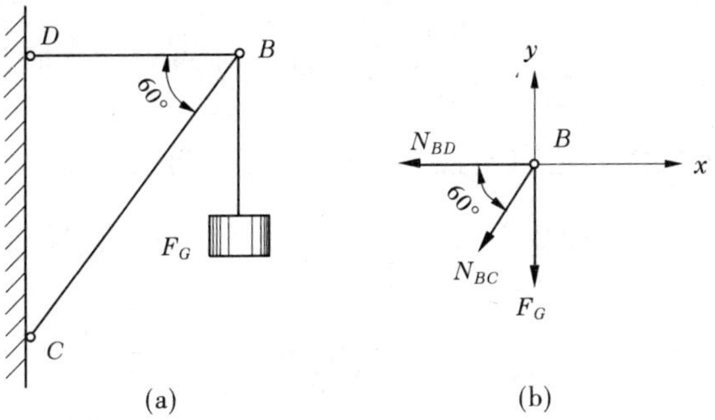

(a)　　(b)

图 6-4

解：(1)求杆的内力。

取 B 结点为研究对象，画受力图(见图6-4(b))。

由平衡条件 $\sum F_x = 0$，$\sum F_y = 0$ 得

$$-N_{BD} - N_{BC}\cos 60^\circ = 0$$

$$-F_G - N_{BC}\sin 60^\circ = 0$$

解得　$N_{BC} = -\dfrac{F_G}{\sin 60^\circ} = -\dfrac{20 \times 10^3}{0.866} = -23\ 095(\mathrm{N})$(压力)

$$N_{BD} = -N_{BC}\cos60° = 23\ 095 \times 0.5 = 11\ 548(\text{N})(\text{拉力})$$

(2)求杆横截面上的应力。

$$\sigma_{BC} = \frac{N_{BC}}{A_{BC}} = \frac{23\ 095}{400 \times 10^{-6}} = 57.7 \times 10^6(\text{Pa}) = 57.7\ \text{MPa}\ (\text{压应力})$$

$$\sigma_{BD} = \frac{N_{BD}}{A_{BD}} = \frac{11\ 548}{100 \times 10^{-6}} = 115.5 \times 10^6(\text{Pa}) = 115.5\ \text{MPa}\ (\text{拉应力})$$

二、斜截面上的应力

上面分析了横截面上的正应力，并以它作为强度计算的依据。但实验表明拉(压)杆的破坏，并不一定沿横截面，而有时是沿斜截面发生的。例如铸铁压缩时沿着约与轴成45°斜截面断裂破坏。为了更全面地研究拉(压)杆的强度，应该进一步讨论斜截面上的应力。

按照证明横截面上应力均匀分布的方法，也可以得出斜截面上的应力均匀分布的结论，见图6-5(c)。

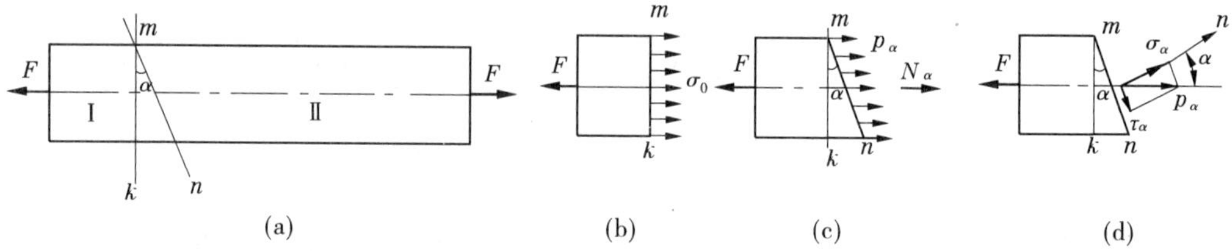

图6-5

用截面法对拉(压)杆斜截面进行应力分析，由静力学关系可得

$$p_\alpha = \frac{N_\alpha}{A_\alpha} = \frac{F}{A}\cos\alpha = \sigma_0\cos\alpha$$

式中，$\sigma_0 = \frac{F}{A}$为横截面上的正应力(见图6-5(b))；p_α 称为斜截面上的全应力，通常把 p_α 分解为两个分量，即垂直于 α 截面的正应力 σ_α 和相切于 α 截面的剪应力 τ_α。由图6-5(d)可知

$$\sigma_\alpha = p_\alpha\cos\alpha = \sigma_0\cos^2\alpha \tag{6-3}$$

$$\tau_\alpha = p_\alpha\sin\alpha = \sigma_0\cos\alpha\sin\alpha = \frac{1}{2}\sigma_0\sin2\alpha \tag{6-4}$$

式(6-3)和式(6-4)表明拉(压)杆斜截面上任一点既有正应力 σ_α，又有剪应力 τ_α，并且它们都随斜截面的方位角 α 的变化而变化。由式(6-3)可知，最大正应力发生在 $\alpha=0$ 的横截面上，其值为 $\sigma_{max}=\sigma_0$；最大剪应力发生在 $\alpha=45°$的斜截面上，其值为 $\tau_{max}=\tau_{\alpha=45°}=\frac{\sigma_0}{2}$。

关于 α、σ_α 和 τ_α 的符号规定如下：角 α 自杆轴线向斜截面外法线 n 旋转，逆时针转为正，顺时针转为负；正应力 σ_α 仍以拉应力为正，压应力为负；剪应力 τ_α 以其对截面内侧任一点顺时针转为正，反之为负(见图6-6)。

【例6-3】 一轴向受拉杆(见图6-7(a))，已知拉力 $F=100$ kN，横截面面积 $A=$

1 000 mm^2。试求 $\alpha=30°$ 和 $\alpha=120°$ 两个正交截面上的应力。

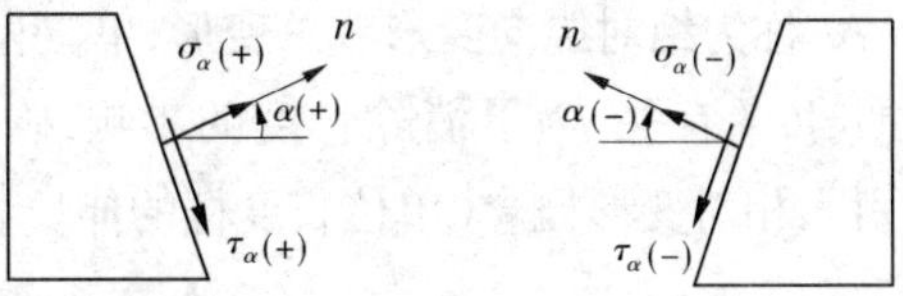

图 6-6

解:由式(6-2)可得横截面上的正应力为

$$\sigma_0=\frac{F}{A}=\frac{100\times10^3}{1\ 000\times10^{-6}}$$
$$=100\times10^6(\text{Pa})=100\ \text{MPa}$$

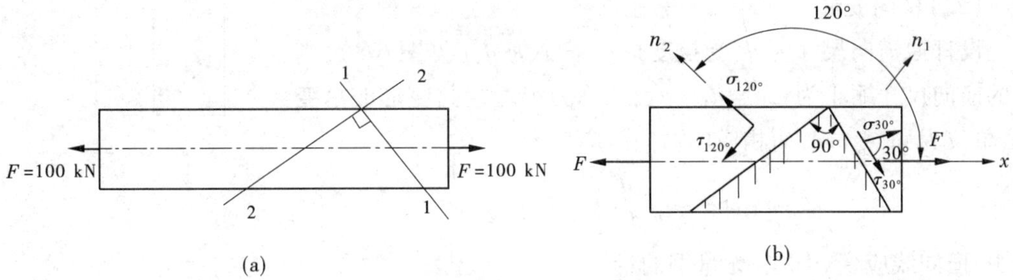

图 6-7

(1)计算 $\alpha=30°$ 斜截面上的应力。由式(6-3)、式(6-4)得

$$\sigma_{30°}=\sigma_0\cos^2 30°=100\times\cos^2 30°=75(\text{MPa})$$

$$\tau_{30°}=\frac{\sigma_0}{2}\cdot\sin2\alpha=\frac{100}{2}\times\sin(2\times30°)=43.3(\text{MPa})$$

(2)计算 $\alpha=120°$ 斜截面上的应力

$$\sigma_{120°}=100\times\cos^2 120°=25(\text{MPa})$$

$$\tau_{120°}=\frac{100}{2}\times\sin(2\times120°)=-43.3(\text{MPa})$$

由例 6-3 计算结果可知,在 $\alpha=30°$ 和 $\alpha=120°$ 两个正交截面上的剪应力数值相等但符号相反。此结果具有一般性,即**在受力构件内互相垂直的任意两截面上,剪应力必然成对出现,且两者数值大小相等而符号相反,其方向同时指向或同时离开两截面的交线**(见图 6-7(b))。这一结论称为**剪应力互等定理**。

第三节　拉(压)杆件的变形

一、拉(压)杆的变形

(一)纵向变形

直杆在轴向拉力作用下,将引起轴向尺寸的伸长和横向尺寸的缩短。反之,在轴向压力作用下,将引起轴向的缩短和横向的增大。

设等直杆的原长为 l(见图 6-8),横截面面积为 A,在轴向拉力 F 作用下,变形后长度由 l 变为 l_1。杆件在轴线方向的伸长为

$$\Delta l=l_1-l$$

Δl 称为**绝对纵向变形或总变形**，单位为 m 或 mm。Δl 与杆件的原长度 l 有关，为了消除长度的影响，确切反映杆件的变形程度，引入相对变形概念（单位长度杆的伸长量），即纵向线应变为

$$\varepsilon = \frac{\Delta l}{l} \tag{6-5}$$

式中，ε 是无量纲的量。

（二）横向变形

设杆原横向尺寸为 d，受拉变形后缩小为 d_1（见图 6-8），则杆的横向尺寸缩小为 $\Delta d = d_1 - d$，Δd 称为**绝对横向变形或总变形**，单位为 m 或 mm，而相应的横向线应变为

$$\varepsilon' = \frac{\Delta d}{d} \tag{6-6}$$

式中，横向线应变 ε' 也是无量纲的量。

一般规定：Δl、Δd 以伸长为正，缩短为负；ε 和 ε' 的正负号分别与 Δl 和 Δd 一致。所以，轴向线应变 ε 与横向线应变 ε' 的符号恒相反。

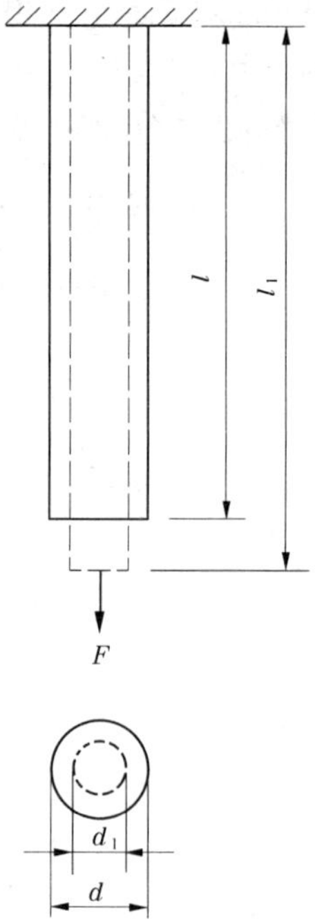

图 6-8

实验结果表明，当受拉（压）杆的应力不超过某一限度时，横向线应变 ε' 与轴向线应变 ε 之比的绝对值为一常数

$$\nu = \left|\frac{\varepsilon'}{\varepsilon}\right| \tag{6-7}$$

式中，ν 称为**横向变形系数或泊松比**，它也是无量纲的量。由于 ε' 和 ε 的符号相反，故

$$\varepsilon' = -\nu\varepsilon$$

二、胡克定律

实验表明：当杆的应力不超过某一限度（强性极限）时，杆的伸长（缩短）Δl 与杆所受的外力 F 和杆长 l 成正比，而与杆横截面面积 A 成反比，即

$$\Delta l \propto \frac{Fl}{A}$$

引入比例系数 E，则有

$$\Delta l = \frac{Fl}{EA} = \frac{Nl}{EA} \tag{6-8}$$

式（6-8）称为胡克定律。式中比例系数 E 称为**弹性模量**，反映材料在拉伸（压缩）时抵抗弹性变形的能力，其量纲为［力］/［长度］^{2}，常用单位是 Pa，E 值随材料而异。EA 反映杆件抵抗拉伸（压缩）变形的能力，称为杆的**抗拉（压）刚度**。将式（6-2）和式（6-5）代入式（6-8）可得胡克定律的另一表达式

$$\varepsilon = \frac{\sigma}{E} \quad 或 \quad \sigma = E \cdot \varepsilon \tag{6-9}$$

胡克定律可简述为：**当杆的应力不超过某一限度时，应力与应变成正比。**

E 与 ν 都是表示材料弹性性质的常数，可由实验测定。几种常用材料的 E、ν 值见表 6-1。

表 6-1　几种常用材料的 E、ν 值

材料名称	E(GPa)	ν	材料名称	E(GPa)	ν
碳钢	196～216	0.25～0.33	铜及其合金	73～128	0.31～0.42
合金钢	186～216	0.24～0.33	铝合金	70	0.33
灰铸铁	78～157	0.23～0.27	橡胶	0.007 85	0.47

【例 6-4】　一截面为正方形的阶梯形砖柱，由上、下两段组成。其各段长度、截面尺寸和受力情况如图 6-9 所示。已知材料的弹性模量 $E=0.03\times10^5$ MPa，外力 $F=50$ kN，试求砖柱顶的位移。

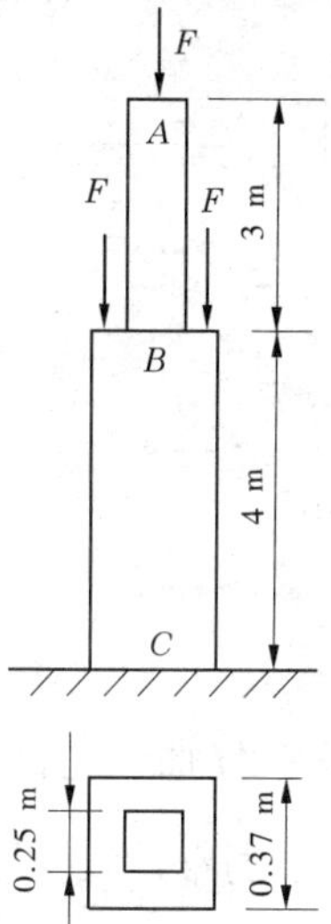

图 6-9

解：顶点 A 向下位移等于全柱的总缩短

$$\Delta l = \Delta l_1 + \Delta l_2 = \frac{N_1 l_1}{EA_1} + \frac{N_2 l_2}{EA_2}$$

式中　$N_1 = -F = -50\ \text{kN}\quad l_1 = 3\ \text{m}\quad A_1 = 0.25^2\ \text{m}^2$

$N_2 = -3F = -150\ \text{kN}\quad l_2 = 4\ \text{m}\quad A_2 = 0.37^2\ \text{m}^2$

$$\Delta l = \frac{-50\times10^3\times3}{(0.03\times10^5\times10^6)\times0.25^2} + \frac{-150\times10^3\times4}{(0.03\times10^5\times10^6)\times0.37^2}$$

$$= -0.002\,3(\text{m}) = -2.3\ \text{mm}(\text{缩短})$$

计算结果为负，说明柱顶向下移动 2.3 mm。

第四节　材料在拉伸和压缩时的力学性能

材料的力学性质，是指材料在受力过程中，在强度和变形方面所表现的性能（又称**材料的机械性质**），是通过材料实验来测定的。工程中使用的材料种类很多，习惯上根据试件在破坏时塑性变形的大小，区分为脆性材料和塑性材料两类。脆性材料在破坏时塑性变形很小，如石料、玻璃、铸铁、混凝土等；塑性材料在破坏时具有较大的塑性变形，如低碳钢、合金钢、铜、铝等。这两类材料的力学性能有明显的差别。本节以低碳钢和铸铁为例，介绍两类材料在静载、常温静载下轴向拉伸和压缩时表现的力学性能。

一、低碳钢拉伸时的力学性能

低碳钢是指含碳量在 0.3% 以下的钢材。低碳钢在工程中使用较广，而且在拉伸实验中表现出来的力学性能也最典型。

根据规范规定，拉伸实验时的标准试件，如图 6-10 所示。试件中段为等直杆，其截面形状有圆形与矩形两种，在中间部分取一段等直杆为工作段，长度 l 称为**标距**。对圆截面的试件，标距 l 与截面直径 d 的关系有两种：

$$l = 10d \quad 或 \quad l = 5d$$

对于矩形截面试件，标距与截面面积 A 之间的关系为

$$l = 11.3\sqrt{A} \quad 或 \quad l = 5.65\sqrt{A}$$

当试件装上实验机后，试件受到由零逐渐增加的拉力 F，直至试件破坏。实验过程中，记录各个时刻拉力 F 与绝对纵向变形 Δl 的数据，并以纵坐标表示拉力 F，横坐标表示绝对纵向变形 Δl，便可绘出 F 与 Δl 的关系曲线（见图 6-11），称为**拉伸图**或 $F \sim \Delta l$ 曲线。实验机上的自动绘图装置，在试件拉伸过程中可自动绘出拉伸图。

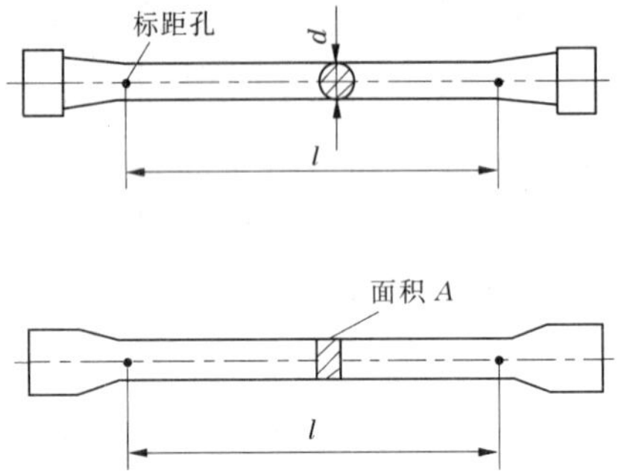

图 6-10

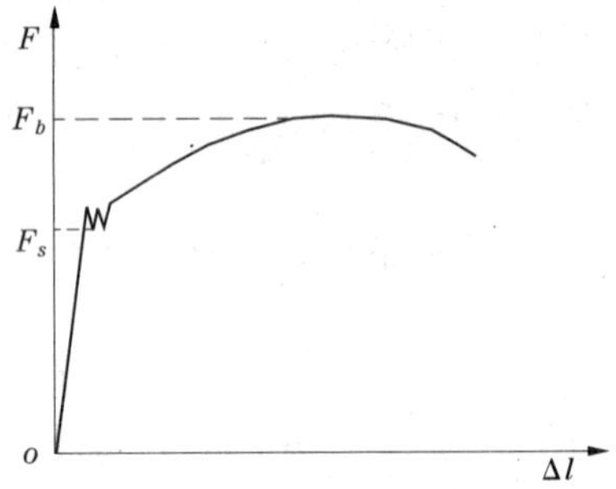

图 6-11

$F \sim \Delta l$ 曲线与试件的尺寸有关。为了消除试件尺寸的影响，直接反映材料本身的力学性能，通常是将拉伸图的拉力 F 除以试件的原横截面面积 A，即得正应力 $\sigma = \dfrac{F}{A}$；将绝对纵向变形 Δl 除以标距 l，即得轴向线应变 $\varepsilon = \dfrac{\Delta l}{l}$。以 σ 为纵坐标、ε 为横坐标，即可绘出 $\sigma \sim \varepsilon$ 曲线（见图 6-12），称为**应力—应变图**。下面根据 $\sigma \sim \varepsilon$ 曲线来讨论低碳钢拉伸时的力学性能。

（一）弹性阶段

从开始拉伸到曲线微弯的 oa' 段，这个阶段的应变很小。如将荷载卸去，曲线将按 oa' 线返回到原点，变形全部消失，说明试件在这阶段只产生弹性变形。因此，称这一阶段为弹性阶段。a' 点所对应的应力，即只产生弹性变形的最大应力，称为材料的**弹性极限**，常以 σ_e 表示。

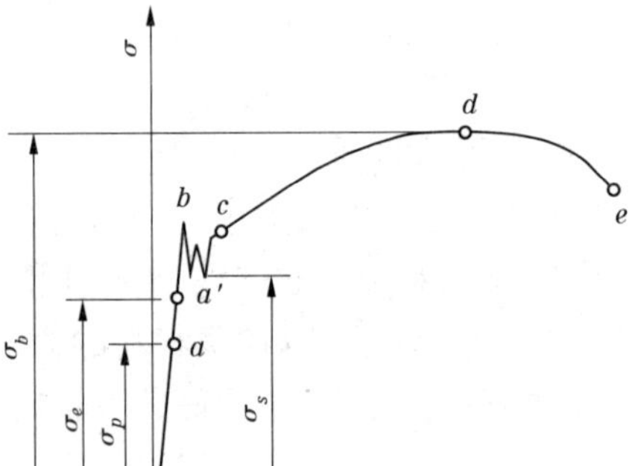

图 6-12

在弹性阶段内，曲线有一段直线 oa，它表示应力和应变成正比，材料服从胡克定律。过 a 点后曲线开始弯曲，表示应力和应变不再成正比。a 点所对应的应力，称为**比例极限**，用 σ_p 表示。Q235 钢的比例极限 $\sigma_p = 200$ MPa，oa 直线的斜率 $\tan\alpha = \dfrac{\sigma}{\varepsilon}$，

其值即等于材料的弹性模量 E。在 $\sigma \sim \varepsilon$ 图上,由于 a、a' 两点非常接近,所以在工程上对两个极限并无严格的区分。

(二)屈服阶段

当应力超过 σ_e 后,将出现应变增加很快,而应力则在小范围内波动的现象。在 $\sigma \sim \varepsilon$ 图上出现一段接近水平的锯齿形线段 bc。这种应力变化不大而应变明显增加的现象称为**屈服**或**流动**。屈服阶段 bc 内的最低应力称为**屈服极限** σ_s(不包括首次应力最低点)。当材料屈服时,在光滑的试件表面会出现与轴线约成 45°倾角的斜纹(见图 6-13(a))。这种条纹是由材料的微小晶粒之间产生相对滑移而形成的,称为**滑移线**。考虑到轴向拉伸时,在与杆轴线成 45°的斜截面上,剪应力为最大值,由此可见屈服现象的出现,与最大剪应力有关。

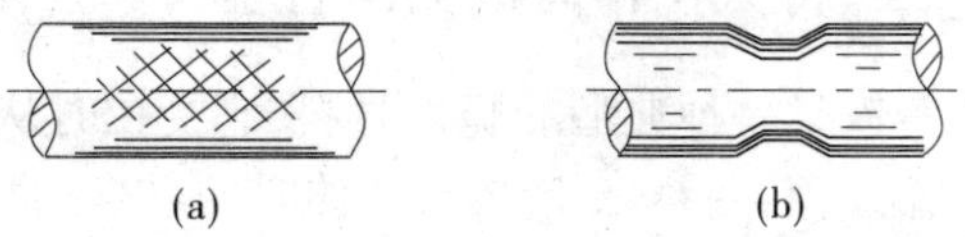

图 6-13

当应力达到屈服极限时,材料会出现明显的塑性变形,构件将不能正常工作,所以屈服极限 σ_s 是衡量材料强度的一个重要指标,Q235 钢的屈服极限 $\sigma_s = 235$ MPa。

(三)强化阶段

经过屈服阶段后,在 $\sigma \sim \varepsilon$ 图上为上凸的曲线 cd,这说明材料又恢复了抵抗变形的能力,要使它继续变形必须增加应力,这种现象称为**材料的强化**。强化阶段中最高点 d 所对应的应力,是材料所能承受的最大应力,称为**强度极限** σ_b,Q235 钢的强度极限 $\sigma_b = 400$ MPa。

(四)颈缩阶段

当应力达到 σ_b 后,变形将集中在试件的某一薄弱处局部范围内,横向尺寸急剧收缩,形成颈缩现象(见图 6-13(b)),由于颈缩处的截面面积迅速减小,试件继续伸长所需的拉力也相应减小,曲线下降到 e 点,试件在颈缩处拉断。

(五)延伸率和截面收缩率

试件拉断后,弹性变形完全消失,而塑性变形依然保留下来。试件标距的原始长度 l 变成 l_1。用百分比表示的比值为

$$\delta = \frac{l_1 - l}{l} \times 100\%$$

称为**延伸率**。延伸率 δ 是衡量材料塑性的一个指标,Q 235钢的 $\delta = 25\% \sim 27\%$。

工程上按 δ 的大小把材料分为两大类:$\delta > 5\%$ 的材料称为**塑性材料**,如钢、铜、铝等;而 $\delta < 5\%$ 的材料称为**脆性材料**,如铸铁、玻璃等。

试件拉断后,若断口处的截面面积为 A_1,原截面面积为 A。用百分比表示的比值为

$$\Psi = \frac{A - A_1}{A} \times 100\%$$

称为**截面收缩率**。Ψ 是衡量材料塑性的另一指标,低碳钢 Ψ 值为 $60\% \sim 70\%$。

(六)冷作硬化

在低碳钢的拉伸过程中,若把试件拉到强化阶段的某点 f,然后逐渐卸去荷载,应力与应变将沿与 oa 平行的斜直线 fg 回到 g 点(见图 6-14(a))。图中 gh 表示消失了的弹性变形,og 表示残留下来的塑性变形。卸载后,若在短期内再次加载,则应力与应变的关系将

大致沿卸载时的斜直线 gf 变化,直到 f 点后,又沿着曲线 fe 变化(见图 6-14(b)),这表示再次加载过程中,在到达 f 点以前,材料变形是弹性变形,过 f 点后才开始出现塑性变形。

比较图 6-14(a)、(b)可见,在第二次加载时,材料的比例极限、屈服极限得到了提高,而塑性变形却降低了,这种现象称为**冷作硬化**。工程中常利用冷作硬化来提高钢材的强度,工程中常用的冷拉钢筋就是冷作硬化的具体应用。

二、铸铁拉伸时的力学性能

铸铁是一种典型的脆性材料,它受拉时从开始到断裂,变形都不显著,没有屈服阶段和颈缩现象,图 6-15 是铸铁拉伸时的 $\sigma \sim \varepsilon$ 曲线。在曲线上没有明显的直线部分,这说明铸铁不符合胡克定律。但由于铸铁构件总是在较小应力范围内工作,因此可以用产生 0.1% 应变对应的割线 oa 来代替曲线 oa,即认为在较小应力时是符合胡克定律的,其斜率作为弹性模量 E。由 $\sigma \sim \varepsilon$ 曲线可以看出,脆性材料只有一个强度指标,即拉断时的最大应力——强度极限 σ_b。

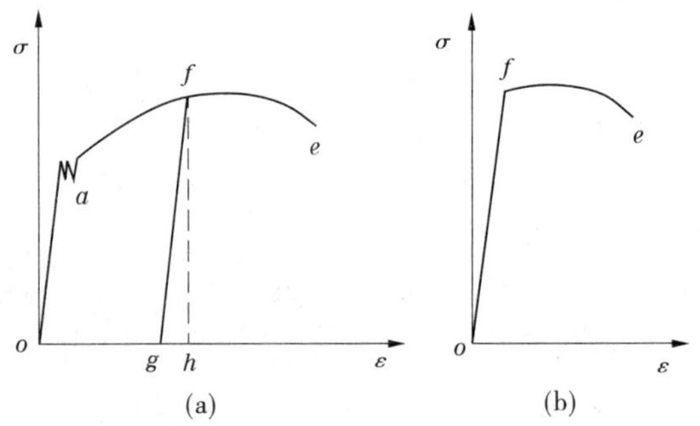

图 6-14

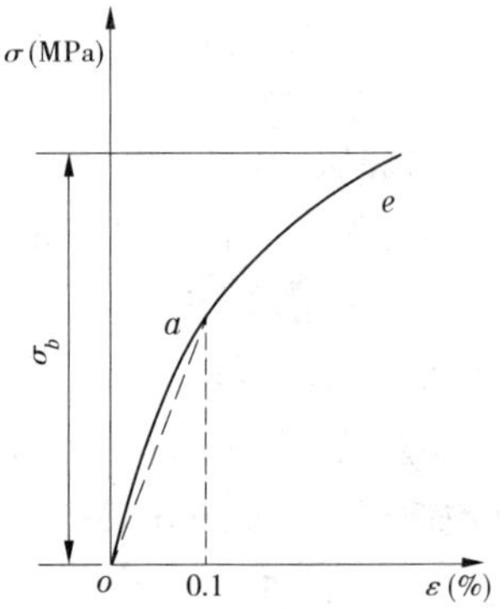

图 6-15

在土木建筑工程中,常用的混凝土和砖石等材料也是脆性材料,它们的 $\sigma \sim \varepsilon$ 曲线与铸铁相似,但是各具有不同的强度极限 σ_b 值。

三、材料压缩时的力学性能

钢材和铸铁的压缩试件一般采用圆柱形,它不能做得太高,高了容易压弯,试件的高度 l 与直径 d 的比一般为 1 ~ 3(见图 6-16(a))。

低碳钢受压时的 $\sigma \sim \varepsilon$ 曲线,如图 6-16(b)中实线所示,把它和受拉时的 $\sigma \sim \varepsilon$ 曲线(如图 6-16(b)中虚线所示)进行比较可以看出:

(1)在应力未超过屈服阶段前,两个图形是重合的。因此,受压时的弹性模量 E、比例极限 σ_p 和屈服极限 σ_s 与受拉时相同。

(2)当应力超过屈服极限后,受压的曲线不断上升,其原因是试件的截面不断增加,由鼓形最后变成了薄饼形,如图 6-16(a)中虚线所示。因此,压缩时的强度极限 σ_b 不能测出。

由于钢材受拉和受压时的主要力学性能(E、σ_p、σ_s)相同,所以钢材的力学性能都由拉伸试验来测定,不必进行压缩实验。

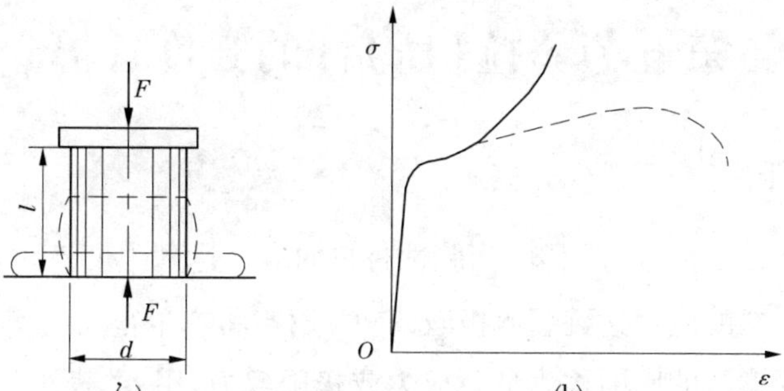

(a)　　　　(b)

图 6-16

对于脆性材料，压缩实验是很重要的。脆性材料如铸铁、混凝土和砖石等，受压的特征也和受拉一样，在很小的变形下就发生破坏；但是抗压的能力远远大于抗拉的能力。所以，脆性材料常用于受压的构件，以充分利用其抗压性能。

铸铁的压缩实验表明：在应力 应变的关系曲线上，没有明显的直线部分，也没有屈服阶段。强度极限 σ_b 可以测得，其值一般为受拉时的 4 ~ 5 倍。试件破坏时，沿着接近于 45°的斜面上断裂（见图 6-17（a）），这说明铸铁的抗剪强度低于抗压强度。

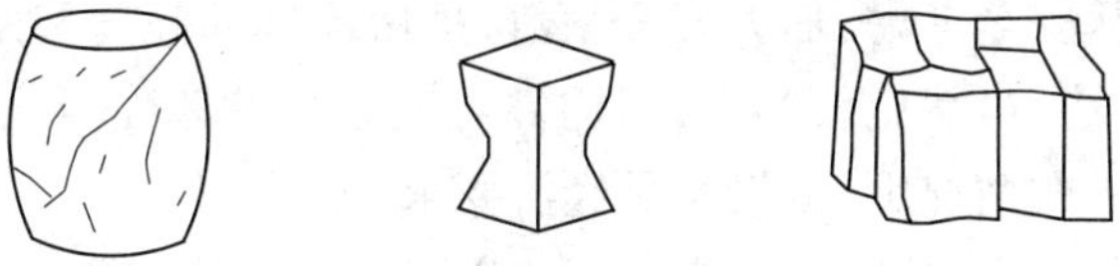

(a)　　　　(b)　　　　(c)

图 6-17

混凝土的压缩试件，通常做成立方体形，在压缩实验中，由于两端受有实验机平板的摩擦阻力，横向变形受到阻碍，随着荷载的增加，试件中部四周逐渐剥落掉下，最后剩下两个锥形体而破坏（见图 6-17（b））。若用润滑剂减小两端的摩擦力，则在破坏荷载下，沿受力方向分裂成数块（见图 6-17（c））。

表 6-2 列出了几种常用材料在常温、静载下的力学性能，以供参考。

表 6-2　几种常用材料的力学性能（在常温、静载下）

材料	屈服极限 σ_s		强度极限 σ_b				延伸率 δ
			拉伸		压缩		
	（kg/cm²）	（MPa）	（kg/cm²）	（MPa）	（kg/cm²）	（MPa）	（%）
低碳钢	2 200 ~ 2 400	220 ~ 240	3 800 ~ 4 700	380 ~ 470			25 ~ 27
16 锰钢	2 900 ~ 3 500	290 ~ 350	4 800 ~ 5 200	480 ~ 520			21 ~ 29
灰口铸铁			1 000 ~ 3 400	100 ~ 340	6 500 ~ 13 000	650 ~ 1 300	<6.5
C20（200 号）混凝土			16	1.6	145	14.5	
C30（300 号）混凝土			21	2.1	210	21.0	
红松（顺纹）			981	98.1	328	32.8	

注：表中单位按 1 kg/cm² = 0.1 MPa 换算。

第五节　拉(压)杆的强度计算

一、许用应力和安全系数

通过材料的拉伸(压缩)实验可知,当脆性材料的应力达到强度极限 σ_b 时,材料发生断裂破坏。当塑性材料的应力达到屈服极限 σ_s 时,材料将产生很大的塑性变形。材料断裂或产生较大塑性变形时的应力称为**危险应力**或**极限应力**,用 σ^0 表示。显然,当材料应力达到极限应力时,将无法正常工作。

塑性材料　　$\sigma^0 = \sigma_s$

脆性材料　　$\sigma^0 = \sigma_b$

为了保证构件安全可靠地工作,必须使构件的实际工作应力小于许用应力。许用应力是将材料的极限应力 σ^0 除以安全系数 n,用符号$[\sigma]$表示,即

$$[\sigma] = \frac{\sigma^0}{n} \tag{6-10}$$

安全系数的数值恒大于 1,由式(6-10)可见,对许用应力数值的规定,实质上是如何选择安全系数问题。从安全考虑,加大安全系数,虽然构件的强度和刚度得到了保证,但会浪费材料;若选得过小,虽然比较经济,但构件可能会被破坏。因此,选择安全系数时,应该是在满足安全要求的情况下,尽量满足经济要求。

安全系数的确定是一个复杂问题,它取决于以下几方面的因素:

(1)材料的性质。包括材料的质地好坏,均匀程度,是塑性材料还是脆性材料。

(2)荷载情况。包括对荷载的估算是否准确,是静荷载还是动荷载。

(3)构件在使用期内可能遇到的意外事故或其他不利的工作条件等。

(4)计算简图和计算方法的精确程度。

(5)构件的使用性质和重要性。

安全系数和许用应力的具体数据,一般由国家在有关规范中规定。表 6-3 给出了几种常用材料在常温、静载条件下的许用应力值。

表 6-3　几种常用材料的许用应力(在常温、静载下)

材料	牌号	许用应力			
		轴向拉伸		轴向压缩	
		(kg/cm²)	(MPa)	(kg/cm²)	(MPa)
低碳钢	A3	1 700	170	1 700	170
低合金钢	16Mn	2 300	230	2 300	230
灰口铸铁		350 ~ 550	35 ~ 55	1 600 ~ 2 000	160 ~ 200
混凝土	C20(200 号)	4.5	0.45	70	7
混凝土	C30(300 号)	6	0.6	105	10.5
红松(顺纹)		65	6.5	100	10

二、拉(压)杆的强度计算

对于等截面直杆件,最大的正应力发生在最大轴力 N_{max} 作用的截面上,即

$$\sigma_{max} = \frac{N_{max}}{A} \tag{6-11}$$

通常把 σ_{max} 所在的截面称为**危险截面**,把 σ_{max} 所在的点称为**危险点**。为了保证拉(压)杆不致因强度不够而破坏,构件内的最大工作应力不得超过其材料的许用应力,即

$$\sigma_{max} = \frac{N_{max}}{A} \leqslant [\sigma] \tag{6-12}$$

式(6-12)称为**轴向拉(压)杆的强度条件**。应用该条件可以解决有关强度计算的三类问题。

(1)强度校核。当已知杆的材料许用应力$[\sigma]$、截面尺寸 A 和承受的荷载 N_{max} 时,可用式(6-12)校核杆的强度是否满足要求,即

$$\sigma_{max} = \frac{N_{max}}{A} \leqslant [\sigma]\text{(工程中一般允许 5\% 的误差)}$$

(2)设计截面尺寸。已知荷载与材料的许用应力时,可将式(6-12)改写成

$$A \geqslant \frac{N_{max}}{[\sigma]}$$

以确定截面尺寸。

(3)确定许可荷载$[F]$。已知构件截面尺寸和材料的许用应力时,可将式(6-12)改写成

$$N_{max} \leqslant A[\sigma]$$

再由内力与外力关系确定许可荷载$[F]$。

【例 6-5】 图 6-18 为一平板闸门,需要的最大启门力 $F = 140$ kN。已知提升闸门的钢螺旋杆的内径 $d = 40$ mm,钢的许用应力$[\sigma] = 170$ MPa,试校核钢螺旋杆的强度能否满足要求。

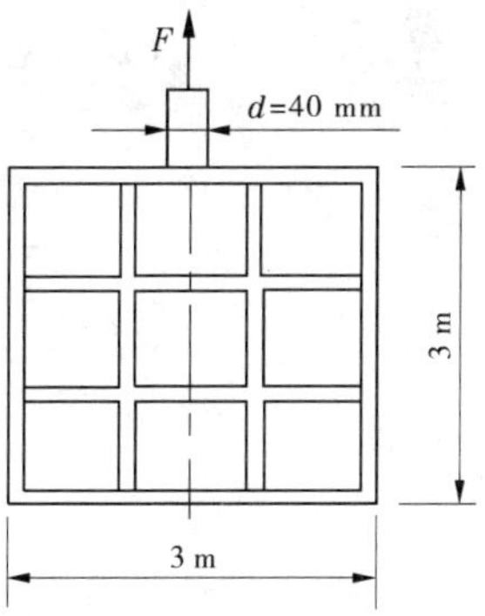

图 6-18

解:(1)求螺旋杆的轴力

$$N = F$$

(2)强度校核。杆的工作应力为

$$\sigma = \frac{N}{A} = \frac{F}{\pi d^2/4} = \frac{140 \times 10^3 \times 4}{\pi \times 40^2 \times 10^{-6}}$$

$$= 111.5 \times 10^6 (\text{Pa}) = 111.5 \text{ MPa} \leqslant [\sigma] = 170 \text{ MPa}$$

所以,此螺旋杆的强度能满足要求。

【例 6-6】 图 6-19(a)为三角形托架,其 AB 杆由两个等边角钢组成。已知 $F = 75$ kN,$[\sigma] = 160$ MPa,试选择等边角钢型号。

解:(1)求 AB 杆轴力。取 B 结点为脱离体(见图 6-19(b)),由平衡条件

$$\sum F_x = 0 \qquad N_{AB} - N_{CB}\cos 45° = 0$$

$$\sum F_y = 0 \qquad N_{CB}\sin45° - F = 0$$

解得

$$N_{CB} = \sqrt{2}F = \sqrt{2} \times 75 = 106.1(\text{kN})$$

$$N_{AB} = F = 75\ \text{kN}$$

(2)由强度条件设计截面尺寸。

$$A \geqslant \frac{N_{\max}}{[\sigma]} = \frac{75 \times 10^3}{160 \times 10^6}$$

$$= 0.468\,7 \times 10^{-3}(\text{m}^2) = 468.7\ \text{mm}^2$$

从附表 1 型钢表查得 3 mm 厚的 4 号等边角钢的截面面积为 $2.359\ \text{cm}^2 = 235.9\ \text{mm}^2$。用两个相同的角钢，其总面积为 $2 \times 235.9 = 471.8\ \text{mm}^2 > A = 468.7\ \text{mm}^2$，能满足要求。

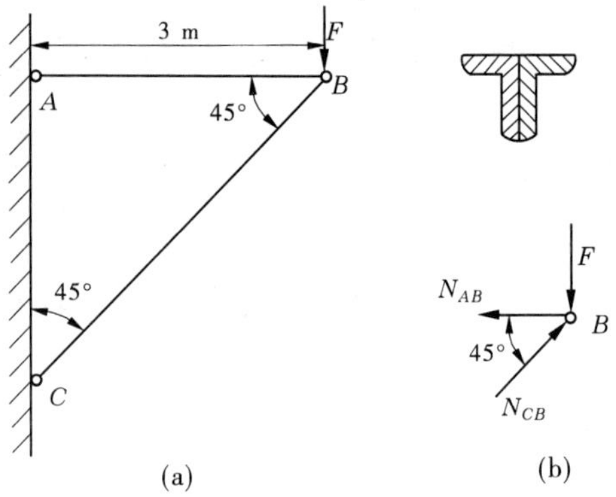

图 6-19

【例 6-7】 如图 6-20(a)所示的结构中，BC 和 CD 都是圆截面钢杆，直径 $d = 20$ mm，许用应力$[\sigma] = 160$ MPa。求此结构的许可荷载 F。

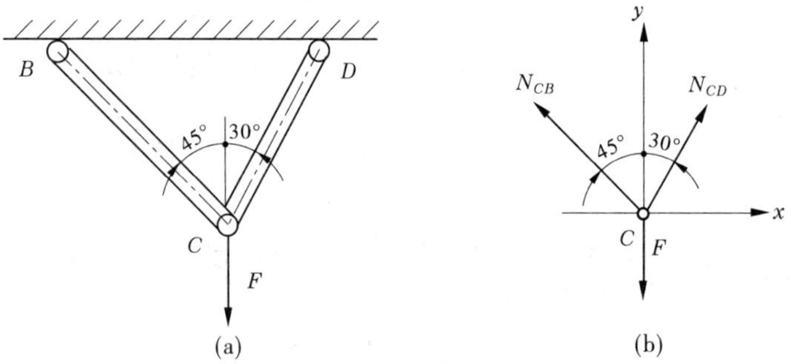

图 6-20

解：(1)求 BC、CD 杆的内力，确定危险截面。

取结点 C 为脱离体，受力情况如图 6-20(b)所示。

由平衡条件确定两杆轴力与荷载 F 的关系

$$\sum F_x = 0 \quad N_{CD}\sin30° - N_{CB}\sin45° = 0$$

$$\sum F_y = 0 \quad N_{CD}\cos30° + N_{CB}\cos45° - F = 0$$

解方程得

$$N_{CB} = 0.517F \quad N_{CD} = 0.732F$$

由此可见，CB 杆所受力比 CD 杆小，而两杆的材料及截面尺寸又均相同，若 CD 杆的强度得到满足，则 CB 杆的强度也一定足够，故应由 CD 杆的强度确定许可荷载。

(2)确定许可荷载。由强度条件得

$$\sigma = \frac{N_{CD}}{A} = \frac{4 \times 0.732F}{\pi d^2} \leqslant [\sigma]$$

$$F \leqslant \frac{\pi d^2[\sigma]}{4 \times 0.732} = \frac{3.14 \times 20^2 \times 10^{-6} \times 160 \times 10^6}{4 \times 0.732} = 68.6 \times 10^3(\text{N})$$

所以，许可荷载$[F] = 68.6$ kN。

第六节　应力集中的概念

等直杆轴向受拉(压)时,其横截面上的正应力是均匀分布的。但是实验证明,当在构件上开孔、槽或制成凸肩、阶梯形状等,使截面尺寸发生突然改变时,在截面突然改变的部位,应力已不再是均匀分布的。

如图 6-21 所示具有圆槽或圆孔的试件,在削弱截面附近的小范围内,应力局部增大,而离开该区域稍远的地方,应力迅速减小并趋于均匀。这种由于截面尺寸突变而引起的应力局部增大的现象,称为**应力集中**。

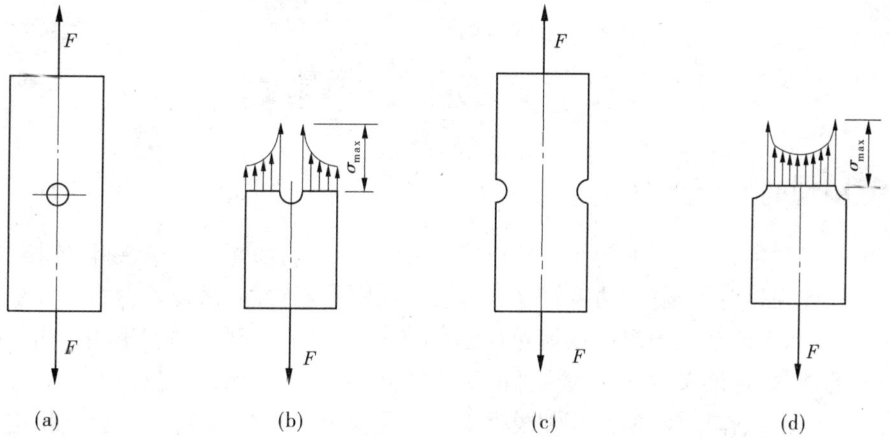

图 6-21

应力集中的程度,可用应力集中处的 σ_{max} 与杆被削弱处横截面上的平均应力 $\overline{\sigma}_0$ 的比值来衡量,此比值称为应力集中系数,用 α_κ 表示,即

$$\alpha_\kappa = \frac{\sigma_{max}}{\overline{\sigma}_0} \tag{6-13}$$

实验指出,α_κ 只与构件的形状和尺寸有关,而与材料无关。对工程中常见的大多数典型构件,它们的应力集中系数 α_κ 可以从有关手册中查到,一般为 1.2 ~ 3.0。

不同材料对应力集中的反应有着很大的差别。塑性材料因有屈服阶段,当局部最大应力 σ_{max} 达到屈服极限 σ_s 时,该处材料的变形可以继续增长而应力数值不再增大。外力继续增大时,增加的力就由截面尚未屈服的材料来承担,使截面上其他点的应力相继增大到屈服极限,如图 6-22 所示。这样就使截面上的应力逐渐地趋于平衡,降低了应力不均匀的程度,也限制了最大正应力 σ_{max} 的数值。因此,用塑性材料制成的构件在静载作用下,可以不考虑应力集中的影响。由脆性材料制成的构件情况就不同了。因为脆性材料没有屈服阶段,当应力集中处最大应力达到 σ_b 时,便使构件在该处首先产生裂纹,导致构件突然破裂。所以,应力集中对脆性材料的危害显得严重。这样,即使在静载条件下也应考虑应力集中对构件承载能力的影响。

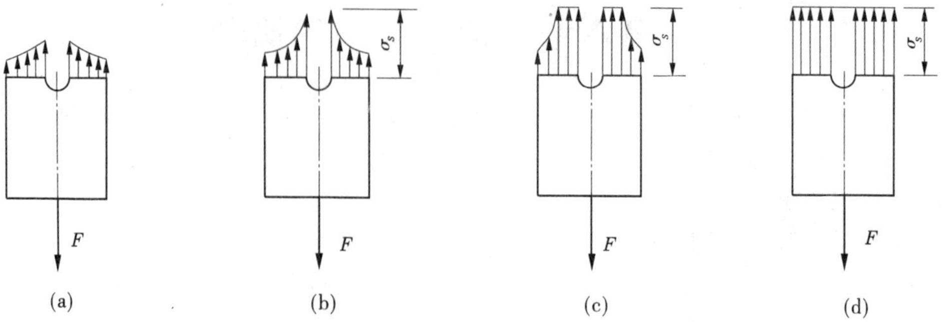

图 6-22

第七节　连接件的强度计算

一、剪切的概念及工程实例

在工程实际中，经常要把若干杆件连接起来组成结构，如螺栓连接、铆钉连接、销轴连接、键连接、榫连接等。例如，两钢管是通过法兰用螺栓连接的，吊装重物的吊具是用销轴连接的，连接钢板通常采用焊接或铆接（见图 6-23）。这些在受力构件相互连接时，起连接作用的部件，简称**连接件**。这类构件的受力特点是：作用在构件两侧面上外力合力的大小相等、方向相反、作用线平行，与轴线垂直且相距很近。其变形特点是：介于作用力中间部分的截面，有发生相对错动的趋势。构件的这种变形称为**剪切变形**；发生相对错动的截面称为剪切面，受剪面平行于作用力的方向，如图 6-24 所示，m—n 截面为剪切面。连接件受力后引起的应力，如果超过材料的强度极限，接头就要破坏而造成工程事故。因此，连接件的强度计算在结构设计中不能忽视。

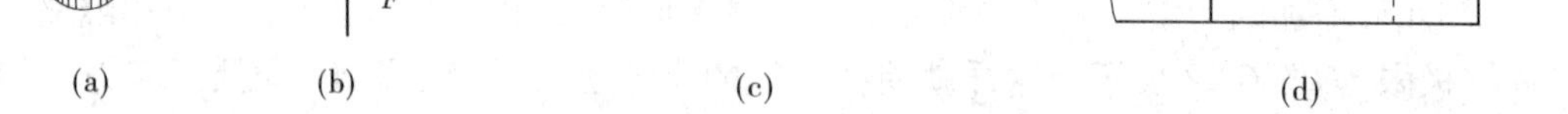

图 6-23

工程实际中，广泛应用的连接件，像螺栓、铆钉、销钉等，一般尺寸都较小，受力与变形也比较复杂，难以从理论上计算它们的真实工作应力。它们的强度计算通常采用实用计算法来进行，即在实验和经验的基础上，作出一些假设而得到的简化计算方法。

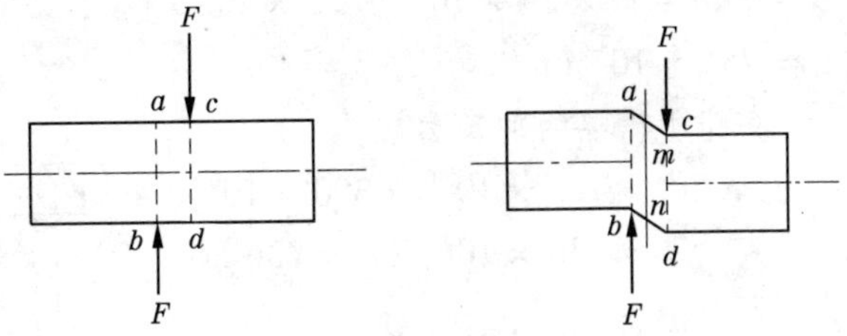

图 6-24

二、剪切的实用计算

设两块钢板用铆钉连接(图 6-25(a))。钢板受拉时,铆钉在两钢板之间的截面处受剪切(见图 6-25(b)),剪切面上的内力可用截面法求得:将铆钉假想地沿剪切面截开,由平衡条件可知剪切面上存在着与外力 F 大小相等、方向相反的内力 Q,称为**剪力**(见图 6-25(c))。

$$\sum F_x = 0 \quad Q - F = 0, \quad Q = F$$

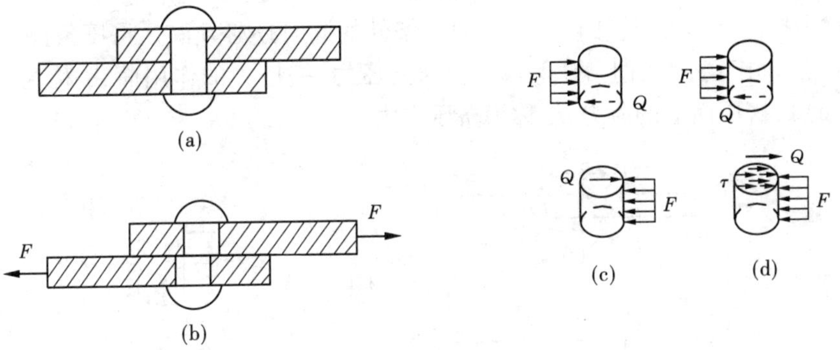

图 6-25

横截面上的剪力是沿截面作用的,它由截面上各点处的剪应力 τ 所组成(见图 6-25(d)),剪切面上的剪应力分布情况较为复杂,实用计算中假设剪应力 τ 在剪切面上均匀分布,即

$$\tau = \frac{Q}{A} \tag{6-14}$$

所以,剪切强度条件为

$$\tau = \frac{Q}{A} \leqslant [\tau] \tag{6-15}$$

式中,$[\tau]$为材料的许用剪应力。

其值等于连接件的极限剪应力 τ^0 除以安全系数 n。各种材料的许用剪应力值可在有关手册中查得。实验说明,材料的$[\tau]$和$[\sigma]$之间大致有如下关系:

塑性材料　$[\tau] = (0.6 \sim 0.8)[\sigma]$

脆性材料　$[\tau] = (0.8 \sim 1.0)[\sigma]$

式(6-15)与轴向拉(压)强度条件一样,可以解决三类强度问题,即校核强度、设计截面和确定许可荷载。

【例 6-8】　如图 6-26 所示,已知钢板的厚度 $t = 10$ mm,其剪切极限应力为 $\tau^0 = 300$ MPa,若用冲床将钢板冲出直径 $d = 25$ mm 的孔,问需要多大的冲剪力 F?

解:剪切面就是钢板被冲头冲出的圆柱体侧面(见图 6-26(b)),其面积为

$$A = \pi dt = \pi \times 25 \times 10^{-3} \times 10 \times 10^{-3}$$
$$= 785 \times 10^{-6}(\mathrm{m}^2)$$

冲孔所需要的冲剪力应为

$$F \geqslant A\tau^0 = 785 \times 10^{-6} \times 300 \times 10^6$$
$$= 236 \times 10^3(\mathrm{N}) = 236\ \mathrm{kN}$$

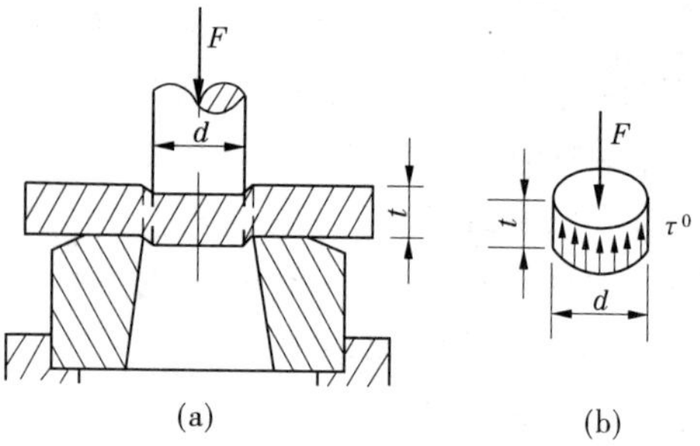

图 6-26

三、挤压的实用计算

如图 6-27 所示铆钉连接中，铆钉与钢板孔壁接触面上的压力过大时，接触面上将发生显著的塑性变形或压溃，铆钉被压扁，圆孔变成了椭圆孔，连接件松动，不能正常工作(见图 6-27(b))。这种两个构件相互传递压力时接触面相互压紧而产生的局部压缩变形称为挤压。因此，连接件在满足剪切条件的同时还必须满足挤压条件。连接件与被连接件之间相互接触面上的压力 F_c 称为**挤压力**，挤压力的作用面 A_c 称为**挤压面**(见图 6-27(c))，挤压面上的应力 σ_c 称为**挤压应力**。

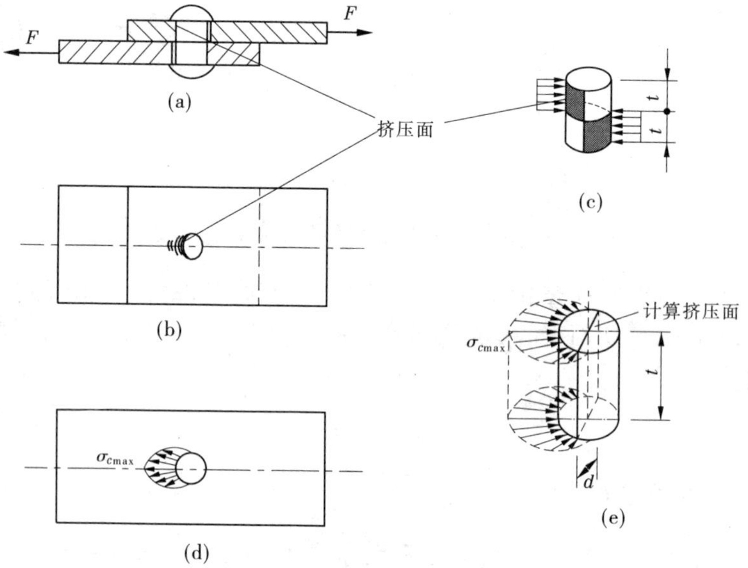

图 6-27

挤压面上的挤压应力的分布也很复杂，它与接触面的形状及材料性质有关。例如，钢板上铆钉孔附近的挤压应力分布如图 6-27(d)所示，挤压面上各点的应力大小与方向都不相同。工程中采用实用计算假设挤压应力均匀地分布在挤压面上，即

$$\sigma_c = \frac{F_c}{A_c} \tag{6-16}$$

所以，挤压强度条件为

$$\sigma_c = \frac{F_c}{A_c} \leqslant [\sigma_c] \tag{6-17}$$

式中，$[\sigma_c]$为材料的许用挤压应力，其值由实验测定。各种材料的许用挤压应力$[\sigma_c]$可在有关手册中查得。$[\sigma_c]$与$[\sigma]$间大致有如下关系：

塑性材料　$[\sigma_c]=(1.5\sim2.5)[\sigma]$

脆性材料　$[\sigma_c]=(0.5\sim1.5)[\sigma]$

关于挤压面面积A_c的计算，要根据接触面的情况而定。当实际挤压面为平面时，挤压面面积为接触面面积；当受压面是半圆柱曲面时，在实际计算中，是按挤压面的正投影面积计算的（见图6-27(e)），所得的应力与实际最大应力大致相等。

挤压计算中须注意，如果两个相互挤压构件的材料不同，应对挤压强度较小的构件进行计算。

【例6-9】 电瓶车挂钩用插销连接，如图6-28(a)所示。已知$t=8$ mm，插销的材料为20号钢，$[\tau]=30$ MPa，$[\sigma_c]=100$ MPa，牵引力$F=15$ kN，试确定插销的直径d。

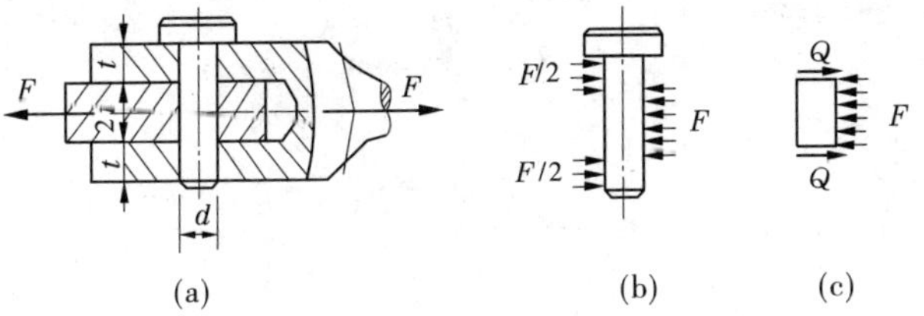

图6-28

解：插销的受力情况如图6-28(b)所示

$$Q=\frac{F}{2}=\frac{15}{2}=7.5(\mathrm{kN})$$

(1)按剪切强度条件设计插销的直径。

$$A\geqslant\frac{Q}{[\tau]}=\frac{7.5\times10^3}{30\times10^6}=2.5\times10^{-4}(\mathrm{m^2})$$

$$\frac{1}{4}\pi d^2\geqslant2.5\times10^{-4}\qquad d\geqslant0.0178\ \mathrm{m}=17.8\ \mathrm{mm}$$

(2)按挤压强度条件进行校核。

$$\sigma_c=\frac{F_c}{A_c}=\frac{F}{2td}=\frac{15\times10^3}{2\times8\times17.8\times10^{-6}}=52.7\times10^6(\mathrm{Pa})=52.7\ \mathrm{MPa}$$

$$\sigma_c=52.7\ \mathrm{MPa}<[\sigma_c]=100\ \mathrm{MPa}$$

所以，挤压强度是足够的。取$d=18$ mm。

【例6-10】 图6-29(a)表示齿轮用平键与轴连接。已知轴的直径$d=70$ mm，键的尺寸为$b\times h\times l=20\ \mathrm{mm}\times12\ \mathrm{mm}\times100\ \mathrm{mm}$，传递的力矩$m=2\ \mathrm{kN\cdot m}$，键的许用应力$[\tau]=60$ MPa，$[\sigma_c]=100$ MPa。试校核键的强度。

解：(1)校核键的剪切强度。

将平键沿mn截面截开，取mn以下部分为脱离体（见图6-29(b)），mn截面上的剪力为

$$Q=A\cdot\tau=b\cdot l\cdot\tau$$

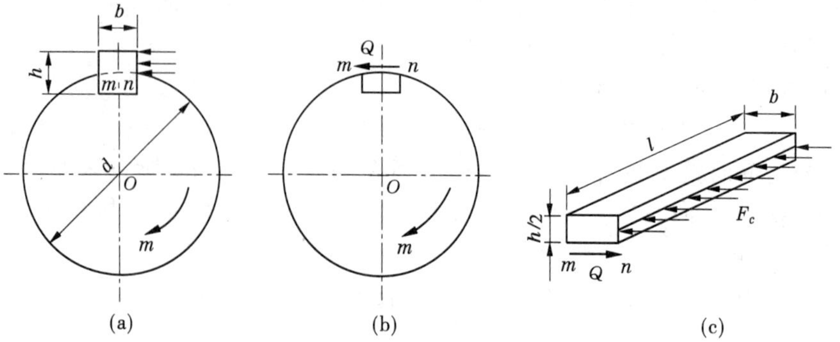

图 6-29

对轴心 O 取力矩,由平衡条件 $\sum M_O=0$ 得

$$Q\cdot\frac{d}{2}=m$$

即

$$bl\tau\frac{d}{2}=m$$

所以有

$$\tau=\frac{2m}{bld}=\frac{2\times2\ 000}{20\times100\times70\times10^{-9}}=28.6\times10^6(\text{Pa})=28.6\ \text{MPa}$$

$$\tau=28.6\ \text{MPa}<[\tau]=60\ \text{MPa}$$

可见,平键满足剪切强度条件。

(2)校核键的挤压强度。

取 mn 截面以上部分为分离体(见图 6-29(c)),截面上的剪力为 $Q=bl\tau$,右侧截面上的挤压力为

$$F_c=A_c\sigma_c=\frac{h}{2}l\sigma_c$$

由平衡条件 $\sum F_x=0$ 得

$$Q=F_c\quad 即\quad bl\tau=\frac{h}{2}l\sigma_c$$

所以有

$$\sigma_c=\frac{2b\tau}{h}=\frac{2\times20\times10^{-3}\times28.6\times10^6}{12\times10^{-3}}=95.3\times10^6(\text{Pa})=95.3\ \text{MPa}$$

$$\sigma_c=95.3\ \text{MPa}<[\sigma_c]=100\ \text{MPa}$$

所以,平键也满足挤压强度的要求。

【例 6-11】 两块宽度 $b=270$ mm、厚度 $t=16$ mm 的钢板,用 8 个直径 $d=25$ mm 的铆钉连接在一起(见图 6-30(a))。材料的 $[\sigma]=120$ MPa,$[\tau]=80$ MPa,$[\sigma_c]=200$ MPa。试求此连接件能承受的最大荷载 F。

解:(1)按铆钉剪切强度计算最大荷载 F。

实用计算中假定荷载 F 由各铆钉平均承担,则每个铆钉剪切面上的剪力 $Q=F/8$,

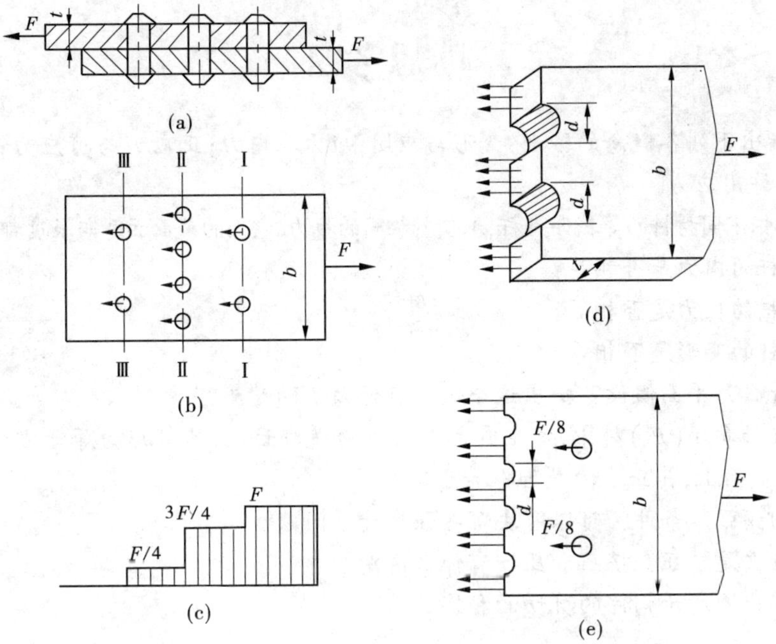

图 6-30

由剪切强度条件

$$\tau = \frac{Q}{A} \leqslant [\tau]$$

得

$$\frac{F/8}{\pi d^2/4} \leqslant 80 \times 10^6$$

则

$$F \leqslant \pi/4 \times 25^2 \times 10^{-6} \times 8 \times 80 \times 10^6 = 314 \times 10^3 (\mathrm{N}) = 314\ \mathrm{kN}$$

(2)按铆钉或钢板的挤压强度计算最大荷载 F。

由

$$\sigma_c = \frac{F_c}{A_c} \leqslant [\sigma_c] \quad 即 \quad \frac{F}{td \times 8} \leqslant 200 \times 10^6$$

得

$$F \leqslant 200 \times 10^6 \times 16 \times 25 \times 8 \times 10^{-6} = 640 \times 10^3 (\mathrm{N}) = 640\ \mathrm{kN}$$

(3)按钢板拉伸强度计算最大荷载 F。

由钢板的轴力图可知，Ⅰ—Ⅰ、Ⅱ—Ⅱ截面为危险截面。

根据Ⅰ—Ⅰ截面计算，其受力如图 6-30(d)所示，有

$$\sigma = \frac{N_1}{A_1} = \frac{F}{(b - 2d)t} = \frac{F}{(270 - 2 \times 25) \times 16 \times 10^{-6}} \leqslant 120 \times 10^6$$

$$F \leqslant 120 \times 10^6 \times (270 - 2 \times 25) \times 16 \times 10^{-6} = 422.4 \times 10^3 (\mathrm{N}) = 422.4\ \mathrm{kN}$$

根据Ⅱ—Ⅱ截面计算，其受力如图 6-30(e)所示，有

$$\sigma = \frac{N_2}{A_2} = \frac{F - \frac{2F}{8}}{(b - 4d)t} = \frac{\frac{3}{4} \times F}{(270 - 4 \times 25) \times 16 \times 10^{-6}} \leqslant 120 \times 10^6$$

$$F \leqslant 120 \times 10^6 \times (270 - 4 \times 25) \times 16 \times 10^{-6} \times 4/3 = 435.2 \times 10^3 (\mathrm{N}) = 435.2\ \mathrm{kN}$$

综合以上计算结果可知，此连接能承受的最大荷载 $F = 314\ \mathrm{kN}$。

思考题

6-1　指出下列各概念的区别：变形与应变；应力与内力；正应力与剪应力；工作应力、危险应力与许用应力。

6-2　两根不同材料的等截面直杆，承受着相同的拉力，它们的截面面积与长度都相等。问：

(1) 两杆的内力是否相等？

(2) 两杆的应力是否相等？

(3) 两杆的变形是否相等？

6-3　什么是平面假设？提出这个假设有什么实际意义？

6-4　在轴向拉(压)杆中，发生最大正应力的横截面上，其剪应力等于零。在发生最大剪应力的截面上，其正应力是否也等于零？

6-5　何谓强度条件？可以解决哪些强度计算问题？

6-6　什么是挤压？挤压和压缩有什么区别？

6-7　指出图所示构件的剪切面和挤压面。

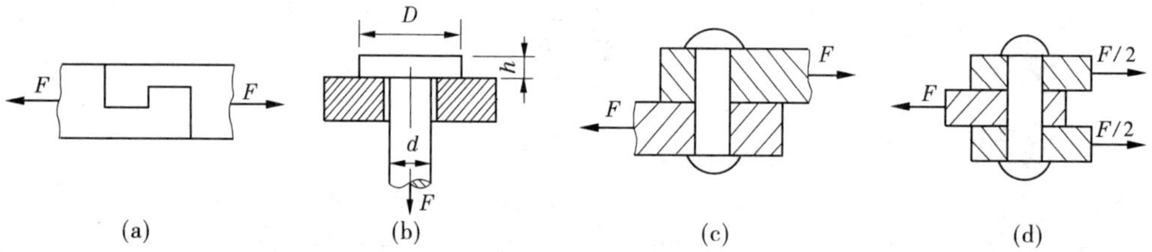

思 6-7 图

6-8　挤压面与计算挤压面是否相同？举例说明。

习　题

6-1　一简单桁架 BAC 的受力如图所示。已知 $F=18$ kN，$\alpha=30°$，$\beta=45°$，AB 杆的横截面面积为 300 mm^2，AC 杆的横截面面积为 350 mm^2，试求各杆横截面上的应力。

6-2　三种材料的应力—应变曲线如图所示，试问哪一种材料强度高？哪一种材料刚度大？哪一种材料塑性好？

6-3　求图示阶梯杆各段横截面上的应力。已知横截面面积 $A_{AB}=200$ mm^2，$A_{BC}=300$ mm^2，$A_{CD}=400$ mm^2。

6-4　图示一承受轴向拉力 $F=10$ kN 的等直杆，已知杆的横截面面积 $A=100$ mm^2。试求 $\alpha=0°$、$30°$、$45°$、$60°$、$90°$的各斜截面上的正应力和剪应力。

6-5　圆截面杆上有槽如图所示，杆直径 $d=20$ mm，受拉力 $F=15$ kN 作用，试求 1—1 截面和 2—2截面上的应力。

6-6　图示结构中，AB 为一刚杆，CD 为由 A3 钢制造的斜拉杆。已知 $F_1=5$ kN，$F_2=10$ kN，$l=1$ m，钢杆 CD 的横截面面积 $A=100$ mm^2，钢材的弹性模量 $E=0.2\times10^6$ MPa，

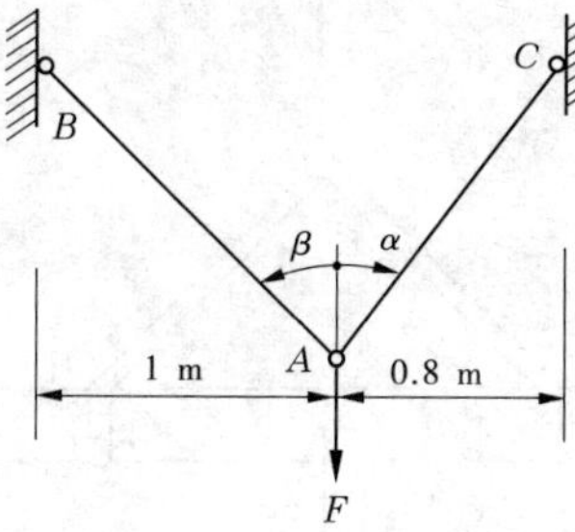

题 6-1 图

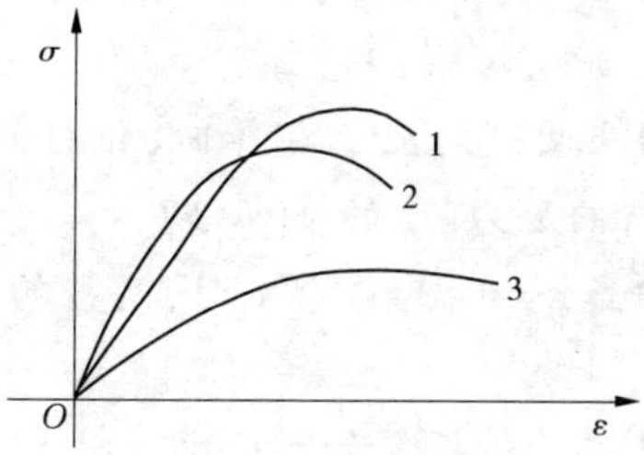

题 6-2 图

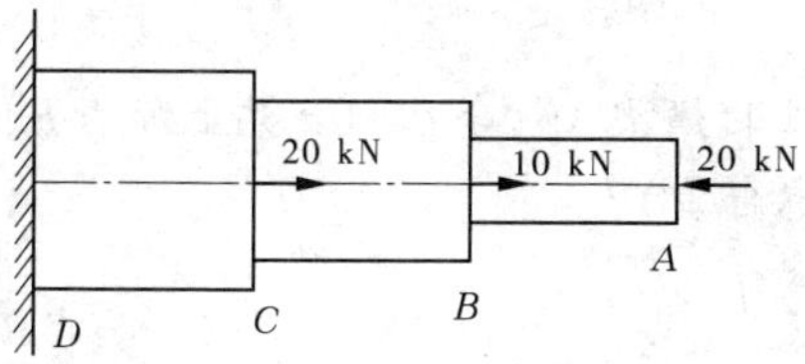

题 6-3 图

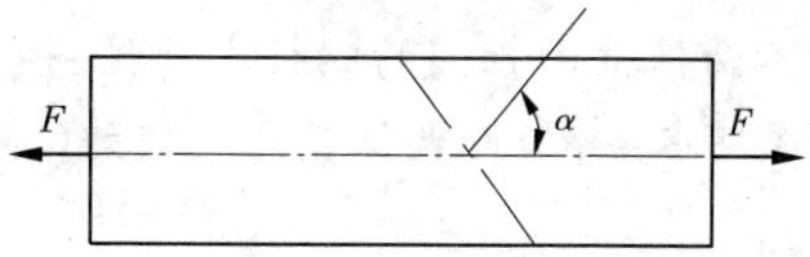

题 6-4 图

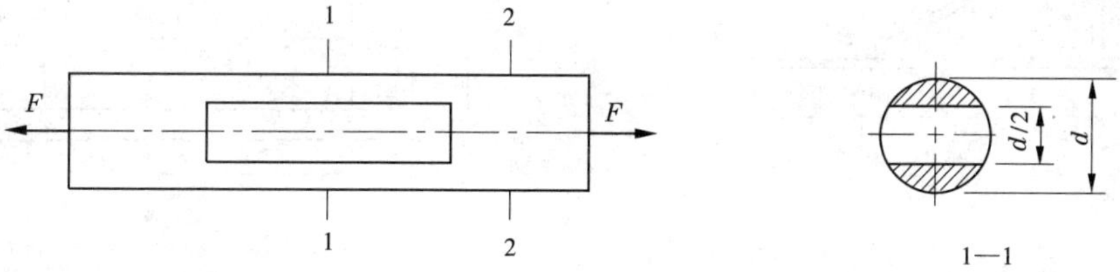

题 6-5 图

$\angle ACD = 45°$，试求杆 CD 的轴向变形。

6-7　刚性梁 AB 用两根钢杆 AC 和 BD 悬挂着，受力如图所示。已知钢杆 AC 和 BD 的直径分别为 $d_1 = 25$ mm 和 $d_2 = 18$ mm，钢的许用应力 $[\sigma] = 170$ MPa，弹性模量 $E = 2.0 \times 10^5$ MPa，试校核钢杆的强度，并计算钢杆的变形 Δl_{AC}、Δl_{BD}。

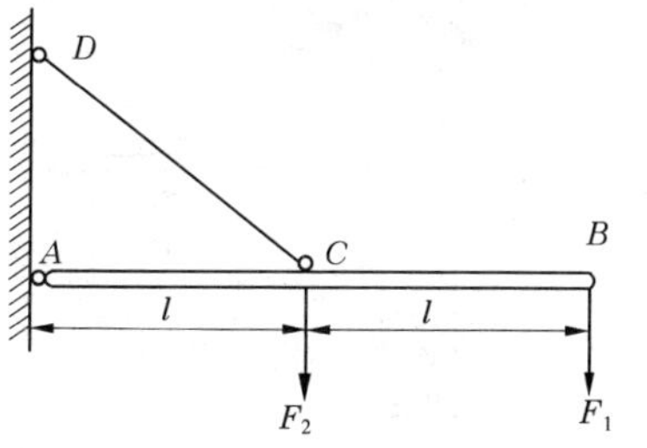

题 6-6 图

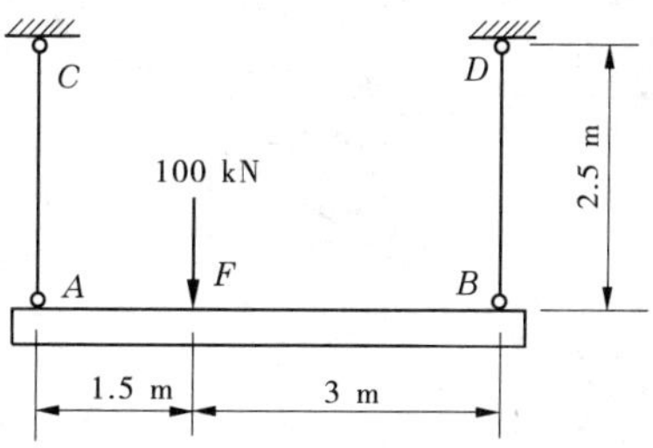

题 6-7 图

6-8　图示为起吊钢管的情况。已知钢管的重量 $F_G = 10$ kN，绳索的直径 $d = 40$ mm，其许用应力 $[\sigma] = 10$ MPa，试校核绳索的强度。

6-9　钢的弹性模量 $E_g = 0.2 \times 10^6$ MPa，混凝土的弹性模量 $E_h = 28 \times 10^3$ MPa，一钢杆和一混凝土杆同时受轴向压力作用：

(1)当两杆应力相等时,混凝土杆的应变 ε_h 为钢杆的应变 ε_g 的多少倍?

(2)当两杆的应变相等时,钢杆的应力 σ_g 为混凝土杆的应力 σ_h 的多少倍?

(3)当 $\varepsilon_g = \varepsilon_h = 0.001$ 时,两杆的应力各为多少?

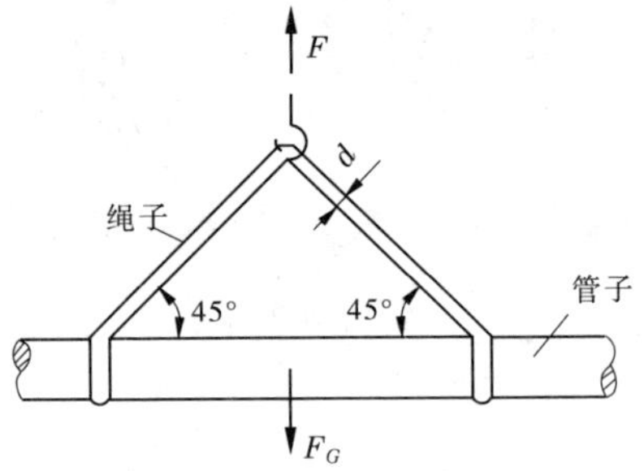

题 6-8 图

6-10　悬挂托架如图所示。杆 BC 直径 $d=30$ mm,$E=2.1\times10^5$ MPa,为了测量起吊重量 F,可以在起吊过程中测量杆 BC 的应变。若 $\varepsilon=390\times10^{-6}$,试求 F 为多少?

6-11　两根截面相同的钢杆上悬挂一根刚性的横梁 AB,今在刚性梁上加力 F,问若要使 AB 梁保持水平,加力点位置应在何处(不考虑自重)?

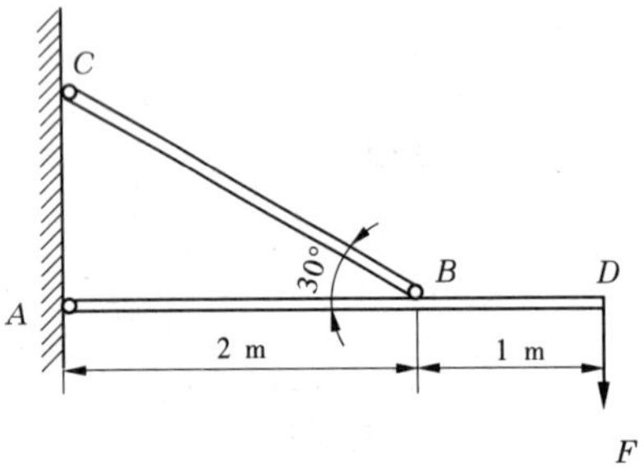

题 6-10 图

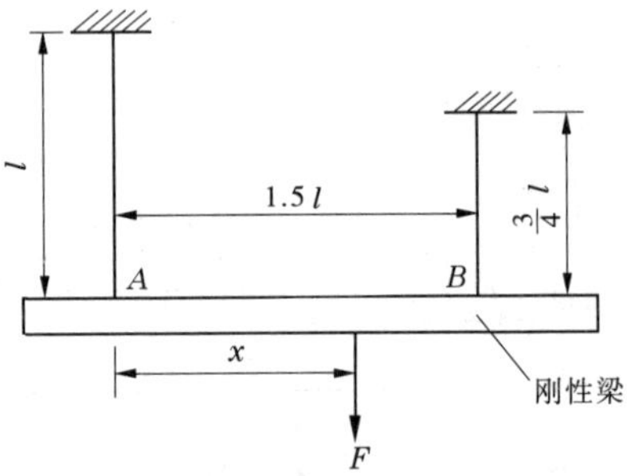

题 6-11 图

6-12　如图为一个三角形托架,已知:杆 AC 为圆截面钢杆,许用应力$[\sigma]=170$ MPa;杆 BC 是正方形截面木杆,许用应力$[\sigma]=12$ MPa;荷载 $F=60$ kN。试选择钢杆的直径 d 和木杆的边长 a。

6-13　钢拉杆受力 $F=40$ kN。若拉杆的许用应力$[\sigma]=100$ MPa,横截面为矩形,并且 $b=2a$,试确定 a、b 的尺寸。

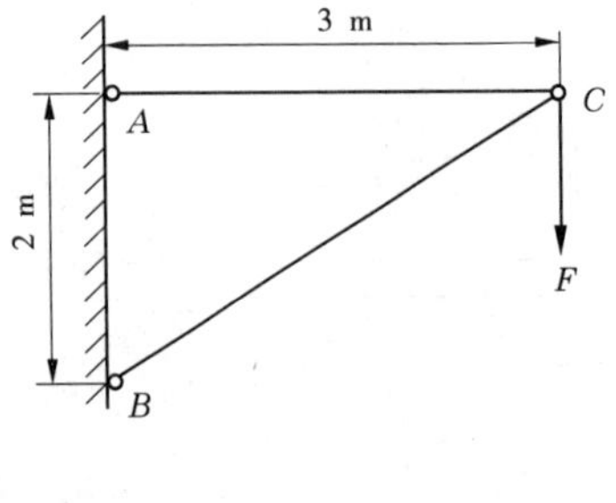

题 6-12 图

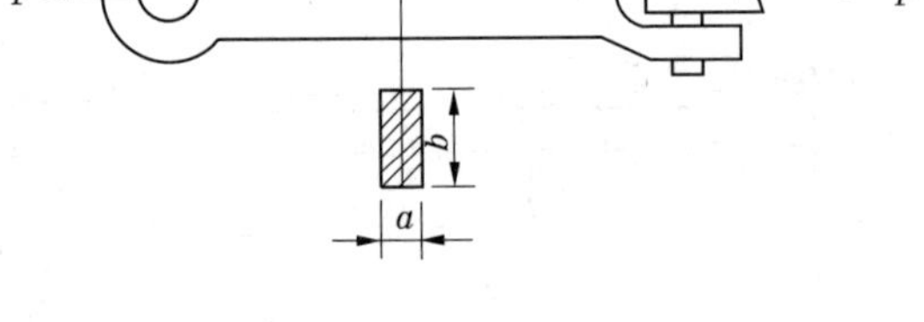

题 6-13 图

6-14　图示起重机的杆 BC 由钢丝绳 AB 拉住,钢丝绳直径 $d=26$ mm,$[\sigma]=162$ MPa,试问起重机的最大起重量 F_G 为多少?

6-15 如图为一吊桥结构,试求钢拉杆 AB 所需横截面面积 A。已知钢材的许用应力 $[\sigma]=170$ MPa。

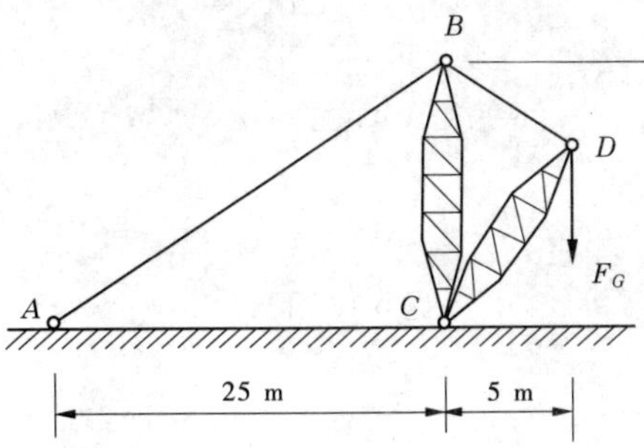

题 6-14 图

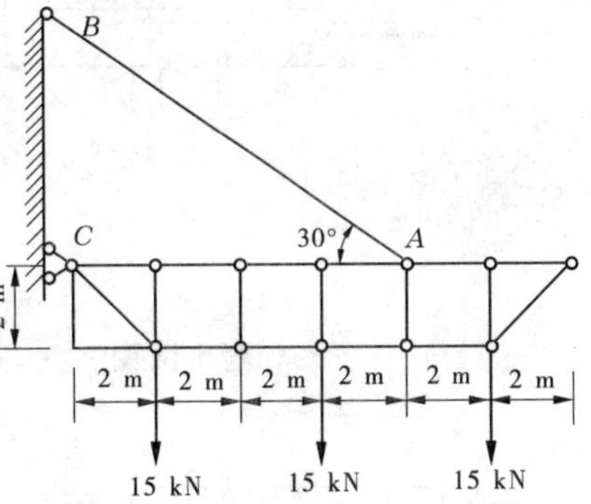

题 6-15 图

6-16 一根承受轴向拉力的钢筋,原设计采用的材料为 A5 钢,其直径 $d=20$ mm。今因仓库里缺乏该种材料,拟改用 A3 钢的钢筋;库存 A3 钢钢筋的直径有 16 mm、19 mm、20 mm、22 mm、25 mm 可供选择。已知 A3 钢的屈服极限 $\sigma_s=240$ MPa,A5 钢的屈服极限 $\sigma_s=280$ MPa。在安全系数相同的要求下,试选择 A3 钢钢筋的合适直径。

6-17 一矩形截面木杆,两端的截面被圆孔削弱,中间的截面被两个切口减弱,如图所示。试验算在承受拉力 $F=70$ kN 时,杆是否安全,已知 $[\sigma]=7$ MPa。

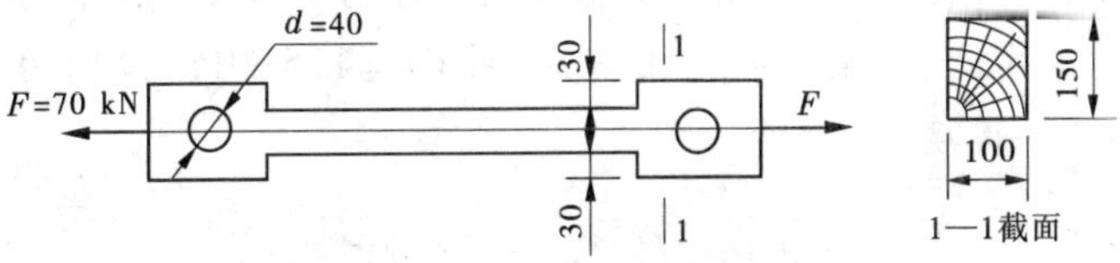

题 6-17 图 (单位:mm)

6-18 图示两块板由一个螺栓连接。已知螺栓直径 $d=24$ mm,每块板厚 $\delta=12$ mm,拉力 $F=27$ kN,螺栓许用应力 $[\tau]=60$ MPa,$[\sigma_c]=120$ MPa,试对螺栓作强度校核。

6-19 一直径 $d=40$ mm 的螺栓受拉力 $F=100$ kN,已知 $[\tau]=60$ MPa,求螺母所需的高度 h。

6-20 两块厚度为 10 mm 的钢板,用两个直径为 17 mm 的铆钉搭接在一起,钢板受拉力 $F=60$ kN。已知 $[\tau]=140$ MPa,$[\sigma_c]=280$ MPa,$[\sigma]=160$ MPa。试校核该铆接件的强度(假定每个铆钉的受力相等)。

6-21 一矩形截面的木拉杆接头如图所示。已知轴向拉力 $F=40$ kN,截面宽度 $b=250$ mm。木材的许用挤压应力 $[\sigma_c]=10$ MPa,许用剪应力 $[\tau]=1$ MPa。求接头处所需尺寸 l 和 a。

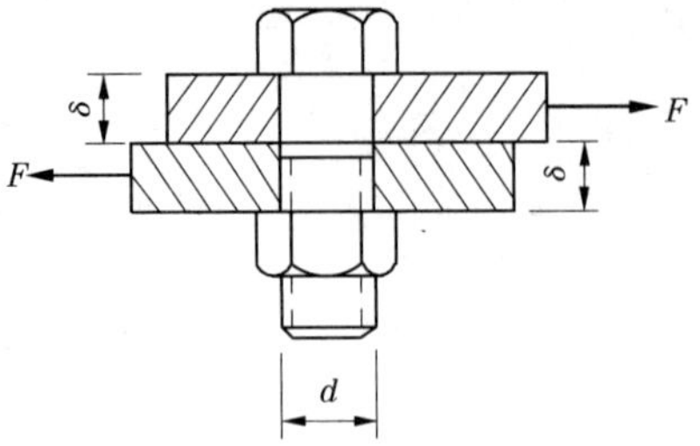

题 6-18 图

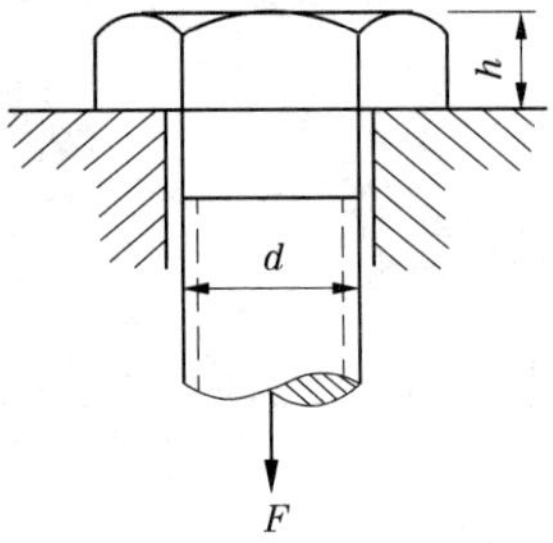

题 6-19 图

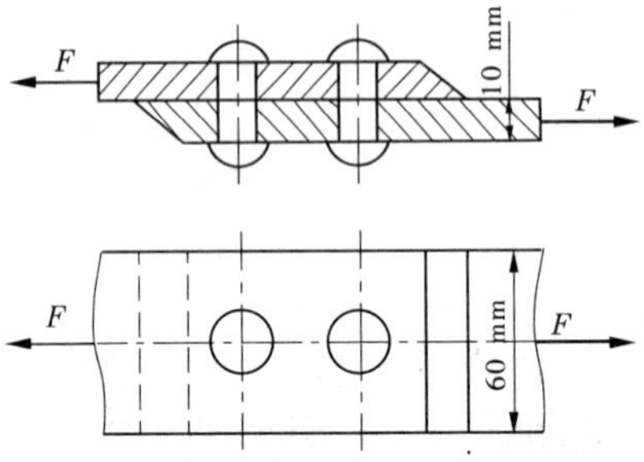

题 6-20 图

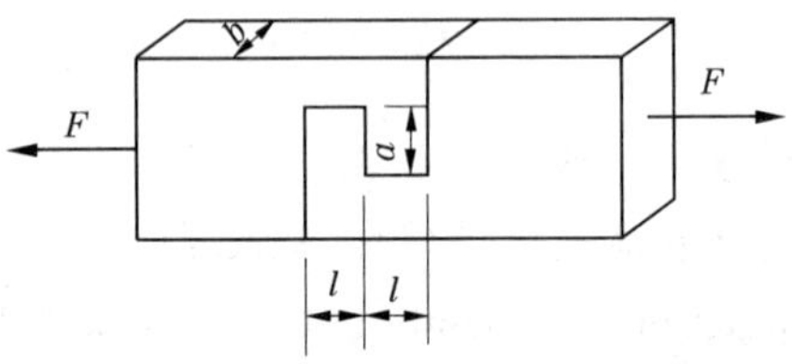

题 6-21 图

6-22　如图所示一混凝土柱，其横截面为 0.2 m × 0.2 m 的正方形，竖立在边长为 $a=1$ m 的正方形混凝土基础上，柱顶上承受着轴向压力 $F=100$ kN。若地基对混凝土板的支承反力是均匀分布的，混凝土的许用剪应力 $[\tau]=1.5$ MPa，试问为使柱不会穿过混凝土板，板应有的最小厚度 t 为多少？

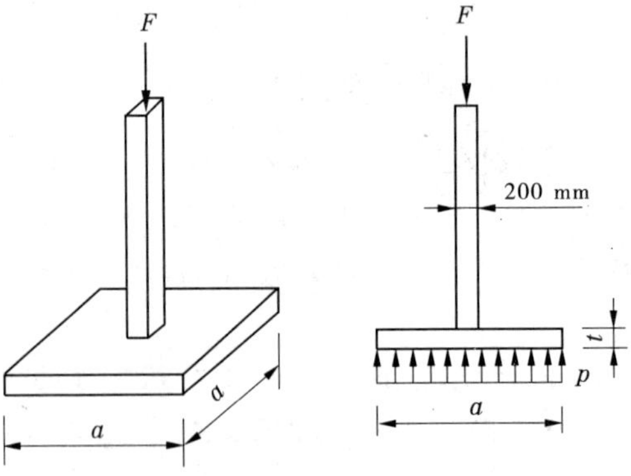

(a)　(b)

题 6-22 图

第七章　截面的几何性质

构件在外力作用下产生的应力和变形，与截面的几何性质有关。所谓**截面的几何性质是指与构件截面形状和尺寸有关的几何量**。如在拉（压）杆应力、变形和强度计算中遇到的截面面积 A，就是反映截面几何性质的一个量。在下面讨论扭转和弯曲的强度和刚度计算时，还将用到另外一些几何性质。本章集中介绍这些几何性质的定义和计算方法。

第一节　面积矩

一、面积矩的定义

图 7-1 为一任意截面的几何图形（以下简称图形）。在图形平面内选取直角坐标系如图 7-1 所示。在图形内任取一微面积 dA，其坐标为 (y,z)。将乘积 ydA 和 zdA 分别称为微面积 dA 对 z 轴和 y 轴的面积矩或静矩，而把积分 $\int_A ydA$ 和 $\int_A zdA$ 分别定义为该图形对 z 轴和 y 轴的**面积矩**或**静矩**，用符号 S_z 和 S_y 来表示，即

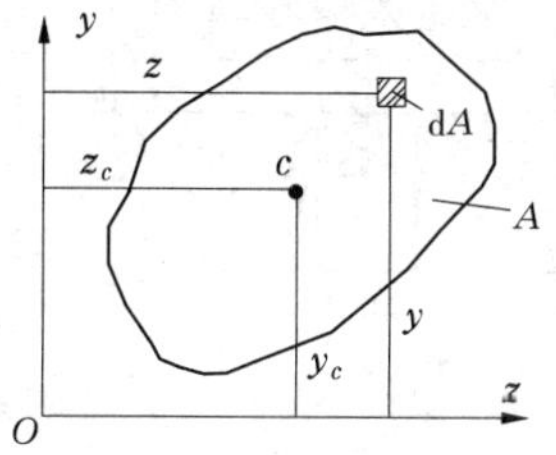

图 7-1

$$\left.\begin{aligned} S_z &= \int_A y\mathrm{d}A \\ S_y &= \int_A z\mathrm{d}A \end{aligned}\right\} \tag{7-1}$$

由面积矩的定义可知，面积矩是对一定的轴而言的，同一平面图形对不同的轴，面积矩不同。面积矩的数值可正、可负，也可为零。面积矩的量纲是长度的三次方，其单位为 m^3 或 mm^3。

二、面积矩与形心

将式（7-1）代入平面图形的形心坐标公式（4-7），得

$$\left.\begin{aligned} y_c &= \frac{S_z}{A} \\ z_c &= \frac{S_y}{A} \end{aligned}\right\} \tag{7-2}$$

或改写为

$$\left.\begin{aligned} S_z &= A \cdot y_c \\ S_y &= A \cdot z_c \end{aligned}\right\} \tag{7-3}$$

面积矩的几何意义：图形的形心相对于指定的坐标轴之间距离的远近程度。图形形

心相对于某一坐标距离愈远，对该轴的面积矩绝对值愈大。

当图形对 y、z 轴的面积矩已知时，可用式(7-2)求图形形心坐标；反之，若已知图形形心坐标，即可根据式(7-3)计算图形对 y、z 轴的面积矩。

图形对通过其形心的轴的面积矩等于零；反之，图形对某一轴的面积矩等于零，则该轴一定通过图形形心。

三、组合截面面积矩的计算

工程结构中有些构件的截面是由几个简单图形组成的，如工字形、T形和槽形等。这类截面称为组合截面。由面积矩的定义可知，组合截面对某一轴的面积矩等于其各简单图形对该轴面积矩的代数和，即

$$\left.\begin{aligned} S_z &= \sum S_{zi} = \sum A_i y_i \\ S_y &= \sum S_{yi} = \sum A_i z_i \end{aligned}\right\} \tag{7-4}$$

式中，A_i 和 y_i、z_i 分别为各简单图形的面积和形心坐标。

【例 7-1】 T形截面如图 7-2 所示，图中各部分尺寸单位为 m。试求阴影部分面积对通过形心且与对称轴 y 垂直的 z_0 轴的面积矩。

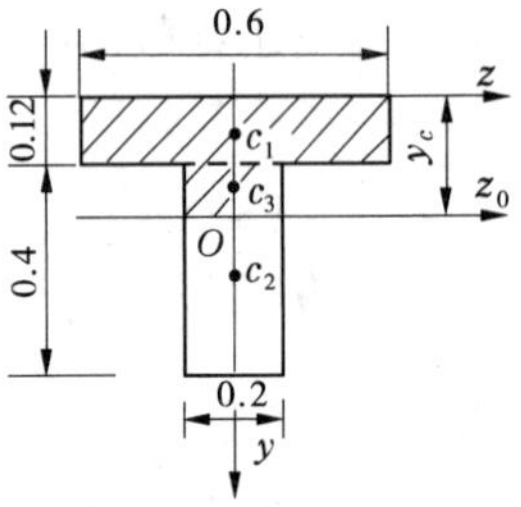

图 7-2

解：因T形截面形心位置未知，故应首先确定形心位置，然后根据组合截面面积矩的计算公式，计算阴影部分对 z_0 轴的面积矩。

(1) 求T形截面形心位置。取正交参考坐标轴 y、z，因 y 轴为对称轴，所以 $z_c=0$，只须计算 y_c 值。将图形分成形心分别为 c_1 和 c_2 的两个矩形，它们的面积和形心 y 坐标为

$$A_1 = 0.6 \times 0.12 = 0.072(\text{m}^2) \qquad A_2 = 0.2 \times 0.4 = 0.08(\text{m}^2)$$

$$y_1 = 0.06\ \text{m} \qquad y_2 = 0.12 + 0.2 = 0.32(\text{m})$$

由式(4-12)得

$$y_c = \frac{\sum A_i y_i}{A} = \frac{A_1 y_1 + A_2 y_2}{A_1 + A_2} = \frac{0.072 \times 0.06 + 0.08 \times 0.32}{0.072 + 0.08} = 0.197(\text{m})$$

(2) 计算阴影部分面积对 z_0 轴的面积矩。将阴影部分图形分成形心分别为 c_1 和 c_3 的两个矩形，应用式(7-4)计算面积矩时，应注意式中 y_i 为各部分面积的形心在 yOz_0 正交坐标系下的坐标

$$A_1 = 0.072\ \text{m}^2 \qquad A_3 = 0.2 \times (0.197 - 0.12) = 0.015\,4(\text{m}^2)$$

$$y_1 = -(0.197 - 0.06) = -0.137(\text{m}) \qquad y_3 = \frac{-(0.197 - 0.12)}{2} = -0.04(\text{m})$$

$$\begin{aligned} S_z &= \sum S_{z0i} = \sum A_i y_i \\ &= A_1 y_1 + A_3 y_3 = -(0.072 \times 0.137 + 0.015\,4 \times 0.04) = -1.05 \times 10^{-2}(\text{m}^3) \end{aligned}$$

第二节　惯性矩和惯性积

一、极惯性矩

任意平面图形如图 7-3 所示，其面积为 A。在图形内坐标为 (y,z) 处取微面积 $\mathrm{d}A$，并以 ρ 表示微面积 $\mathrm{d}A$ 到坐标原点的距离。将乘积 $\rho^2\mathrm{d}A$ 称为微面积 $\mathrm{d}A$ 对于 O 点的极惯性矩，积分 $\int_A \rho^2\mathrm{d}A$ 称为图形对 O 点的**极惯性矩**，用符号 I_ρ 表示，即

$$I_\rho = \int_A \rho^2\mathrm{d}A \tag{7-5}$$

由极惯性矩的定义可以看出，极惯性矩是相对于指定的点而言的，即同一图形对不同的点的极惯性矩一般是不同的。极惯性矩恒为正，其量纲是长度的 4 次方，单位为 m^4 或 mm^4。

【例 7-2】 求圆截面对其圆心的极惯性矩。

解： 如图 7-4 所示，设圆截面直径为 D。取厚度为 $\mathrm{d}\rho$ 的环形面积为微面积 $\mathrm{d}A$，则有

$$\mathrm{d}A = 2\pi\rho\mathrm{d}\rho$$

由式(7-5)得

$$I_\rho = \int_A \rho^2 \cdot \mathrm{d}A = \int_0^{\frac{D}{2}} \rho^2 \cdot 2\pi\rho\mathrm{d}\rho = \frac{\pi D^4}{32}$$

对于外径为 D、内径为 d 的空心圆截面（见图 7-5），按同样方法计算可得到它对圆心的极惯性矩为

$$I_\rho = \int_A \rho^2\mathrm{d}A = \int_{\frac{d}{2}}^{\frac{D}{2}} \rho^2 \cdot 2\pi\rho\mathrm{d}\rho = \frac{\pi}{32}(D^4 - d^4) = \frac{\pi D^4}{32}(1 - \alpha^4)$$

式中，$\alpha = \dfrac{d}{D}$，为空心圆截面内、外径的比值。

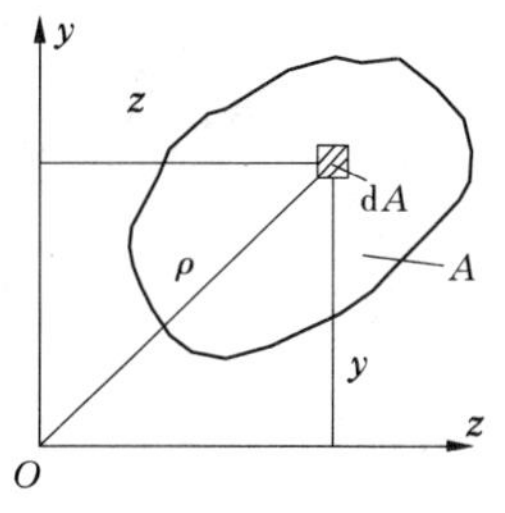

图 7-3

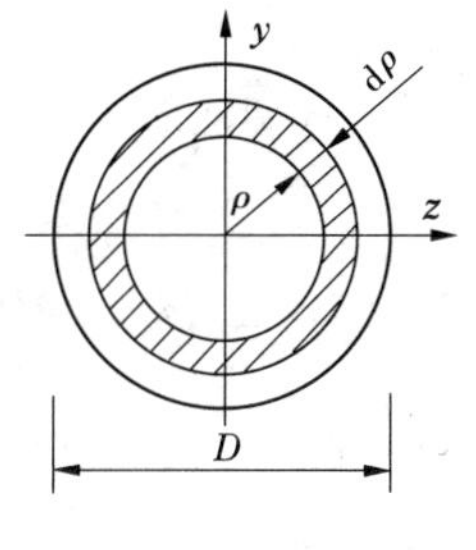

图 7-4

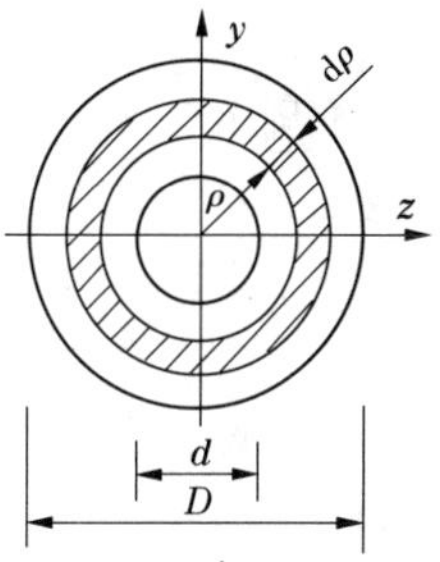

图 7-5

二、惯性矩

在图 7-3 中，微面积 $\mathrm{d}A$ 到两坐标轴的距离分别为 y 和 z，将乘积 $y^2\mathrm{d}A$ 和 $z^2\mathrm{d}A$ 分别称为微面积 $\mathrm{d}A$ 对 z 轴和 y 轴的惯性矩。而把积分

$$\left.\begin{aligned} I_z &= \int_A y^2 \cdot \mathrm{d}A \\ I_y &= \int_A z^2 \cdot \mathrm{d}A \end{aligned}\right\} \tag{7-6}$$

称为图形对 z 轴和 y 轴的**惯性矩**。由惯性矩的定义可知，惯性矩是对一定的轴而言的，同一图形对不同的轴的惯性矩一般不同。惯性矩恒为正值，其量纲和单位与极惯性矩相同。

图形对一对正交轴的惯性矩和对坐标原点的极惯性矩存在着一定的关系。由图 7-3 的几何关系可得

$$\rho^2 = y^2 + z^2$$

将上述关系式代入式(7-5)，得

$$I_\rho = \int_A \rho^2 \mathrm{d}A = \int_A (y^2 + z^2)\mathrm{d}A$$

$$= \int_A y^2 \mathrm{d}A + \int_A z^2 \mathrm{d}A$$

即

$$I_\rho = I_z + I_y \tag{7-7}$$

式(7-7)表明，**图形对任一点的极惯性矩，等于图形对通过此点且在其平面内的任一对正交轴惯性矩之和。**

【例 7-3】 矩形截面如图 7-6 所示，求矩形截面对正交对称轴 y、z 的惯性矩。

解： 先求 I_z。取微面积 $\mathrm{d}A = b\mathrm{d}y$，由式(7-6)得

$$I_z = \int_A y^2 b \mathrm{d}y = \int_{-\frac{h}{2}}^{\frac{h}{2}} y^2 b \mathrm{d}y = \frac{bh^3}{12}$$

再求 I_y。取微面积 $\mathrm{d}A = h\mathrm{d}z$，则由式(7-6)得

$$I_y = \int_A z^2 h \mathrm{d}z = \int_{-\frac{b}{2}}^{\frac{b}{2}} z^2 h \mathrm{d}z = \frac{hb^3}{12}$$

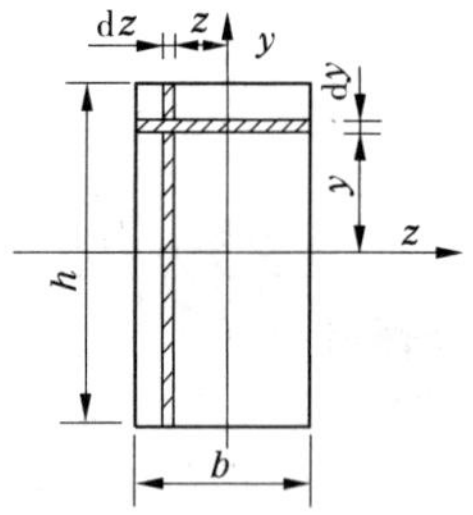

图 7-6

【例 7-4】 求图 7-4 所示圆截面对形心轴 y、z 的惯性矩。

解： 由例 7-2 知，圆截面对其圆心的极惯性矩为

$$I_\rho = \frac{\pi D^4}{32}$$

由于圆截面对称于圆心，故其对于过圆心的任何轴的惯性矩均应相等，即 $I_y = I_z$。因此，由式(7-7)可得

$$I_z = I_y = \frac{I_\rho}{2} = \frac{\pi D^4}{64}$$

同理，可得图 7-5 所示的空心圆截面对过它形心的 y、z 轴的惯性矩为

$$I_y = I_z = \frac{\pi}{64}(D^4 - d^4) = \frac{\pi D^4}{64}(1 - \alpha^4)$$

式中，$\alpha = \frac{d}{D}$。

表 7-1 给出了一些常见图形的面积、形心和惯性矩计算公式，以便查用。工程中使用的型钢截面，如工字钢、槽钢、角钢等，这些截面的几何性质可从附录的型钢表中查取。

表 7-1　常见图形的面积、形心和惯性矩

序号	图形	面积	形心位置	惯性矩(形心轴)
1	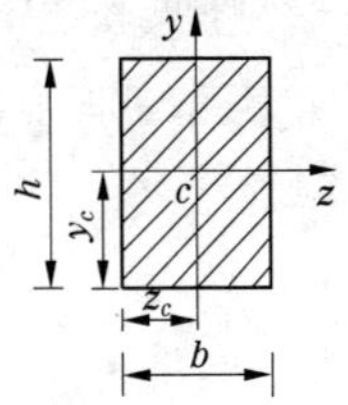	$A = bh$	$z_c = \frac{b}{2}$ $y_c = \frac{h}{2}$	$I_z = \frac{bh^3}{12}$ $I_y = \frac{hb^3}{12}$
2	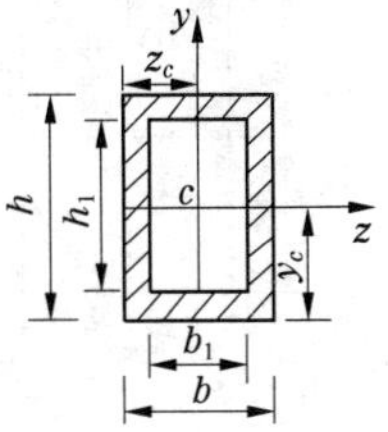	$A = bh - b_1 h_1$	$z_c = \frac{b}{2}$ $y_c = \frac{h}{2}$	$I_z = \frac{1}{12}(bh^3 - b_1 h_1^3)$ $I_y = \frac{1}{12}(hb^3 - h_1 b_1^3)$
3	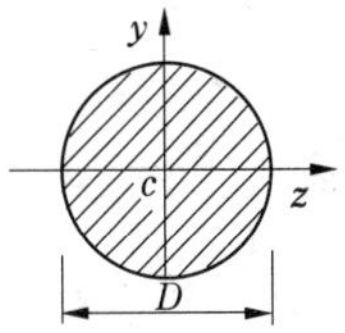	$A = \frac{\pi D^2}{4}$	圆心	$I_z = I_y = \frac{\pi D^4}{64}$
4	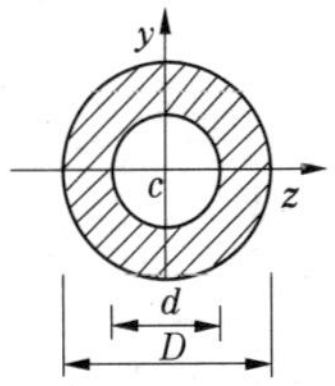	$A = \frac{\pi}{4}(D^2 - d^2)$	圆心	$I_z = I_y = \frac{\pi D^4}{64}(1 - \alpha^4)$ $\alpha = \frac{d}{D}$
5	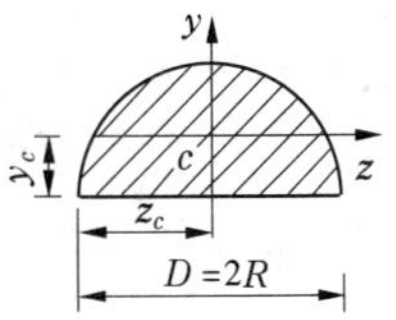	$A = \frac{\pi R^2}{2}$	$z_c = \frac{D}{2}$ $y_c = \frac{4R}{3\pi}$	$I_z = (\frac{1}{8} - \frac{8}{9\pi^2})\pi R^4$ $\approx 0.11R^4$ $I_y = \frac{\pi D^4}{128} = \frac{\pi R^4}{8}$
6	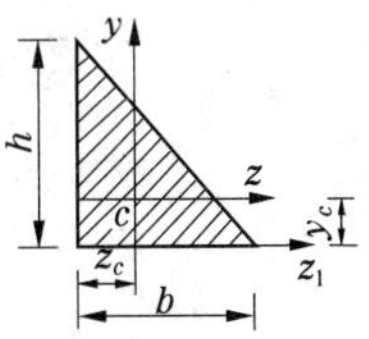	$A = \frac{1}{2}bh$	$z_c = \frac{b}{3}$ $y_c = \frac{h}{3}$	$I_y = \frac{hb^3}{36}$ $I_z = \frac{bh^3}{36}$ $I_{z_1} = \frac{bh^3}{12}$

三、惯性积

如图 7-3 所示，微面积 dA 与它到两坐标轴距离的乘积 $yz\mathrm{d}A$，称为微面积 dA 对 y、z 轴的惯性积，而将积分 $\int_A yz\mathrm{d}A$ 定义为图形对 y、z 轴的**惯性积**，用符号 I_{yz} 表示，即

$$I_{yz} = \int_A yz\mathrm{d}A \tag{7-8}$$

惯性积是对于一定的一对正交坐标轴而言的，即同一图形对不同的正交坐标轴的惯性积不同，惯性积的数值可正、可负、可为零，其量纲和单位与惯性矩相同。

由惯性积的定义可以得出如下结论：若图形具有对称轴，则图形对包含此对称轴在内的一对正交坐标轴的惯性积为零。如图 7-7 所示，y 为图形的对称轴，在 y 轴两侧对称位置各取相同的微面积 dA，它们的 y 轴坐标相同，但 z 坐标等值反号。因此，两个微面积对 y、z 轴的惯性积 $yz\mathrm{d}A$ 等值反号，其代数和为零。由此推知，整个图形对 y、z 轴的惯性积等于零。

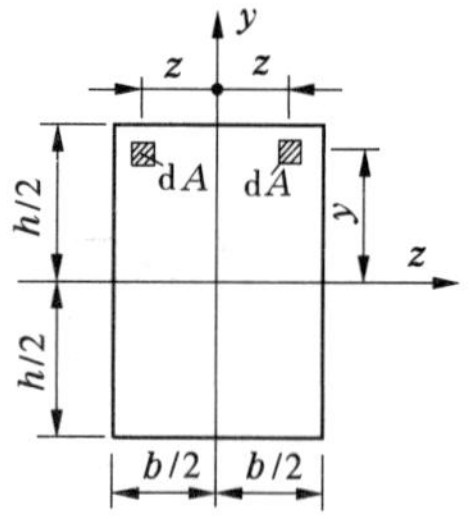

图 7-7

第三节　组合截面的惯性矩

一、惯性矩的平行移轴公式

由上节已知，同一截面图形对不同坐标轴的惯性矩一般是不同的。但在坐标轴满足一定条件时，图形对它们的惯性矩之间存在着一定的关系。下面来讨论这种关系。

任意平面图形如图 7-8 所示。z、y 为一对正交的形心轴，z_1、y_1 为与形心轴平行的另一对正交轴，平行轴间的距离分别为 a 和 b。已知图形对形心轴的惯性矩 I_z、I_y，现求图形对 z_1、y_1 轴的惯性矩 I_{z_1}、I_{y_1}。由图 7-8可知

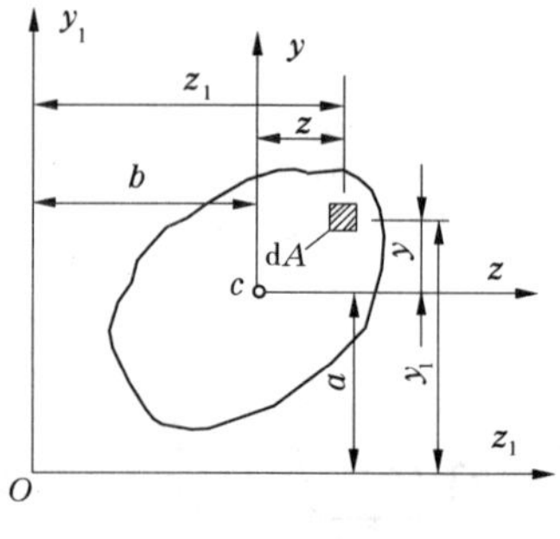

图 7-8

$$y_1 = y + a \qquad z_1 = z + b$$

根据惯性矩的定义可得

$$\begin{aligned} I_{z_1} &= \int_A y_1^2 \cdot \mathrm{d}A = \int_A (y+a)^2 \cdot \mathrm{d}A \\ &= \int_A y^2 \mathrm{d}A + 2a\int_A y\mathrm{d}A + a^2\int_A \mathrm{d}A \\ &= I_z + 2aS_z + a^2 A \end{aligned}$$

因 z 轴为形心轴，故 $S_z = 0$，因此可得

同理

$$\left.\begin{aligned} I_{z_1} &= I_z + a^2 A \\ I_{y_1} &= I_y + b^2 A \end{aligned}\right\} \tag{7-9}$$

式(7-9)称为惯性矩的**平行移轴公式**。公式表明：**平面图形对任一轴的惯性矩，等于**

图形对平行于该轴的形心轴的惯性矩，加上图形面积与两轴间距离平方的乘积。在式(7-9)中，由于乘积a^2A、b^2A恒为正，因此图形对于形心轴的惯性矩是对所有平行轴的惯性矩中最小的一个。

在应用平行移轴公式(7-9)时，要注意应用条件，即y、z轴必须是通过形心的轴，且z_1、y_1轴必须分别与z、y轴平行。

【例7-5】 三角形截面如图7-9所示。图中z、z_1、z_2三轴互相平行，且z轴为形心轴。已知$I_{z_1}=\frac{bh^3}{12}$，求截面对z_2轴的惯性矩。

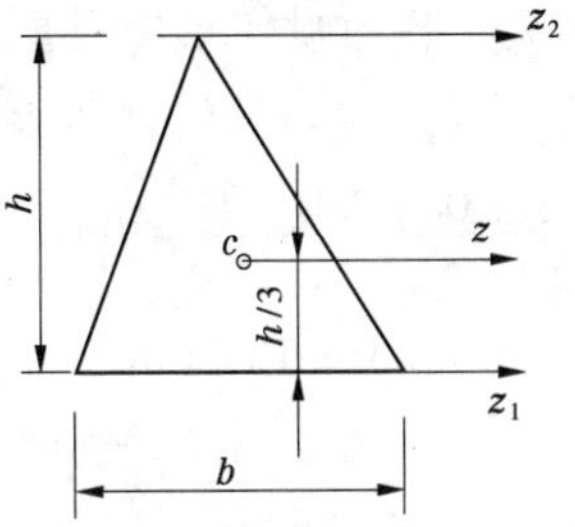

图7-9

解：由平行移轴公式(7-9)可得

$$I_{z_1}=I_z+\left(\frac{h}{3}\right)^2\cdot A$$

$$I_{z_2}=I_z+\left(\frac{2h}{3}\right)^2\cdot A$$

由以上两式得

$$I_{z_2}=I_{z_1}+\left[\left(\frac{2h}{3}\right)^2-\left(\frac{h}{3}\right)^2\right]\cdot A$$

$$=\frac{bh^3}{12}+\frac{h^2}{3}\cdot\frac{bh}{2}=\frac{1}{4}bh^3$$

二、组合截面惯性矩计算

根据惯性矩的定义可知，组合图形对某一轴的惯性矩，等于其各组成部分简单图形对该轴惯性矩之和，即

$$\left.\begin{aligned}I_z&=\sum I_{z_i}\\I_y&=\sum I_{y_i}\end{aligned}\right\}\tag{7-10}$$

在计算组合图形对z、y轴的惯性矩时，应先将组合图形分成若干个简单图形，并计算出每一简单图形对平行于y、z轴的自身形心轴的惯性矩，然后利用平行移轴公式(7-9)计算出各简单图形对y、z轴的惯性矩，最后利用式(7-10)求总和。

【例7-6】 试计算如图7-10所示T形截面对形心轴z、y的惯性矩。图中尺寸单位为m。

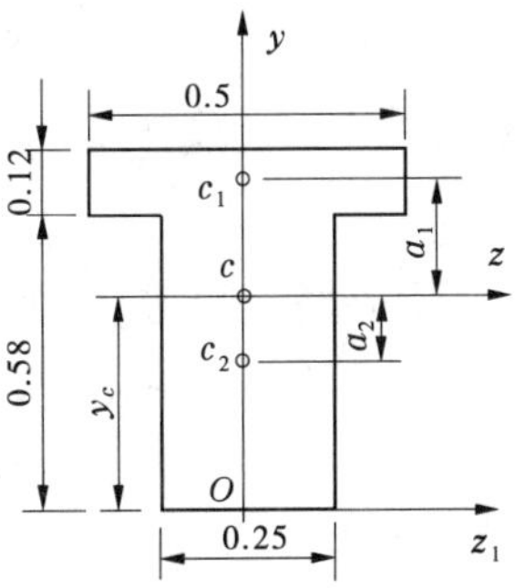

图7-10

解：(1)确定形心位置。

由于y轴为截面的对称轴，形心必在y轴上，故$z_c=0$。为确定y_c，选参考坐标系yOz_1。将T形分割为两个矩形，它们的面积和形心坐标分别为

$$A_1=0.5\times0.12=0.06(\mathrm{m}^2)\qquad y_1=0.58+0.06=0.64(\mathrm{m})$$

$$A_2=0.25\times0.58=0.145(\mathrm{m}^2)\qquad y_2=\frac{0.58}{2}=0.29(\mathrm{m})$$

由式(4-9)可得

$$y_c = \frac{\sum A_i y_i}{A} = \frac{A_1 y_1 + A_2 y_2}{A_1 + A_2} = \frac{0.06 \times 0.64 + 0.145 \times 0.29}{0.06 + 0.145} = 0.392(\text{m})$$

(2)计算截面对形心轴的惯性矩。

整个截面对 y、z 轴的惯性矩应分别等于组成它的两个矩形对 y、z 轴惯性矩之和。而两矩形对 z 轴的惯性矩应根据平行移轴公式计算，即

$$\begin{aligned} I_z &= I_{z_1} + I_{z_2} = I_{zc_1} + A_1 a_1^2 + I_{zc_2} + A_2 a_2^2 \\ &= \frac{0.5 \times 0.12^3}{12} + 0.12 \times 0.5 \times 0.248^2 + \frac{0.25 \times 0.58^3}{12} + 0.25 \times 0.58 \times 0.102^2 \\ &= 9.33 \times 10^{-3}(\text{m}^4) \end{aligned}$$

由于 y 轴通过两个矩形的形心，故可由表 7-1 给出的计算公式直接计算它们对 y 轴的惯性矩，即

$$\begin{aligned} I_y &= I_{y_1} + I_{y_2} \\ &= \frac{0.12 \times 0.5^3}{12} + \frac{0.58 \times 0.25^3}{12} \\ &= 2 \times 10^{-3}(\text{m}^4) \end{aligned}$$

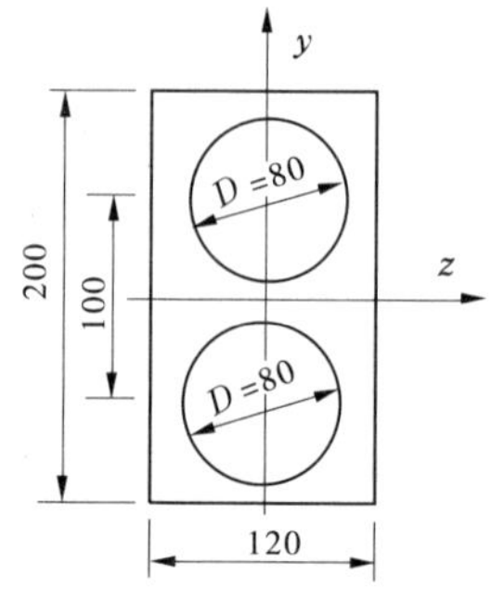

图 7-11

【例 7-7】 求图 7-11 所示图形对 z 轴的惯性矩。图中尺寸单位为 mm。

解:图 7-11 所示图形可看成为 120 mm×200 mm 的矩形减去两个直径 $D=80$ mm 的圆形而得到。图形对 z 轴的惯性矩 I_z 应为矩形对 z 轴的惯性矩 I_{z_1} 减去两个圆孔对 z 轴的惯性矩 I_{z_2}。

$$I_{z_1} = \frac{bh^3}{12} = \frac{1}{12} \times 120 \times 200^3 = 8 \times 10^7(\text{mm}^4)$$

$$\begin{aligned} I_{z_2} &= 2\left(\frac{\pi D^4}{64} + \frac{\pi D^2}{4} \cdot a^2\right) \\ &= 2\left(\frac{\pi}{64} \times 80^4 + \frac{\pi}{4} \times 80^2 \times 50^2\right) \\ &= 2.91 \times 10^7(\text{mm}^4) \end{aligned}$$

所以　$$I_z = I_{z_1} - I_{z_2} = 8 \times 10^7 - 2.91 \times 10^7 = 5.09 \times 10^7(\text{mm}^4)$$

【例 7-8】 由两个 20a 号槽钢组成的截面如图 7-12(a)所示。试问:

(1)当两槽钢相距 $a=50$ mm 时，对形心轴 z、y 的惯性矩哪个较大，其值各为多少?

(2)如果使 $I_y = I_z$，a 值应为多少?

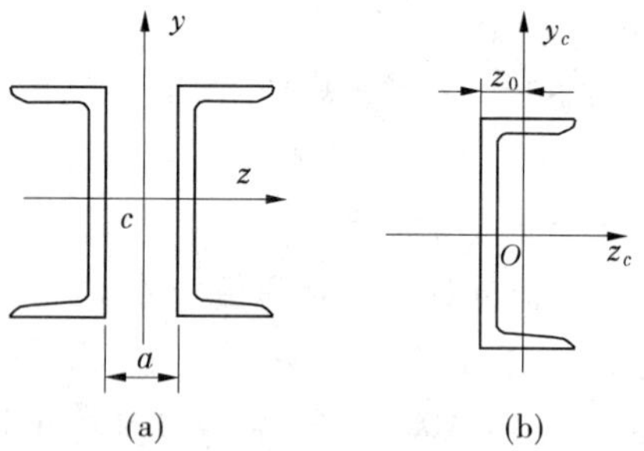

图 7-12

解:(1)由附录的型钢表查得 20a 号槽钢(见图 7-12(b))的有关数据如下:

$A = 2.883 \times 10^3$ mm^2　　$z_0 = 20.1$ mm

$$I_{z_c}=17.8\times10^6\ \mathrm{mm}^4\qquad I_{y_c}=1.28\times10^6\ \mathrm{mm}^4$$

(2)当 $a=50$ mm 时，I_z、I_y 的值为

$$I_z=2I_{z_c}=2\times17.8\times10^6=35.6\times10^6(\mathrm{mm}^4)$$

$$I_y=2\times[I_{y_c}+(z_0+\frac{a}{2})^2A]$$

$$=2\times[1.28\times10^6+(20.1+\frac{50}{2})^2\times2.883\times10^3]$$

$$=14.288\times10^6(\mathrm{mm}^4)$$

(3)欲使 $I_y=I_z$，确定 a 的值。由计算结果可知，$I_z>I_y$，适当加大 a 值，可使 $I_y=I_z$。

令
$$I_y=2\times[I_{y_c}+(z_0+\frac{a}{2})^2\cdot A]=I_z$$

即
$$2\times[1.28\times10^6+(20.1+\frac{a}{2})^2\times2.883\times10^3]=35.6\times10^6$$

解得
$$a=111.2\ \mathrm{mm}$$

计算结果表明，当 $a=111.2$ mm 时，截面对 z、y 轴的惯性矩相等，即 $I_z=I_y=35.6\times10^6$ mm^4。

三、形心主惯性轴和形心主惯性矩的概念

任意截面图形如图 7-13 所示，通过图形内任一点 O，可以作出无穷多对正交坐标轴，一般情况下，图形对过 O 点的不同正交坐标轴的惯性积不同，但是在通过任意点 O 的所有正交坐标轴中，总可以找到一对特殊的正交坐标轴 z_0、y_0，图形对该正交坐标轴的惯性积等于零。这对正交坐标轴 z_0、y_0 称为图形过 O 点的主惯性轴，简称主轴。截面对主轴的惯性矩称为主惯性矩。

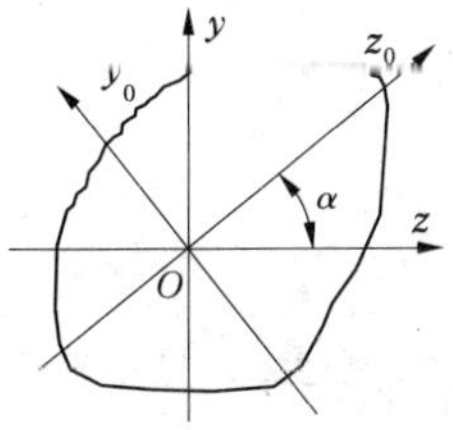

图 7-13

过图形上任一点都可得到一对主轴，通过截面图形形心的主惯性轴，称为**形心主轴**，图形对形心主轴的惯性矩称为**形心主惯性矩**。在对构件进行强度、刚度和稳定计算中，常常需要确定形心主轴和计算形心主惯性矩。因此，确定形心主轴的位置是十分重要的。由于图形对包括其对称轴在内的一对正交坐标轴的惯性积等于零，所以对于图 7-14 所示具有对称轴的截面图形，可根据图形具有对称轴的情况，观察确定形心主轴的位置：

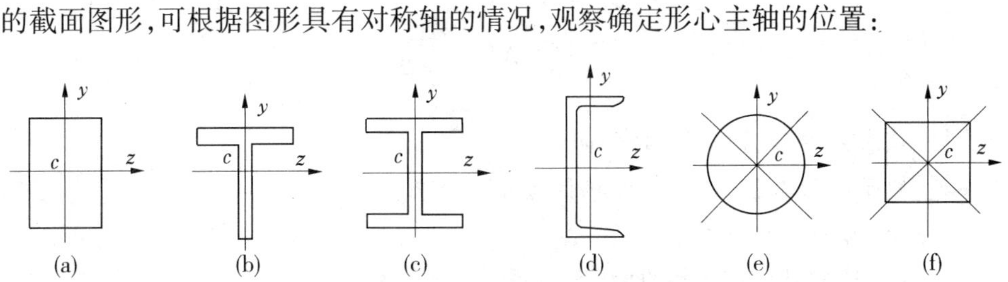

图 7-14

(1)如果图形有一根对称轴，则此轴必定是形心主轴，而另一根形心主轴通过形心，并与对称轴垂直(见图 7-14(b)、(d))。

(2)如果图形有两根对称轴,则该两轴都为形心主轴(见图 7-14(a)、(c))。

(3)如果图形具有三根或更多根对称轴,可以证明,过图形形心的任何轴都是形心主轴,且图形对其任一形心主轴的惯性矩都相等(见图 7-14(e)、(f))。

思考题

7-1 图示圆形截面,z、y 为形心主轴,试问 A—A 线以上面积和以下面积对 z 轴的面积矩有何关系?

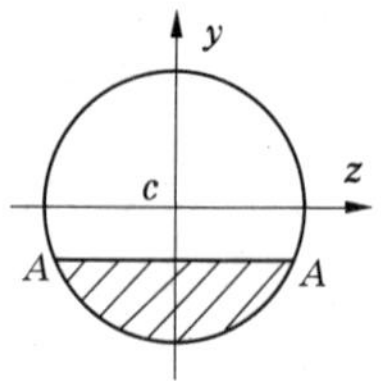

思 7-1 图

7-2 为什么说图形的对称轴一定是形心主轴?

7-3 画出如图所示平面图形的形心主轴位置,并分别指出对哪个形心主轴的惯性矩最大、最小。

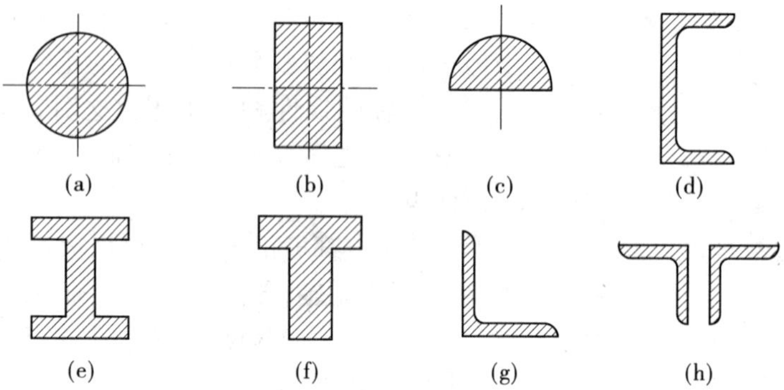

思 7-3 图

习 题

7-1 试求图中各图形对 z 轴的面积矩。

7-2 图示⊥形截面,图中尺寸单位为 m。试求:

(1)形心 c 的位置。

(2)阴影部分对 z 轴的面积矩。

7-3 求图示两截面对形心主轴 z 的惯性矩。

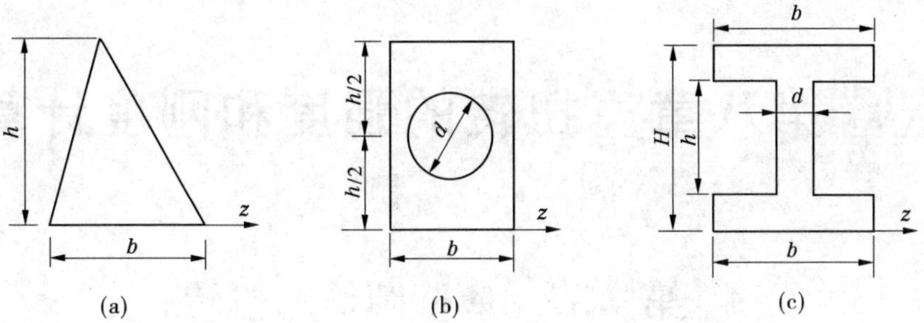

题 7-1 图

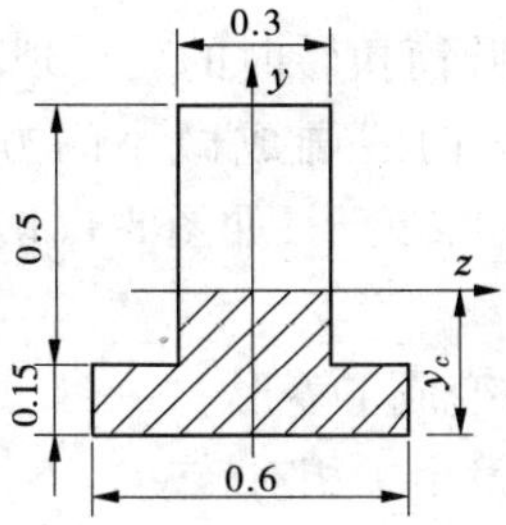

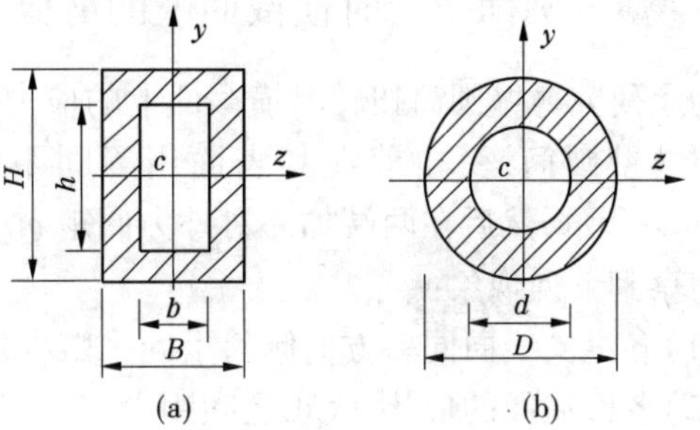

题 7-2 图　　　　题 7-3 图

7-4　计算图中的组合图形对 x 轴的惯性矩。

7-5　试求图示截面对形心轴 z 的惯性矩。图中尺寸单位为 mm。

7-6　图示为两个18a 号槽钢组成的组合截面，欲使截面对两个对称轴 z、y 的惯性矩相等，问两根槽钢的间距 a 应为多少？

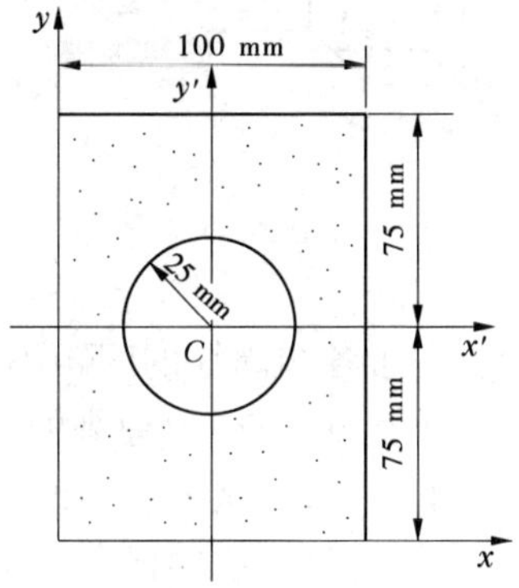

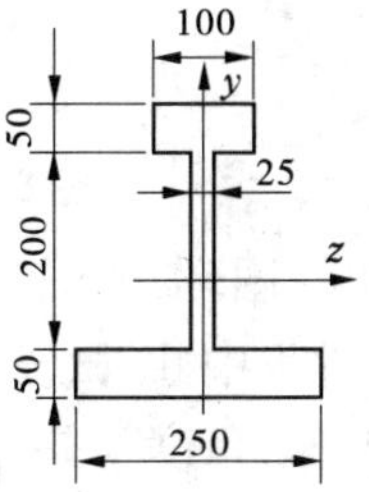

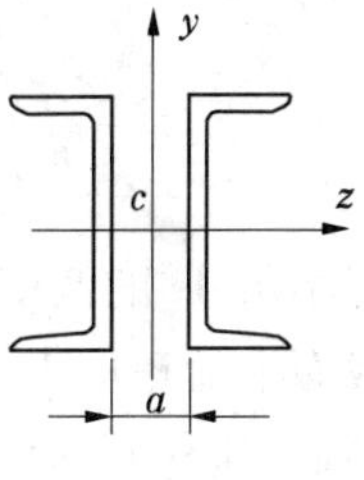

题 7-4 图　　　　题 7-5 图　　　　题 7-6 图

第八章　扭转的强度和刚度计算

第一节　薄壁圆筒的扭转

一、薄壁圆筒扭转时横截面上的剪应力

为了研究薄壁圆筒扭转时横截面上的应力,先观察薄壁圆筒扭转时的变形现象。取一等厚薄壁圆筒,受扭前在其表面用等间距的圆周线和纵向线画成微小的方格,如图 8-1(a)所示,然后在两端加一对外力偶矩 m_x,使圆筒产生扭转变形,如图 8-1(b)所示。可以观察到下列现象:

(1)各纵向线向同一方向倾斜了同一微小角度 γ,小方格变成了菱形。

(2)各圆周线的形状、大小及间距没有改变,只是绕轴线发生了相对转动。

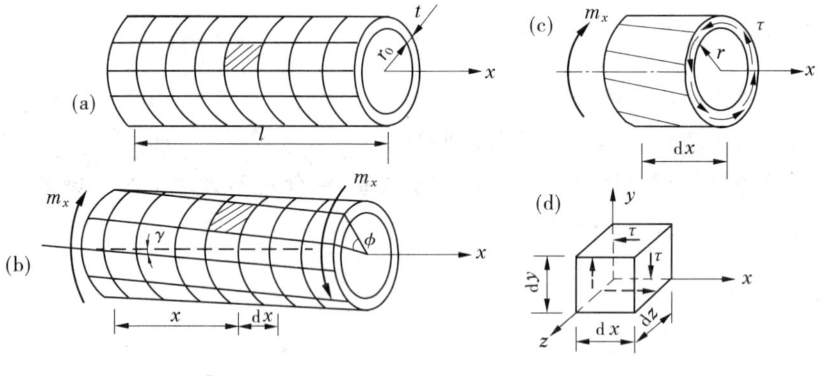

图 8-1

用相距 dx 的两横截面取出一圆环,如图 8-1(c)所示。由于各圆周线的间距不变,表明横截面上无正应力。在变形过程中 dx 微段左右两个侧面产生相对转动,原来的小方格变成菱形,这种变形称为**剪切变形**,角度 γ 是原小方格的直角改变量,这种直角改变量称为**剪应变**,其方向位于圆周的切线方向,单位为弧度。产生了剪应变,说明横截面上必然存在剪应力 τ,其方向垂直于半径。又因为筒壁很薄(壁厚 t 远远小于圆筒的平均半径 r),可以认为剪应力沿壁厚方向均匀分布。

在横截面上任取一微面积 $dA = tr\mathrm{d}\varphi$,其上的微内力为 τdA,它对 x 轴之矩为 $r\tau dA$。该横截面上所有微内力对 x 轴之矩的总和即为该截面的扭矩

$$M_x = \int_A r\tau \mathrm{d}A = \tau\int_0^{2\pi} tr^2 \mathrm{d}\varphi = 2\pi r^2 t\tau$$

所以,薄壁圆筒受扭时,横截面上剪应力的计算公式为

$$\tau = \frac{M_x}{2\pi r^2 t} \tag{8-1}$$

精确分析表明,当 $t \leq r/10$ 时,用式(8-1)计算薄壁圆筒扭转时横截面上的剪应力是足够精确的,其误差不超过5%。

二、剪切胡克定律

如图8-1(d)所示,用相距为 dx 的两个横截面和径向纵截面从薄壁圆筒上截取一厚度为 t 的微小单元体。单元体的左右两侧面是薄壁圆筒横截面的一部分,故在这两个侧面上只有剪应力而无正应力,由剪应力互等定律知,其上下侧面上也只有剪应力而无正应力,单元体的这种受力状态称为**纯剪切状态**。

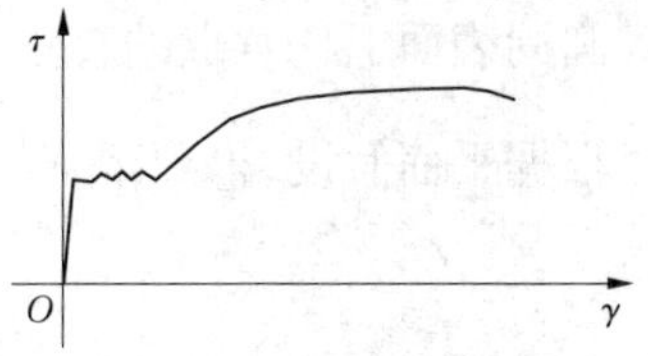

图8-2

由塑性材料薄壁圆筒的扭转实验可以得到剪应力与剪应变的关系曲线,如图8-2所示。

实验表明,对于大多数工程材料,在纯剪状态下,当剪应力不超过材料的剪切比例极限 τ_p 时,剪应力 τ 与剪应变 γ 成线性关系,即

$$\tau = G\gamma \tag{8-2}$$

式(8-2)称为**剪切胡克定律**。式中 G 为剪切弹性模量,其量纲与弹性模量 E 的量纲相同。

对于各向同性的材料,在弹性范围内,可以证明 G 与其他两个弹性常数 E、ν 之间存在如下关系

$$G = \frac{E}{2(1+\nu)} \tag{8-3}$$

常用材料的剪切弹性模量见表8-1。

表8-1 常用材料的剪切弹性模量

材料名称	低碳钢	合金钢	灰铸铁	铜及其合金	橡胶	木材(顺纹)
G(GPa)	78.5~79.5	79.5	44.1	39.2~45.1	0.47	0.055

第二节 圆轴扭转时的应力和变形

与薄壁圆筒相仿,圆轴扭转时横截面上也只有与扭矩对应的剪应力。研究圆轴扭转时剪应力的方法与薄壁圆筒类似,首先通过实验观察变形,然后由变形与应力之间的物理关系得到应力分布规律,最后利用静力学关系求解横截面上应力和变形的基本公式。

一、圆轴扭转时的应力

(一)几何关系

观察圆轴的扭转变形,加载前在圆轴表面上画纵向平行线和横向圆周线,如

图 8-3(a)所示。在外力矩作用下,弹性范围内所观察到的圆轴表面变形现象与薄壁圆筒扭转时筒表面变形现象完全相同。根据观察到的变形现象(2)可以提出如下假设:圆轴扭转时,原横截面变形后仍为平面,其形状、大小不变,横截面只是刚性地绕轴线转动一个角度,这一假设称为**平面假设**。

在圆轴上取 dx 微段,如图 8-3(b)所示,再从微段中用夹角很小的两个径向截面切出楔形体,如图 8-3(c)所示。在圆轴扭转变形中,若截面 O_2 相对截面 O_1 转动 dφ,由平面假设,截面 O_2 上的两个半径 O_2c 和 O_2d 均旋转了同一个角度 dφ。圆周表面的矩形 $abdc$ 变成了平行四边形 $abd'c'$,cd 边相对 ab 的错动为 $cc' = R\mathrm{d}\varphi$。

圆周表面上任意点的直角改变量 γ 即为该点的剪应变,即 $\gamma \approx \tan\gamma = \dfrac{cc'}{ac} = \dfrac{R\mathrm{d}\varphi}{\mathrm{d}x}$。

根据平面假设,得到距圆心为 ρ 的任意点的剪应变为

$$\gamma_\rho = \frac{gg'}{\mathrm{d}x} = \rho\frac{\mathrm{d}\varphi}{\mathrm{d}x} = \rho\theta \tag{8-4}$$

式中,$\theta = \dfrac{\mathrm{d}\varphi}{\mathrm{d}x}$为扭转角沿杆长的变化率,称为**单位长度扭转角**,其单位为 rad/m。对于给定截面,θ 为常数,可见剪应变 γ_ρ 与 ρ 成正比。

式(8-4)表明:横截面上任一点的剪应变 γ_ρ 与该点到圆心的距离 ρ 成正比。因此,所有距圆心等距离的点,其剪应变都相等。这就是扭转圆轴横截面上任一点剪应变的变化规律。

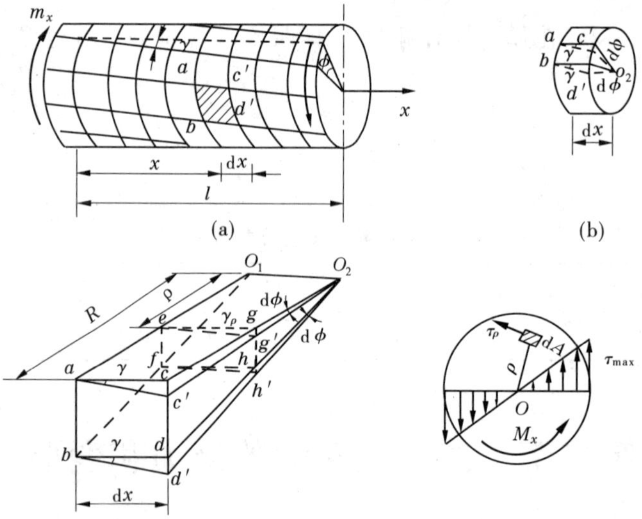

(a)　(b)　(c)　(d)

图 8-3

(二)物理关系

在剪切比例极限范围内,根据剪切胡克定律得

$$\tau_\rho = G\gamma_\rho = G\rho\theta \tag{8-5}$$

式(8-5)表明:扭转圆轴横截面上任一点的剪应力 τ_ρ 与该点到圆心的距离 ρ 成正比。由此可见,所有距圆心等距离的点,其剪应力都相等。因为 γ_ρ 是垂直于半径平面内的剪

应变,所以 τ_ρ 的方向应垂直于半径。剪应力沿任一半径的变化情况如图 8-3(d)所示。

(三)静力学关系

几何关系、物理关系已确定了剪应力在横截面上的分布规律,因为单位长度扭转角 θ 还是个待定的参数,故还不能由此计算 τ_ρ。尚需根据静力学关系确定 θ。

在横截面上距圆心 ρ 处取一微面积 dA,如图 8-3(d)所示。作用在微面积 dA 上的微内力为 τdA,此力对 x 轴的力矩为 $\rho\tau dA$。整个横截面上各点处微内力对 x 轴之矩为 M_x,即

$$M_x = \int_A \rho\tau \mathrm{d}A = \int_A G\rho^2\theta \mathrm{d}A = G\theta\int_A \rho^2 \mathrm{d}A$$

式中,积分 $\int_A \rho^2 \mathrm{d}A$ 为圆截面对圆心的极惯性矩 I_ρ。于是

$$\theta = \frac{\mathrm{d}\varphi}{\mathrm{d}x} = \frac{M_x}{GI_\rho} \tag{8-6}$$

其中,GI_ρ 称为**抗扭刚度**,它反映了材料及截面形状、尺寸对扭转变形的影响。GI_ρ 越大,单位长度扭转角 θ 越小。将式(8-6)代入式(8-5)得

$$\tau_\rho = \frac{M_x\rho}{I_\rho} \tag{8-7}$$

式(8-7)为扭转圆轴横截面上剪应力的计算公式。它说明圆轴扭转时横截面上的剪应力 τ_ρ 与扭矩 M_x 成正比,且沿半径方向呈线性分布,在圆心处剪应力为零。

在横截面周边各点处,剪应力达到最大值,其值为

$$\tau_{\max} = \frac{M_x}{I_\rho}R$$

令

$$W_\rho = \frac{I_\rho}{R}$$

则有

$$\tau_{\max} = \frac{M_x}{W_\rho} \tag{8-8}$$

式(8-8)中 W_ρ 称为**抗扭截面模量**,是反映材料抵抗扭转变形的几何量,其单位为 m^3 或 mm^3。

对于直径为 D 的实心圆轴

$$W_\rho = \frac{I_\rho}{R} = \frac{\pi D^3}{16} \tag{8-9}$$

对外径为 D、内径为 d 的空心圆轴,令 $\alpha = d/D$,则

$$W_\rho = \frac{I_\rho}{R} = \frac{\pi D^3}{16}(1 - \alpha^4) \tag{8-10}$$

式(8-6)~式(8-8)是在材料符合胡克定律的前提下推导出来的,因此这些公式只能是等直圆杆在线弹性范围内扭转时使用。

二、圆轴扭转时的变形

圆轴扭转时,两横截面绕轴线相对转动,产生扭转角 φ。由式(8-6)可得相距为 $\mathrm{d}x$ 的两个横截面间相对扭转角为

$$d\varphi = \frac{M_x}{GI_\rho}dx$$

当扭矩 M_x、抗扭刚度 GI_ρ 为常量时，相距为 l 的两横截面间的扭转角为

$$\varphi = \int_l d\varphi = \int_l \frac{M_x}{GI_\rho}dx = \frac{M_x}{GI_\rho}\int_0^l dx = \frac{M_x l}{GI_\rho} \tag{8-11}$$

式中 φ 的单位为 rad。式(8-11)表明：扭转角 φ 与扭矩 M_x、轴长 l 成正比，与抗扭刚度 GI_ρ 成反比。在 M_x、l 一定时，GI_ρ 越大，扭转角 φ 越小。

第三节　圆轴扭转时的强度和刚度计算

一、圆轴扭转时的强度计算

为了保证受扭圆轴安全可靠地工作，必须使圆轴的最大工作剪应力 τ_{max} 不超过材料的扭转许用剪应力 $[\tau]$。因此，圆轴扭转时的强度条件为

$$\tau_{max} \leqslant [\tau]$$

对于等直圆轴，其强度条件为

$$\tau_{max} = \frac{M_{xmax}}{W_\rho} \leqslant [\tau] \tag{8-12}$$

式中，M_{xmax} 为扭矩图上绝对值最大的扭矩，最大剪应力 τ_{max} 发生在 $|M_{xmax}|$ 所在截面的圆周边上。对于阶梯形变截面圆轴，因为 W_ρ 不是常量，τ_{max} 不一定发生在 M_{xmax} 的截面上。这就要综合考虑扭矩 M_x 和抗扭截面模量 W_ρ 两者的变化情况来确定 τ_{max}。

在静荷载作用下，扭转许用剪应力 $[\tau]$ 与许用拉应力 $[\sigma]$ 之间有如下关系：

对塑性材料　$[\tau] = (0.5 \sim 0.6)[\sigma]$

对脆性材料　$[\tau] = (0.8 \sim 1.0)[\sigma]$

与轴向拉压相似，应用式(8-12)可解决圆轴扭转时的三类强度问题：

(1)强度校核。已知材料的许用剪应力 $[\tau]$、截面尺寸以及所受荷载，直接应用式(8-12)检查构件是否满足强度要求。

(2)选择截面。已知圆轴所受的荷载及所用材料，可按式(8-12)计算 W_ρ 后，再进一步确定截面直径。此时式(8-12)改写为

$$W_\rho \geqslant \frac{M_{xmax}}{[\tau]}$$

(3)确定许可荷载。已知圆轴的材料和尺寸，按强度条件计算出构件所能承担的扭矩 $[M_x]$，再根据扭矩与外力偶的关系，计算出圆轴所能承担的最大外力偶。此时式(8-12)改写为

$$[M_x] \leqslant [\tau] W_\rho$$

二、圆轴扭转时的刚度计算

对于承受扭转的圆轴，不仅要满足强度条件，还必须满足刚度条件，即要求轴的扭转

变形不能超过一定的限度。通常规定单位长度扭转角的最大值不应超过规定的允许值[θ]。即圆轴扭转时的刚度条件为

$$\theta_{max}=\frac{M_{xmax}}{GI_\rho}\leqslant[\theta] \tag{8-13}$$

式中,[θ]称为**许用单位长度扭转角**,其单位为 rad/m。工程中,许用单位长度扭转角[θ]的单位常用°/m。所以,式(8-13)可改写为

$$\theta=\frac{M_x}{GI_\rho}\times\frac{180}{\pi}\leqslant[\theta] \tag{8-14}$$

【例 8-1】　一电机传动钢轴,直径 $d=40$ mm,轴传递的功率为 30 kW,转速 $n=1\,400$ r/min。轴的许用剪应力[τ] =40 MPa,剪切弹性模量 $G=8\times10^4$ MPa,轴的许用扭转角[θ] =2°/m,试校核此轴的强度和刚度。

解:(1)计算外力偶矩和扭矩。

$$m_x=9.55\frac{P}{n}=9.55\times\frac{30}{1\,400}=0.205(\text{kN}\cdot\text{m})=2.05\times10^5\ \text{N}\cdot\text{mm}$$

由截面法求得轴横截面上的扭矩为

$$M_x=m_x=2.05\times10^5(\text{N}\cdot\text{mm})$$

(2)强度校核。

$$I_\rho=\frac{\pi}{32}D^4=\frac{\pi}{32}\times40^4=2.51\times10^5(\text{mm}^4)$$

$$W_\rho=\frac{\pi}{16}D^3=\frac{\pi}{16}\times40^3=1.257\times10^4(\text{mm}^3)$$

$$\tau_{max}=\frac{M_x}{W_\rho}=\frac{2.05\times10^5}{1.257\times10^4}=16.3(\text{MPa})<40\ \text{MPa}$$

所以,强度条件满足。

(3)刚度校核。

$$\theta=\frac{M_x}{GI_\rho}\times\frac{180}{\pi}=\frac{2.05\times10^5}{8\times10^4\times2.51\times10^5}\times\frac{180}{3.14}$$

$$=0.59\times10^{-3}(°/\text{mm})=0.59°/\text{m}<2°/\text{m}$$

所以,刚度条件满足。

【例 8-2】　图 8-4 为某汽车传动轴简图,轴为无缝钢管,其外径 $D=90$ mm,内径 $d=85$ mm。许用剪应力[τ] =60 MPa,剪切弹性模量 $G=8\times10^4$ MPa,许用扭转角[θ] =2°/m,求:

(1)轴能承受的最大扭矩;

(2)在最大扭矩作用下,传动轴内外壁的剪应力,并画出横截面的应力分布图。

解:(1)确定最大扭矩。

按强度条件计算

$$\alpha=\frac{d}{D}=\frac{85}{90}=0.944$$

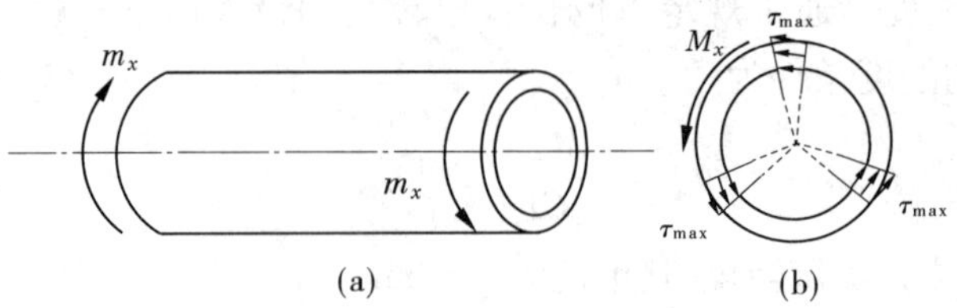

图 8-4

$$W_\rho = \frac{\pi D^3}{16}(1-\alpha^4) = \frac{3.14\times 90^3}{16}\times(1-0.944^4) = 29\,400(\text{mm}^3)$$

$$M_{x\max} \leqslant [\tau]W_\rho = 60\times 29\,400 = 1.76\times 10^6(\text{N}\cdot\text{mm}) = 1.76\ \text{kN}\cdot\text{m}$$

按刚度条件校核

$$\theta = \frac{M_{x\max}}{GI_\rho}\times\frac{180}{\pi} = \frac{1.76\times 10^6}{8\times 10^4\times 29\,400\times\frac{90}{2}}\times\frac{180}{3.14}$$

$$= 0.953\times 10^{-3}(°/\text{mm}) = 0.953°/\text{m} < [\theta]$$

刚度条件满足要求,所以轴能承受的最大扭矩为 1.76 kN · m。

(2)求 $\tau_{外}$ 和 $\tau_{内}$。

$$I_\rho = \frac{\pi D^4}{32}\left[1-\left(\frac{85}{90}\right)^4\right] = 1.32\times 10^6(\text{mm}^4)$$

在最大扭矩作用下

$$\tau_{外} = \tau_{\max} = [\tau] = 60\ \text{MPa}$$

$$\tau_{内} = \tau_{\min} = \frac{M_{x\max}\cdot\rho}{I_\rho} = \frac{1.76\times 10^6\times 85}{1.32\times 10^6\times 2} = 56.7(\text{MPa})$$

横截面剪应力的分布,如图 8-4(b)所示。

第四节　矩形截面杆的自由扭转简介

平面假设是分析等截面圆杆扭转变形时横截面上应力的主要依据,但对于非圆截面杆受扭,其横截面将由平面变为曲面,产生所谓翘曲现象,如图 8-5 所示,平面假设已不成立。因此,圆轴扭转时的应力变形公式对非圆截面杆均不适用。

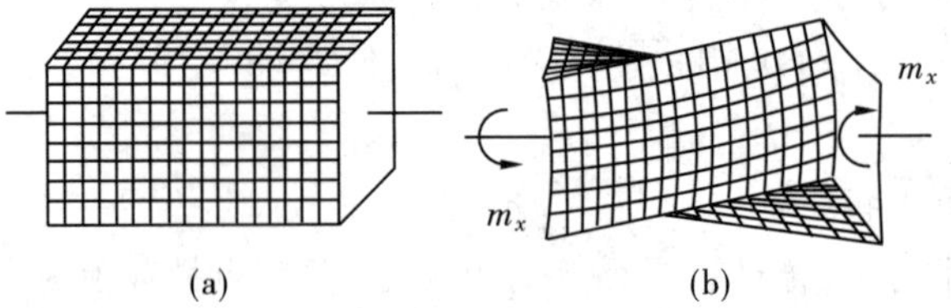

图 8-5

非圆截面杆的扭转可分为自由扭转和约束扭转两类。**自由扭转**是指杆件横截面的翘曲不受任何约束,此时各横截面的翘曲程度相同,横截面上只有剪应力没有正应力。**约束**

扭转是因约束条件或受力条件的制约使杆各横截面的翘曲程度不同，此时两横截面间的纵向纤维长度有改变，横截面上既有剪应力又有正应力。

在非圆截面杆扭转中，最常见的是矩形截面杆，如雨篷梁、曲轴上的曲柄、方形截面传动轴等。本节简单介绍矩形截面杆的自由扭转。

由弹性力学知：发生自由扭转的矩形杆横截面上剪应力分布规律如图8-6(a)所示，从图中可知：

(1)矩形截面杆在自由扭转时横截面上仍然只有剪应力。

(2)剪应力的方向与横截面上扭矩的方向一致；最大剪应力 τ_{max} 发生在长边的中点处；短边中点处有较大的剪应力 τ_1；形心及角点处剪应力为零；周边上各点处的剪应力只可能与周边平行。

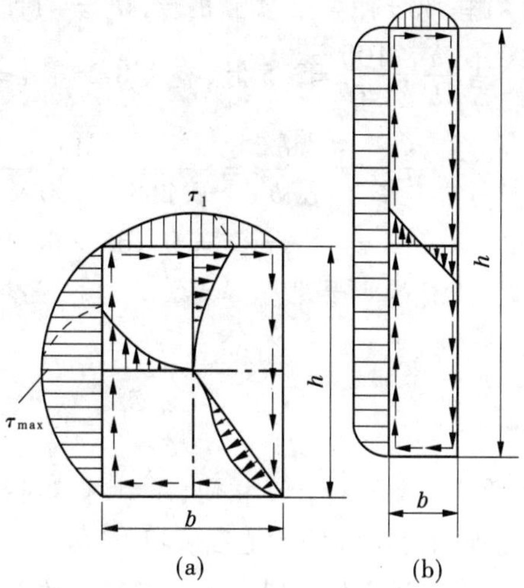

图8-6

(3)进一步的研究表明，长边中点处的剪应力最大值为

$$\tau_{max} = \frac{M_x}{\alpha h b^2} \tag{8-15}$$

短边中点处的剪应力为

$$\tau_1 = \gamma \tau_{max} \tag{8-16}$$

单位长度扭转角为

$$\theta = \frac{M_x}{G\beta b^3 h} \tag{8-17}$$

式中，h 为截面长边长度；b 为截面短边长度；α、β、γ 均为与比值 h/b 有关的系数，见表8-2。

表8-2　系数 α、β、γ 值

h/b	1.0	1.5	2.0	2.5	3.0	4.0	6.0	8.0	10.0	∞
α	0.208	0.231	0.246	0.258	0.267	0.282	0.299	0.307	0.313	0.333
β	0.141	0.196	0.229	0.249	0.263	0.281	0.299	0.307	0.313	0.333
γ	1.000	0.859	0.795	0.766	0.753	0.745	0.743	0.742	0.742	0.742

由表8-2知，当 $h/b > 10$(即为狭长矩形)时

$$\alpha = \beta \approx \frac{1}{3}$$

$$\gamma = 0.742$$

狭长矩形截面扭转杆剪应力变化规律如图8-6(b)所示。虽然最大剪应力 τ_{max} 在长边的中点，但沿长边各点剪应力实际变化不大，接近相等。在靠近短边处才迅速减小为零。

【例 8-3】 某一高 $h=100$ mm，宽 $b=40$ mm 的矩形截面杆，只在一对 $M_x=4$ kN · m 的扭矩作用下，如果 $[\tau]=100$ MPa，试校核此杆的强度。

解：此杆件属于自由扭转，$M_x=4$ kN · m。

当 $\frac{h}{b}=\frac{100}{40}=2.5$ 时，查表 8-2 得 $\alpha=0.258$，$\gamma=0.766$，代入式(8-15)得

$$\tau_{max}=\frac{M_x}{\alpha h b^2}=\frac{4}{0.258\times 100\times 40^2}=96.9(\text{MPa})<[\tau]=100\text{ MPa}$$

$$\tau_1=\gamma\tau_{max}=0.766\times 96.9=74.2(\text{MPa})<[\tau]=100\text{ MPa}$$

所以，此杆满足要求。

思考题

8-1　直径和长度相同，而材料不同的两根轴，在相同的扭矩作用下，它们的最大剪应力是否相同？扭转角是否相同？

8-2　试分析如图所示扭转剪应力分布是否正确？为什么？

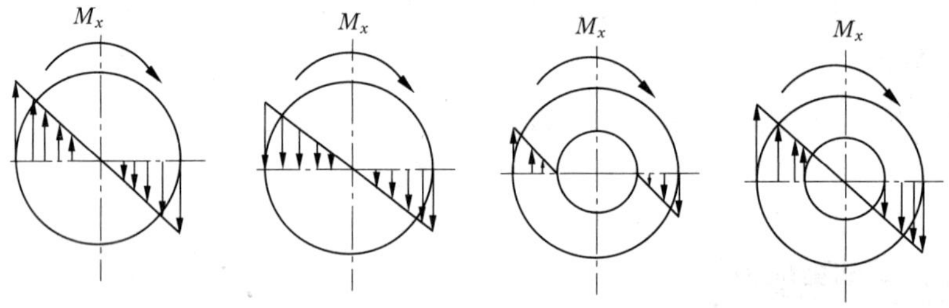

思 8-2 图

8-3　阶梯轴的最大扭转剪应力是否一定发生在最大扭矩所在的截面上？为什么？

8-4　空心圆杆截面如图所示，其极惯性矩及抗扭截面模量是否按下式计算？为什么？

$$I_\rho=\frac{\pi D^4}{32}-\frac{\pi d^4}{32}$$

$$W_\rho=\frac{\pi D^3}{16}-\frac{\pi d^3}{16}$$

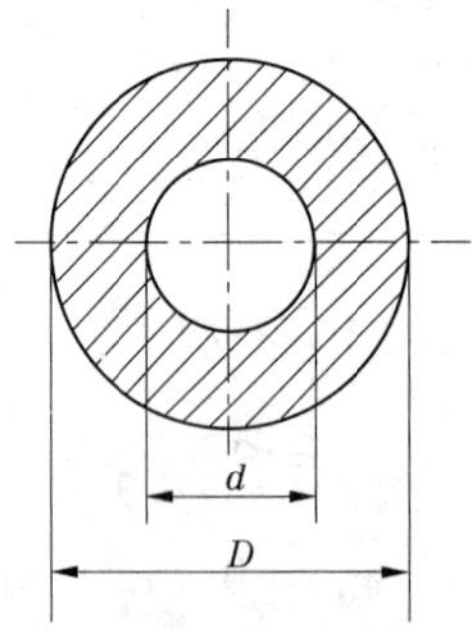

思 8-4 图

习　题

8-1　圆轴直径 $d=100$ mm，长 $l=1$ m，两端作用外力偶 $m=14$ kN·m，材料的剪切弹性模量 $G=80$ GPa，试求：

(1) 图示截面上 A、B、C 三点处的剪应力及方向。

(2) 最大剪应力 τ_{max}。

8-2　空心圆轴外径 $D=80$ mm，内径 $d=62$ mm，两端承受扭矩 $M_x=1$ kN·m 的作用，试求：

(1) 最大剪应力和最小剪应力。

(2) 在(b)图上绘横截面上剪应力的分布图。

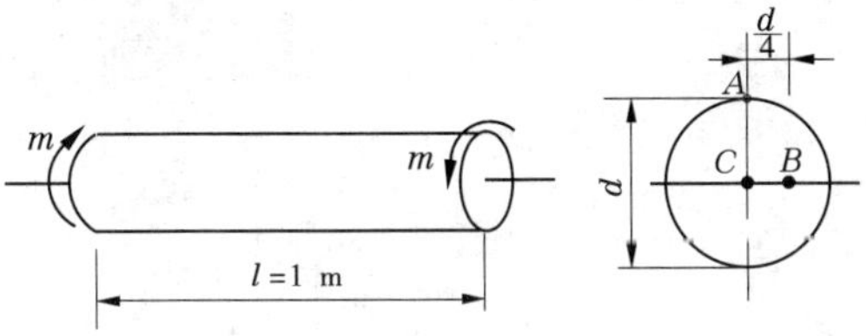

题 8-1 图

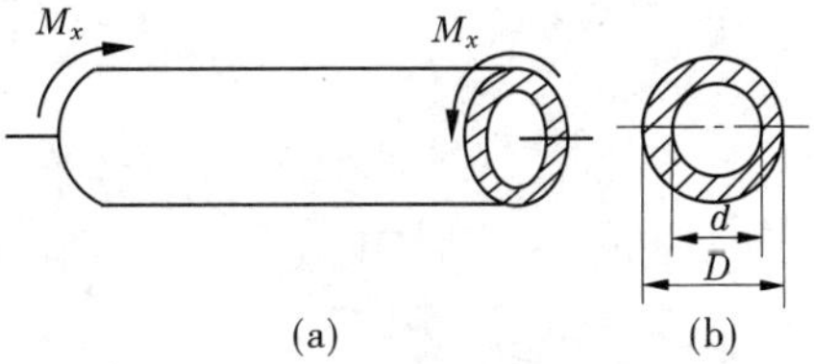

题 8-2 图

8-3　实心圆轴直径 $D=76$ mm，$m_1=4.5$ kN·m，$m_2=2$ kN·m，$m_3=1.5$ kN·m，$m_4=1$ kN·m。设材料的剪切弹性模量 $G=80$ GPa，$[\tau]=60$ MPa，$[\theta]=1.2°/\text{m}$，试校核该轴的强度和刚度。

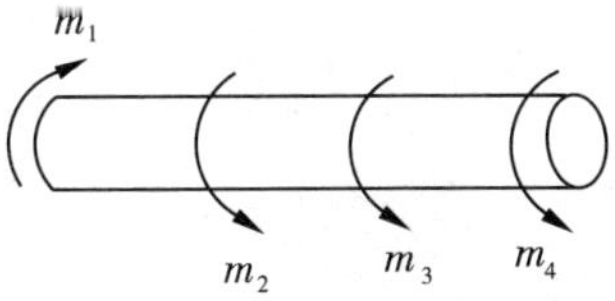

题 8-3 图

8-4　为了使实心圆轴的重量减轻20%，用外径为内径两倍的空心圆轴代替。如实心圆轴内最大剪应力等于60 MPa，则在空心圆轴内最大剪应力等于多少？

8-5　图示一连接水轮机与发电机的实心圆轴。已知轴横截面的直径为650 mm，长度为6 000 mm，水轮机的功率 $P=10\ 000$ 马力（1 马力 = 735.499 W），钢材的剪切弹性模量 $G=79$ GPa。问当水轮机的转速 $n=57.7$ r/min时，轴内的最大剪应力和轴两端的相对扭转角各为多大？

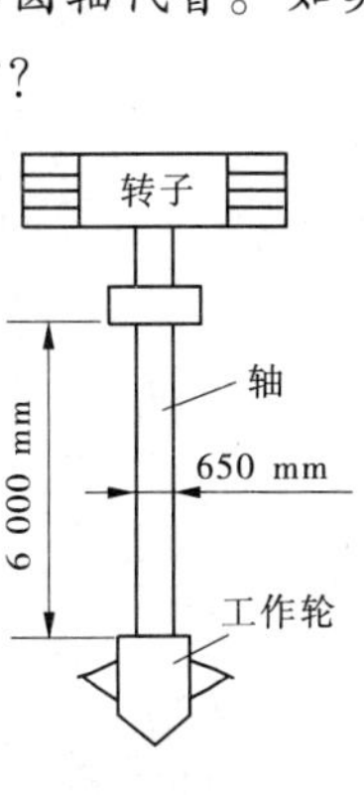

题 8-5 图

8-6　有一受扭钢轴，已知其横截面直径 $d=25$ mm，剪切弹性模量 $G=79$ GPa，当扭转角为6°时的最大剪应力为95 MPa，试求此轴的长度。

8-7　矩形截面钢杆如图所示，承受一对外力偶矩 $M_x=3$ kN·m，已知材料的剪切弹性模量 $G=80$ GPa，试求：

(1)杆内最大剪应力的大小、位置和方向。

(2)横截面短边中点的剪应力的大小和方向。

(3)杆的单位长度扭转角。

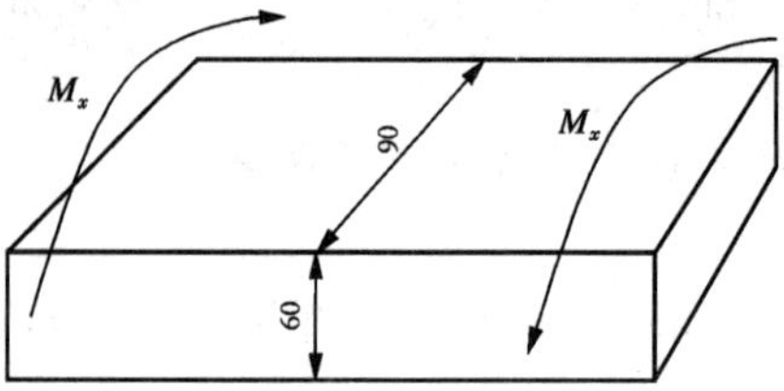

题 8-7 图 (单位:mm)

第九章　弯曲的强度和刚度计算

一般情况下,梁的横截面上既有剪力 Q 又有弯矩 M。由图 9-1 可知,梁横截面上的剪力 Q 应由截面上的微内力 $\tau \cdot \mathrm{d}A$ 组成;而弯矩 M 应由微内力 $\sigma \cdot \mathrm{d}A$ 对 z 轴之矩组成。因此,当梁的横截面上同时有弯矩和剪力时,横截面上各点也就同时有正应力 σ 和剪应力 τ。本章主要研究等直梁在平面弯曲时,其横截面上这两种应力的分布规律、计算公式及相应的强度和刚度计算。

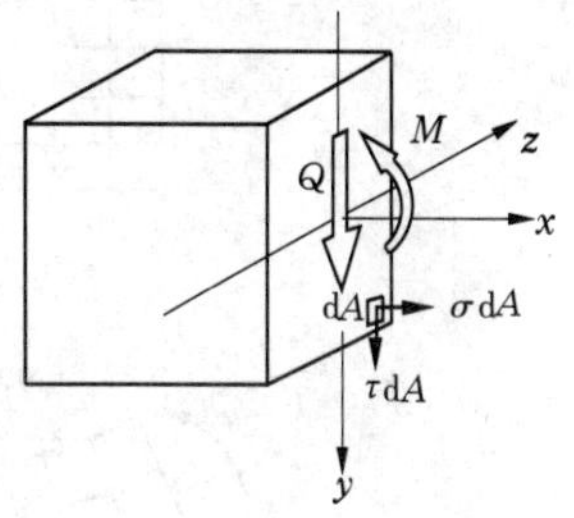

图 9-1

第一节　梁横截面上的正应力

平面弯曲时,如果某段梁各横截面上只有弯矩而没有剪力,这种平面弯曲称为**纯弯曲**。如果某段梁各横截面不仅有弯矩而且还有剪力,此段梁在发生弯曲变形的同时,还伴有剪切变形,这种平面弯曲称为**横力弯曲或剪切弯曲**。下面以矩形截面梁为例,研究纯弯曲梁横截面上的正应力。

一、实验观察与分析

与圆轴扭转一样,梁纯弯曲时其正应力在横截面上的分布规律不能直接观察到,需要先研究梁的变形情况。通过对变形的观察、分析,找出它的分布规律,在此基础上进一步找出应力的分布规律。

矩形截面模型梁如图 9-2(a)所示,实验前在其表面画一些与梁轴平行的纵线和与纵线垂直的横线。然后,在梁的两端施加一对力偶,梁将发生纯弯曲变形,如图 9-2(b)所示。这时将观察到如下的一些现象:①所有纵线都弯成曲线,靠近底面(凸边)的纵线伸长了,而靠近顶面(凹边)的纵线缩短了;②所有横线仍保持为直线,只是相互倾斜了一个角度,但仍与弯曲的纵线垂直;③矩形截面的上部变宽,下部变窄。

根据上面所观察到的现象,推测梁的内部变形,可作出如下的假设和推断:

(1)平面假设。在纯弯曲时,梁的横截面在梁弯曲后仍保持为平面,且仍垂直于弯曲后的梁轴线。

(2)单向受力假设。将梁看成由无数根纵向纤维组成,各纤维只受到轴向拉伸或压缩,不存在相互挤压。

由平面假设可知,梁变形后各横截面仍保持与纵线正交,所以剪应变为零。由应力与应变的相应关系知,纯弯曲梁横截面上无剪应力存在。

上部的纵线缩短，截面变宽，表示上部各根纤维受压缩；下部的纵线伸长，截面变窄，表示下部各根纤维受拉伸。从上部各层纤维缩短到下部各层纤维伸长的连续变化中，中间必有一层长度不变的过渡层称为**中性层**。中性层与横截面的交线称为**中性轴**，见图 9-2(c)。中性轴将横截面分为受压和受拉两个区域。

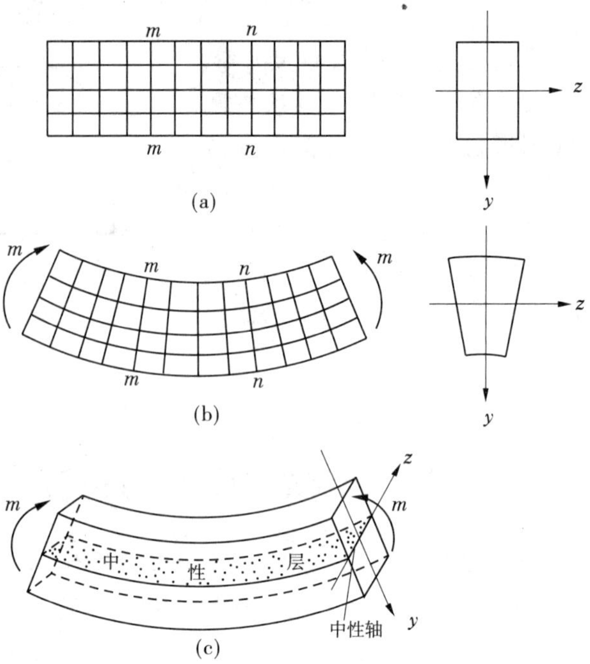

图 9-2

二、正应力计算公式

公式的推导思路是：先找出线应变 ε 的变化规律，然后通过胡克定律建立起正应力与线应变关系，再由静力平衡条件把正应力与弯矩联系起来，从而导出正应力的计算公式。其过程与推导圆轴扭转的剪应力公式相似，即须综合研究变形几何关系、物理关系和静力平衡关系。

(一) 变形几何关系

根据平面假设可知，纵向纤维的伸长或缩短是横截面绕中性轴转动的结果。为求任意一根纤维的线应变，用相邻两横截面 mm 和 nn 从梁上截出一长为 $\mathrm{d}x$ 的微段，如图 9-3 所示。设 o_1o_2 为中性层(它的具体位置还不知道)，两相邻横截面 mm 和 nn 转动后延长相交于 o 点，o 点为中性层的曲率中心。中性层的曲率半径用 ρ 表示，两个截面间的夹角以 $\mathrm{d}\theta$ 表示。现求距中性层为 y 处的纵向纤维 ab 的线应变。

纤维 ab 的原长 $\overline{ab} = \mathrm{d}x = o_1o_2 = \rho\mathrm{d}\theta$，变形后的长度为$\widehat{a_1b_1} = (\rho + y)\mathrm{d}\theta$，故纤维 ab 的线应变为

$$\varepsilon = \frac{\widehat{a_1b_1} - \overline{ab}}{\overline{ab}} = \frac{(\rho + y)\mathrm{d}\theta - \rho\mathrm{d}\theta}{\rho\mathrm{d}\theta} = \frac{y}{\rho} \tag{9-1}$$

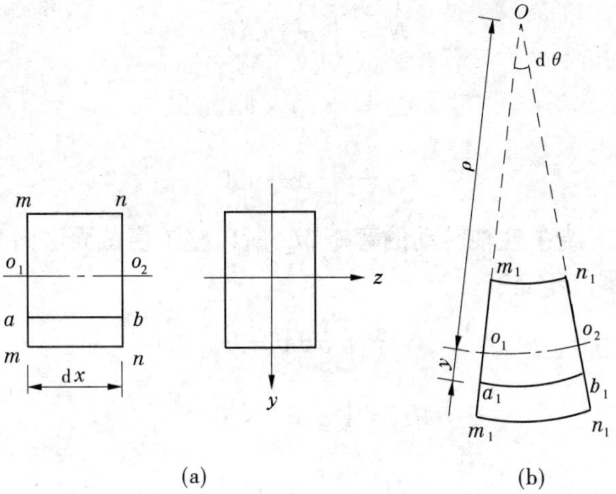

图 9-3

对于确定的截面来说,ρ 是常量。所以,各层纤维的应变与它到中性层的距离成正比,并且梁愈弯(曲率 $1/\rho$ 愈大),同一位置的线应变也愈大。

(二)物理关系

由于假设纵向纤维只受单向拉伸或压缩,在正应力不超过比例极限时,由胡克定律得

$$\sigma = E\varepsilon = E \cdot \frac{y}{\rho} \tag{9-2}$$

式(9-2)表明:距中性轴等远的各点正应力相同,并且横截面上任一点处的正应力与该点到中性轴的距离成正比。弯曲正应力沿截面高度按线性规律分布,中性轴上各点的正应力均为零,如图 9-4 所示。

(三)静力学关系

式(9-2)只给出了正应力的分布规律,还不能用来计算正应力的数值。因为中性轴的位置尚未确定,曲率半径 ρ 的大小也不知道。这些问题将通过研究横截面上分布内力与总内力之间的关系来解决。

如图 9-5 所示,在横截面上取微面积 dA,其形心坐标为 z、y,微面积上的法向内力可认为是均匀分布的,其集度(即正应力)用 σ 来表示。则微面积上的合力为 σdA,整个横截面上的法向微内力可组成下列三个内力分量

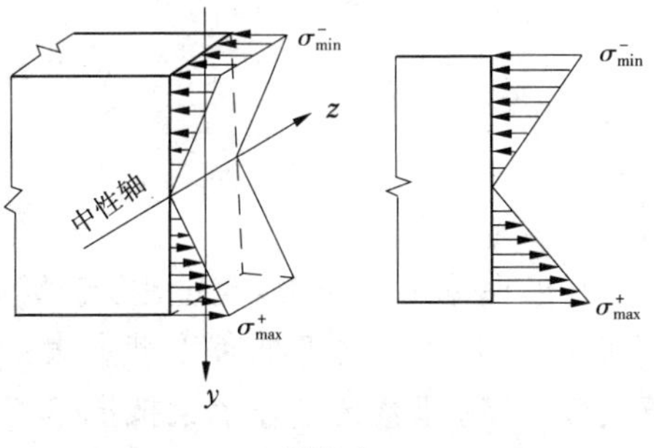

图 9-4

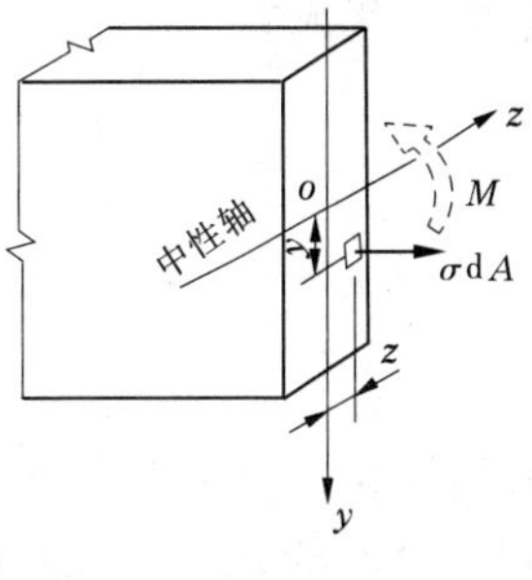

图 9-5

$$N = \int_A \sigma \cdot dA$$

$$M_y = \int_A z\sigma \cdot dA$$

$$M_z = \int_A y\sigma \cdot dA$$

由于横截面上只有绕中性轴转动的弯矩 M_z，所以整个横截面法向微内力合成的轴力 N 和力偶矩 M_y 应为零。于是有

$$N = \int_A \sigma dA = 0 \tag{9-3}$$

$$M_y = \int_A \sigma z dA = 0 \tag{9-4}$$

$$M_z = \int_A \sigma y dA \tag{9-5}$$

将式(9-2)代入式(9-3)，得

$$\frac{E}{\rho}\int_A y dA = 0$$

由于$\frac{E}{\rho} \neq 0$，所以一定有

$$\int_A y dA = 0 \tag{9-6}$$

式(9-6)表明截面对中性轴的静矩等于零。由此可知，直梁弯曲时其中性轴 z 必定通过截面的形心。

将式(9-2)代入式(9-4)，得

$$\frac{E}{\rho}\int_A yz dA = 0$$

因$\frac{E}{\rho} \neq 0$，所以一定有

$$\int_A yz dA = 0 \tag{9-7}$$

式(9-7)表明截面对 y、z 轴惯性积 I_{zy} 等于零，所以 z、y 轴必为形心主轴。中性轴通过截面形心，且为截面的形心主轴。

将式(9-2)代入式(9-5)，得

$$M_z = \int_A \frac{E}{\rho} y^2 dA = \frac{E}{\rho}\int_A y^2 dA = \frac{E}{\rho} I_z$$

则

$$\frac{1}{\rho} = \frac{M_z}{EI_z} \tag{9-8}$$

式(9-8)是计算梁变形的基本公式。由该式可知，曲率 $1/\rho$ 与 M_z 成正比，与 EI_z 成反比。这表明：梁在外力作用下，某横截面上的弯矩愈大，该处梁的弯曲程度就愈大；而 EI_z 值愈大，则梁愈不易弯曲，故 EI_z 称为梁的**抗弯刚度**，其物理意义是表示梁抵抗弯曲变形的能力。

将式(9-8)代入式(9-2)，便得纯弯曲梁横截面上任一点处正应力的计算公式为

$$\sigma = \frac{M_z y}{I_z} \tag{9-9}$$

式(9-9)表明:梁横截面上任一点的正应力 σ 与该截面上的弯矩 M_z 和该点到中性轴 z 的距离 y 成正比,而与该截面对中性轴的惯性矩 I_z 成反比。

计算时直接将 M 和 y 的绝对值代入公式,正应力的性质(拉或压)可由弯矩 M 的正负及所求点的位置来判断。当 M 为正时,中性轴以上各点为压应力,取负值;中性轴以下各点为拉应力,取正值,见图 9-6(a)。当 M 为负时则相反,见图 9-6(b)。

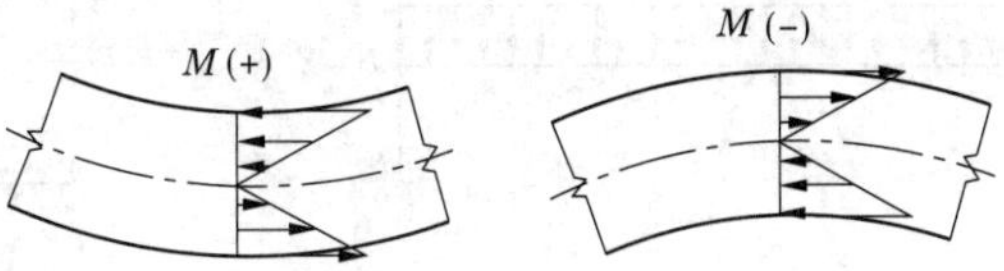

(a)　(b)

图 9-6

三、正应力公式的使用条件

(1)由正应力计算公式的推导过程知,它的适用条件是:①纯弯曲梁;②梁的最大正应力不超过材料的比例极限。

(2)横力弯曲是平面弯曲中最常见的情况。在这种情况下,梁横截面上不仅有正应力,而且有剪应力。梁受载后,横截面将发生翘曲,平面假设不成立。但当梁跨度与横截面高度之比 l/h 大丁 5 时,剪应力的存在对正应力的影响县小,可以忽略不计。所以,式(9-9)在一般情况下也可用于横力弯曲时横截面正应力的计算。

(3)式(9-9)虽然是由矩形截面推导出来的,但对于横截面为其他对称形状的梁,如圆形、圆环形、工字形和 T 形截面等,在发生平面弯曲时,均适用。

【例 9-1】 简支梁受均布荷载 q 作用,如图 9-7 所示。试求:①截面 D 上 a、b、c 三点处正应力;②此截面上的最大正应力 $\sigma_{\max}$;③画出截面 D 上的正应力分布图。

解:(1)作梁受力图,求支座约束力。取整个梁为对象,作受力图,如图 9-7(b)所示。由平衡方程求得支座约束力为

$$F_A = F_B = 5.25(\text{kN})$$

(2)求截面 D 的弯矩。

$$M = F_A \times 1 - q \times 1 \times \frac{1}{2}$$

$$= 5.25 \times 1 - 3.5 \times 1 \times \frac{1}{2} = 3.5(\text{kN} \cdot \text{m})$$

(3)计算截面 D 上 a、b、c 三点的正应力。截面对中性轴的惯性矩为

$$I_z = \frac{bh^3}{12} = \frac{1}{12} \times 120 \times 180^3 = 58.3 \times 10^6(\text{mm}^4)$$

a、b、c 三点的坐标分别为

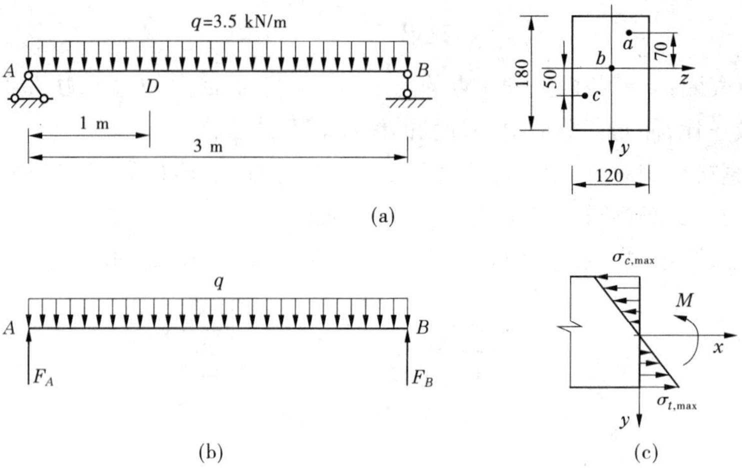

图 9-7

$$y_a = -70(\text{mm}),\ y_b = 0,\ y_c = 50(\text{mm})$$

由公式求三点处的正应力分别为

$$\sigma_a = \frac{My_a}{I_z} = \frac{3.5 \times 10^6 \times (-70)}{58.3 \times 10^6} = -4.2(\text{MPa})$$

$$\sigma_b = \frac{My_b}{I_z} = \frac{3.5 \times 10^6 \times 0}{58.3 \times 10^6} = 0$$

$$\sigma_c = \frac{My_c}{I_z} = \frac{3.5 \times 10^6 \times 50}{58.3 \times 10^6} = 3(\text{MPa})$$

(4)计算截面 D 上的最大正应力。梁截面是以中性轴为对称轴,所以最大拉应力值等于最大压应力值。因截面 D 处为正弯矩,所以梁截面上部边缘为最大压应力位置,下边缘为最大拉应力位置。抗弯截面系数为

$$W_z = \frac{bh^2}{6} = \frac{1}{6} \times 120 \times 180^2 = 6.48 \times 10^5(\text{mm}^3)$$

由公式求最大正应力,即

$$\sigma_{\max} = \frac{|M|}{W_z} = \frac{3.5 \times 10^6}{6.48 \times 10^5} = 5.4(\text{MPa})$$

(5)画截面 D 上弯曲正应力分布图。截面 D 上弯曲正应力分布图如图 9-7(c)所示。

第二节　梁横截面上的剪应力

横力弯曲时,梁的横截面上既有弯矩又有剪力,因而在横截面上既有正应力又有剪应力。由剪应力互等定理可知,在平行于中性层的纵向平面内,也有剪应力存在。如果剪应力的数值过大,而梁的材料抗剪强度不足,也会发生剪切破坏。本节主要讨论矩形截面梁弯曲剪应力的计算公式,对其他截面梁弯曲剪应力只作简要介绍。

一、矩形截面梁横截面上的剪应力

(一)横截面上剪应力分布规律的假设

(1)横截面上各点处的剪应力方向都平行于剪力 Q。

(2)剪应力沿截面宽度均匀分布,即离中性轴等距离的各点处的剪应力相等。

(二)剪应力计算公式

从图 9-8(a)中梁截取 dx 小段,其受力如图 9-8(b)所示。为了确定截面上到中性轴距离为 y 处的剪应力,在该处取纵向截面 aa_1、bb_1,以下部为研究对象,根据剪应力互等定理,纵截面上也将产生剪应力,用 τ'表示,如图 9-8(d)所示。用 N_1 和 N_2 分别代表左、右侧截面上法向分布内力的合力,dQ 代表顶面切向微内力 τ'dA 组成的合力,则 N_1、N_2、dQ 分别为

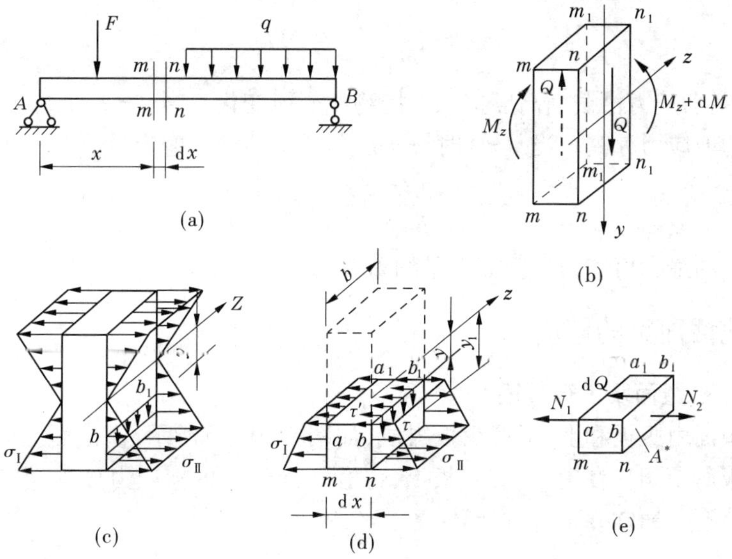

图 9-8

$$N_1 = \int_{A^*} \sigma_{\mathrm{I}} \mathrm{d}A = \int_{A^*} \frac{M_z y_1}{I_z} \mathrm{d}A = \frac{M_z}{I_z} \int_{A^*} y_1 \mathrm{d}A \tag{9-10}$$

$$N_2 = \int_{A^*} \sigma_{\mathrm{II}} \mathrm{d}A = \int_{A^*} \frac{(M_z + \mathrm{d}M) y_1}{I_z} \mathrm{d}A = \frac{M_z + \mathrm{d}M}{I_z} \int_{A^*} y_1 \mathrm{d}A \tag{9-11}$$

$$\mathrm{d}Q = \tau' b \mathrm{d}x \tag{9-12}$$

由平衡方程 $\sum F_x = 0$ 得

$$N_2 - N_1 - \mathrm{d}Q = 0 \tag{9-13}$$

将式(9-10)~式(9-12)代入式(9-13),简化后得

$$\tau' = \frac{\mathrm{d}M}{\mathrm{d}x} \cdot \frac{\int_{A^*} y_1 \mathrm{d}A}{I_z b} \tag{9-14}$$

式中，$\int_{A^*} y_1 \mathrm{d}A$ 为面积 A^* 对 z 轴的静矩，用 S_z 表示，并且 $\frac{\mathrm{d}M}{\mathrm{d}x} = Q, \tau = \tau'$，于是可得

$$\tau = \frac{QS_z}{I_z b} \tag{9-15}$$

式中，Q 为所求剪应力的点所在横截面上的剪力；b 为所求剪应力的点处的截面宽度；I_z 为整个截面对中性轴的惯性矩；S_z 为所求剪应力的点处横线以下（或以上）的面积 A^* 对中性轴的静矩。

式（9-15）就是矩形截面梁弯曲剪应力的计算公式。

下面讨论剪应力沿截面高度的分布规律。如图 9-9 所示，面积 A^* 对中性轴的静矩为

$$S_z = \int_{A^*} y_1 \mathrm{d}A = \int_y^{h/2} b y_1 \mathrm{d}y_1 = \frac{b}{2}\left(\frac{h^2}{4} - y^2\right)$$

将上式及 $I_z = bh^3/12$ 代入式（9-15），可得

$$\tau = \frac{6Q}{bh^3}\left(\frac{h^2}{4} - y^2\right)$$

上式表明：剪应力沿截面高度按二次抛物线规律变化。当 $y = \pm h/2$ 时，$\tau = 0$，即截面上下边缘处的剪应力为零。当 $y = 0$ 时，$\tau = \tau_{\max}$，即中性轴上剪应力最大，其值为

$$\tau_{\max} = \frac{6Q}{bh^3} \cdot \frac{h^2}{4} = 1.5\frac{Q}{A} \tag{9-16}$$

即矩形截面上的最大剪应力为截面上平均剪应力的 1.5 倍。

二、其他截面梁的剪应力

（一）工字形截面及 T 形截面

工字形截面由腹板和上、下翼缘板组成，如图 9-10（a）所示，横截面上的剪力 Q 的绝大部分为腹板所承担。在上、下翼缘板上，也有平行于 Q 的剪应力分量，但分布情况比较复杂，且数值较小，通常并不进行计算。

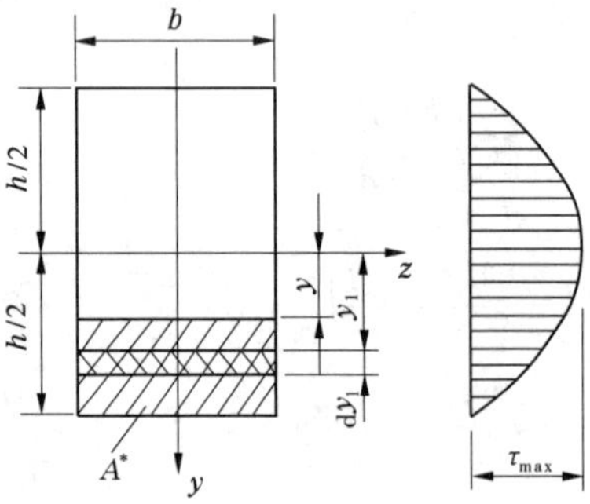

图 9-9

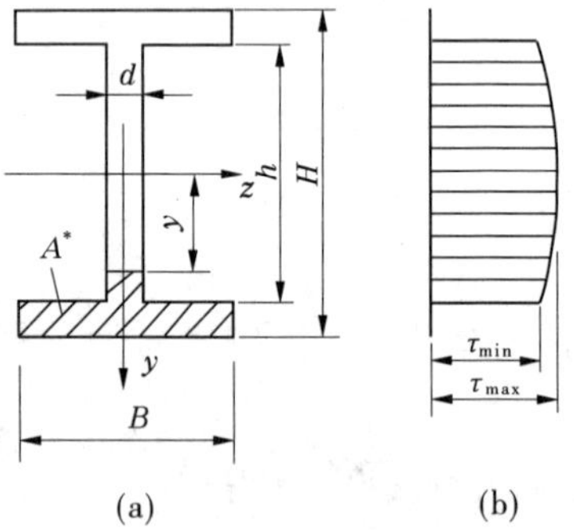

图 9-10

工字形截面腹板为一狭长的矩形，关于矩形截面上剪应力分布规律的两个假设仍然适用，所以腹板上的剪应力可用式（9-15）计算，即

$$\tau = \frac{QS_z}{I_z d} \tag{9-17}$$

式中，d 为腹板的宽度；Q 为截面上的剪力；I_z 为工字形截面对中性轴的惯性矩；S_z 为过欲求应力点的水平线与截面边缘间的面积 A^* 对中性轴的静矩。

剪应力沿腹板高度的分布规律如图 9-10(b)所示，仍是按抛物线规律分布，最大剪应力仍发生在截面的中性轴上，且腹板上的最大剪应力与最小剪应力相差不大。特别是当腹板的厚度比较小时，二者相差就更小。因此，当腹板的厚度很小时，常将横截面上的剪力 Q 除以腹板面积，近似地作为工字形截面梁的最大剪应力，即

$$\tau \approx \frac{Q}{hd} \tag{9-18}$$

工程中还会遇到 T 形截面，如图 9-11 所示。T 形截面是由两个矩形组成的。下面的窄长矩形仍可用矩形截面的剪应力公式计算，最大剪应力仍发生在截面的中性轴上。

(二)圆形及圆环形截面

对于圆形截面和圆环形截面，弯曲时最大剪应力仍发生在中性轴上(图 9-12)，且沿中性轴均匀分布，其值为

圆形截面
$$\tau_{max} = \frac{4Q}{3A} \tag{9-19}$$

圆环形截面
$$\tau_{max} = \frac{2Q}{A} \tag{9-20}$$

式中，Q 为截面上的剪力；A 为圆形或圆环形截面的面积。

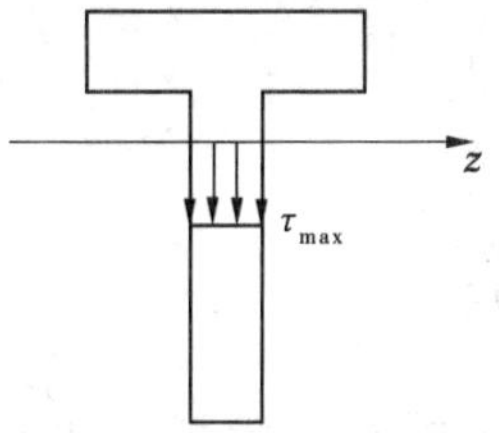

图 9-11

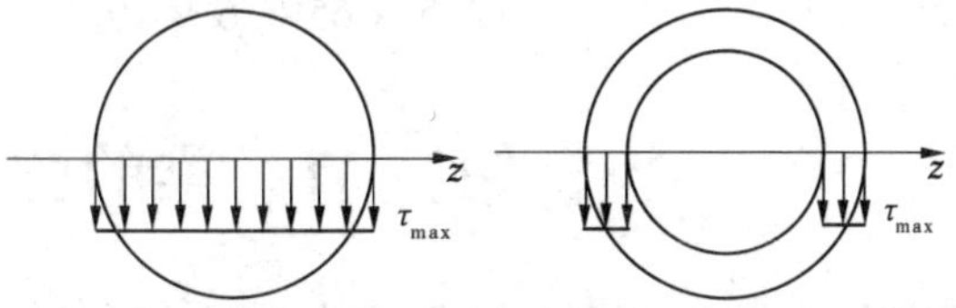

图 9-12

【例 9-2】 工字钢梁如图 9-13 所示，工字钢型号为 56a。试求该梁的最大正应力和剪应力值以及所在的位置，并求最大剪力截面上腹板与翼缘交界处 b 点的剪应力值。截面尺寸单位为 mm。

解：(1)确定最大正应力和最大剪应力的位置。作梁的弯矩、剪力图，由剪力图可知梁端处横截面上剪力最大，$Q_{max} = 60$ kN，故最大剪应力发生在该两横截面的中性轴上。最大正应力发生在弯矩最大的跨中横截面的上、下边缘处。

(2)计算最大正应力和最大剪应力。

查型钢表得 56a 工字钢的 $S_{zmax} = 1\,368.8 \times 10^3\ \text{mm}^3$，$I_z = 65\,576 \times 10^4\ \text{mm}^4$，$d = 12.5$ mm。截面上最大正应力和最大剪应力分别为

$$\sigma_{max} = \frac{M_{max} y_{max}}{I_z} = \frac{90 \times 10^6 \times 280}{65\,576 \times 10^4} = 38.43(\text{MPa})$$

$$\tau_{max} = \frac{Q_{max} S_{zmax}}{d I_z} = \frac{60 \times 10^3 \times 1\,368.8 \times 10^3}{12.5 \times 65\,576 \times 10^4} = 10.02(\text{MPa})$$

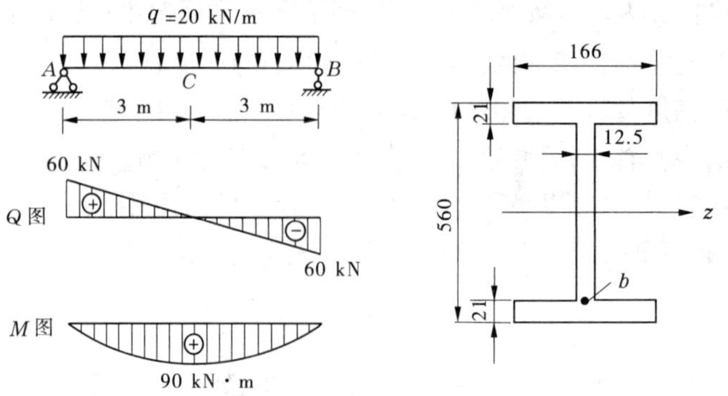

图 9-13

(3) 计算 b 点处的剪应力 τ_b。

$$\tau_b = \frac{Q_{\max} S_{zb}}{d I_z}$$

式中，S_{zb} 为过 b 点的横线与外缘轮廓线所围的面积（即翼缘的面积）对 z 轴的静矩，见图 9-13，计算如下

$$S_{zb} = 166 \times 21 \times \left(\frac{560}{2} - \frac{21}{2}\right) = 939\ 477(\mathrm{mm}^3)$$

所以

$$\tau_b = \frac{60 \times 10^3 \times 939\ 477}{12.5 \times 65\ 576 \times 10^4} = 6.88(\mathrm{MPa})$$

第三节　梁的强度计算

有了应力公式后，便可以计算梁中的最大应力，建立应力强度条件，对梁进行强度计算。

一、最大应力

（一）最大正应力

在进行梁的正应力强度计算时，必须首先算出梁的最大正应力。最大正应力所在截面称为**危险截面**。对于等直梁，弯矩绝对值最大的截面就是危险截面。危险截面上最大应力所在的点称为**危险点**，它在距中性轴最远的上、下边缘处。

对中性轴是截面对称轴的梁，最大正应力 $\sigma_{\max}$ 值为 $\sigma_{\max} = \frac{M_{\max} \cdot y_{\max}}{I_z}$，令 $W_z = \frac{I_z}{y_{\max}}$，则

$$\sigma_{\max} = \frac{M_{\max}}{W_z} \tag{9-21}$$

式中，W_z 称为**抗弯截面系数**，它是一个与截面形状、尺寸有关的几何量，常用单位是 m^3 或 mm^3。显然，W_z 值愈大，梁中的最大正应力值愈小，从强度角度看，就愈有利。矩形和圆形截面的抗弯截面系数分别为

矩形截面　$W_z = \dfrac{I_z}{y_{max}} = \dfrac{bh^3/12}{h/2} = \dfrac{1}{6}bh^2$

圆形截面　$W_z = \dfrac{I_z}{y_{max}} = \dfrac{\pi d^4/64}{d/2} = \dfrac{1}{32}\pi d^3$

对于工字钢、槽钢等型钢截面，W_z 值可在附录的型钢表中查得。

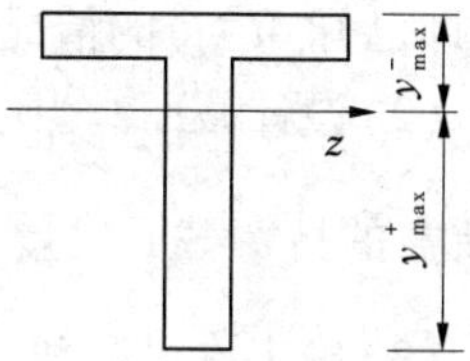

图 9-14

对中性轴不是对称轴的截面梁，例如图 9-14 所示的 T 形截面梁，在正弯矩作用下，梁的下边缘上各点处产生最大拉应力，上边缘上各点处产生最大压应力，其值分别为

$$\left.\begin{aligned}\sigma^+_{max} &= \frac{My^+_{max}}{I_z}\\ \sigma^-_{max} &= \frac{My^-_{max}}{I_z}\end{aligned}\right\} \tag{9-22}$$

式中，y^+_{max} 为最大拉应力所在点距中性轴的距离；y^-_{max} 为最大压应力所在点距中性轴的距离。

(二)最大剪应力

就全梁来说，最大剪应力一般发生在最大剪力 Q_{max} 所在截面的中性轴上各点处。对于不同形状的截面，τ_{max} 的计算公式可归纳为

$$\tau_{max} = \frac{Q_{max}S_{zmax}}{I_z \cdot b} \tag{9-23}$$

式中，S_{zmax} 为中性轴一侧截面对中性轴的静矩；b 为横截面在中性轴处的宽度。

二、梁的强度条件

(一)正应力强度条件

为了保证梁能安全工作，必须使梁的最大工作正应力 σ_{max} 不超过其材料的许用应力 $[\sigma]$，这就是梁的**正应力强度条件**。即正应力强度条件为

$$\sigma_{max} = \frac{M_{max}}{W_z} \leqslant [\sigma] \tag{9-24}$$

如果梁的材料是脆性材料，其抗压和抗拉许用应力不同。为了充分利用材料，通常将梁的横截面做成与中性轴不对称形状。此时，应分别对拉应力和压应力建立强度条件，即

$$\left.\begin{aligned}\sigma^+_{max} &= \frac{M^+ y^+_{max}}{I_z} \leqslant [\sigma]^+\\ \sigma^-_{max} &= \frac{M^- y^-_{max}}{I_z} \leqslant [\sigma]^-\end{aligned}\right\} \tag{9-25}$$

式中，σ^+_{max}、σ^-_{max} 分别为最大拉应力和最大压应力；M^+、M^- 分别为产生最大拉应力和最大压应力截面上的弯矩；$[\sigma]^+$、$[\sigma]^-$ 分别为材料的许用拉应力和许用压应力；y^+_{max}、y^-_{max} 分别为产生最大拉应力和最大压应力截面上的点到中性轴的距离。

运用正应力强度条件，可解决梁的三类强度计算问题：

(1)强度校核。在已知梁的材料和横截面的形状、尺寸(即已知[σ]、W_z)以及所受荷载(即已知 M_{max})的情况下,检查梁是否满足正应力强度条件。

(2)设计截面。当已知荷载和所用材料时(即已知 M_{max}、[σ]),可以根据强度条件计算所需的抗弯截面模量 $W_z \geqslant \frac{M_{max}}{[\sigma]}$,然后根据梁的截面形状进一步确定截面的具体尺寸。

(3)确定许可荷载。如果已知梁的材料和截面尺寸(即已知[σ]、W_z),则先由强度条件计算梁所能承受的最大弯矩,即 $M_{max} \leqslant [\sigma] \cdot W_z$,然后由 M_{max} 与荷载的关系计算许可荷载。

【例 9-3】 如图 9-15 所示,一悬臂梁长 $l = 1.5$ m,自由端受集中力 $F = 32$ kN 作用,梁由 22a 工字钢制成,自重按 $q = 0.33$ kN/m 计算,材料的许用应力[σ] = 160 MPa。试校核梁的正应力。

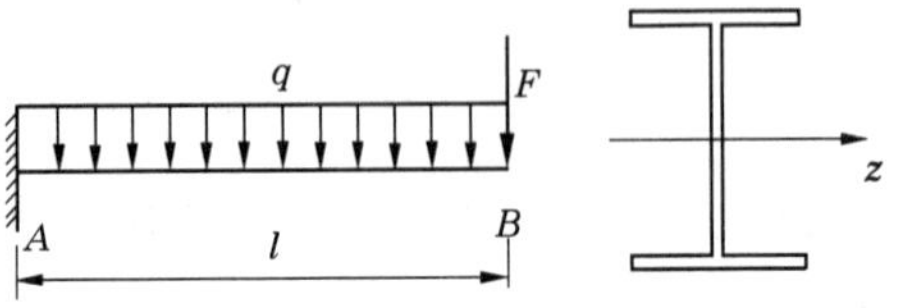

图 9-15

解:(1)求最大弯矩。最大弯矩在固定端截面 A 处,为

$$|M_{max}| = Fl + \frac{ql^2}{2} = 32 \times 1.5 + \frac{0.33 \times 1.5^2}{2} = 48.4(\text{kN} \cdot \text{m})$$

(2)确定 W_z。查附录型钢规格表,22a 工字钢的抗弯截面系数 $W_z = 309.8\ \text{cm}^3$。

(3)校核正应力强度。

$$\sigma_{max} = \frac{M_{max}}{W_z} = \frac{48.4 \times 10^6}{309.8 \times 10^3} = 156.2(\text{MPa}) < [\sigma] = 160\ \text{MPa}$$

所以,满足正应力强度条件。

本题若不计梁的自重,$|M_{max}| = Fl = 32 \times 1.5 = 48(\text{kN} \cdot \text{m})$,则

$$\sigma_{max} = \frac{M_{max}}{W_z} = \frac{48 \times 10^6}{309.8 \times 10^3} = 154.9(\text{MPa})$$

可见,对于钢材制成的梁,自重对强度的影响很小,工程上一般不予考虑。

【例 9-4】 如图 9-16(a)所示,是由普通热轧工字钢制成的简支梁。受集中力 $F = 120$ kN 作用,钢材的许用正应力[σ] = 150 MPa,许用切应力[τ] = 100 MPa,试选择工字钢型号。

解:(1)作梁的受力图,求支座约束力。作梁的受力图如图 9-16(b)所示,由平衡方程求得支座约束力为

$$F_A = 80\ \text{kN} \quad F_B = 40\ \text{kN}$$

(2)作梁的内力图。根据梁上的外力,作梁的剪力图和弯矩图如图 9-16(c)、(d)所示。梁内最大剪力和最大弯矩分别为

$$Q_{max} = 80\ \text{kN} \quad M_{max} = 80\ \text{kN} \cdot \text{m}$$

(3)按正应力强度条件选择截面。由正应力强度条件得

$$W_z \geqslant \frac{M_{max}}{[\sigma]} = \frac{80 \times 10^6}{150} = 533 \times 10^3\ mm^3$$

查型钢表，选28b号工字钢，其抗弯截面系数为 $W_z = 534.29 \times 10^3\ mm^3$，比计算所需的 W_z 略大，故可选用28b号工字钢。

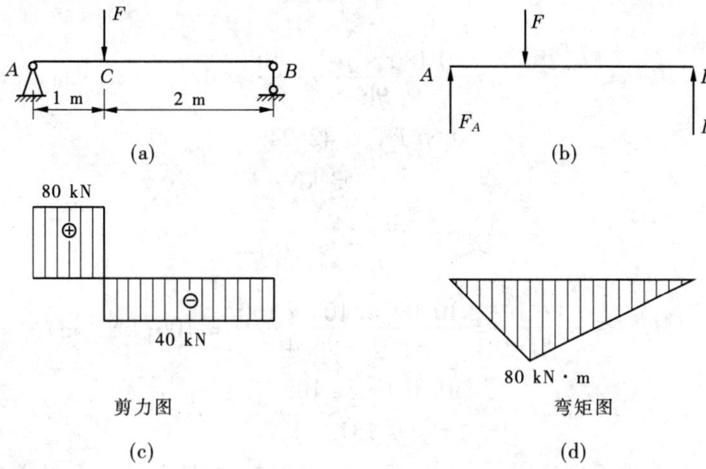

图9-16

(4)对梁进行切应力强度校核。查型钢表得28b号工字钢的截面几何性质为

$$\frac{I_z}{S_{zmax}} = 24.24\ cm, \quad t_w = 10.5\ mm(\text{腹板厚度})$$

梁的最大切应力为

$$\tau_{max} = \frac{Q_{max} S_{zmax}}{I_z t_w} = \frac{80 \times 10^3}{24.24 \times 10 \times 10.5} = 31.43(MPa)$$

因为 $\tau_{max} = 31.43\ MPa < [\tau] = 100\ MPa$，所以梁满足切应力强度条件，该梁可选用28b号工字钢。

【例9-5】　⊥形截面悬臂梁尺寸及荷载如图9-17所示，若材料的许用拉应力 $[\sigma]^+ = 40\ MPa$，许用压应力 $[\sigma]^- = 160\ MPa$，截面对形心轴 z 的惯性矩 $I_z = 10\ 180\ cm^4$，$h_1 = 96.4\ mm$，试计算该梁的许可荷载 $[F]$。

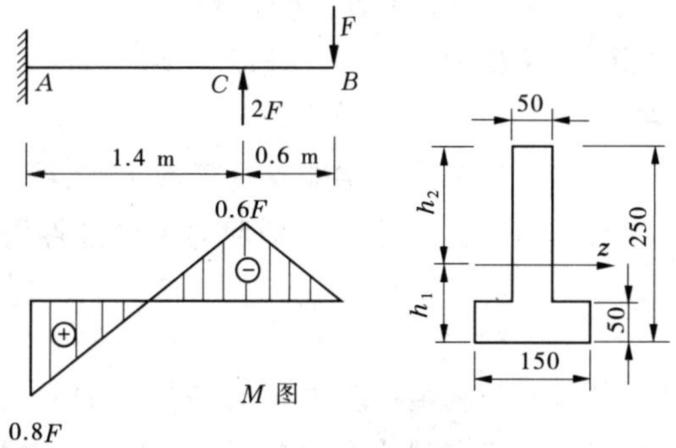

图9-17

解：(1)确定最大弯矩。作弯矩图如图9-17所示。由图可见，在固定端截面 A 处有最大

正弯矩，$M_A=0.8F$。在 C 截面有最大负弯矩，$M_C=0.6F$。由于中性轴不是截面的对称轴，材料又是拉、压强度不等的材料，故应分别考虑 A、C 两截面的强度来确定许可荷载$[F]$。

(2)由 A 截面强度条件确定$[F]$。A 截面弯矩为正，下拉上压。由强度条件得

$$\sigma_{max}^{+}=\frac{M_A h_1}{I_z}\leqslant[\sigma]^{+}$$

$$[M_A]\leqslant\frac{I_z[\sigma]^{+}}{h_1}=\frac{10\ 180\times10^4\times40}{96.4}=42.24(\mathrm{kN\cdot m})$$

$$0.8[F]\leqslant42.24$$

所以
$$[F]\leqslant53\ \mathrm{kN}$$

$$\sigma_{max}^{-}=\frac{M_A h_2}{I_z}\leqslant[\sigma]^{-}$$

$$[M_A]\leqslant\frac{I_z[\sigma]^{-}}{h_2}=\frac{10\ 180\times10^4\times160}{250-96.4}=106(\mathrm{kN\cdot m})$$

$$0.8[F]\leqslant106$$

所以
$$[F]\leqslant132.5\ \mathrm{kN}$$

(3)由 C 截面强度条件确定$[F]$。C 截面弯矩为负，上拉下压。由强度条件得

$$\sigma_{max}^{+}=\frac{M_C h_2}{I_z}\leqslant[\sigma]^{+}$$

$$[M_C]\leqslant\frac{I_z[\sigma]^{+}}{h_2}=\frac{10\ 180\times10^4\times40}{250-96.4}=26.5(\mathrm{kN\cdot m})$$

$$0.6[F]\leqslant26.5$$

所以
$$[F]\leqslant44.2\ \mathrm{kN}$$

$$\sigma_{max}^{-}=\frac{M_C h_1}{I_z}\leqslant[\sigma]^{-}$$

$$[M_C]\leqslant\frac{I_z[\sigma]^{-}}{h_1}=\frac{10\ 180\times10^4\times160}{96.4}=169(\mathrm{kN\cdot m})$$

$$0.6[F]\leqslant169$$

所以
$$[F]\leqslant281.67\ \mathrm{kN}$$

由以上的计算结果可见，为保证梁的正应力强度安全，应取$[F]=44.2$ kN。

(二)剪应力强度条件

与梁的正应力强度计算一样，为了保证梁能安全正常工作，梁在荷载作用下产生的最大剪应力，也不能超过材料的许用剪应力$[\tau]$，即**剪应力强度条件**为

$$\tau_{max}=\frac{Q_{max}S_{zmax}}{I_z\cdot b}\leqslant[\tau]\tag{9-26}$$

对梁进行强度计算时，必须同时满足正应力强度条件和剪应力强度条件。一般情况下，梁的正应力强度条件为梁强度的控制条件，故一般先按正应力强度条件选择截面，或确定许可荷载，然后按剪应力强度条件进行校核。但在某些情况下剪应力强度也可能成为控制因素。例如，跨度较短的梁或者梁在支座附近有较大的集中力作用，这时梁的弯矩

往往较小，而剪力却较大；又如有些材料如木料的顺纹抗剪强度比较低，可能沿顺纹方向发生剪切破坏；还有如组合截面（工字形等），当腹板的高度较大而厚度较小时，则剪应力也可能很大。所以，在这样一些情况下，剪应力有可能成为引起破坏的主要因素，此时梁的承载能力将由剪应力强度条件来确定。

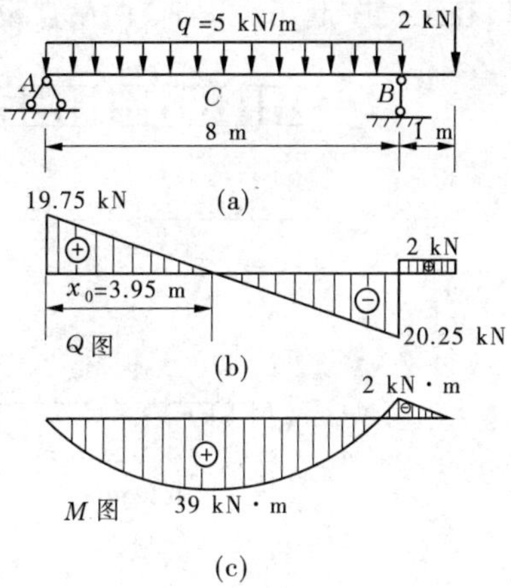

图 9-18

【例 9-6】　如图 9-18(a)所示的一个 20a 工字钢截面的外伸梁，已知钢材的许用应力[σ] = 160 MPa，许用剪应力[τ] = 100 MPa，试校核此梁强度。

解：(1)确定最大弯矩和最大剪力。作梁的剪力图、弯矩图，见图 9-18(b)、(c)，由图可得：

M_{max} = 39 kN · m　　Q_{max} = 20.25 kN

(2)查型钢表确定工字钢 20a 有关的量：

$$W_z = 236.9\ \text{cm}^3 \qquad d = 7\ \text{mm}$$

$$I_z = 2\,369\ \text{cm}^4 \qquad S_z = 136.1\ \text{cm}^3$$

(3)确定正应力危险点的位置，校核正应力强度。梁的最大正应力发生在最大弯矩所在的横截面 C 的上、下边缘处，其值为

$$\sigma_{max} = \frac{M_C}{W_z} = \frac{39 \times 10^6}{236.9 \times 10^3} = 164.6(\text{MPa})$$

虽然 $\sigma_{max} > [\sigma] = 160$ MPa，但工程设计上允许最大正应力略超过许用应力。只要最大正应力不超过许用应力的 5%，仍认为是安全的。

$$\frac{\sigma_{max} - [\sigma]}{[\sigma]} = \frac{164.6 - 160}{160} = 0.029 = 2.9\% < 5\%$$

所以，认为该梁满足正应力强度条件。

(4)确定剪应力危险点的位置，校核剪应力强度。由剪力图可知，最大剪力发生在 B 左横截面上，其值 Q_{max} = 20.25 kN，该横截面的中性轴处各点为剪应力危险点，其剪应力为

$$\tau_{max} = \frac{Q_{max} S_{zmax}}{dI_z} = \frac{20.25 \times 10^3 \times 136.1 \times 10^3}{7 \times 2\,369 \times 10^4} = 16.6(\text{MPa}) < [\tau] = 100\ \text{MPa}$$

所以，该梁满足剪应力强度条件。

三、提高梁弯曲强度的措施

如前所述，由于弯曲正应力是控制梁强度的主要因素，因此从梁的正应力强度条件考虑，采取以下措施可提高梁的强度。

(一)合理安排梁的支座和荷载来降低最大弯矩值 M_{max}

1. 梁支承的合理安排

当荷载一定时，梁的最大弯矩值 M_{max} 与梁的跨度有关，首先应当合理安排支座。例如，图 9-19(a)所示受均布荷载作用的简支梁，其最大弯矩值 $M_{max} = 0.125ql^2$；如果将两支

座向跨中方向移动 $0.2l$，如图 9-19(b)所示，则最大弯矩降为 $0.025ql^2$，即只有前者的1/5。所以，在工程中起吊大梁时，两吊点设在梁端以内的一定距离处。

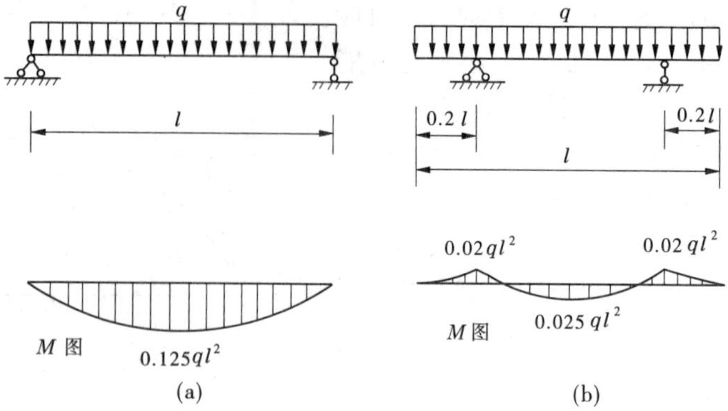

图 9-19

2. 荷载的合理布置

在工作条件允许的情况下，应尽可能合理地布置梁上的荷载。例如，图 9-20 中把一个集中力分为几个较小的集中力，分散布置，梁的最大弯矩就明显减小。

(二)采用合理的截面形状

(1)从应力分布规律考虑，应将较多的截面面积布置在离中性轴较远的地方。如矩形截面，由于弯曲正应力沿梁截面高度按直线分布，截面的上、下边缘处正应力最大，在中性轴附近应力很小，所以靠近中性轴处的一部分材料未能充分发挥作用。如果将中性轴附近的阴影面积(见图9-21)移至虚线位置，这样就形成了工字形截面，其截面面积大小不变，而更多的材料可较好地发挥作用。所以，从应力分布情况看，凡是中性轴附近用料较多的截面就是不合理的截面，即截面面积相同时，工字形比矩形好，矩形比正方形好，正方形比圆形好。

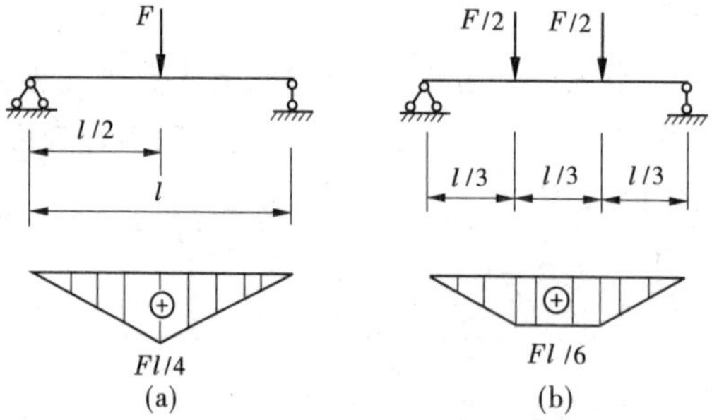

图 9-20

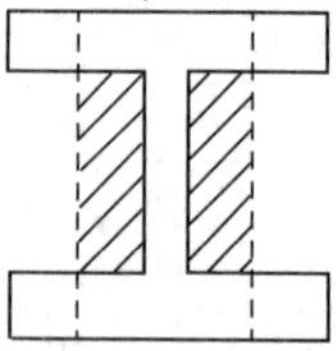

图 9-21

(2)从抗弯截面系数 W_z 考虑：由式 $M_{max} = [\sigma] W_z$ 可知，梁所能承受的最大弯矩 M_{max} 与抗弯截面模量 W_z 成正比。所以，从强度角度看，当截面面积一定时，W_z 值愈大愈有利。通常，用抗弯截面模量 W_z 与横截面面积 A 的比值来衡量梁的截面形状的合理性和经济性。表 9-1 中列出了几种常见的截面形状及其 W_z/A 值。

表 9-1 几种常见的截面形状及其 W_z/A 值

截面形状	圆形 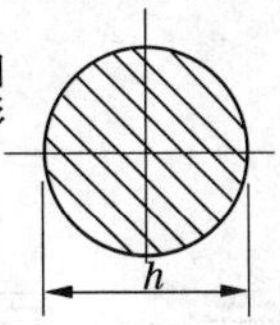	矩形 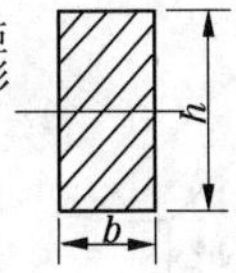	环形 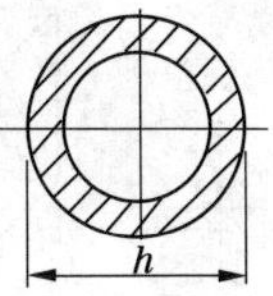 内径$d=0.8h$	槽钢 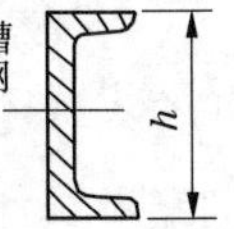	工字钢 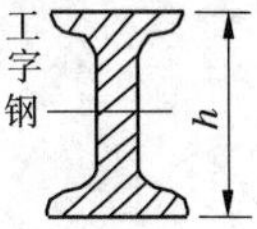
W_z/A	$0.125h$	$0.167h$	$0.205h$	$(0.27\sim0.31)h$	$(0.27\sim0.31)h$

(3)从材料的强度特性考虑:合理地布置中性轴的位置,使截面上的最大拉应力和最大压应力同时达到材料的许用应力。对抗拉和抗压强度相等的塑性材料梁,宜采用对称于中性轴的截面形状,如矩形、工字形、槽形、圆形等。对于拉、压强度不等的材料,一般采用非对称截面形状,使中性轴偏向强度较低的一边,如 T 形等。设计时最好使

$$\frac{\sigma_{\max}^{-}}{\sigma_{\max}^{+}}=\frac{\dfrac{My^{-}}{I_z}}{\dfrac{My^{+}}{I_z}}=\frac{y^{-}}{y^{+}}=\frac{[\sigma]^{-}}{[\sigma]^{+}}$$

即截面受拉、受压的边缘到中性轴的距离与材料的抗拉、抗压许用应力成正比,这样才能充分发挥材料的潜力。

(三)采用等强度梁

一般承受横力弯曲的梁,各截面上的弯矩是随截面位置而变化的。对于等截面梁,除 $M_{\max}$ 所在截面外,其余截面的材料必然没有充分发挥作用。若将梁制成变截面梁,使各截面上的最大弯曲正应力与材料的许用应力 $[\sigma]$ 相等或接近,这种梁称为**等强度梁**,如图 9-22(a)所示的雨篷悬臂梁,如图 9-22(b)所示的薄腹梁,如图 9-22(c)所示的鱼腹式吊车梁等,都是近似地按等强度原理设计的。

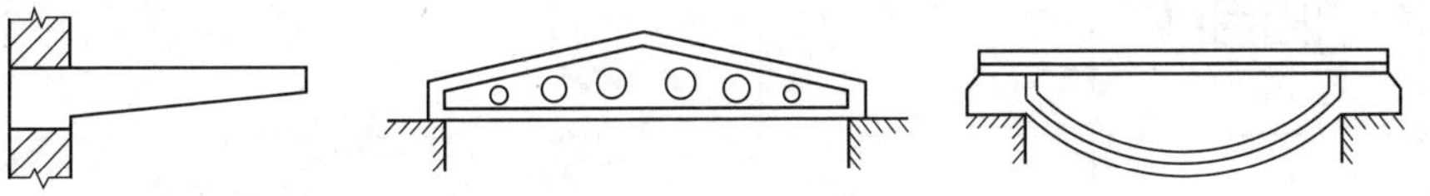

(a) (b) (c)

图 9-22

第四节 弯曲中心的概念

梁在外荷载作用下,要发生弯曲变形,有时还会产生扭转变形。如图 9-23(a)所示槽形截面梁,当自由端承受作用线与截面的形心主轴 y 重合的力 F 作用时,就属于这种情况。现用截面法研究 m—m 截面上剪力 Q 的特点,介绍弯曲中心的概念。

对于槽形截面梁,截面的腹板上存在竖向剪应力,上、下翼缘内存在水平剪应力,且剪

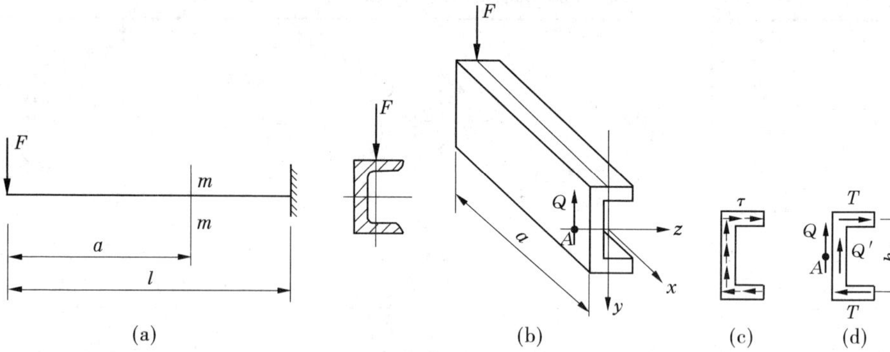

图 9-23

应力的方向遵循“剪应力流”规律，如图 9-23(c)所示。将腹板上剪应力的总和及上、下翼缘上的剪应力总和分别用合力 Q'及 T 来表示，如图 9-23(d)所示。其上、下翼缘的剪力形成一力偶矩 Th_1，力 Q'和力偶矩 Th_1 合成为通过 A 点的合力 Q，它就是横截面上的剪力，如图 9-23(b)所示。由于剪力 Q 与外力 F 不在同一纵向平面内，两者将使梁产生扭转变形。在 m—m 截面上必然存在一个扭矩(否则不能满足平衡条件 $\sum M_x=0$)。因而，外力 F 对槽形截面来说，它除产生弯曲外，还将产生扭转。欲使梁不产生扭转，就必须使外力 F 作用在过 A 点的纵向平面内。通常，把 A 点称为**弯曲中心**。也就是说，只有横向力 F 作用在通过弯曲中心的纵向平面内时，梁才只产生弯曲而不产生扭转。表 9-2 中绘出了几种常见截面弯曲中心的位置。

表 9-2　常见截面弯曲中心的位置

截面形状	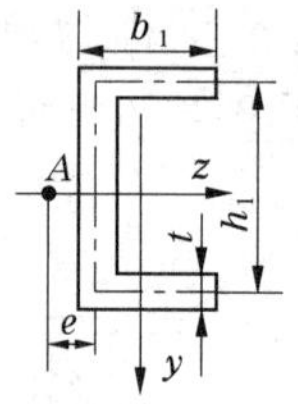	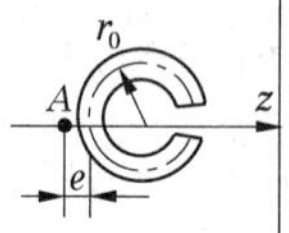	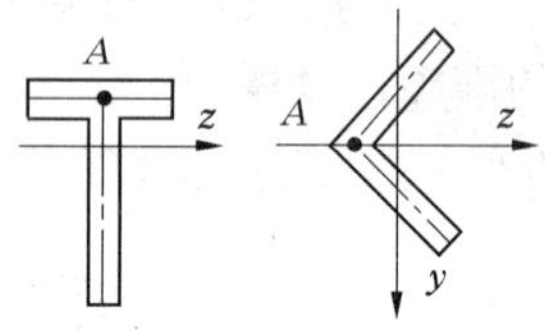	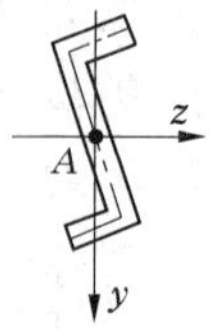
弯曲中心 A 的位置	$e=\dfrac{b_1^2h_1^2t}{4I_z}$	$e=r_0$	位于中线交点	与形心重合

思考题

9-1　弯曲正应力在横截面上是如何分布的？画出下列各横截面上 a—a 直线上的正应力分布图，并指出最大正应力点。设横截面上作用有正弯矩。

9-2　指出图中各梁 m—m 截面中性轴的位置，标出该截面的受拉区和受压区，并说明各梁的最大拉应力和最大压应力分别发生在何处。

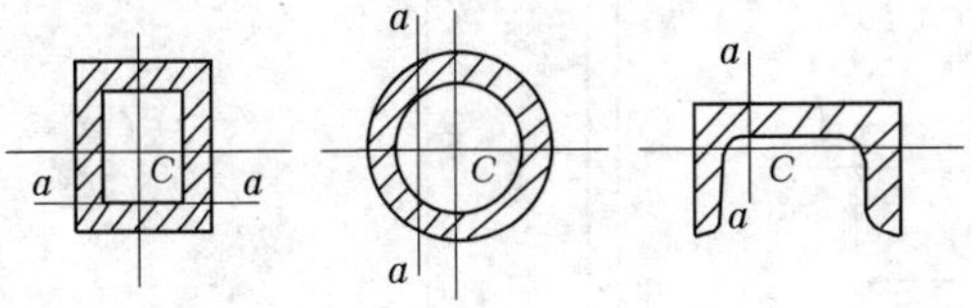

思 9-1 图

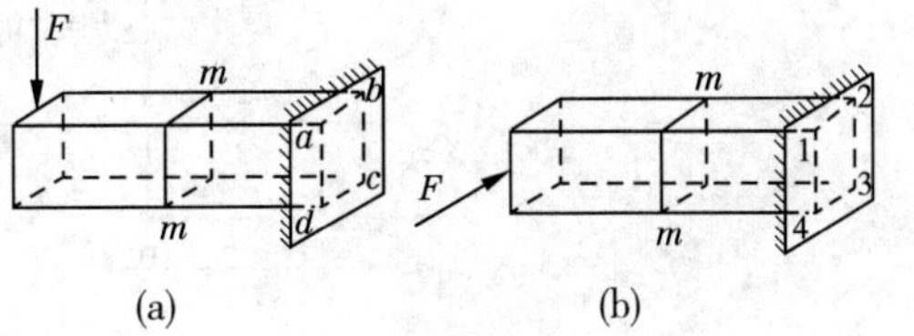

思 9-2 图

9-3 梁在横向力作用下,横截面上切应力大小沿截面高度变化的规律如何?横截面上哪些点切应力最大?

9-4 梁截面合理设计的原则是什么?何谓变截面梁?何谓等强度梁?如何改变梁的受力情况?

9-5 铸铁梁的荷载及横截面形状如图所示。若荷载不变,但将T形横截面倒置,问是否合理?

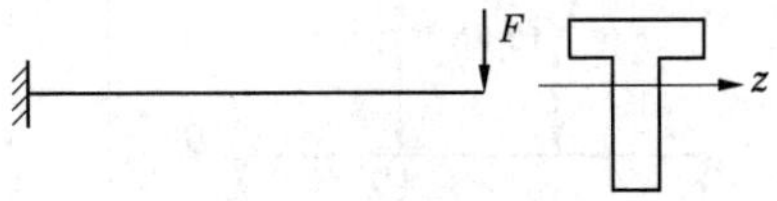

思 9-5 图

9-6 用塑性材料和脆性材料制成的梁,在强度校核和合理截面形式的选择上有何不同?

习 题

9-1 矩形截面简支梁如图所示,试求 C 截面上 a、b、c、d 四点处的正应力,并画出该截面上的正应力分布图。截面尺寸单位为mm。

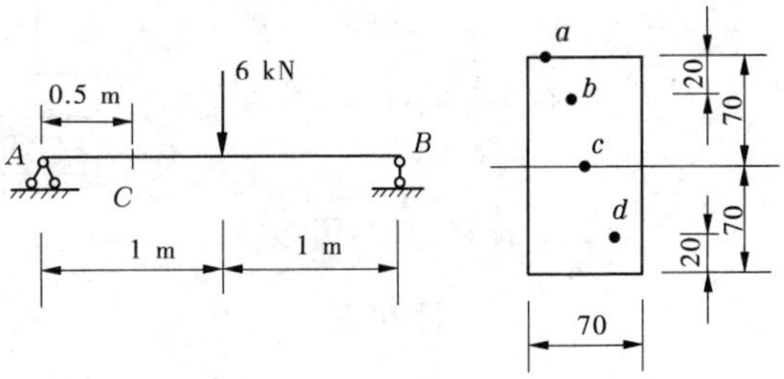

题 9-1 图

9-2 一简支梁的受力及截面尺寸如图所示,试求此梁的最大剪应力及其所在截面上腹板与翼缘交界处 C 的剪应力。截面尺寸单位为mm。

9-3 试求下列各梁的最大正应力及所在位置。截面尺寸单位为mm。

9-4 倒T形截面梁受荷载情况及其截面尺寸如图所示,试求梁内最大拉应力和最大压应力,并说明它们分别发生在何处。截面尺寸单位为mm。

9-5 木梁的荷载如图所示,材料的许用应力 $[\sigma]=10$ MPa。试设计如下三种截面尺寸,并比较用料量。

(1)高宽比 $h/b=2$ 的矩形。

(2)边长为 a 的正方形。

(3)直径为 d 的圆形。

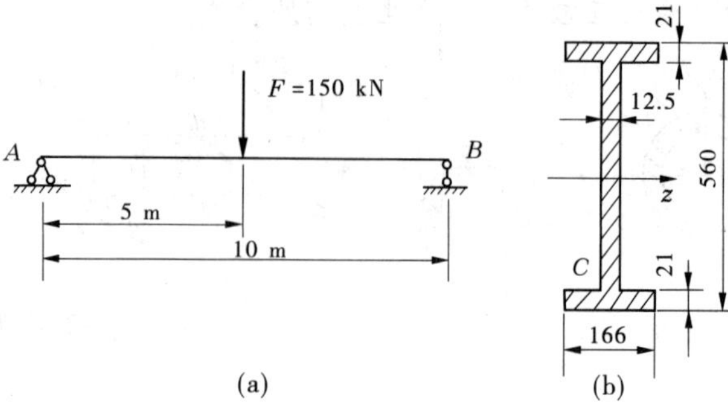

题 9-2 图

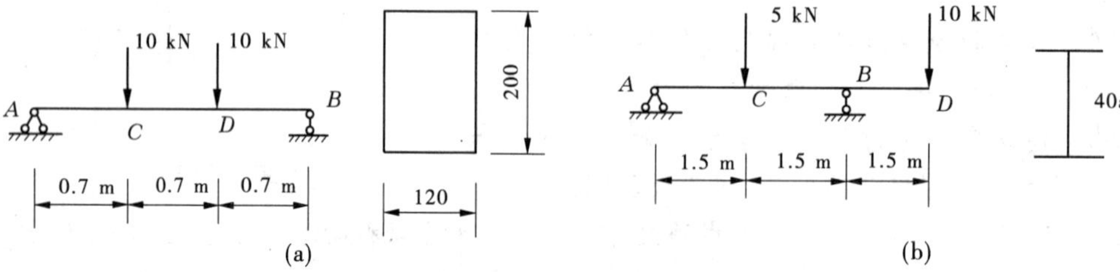

题 9-3 图

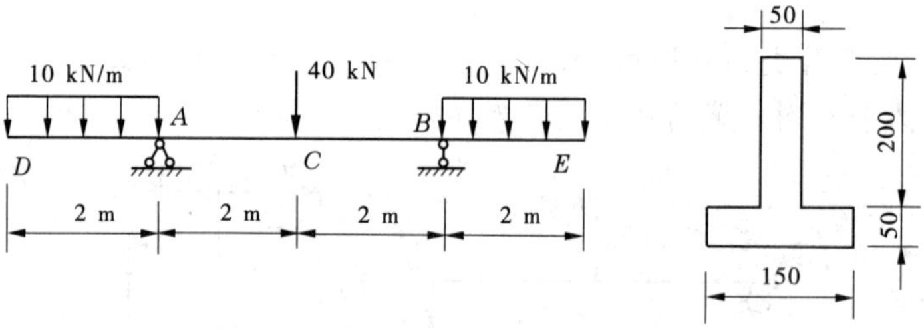

题 9-4 图

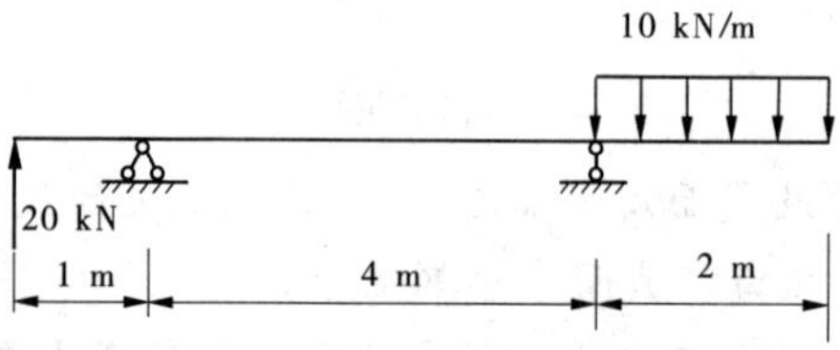

题 9-5 图

9-6 一根由22b 工字钢制成的外伸梁，承受均布荷载如图所示。已知 $l = 6$ m，若要使梁在支座 A、B 处和跨中 C 截面上的最大正应力都为 $\sigma = 170$ MPa，问悬臂的长度 a 和荷载的集度 q 各等于多少？

9-7 一钢梁的荷载如图所示，材料的许用应力 $[\sigma] = 150$ MPa，试选择钢的型号：

(1)一根工字钢。

(2)两个槽钢。

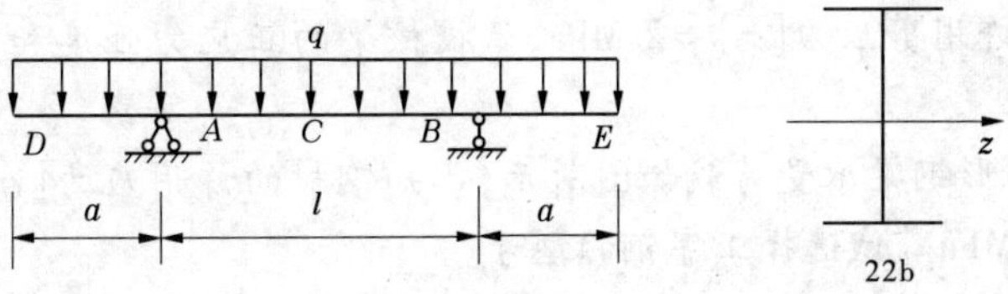

题 9-6 图

9-8　20a 工字钢梁如图所示，若材料的许用应力$[\sigma]=160$ MPa，试求许可荷载$[F]$。

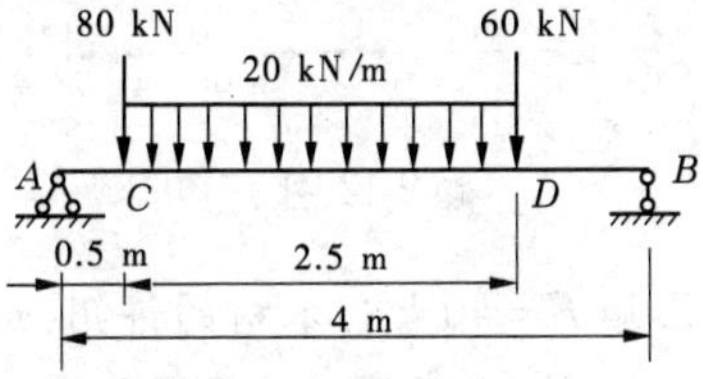

题 9-7 图

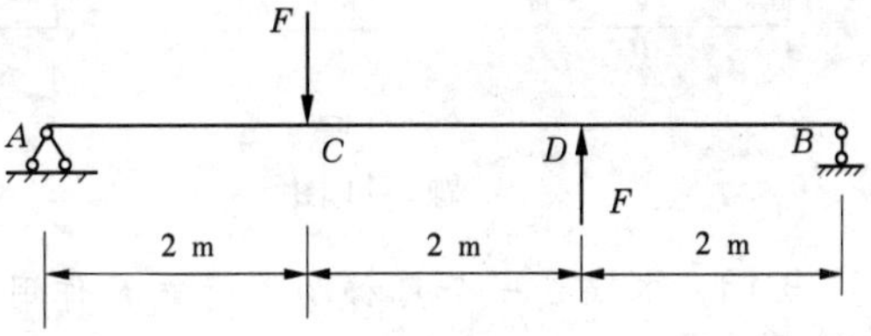

题 9-8 图

9-9　外伸梁受力及其截面尺寸如图所示。已知材料的许用拉应力$[\sigma]^{+}=30$ MPa，许用压应力$[\sigma]^{-}=70$ MPa。试校核梁的正应力强度。截面尺寸单位为 mm。

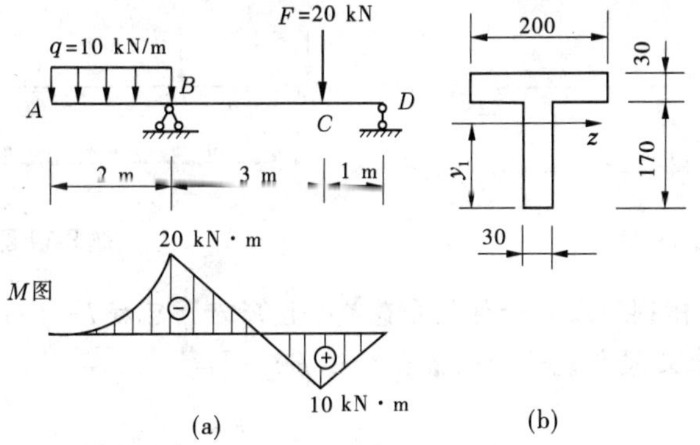

题 9-9 图

9-10　图示外伸梁由铸铁制成，横截面为槽形。该梁 AD 承受均布荷载 $q=10$ kN/m，C 处受集中力 $F=20$ kN，横截面对中性轴的惯性矩 $I_z=40\times10^6\ \text{mm}^4$，$y_1=60$ mm，$y_2=140$ mm，材料的许用拉应力$[\sigma]^{+}=35$ MPa，许用压应力$[\sigma]^{-}=140$ MPa。试校核此梁的强度。

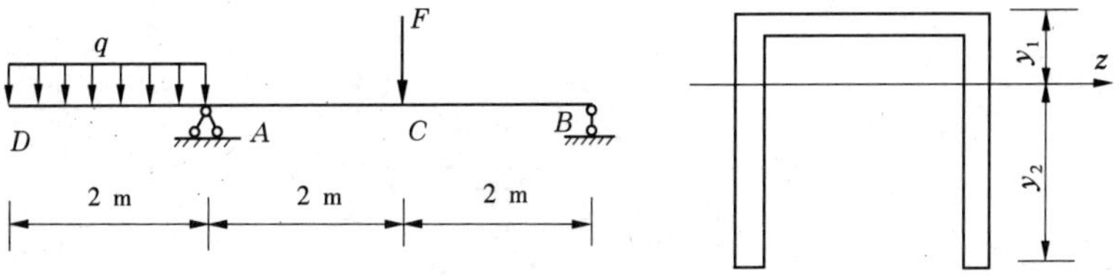

题 9-10 图

9-11　一矩形截面的木梁，其截面尺寸及荷载如图所示，已知 $q=1.5$ kN/m，许用应力[σ] = 10 MPa，许用剪应力[τ] = 2 MPa，试校核梁的正应力强度和剪应力强度。截面尺寸单位为 mm。

9-12　一工字形钢梁承受荷载如图所示，已知钢材的许用应力[σ] = 160 MPa，许用剪应力[τ] = 100 MPa。试选择工字钢的型号。

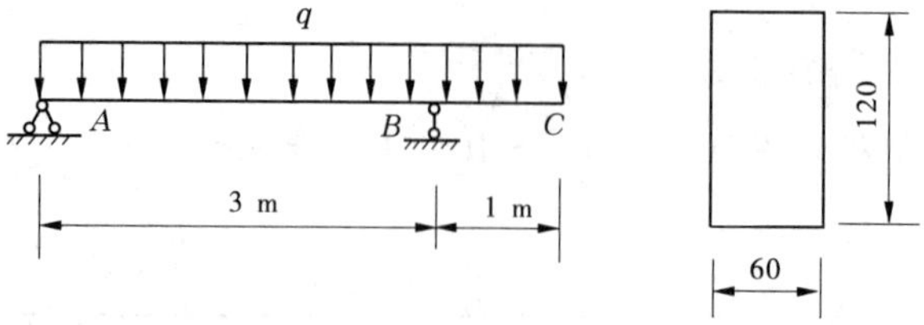

题 9-11 图

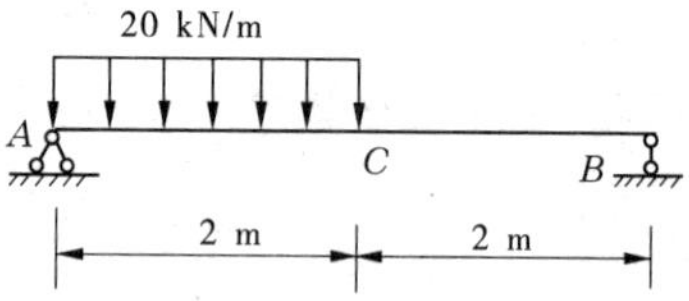

题 9-12 图

9-13　木梁受一个可移动的荷载 F 作用，如图所示，已知 F = 40 kN，木材的许用应力[σ] = 10 MPa，许用剪应力[τ] = 3 MPa。木梁的横截面为矩形，其高宽比 h/b = 1.5。试选择此梁的截面尺寸。

9-14　一矩形截面木梁受力如图所示，已知 F = 15 kN，a = 0.8 m，木材的许用应力[σ] = 10 MPa，设梁横截面的高宽比 h/b = 3/2，试选择梁的截面尺寸。

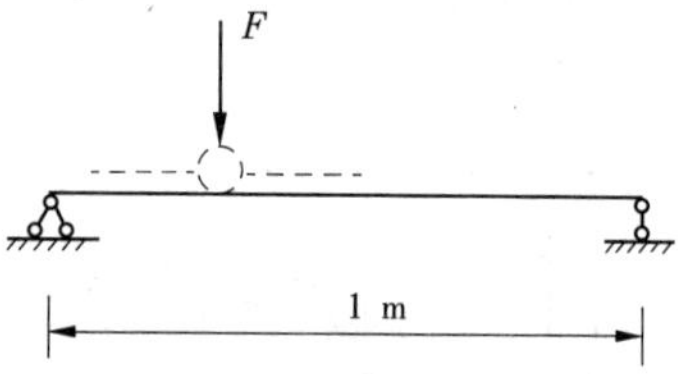

题 9-13 图

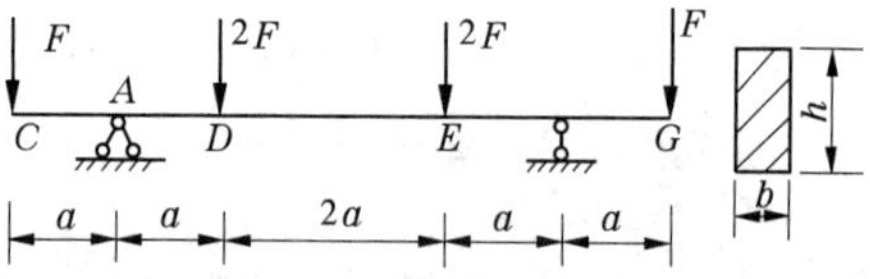

题 9-14 图

9-15　两个16a 槽钢组成的外伸梁受荷载如图所示。已知 l = 2 m，钢材弯曲许用应力[σ] = 140 MPa，试求此梁所能承受的最大荷载 F。

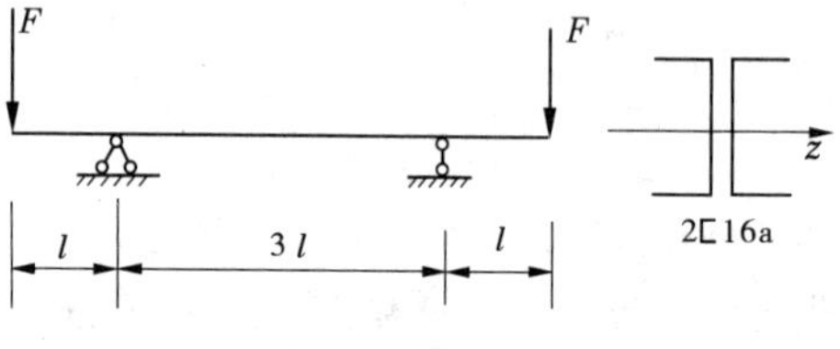

题 9-15 图

第十章 应力状态和强度理论

第一节 应力状态的概念

前面分析过,直杆发生轴向拉伸或压缩时,任意斜截面上的应力 σ、τ 随斜截面倾角 α 的变化而有不同的数值,通过杆件上某一点可以做无数个不同方位的截面,因此杆件上某一点处不同截面上的应力也随所取截面的方位而变化,在其他变形中也同样存在这种情况,**过受力构件内某点各方向的应力状况的总和称为该点的应力状态**。

为了研究受力构件内某点的应力状态,可围绕该点取一个无限小的正六面体,这个正六面体称为**单元体**,单元体上各个截面便代表受力构件内过该点的不同方向截面。如图 10-1(a) 所示,围绕轴向受拉杆件横截面 *abcd* 上一点 *K* 取单元体,如图 10-1(b) 所示,单元体上的平面 1234 及 5678 代表了横截面,1265 及 4378 代表纵截面,而 3456 则代表了过 *K* 点与杆轴线成 45° 角的斜截面。由于单元体边长为无穷小量,可以认为单元体各面上的应力均匀分布,并且平行面上应力是相同的。如图 10-2 所示,如果已知单元体三对互相垂直面上的应力,便可以用截面法和平衡条件,求得过这一点任意方向面上的应力。因此,一点的应力状态可用单元体上三对互垂面上的应力来表示。

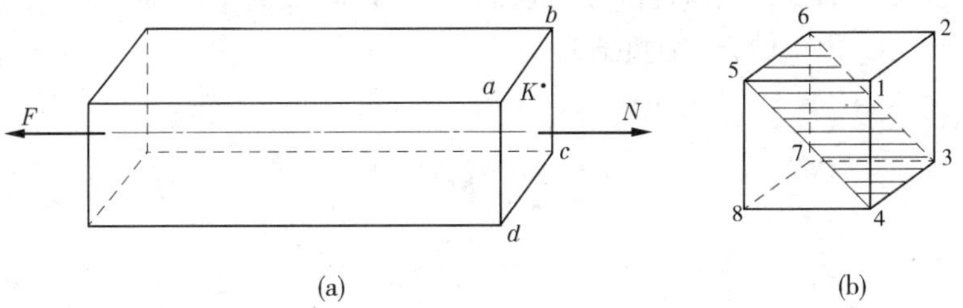

图 10-1

如果**单元体的某一个面上只有正应力分量而无剪应力分量,则这个面称为主平面,主平面上的正应力称为主应力**。可以证明,在受力构件内的任意一点上总可以找到三个互相垂直的主平面,因此总存在三个互相垂直的主应力,通常用 σ_1、σ_2、σ_3 表示**三个主应力**,而且**按代数值大小排列**,即 $\sigma_1 > \sigma_2 > \sigma_3$。

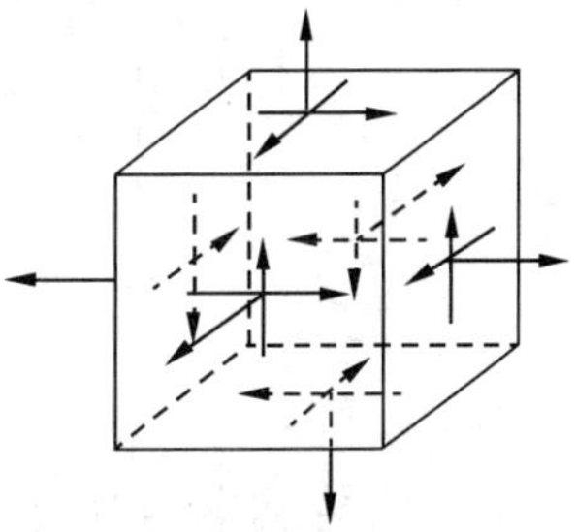
图 10-2

根据主应力的情况,应力状态可分为三种:

(1) 三个主应力中只有一个不等于零,这种应力状态称为**单向应力状态**。例如,轴向拉伸或轴向压缩杆件内任一点的应力状态就属于单向应力状态。

(2) 三个主应力中有两个不等于零,这种应力状态称为**二向应力状态**。例如,横力弯曲梁内任一点(该点不在梁的表面)的应力状态属于二向应力状态。

(3) 三个主应力均不等于零,这种应力状态称为**三向应力状态**。例如,钢轨受到机车车轮压力、滚珠轴承受到滚珠压力作用点处,还有建筑物中基础内的一点均属于三向应力状态。

单向应力状态也称为**简单应力状态**,它与二向应力状态统称为**平面应力状态**;三向应力状态也称为**空间应力状态**。有时把二向应力状态和三向应力状态统称为**复杂应力状态**。

工程中的构件受力时,其危险点大多处于平面应力状态,因此本章将重点介绍平面应力状态。

第二节　平面应力状态分析

如图 10-3 (a) 所示的单元体,因外法线与 z 轴重合的平面上其剪应力、正应力均为零,说明该单元体至少有一个主应力等于零,因此该单元体处于平面应力状态。为便于研究,取其中平面 $abcd$ 来代替单元体的受力情况(见图 10-3(b))。任意斜截面的表示方法及有关规定如下:

(1)用 x 轴与截面外法线 n 间的夹角 α 表示该截面。

(2)α 的正负号:由 x 轴向 n 旋转,逆时针方向为正,顺时针方向为负(图 10-3(b) 的 α 为正)。

(3)σ_α 的正负号:拉应力为正,压应力为负(图 10-3 的 σ_x、σ_y、σ_α 均为正值)。

(4)τ_α 的正负号:τ_α 对截面内侧任一点的力矩转向,顺时针方向为正,逆时针方向为负(图 10-3 的 τ_x、τ_α 为正值,τ_y 为负值)。

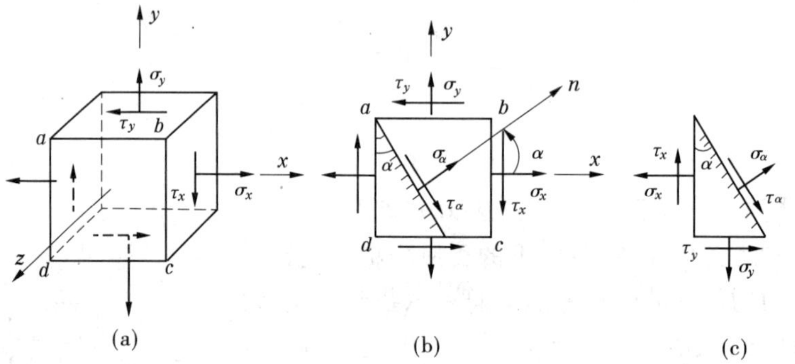

图 10-3

一、任意斜截面上的应力

计算任意斜截面上的应力有两种方法:解析法和图解法。

(一) 解析法

因研究的构件是平衡的,因此从构件内一点取单元体,并从单元体上取一部分

（见图 10-3(c)），则该部分也处于平衡。由平衡条件可以求得平面应力状态下单元体任意斜截面上的应力计算公式

$$\sigma_\alpha = \frac{\sigma_x + \sigma_y}{2} + \frac{\sigma_x - \sigma_y}{2}\cos 2\alpha - \tau_x \sin 2\alpha \qquad (10\text{-}1)$$

$$\tau_\alpha = \frac{\sigma_x - \sigma_y}{2}\sin 2\alpha + \tau_x \cos 2\alpha \qquad (10\text{-}2)$$

应用上式计算 σ_α、τ_α 时，各已知应力 σ_x、σ_y、τ_x 和 α 均用其代数值。

【例 10-1】 求如图 10-4 所示各点应力状态下指定斜截面上的应力（各应力单位是 MPa），并用图表示出来。

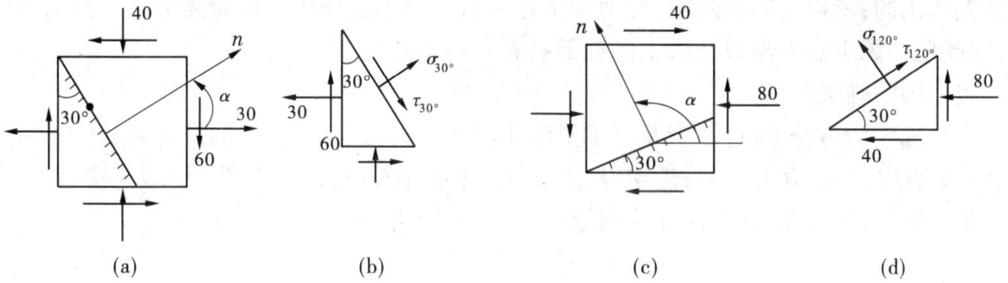

图 10-4

解：(1) 从图 10-4(a) 中可知：$\sigma_x = 30$ MPa，$\sigma_y = -40$ MPa，$\tau_x = 60$ MPa，$\alpha = 30°$，将各数值代入式(10-1)、式(10-2) 得斜截面上的应力

$$\sigma_{30°} = \frac{30 + (-40)}{2} + \frac{30 - (-40)}{2}\cos(2 \times 30°) - 60\sin(2 \times 30°) = -39.46(\text{MPa})$$

$$\tau_{30°} = \frac{30 - (-40)}{2}\sin(2 \times 30°) + 60\cos(2 \times 30°) = 60.31(\text{MPa})$$

将 $\sigma_{30°}$、$\tau_{30°}$ 方向画在斜截面上如图 10-4(b) 所示。

(2) 从图 10-4(c) 中可知：$\sigma_x = -80$ MPa，$\sigma_y = 0$，$\tau_x = -40$ MPa，$\alpha = 120°$，则

$$\sigma_{120°} = \frac{-80}{2} + \frac{-80}{2}\cos(2 \times 120°) - (-40)\sin(2 \times 120°) = -54.64(\text{MPa})$$

$$\tau_{120°} = \frac{-80}{2}\sin(2 \times 120°) + (-40)\cos(2 \times 120°) = 54.64(\text{MPa})$$

$\sigma_{120°}$、$\tau_{120°}$ 方向如图 10-4(d) 所示。

（二）图解法

用图解法计算斜截面上的应力，需要先做“应力圆”。

将式(10-1) 改写为

$$\sigma_\alpha - \frac{\sigma_x + \sigma_y}{2} = \frac{\sigma_x - \sigma_y}{2}\cos 2\alpha - \tau_x \sin 2\alpha \qquad (10\text{-}3)$$

再将式(10-3) 和式(10-2) 两边平方，然后相加，并应用 $\sin^2 2\alpha + \cos^2 2\alpha = 1$，便可得出

$$\left(\sigma_\alpha - \frac{\sigma_x + \sigma_y}{2}\right)^2 + \tau_\alpha^2 = \left(\frac{\sigma_x - \sigma_y}{2}\right)^2 + \tau_x^2 \qquad (10\text{-}4)$$

对于所研究的单元体，σ_x、σ_y、τ_x 是常量，σ_α、τ_α 是变量（随 α 的变化而变化），故令 $\sigma_\alpha=x$、$\tau_\alpha=y$、$\frac{\sigma_x+\sigma_y}{2}=a$、$\sqrt{\left(\frac{\sigma_x-\sigma_y}{2}\right)^2+\tau_x^2}=R$，则式(10-4)变为如下形式

$$(x-a)^2+y^2=R^2$$

由解析几何可知，上式代表的是圆心坐标为$(a,0)$、半径为R的圆。因此，式(10-4)代表一个圆方程；若取 σ 为横坐标，τ 为纵坐标，则该圆的圆心是$\left(\frac{\sigma_x+\sigma_y}{2},0\right)$，半径等于 $\sqrt{\left(\frac{\sigma_x-\sigma_y}{2}\right)^2+\tau_x^2}$，这个圆称为“应力圆”。因应力圆是德国学者莫尔（O. Mohr）于1882年最先提出的，所以又叫莫尔圆。应力圆上任一点坐标代表所研究单元体上任一截面的应力，因此**应力圆上的点与单元体上的截面有着一一对应关系**。

应力圆的画法如下：

取坐标轴为 σ、τ 的直角坐标系（见图10-5(b)），按一定的比例尺量取 $OA=\sigma_x$，$AD_1=\tau_x$，$OB=\sigma_y$，$BD_2=\tau_y$；连接 D_1、D_2，与 σ 轴交于 C 点，以 C 为圆心、CD_1（或 CD_2）为半径画一圆，容易证明，这个圆即为所求的应力圆。因为

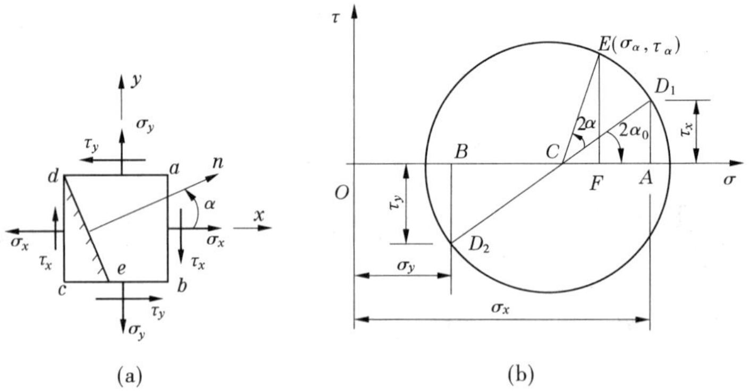

图 10-5

$$OC=\frac{1}{2}(OA+OB)=\frac{1}{2}(\sigma_x+\sigma_y)$$

所以，圆心为$\left(\frac{\sigma_x+\sigma_y}{2},0\right)$。

又因为

$$CA=\frac{OA-OB}{2}=\frac{\sigma_x-\sigma_y}{2}$$

$$AD_1=\tau_x$$

所以，圆的半径为

$$CD_1=\sqrt{CA^2+AD_1^2}=\sqrt{\left(\frac{\sigma_x-\sigma_y}{2}\right)^2+\tau_x^2}$$

证毕。

利用应力圆可求出所研究单元体上任意一个 α 截面上的应力。由于应力圆参数表达式(10-1)、式(10-2)的参变量是 2α，所以单元体上任意两斜截面外法线之间的夹角对应于应力圆上两点之间圆弧所对的圆心角，该圆心角为两斜截面外法线之间夹角的两倍。如要确定图 10-5(a) 斜截面 de 的应力，由应力圆上的 D_1 点(该点对应于截面 ab) 沿逆时针量取圆心角 $\angle D_1CE = 2\alpha$，则 E 点的横、纵坐标分别代表 de 截面上的 σ_α、τ_α。证明如下：

过 E 点做 EF 垂直于 σ 轴，则

$$\begin{aligned}OF &= OC + CF = OC + CE\cos(2\alpha + 2\alpha_0)\\ &= OC + CE\cos 2\alpha_0\cos 2\alpha - CE\sin 2\alpha_0\sin 2\alpha\\ &= OC + CD_1\cos 2\alpha_0\cos 2\alpha - CD_1\sin 2\alpha_0\sin 2\alpha\\ &= OC + CA\cos 2\alpha - AD_1\sin 2\alpha\\ &= \frac{\sigma_x + \sigma_y}{2} + \frac{\sigma_x - \sigma_y}{2}\cos 2\alpha - \tau_x\sin 2\alpha = \sigma_\alpha\end{aligned}$$

即 E 点的横坐标等于斜截面上的正应力。同理可证，E 点的纵坐标等于斜截面上的剪应力。

【例 10-2】　用图解法求解例 10-1。

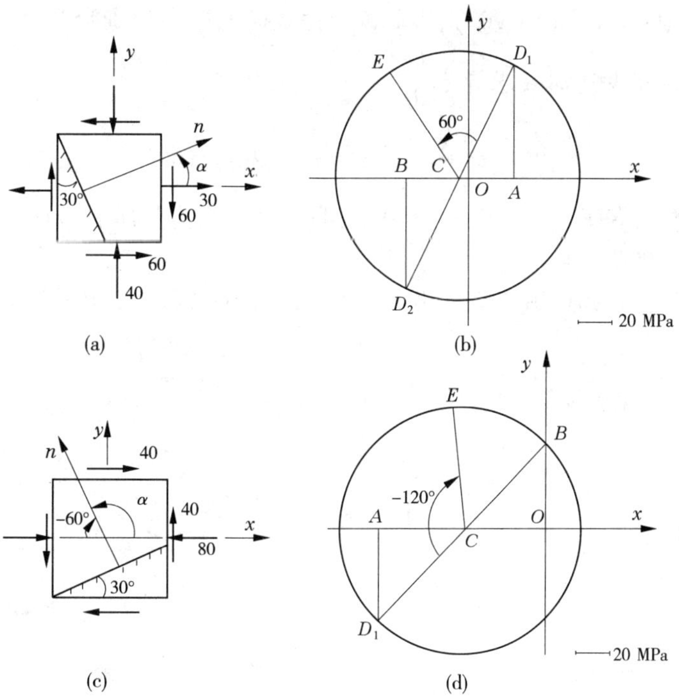

图 10-6

解：(1) 按单元体上的已知应力做应力圆，如图 10-6(b) 所示。

指定斜截面的外法线与 σ_x 间的夹角 $\alpha = 30°$，从应力圆上的 D_1 点逆时针量取圆心角 $60°$ 得 E 点，量出 E 点的横、纵坐标得 $\sigma_E = -40$ MPa、$\tau_E = 60$ MPa。

(2) 做应力圆如图 10-6(d) 所示。

指定斜截面的外法线与 σ_x 间的夹角 $\alpha = 120°$，也可以是 $\alpha = -60°$，从 D_1 点逆时针量

取圆心角 240° 或顺时针量取 $-120°$，得 E 点，量得 $\sigma_E = -55$ MPa、$\tau_E = 55$ MPa。

由以上例题看出，利用应力圆确定单元体任意斜截面上的应力时，应注意应力圆上的点与单元体斜截面位置之间的对应关系，即单元体的两个截面 ab、cd 外法线的夹角若为 β，则应力圆上相应的点 A、B 之间的圆弧所对的圆心角为 2β（见图 10-7），而且两个角度按同一转向量取。

用图解法解题，简捷明快，但精度有限，如果要求较高的精度，则需用解析法。

二、主应力及主平面的确定

主平面是特殊的斜截面，它上面只有正应力而无剪应力，根据这个特点，确定主平面的位置及主应力的大小。

（一）解析法

由式（10-2），令 $\tau_\alpha = 0$，便可得出单元体主平面的位置。设主平面外法线与 x 轴的夹角为 α_0，则

$$\tan 2\alpha_0 = -\frac{2\tau_x}{\sigma_x - \sigma_y} \tag{10-5}$$

其中，α_0 有两个根：α_0 和（$\alpha_0 + 90°$），因此说明由式（10-5）可以确定两个互相垂直的主平面。如果对式（10-1）两边对 α 求导令 $\frac{d\sigma_\alpha}{d\alpha} = 0$，经简化得

$$\frac{\sigma_x - \sigma_y}{2}\sin 2\alpha + \tau_x \cos 2\alpha = 0 \tag{10-6}$$

式（10-6）左边等于 τ_α，因此 $\tau_\alpha = 0$，表明两个主应力是所有截面上正应力的极值 σ_{max}、σ_{min}（极大值和极小值）。

为求出主应力的数值，用如图 10-8 所示的三角关系，代入式（10-1），简化后便可得到主应力计算公式

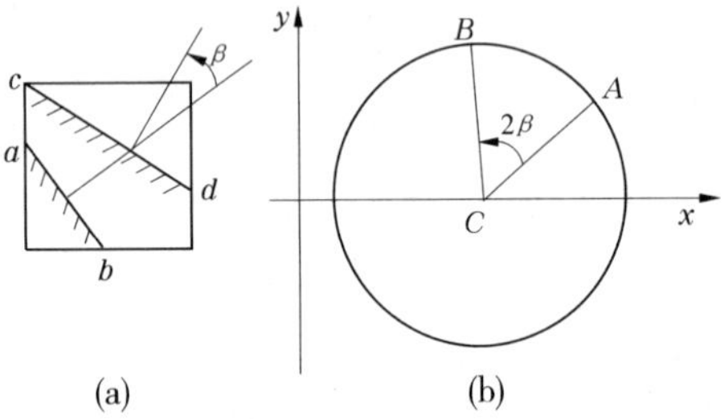

图 10-7

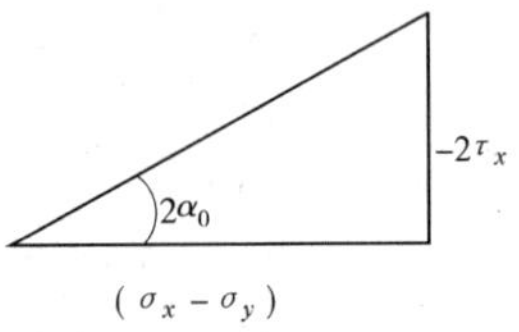

图 10-8

$$\sigma_{\substack{max\\min}} = \frac{\sigma_x + \sigma_y}{2} \pm \sqrt{\left(\frac{\sigma_x - \sigma_y}{2}\right)^2 + \tau_x^2} \tag{10-7}$$

由式（10-7）得出应力有两个，由式（10-5）计算出的角度 α_0 也是两个，那么 α_0 是 x 轴和 σ_{max} 还是 x 轴和 σ_{min} 之间的夹角，可按以下法则来判断：

（1）当 $\sigma_x > \sigma_y$ 时，α_0 是 x 轴与 σ_{max} 的夹角。

（2）当 $\sigma_x < \sigma_y$ 时，α_0 是 x 轴与 σ_{min} 的夹角。

(3) 当 $\sigma_x = \sigma_y$ 时，$\alpha_0 = 45°$，主应力的方位可由单元体上剪应力的情况判断(见图 10-9(a)、(b))。

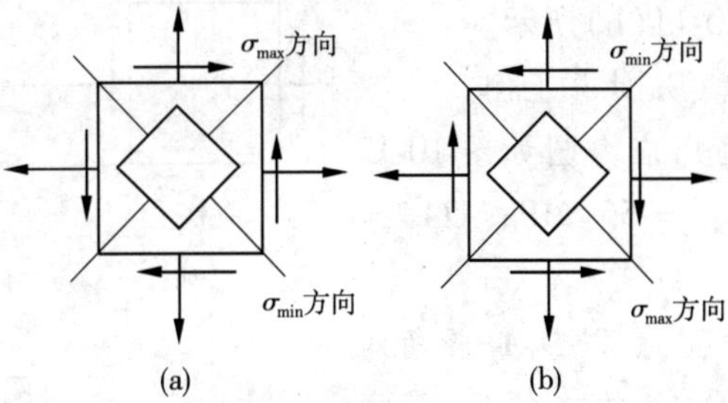

图 10-9

应指出：用以上法则时，由式(10-5)计算的 $2\alpha_0$ 应取锐角(正或负)。

因为平面应力状态至少有一个主应力等于零，因此可根据 σ_{max}、σ_{min} 的正负号确定 σ_1、σ_2、σ_3。

(二) 图解法

利用应力圆很容易确定主应力与主平面方向。应力圆与 σ 轴的交点 A_1、A_2(见图 10-10(b))的纵坐标 τ 等于零，所以 A_1、A_2 点对应于单元体上两个主平面，其横坐标即为主应力的值。又因 $OA_1 > OA_2$，故 A_1、A_2 分别对应 σ_{max}、σ_{min}。由于 D_1 代表单元体上的 x 平面，则圆心角 $\angle D_1CA_1$ 的一半 —— 圆周角 $\angle D_1A_2A_1$ 为 σ_{max} 所在平面的方位角。

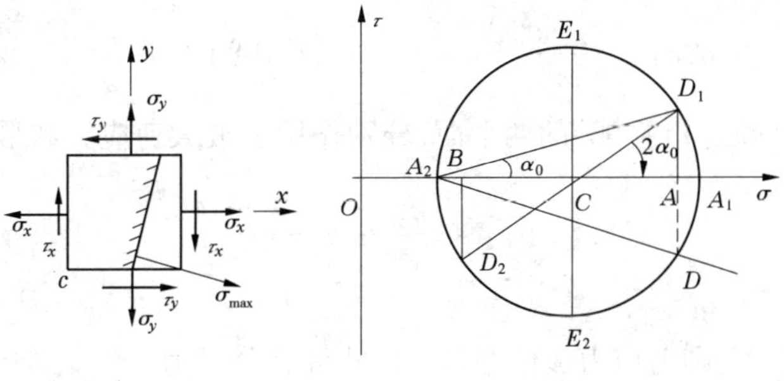

图 10-10

【例 10-3】　试用解析法求如图 10-11(a) 所示应力状态的主应力及其方向，并在单元体上画出主应力的方向(各应力单位为 MPa)。

解：

$$\sigma_{\substack{max\\min}} = \frac{\sigma_x + \sigma_y}{2} \pm \sqrt{\left(\frac{\sigma_x - \sigma_y}{2}\right)^2 + \tau_x^2}$$

$$= \frac{-30 + 50}{2} \pm \sqrt{\left(\frac{-30 - 50}{2}\right)^2 + 20^2}$$

$$= 10 \pm 44.72 = \begin{matrix} 54.72 \\ -34.72 \end{matrix}(\text{MPa})$$

$$\tan 2\alpha_0 = -\frac{2\tau_x}{\sigma_x - \sigma_y} = -\frac{2 \times 20}{-30 - 50} = 0.5$$

$$\alpha_0 = 13°17'$$

因 $\sigma_x<\sigma_y$，所以从 σ_x（x 轴）逆时针方向量取 $13°17'$ 即为 σ_{min} 的方向，σ_{max} 与 σ_{min} 作用面垂直，画到单元体上如图 10-11(b)所示。

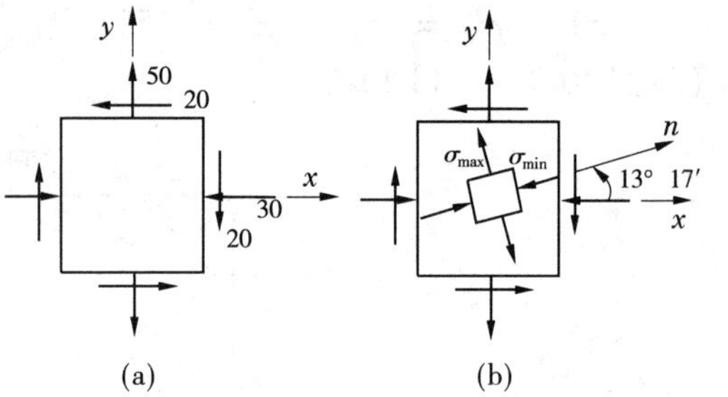

图 10-11

【例 10-4】 试用图解法计算上例。

解：根据已知条件画出应力圆如图 10-12 所示。量得 $OA_1=\sigma_{max}=55$ MPa，$OA_2=\sigma_{min}=-35$ MPa。

因 D_1 点对应于 x 截面，所以 D_1A_2 弧所对的圆周角 $\angle D_1A_1A_2$ 即为 σ_{min} 的方位角，量得 $\alpha_0\approx13°$。在应力圆上的真实方向为 A_1D。

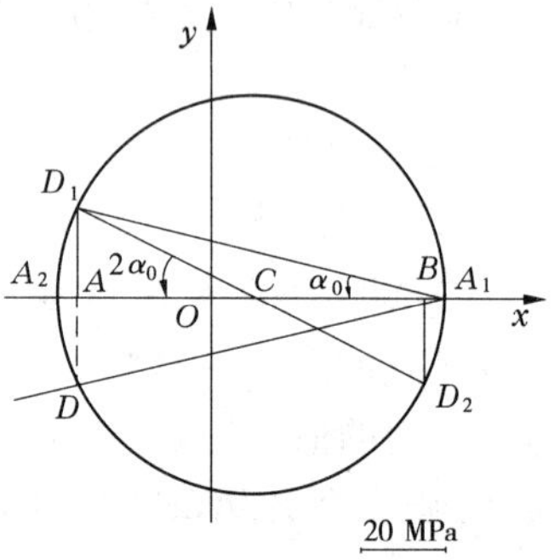

图 10-12

三、最大剪应力的确定

由式(10-2)可确定最大剪应力的大小及所在的位置。

(一)解析法

令 $\frac{d\tau_\alpha}{d\alpha}=0$，则可求得剪应力极值所在平面的方位角 α_1 的计算公式

$$\tan2\alpha_1=\frac{\sigma_x-\sigma_y}{2\tau_x} \tag{10-8}$$

由式(10-8)可确定相差 90°的两个面，分别作用着最大剪应力和最小剪应力，其值可由下式计算

$$\tau_{\substack{max\\min}}=\pm\sqrt{\left(\frac{\sigma_x-\sigma_y}{2}\right)^2+\tau_x^2} \tag{10-9}$$

如果已知主应力，则剪应力极值的另一形式计算公式为

$$\tau_{\substack{max\\min}}=\pm\frac{\sigma_{max}-\sigma_{min}}{2} \tag{10-10}$$

比较式(10-5)和式(10-8)得

$$\tan2\alpha_1=-\cot2\alpha_0 \tag{10-11}$$

即 $\alpha_1=\alpha_0+45°$，说明剪应力的极值平面和主平面成 45°角。

(二)图解法

应力圆上最高点 E_1 及最低点 E_2 显然是 τ_{max}、τ_{min} 对应的位置(见图 10-10(b))，因此两点的纵标分别等于 τ_{max}、τ_{min} 的值；其方位角由 D_1E_1 弧和 D_1E_2 弧所对的圆心角之半(或该弧所对的圆周角)量得。

由应力圆还可以看出，主平面与最大剪应力平面的夹角等于 45°。

【例 10-5】 如图 10-13(a)所示一矩形截面简支梁，矩形尺寸：$b=80$ mm，$h=160$ mm，跨中作用集中荷载 $F=20$ kN。试计算距离左端支座 $x=0.3$ m 的 D 处截面中性层以

上 $y=20$ mm 某点 K 的主应力、最大剪应力及其方位。

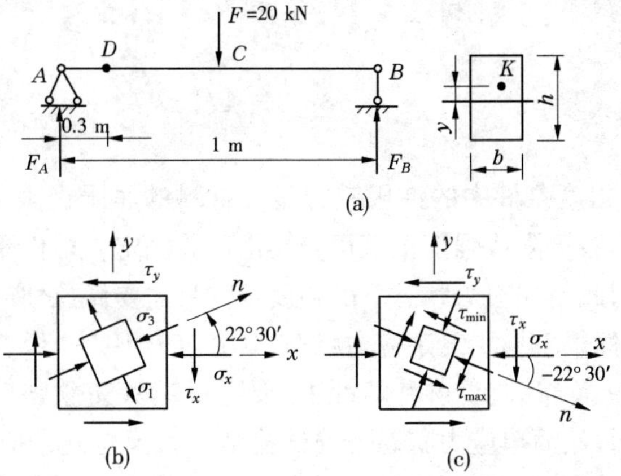

图 10-13

解:(1)计算 D 处的剪力及弯矩。

$$Q_D = F_A = 10\ \text{kN} \qquad M_D = F_A \cdot x = 3\ \text{kN} \cdot \text{m}$$

(2)计算 D 处截面中性层以上 20 mm 处 K 点的正应力及剪应力。

$$\sigma_K = -\frac{M_D y}{I_z} = -\frac{3\times10^6\times20}{\frac{1}{12}\times80\times160^3} = -2.2(\text{MPa})$$

$$\tau_K = \frac{Q_D S}{I_z b} = \frac{Q_D b\left(\frac{h}{2}-y\right)\times\frac{1}{2}\left(\frac{h}{2}+y\right)}{I_z\times b} = 1.1(\text{MPa})$$

(3)计算主应力及其方位。

取 K 点单元体如图 10-13(b)所示,$\sigma_x=\sigma_K=-2.2$ MPa, 因梁的纵向纤维之间互不挤压,故 $\sigma_y=0$;$\tau_x=\tau_D=1.1$ MPa。

$$\sigma_{\substack{1\\3}} = \frac{-2.2}{2}\pm\sqrt{\left(\frac{-2.2}{2}\right)^2+1.1^2} = \begin{matrix}0.46\\-2.66\end{matrix}(\text{MPa})$$

主方向
$$\tan2\alpha_0 = \frac{-2\times1.1}{-2.2} = 1$$

$$\alpha_0 = 22°30'$$

因 $\sigma_x<\sigma_y$,所以 α_0 是 σ_3 所在截面与 σ_x 作用面的夹角。标到单元体上如图 10-13(c)所示。

(4)计算最大剪应力及其方位。

$$\tau_{\substack{\max\\\min}} = \pm\sqrt{\left(\frac{-2.2}{2}\right)^3+1.1^2} = \pm1.56(\text{MPa})$$

$$\tan2\alpha_1 = \frac{-2.2}{2\times1.1} = -1$$

$$\alpha_1 = -22°30'$$

第三节 强度理论

一、强度理论概念

轴向拉伸(压缩)强度条件中的许用应力是由材料的屈服极限或强度极限除以安全系数而得的,材料的屈服极限或强度极限可直接由试验测定。杆件受到轴向拉压时,杆内处于单向应力状态,因此单向应力状态下的强度条件只需要做拉伸或压缩试验便可解决。

但工程上受力构件很多属于复杂应力状态,其主应力不止一个,材料的破坏可以由主应力 σ_1、σ_2、σ_3 无数个组合引起,这种情况下,要通过试验建立强度条件几乎是不可能的,于是人们考虑,能否从简单应力状态下的试验结果去建立复杂应力状态的强度条件?为此人们对材料发生屈服和断裂两种破坏形式进行研究,提出了材料在不同应力状态下产生某种形式破坏的共同原因的各种假设,这些假设称为**强度理论**。根据这些假设,就有可能利用单向拉伸的试验结果,建立复杂应力状态下的强度条件。

二、四个强度理论

目前常用的强度理论,按提出的先后顺序,习惯上称为第一、第二、第三、第四强度理论。

(一)第一强度理论(最大拉应力理论)

17 世纪,伽利略根据直观提出了这一理论。该理论认为:材料的断裂破坏取决于最大拉应力,即不论材料处于什么应力状态,当三个主应力中的主应力 σ_1 达到单向应力状态破坏时的正应力时,材料便发生断裂破坏。相应的强度条件为

$$\sigma_1 \leqslant [\sigma] \tag{10-12}$$

式中,$[\sigma]$为材料轴向拉伸时的许用拉应力。

试验证明,该理论只对少数脆性材料受拉伸的情况相符,对别的材料和其他受力情况不甚可靠。

(二)第二强度理论(最大正应变理论)

该理论是 1682 年由马里奥特(E. Mariotte)提出的。该理论认为:材料的断裂破坏取决于最大正应变,即不论材料处于什么应力状态,当三个主应变(沿主应力方向的应变称为主应变,记为 ε_1、ε_2、ε_3)中的主应变 ε_1 达到单向应力状态破坏时的最大正应变时,材料便会发生断裂破坏。相应的强度条件为

$$\varepsilon_1 \leqslant [\varepsilon]$$

用正应力形式表示,第二强度理论的强度条件为

$$\sigma_1 - \upsilon(\sigma_2 + \sigma_3) \leqslant [\sigma] \tag{10-13}$$

该理论与少数脆性材料试验结果相符,对于具有一拉一压主应力的二向应力状态,试验结果也与此理论计算结果相近;但对塑性材料,则不能被试验结果所证明。该理论适用范围较小,目前已很少采用。

(三)第三强度理论(最大剪应力理论)

该理论是由库仑(C. A. Coulomb)在1773年提出的。该理论认为:材料的破坏取决于最大剪应力,即不论材料处于什么应力状态,当最大剪应力达到单向应力状态破坏时的最大剪应力时,材料便发生破坏。相应的强度条件是

$$\tau_{max} \leqslant [\tau]$$

用正应力形式表示,第三强度理论的强度条件是

$$\sigma_1 - \sigma_3 \leqslant [\sigma] \tag{10-14}$$

试验证明,该理论对塑性材料较为符合,而且偏于安全。但对三向等拉应力状态下材料发生破坏,该理论无法解释。

(四)第四强度理论(能量强度理论)

该理论最早是由贝尔特拉密(E. Beltrami)于1885年提出的,但未被试验所证实,后于1904年由波兰力学家胡勃(M. T. Huber)修改。该理论认为:材料的破坏取决于形状改变比能[1],即材料不论处于什么应力状态,当形状改变比能达到单向应力状态破坏时的形状改变比能时,材料便发生破坏。相应的强度条件为

$$v_d \leqslant [v_d]$$

用正应力形式表示,第四强度理论的强度条件为

$$\sqrt{\frac{1}{2}[(\sigma_1-\sigma_2)^2+(\sigma_2-\sigma_3)^2+(\sigma_3-\sigma_1)^2]} \leqslant [\sigma] \tag{10-15}$$

试验证明,对许多塑性材料,该理论与试验情况很相符。但按该理论,在三向等拉时,材料不会发生破坏,这与实际不相符。

可将式(10 12)　式(10 15)四个强度条件写成统一形式

$$\sigma_{xdn} \leqslant [\sigma] \tag{10-16}$$

式中,σ_{xdn}称为相当应力或计算应力,下脚标 n 表示第几个强度理论,因此

$$\left.\begin{aligned} \sigma_{xd1} &= \sigma_1 \\ \sigma_{xd2} &= \sigma_1 - v(\sigma_2+\sigma_3) \\ \sigma_{xd3} &= \sigma_1 - \sigma_3 \\ \sigma_{xd4} &= \sqrt{\frac{1}{2}[(\sigma_1-\sigma_2)^2+(\sigma_2-\sigma_3)^2+(\sigma_3-\sigma_1)^2]} \end{aligned}\right\} \tag{10-17}$$

除以上四个强度理论外,在工程地质与土力学中还经常用到"莫尔强度理论"。该理论的详细论述参见有关书籍,这里不作具体介绍。

【例10-6】 如图10-14(a)所示的简支梁,$F=100$ kN,梁的截面是20a工字钢,材料为2号钢,许用应力$[\sigma]=150$ MPa,$[\tau]=90$ MPa,试对梁进行强度校核。

解:(1)确定危险截面:

---

[1] 杆件在受外力作用时发生变形,此时外力做功,它变为杆件的应变能储存在杆件内,在弹性变形范围内,如果将外力去掉,杆件便恢复形状。单位体积内的应变能称为应变比能,以 v 表示。应变比能可分为两部分:与体积有关的,称为体积改变比能,以 v_v 表示;与形状改变有关的,称为形状改变比能,以 v_d 表示,所以 $v=v_v+v_d$,其中形状改变比能为 $v_d=\frac{1+v}{3E}(\sigma_1^2+\sigma_2^2+\sigma_3^2-\sigma_1\sigma_2-\sigma_2\sigma_3-\sigma_3\sigma_1)$。

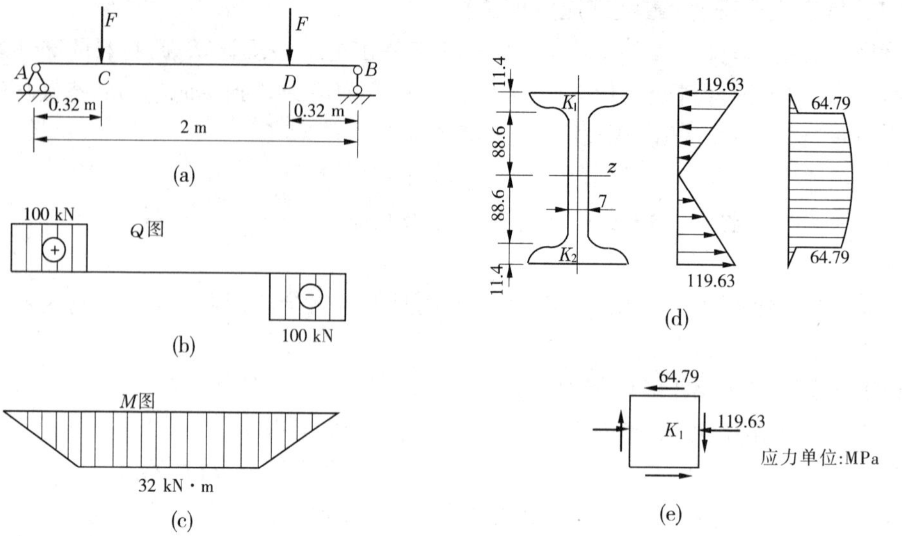

图 10-14

画出梁的剪力图和弯矩图如图 10-14(b)、(c)所示。由图可知,C、D 截面为危险截面,因其危险程度相当,故选择其中 C 截面进行强度校核。

(2)校核最大正应力及最大剪应力:

由型钢规格表查得20a 工字钢有关数据,$I = 2\ 370\ \text{cm}^4$,$W = 237\ \text{cm}^3$,$I/S = 17.2\ \text{cm}$,$d = 7\ \text{mm}$。

由正应力强度条件

$$\sigma_{\max} = \frac{M_{\max}}{W} = \frac{32 \times 10^6}{237 \times 10^3} = 135(\text{MPa}) < [\sigma] = 150\ \text{MPa}$$

即正应力满足强度要求。

$$\tau_{\max} = \frac{QS}{I_z d} = \frac{Q}{\dfrac{I_z}{S} \times d} = \frac{100 \times 10^3}{17.2 \times 10 \times 7} = 83.06(\text{MPa}) < [\tau] = 90\ \text{MPa}$$

剪应力也满足强度要求。

(3)应用强度理论校核:

危险截面上腹板与翼缘交接处的正应力和剪应力同时有较大的数值,因此该处的主应力可能很大,是危险点,应进行强度校核,为此在该处取 $K_1(K_2)$ 点(见图 10-14(d)),围绕该点取单元体,计算单元体上的应力

$$\sigma = \frac{My}{I_z} = \frac{32 \times 10^6 \times 88.6}{2\ 370 \times 10^4} = 119.63(\text{MPa})$$

$$\tau = \frac{QS}{I_z d} = \frac{100 \times 10^3 \times [100 \times 11.4 \times (88.6 + 11.4/2)]}{2\ 370 \times 10^4 \times 7} = 64.79(\text{MPa})$$

将以上应力标到单元体上,如图 10-14(e) 所示。计算主应力

$$\sigma_{\substack{\max \\ \min}} = \frac{\sigma_x + \sigma_y}{2} \pm \sqrt{\left(\frac{\sigma_x - \sigma_y}{2}\right)^2 + \tau_x^2} = \frac{-119.63}{2} \pm \sqrt{\left(\frac{-119.63}{2}\right)^2 + 64.79^2}$$

$$=\begin{matrix}28.36\\-148\end{matrix}(\text{MPa})$$

所以，K_1 点三个主应力为

$$\sigma_1=28.36\ \text{MPa}\qquad\sigma_2=0\qquad\sigma_3=-148\ \text{MPa}$$

因工字钢材料是2号钢，属塑性材料，采用第四强度理论校核

$$\sigma_{xd4}=\sqrt{\frac{1}{2}[(\sigma_1-\sigma_2)^2+(\sigma_2-\sigma_3)^2+(\sigma_3-\sigma_1)^2]}$$

$$=\sqrt{\frac{1}{2}[28.36^2+148^2+(-148-28.36)^2]}$$

$$=164.02(\text{MPa})>[\sigma]=150\ \text{MPa}$$

所以，不满足强度要求（计算得的 σ_{xd4} 已超过了$[\sigma]$的5%），需另选较大的截面。

(4) 重新选择截面：

改选为20b工字钢，查得 $I=2\,500\ \text{cm}^4$，腹板厚度 $d=9$ mm，翼缘宽度 $b=102$ mm，其余尺寸与20a相同。重复以上计算

$$\sigma=\frac{My}{I_z}=\frac{32\times10^6\times88.6}{2\,500\times10^4}=113.4(\text{MPa})$$

$$\tau=\frac{QS}{I_zd}=\frac{100\times10^3\times[102\times11.4\times(88.6+11.4/2)]}{2\,500\times10^4\times9}=48.73(\text{MPa})$$

$$\sigma_{\max\atop\min}=\frac{\sigma_x+\sigma_y}{2}\pm\sqrt{\left(\frac{\sigma_x-\sigma_y}{2}\right)^2+\tau_x^2}$$

$$=-\frac{113.4}{2}\pm\sqrt{\left(\frac{113.4}{2}\right)^2+48.73^2}=\begin{matrix}18.06\\-131.46\end{matrix}(\text{MPa})$$

$$\sigma_{xd4}=\sqrt{\frac{1}{2}[18.06^2+131.46^2+(-131.46-18.06)^2]}$$

$$=141.35(\text{MPa})<[\sigma]=150\ \text{MPa}$$

即满足强度要求，故选用20b工字钢。

思考题

10-1　有人认为，如图所示的单元体因 z 轴方向截面上既没有剪应力，也没有正应力，因此它一定属于二向应力状态，对吗？

10-2　最大剪应力平面上的正应力是否一定相等？

10-3　为什么应用“规则”判断主平面方位时还要限制“$2\alpha_0$ 取锐角”这个条件？

10-4　用应力圆确定某截面上应力时，为什么 2α 总是从 D_1 点（D_1 点代表 x 截面），而不是从 D_2 点量取？

10-5　试用应力圆证明：过一点两个互相垂直截面上正应力之和为常量。这个常量等于多少？

10-6　在第九章对梁已分别按正应力和剪应力进行强度计算，为什么本章又提出按

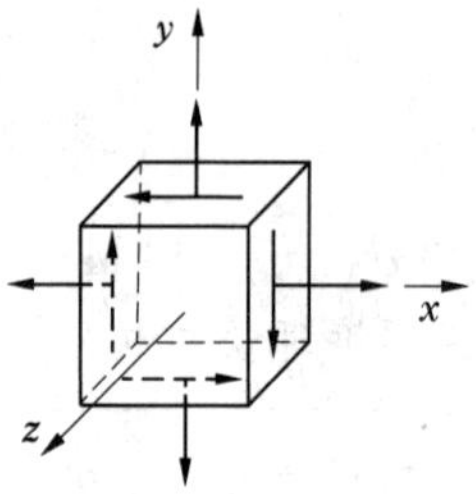

思 10-1 图

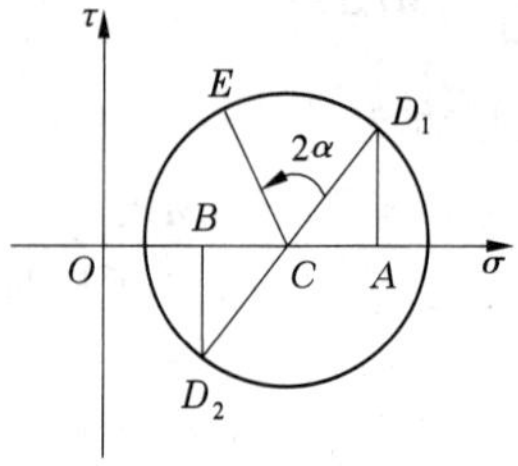

思 10-4 图

强度理论进行校核？对轴向拉压杆是否也需要用强度理论校核？

10-7 水管在冬天常有冻裂现象，根据作用与反作用原理，水管壁与水管所结冰之间的相互作用力应该相等，问为什么不是冰被压碎而是水管被冻裂？

10-8 问在什么情况，平面应力状态下的应力圆有以下特征：①一个点圆；②圆心在原点；③与 τ 轴相切？

习 题

10-1 图示一平面应力状态下的单元体及其应力圆，试在圆上用点表示 0—1、0—2、0—3、0—4、0—5 平面。

10-2 图示单元体及其应力圆，试在单元体上表示相应于应力圆上的点 1、2、3、4。

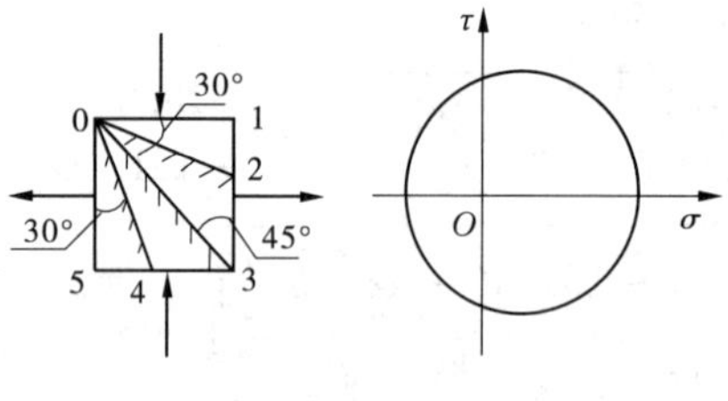

题 10-1 图

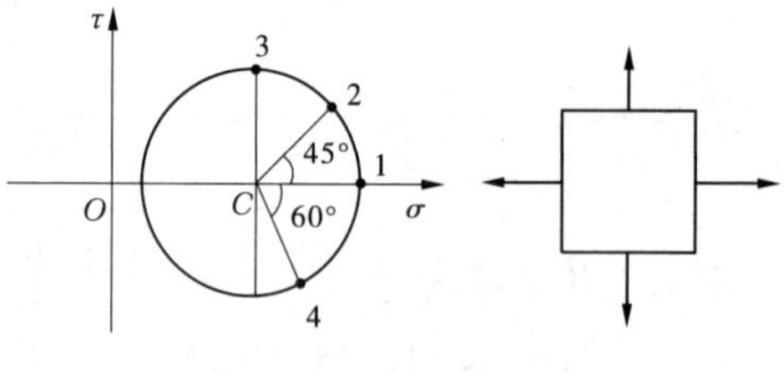

题 10-2 图

10-3 试用解析法及图解法计算图示单元体指定斜截面上的应力。应力单位为 MPa。

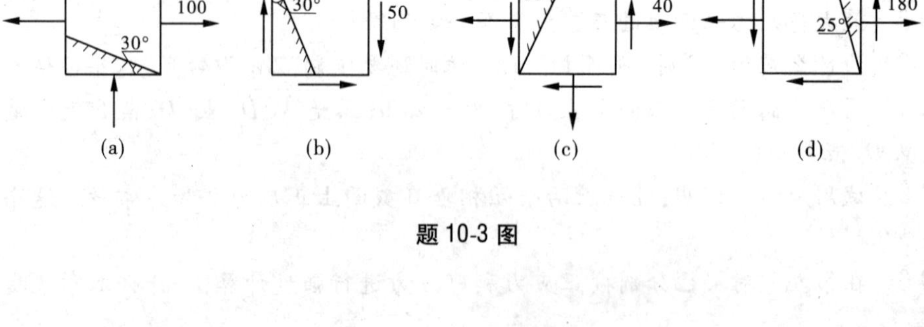

题 10-3 图

10-4　试用解析法及图解法计算图示单元体上的主应力及其方向，并标到单元体上。应力单位为 MPa。

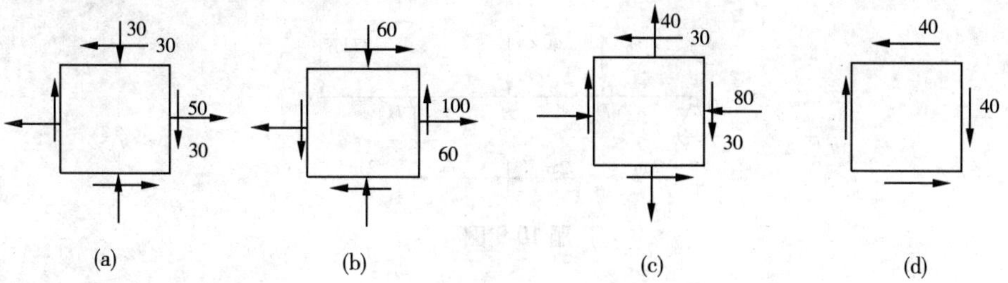

题 10-4 图

10-5　试用解析法及图解法计算图示单元体最大剪应力平面的方位及截面上的最大剪应力值。应力单位为 MPa。

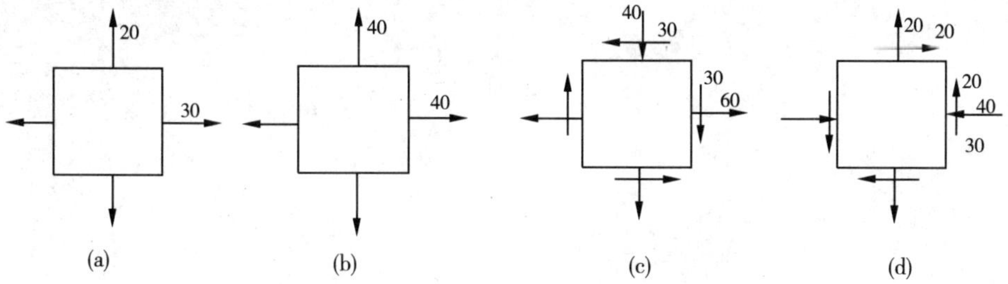

题 10-5 图

10-6　求图示悬臂梁危险截面上 a、b、c 三点处主应力的大小和方向。已知 $F=100$ kN，$l=2$ m，$h=400$ mm，$b=240$ mm。

10-7　如图一直角曲柄把手，AB 段为圆截面，直径 $d=40$ mm。设 $F=2$ kN，计算 A 截面 1 点处的主应力及最大剪应力值。

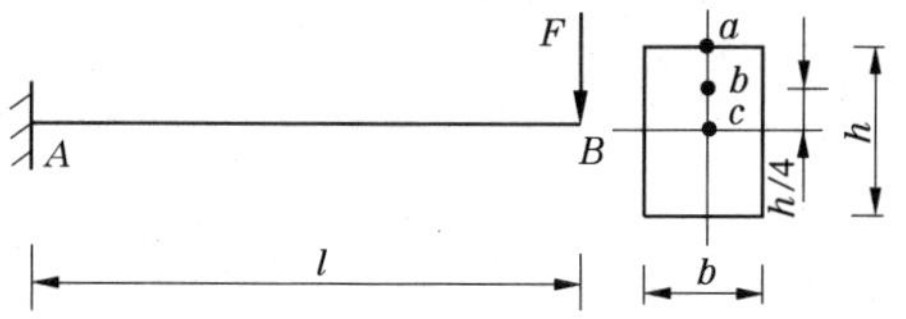

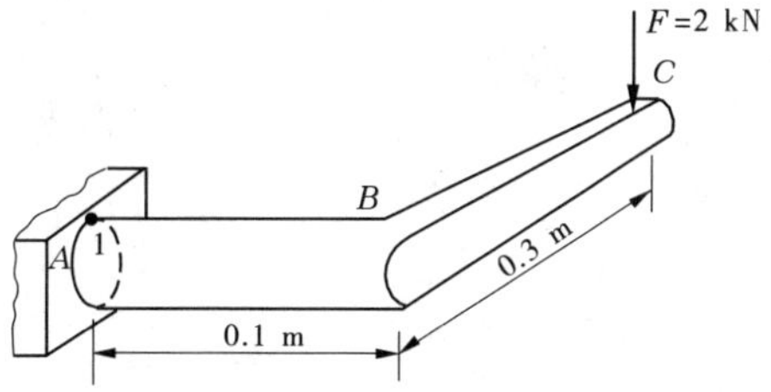

题 10-6 图　　　　题 10-7 图

10-8　钢制圆筒上一点的主应力为 $\sigma_1=45$ MPa，$\sigma_2=0$，$\sigma_3=-120$ MPa。已知钢的 $[\sigma]=160$ MPa，试用第三、第四强度理论校核圆筒的强度。

10-9　如图所示的外伸梁，截面形状为工字形，受如图所示荷载的作用。如需要考虑自重,试选择工字钢的型号,并分别用第三、第四强度理论进行强度校核。已知$[\sigma]=160$ MPa,$[\tau]=100$ MPa。

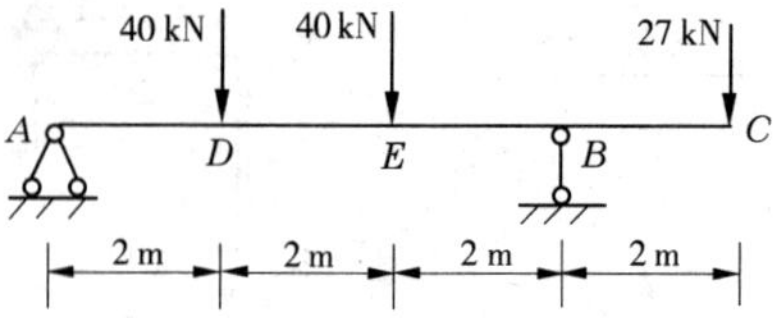

题 10-9 图

第十一章　组合变形

第一节　概　述

在实际工程中,构件在荷载作用下往往不只产生一种基本变形。同时产生两种或两种以上基本变形的变形形式称为**组合变形**。例如,如图 11-1(a)所示屋架上的檩条受到屋面传来的荷载 q 作用,由于荷载作用线不在纵向对称平面内,檩条将在 y、z 两个方向发生平面弯曲,这种组合变形称斜弯曲;如图 11-1(b)所示的烟囱除自重引起的轴向压缩外,还有因水平风力作用而产生的弯曲变形;如图 11-1(c)所示工业厂房的承重柱同时承受屋架传来的荷载 F_1 和吊车荷载 F_2 的作用,因其合力作用线与柱子的轴线不重合,柱子发生偏心压缩;如图 11-1(d)所示的机器中的传动轴,在外力作用下,将发生弯曲与扭转的组合变形。

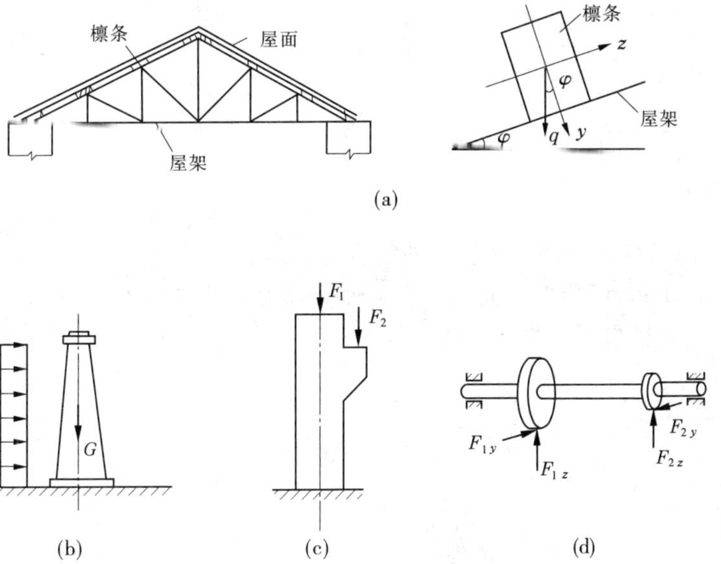

图 11-1

解决组合变形的基本方法是**叠加法**。本章所讨论的组合变形,是在材料服从胡克定律和小变形条件下,此时内力、应力、变形等参量均与荷载成线性关系,故可用叠加原理计算。其做法是首先将组合变形分解为基本变形,然后分别计算各基本变形的应力或变形,最后将其叠加起来,即得构件在组合变形时的应力或变形。

工程中最常见的组合变形主要有下列几种:

(1)斜弯曲。

(2)拉伸(压缩)与弯曲的组合。

(3)偏心压缩(拉伸)。

(4)弯曲与扭转的组合。

第二节　斜弯曲

第六章和第八章讨论了平面弯曲的内力和强度计算。平面弯曲的特点是:外力作用在梁的纵向对称平面内,变形后梁的挠曲线仍在此对称平面内,且外力作用面与中性轴垂直,如图 11-2(a)所示。

如果外力不作用在梁的纵向对称平面内,如图 11-2(b)所示,或者外力通过弯曲中心,但在不与截面形心主轴平行的平面内,如图 11-2(c)所示,在这种情况下,变形后梁的挠曲线所在平面与外力作用平面不重合,这种弯曲变形称为**斜弯曲**。

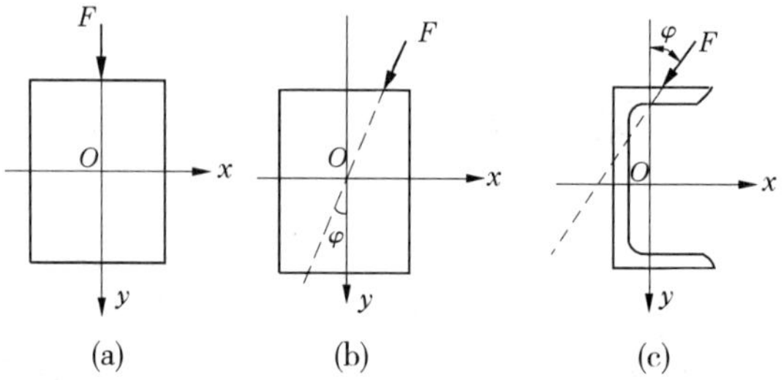

图 11-2

一、外力分析

现以矩形截面悬臂梁为例介绍斜弯曲的应力和强度计算。

如图 11-3(a)所示,设矩形截面的形心主轴分别为 y 轴和 z 轴,作用于梁自由端的外力 F 通过截面形心,且与形心主轴 y 的夹角为 φ。

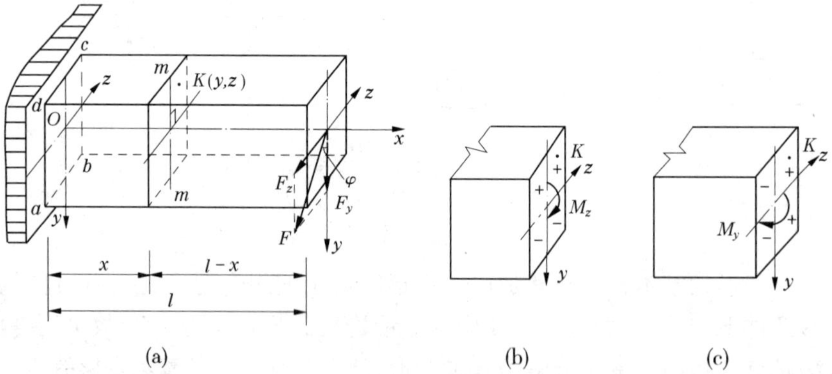

图 11-3

将外力 F 沿 y 轴和 z 轴分解得:

$$F_y = F\cos\varphi \qquad F_z = F\sin\varphi$$

F_y 将使梁在铅垂平面 xOy 内发生平面弯曲；而 F_z 将使梁在水平平面 xOz 内发生平面弯曲。可见，斜弯曲是梁在两个互相垂直方向平面弯曲的组合，故又称为**双向平面弯曲**。

二、内力分析

与平面弯曲一样，在斜弯曲梁的横截面上也有剪力和弯矩两种内力。但由于剪力引起的剪应力数值很小，常常忽略不计。所以，在内力分析时，只考虑弯矩。

在距固定端为 x 的任意横截面 $m—m$ 上由 F_y 和 F_z 引起的弯矩分别为

$$M_z = F_y(l-x) = F(l-x)\cos\varphi = M\cos\varphi$$

$$M_y = F_z(l-x) = F(l-x)\sin\varphi = M\sin\varphi$$

式中，$M = F(l-x)$ 表示力 F 在 $m—m$ 截面上产生的总弯矩。

三、应力分析

在 $m—m$ 截面上任意点 $K(y,z)$ 处，与弯矩 M_z 和 M_y 对应的正应力分别为 σ' 和 σ''，即

$$\sigma' = \frac{M_z y}{I_z} = \frac{M\cos\varphi}{I_z}y$$

$$\sigma'' = \frac{M_y z}{I_y} = \frac{M\sin\varphi}{I_y}z$$

式中，I_z 和 I_y 分别为截面对 z 轴和 y 轴的惯性矩。

根据叠加原理，K 点处总的弯曲正应力，应为上述两个正应力的代数和，即

$$\sigma = \sigma' + \sigma'' = \frac{M_z y}{I_z} + \frac{M_y z}{I_y} = M\left(\frac{\cos\varphi}{I_z}y + \frac{\sin\varphi}{I_y}z\right) \tag{11-1}$$

这就是斜弯曲梁内任意一点正应力计算公式。

应用式(11-1)计算应力时，M 和 y、z 均取绝对值，应力的正负号可以直接观察梁的变形，看弯矩 M_z 和弯矩 M_y 分别引起所求点的正应力是拉应力还是压应力来决定，以拉应力为正号，压应力为负号。

如图 11-3(b)、(c)所示，由 M_z 和 M_y 引起的 K 点处的正应力均为拉应力，故 σ' 和 σ'' 均为正值。

四、强度计算

进行强度计算时，必须首先确定危险截面和危险点的位置。对于如图 11-3 所示的悬臂梁，当 $x=0$ 时，M_z 和 M_y 同时达到最大值。因此，固定端截面就是危险截面，根据对变形的判断，可知棱角 c 点和 a 点是危险点，其中 c 点处有最大拉应力，a 点处有最大压应力，且 $\sigma_c = |\sigma_a| = \sigma_{\max}$。设危险点的坐标分别为 $z_{\max}$ 和 $y_{\max}$，由式(11-1)可得最大正应力为

$$\sigma_{\max} = \frac{M_{z\max} y_{\max}}{I_z} + \frac{M_{y\max} z_{\max}}{I_y} = \frac{M_{z\max}}{W_z} + \frac{M_{y\max}}{W_y}$$

式中，$W_z = \dfrac{I_z}{y_{\max}}$；$W_y = \dfrac{I_y}{z_{\max}}$。

若材料的抗拉强度和抗压强度相等，则其强度条件为

$$\sigma_{\max}=\frac{M_{z\max}}{W_z}+\frac{M_{y\max}}{W_y}\leqslant[\sigma] \tag{11-2}$$

运用上述强度条件，同样可对斜弯曲梁进行强度校核、选择截面和确定许可荷载三类问题的计算。但是，在设计截面尺寸时，因由式(11-2)不能同时确定 W_z 和 W_y 两个未知量，故需首先假设一个 $\frac{W_z}{W_y}$ 的比值，然后和式(11-2)联解求出 W_z 和 W_y，选出截面后再按式(11-2)进行强度校核。矩形截面通常取 $\frac{W_z}{W_y}=1.2\sim2$；工字形截面常取 $\frac{W_z}{W_y}=8\sim10$。

五、挠度计算

弯曲对应杆段的挠度计算也用叠加法，由于分别计算的挠度 f_y、f_z 方向不同，故应用几何相加求截面总挠度为

$$f=\sqrt{f_y^2+f_z^2}\qquad \tan\alpha=\frac{f_z}{f_y}$$

【例 11-1】 矩形截面木檩条，简支在屋架上，跨度 $l=4$ m，荷载及截面尺寸（图中单位为 mm）如图 11-4 所示，材料许用应力 $[\sigma]=10$ MPa，试校核檩条强度，并求最大挠度。

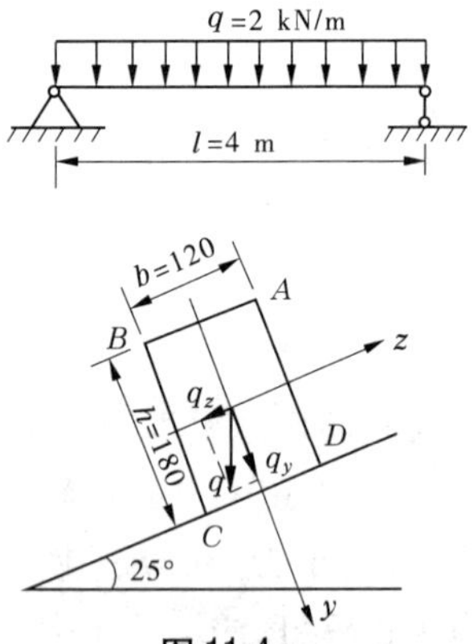

图 11-4

解：(1)外力分析：

将均布荷载 q 沿对称轴 y 轴和 z 轴分解，得

$$q_y=q\cos\varphi=2\times\cos25°=1.81(\text{kN/m})$$

$$q_z=q\sin\varphi=2\times\sin25°=0.85(\text{kN/m})$$

(2)内力计算：

跨中截面为危险截面，M_z、M_y 分别为

$$M_z=q_y l^2/8=1.81\times4^2/8=3.62(\text{kN}\cdot\text{m})$$

$$M_y=q_z l^2/8=0.85\times4^2/8=1.70(\text{kN}\cdot\text{m})$$

(3)强度计算：

跨中截面离中性轴最远的 A 点有最大压应力，C 点有最大拉应力，它们的值大小相等，是危险点。

$$W_z=bh^2/6=120\times180^2/6=6.48\times10^5(\text{mm}^3)$$

$$W_y=hb^2/6=180\times120^2/6=4.32\times10^5(\text{mm}^3)$$

$$\sigma_{\max}=\frac{M_{z\max}}{W_z}+\frac{M_{y\max}}{W_y}=\frac{3.62\times10^6}{6.48\times10^5}+\frac{1.70\times10^6}{4.32\times10^5}=9.52(\text{MPa})<[\sigma]$$

所以，檩条满足强度要求。

(4)挠度计算：

木材 $E=10$ GPa。跨中截面产生最大挠度

$$f_y=\frac{5q_yl^4}{384EI_z}=\frac{5\times1.81\times4\,000^4}{384\times10\times10^3\times\frac{120\times180^3}{12}}=10.35(\text{mm})$$

$$f_z=\frac{5q_zl^4}{384EI_y}=\frac{5\times0.85\times4\ 000^4}{384\times10\times10^3\times\frac{180\times120^3}{12}}=10.93(\mathrm{mm})$$

$$f=\sqrt{f_y^2+f_z^2}=15.05(\mathrm{mm})$$

$$\tan\alpha=\frac{f_z}{f_y}=1.06$$

$$\alpha=46.56°$$

第三节　拉伸(压缩)与弯曲的组合

当杆件同时受轴向外力和横向外力作用时，杆件将产生拉伸(压缩)与弯曲的组合变形。烟囱受自重和风力作用，如图 11-1(b)所示，就是压缩与弯曲组合的例子。对于抗弯刚度 EI 较大的杆件，因弯曲变形而产生的挠度远小于横截面的尺寸，则轴向力由于弯曲变形而产生的弯矩可以略去不计。在这种情况下，可以认为轴向外力仅仅产生拉伸或压缩变形，而横向外力仅仅产生弯曲变形，两者各自独立。因此，仍然可以应用叠加原理进行计算。

下面以图 11-5 所示挡土墙为例，介绍压缩与弯曲组合变形的强度计算。

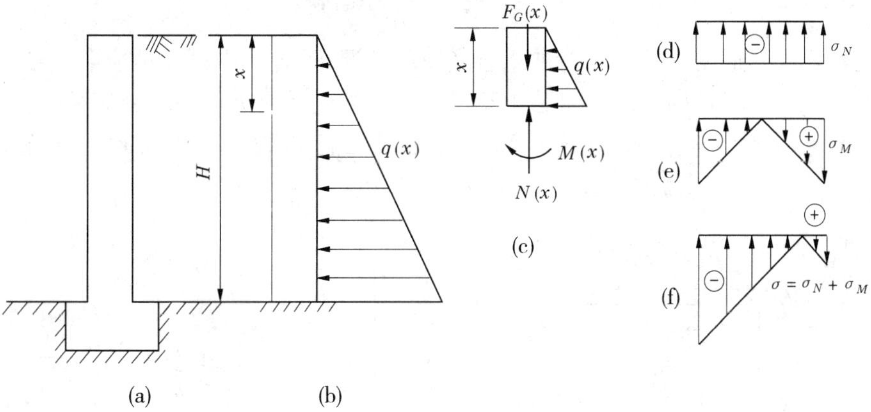

图 11-5

一、外力和内力分析

图 11-5(b)为挡土墙的计算简图，其上所受荷载有水平方向的土压力 $q(x)$ 和垂直方向的自重 $F_G(x)$。土压力使墙产生弯曲变形，自重使墙产生压缩变形。横截面上将有轴力和弯矩两种内力分量，如图 11-5(c)所示。

二、应力分析

在距挡土墙顶端为 x 的任意截面上，由于自重作用产生均匀分布的压应力为

$$\sigma_N=-\frac{N(x)}{A}$$

由于土压力作用，在该截面上任一点产生的弯曲正应力为

$$\sigma_M = \pm \frac{M(x)y}{I_z}$$

因此，该截面上任一点的总应力为

$$\sigma = \sigma_N + \sigma_M = -\frac{N(x)}{A} \pm \frac{M(x)y}{I_z} \tag{11-3}$$

式中第二项正负号由计算点处的弯曲正应力的正负号来决定，即弯曲在该点产生拉应力时取正，反之取负。应力 σ_N、σ_M 和 σ 的分布情形分别如图 11-5(d)、(e)、(f)所示(图中为 $|\sigma_M| > |\sigma_N|$ 的情况)。

三、强度计算

对于所研究的挡土墙，其底部截面的轴力和弯矩均为最大，所以是危险截面。危险截面上的最大、最小正应力为

$$\sigma_{\substack{max \\ min}} = -\frac{N_{max}}{A} \pm \frac{M_{max}}{W_z} \tag{11-4}$$

则强度条件为

$$\sigma_{\substack{max \\ min}} = -\frac{N_{max}}{A} \pm \frac{M_{max}}{W_z} \leqslant [\sigma] \tag{11-5}$$

以上各式同样适用于拉伸与弯曲组合变形的情况，不过式中第一项应取正号。

【例 11-2】 如图 11-6(a)所示挡土墙，墙高 $l = 3$ m，墙厚 $h = 2$ m，墙体很长。设土壤对每米长的墙体的水平总压力 $F = 30$ kN，作用在离基础 $l/3$ 的高度。墙体容重为 20 kN/m^3，求基础底面上的最大压应力。

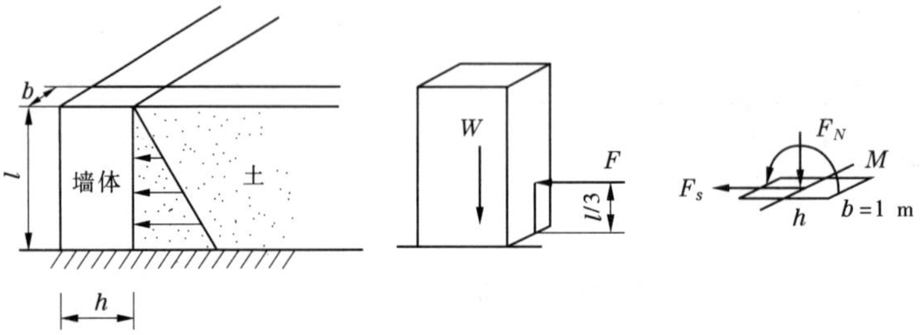

(a) (b) (c)

图 11-6

解：(1) 受力分析。由于每单位长度的受力情况相同，取单位长度为 1 m 的一段墙体进行计算，如图 11-6(b)所示，该段墙体受自重 W 及土体的水平推力作用。

(2) 内力。因墙体受自重及水平力作用，危险截面在底面，内力如图 11-6(c)所示。轴力为

$$F_N = 1 \times 2 \times 3 \times 20 = 120(\text{kN})$$

弯矩为

$$M = F \times \frac{l}{3} = \frac{30 \times 3}{3} = 30(\text{kN} \cdot \text{m})$$

(3)最大应力。底截面受压弯组合,危险点为截面的左侧边缘,剪应力为零。所以在截面左、右侧有应力极值

$$\sigma_{左} = -\frac{F_N}{A} - \frac{M}{W} = -\frac{120}{2} - \frac{30 \times 8}{1 \times 2^2} = -105(\text{kN} \cdot \text{m}^2) = -0.105\ \text{MPa}$$

$$\sigma_{右} = -\frac{F_N}{A} + \frac{M}{W} = -0.015(\text{MPa})$$

可见最大压应力在底截面左侧边缘,即 $\sigma_{c,\max} = 0.105$ MPa。

第四节　偏心压缩(拉伸)

当作用在杆件上的外力与杆轴平行但不重合时,杆件所发生的变形称为偏心压缩(拉伸)。这种外力称为偏心力,偏心力的作用点到截面形心的距离称为**偏心距**,常用 e 表示。偏心压缩(拉伸)是工程实际中常见的组合变形形式。例如,混凝土重力坝刚建成还未挡水时,坝的水平截面仅受不通过形心的重力作用,此时属偏心压缩;厂房边柱,受吊车梁作用,也属于偏心压缩。

一、偏心压缩(拉伸)时的强度计算

根据偏心力作用点位置不同,常将偏心压缩分为单向偏心压缩和双向偏心压缩两种情况,下面分别讨论其强度计算。

(一)单向偏心压缩

当偏心压力 F 作用在截面上的某一对称轴(例如 y 轴)上的 K 点时,杆件产生的偏心压缩称为单向偏心压缩(见图 11-7(a)),这种情况在工程实际中最常见。

1. 外力分析

将偏心压力 F 向截面形心简化,得到一个轴向压力 F 和一个力偶矩 $m = Fe$ 的力偶(见图11-7(b))。

2. 内力分析

用截面法可求得任意横截面 m—m 上的内力为

$$N = -F \qquad M_z = m = Fe$$

由外力简化和内力计算结果可知,偏心压缩为轴向压缩与纯弯曲的变形组合。

3. 应力分析

根据叠加原理,将轴力 N 对应的正应力 σ_N 与弯矩 M 对应的正应力 σ_M 叠加起来,即得单向偏心压缩时任意横截面上任一处正应力的计算式

$$\sigma = \sigma_N + \sigma_M = \frac{N}{A} \pm \frac{M_z y}{I_z} = -\frac{F}{A} \pm \frac{Fe}{I_z} y \qquad (11\text{-}6)$$

应用式(11-6)计算应力时,式中各量均以绝对值代入,公式中第二项前的正负号通过观察弯曲变形确定,该点在受拉区为正,在受压区为负。

4. 最大应力

若不计柱自重,则各截面内力相同。由应力分布图(见图 11-7(d))可知偏心压缩时

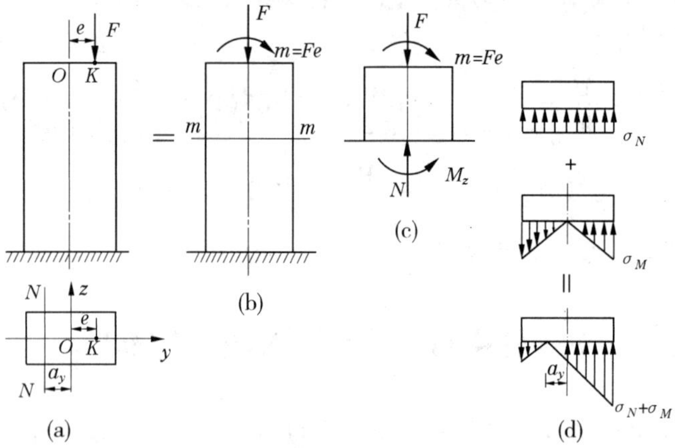

图 11-7

的中性轴不再通过截面形心，最大正应力和最小正应力分别发生在横截面上距中性轴 N—N 最远的左、右两边缘上，其计算公式为

$$\sigma_{\substack{\max\\ \min}} = -\frac{F}{A} \pm \frac{Fe}{W_z} \tag{11-7}$$

（二）双向偏心压缩

当外力 F 不作用在对称轴上，而是作用在横截面上任意位置 K 点处时（见图 11-8（a）），产生的偏心压缩称为双向偏心压缩。这是偏心压缩的一般情况，其计算方法和步骤与单向偏心压缩相同。

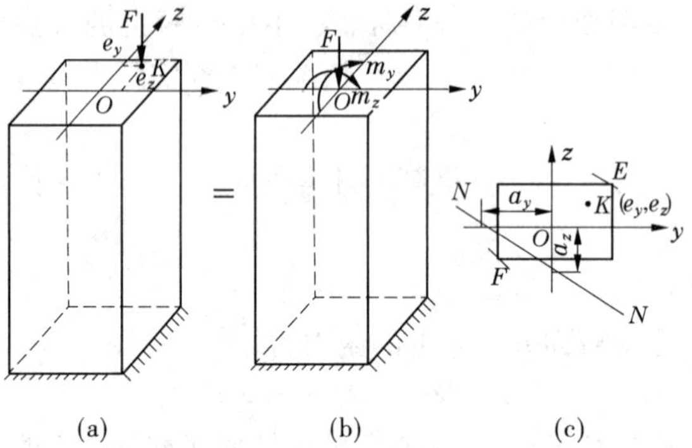

图 11-8

若用 e_y 和 e_z 分别表示偏心压力 F 作用点到 z、y 轴的距离，将外力向截面形心 O 简化得一轴向压力 F 和对 y 轴的力偶矩 $m_y = Fe_z$，对 z 轴的力偶矩 $m_z = F\,e_y$（见图 11-8（b））。

由截面法可求得杆件任一截面上的内力有轴力 $N = -F$、弯矩 $M_y = m_y = Fe_z$ 和 $M_z = m_z = Fe_y$。由此可见，双向偏心压缩实质上是压缩与两个方向纯弯曲的组合，或压缩与斜弯曲的组合变形。

根据叠加原理，可得杆件横截面上任意一点 $C(y,z)$ 处正应力计算式为

$$\sigma = \sigma_N + \sigma_{M_y} + \sigma_{M_z} = \frac{N}{A} \pm \frac{M_y}{I_y}z \pm \frac{M_z}{I_z}y = -\frac{F}{A} \pm \frac{Fe_z}{I_y}z \pm \frac{Fe_y}{I_z}y \tag{11-8}$$

最大、最小正应力发生在截面距中性轴 $N—N$ 最远的角点 E、F 处(见图 11-8(c))。

$$\left.\begin{matrix}\sigma_{max}^{F}\\ \sigma_{min}^{E}\end{matrix}\right\} = -\frac{F}{A} \pm \frac{M_y}{W_y} \pm \frac{M_z}{W_z} \tag{11-9}$$

上述各公式同样适用于偏心拉伸,但须将公式中第一项前改为正号。

二、截面核心

水利等土木建筑工程中常用的砖、石、混凝土等脆性材料,它们的抗拉强度远远小于抗压强度,所以在设计由这类材料制成的偏心受压构件时,要求横截面上不出现拉应力。由式(11-7)、式(11-9)可知,当偏心压力 F 和截面形状、尺寸确定后,应力的分布只与偏心距有关。偏心距愈小,横截面上拉应力的数值也就愈小。因此,总可以找到包含截面形心在内的一个特定区域,当偏心压力作用在该区域内时,截面上就不会出现拉应力,这个区域称为截面核心。如图 11-9 所示的矩形截面杆,在单向偏心压缩时,要使横截面上不出现拉应力,就应使

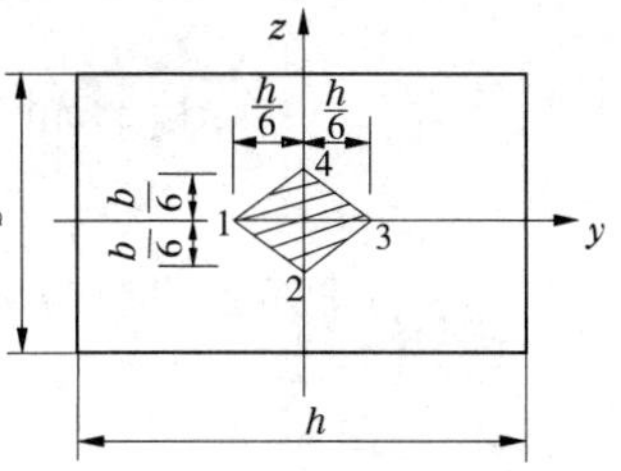

图 11-9

$$\sigma_{max}^{+} = -\frac{F}{A} + \frac{Fe}{W_z} \leqslant 0$$

将 $A = bh$、$W_z = \frac{bh^2}{6}$代入上式可得

$$1 - \frac{6e}{h} \geqslant 0$$

从而得 $e \leqslant \frac{h}{6}$,这说明当偏心压力作用在 y 轴上 $\pm\frac{h}{6}$范围以内时,截面上不会出现拉应力。同理,当偏心压力作用在 z 轴上 $\pm\frac{b}{6}$的范围以内时,截面上就不会出现拉应力。当偏心压力不作用在对称轴上时,可以证明将图中 1、2、3、4 点顺次用直线连接所得的菱形,即为矩形截面核心。常见截面的截面核心如图 11-10 所示。

【例 11-3】 如图 11-11 所示一厂房的牛腿柱。设由屋架传来的压力 $F_1 = 100$ kN,由吊车梁传来的压力 $F_2 = 30$ kN,F_2 与柱子的轴线有一偏心距 $e = 0.2$ m。如果柱横截面宽度 $b = 180$ mm,试求当 h 为多少时,截面才不会出现拉应力,并求柱这时的最大压应力。

解:(1)外力计算:

$$F = F_1 + F_2 = 100 + 30 = 130\ (\text{kN})$$
$$m_z = F_2 e = 30 \times 0.2 = 6(\text{kN}\cdot\text{m})$$

(2)内力计算:

用截面法可求得横截面上的内力为

$$N = -F = -130\ \text{kN}$$
$$M_z = m_z = F_2 e = 6\ \text{kN}\cdot\text{m}$$

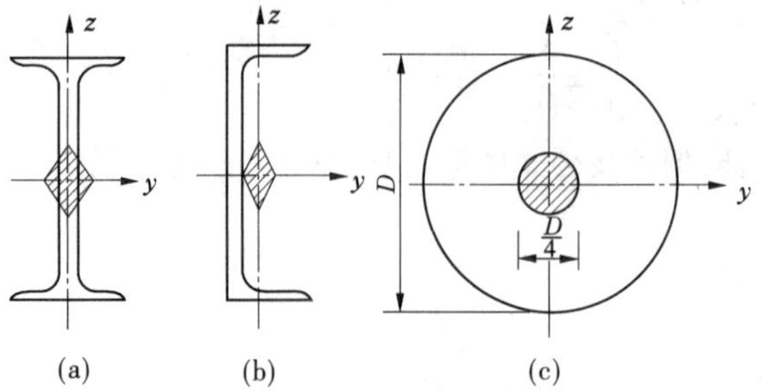

图 11-10

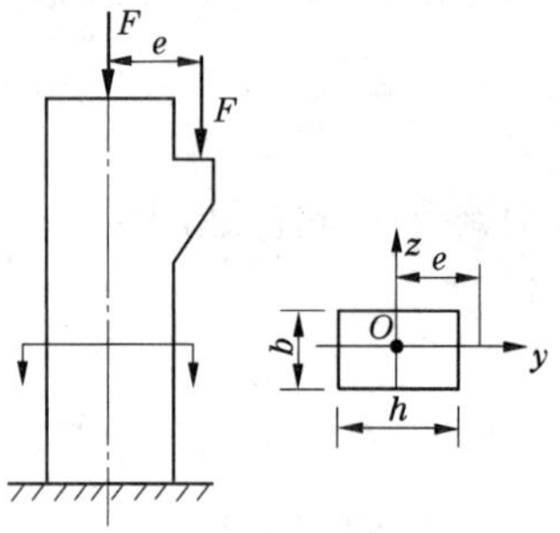

图 11-11

(3)应力计算：

若使截面上不出现拉应力，必须令 $\sigma_{max}^{+}=0$，即

$$\sigma_{max}^{+}=-\frac{F}{A}+\frac{M_z}{W_z}=-\frac{130\times10^3}{0.18h}+\frac{6\times10^3}{0.18h^2/6}=0$$

解得

$$h=0.28\ \text{m}$$

此时柱的最大压应力发生在截面的右边缘上各点处，其值为

$$\sigma_{max}^{-}=\frac{F}{A}+\frac{M_z}{W_z}=\frac{130\times10^3}{0.18\times0.28}+\frac{6\times10^3}{\frac{1}{6}\times0.18\times0.28^2}=5.13\times10^6(\text{Pa})=5.13\ \text{MPa}$$

思考题

11-1 何谓组合变形？如何计算组合变形杆件横截面上任一点的应力？

11-2 何谓平面弯曲？何谓斜弯曲？二者有何区别？

11-3 何谓单向偏心拉伸(压缩)？何谓双向偏心拉伸(压缩)？

11-4 将斜弯曲、拉(压)弯组合及偏心拉伸(压缩)分解为基本变形时，如何确定各基本变形下正应力的正负？

11-5 对斜弯曲和拉(压)弯组合变形杆进行强度计算时，为何只考虑正应力而不考虑剪应力？

11-6 什么叫截面核心？为什么工程中将偏心压力控制在受压杆件的截面核心范围内？

习 题

11-1 桥式吊车梁由32a 工字钢制成，当小车走到梁跨度中点时，吊车梁处于最不利的受力状态。吊车工作时，由于惯性和其他原因，荷载 F 偏离铅垂线与 y 轴成 $\varphi=15°$ 的夹角。已知 $l=4$ m，$[\sigma]=160$ MPa，$F=30$ kN，试校核吊车梁的强度。

11-2 如图所示木制悬臂梁在水平对称平面内受力 $F_1=1.6$ kN，竖直对称平面内受力 $F_2=0.8$ kN 的作用，梁的矩形截面尺寸为 9 cm×18 cm，$E=10\times10^3$ MPa，试求梁的最大拉压应力数值及其位置。

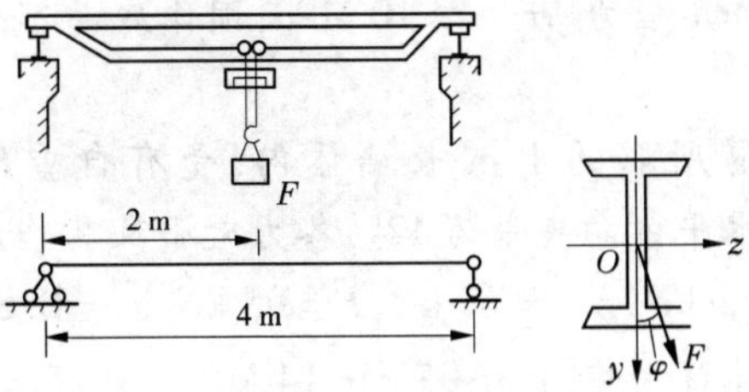

题 11-1 图

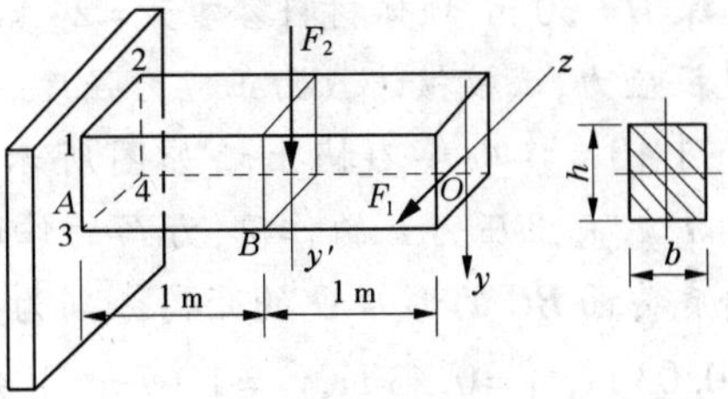

题 11-2 图

11-3　矩形截面悬臂梁受力如图所示，F 通过截面形心且与 y 轴成角 φ，已知 $F=1.2$ kN，$l=2$ m，$\varphi=12^\circ$，$\dfrac{h}{b}=1.5$，材料的容许正应力 $[\sigma]=10$ MPa，试确定 b 和 h 的尺寸。

11-4　承受均布荷载作用的矩形截面简支梁如图所示，q 与 y 轴成 φ 角且通过形心，已知 $l=4$ m，$b=10$ cm，$h=15$ cm，材料的容许应力 $[\sigma]=10$ MPa，试求梁能承受的最大分布荷载 q_{max}。

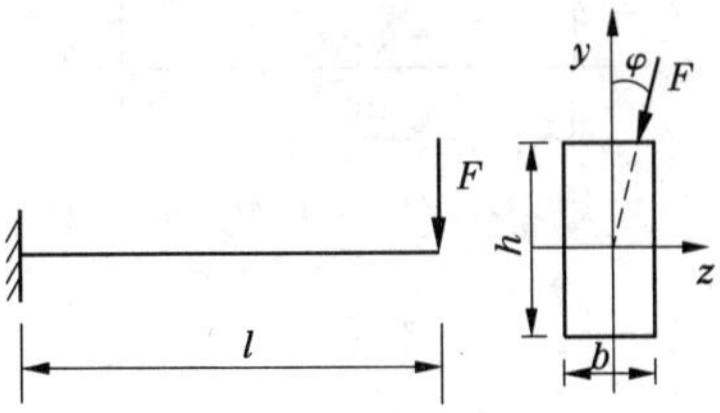

题 11-3 图

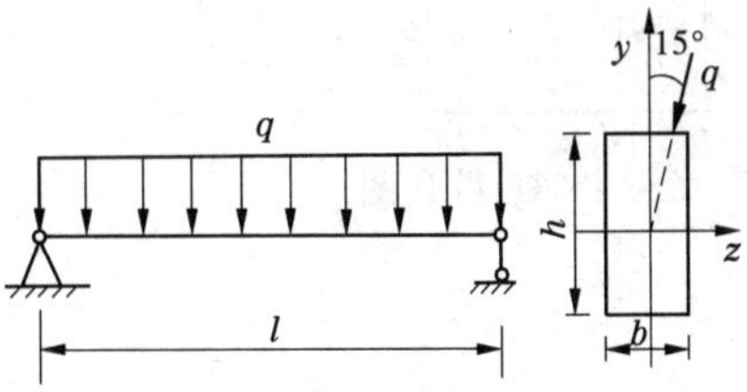

题 11-4 图

11-5　如图所示斜梁横截面为正方形，$a=10$ cm，$F=3$ kN 作用在梁纵向对称平面内且为铅垂方向，试求斜梁最大拉、压应力大小及其位置。

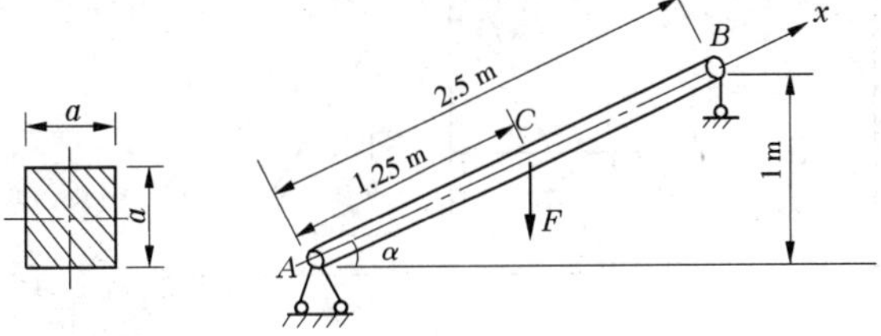

题 11-5 图

11-6　如图所示，柱截面为正方形，边长为 a，顶端受轴向压力 F 作用，在右侧中部挖一个槽，槽深 $\dfrac{a}{4}$。求开槽前后柱内的最大压应力值。

11-7　砖墙及其基础截面如图所示，设在 1 m 长的墙上有偏心力 $F=40$ kN 的作用，试求截面 1—1 和截面 2—2 上的应力分布图。截面尺寸单位为 cm。

11-8　矩形截面偏心受拉木杆，偏心力 $F=160$ kN，$e=5$ cm，$[\sigma]=10$ MPa，矩形截面宽度 $b=16$ cm，试确定木杆的截面高度 h。

11-9 一混凝土重力坝，坝高 $H=30$ m，底宽 $B=19$ m，受水压力和自重作用。已知坝前水深 $H=30$ m，坝体材料容重 $\gamma=24$ kN/m^3，许用应力 $[\sigma]^-=10$ MPa，坝体底面不允许出现拉应力，试校核该截面正应力强度。

11-10 浆砌块石挡土墙如图所示，在计算所取的 1 m 长墙体内，受有自重 $F_G=F_{G1}+F_{G2}$、总土压力 F 的作用，力 F 的作用线与水平方向夹角为42°，各力大小及其作用线到墙底截面 BC 的形心 O 的距离分别为：$F_{G1}=72$ kN，$F_{G2}=77$ kN，$F=95$ kN，$x_1=0.8$ m，$x_2=0.03$ m，$x_3=0.43$ m，$y_3=1.67$ m，且知砌石体许用应力 $[\sigma]^+=0.14$ MPa、$[\sigma]^-=3.5$ MPa，试求墙底截面上 B、C 两点处的正应力，并进行正应力强度校核。

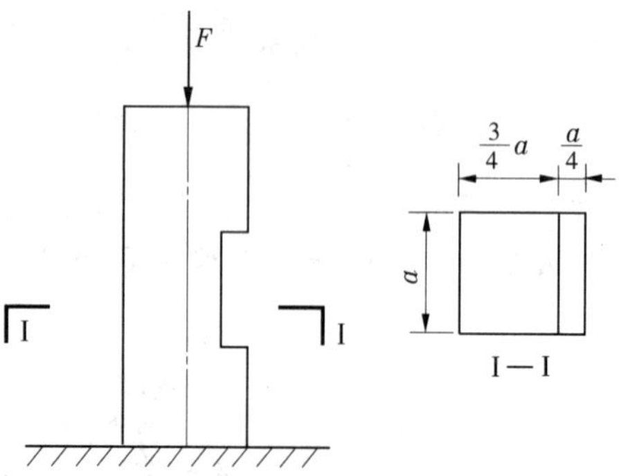

题 11-6 图

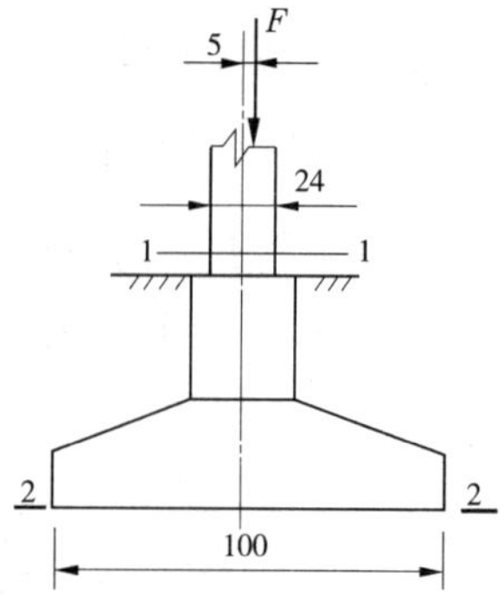

题 11-7 图

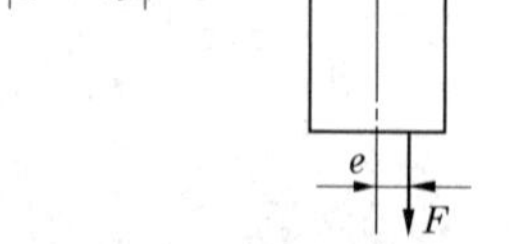

题 11-8 图

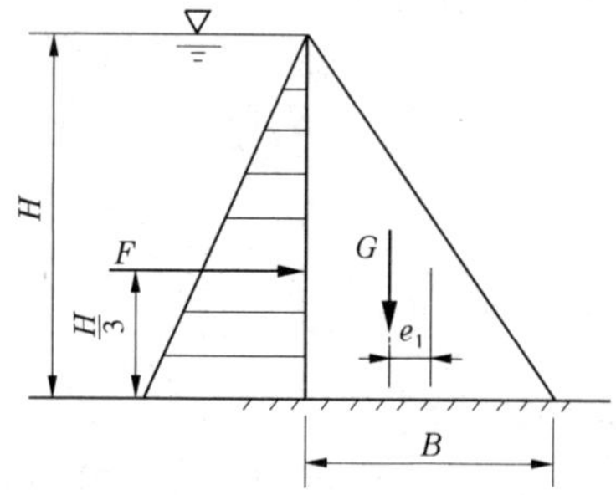

题 11-9 图

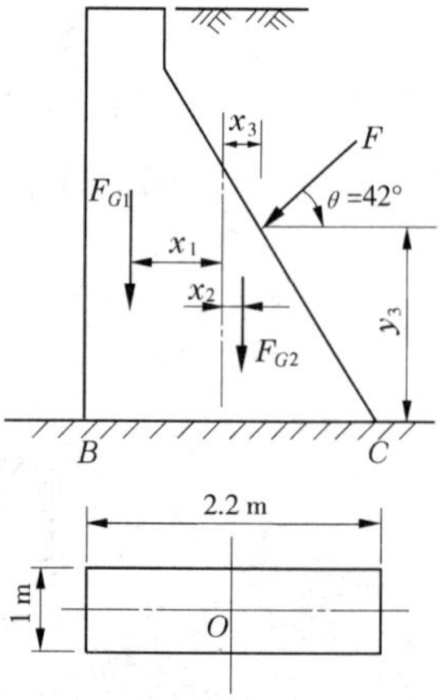

题 11-10 图

第十二章　压杆稳定

第一节　压杆稳定的概念

工程中把承受轴向压力的直杆称为压杆,在以前讨论压杆时,只是从强度角度出发,认为压杆横截面上的正应力不超过材料的许用应力,就能保证杆件正常工作,这种观点对于短粗杆来说是正确的。实践表明,对于细长的杆件,在轴向压力作用下,杆内的应力在远没有达到材料的许用应力时,就可能发生突然弯曲而破坏,这种现象称为压杆丧失稳定。因此,对于这类受压杆件,除考虑强度问题外,还必须考虑稳定性问题。

压杆的稳定性,是指受压杆件保持其原有平衡状态的能力。

以如图 12-1(a)所示的轴心受压直杆为例,说明压杆稳定性的概念。在大小不等的压力 F 作用下,对压杆施加横向干扰力,使其处于微弯状态(见图 12-1(a)中的虚线状态),可观察到压杆直线平衡状态所表现的不同特性。

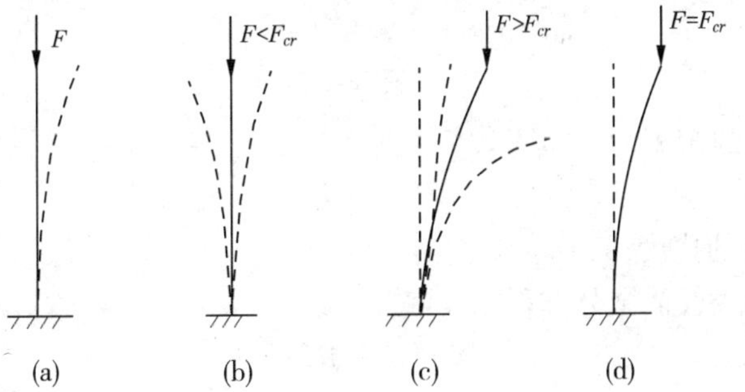

图 12-1

(1)当压力 F 值小于某一临界值 F_{cr} 时,将横向干扰力去掉后,压杆将在直线平衡位置左右摆动,最终仍回到原来的直线平衡状态(见图 12-1(b))。这表明,该压杆原有直线状态的平衡是稳定平衡。

(2)当压力 F 值超过某一临界值 F_{cr} 时,将横向干扰力去掉后,压杆不仅不能恢复到原来的直线平衡状态,而且还可能在微弯的基础上继续弯曲,从而使压杆失去承载能力(见图 12-1(c))。这表明,该压杆原有直线状态的平衡是不稳定平衡。

(3)当压力 F 值恰好等于某一临界值 F_{cr} 时,将横向干扰力去掉后,压杆就在微弯状态下处于新的平衡,既不恢复原状,也不增加其弯曲的程度(见图 12-1(d))。这表明,压杆可以在偏离直线平衡位置的附近保持微弯状态的平衡,它是介于稳定平衡和不稳定平衡之间的一种临界状态,也属于不稳定平衡。

压杆不能保持原有平衡状态的现象,称为丧失稳定,简称**失稳**。压杆处于稳定平衡和不稳定平衡之间的临界状态时，其轴向压力称为**临界力**或临界荷载，用 F_{cr} 表示。临界力 F_{cr} 是判别压杆是否会失稳的重要指标。

第二节　细长压杆的临界力

一、两端铰支细长压杆

两端为铰支的细长压杆，如图 12-2 所示。取图示坐标系，并假设压杆在临界荷载作用下，在 xOy 平面内处于微弯平衡状态。

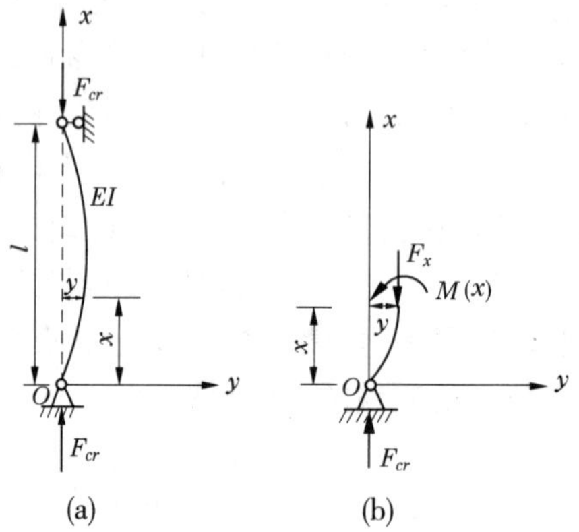

图 12-2

其任一截面上的弯矩为

$$M(x) = F_{cr}y \tag{12-1}$$

式中，y 为 x 截面处的挠度。

应用梁的挠曲线近似微分方程

$$EIy'' = -M(x) \tag{12-2}$$

将式(12-1)代入式(12-2)得

$$EIy'' = -F_{cr}y \tag{12-3}$$

若令

$$k^2 = \frac{F_{cr}}{EI} \tag{12-4}$$

则式(12-3)可写为

$$y'' + k^2 y = 0 \tag{12-5}$$

这是一个二阶齐次常微分方程，通解为

$$y = A\sin kx + B\cos kx \tag{12-6}$$

式中的待定常数 A、B 和 k，可由杆的边界条件确定。对于两端铰支压杆，边界条件为

当 $x=0$ 时，$y=0$；当 $x=l$ 时，$y=0$

将此边界条件代入式(12-6)，得

$$B=0 \quad 及 \quad A\sin kl=0$$

式中 $A\neq 0$，否则，$y\equiv 0$，即压杆各点处的挠度均为零，这显然与杆微弯的状态不相符。因此，只可能是 $\sin kl=0$，即 $kl=n\pi$ 或 $k=n\pi/l$，其中 $n=0,1,2,3,\cdots$

将 $k=n\pi/l$ 代入式(12-4),得

$$F_{cr}=\frac{n^2\pi^2EI}{l^2}\quad(n=0,1,2,3,\cdots)$$

由压杆处于微弯状态平衡的假设及临界压力 F_{cr} 应为不稳定平衡时所受的最小轴向压力,因此取 $n=1$。由此得两端铰支细长压杆的临界荷载为

$$F_{cr}=\frac{\pi^2EI}{l^2}\tag{12-7}$$

式(12-7)又称为**欧拉公式**。

应当注意的是,在两端支承各方向相同时,杆的弯曲必然发生在抗弯能力最小的平面内,所以式(12-7)中的惯性矩 I 应为压杆横截面的最小惯性矩;对于杆端各方向支承情况不同时,应分别计算,然后取其最小者作为压杆的临界荷载。

二、其他支承形式压杆的临界力

其他支承情况下细长压杆的临界力计算公式仍可由挠曲线近似微分方程推得,也可由压杆微弯后的挠曲线形状与两端铰支细长压杆微弯后的挠曲线形状类比得到。这里不再一一推导,仅把计算结果列于表 12-1 中。

表 12-1　各种支承情况下等截面细长压杆的临界力公式

支承情况	两端固定	一端固定一端铰支	两端铰支	一端固定一端自由
杆端支承情况	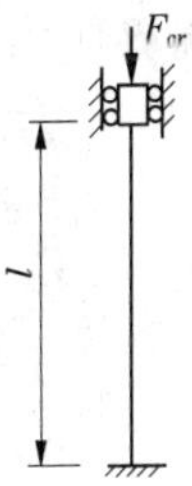	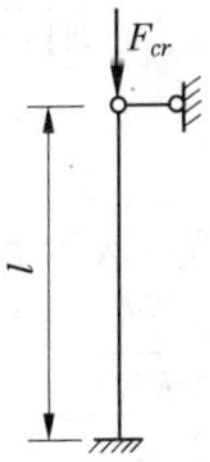	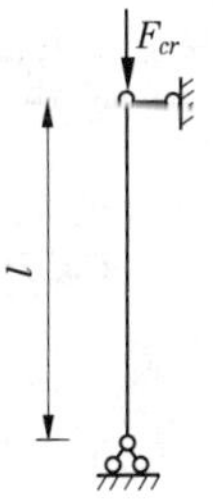	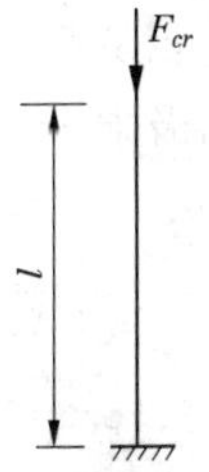
临界力 F_{cr}	$F_{cr}=\frac{\pi^2EI}{(0.5l)^2}$	$F_{cr}=\frac{\pi^2EI}{(0.7l)^2}$	$F_{cr}=\frac{\pi^2EI}{l^2}$	$F_{cr}=\frac{\pi^2EI}{(2l)^2}$
相当长度 μl	$0.5l$	$0.7l$	l	$2l$
长度系数 μ	0.5	0.7	1	2

各种支承情况下压杆临界力计算公式可以写成统一形式的欧拉公式

$$F_{cr}=\frac{\pi^2EI}{(\mu l)^2}\tag{12-8}$$

式中,μ 反映了杆端支承对临界力的影响,称为**长度系数**,μl 称为**相当长度**。

第三节　压杆的临界应力

一、临界应力与柔度

将临界荷载 F_{cr} 除以压杆的横截面面积 A，即可求得压杆的临界应力

$$\sigma_{cr}=\frac{F_{cr}}{A}=\frac{\pi^2 EI}{(\mu l)^2 A} \tag{12-9}$$

将截面对中性轴的惯性半径 $i=\sqrt{I/A}$ 引入上式，得

$$\sigma_{cr}=\frac{\pi^2 E}{\left(\frac{\mu l}{i}\right)^2}=\frac{\pi^2 E}{\lambda^2} \tag{12-10}$$

式(12-10)称为**临界应力欧拉公式**，式中 $\lambda=\frac{\mu l}{i}$ 称为**柔度**或**长细比**，它是一个无量纲量。柔度综合考虑了压杆的长度、截面的形状与尺寸以及杆件的支承情况对临界应力的影响。式(12-10)表明，λ 值愈大，压杆就愈容易失稳。

二、欧拉公式的适用范围

欧拉公式是根据弯曲变形的微分方程 $EIy''=-M(x)$ 导出的，而这个微分方程只有在材料服从胡克定律时才成立。因此，欧拉公式的适用范围应该是临界应力不超过材料的比例极限 σ_p，即

$$\sigma_{cr}=\frac{\pi^2 E}{\lambda^2}\leqslant\sigma_p \quad 或 \quad \lambda\geqslant\pi\sqrt{\frac{E}{\sigma_p}}$$

令

$$\lambda_p=\pi\sqrt{\frac{E}{\sigma_p}} \tag{12-11}$$

于是欧拉公式的适用范围可用柔度表示为

$$\lambda\geqslant\lambda_p \tag{12-12}$$

λ_p 是与压杆材料性质有关的量。对于 Q235 钢制成的压杆，$E=200$ GPa，$\sigma_p=200$ MPa，代入式(12-11)得

$$\lambda_p=\pi\sqrt{\frac{200\times10^3}{200}}\approx100$$

$\lambda\geqslant\lambda_p$ 的压杆称为**大柔度杆**或**细长杆**，其临界力或临界应力可用欧拉公式(12-8)或式(12-10)来计算。

三、超出比例极限时压杆的临界应力

(一)经验公式

在工程实际中，常遇到柔度 λ 小于 λ_p 的压杆，这类压杆的临界应力已超出比例极限，所以不能再用欧拉公式来计算临界力。对于这类压杆，通常采用以试验结果为依据的经

验公式，如直线公式、抛物线公式等，工程中常用的抛物线公式为

$$\sigma_{cr} = a - b\lambda^2 \tag{12-13}$$

式中，a、b 为与材料的力学性能有关的两个常数，可以通过试验加以测定，使用时可从有关手册上查取。

Q235 钢 $\sigma_{cr} = 235 - 0.006\ 68\lambda^2$

Q345(16 锰钢) $\sigma_{cr} = 345 - 0.014\ 2\lambda^2$

式中，σ_{cr}的单位为 MPa。

(二)临界应力总图

如果将式(12-10)和式(12-13)中的临界应力与柔度之间的函数关系绘在 $\sigma_{cr} \sim \lambda$ 直角坐标系内，将得到临界应力随柔度变化的曲线图形，称为**临界应力总图**，如图 12-3 所示。

由图 12-3 还可见，临界应力均随柔度 λ 的增大而呈逐渐衰减的变化规律。也就是说压杆越细越长，就越容易失去稳定。但对于柔度较小的短粗杆，其临界应力 σ_{cr}接近材料的屈服极限 σ_s，曲线的曲率比较平缓，一般可取 σ_s 或 σ_b 作为临界应力。这说明短粗杆的破坏不是失稳而是强度破坏了。

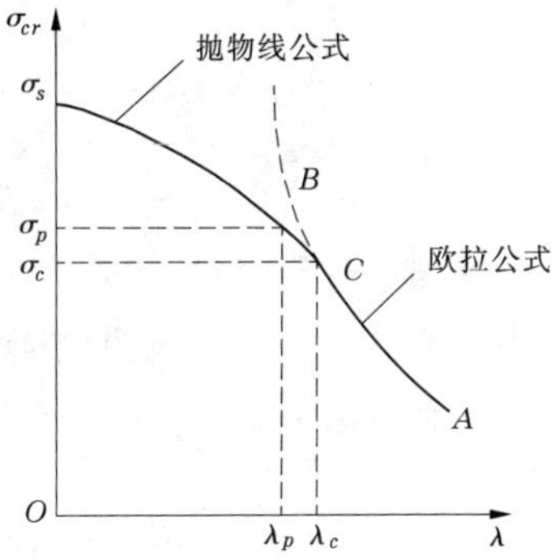

图 12-3

【例 12-1】 松木制成的受压柱，矩形横截面为 $b \times h = 100\ \text{mm} \times 180\ \text{mm}$，弹性模量 $E = 10$ GPa，$\lambda_p = 110$，杆长 $l = 7$ m。在 xOz 平面内失稳时(绕 y 轴转动)，杆端约束为两端固定(见图 12-4(a))，在 xOy 平面内失稳时(绕 z 轴转动)，杆端约束为两端铰支(见图 12-4(b))。求木柱的临界应力和临界力。

解：(1)在 xOz(最小刚度)平面内的临界应力和临界力：

此时 $\mu_y = 0.5$，横截面对 y 轴的惯性半径 $i_y = \sqrt{\dfrac{I_y}{A}} = \dfrac{b}{\sqrt{12}} = 28.87$ (mm)。

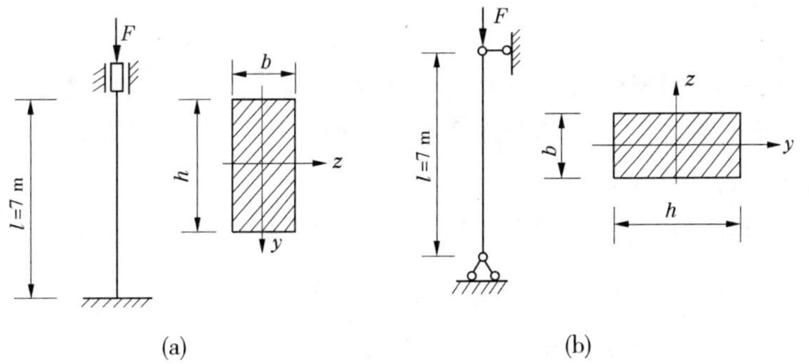

图 12-4

在此平面内　$\lambda_y=\frac{\mu_y l}{i_y}=\frac{0.5\times7\times10^3}{28.87}=121.2>110$

符合欧拉公式的适用条件。临界应力为

$$\sigma_{cr}=\frac{\pi^2E}{\lambda_y^2}=\frac{\pi^2\times10\times10^3}{121.2^2}=6.72(\text{MPa})$$

临界力为

$$F_{cr}=\sigma_{cr}A=6.72\times100\times180\times10^{-3}=121(\text{kN})$$

(2)在 xOy(最大刚度)平面内的临界应力和临界力:

此时 $\mu_z=1.0$,横截面对 z 轴的惯性半径 $i_z=\sqrt{\frac{I_z}{A}}=\frac{h}{\sqrt{12}}=\frac{180}{\sqrt{12}}=51.96(\text{mm})$。

在此平面内　$\lambda_z=\frac{\mu_z l}{i_z}=\frac{1.0\times7\times10^3}{51.96}=134.7>110$

临界应力为　$\sigma_{cr}=\frac{\pi^2E}{\lambda_z^2}=\frac{\pi^2\times10\times10^3}{134.7^2}=5.44(\text{MPa})$

临界力为　$F_{cr}=\sigma_{cr}A=5.44\times100\times180\times10^{-3}=97.9(\text{kN})$

计算结果表明,木柱在最大刚度平面(xOy)内支承条件较弱,柔度 λ_z 较大,使其临界力较小而先失稳。本例说明,在不同平面内,当杆端支承条件不相同时,应分别计算 λ,并取较大者计算临界应力(或临界力),因为压杆总是在 λ 较大的平面内先失稳。

第四节　压杆的稳定计算

一、稳定条件

对于工程实际中的压杆,为了使其能够正常工作而不丧失稳定性,必须使压杆的工作应力小于压杆的临界应力,并应留有一定的安全储备。为此,需要先确定稳定许用应力 $[\sigma_{cr}]$,若用 K_{cr} 表示稳定安全系数,则

$$[\sigma_{cr}]=\frac{\sigma_{cr}}{K_{cr}}\tag{12-14}$$

稳定安全系数 K_{cr} 与强度安全系数 K 不同,确定稳定安全系数除要考虑影响强度安全系数的因素外,还必须考虑压杆的初曲率和荷载偏心等不利因素的影响,故规定稳定安全系数 K_{cr} 比强度安全系数 K 要大些。

为了便于计算,通常将稳定容许应力 $[\sigma_{cr}]$ 表示为材料的强度容许应力 $[\sigma]$ 乘以一个系数 φ,即

$$[\sigma_{cr}]=\varphi[\sigma]\quad\text{或}\quad\varphi=\frac{[\sigma_{cr}]}{[\sigma]}=\frac{\sigma_{cr}K}{\sigma^0K_{cr}}\tag{12-15}$$

由于 $\sigma^0>\sigma_{cr}$,$K_{cr}>K$,所以 φ 是一个恒小于 1 的系数,称为**折减系数**(或稳定系数),它随材料和柔度 λ 的不同而变化。常用材料压杆的 φ 值可从表 12-2 中查得。

表 12-2　压杆的折减系数 φ

λ	φ 值				
	Q 215、Q 235钢	Q 345钢(16 锰钢)	铸铁	木材	混凝土
0	1.000	1.000	1.00	1.000	1.00
10	0.995	0.993	0.97	0.971	
20	0.981	0.973	0.91	0.932	0.96
30	0.958	0.940	0.81	0.883	
40	0.927	0.895	0.69	0.822	0.83
50	0.888	0.840	0.57	0.757	
60	0.842	0.776	0.44	0.668	0.70
70	0.789	0.705	0.34	0.575	0.63
80	0.731	0.627	0.26	0.460	0.57
90	0.669	0.546	0.20	0.371	0.46
100	0.604	0.462	0.16	0.300	
110	0.536	0.384		0.248	
120	0.466	0.325		0.209	
130	0.401	0.279		0.178	
140	0.349	0.242		0.154	
150	0.306	0.213		0.133	
160	0.272	0.188		0.117	
170	0.243	0.168		0.102	
180	0.218	0.151		0.093	
190	0.197	0.136		0.083	
200	0.180	0.124		0.075	

为了保证压杆有足够的稳定性,要求压杆的工作应力 σ 应该小于或等于稳定许用应力 $[\sigma_{cr}]$,即

$$\sigma = \frac{N}{A} \leqslant \varphi[\sigma] \tag{12-16}$$

式(12-16)称为压杆的稳定条件。

二、压杆的稳定计算

与强度计算类似,可以用稳定条件式(12-16)对压杆进行三类问题的计算。

（一）稳定校核

若已知压杆的长度、支承情况、材料截面及荷载，则可校核压杆的稳定性，即

$$\sigma=\frac{N}{A}\leqslant\varphi[\sigma]$$

（二）设计截面

将稳定条件式（12-16）改写为

$$A\geqslant\frac{N}{\varphi[\sigma]}$$

在设计截面时，由于 φ 和 A 都是未知量，并且它们又是两个相依的未知量，所以常采用试算法进行计算。步骤如下：

（1）假设一个 φ_1 值（一般取 $\varphi_1=0.5\sim0.6$），由此可初步定出一个截面尺寸 A_1。

（2）按所选的截面 A_1，计算柔度 λ_1，查出相应的 φ_1'，比较 φ_1 与 φ_1'，若两者接近，可对所选截面进行稳定校核。

（3）若 φ_1 与 φ_1' 相差较大，可再设 $\varphi_2=\frac{\varphi_1+\varphi_1'}{2}$，重复步骤（1）、（2）试算，直至求得的 φ_1 与所设的 φ 接近。

（三）确定许用荷载

若已知压杆的长度、支承情况、材料及截面，则可按稳定条件来确定压杆能承受的最大荷载值，即

$$[F]\leqslant A\varphi[\sigma]$$

【例 12-2】 木柱高 6 m，截面为圆形，直径 $d=20$ cm，两端铰接。承受轴向压力 $F=50$ kN，试校核其稳定性。木材的许用应力 $[\sigma]=10$ MPa。

解：截面的惯性半径 $i=\frac{d}{4}=\frac{20}{4}=5(\text{cm})$

两端铰接时的长度系数 $\mu=1$，所以 $\lambda=\frac{\mu l}{i}=\frac{1\times600}{5}=120$。

由表 12-2 查得 $\varphi=0.209$，则

$$\sigma=\frac{F}{A}=\frac{50\times10^3}{\frac{\pi(20\times10^{-2})^2}{4}}=1.59\times10^6(\text{N/m}^2)=1.59\ \text{MPa}$$

$$\varphi[\sigma]=0.209\times10=2.09(\text{MPa})$$

由于 $\sigma<\varphi[\sigma]$，所以木柱安全。

第五节　提高压杆稳定性的措施

提高压杆稳定性的关键在于提高其临界力（或临界应力）。由欧拉公式可以看出，影响压杆稳定性的因素有压杆的柔度和材料的机械性质，而柔度又是压杆的截面形状、杆件长度和杆端约束等因素的综合反映。因此，提高压杆稳定性的措施，也应从以下几个方面入手。

一、选择合理的截面形式

从欧拉公式可以看出，在其他条件相同的情况下，截面的惯性矩 I 越大，则临界力 F_{cr} 也越大。为此，应尽量使材料远离截面的中性轴。例如，空心的截面就比实心截面合理，见图 12-5。同理，四根角钢分散放置在截面的四个角处比集中放置在形心附近合理，见图 12-6。

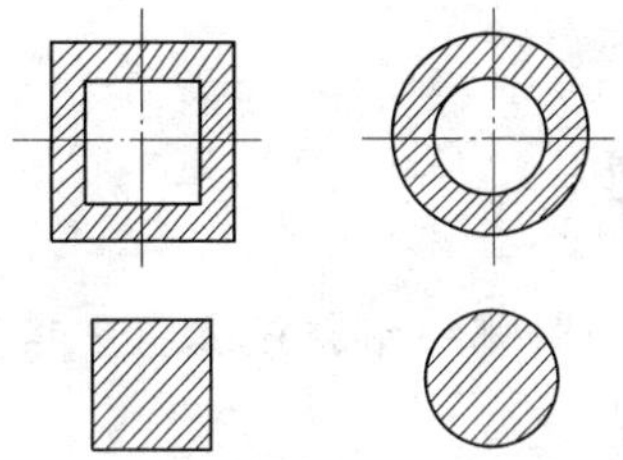

(a)　(b)

图 12-5

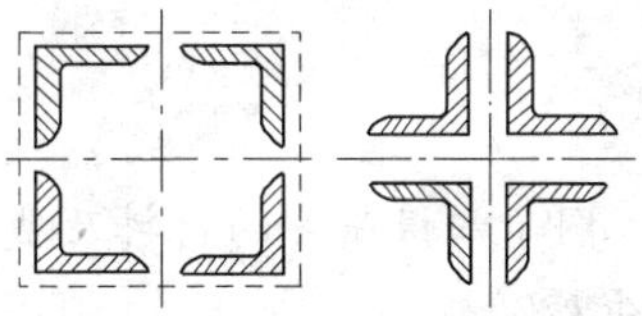

(a)　(b)

图 12-6

如果压杆在各个弯曲平面内的支承条件相同，压杆的失稳总是发生在 I_{min} 的平面内。因此，应尽量使截面对任一形心主轴的惯性矩相同，这样可使压杆在各个弯曲平面内具有相同的稳定性。

如果压杆在两个互相垂直平面内的支承条件不同，可采取 $I_z \neq I_y$ 的截面来与相应的支承条件配合，使压杆在两个互相垂直平面内的柔度值相等，即 $\lambda_z = \lambda_y$，这样就保证压杆在这两个方向上具有相同的稳定性。

二、减小相当长度和增加杆端约束

减小压杆长度可以降低压杆柔度，这是提高压杆稳定性的有效措施。因此，在条件允许的情况下，应尽量使压杆的长度减小，或者在压杆中间增加支撑。

从表 12-1 中可以看到，压杆端部固结越牢固，长度系数 μ 值越小，则压杆的柔度 λ 越小，这说明压杆的稳定性越好。因此，在条件允许的情况下，应尽可能加强杆端约束。

三、合理选择材料

对于大柔度杆，临界应力与材料的弹性模量 E 有关，由于各种钢材的弹性模量 E 相差不大，所以对大柔度杆来说，选用优质钢材对提高临界应力是没有意义的。对于中小柔度杆，其临界应力与材料强度有关，强度越高的材料，临界应力也越高。所以，对中小柔度杆而言，选用优质钢材将有助于提高压杆的稳定性。

思考题

12-1　何谓失稳？何谓稳定平衡与不稳定平衡？

12-2　以下两种说法对否？

(1)临界力是使压杆丧失稳定的最小荷载。

(2)临界力是压杆维持直线稳定平衡状态的最大荷载。

12-3　应用欧拉公式的条件是什么?

12-4　柔度 λ 的物理意义是什么? 它与哪些量有关系? 各个量如何确定?

12-5　利用压杆的稳定条件可以解决哪些类型的问题? 试说明步骤。

12-6　何谓稳定系数? 它随哪些因素变化? 为什么?

12-7　提高压杆的稳定性可以采取哪些措施? 采用优质钢材对提高压杆稳定性的效果如何?

习　题

12-1　图示四根压杆的材料及截面均相同,试判断哪一根杆最容易失稳? 哪一根杆最不容易失稳?

12-2　两端铰支的三根圆截面压杆,直径均为 $d=160$ mm,材料均为 Q 235钢,$E=200$ GPa,$a=240$ MPa,$b=0.006\ 82$ MPa,长度分别为 l_1、l_2、l_3,且 $l_1=2l_2=4l_3=5$ m,试求压杆的临界力。

12-3　图示压杆,材料为 Q 235钢,横截面有四种形式,但其面积均为 3.2×10^3 mm^2。试计算它们的临界力,并进行比较。已知弹性模量 $E=200$ GPa,$a=240$ MPa,$b=0.006\ 82$ MPa。

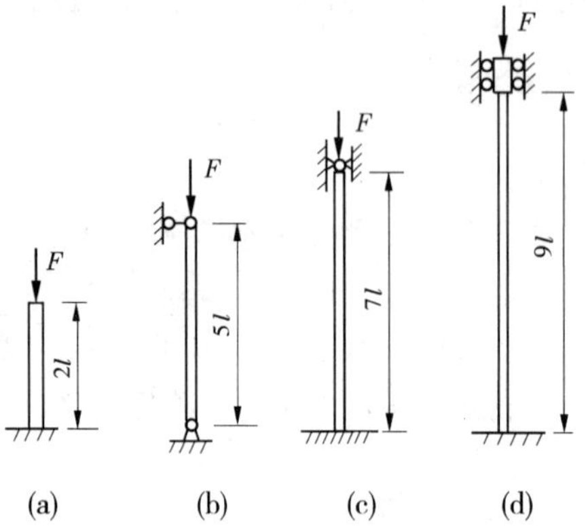

题 12-1 图

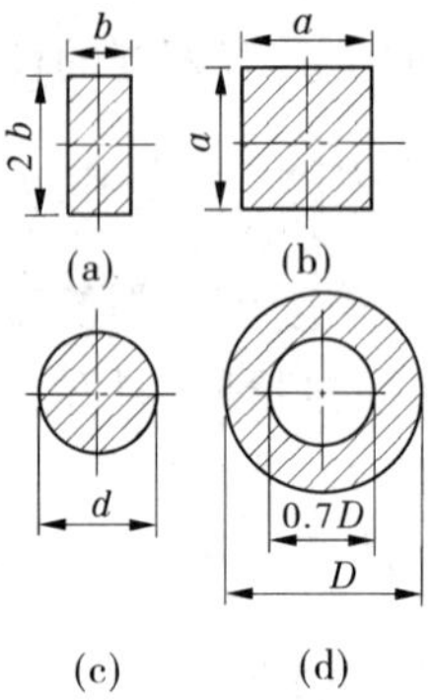

题 12-3 图

12-4　已知柱的上端为铰支,下端为固定,外径 $D=200$ mm,内径 $d=100$ mm,柱长 $l=9$ m,材料为 Q 235钢,$E=200$ GPa,试求柱的临界应力。

12-5　若题 12-4 已知许用应力$[\sigma]=160$ MPa,求柱的许可荷载$[F]$。

12-6　两端铰支工字钢受到轴向压力 $F=400$ kN 的作用,杆长 $l=3$ m,许用应力$[\sigma]=160$ MPa,试选择工字钢的型号。

12-7　试求可用欧拉公式计算临界力的压杆的最小柔度,如果杆分别由下列材料制成:

(1)比例极限 $\sigma_p=220$ MPa,弹性模量 $E=190$ GPa 的钢。

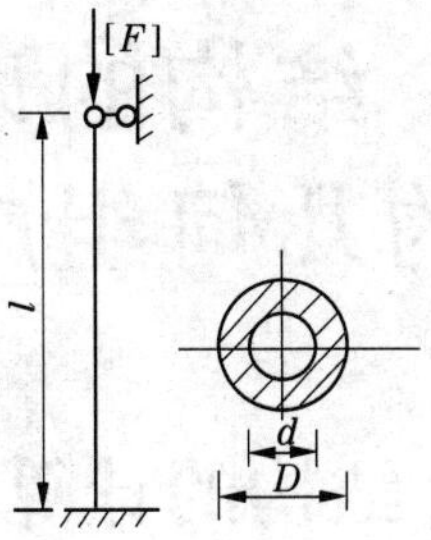

题 12-4 图

(2)$\sigma_p = 20$ MPa,$E = 11$ GPa 的松木。

12-8　杆由两根 140 × 12 的等边角钢组成,如图所示,杆长 $l = 3$ m,许用应力 $[\sigma] = 160$ MPa,两端固定。承受的轴向压力为 $F = 850$ kN。试对压杆进行稳定性校核。

12-9　图示一简单托架,其撑杆 AB 为圆截面木杆,已知 $q = 50$ kN/m,许用应力 $[\sigma] = 11$ MPa,AB 两端为柱形铰,试求撑杆所需的直径 d。

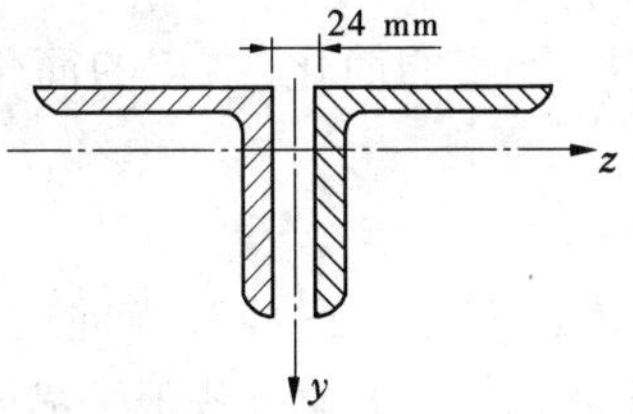

题 12-8 图

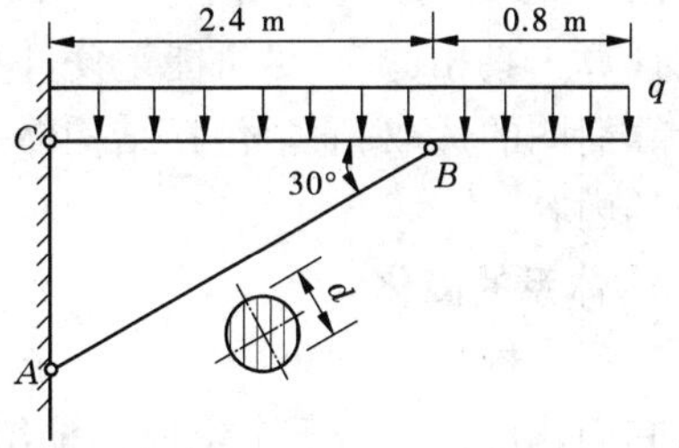

题 12-9 图

第十三章 结构的计算简图与平面体系的几何组成分析

第一节 结构的计算简图和分类

一、杆件结构的计算简图

工程力学所研究的结构是将实际结构加以抽象和简化，略去一些次要因素，突出主要特点，进行科学抽象的一个简化了的理想模型。这种在结构计算中用以代替实际结构并能反映结构主要受力和变形特点的简化图形，称为**结构的计算简图**。

计算简图的选取是十分重要的，它直接影响着计算结果的精确度和计算工作量的大小。计算简图的选取必须遵循以下两个原则：①尽可能地反映出结构的受力和变形特点；②与采取的计算工具相适应，尽可能地使计算简便。

结构计算简图的选取，通常包括结构体系的简化、支座的简化、结点的简化及荷载的简化等方面的内容。

（一）结构体系的简化

一般的工程结构都是空间结构，如房屋建筑是由许多纵向梁柱和横向梁柱组成的。工程中常将其简化成为由若干个纵向梁柱组成的纵向平面结构和由若干个横向梁柱组成的横向平面结构。并且，简化后的荷载与梁、柱各轴线位于同一平面内，即略去了横、纵向的联系作用，把原来的空间结构简化为若干个平面结构来分析。同时，在平面简化过程中，用梁、柱的轴线来代替实体杆件，以各杆轴线所形成的几何轮廓代替原结构。这种从空间到平面，从实体到杆轴线几何轮廓的简化称为**结构体系的简化**。

（二）结点的简化

在杆件结构中，杆件的相互联结处称为结点。根据联结处的构造情况和结构的受力特点，可将其简化为刚结点和铰结点两种基本类型。

1. 刚结点

刚结点的特征是汇交于结点的各杆件在变形前后结点处各杆杆端不能有相对移动和相对转动，即结点对杆端有约束转动和移动的作用，故产生杆端轴力、剪力和杆端弯矩。如图 13-1(a)所示钢筋混凝土结构的某一结点，其特点是上柱、下柱和梁之间用钢筋联成整体并用混凝土浇筑在一起，这种结点即可视为刚结点，其计算简图如图 13-1(b)所示。

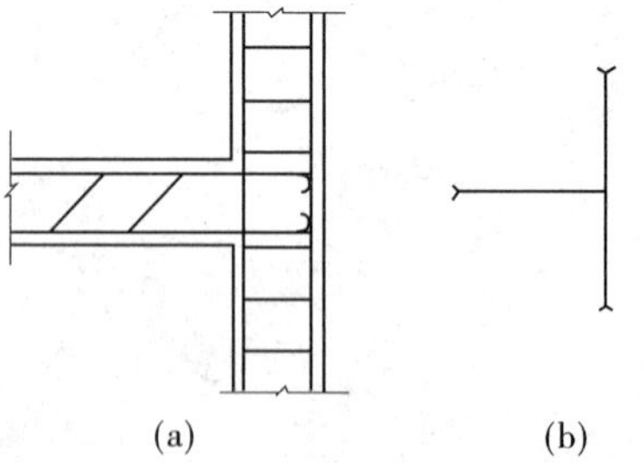

图 13-1

2. 铰结点

铰结点的特征是汇交于结点的各杆件都可绕

结点自由转动，即结点对各杆端仅限制相对移动而不约束转动，故不引起杆端弯矩，而只能产生杆端剪力和杆端轴力。应指出，在实际结构中完全理想的铰是不存在的，这种简化有一定的近似性。如图 13-2(a)所示木屋架的端结点，其构造特点大致符合上述约束要求，因此可取图 13-2(b)的计算简图，其中杆件之间的夹角 α 是可变的。

在实际结构中，根据其受力特点，如果杆件只受有轴力，则此杆两端可用铰与其他部分相联(参照图 13-8)。

3. 组合结点

铰结点与刚结点共存的点称为组合结点，如图 13-3 所示。图中 C 处为铰结点，D 处为组合结点。D 点为 BD、ED、CD 三杆结点，其中 BD 与 ED 二杆是刚性联结，CD 杆与其他两杆则由铰联结。组合结点处的铰称为**不完全铰**。

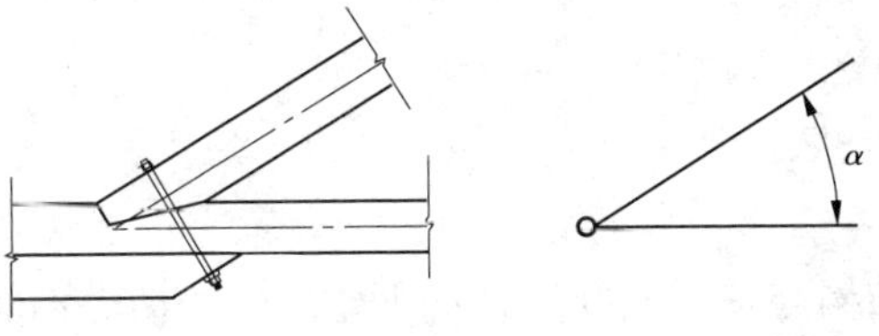

(a)　(b)

图 13-2

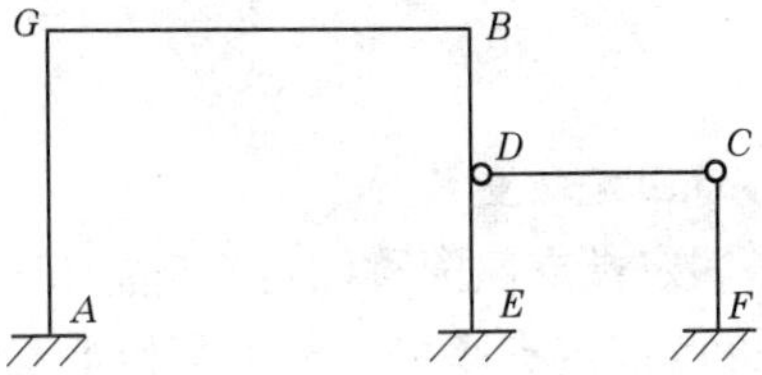

图 13-3

(三)支座的简化

结构与基础相联结的装置称为**支座**。平面结构的支座可简化为可动铰支座、固定铰支座、固定端支座，还有定向支座四种。

支座简化一般根据构造特点和接触处材料的性能选取相应的计算简图。

1. 可动铰支座

可动铰支座又称滚轴支座。其特点是结构既可以绕铰自由转动，又可以沿支承面做微小移动，但不能产生沿垂直于支承面方向的移动，故可动铰支座只能产生一个通过铰并垂直于支承面的约束反力。图 13-4(a)、(b)、(c)所示为实际支座的结构图，各支座均可视为可动铰支座，其计算简图与支座反力如图 13-4(d)所示。

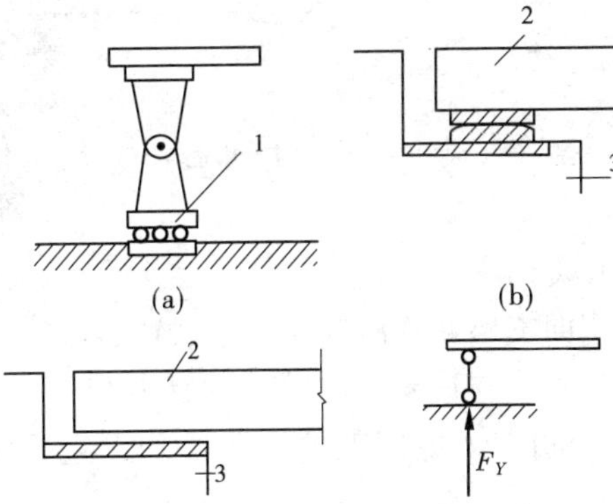

(a)　(b)　(c)　(d)

1—滚轴支座；2—梁；3—桥墩

图 13-4

2. 固定铰支座

固定铰支座的特点是结构可以绕铰自由转动，但不能移动，故固定铰支座可产生通过铰心沿任意方向的约束反力，为计算方便可将其分解为互相垂直的两个约束反力。图 13-5(a)、(b)、(c)所示为实际支座的材料和结构图，各支座均可视为固定铰支座，其计算简图和支座反力如图 13-5(d)所示。

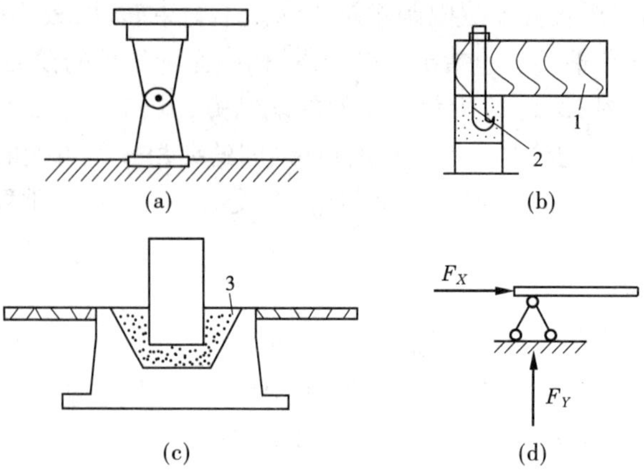

1—木梁;2—锚栓;3—沥青麻丝

图 13-5

3. 固定端支座

固定端支座简称固定支座。其特点是结构与基础相联结处既不能产生转动也不能移动,因此固定支座可以产生互相垂直的两个约束反力和一个反力偶。如图 13-6(a)、(b)、(c)所示为实际支座的材料和结构图,各支座均可视为固定支座,其计算简图与支座反力如图 13-6(d)所示。

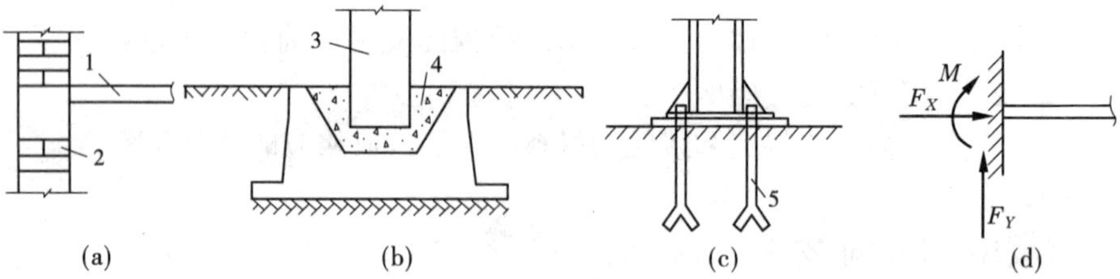

1—雨篷;2—砖墙;3—柱;4—混凝土;5—底脚螺栓

图 13-6

4. 定向支座

定向支座又称滑动支座,其特点是只允许结构沿某一指定方向移动,因此定向支座可以产生一个与移动方向垂直的反力和一个反力偶。图 13-7(a)为定向支座的示意图,平板闸门的门槽、龙门架的滑道等均可视为定向支座。其计算简图和支座反力如图 13-7(b)所示。

(四)荷载的简化

荷载是作用在结构上的主动力,支座反力为被动力,二者都是结构的外力。外力可分为体积力和表面力。体积力指的是结构的自重或惯性力等;表面力是由其他物体通过接触面传递给结构的作用力,如土压力、人对楼板的压力等。由于杆件结构中把杆件简化为轴线,因此不管是体积力还是表面力,

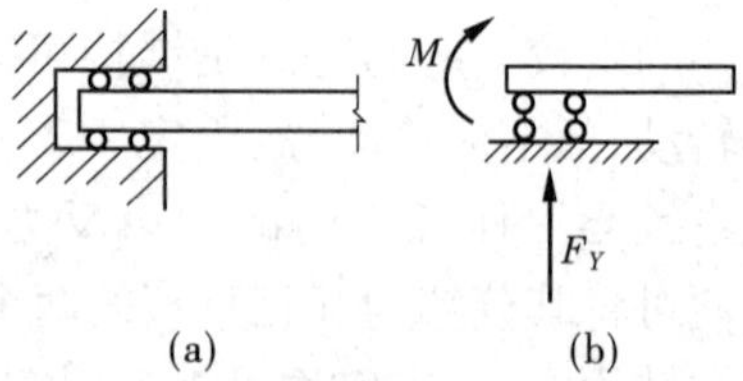

图 13-7

都认为这些外力作用在杆件轴线上。根据其作用的具体情况,外力又可简化为**集中荷载**和**分布荷载**。集中荷载是指作用在结构上某一点处的荷载,当实际结构上所作用的分布荷载其作用尺寸远小于结构尺寸时,为了计算方便,可将此分布荷载的总和视为作用在某一点上的集中荷载。分布荷载是指连续分布在结构某一部分上的荷载,它又可分为均布荷载和非均布荷载。当分布荷载的集度处处相同时,称为**均布荷载**,例如等截面直杆的自重可简化为沿杆长作用的均布荷载;当分布荷载集度处处不相同时,称为**非均布荷载**,如作用在池壁上的水压力和挡土墙上的土压力,均可简化为按直线变化的非均布荷载(又称线性分布荷载)。

结构上所作用的荷载可按其不同的特征进行分类,其分类见绪论。

(五)计算简图示例

图 13-8(a)所示为工业建筑中采用的一种桁架式组合吊车梁,横梁 *AB* 和竖杆 *CD* 是钢筋混凝土构件,但 *CD* 杆的截面尺寸比 *AB* 梁的尺寸小很多,斜杆 *AD*、*BD* 则为 16Mn 钢。吊车梁两端由柱子上的牛腿支承。

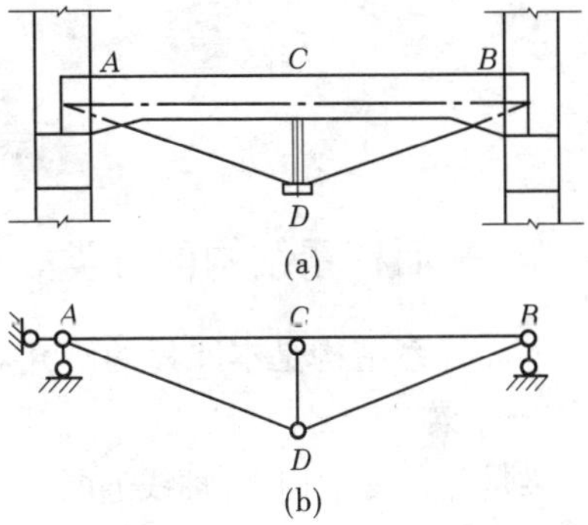

图 13-8

支座简化:吊车梁两端的预埋钢板仅通过较短的焊缝与柱子牛腿上的预埋钢板相联,它对吊车梁的转动起不了多大的约束作用,又考虑到梁的受力情况和计算方便,则梁的一端可以简化为固定铰支座,而另一端可简化为可动铰支座。

结点简化:因 *AB* 是一根整体的钢筋混凝土梁,截面抗弯刚度较大,故计算简图中 *AB* 取为连续杆,而竖杆 *CD* 和钢拉杆 *AD*、*BD* 与横梁 *AB* 相比,其截面的抗弯刚度小得多,它主要产生轴力,则杆件 *CD*、*AD*、*BD* 两端皆可看作铰结,其中结点 *C* 为组合结点,铰 *C* 在梁 *AB* 的下方。

最后,用各杆的轴线代替各构件,得如图 13-8(b)所示的计算简图。这个计算简图保证了横梁 *AB* 的受力特点(弯矩、剪力、轴力),其余三杆保留了主要内力为轴力这一特点,而忽略了较小的弯矩、剪力影响;对于支座保留了主要的竖向支撑作用,而忽略了微小转动的约束作用。

实践证明,分析时这样选取的计算简图是合理的,它既反映了结构主要的变形和受力特点,又能使得计算比较简便。

又如图 13-9(a)所示为真实结构示意图,是常用的简单空间刚架。假设有纵向力 F_P 和横向力 F_Q 作用。当力 F_P 单独作用时,横梁 *AE*、*BF* 等基本不受力,则可取图 13-9(b)所示计算简图。当力 F_Q 单独作用时,纵梁 *AB*、*EF* 等基本不受力,可取如图 13-9(c)所示计算简图。即把空间结构简化为多个平面结构。把空间结构简化为平面结构是有条件的,并非所有的空间结构都可简化为平面结构,必须按照结构的具体构造、受力特征和几何特征等多方面综合加以考虑,不能一概认为空间结构都可简化为平面结构。例如,图 13-9(a)中力 F_Q 不相等且相差甚为悬殊时或力 F_Q 虽然相等但与 F_Q 平行的各平面刚架尺寸不同且相差悬殊时,则不能按图 13-9(c)所示的平面刚架考虑,而只能按空间刚架来计算。

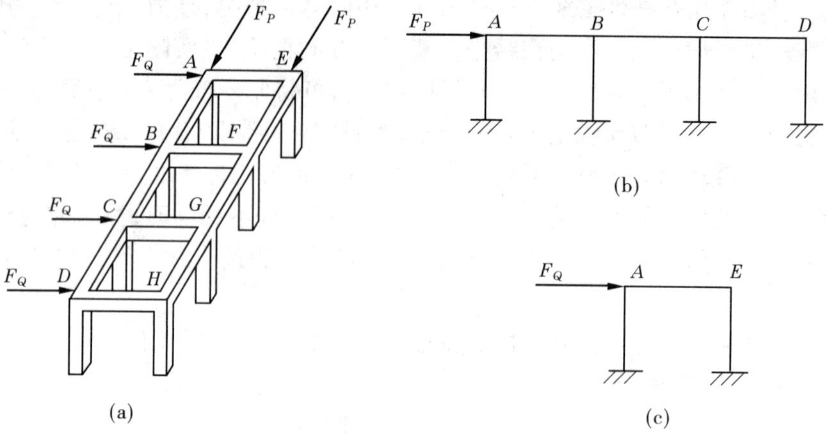

图 13-9

二、平面杆系结构的分类

平面杆系结构是本课程的研究对象，根据其受力特点，可分为以下几种类型：

(一)梁

梁是一种受弯构件，轴线通常为直线，也有曲梁等。梁可以是单跨的(见图 13-10(a)、(c))，也可以是多跨的(见图 13-10(b)、(d))。内力有弯矩和剪力，斜向载荷下会有轴力。

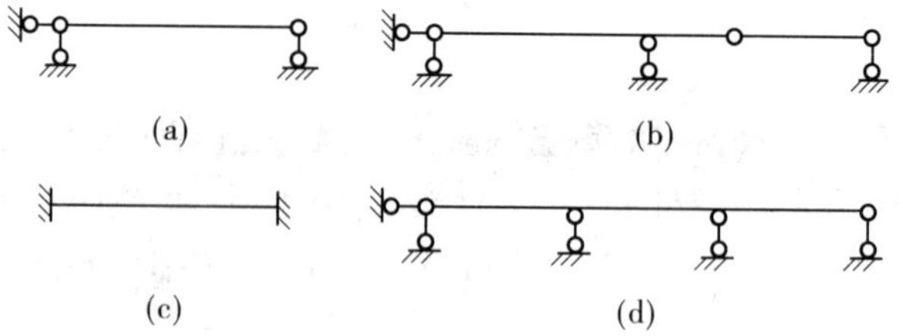

图 13-10

(二)拱

拱结构的轴线为曲线，且在竖向荷载作用下也产生水平反力(见图 13-11)。这种水平反力将使拱内弯矩远小于与其跨度、荷载及支承情况相同的梁的弯矩。拱的内力有轴力、弯矩和剪力。

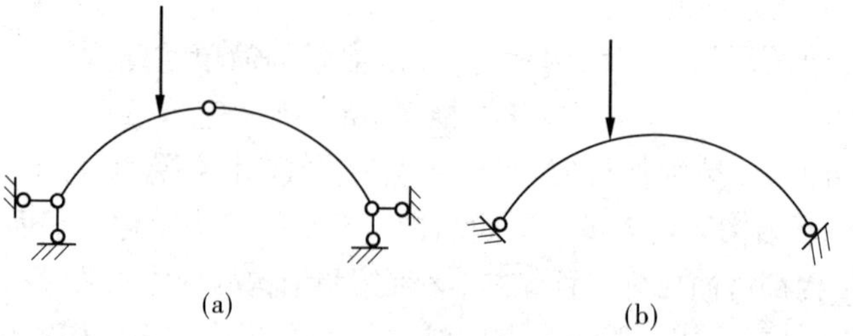

图 13-11

(三)刚架

刚架是由梁和柱组成的结构，如图 13-12 所示，各杆件主要受弯。刚架中的结点主要是刚结点，也可以有部分铰结点或组合结点。内力有轴力、弯矩和剪力。

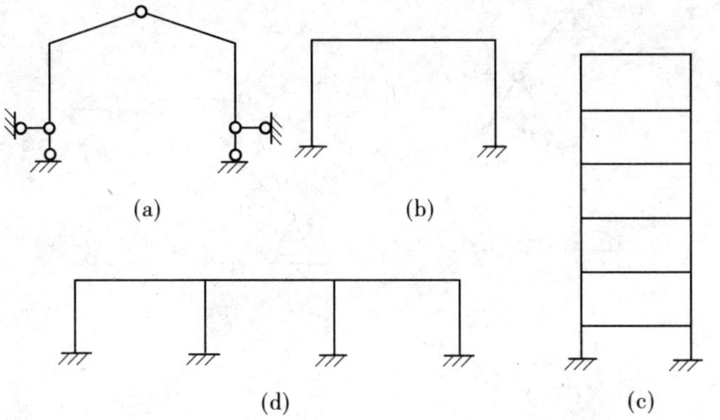

图 13-12

(四)桁架

桁架由若干直杆组成，所有结点都是铰结点，如图 13-13 所示。当受到结点荷载作用时，各杆只产生轴力。

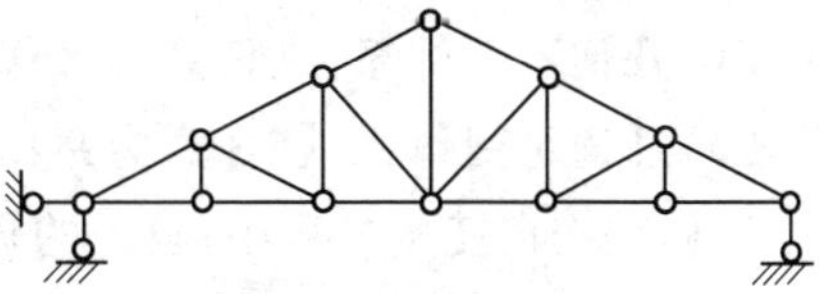

图 13-13

(五)组合结构又称混合结构

在这种结构中，有些杆件只产生轴力，而另一些杆件则同时产生弯矩、剪力和轴力，如图 13-14 所示。

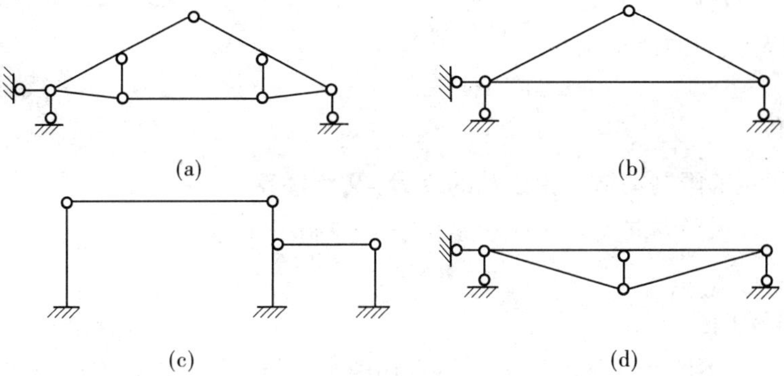

图 13-14

第二节　平面体系的几何组成分析

一、几何组成分析的目的

杆件结构是由若干个杆件相互联结而形成的体系，并与地基联结成一体，用来承受荷载的作用。当不考虑各杆件自身的变形时，杆件只有按照一定的组成规则联结起来，才能保持其原有的几何形状和位置不变，作为结构使用。如图 13-15(a)、(b)所示的杆件体系，前者能够承受荷载，是结构；后者受载后将倾倒，即不能承受荷载，因而不能作为结构，称为机构。

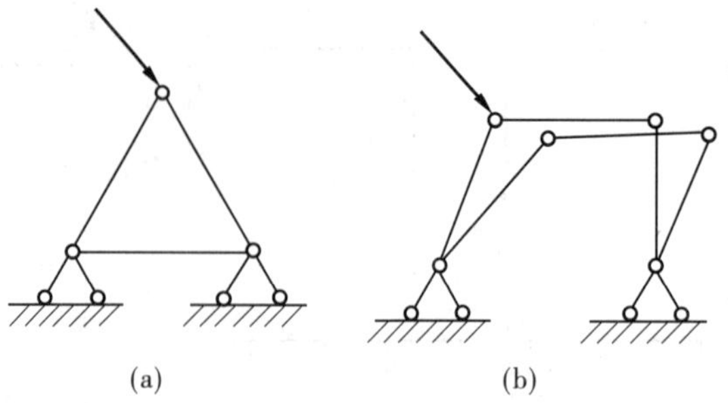

图 13-15

在结构的几何组成分析中，把所有的杆件都假想地看成刚体，这种杆件体系可分为两大类：

(1) **几何不变体系：在任意力系作用下，其几何形状和位置都保持不变的体系。**

(2) **几何可变体系：在任意力系作用下，其几何形状和位置发生改变的体系。**

工程结构在使用过程中，自身的几何形状和位置应保持不变，因而必须是几何不变体系。**只有几何不变体系才能够承受荷载而作为结构使用。**

平面体系几何组成分析的目的是：①判别体系是否为几何不变体系，从而确定它是否能作为结构使用；②正确区分静定结构和超静定结构，以便选择计算方法，为结构的内力分析打下必要的基础；③明确体系的几何组成顺序，有助于了解结构各部分之间的受力和变形关系，确定相应的计算顺序。

二、约束

约束是指能够限制物体自由运动的装置(又称联系)。一般认为，物体自由运动位置可由 x、y 以及与水平方向夹角 α 来确定位置。限制一个运动坐标的装置，就称为一个约束(或联系)。

(一) 链杆约束

凡刚性构件，不论直杆还是曲杆，只要仅用两个铰与其他杆件相连，都可称为链杆(二力杆)。如图 13-16(a)所示，用一个链杆与基础相联，则刚片不能沿链杆方向移动，故一个链杆相当于一个约束。如果在刚片与基础之间再增加一个链杆(见图 13-16(b))，此时刚片只能绕 A 点转动，而去掉了移动的可能，减少 x、y 两个自由运动坐标，相当于两个约束。

(二) 铰链约束

用一个铰将刚片Ⅰ、Ⅱ联结起来，如图 13-16(c)所示，对刚片Ⅰ而言，其位置可由 A 点的坐标 x、y 和 AB 线的倾角 φ_1 来确定，刚片Ⅱ相对刚片Ⅰ只能绕 A 点转动，即两刚片间只保留了相对转角 φ_2，则确定体系位置需要 4 个坐标，比没有用铰联结前少了 2 个坐标，这种联结两个刚片的铰称为**单铰**。一个单铰相当于两个约束；也相当于两根链杆的约束

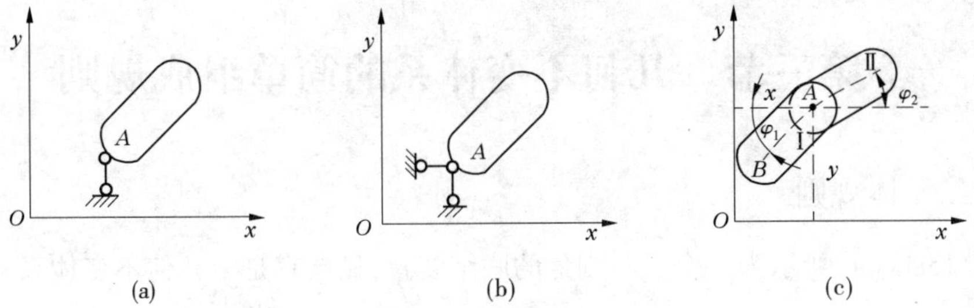

图 13-16

作用(见图 13-16(b)),亦即相当于一固定铰支座的作用。若用一个铰同时联结三个或三个以上的刚片,则这种铰称为**复铰**(见图 13-17)。设其中一刚片可沿 x、y 向移动和绕某点转动,则其余两刚片都只能绕其转动,因此各减少两个自由运动坐标。像这种联结三刚片的复铰相当于两个单铰的作用,由此可见,联结 n 个刚片的复铰,相当于 $(n-1)$ 个单铰的作用。

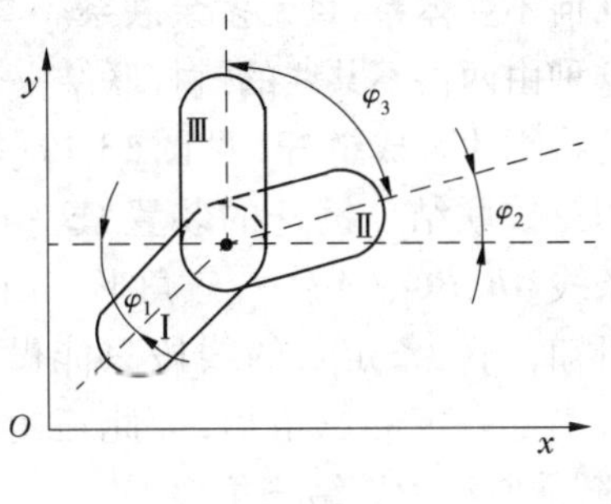

图 13-17

(三)刚性连接

通过类似的分析可知,固定支座相当于三个链杆的约束,联结两杆件的刚性结点也相当于三个链杆的约束,即有三个约束。

(四)多余约束

如果在一个体系中增加一个约束,而体系的确定位置坐标数目并不减少,则此约束为**多余约束**。如图 13-18(a)所示,一点 A 与基础的联结,链杆①、②约束了点 A 的两个自由运动坐标 x、y,即点 A 被固定了,则链杆①、②是非多余约束(必要约束)。若再增加一个链杆(见图 13-18(b)),实际上仍减少两个自由运动坐标,则有一个是多余约束(可把三个链杆中任何一个看作多余约束)。又如图 13-18(c)所示用三个平行链杆将刚片Ⅰ与基础联结,此时刚片Ⅰ仍可做平行移动,即存在一个自由运动坐标,三根链杆实际上只减少了两个自由运动坐标。因此,有两个链杆是必要约束,另一个链杆则为多余约束。

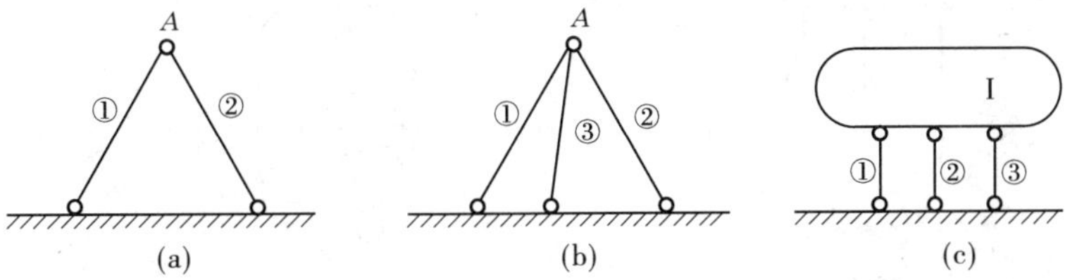

图 13-18

实际上,一个平面体系通常都是由若干个刚片加入许多约束所组成的。如果在组成体系的各刚片之间恰当地加入足够的约束,就能使各刚片之间不能发生相对运动,从而使该体系成为几何不变体系。

第三节 几何不变体系的简单组成规则

一、二元体规则

如图 13-19(a)所示为一个点与刚片的联结装置,显然它是个几何不变体系。由此可得出结论:

规则Ⅰ:一个点与一刚片用两根不共线的链杆相联结(三个铰不在同一直线上),则组成几何不变体系,且无多余联系。

这种由两根不共线的链杆联结一个结点的装置称为**二元体**。

若将刚片看成链杆(见图 13-19(b)),则形成一用三铰联结三链杆的装置,这一情况如同用三条线 AB、BC、CA 作一三角形。由平面几何知识可知,用三条定长的线段只能做出一个形状和大小都一定的三角形,即此三角形是几何不变的,通常称为铰结三角形。

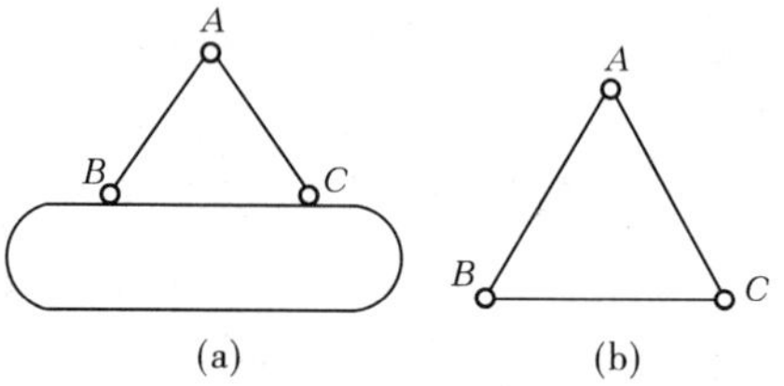

图 13-19

由二元体的概念可得出推论Ⅰ:**在一个几何不变体系上增加或撤去一个二元体,则该体系仍然是几何不变体系**。因此,在进行体系的几何组成分析时,宜先将二元体撤除,再对剩余部分进行分析,所得结论就是原体系的几何组成分析结论。

二、两刚片规则

如图 13-20(a)所示,两刚片用两根不平行的链杆 AB、CD 相联结。若设刚片Ⅰ不动,刚片Ⅱ将绕 AB、CD 两杆延长线的交点 O 转动;反之若设刚片Ⅱ不动,则刚片Ⅰ也将绕 O 点转动。O 点称为刚片Ⅰ、Ⅱ的相对转动瞬心(即瞬心)。其作用相当一个铰,该铰的位置在两链杆轴线的交点上,且其位置随两刚片的转动而改变,又称为**虚铰**。为制止两刚片的相对转动,需增加一根链杆 EF(如图 13-20(b)所示),若 EF 的延长线不通过 O 点,则刚片Ⅰ、Ⅱ之间就不可能再产生相对转动,可得:

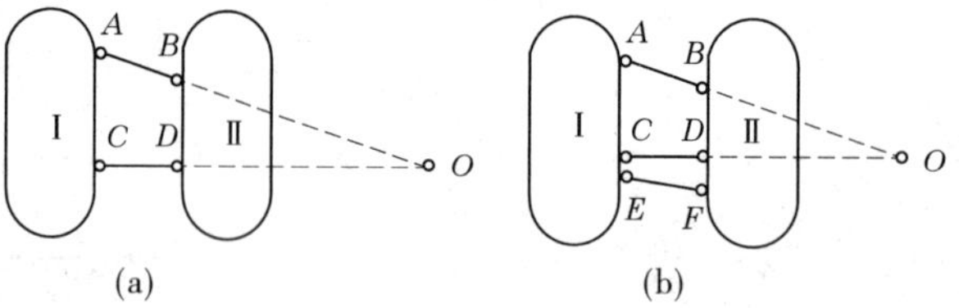

图 13-20

规则Ⅱ:两刚片之间用不全交于一点也不全平行的三根链杆相联结,则组成几何不变体系,且无多余联系。

由前所知,一个铰的约束相当于两根链杆的约束,若将 AB、CD 的约束看成一个铰 O,如图 13-20(b)所示,则可得出推论Ⅱ:**两刚片之间用一个铰和一根不通过铰的链杆相联**

结,则组成几何不变体系,且无多余联系。

三、三刚片规则

如图 13-21(a)所示,刚片Ⅰ、Ⅱ、Ⅲ用不在同一直线上的三个铰 A、B、C 两两相联形成三角形,为几何不变体系,由此得出规则Ⅲ。

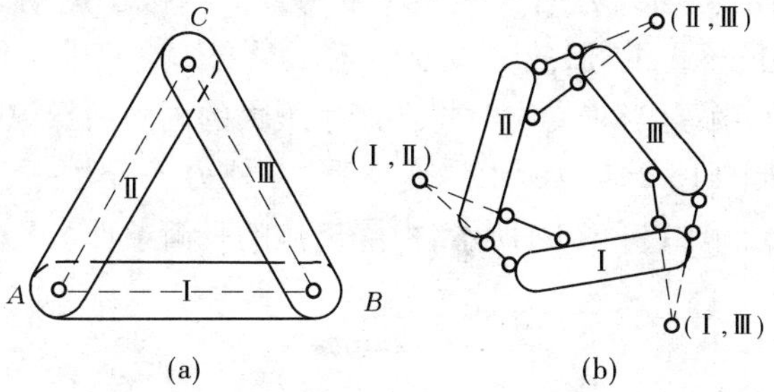

图 13-21

规则Ⅲ:三刚片之间用不在同一直线上的三个铰两两相联,则组成几何不变体系,且无多余联系。

若将每一个铰换为两根链杆相联(见图 13-21(b)),显然该体系也为几何不变体系。推论Ⅲ:**三刚片之间用六根链杆两两相联,只要六根链杆所形成的三个虚铰不在同一直线上,则组成几何不变体系,且无多余联系。**

实际上,上述规则及推论中若将刚片皆看成链杆,则三个规则及推论所述的皆是铰结三角形,都是同一个问题,只是在叙述的方式上有所不同。这也就得出一个结论:**铰结三角形是组成几何不变体系的基本单元。**

四、瞬变体系

上述几何组成规则及其推论中,皆有一定的限制条件,如果不能满足这些条件,则将会出现如下情况。

如图 13-22 所示,其中图(a)为两刚片用三根相交于一点的链杆相联结。由于其延长

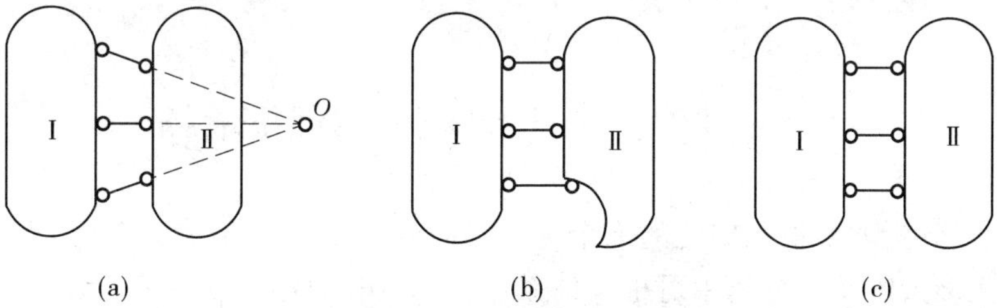

图 13-22

线相交于 O 点,此时两刚片可绕 O 点做相对转动,但在产生微小转动后,三根链杆就不再交于一点,则不能继续产生相对运动。这种在某一瞬时可以产生微小运动的体系,称为**瞬变体系**。又如图 13-22(b)中两刚片用三根平行链杆相联,此时两刚片可沿垂直链杆方向

产生相对移动，但在发生一微小移动后，三链杆就不再互相平行，则这种体系也为瞬变体系。应当注意，若三根链杆等长且互相平行（见图 13-22(c)），当两刚片发生一微小移动后，三链杆仍为平行，运动将继续发生，为几何可变体系，通常又称为**常变体系**。实际上，在几何组成分析中瞬变体系也属于几何可变的。

如图 13-23 所示，若三刚片用位于同一直线的三铰相联，此时 C 点为 AC、BC 两个圆弧的公切点，故 C 点可沿公切线方向产生微小的移动。当微小运动产生后，三个铰就不在同一直线上，运动也就不再继续，故为瞬变体系。瞬变体系只发生微小的相对运动，似乎可作为结构使用，但实际上当它受力时将会产生很大的内力而导致破坏，或者产生过大的变形而影响使用。如图 13-24(a)所示瞬变体系，在外力 F 作用下，铰 C 向下产生一微小的位移而到 C' 位置，如图 13-24(b)所示，由隔离体的平衡条件 $\sum F_y=0$ 可得

$$N=\frac{F}{2\sin\varphi}$$

因为 φ 为一无穷小量，所以

$$N=\lim_{\varphi\to 0}\frac{F}{2\sin\varphi}=\infty$$

由此可见，杆 AC 和 BC 将产生很大的内力和变形，将首先产生破坏。因此，瞬变体系是属于几何可变体系的一类，绝对不能在工程结构中采用。

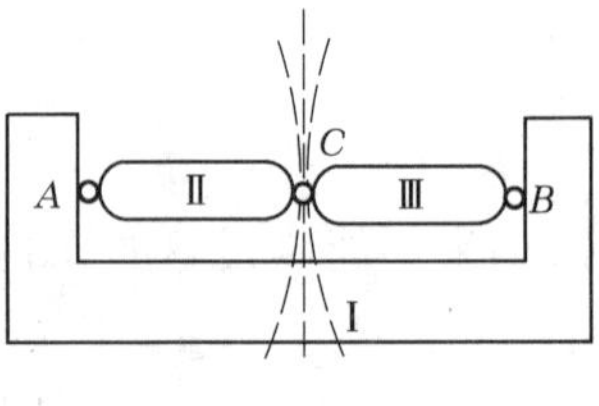

图 13-23

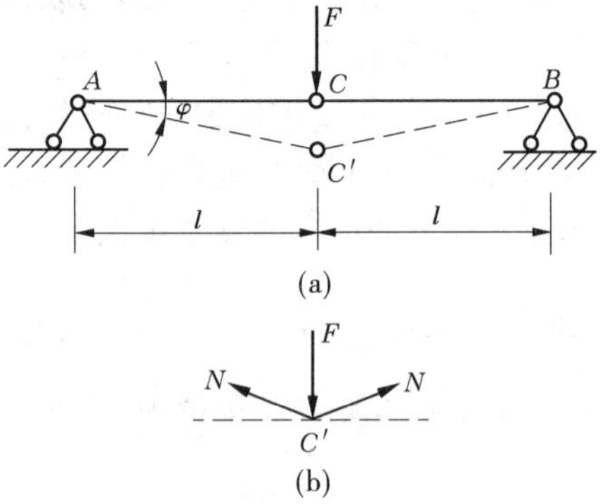

图 13-24

第四节　几何组成分析示例

几何组成分析就是根据前述的三个规则检查体系的几何组成，判断是否为几何不变体系，且有无多余联系。分析中可根据体系中是否存在铰结三角形或二元体来简化体系。

【例 13-1】 试对如图 13-25 所示体系作几何组成分析。

解：该体系的特点：一是与基础的连接使用了三个链杆，称为简支，分析时可以暂不考虑；二是体系完全铰结，可使用铰结三角形概念简化结构。分析如下：

ABC 部分是从铰结三角形 BGF 开始按规则Ⅰ依次增加二元体所形成的一几何不变的部分，作为刚片Ⅰ；同理，ADE 部分也是几何不变，作为刚片Ⅱ；杆件 CD 作为刚片Ⅲ。

刚片Ⅰ、Ⅱ用铰 *A* 相联，刚片Ⅱ、Ⅲ用铰 *D* 相联，刚片Ⅰ、Ⅲ用铰 *C* 相联，*A*、*C*、*D* 三铰不在同一直线上，符合规则Ⅲ。将 *ABE* 看作一刚片，与基础用三链杆相联，符合规则Ⅱ，组成几何不变体系，且无多余联系。

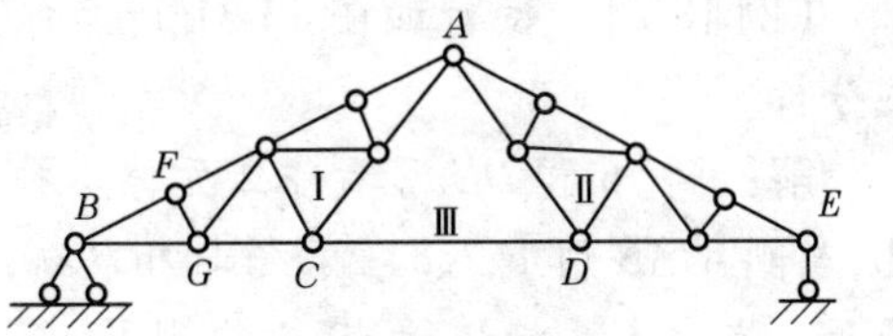

图 13-25

【例 13-2】 试对如图 13-26 所示体系进行几何组成分析。

解：该体系有铰结部分，可以运用铰结三角形或二元体规则进行分析。首先在基础上依次增加 *A*－*D*－*B* 和 *A*－*C*－*D* 两个二元体，则该部分可与基础作为一个刚片；再将 *EF* 看作另一刚片。该两刚片通过链杆 *DE* 和支座 *F* 处的两水平链杆相联结，符合规则Ⅱ，则为几何不变体系，且无多余联系。

【例 13-3】 对如图 13-27 所示体系进行几何组成分析。

解：将基础看作刚片Ⅰ，*BDE* 看作刚片Ⅱ，*AB* 看作链杆，则刚片Ⅰ、Ⅱ之间用链杆 *AB* 及 *D* 和 *E* 处的两根链杆相联结，因三链杆交于一点 *C*，则该体系为瞬变体系。

【例 13-4】 对如图 13-28 所示体系进行几何组成分析。

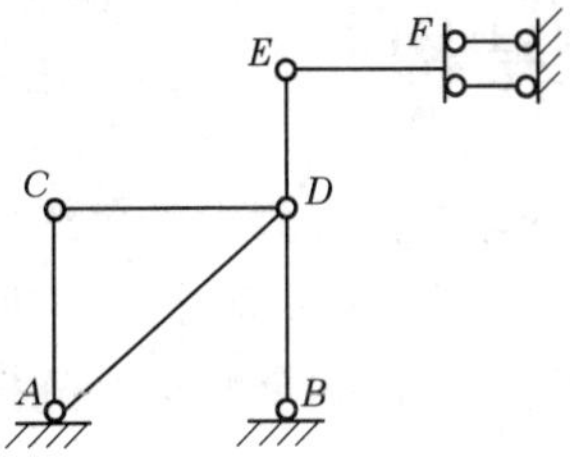

图 13-26

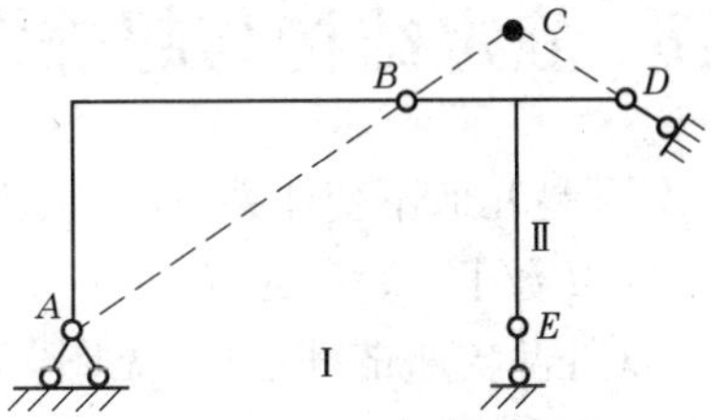

图 13-27

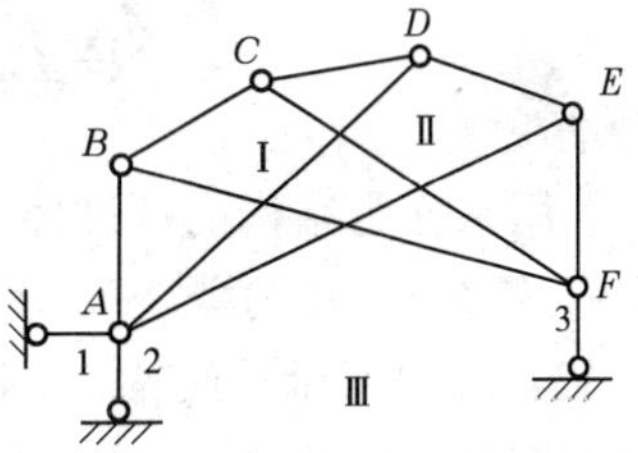

图 13-28

解：如图所示，铰结三角形 *BCF* 和 *ADE* 分别作为刚片Ⅰ、Ⅱ，两者由 *AB*、*CD*、*EF* 三根链杆相联结，符合规则Ⅱ，则为几何不变体系，且无多余联系，形成一大刚片，再与基础Ⅲ由 1、2、3 三根链杆相联结，符合规则Ⅱ，该体系为几何不变体系，且无多余联系。

【例 13-5】 试对如图 13-29 所示体系进行几何组成分析。

解：由规则Ⅱ，先去掉二元体 *G*－*J*－*H*、*D*－*G*－*F*、*F*－*H*－*E* 和 *D*－*F*－*E*，使体系得到简化。*ADC* 和 *BEC* 部分分别为铰结三角形基础上增加二元体所形成的几何不变部分，分别作为刚片Ⅰ、Ⅱ，基础看作刚片Ⅲ，刚片Ⅰ、Ⅱ、Ⅲ之间分别用 *C*、*B*、*A* 三个铰相联，且三铰不在同一直线上，符合规则Ⅲ，则该体系为几何不变体系，且无多余联系。

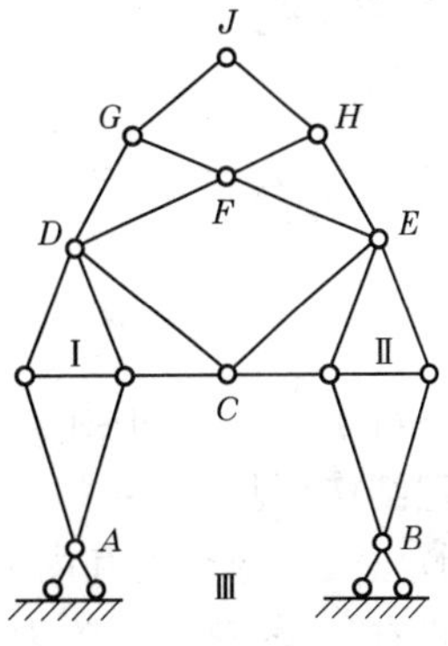

图 13-29

【例 13-6】 试对如图 13-30 所示体系进行几何组成分析。

解：杆件 *AB* 与基础简支，符合规则Ⅱ，为几何不变部分。再增加二元体 *A*－*C*－*E* 和 *B*－*D*－*F*，为几何不变，此外又增加一根链杆 *CD*，则此体系为具有一个多余联系的几何不变体系。

【例 13-7】 试对如图 13-31 所示体系进行几何组成分析。

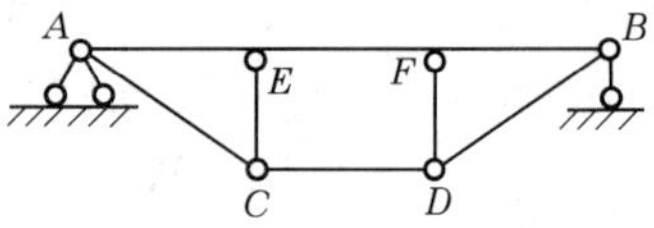

图 13-30

解:链杆 6 和 *DE* 可看作二元体去掉。基础为刚片Ⅰ,与刚片 *AB* 用 1、2、3 三根链杆相联结,且三链杆不全交于一点也不互相平行,符合规则Ⅱ,组成几何不变部分,作为大刚片Ⅱ,它与刚片 *CD* 用链杆 *BC* 和 4、5 相联结,符合规则Ⅱ,则所形成的体系为几何不变体系,且无多余联系。

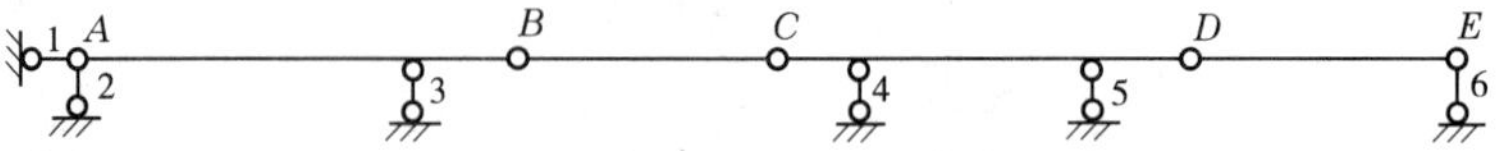

图 13-31

根据以上题目,可总结几何组成分析时的几个方法:

(1)当体系中有二元体时,可依次去除,再对剩下的部分进行几何构成分析。

(2)对于铰结三角形(三铰刚架),可直接看作刚片。

(3)地基上的固定铰可直接看作地基的一部分。

第五节 静定结构与超静定结构

用来作为结构的杆件体系,必须是几何不变体系,而几何不变体系又分为无多余约束和有多余约束两类。后者的约束数目除满足几何不变的要求外尚有多余。如图 13-32(a)所示连续梁,若将 *C*、*D* 处两支座链杆去掉(见图 13-32(b)),剩余的支座链杆恰好满足两刚片联结的要求,则它有两个多余联系。

又如图 13-33(a)所示加筋梁,若将链杆 *ab* 去掉(见图 13-33(b)),则成为无多余约束的几何不变体系,故此加筋梁为具有一个多余约束的几何不变体系。

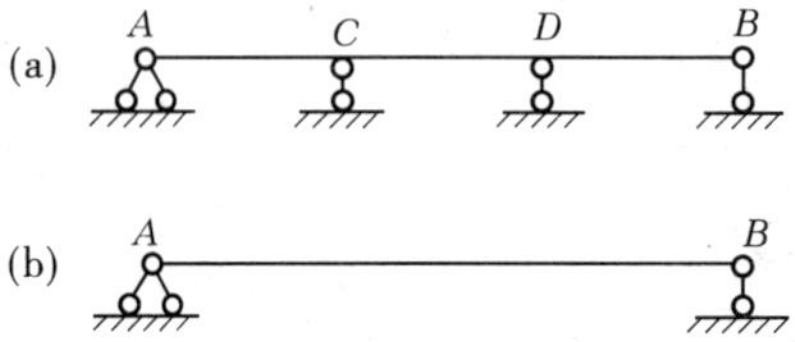

图 13-32

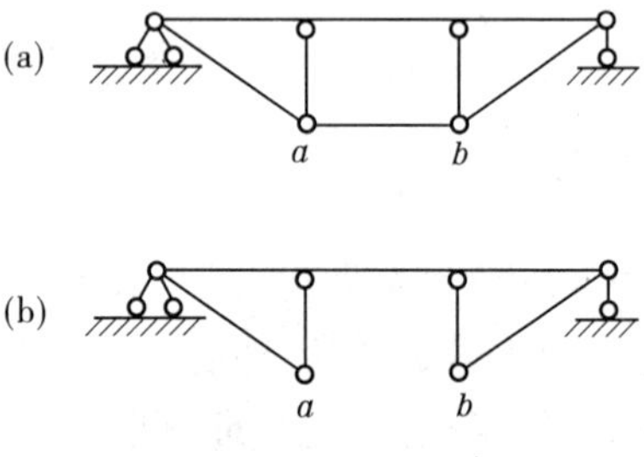

图 13-33

对于无多余约束的结构,其全部反力和内力都可由静力平衡条件求解,这类结构称为**静定结构**(见图 13-34)。对于具有多余约束的几何不变体系,仅用静力平衡条件是不能求解出其全部反力和内力的,如图 13-35 所示连续梁,其支座反力有五个,而静力平衡条件只有三个,显然用静力平衡条件无法求得其全部反力,从而也就不可能求得其全部内力。这种具有多余约束而用静力平衡条件无法求得其全部反力和内力的几何不变体系,被称为**超静定结构**。超静定结构必须要借助于变形条件方可求解。

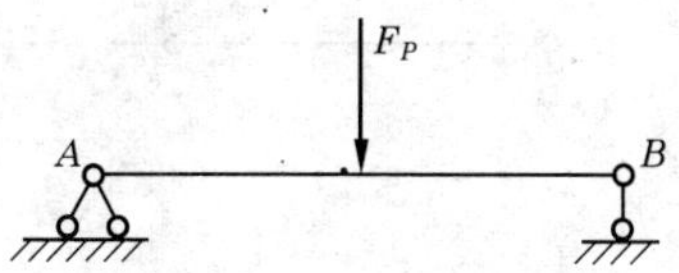

图 13-34

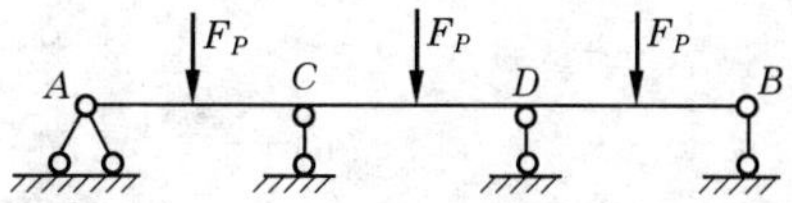

图 13-35

思考题

13-1　链杆能否作为刚片？刚片能否作为链杆？二者有何区别？

13-2　体系中任何两根链杆是否都相当于在其交点处的一个虚铰？

13-3　在思 13-1 图(a)、(b)中，$B-A-C$ 是否为二元体？$B-D-C$ 能否看成二元体？

13-4　瞬变体系与可变体系各有何特征？为什么土木工程中要避免采用瞬变和接近瞬变的体系？

13-5　在进行几何组成分析时，应注意体系的哪些特点才能使分析得到简化？

13-6　思 13-2 图所示因 A、B、C 三铰共线，所以是瞬变体系，这样分析正确否？

13-7　何为多余约束？如何确定多余约束的个数？

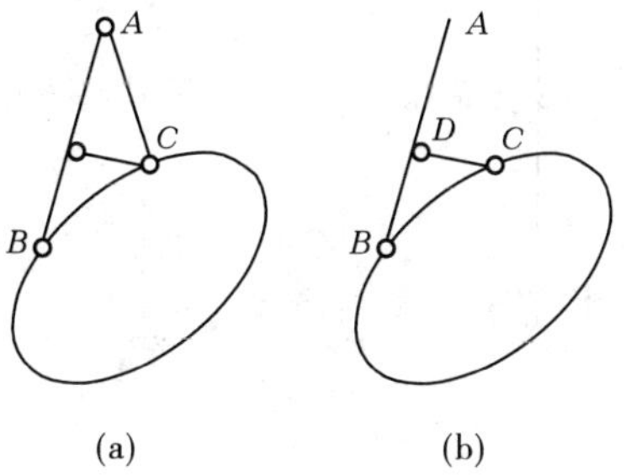

思 13-1 图

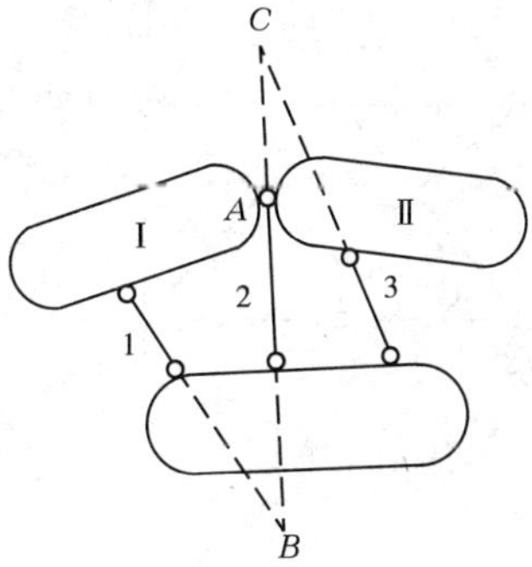

思 13-2 图

习　题

13-1　试对图示体系作几何组成分析。若为多余约束的几何不变体系，则指出其多余约束的数目。

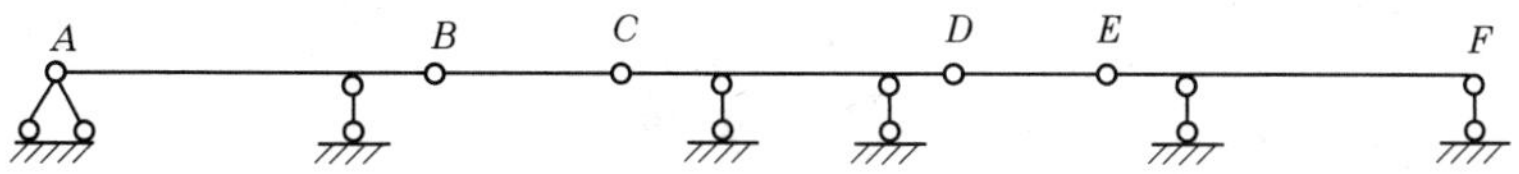

(a)

题 13-1 图

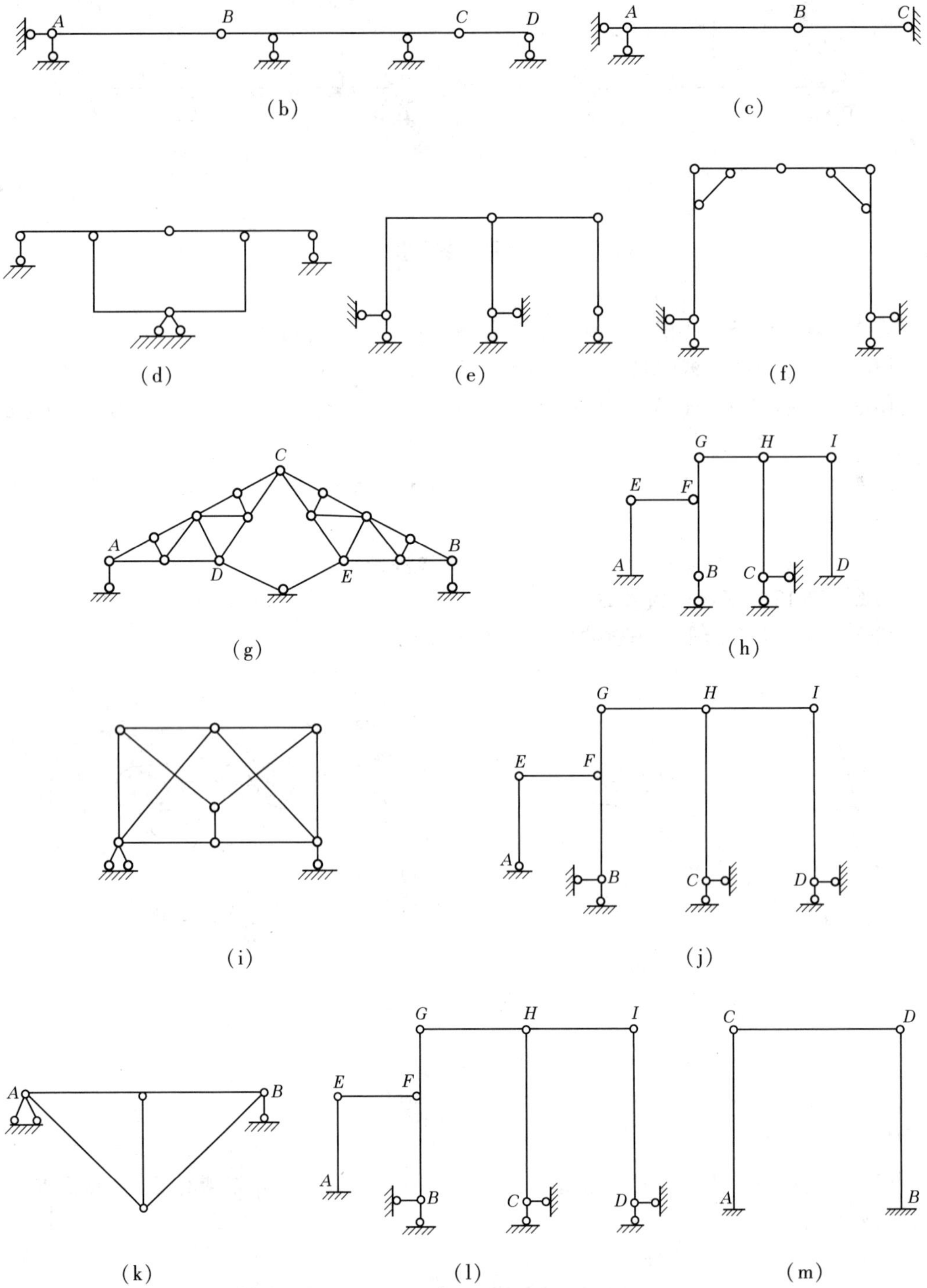
A B C D
(b)
A B C
(c)
(d)
(e)
(f)
C A B D E
(g)
G H I E F A B C D
(h)
(i)
G H I E F A B C D
(j)
A B
(k)
G H I E F A B C D
(l)
C D A B
(m)

续题 13-1 图

第十四章　静定结构的内力分析

第一节　多跨静定梁

一、多跨静定梁特点

多跨静定梁是工程实际中常见的结构，是由若干根单跨静定梁用铰联结而成的静定结构。如图 14-1(a)所示房屋建筑结构中的木檩条，采用的是多跨静定梁结构形式，其计算简图如图 14-1(b)所示。在公路桥梁中，也是多跨静定梁的结构形式，如图 14-2(a)所示，其计算简图如图 14-2(b)所示。

通过几何组成分析可知，图 14-1(a)和图 14-2(a)两种多跨梁都是几何不变且无多余约束的静定结构。其中，若不依赖于其他部分可独立承受荷载并能保持其几何不变性质的梁段，称为多跨静定梁的**基本部分**；而依赖基本部分才能承受荷载而维持其几何不变的梁段，称为多跨静定梁的**附属部分**。如图 14-1(b)中，*AB* 梁和 *CD* 梁直接由支杆固定于基础，是几何不变体系，可独立承受荷载，为基本部分；短梁 *BC* 是依靠基本部分的支承才能承受荷载而保持平衡，所以为附属部分。为了更清楚地表示各部分之间的支承关系，把基本部分画在下层，将附属部分画在上层的图形称为**层次图**，如图 14-1(c)和图 14-2(c)所示。

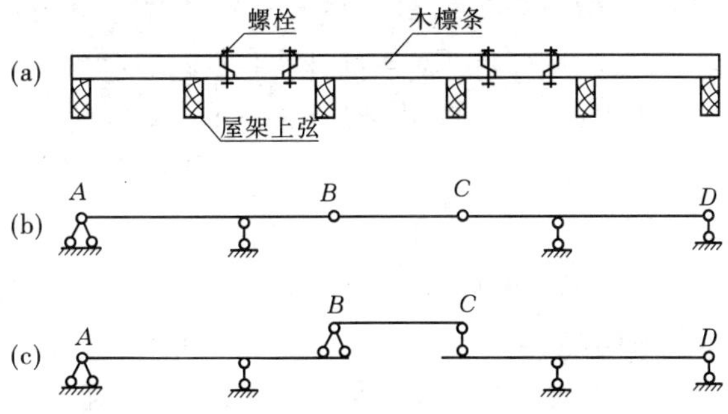

图 14-1

图 14-1(b)和图 14-2(b)分别是多跨静定梁两种常见的基本形式。图 14-1(b)所示的构造特点是附属部分的两端均搭接在基本部分上，而图 14-2(b)所示的构造特点是第一跨为基本部分，其余各跨分别为相邻部分的附属部分。由基本形式还可以组合成其他形式的多跨静定梁。

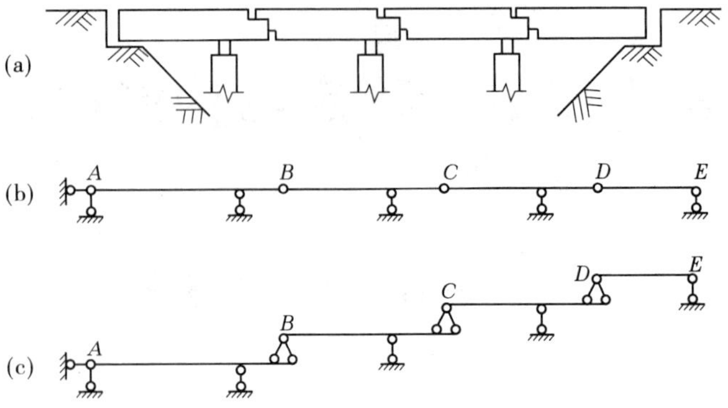

图 14-2

二、多跨静定梁的内力分析及内力图绘制

从受力分析来看，当荷载作用于基本部分时，只有该基本部分受力，而与其联结的附属部分不受力；当荷载作用于附属部分时，不仅该附属部分受力，并且通过铰结将力传到与其相关的基本部分上。因此，计算多跨静定梁时，必须先从附属部分计算，将附属部分的反力反作用于基本部分上，再计算基本部分。这样便把多跨静定梁化为单跨静定梁，分别进行计算，再将各单跨梁的内力图连在一起，则得到多跨静定梁的内力图。

【例 14-1】　试求作如图 14-3(a)所示的多跨静定梁的内力图。

解:(1)辨明基本部分和附属部分。作层次图。

由结构的几何部分组成分析可知:梁 AC 为基础部分，梁 CD 为附属部分，作出层次图如图 14-3(b)所示。

(2)求梁的支座反力。

先求附属部分梁 CD 的支座反力，取梁 CD 为分离体，画出受力图如图 14-3(c)所示，

由于集中荷载作用在梁 CD 的中点，由对称关系可得

$$F_c = F_D = 60\ \text{kN}\ (\uparrow)$$

再求基本部分梁 AC 的支座反力，取梁 AC 为分离体，画出受力图如图 14-3(d)所示，由平衡条件求得

$$F_A = 145\ \text{kN}\ (\uparrow) \qquad F_B = 235\ \text{kN}\ (\uparrow)$$

(3)求作剪力图和弯矩图。

分别绘制各单跨梁的剪力图和弯矩图，然后拼接在一起，即为多跨静定梁的内力图，如图 14-3(e)、(f)所示。

由本例可见，求多跨静定梁的内力图关键是要分清梁的组成层次，作出层次图，如何将梁拆开来计算其支座反力？梁的支座反力一旦求出，求作多跨静定梁内力图的问题就归结为求作各单跨静定梁的内力图问题，而单跨静定梁的内力图绘制已是熟悉的求解问题。所以，求作多跨静定梁内力图只不过是在单跨静定梁的内力图绘制的基础上的一种引伸，而并非是新的计算问题。

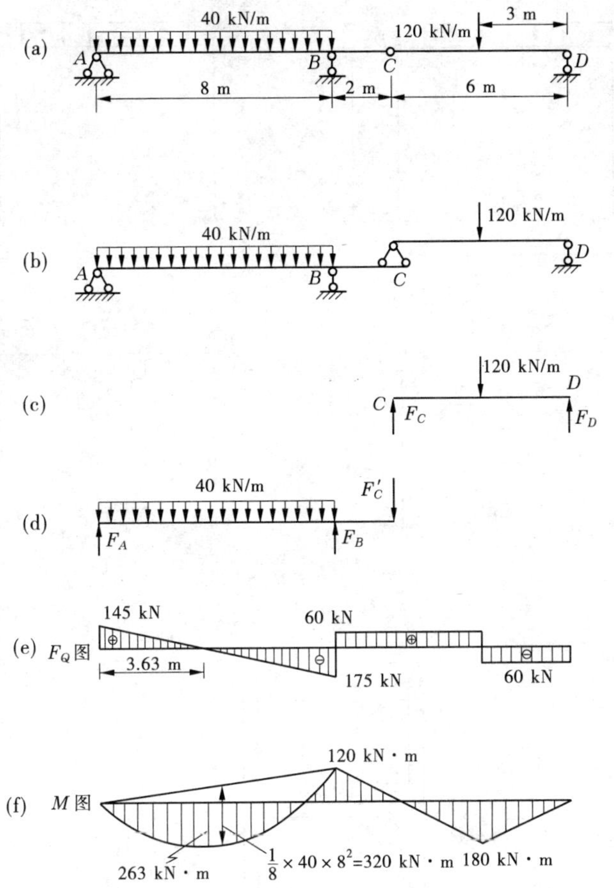

图 14-3

第二节 静定平面刚架

一、刚架的特点及分类

刚架是指由若干根直杆组成的具有刚结点的结构。各杆轴线和外力的作用线都在同一平面内的刚架称为平面刚架。

由于刚结点具有约束各杆端相对转动的作用,能承受和传递弯矩。如图 14-4(a)、(b)所示,两个结构的跨度、高度和所承受的荷载完全相同,但两个结构所产生的内力和变形却是不同的。由此可知,与具有铰结点的结构相比,刚架的整体性好,内力分布较均匀,故比较节省材料。此外,刚架具有较大的空间便于利用,所以在工程中得到广泛的应用。

静定平面刚架常见的形式有三种:悬臂刚架、简支刚架和三铰刚架,分别如图 14-5 ~ 图 14-7 所示。

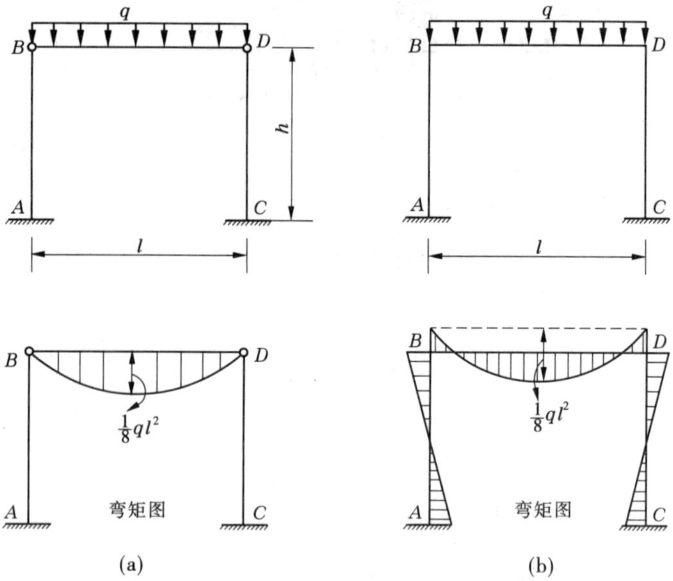

图 14-4

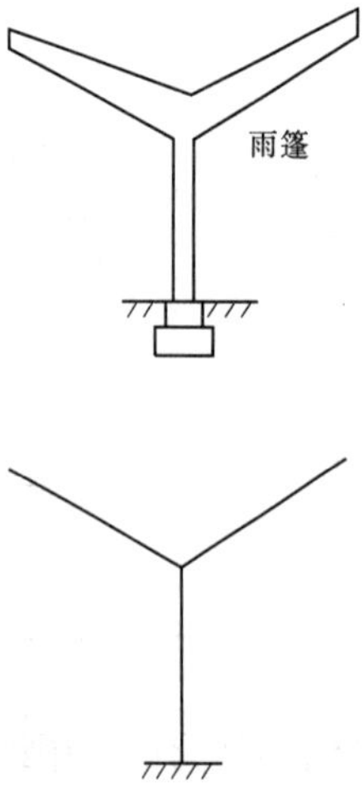

图 14-5

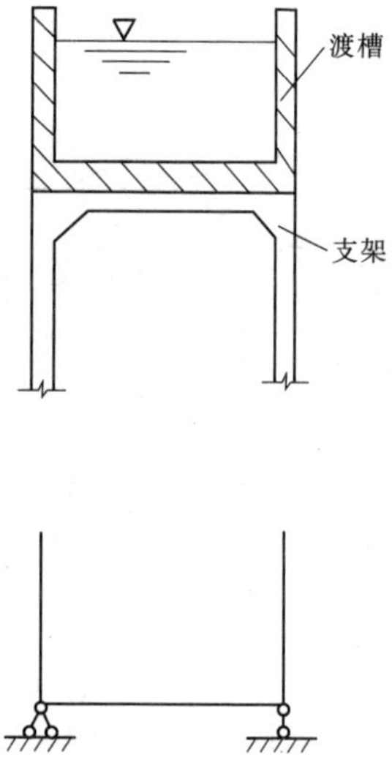

图 14-6

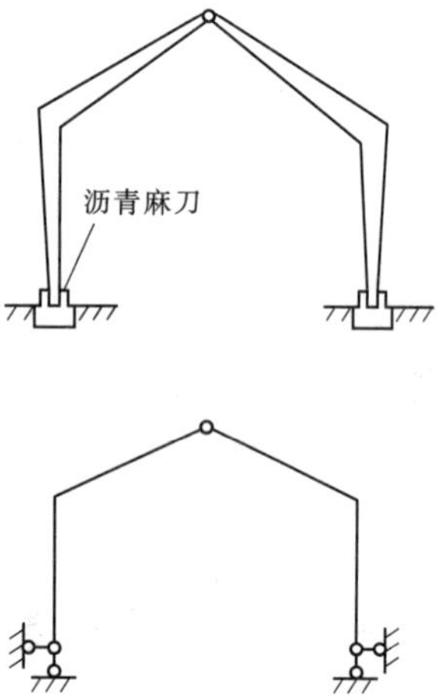

图 14-7

二、刚架的内力分析及内力图绘制

平面刚架的内力一般有弯矩 M、剪力 Q 和轴力 N。内力的计算方法与梁相同，仍用截面法或直接法。为明确地表示刚架上不同截面的内力，一般在内力符号右下角引用两个脚标：第一个表示内力所属截面，第二个表示该截面所在杆件的另一端。例如：M_{AB} 表示 AB 杆 A 端截面的弯矩，Q_{BA} 表示 AB 杆 B 端截面的剪力。

平面刚架杆件内力符号的规定：剪力和轴力的符号规定与梁相同，剪力以绕杆端顺时针转动为正,反之为负;轴力以拉力为正,压力为负。剪力图和轴力图可画在杆件的任一侧,但必须注明正负。弯矩符号的规定:横杆与梁相同;对立杆,以使杆右侧受拉为正。弯矩图必须画在杆件的受拉侧,可不注明正负号。

【例 14-2】 绘制如图 14-8(a)所示刚架的内力图。

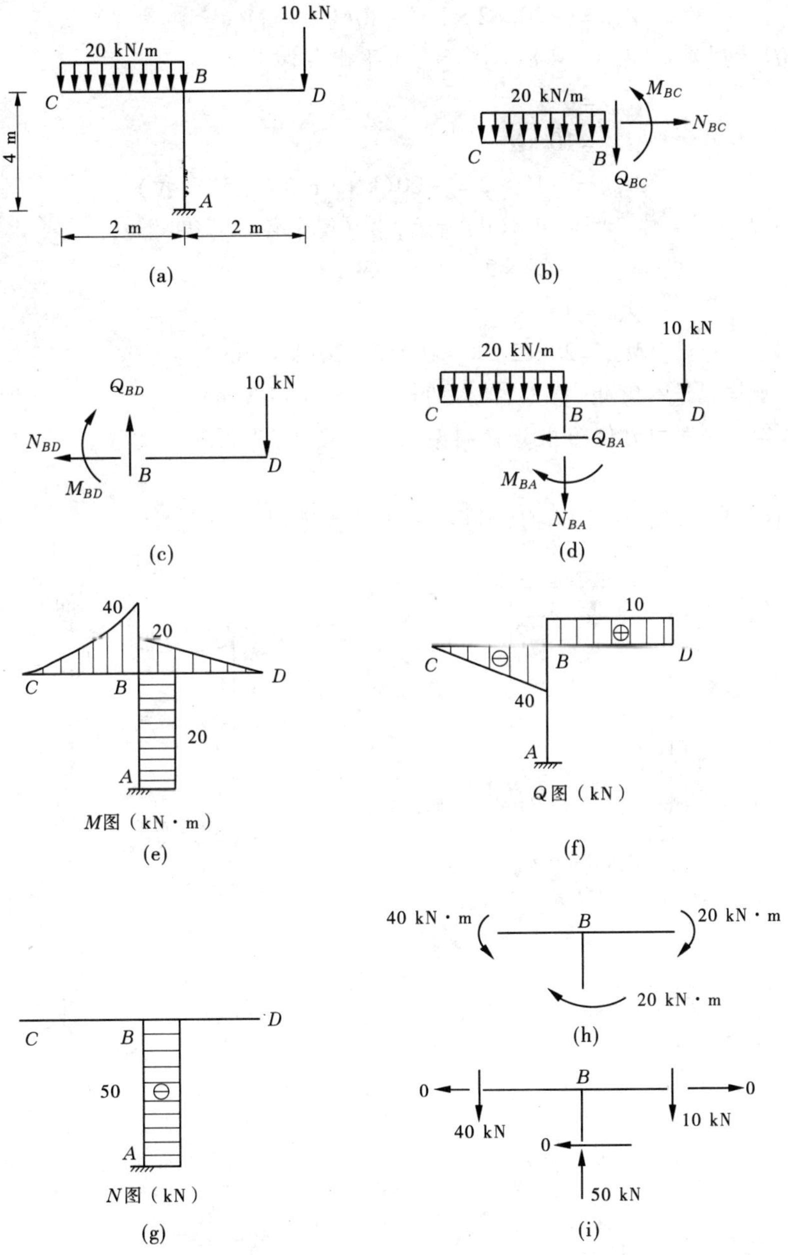

图 14-8

解: 此刚架为悬臂刚架,可不用先求支座反力。

取 BC 杆为脱离体,如图 14-8(b)所示,图中内力 M_{BC}、Q_{BC}、N_{BC} 均按正向画出。由平衡条件得

$$N_{BC}=0$$

$$Q_{BC}=-20\times2=-40(\text{kN})$$

$$M_{BC}=-20\times2\times1=-40(\text{kN}\cdot\text{m})\ (\text{上侧受拉})$$

取 BD 为脱离体,如图 14-8(c)所示,由平衡条件得

$$N_{BD}=0$$

$$Q_{BD}=10\ \text{kN}$$

$$M_{BD}=-10\times2=-20(\text{kN}\cdot\text{m})\ (\text{上侧受拉})$$

取 CBD 为脱离体,如图 14-8(d)所示,由平衡条件计算得

$$N_{BA}=-20\times2-10=-50(\text{kN})$$

$$Q_{AB}=0$$

$$M_{BA}=20\times2\times1-10\times2=20(\text{kN}\cdot\text{m})(\text{右侧受拉})$$

取 B 刚结点进行弯矩、剪力、轴力的校核,如图 14-8(h)、(i)所示。

根据各杆杆端内力值绘出悬臂刚架的弯矩图、剪力图和轴力图,如图 14-8(e)、(f)、(g)所示。

【例 14-3】 试作如图 14-9(a)所示刚架的内力图。

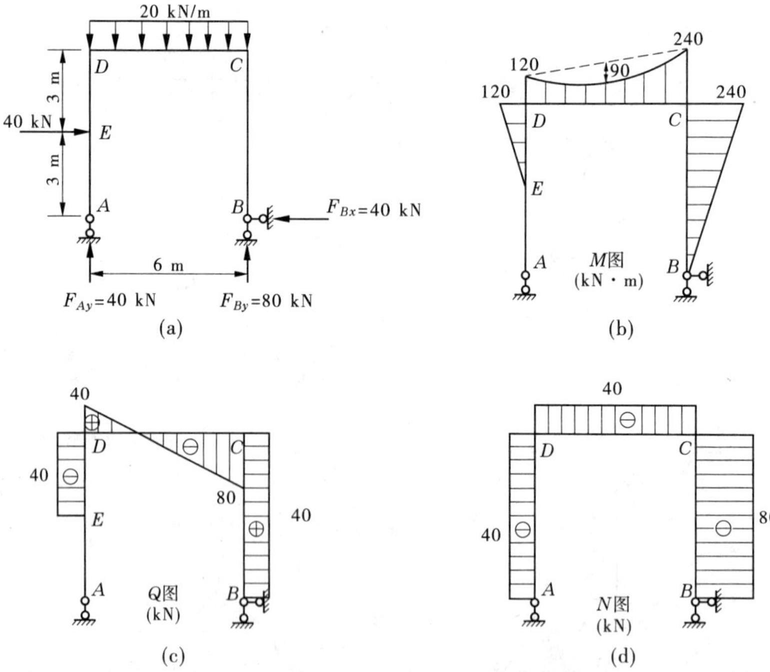

图 14-9

解:(1)求支座反力。

取整个刚架为脱离体,假设支座反力方向如图 14-9(a)所示。由平衡条件得

$\sum F_x = 0 \qquad 40 - F_{Bx} = 0 \qquad F_{Bx} = 40\ \text{kN}(\leftarrow)$

$\sum M_A = 0 \qquad F_{By} \times 6 - 20 \times 6 \times 3 - 40 \times 3 = 0 \qquad F_{By} = 80\ \text{kN}(\uparrow)$

$\sum F_y = 0 \qquad F_{Ay} + F_{By} - 20 \times 6 = 0 \qquad F_{Ay} = 40\ \text{kN}(\uparrow)$

校核:由 $\sum M_B = -40 \times 6 - 40 \times 3 + 20 \times 6 \times 3 = 0$,故可知支座反力计算无误。

(2)求各杆杆端内力。

AE 段:$M_{AE} = M_{EA} = 0 \qquad Q_{AE} = Q_{EA} = 0 \qquad N_{AE} = N_{EA} = -40\ \text{kN}$

ED 段:$M_{ED} = 0 \qquad M_{DE} = -40 \times 3 = -120(\text{kN}\cdot\text{m})$(左侧受拉)

$Q_{ED} = Q_{DE} = -40\ \text{kN}$

$N_{ED} = N_{DE} = -40\ \text{kN}$

BC 段:$M_{BC} = 0 \qquad M_{CB} = 40 \times 6 = 240(\text{kN}\cdot\text{m})$(右侧受拉)

$Q_{BC} = Q_{CB} = 40\ \text{kN}$

$N_{BC} = N_{CB} = -80\ \text{kN}$

DC 段:计算 DC 杆端的内力,可以利用刚性结点 D 和 C 的平衡条件求得(见图 14-10)。

结点 D:$\sum F_x = 0 \qquad N_{DC} = -40\ \text{kN}$

$\sum F_y = 0 \qquad Q_{DC} = 40\ \text{kN}$

$\sum M_D = 0 \qquad M_{DC} = -120\ \text{kN}\cdot\text{m}$(上侧受拉)

结点 C:$\sum F_x = 0 \qquad N_{CD} = -40\ \text{kN}$

$\sum F_y = 0 \qquad Q_{CD} = -80\ \text{kN}$

$\sum M_C = 0 \qquad M_{CD} = -240\ \text{kN}\cdot\text{m}$(上侧受拉)

(3)由各杆杆端的内力值分别绘出刚架的弯矩图、剪力图、轴力图,如图 14-9(b)、(c)、(d)所示。在作弯矩图时,由于 DC 段的两端弯矩已求得,因此采用叠加法画该段弯矩图,即将两端纵标值的顶点以虚线相连,从虚线的中点向下叠加简支梁的跨中弯矩,可得 DC 段的弯矩图,简支梁均布荷载作用的跨中弯矩值为 $\frac{ql^2}{8} = \frac{20 \times 6^2}{8} = 90(\text{kN}\cdot\text{m})$。

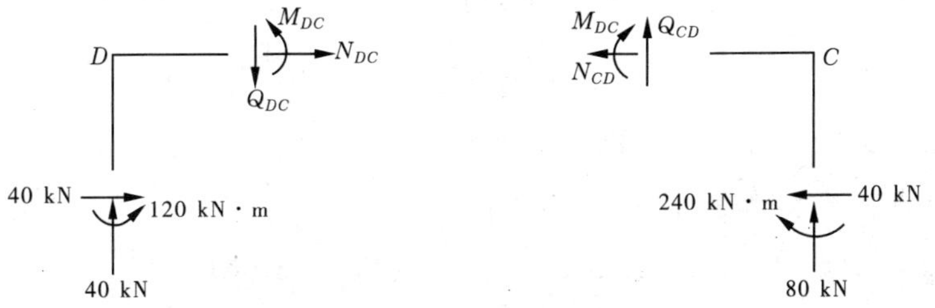

图 14-10

【例 14-4】 试作如图 14-11(a)所示三铰刚架的内力图。

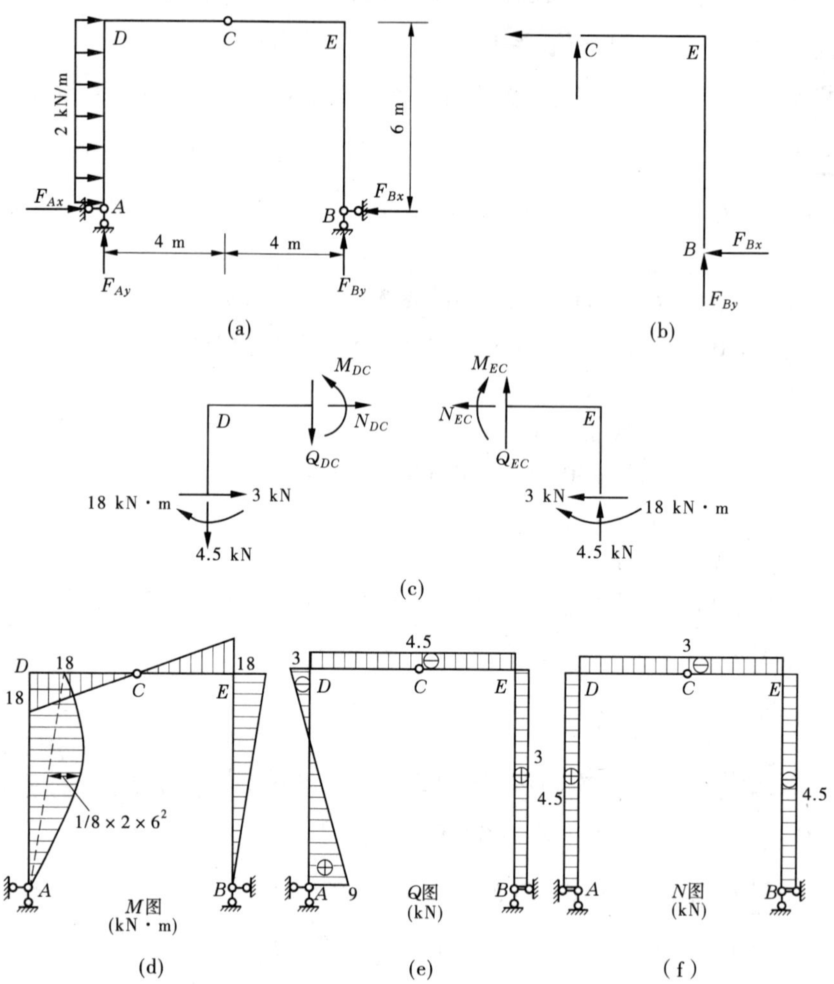

图 14-11

解:(1)求支座反力。

由整体平衡条件,假设支座反力方向如图 14-11(a)所示。

由 $\sum M_A = 0$ $\quad -F_{By} \times 8 + 2 \times 6 \times 3 = 0 \quad F_{By} = 4.5 \text{ kN}(\uparrow)$

由 $\sum F_y = 0$ $\quad F_{Ay} + F_{By} = 0 \quad F_{Ay} = -4.5 \text{ kN}(\downarrow)$

由 $\sum F_x = 0$ $\quad F_{Ax} - F_{Bx} + 2 \times 6 = 0 \quad F_{Ax} = F_{Bx} - 12$

再取 CB 为脱离体,如图 14-11(b) 所示

由 $\sum M_C = 0$ $\quad F_{Bx} \times 6 - 4.5 \times 4 = 0 \quad F_{Bx} = 3 \text{ kN}(\leftarrow)$

因此 $\quad F_{Ax} = 3 - 12 = -9(\text{kN})(\leftarrow)$

(2)求出各杆杆端截面的内力。

DA 杆：$M_{AD}=0$ $M_{DA}=9\times6-2\times6\times3=18(\text{kN}\cdot\text{m})$（右侧受拉）

$Q_{AD}=-F_{Ax}=9\ \text{kN}$ $Q_{DA}=-F_{Ax}-2\times6=9-12=-3(\text{kN})$

$N_{AD}=N_{DA}=-F_{Ay}=4.5\ \text{kN}$

BE 杆：$M_{BE}=0$ $M_{EB}=3\times6=18(\text{kN}\cdot\text{m})$（右侧受拉）

$Q_{BE}=Q_{EB}=F_{Bx}=3\ \text{kN}$

$N_{BE}=N_{EB}=F_{By}=-4.5\ \text{kN}$

DE 杆：可取刚性结点 D 和 E 为脱离体，如图 14-11(c)所示。

由 $\sum M_D=0$ $M_{DC}=18\ \text{kN}\cdot\text{m}$

由 $\sum M_E=0$ $M_{EC}=-18\ \text{kN}\cdot\text{m}$

由 $\sum F_x=0$ $N_{DC}=N_{EC}=-3\ \text{kN}$

由 $\sum F_y=0$ $Q_{DC}=Q_{EC}=-4.5\ \text{kN}$

(3)绘出刚架的弯矩图、剪力图、轴力图分别如图 14-11(d)、(e)、(f)所示。

第三节 三铰拱

一、概述

拱是杆轴线为曲线并且在竖向荷载作用下会产生水平推力的结构。常见拱的形式有三铰拱、两铰拱和无铰拱，如图 14-12 所示。三铰拱是静定的，而后两种拱是超静定的。

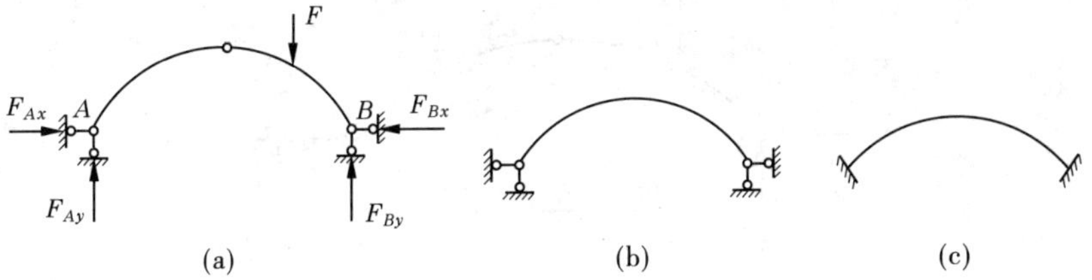

图 14-12

在竖向荷载作用下是否产生水平推力是区别梁与拱的主要标志。如图 14-13(a)所示，虽然结构的轴线是曲线，但在竖向荷载作用下，支座并不产生水平反力，所以它不是拱式结构，而是梁式结构，通常称为**曲梁**。

由于水平推力的存在，拱的各个截面弯矩比相应的简支梁弯矩要小得多，以承受压力为主。因此，拱比梁更适用于大跨度的结构。拱的优点就是能充分发挥材料的抗压强度，所以可采用抗压性能较好的砖、石等廉价材料，广泛应用于水利工程、房屋建筑和桥梁工程中。但拱结构也有缺点，如拱曲线外形增加施工难度；拱对基础作用的水平推力要求具有比较坚固的基础。

为了减轻基础的推力影响，可在拱的两支座间设置拉杆，如图 14-13(b)所示的结构，在竖向荷载作用下，拉杆将产生拉力，代替支座承受的水平推力，这种形式称为**带拉杆的拱**。

拱的各部分名称如图 14-13(c)所示。其中，拱的两端支座称为**拱趾**，两拱趾之间的水平距离称为**拱的跨度**，拱轴线上的最高点称为**拱顶**，拱顶到两拱趾水平线的竖向距离称为**拱高**。拱高与跨度之比 f/l 称为**高跨比**。

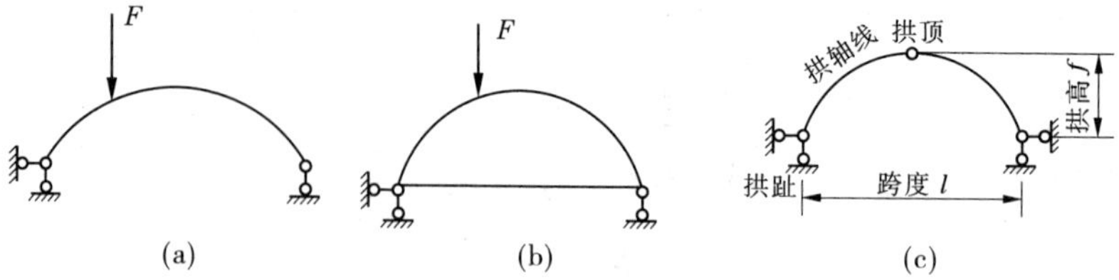

图 14-13

二、三铰拱的计算

在此仅讨论在竖向荷载作用下，对称的三铰平拱支座反力和内力的计算方法。

(一)支座反力计算

如图 14-14(a)所示三铰拱。由整体平衡方程可求出支座反力 F_{Ay}、F_{By} 的值以及 F_{Ax} 和 F_{Bx} 的关系，再取半跨拱结构对 C 铰取矩，利用平衡方程 $\sum M_C=0$，即可解出 F_{Ax} 和 F_{Bx} 的值。

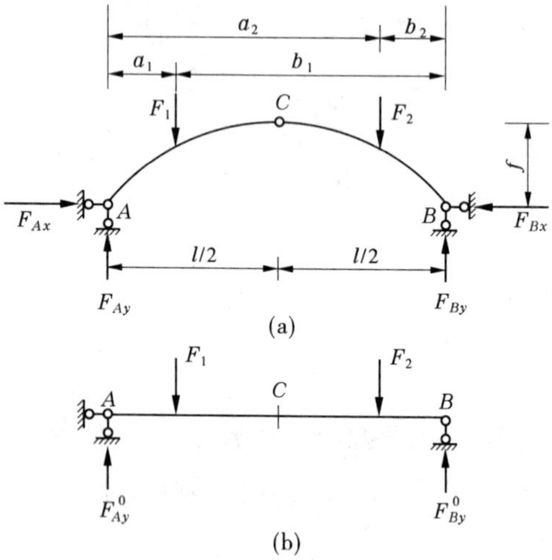

图 14-14

(1)取整体，由平衡条件

$$\sum M_B=0\qquad F_{Ay}=\frac{F_1b_1+F_2b_2}{l}\tag{a}$$

$$\sum M_A = 0 \quad F_{By} = \frac{F_1 a_1 + F_2 a_2}{l} \tag{b}$$

$$\sum F_x = 0 \quad F_{Ax} = F_{Bx} = F_x$$

(2)取左半边拱,由平衡方程

$$\sum M_C = 0 \qquad F_{Ax} = \frac{1}{f}\left[F_{Ay} \times \frac{l}{2} - F_1 \times \left(\frac{l}{2} - a_1\right)\right] \tag{c}$$

为了便于比较,取与三铰拱同跨度、同荷载的相应简支梁,称为**代梁**,如图 14-14(b)所示,其内力和反力的右上角加零以示区别。

由梁的平衡条件可得:$F_{Ay}^0 = F_{Ay}$,$F_{By}^0 = F_{By}$,即拱的竖向支座反力与代梁的竖向支座反力相同。而代梁截面 C 的弯矩 $M_C^0 = F_{Ay}^0 \times \frac{l}{2} - F_1 \times \left(\frac{l}{2} - a_1\right)$。

所以,三铰拱支座反力的计算公式可归纳为

$$\left.\begin{aligned} F_{Ay} &= F_{Ay}^0 \\ F_{By} &= F_{By}^0 \\ F_{Ax} &= F_{Bx} = \frac{M_C^0}{f} = F_x \end{aligned}\right\} \tag{14-1}$$

由式(14-1)可知,水平推力只与荷载及三铰的位置有关,而与拱轴线的形状无关,当荷载与拱跨不变时,水平推力 F_x 的大小与拱高 f 成反比,拱越扁平,F_x 值越大。

(二) 内力计算

三铰拱任一截面上的内力有弯矩、剪力和轴力。内力正负号的规定:弯矩以使拱内侧受拉为正,反之为负;剪力与梁的正负号规定相同;由于拱以受压为主,故规定轴力以受压为正。

内力计算的方法用截面法或直接法。拱上任一截面 k 的位置可用截面形心的坐标 (x_k, y_k) 和截面处拱轴线切线与水平线的夹角 φ_k 来表示。当截面在左半拱时,φ 取正值;在右半拱时,φ 取负值。以上几何参数可由拱轴线方程 $y = f(x)$ 及其导数 $\mathrm{d}y/\mathrm{d}x = \tan\varphi$ 求出。

如图 14-15(a)所示,求任一横截面 k 的内力,可取如图 14-15(b)所示的脱离体。

1. 弯矩计算

由 $\sum M_k = 0 \qquad M_k = [F_{Ay}x - F_1(x-a)] - F_{Ax}y$

由于 $F_{Ay} = F_{Ay}^0$,而相应简支梁图 14-15(c)中截面 k 的弯矩 $M_k^0 = F_{Ay}x - F_1(x-a)$,故可得拱截面 k 的弯矩计算公式

$$M_k = M_k^0 - F_{Ax}y \tag{a}$$

即拱内任一截面的弯矩 M 等于相应简支梁对应截面的弯矩 M^0 减去推力所引起的弯矩 $F_{Ax}y$。说明由于推力的存在,拱的弯矩比同荷载作用同跨度的梁要小。

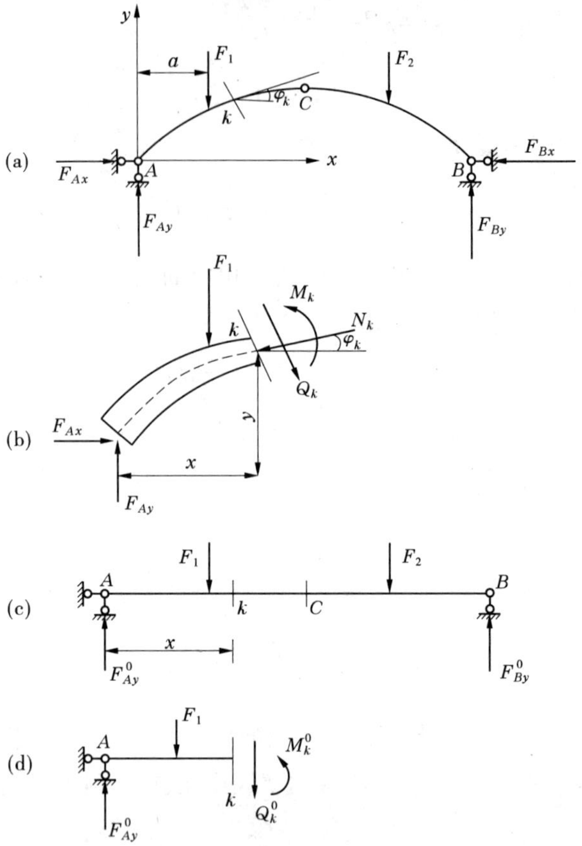

图 14-15

2. 剪力计算

由于任一截面 k 的剪力 Q 等于该截面一侧所有外力在该截面切线方向上的投影代数和,由图 14-15(b)可得

$$
\begin{aligned}
Q_k &= F_{Ay}\cos\varphi_k - F_1\cos\varphi_k - F_x\sin\varphi_k \\
&= (F_{Ay} - F_1)\cos\varphi_k - F_x\sin\varphi_k
\end{aligned}
$$

即
$$Q_k = Q_k^0\cos\varphi_k - F_x\sin\varphi_k \tag{b}$$

式中,$Q_k^0 = F_{Ay} - F_1$,为相应简支梁 k 截面的剪力。

3. 轴力计算

应用直接法,任一截面 k 的轴力等于该截面一侧所有外力在该截面轴线方向上的投影代数和。由图 14-15(b)可得

$$N_k = (F_{Ay} - F_1)\sin\varphi_k + F_x\cos\varphi_k$$

即
$$N_k = Q_k^0\sin\varphi_k + F_x\cos\varphi_k \tag{c}$$

综上所述,三铰拱在竖向荷载作用下的内力计算公式可写为

$$\left.\begin{aligned} M_k &= M_k^0 - F_{Ax}y \\ Q_k &= Q_k^0\cos\varphi_k - F_x\sin\varphi_k \\ N_k &= Q_k^0\sin\varphi_k + F_x\cos\varphi_k \end{aligned}\right\} \tag{14-2}$$

由式(14-2)可知,三铰拱的内力值不仅与荷载及三个铰的位置有关,而且与拱轴线的形状有关。

【例 14-5】 试求如图 14-16 所示三铰拱 D 截面的内力。拱轴为二次抛物线,其方程为 $y=\dfrac{4f}{l^2}x(l-x)$。

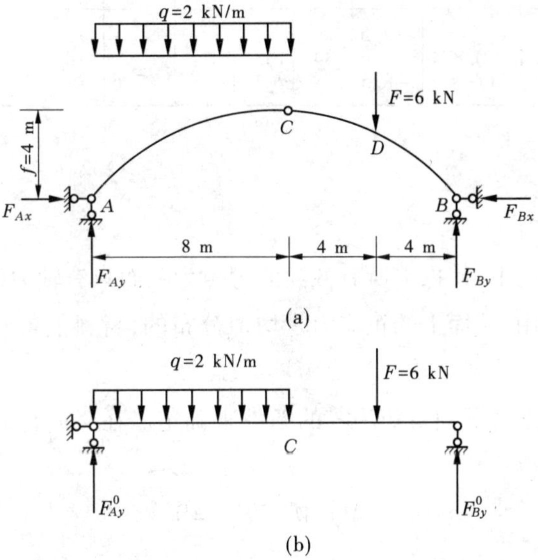

图 14-16

解:(1)求支座反力。

相应的简支梁如图 14-16(b)所示。

由式(14-1)得

$$F_{Ay}=F_{Ay}^0=\frac{2\times8\times12+6\times4}{16}=13.5(\text{kN})\ (\uparrow)$$

$$F_{By}=F_{By}^0=\frac{2\times8\times4+6\times12}{16}=8.5(\text{kN})\ (\uparrow)$$

$$F_x=\frac{M_C^0}{f}=\frac{8.5\times8-6\times4}{4}=11(\text{kN})\ (\rightarrow\leftarrow)$$

(2)内力计算。

先求出 D 截面的几何参数:

$$x_D=12\ \text{m}$$

$$y_D = \frac{4f}{l^2}x_D(l - x_D) = \frac{4 \times 4}{16^2} \times 12 \times (16 - 12) = 3(\mathrm{m})$$

$$\tan\varphi_D = -\frac{\mathrm{d}y}{\mathrm{d}x} = -\frac{4f}{l^2}(l - 2x_D) = -\frac{4 \times 4}{16^2}(16 - 2 \times 12) = -0.5$$

$$\sin\varphi_D = -0.447 \qquad \cos\varphi_D = 0.894$$

按式(14-2)计算 D 截面的弯矩、剪力和轴力，列于表 14-1 中。

表 14-1　三铰拱内力计算

<table>
<tr><th colspan="5">截面几何参数</th><th>Q_0</th><th colspan="3">M(kN · m)</th><th colspan="3">Q (kN)</th><th colspan="3">N (kN)</th></tr>
<tr><th>x(m)</th><th>y(m)</th><th>$\tan\varphi$</th><th>$\sin\varphi$</th><th>$\cos\varphi$</th><th>(kN)</th><th>M^0</th><th>F_xy</th><th>M</th><th>$Q^0\cos\varphi$</th><th>$F_x\sin\varphi$</th><th>Q</th><th>$Q^0\sin\varphi$</th><th>$F_x\cos\varphi$</th><th>N</th></tr>
<tr><td rowspan="2">12</td><td rowspan="2">3</td><td rowspan="2">-0.5</td><td rowspan="2">-0.447</td><td rowspan="2">0.894</td><td>-2.5</td><td rowspan="2">34</td><td rowspan="2">33</td><td rowspan="2">1</td><td>-22.4</td><td rowspan="2">-4.9</td><td>-17.5</td><td>1.1</td><td rowspan="2">9.8</td><td>10.9</td></tr>
<tr><td>-8.5</td><td>-7.6</td><td>-2.7</td><td>3.8</td><td>13.6</td></tr>
</table>

三、合理拱轴线

在给定的荷载作用下，使拱上所有截面的弯矩为零而只有轴力的轴线，称为合理拱轴线。由于只有轴力作用，截面上的正应力是均匀分布的，材料能得到充分的利用，相应的拱截面尺寸最小。

合理拱轴线可根据各截面弯矩为零的条件来确定。在竖向荷载作用下，三铰拱合理拱轴线方程由下式求得

$$M = M^0 - F_x y = 0$$

由此，得

$$y = \frac{M^0}{F_x} \tag{14-3}$$

式(14-3)表明，在给定的竖向荷载作用下，三铰拱合理拱轴线的竖标 y 与相应简支梁的弯矩成正比。当拱所受的荷载已知时，只要先求出相应简支梁的弯矩方程式，然后除以水平推力，便可得到合理拱轴线方程式。

【例 14-6】　试求如图 14-17(a)所示三铰拱在均布荷载作用下的合理拱轴线。

解：相应简支梁如图 14-17(b)所示，其弯矩方程式为

$$M^0 = \frac{ql}{2}x - \frac{qx^2}{2} = \frac{1}{2}qx(l - x)$$

拱的水平推力由式(14-1)求得

$$F_x = \frac{M_C^0}{f} = \frac{\frac{1}{8}ql^2}{f} = \frac{ql^2}{8f}$$

由式(14-3)，可得

$$y=\frac{M^0}{F_x}=\frac{4f}{l^2}x(l-x)$$

由此可知,三铰拱在沿水平线均匀分布的竖向荷载作用下,合理拱轴线为二次抛物线。

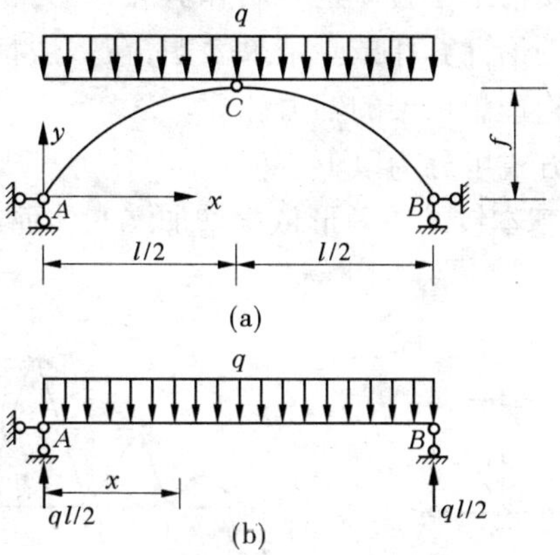

图 14-17

第四节　静定平面桁架

一、概述

桁架是工程中常用的一种结构。所谓**桁架,是指由若干直杆两端用铰连接而成的几何不变体系的结构。**

所有杆件的轴线都在同一平面的桁架称为**平面桁架**。桁架各杆主要承受的内力为轴力,杆件横截面上应力分布较均匀,材料可以充分发挥,使用材料比较经济,结构自重较轻,故广泛应用在大跨度的结构中,如房屋建筑中的一些屋架、钢架桥梁、起重机的机身等。图 14-18 为钢屋架的示意图。

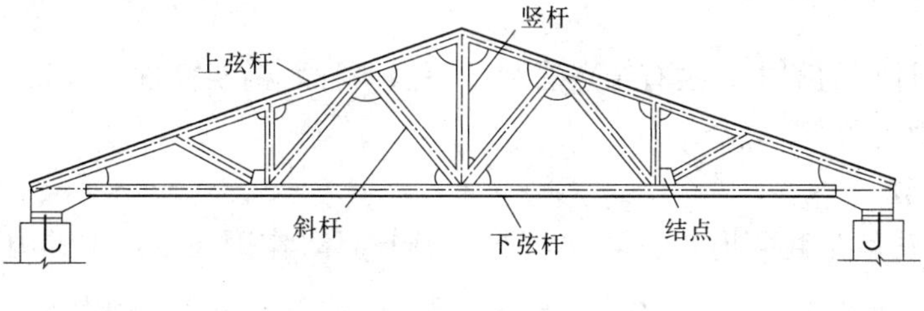

图 14-18

为了计算方便,通常对平面桁架的计算简图作如下假定:

(1)各杆结点都是光滑无摩擦的铰结点。

(2)各杆的轴线均为直线并且通过铰的中心。

(3)荷载和支座反力都作用在结点上。

符合以上假设的桁架,称为**理想桁架**,桁架各杆将只有轴力作用。实际的桁架并不完全符合以上假定,如结点有不同程度的刚性,杆轴不一定准确地交于一点,非结点荷载的作用等。这些因素的影响使桁架还会产生弯矩和剪力,称为桁架的**次内力**。而桁架的主要内力轴力称为**主内力**。理论计算和试验结果表明,在一般情况下,桁架的次内力很小,可以忽略不计。本节只讨论理想桁架的轴力计算。

平面桁架按几何组成方式可分为以下三种:

(1)简单桁架:由一个基本铰结三角形依次增加二元体而组成的桁架,如图 14-19(a)所示。

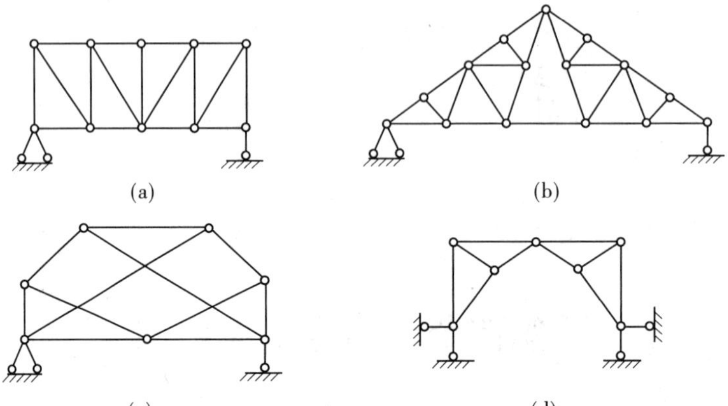

图 14-19

(2)联合桁架:由几个简单桁架按几何不变体系组成规则组成的桁架,如图 14-19(b)所示。

(3)复杂桁架:不按以上方式组成的桁架,如图 14-19(c)所示。

平面桁架按竖向荷载作用下是否产生水平推力,又可分为梁式桁架(见图 14-19(a)、(b)、(c))和拱式桁架(见图 14-19(d))。

二、桁架的内力计算

桁架内力计算的基本方法有结点法和截面法两种。桁架杆件内力轴力的符号规定:拉力为正,压力为负。

(一)结点法

所谓结点法就是截取桁架的每一个结点为脱离体,作用在结点上的力系构成平面汇交力系,利用平衡条件 $\sum F_x = 0$、$\sum F_y = 0$,从而求出未知杆件轴力的方法。

用结点法计算杆件轴力时,为避免联立方程式求解,每次截取的汇交于结点上未知轴力的杆件应不多于两根。对于简单桁架,先求出支座反力后,可按与几何组成相反的顺序,从最后的结点开始,依次计算未知杆件的内力。在画结点的受力图时,对于方向已知的力可按实际方向画出;对于未知力,通常先假设为拉力,如果计算结果为正值,表明假定的指向是正确的,即杆件的轴力为拉力,若计算值为负值,说明假定的指向与实际指向相反,即杆件的轴力为压力。

【例 14-7】 用结点法计算如图 14-20(a)所示桁架各杆件的内力。

解:由于桁架及荷载是对称的,故支座反力和杆件内力必然为对称,所以只计算半边桁架的内力即可。

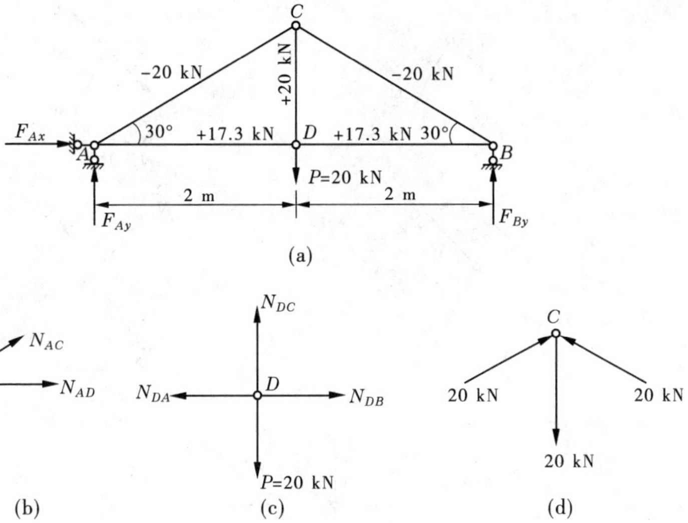

图 14-20

(1)计算平面桁架的支座反力

$$F_{Ay}=F_{By}=\frac{20}{2}=10(\text{kN}) \quad (\uparrow)$$

$$F_{Ax}=0$$

(2)计算各杆内力。

先取 A 结点为脱离体,如图 14-20(b)所示,由平衡条件

$$\sum F_y=0 \qquad N_{AC}\sin30° + F_{Ay}=0 \qquad N_{AC}=-20\ \text{kN}\ (\text{压力})$$

$$\sum F_x=0 \qquad N_{AD}+N_{AC}\cos30°=0 \qquad N_{AD}=17.3\ \text{kN}(\text{拉力})$$

再取 D 点为脱离体,如图 14-20(c) 所示,由平衡条件

$$\sum F_y=0 \qquad N_{DC}=20\ \text{kN}(\text{拉力})$$

桁架各杆的轴力值标于图 14-20(a)中。

(3)校核。

取结点 C 为脱离体,如图 14-20(d)所示,校核结点的平衡条件

$$\sum F_x = 20\cos30° - 20\cos30° = 0$$

$$\sum F_y = 20\sin30° + 20\sin30° - 20 = 0$$

所以,计算无误。

在计算桁架杆件的内力时，根据结点平衡的一些特殊情况，可直接求出结点上某些杆件的内力，使计算得到简化。通常将杆件中轴力为零的杆件称为**零杆**。现将几种主要的特殊情况列举如下：

(1)两杆结点上无荷载作用时，此两杆均为零杆，如图14-21(a)所示。

(2)不共线的两杆结点受荷载作用，且荷载与其中一杆共线，则不共线杆件为零杆，而共线杆的轴力与荷载平衡，如图14-21(b)所示。

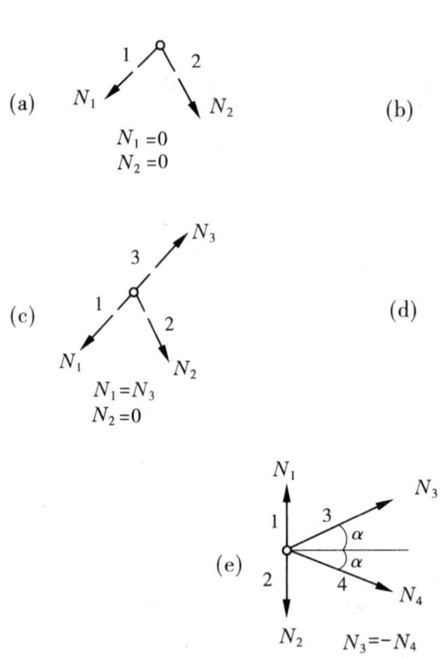

图 14-21

(3)三杆结点上无荷载作用，且其中两杆共线，则不共线杆为零杆，而共线的两杆轴力大小相等，性质相同，如图14-21(c)所示。

(4)四杆结点无荷载作用，且杆件两两共线，则共线杆件的轴力两两相等，如图14-21(d)所示。

(5)四杆结点无荷载作用，其中两杆共线，而另两杆在此直线的同一侧，且与水平线夹角相等，则不共线的两杆内力大小相等，而符号相反，如图14-21(e)所示。

(二)截面法

所谓截面法是指用一个适当的截面假想地将拟求内力的杆件截开，任取桁架的一部分(至少包含两个结点)为脱离体，利用平衡条件解出未知杆件轴力的方法。

由于所取的脱离体包含两个或两个以上的结点，形成平面一般力系，因此对每一个脱离体可以列出三个独立的平衡方程式，解出三个未知轴力。截面法适用于求简单桁架指定杆件的轴力和对联合桁架进行内力分析。

【例14-8】 求如图14-22(a)所示桁架指定杆件的内力。

解:(1)计算支座反力。

由桁架的整体平衡条件，得

$$F_A = F_B = 2F(\uparrow)$$

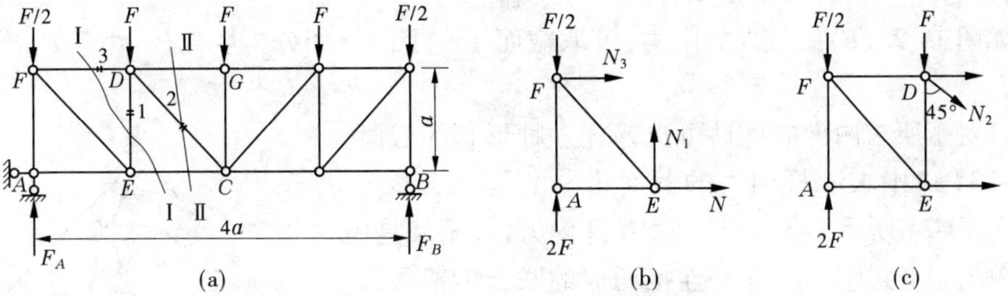

图 14-22

(2)计算杆件内力。

用Ⅰ—Ⅰ截面切断 *FD*、*DE*、*EC* 杆，取桁架左部分为脱离体，如图 14-22(b)所示，由平衡条件

$$\sum F_y = 0 \qquad N_1 + 2F - \frac{1}{2}F = 0 \qquad N_1 = -1.5F(\text{压力})$$

$$\sum M_E = 0 \qquad N_3 \times a + 2F \times a - \frac{F}{2} \times a = 0 \qquad N_3 = -1.5F(\text{压力})$$

用Ⅱ—Ⅱ截面切断 *DG*、*DC*、*EC* 杆，取桁架左部分为脱离体，如图 14-22(c)所示，由平衡条件

$$\sum F_y = 0 \qquad 2F - F - \frac{F}{2} - N_2\cos45° = 0 \qquad N_2 = 0.707F(\text{拉力})$$

由以上例题可看出，在分析桁架的内力时，如能够选择合适的截面，选择恰当的投影轴和力矩心，就可以使所列的方程式只有一个未知力，避免联立方程式求解，从而使计算大大简化。

在比较复杂的桁架中，有时所作截面可能切断三根以上的杆件，仍可用截面法求解杆件的内力，下面介绍几种特殊情况：

(1)若被切断的各杆中，除一根杆件外，其余各杆均平行或均汇交于一点，则该杆的内力可用垂直于其余各杆的投影方程式或以各杆汇交点为矩心的力矩方程式求出，如图 14-23(a)、(b)所示。

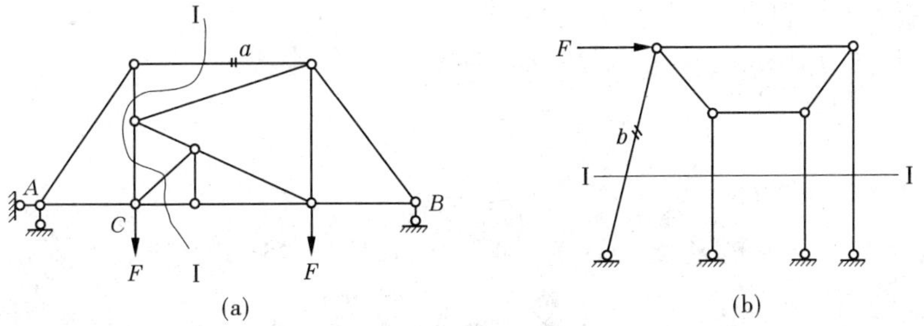

图 14-23

例如，求图 14-23(a)中杆 a 的内力，可应用截面 Ⅰ—Ⅰ 取左部分为脱离体，并以 C 点为矩心，由 $\sum M_C=0$，即可求得 a 杆内力 N_a 值。

又如图 14-23(b)中杆 b 的内力，可取截面 Ⅰ—Ⅰ 以上部分为脱离体，由 $\sum F_x=0$，求得 N_b 值。

(2)对于所求内力的杆件可选择任一种形状的截面。如图 14-23(a)中求 a 杆内力的截面 Ⅰ—Ⅰ 是曲线形的。又如求图 14-24 所示桁架中①、②、③杆内力，该桁架是由两个简单桁架通过①、②、③杆连接而成的联合桁架形式，可用一闭合截面同时切断三杆，取出内部或外部简单桁架为脱离体，由平衡条件求出三杆内力。

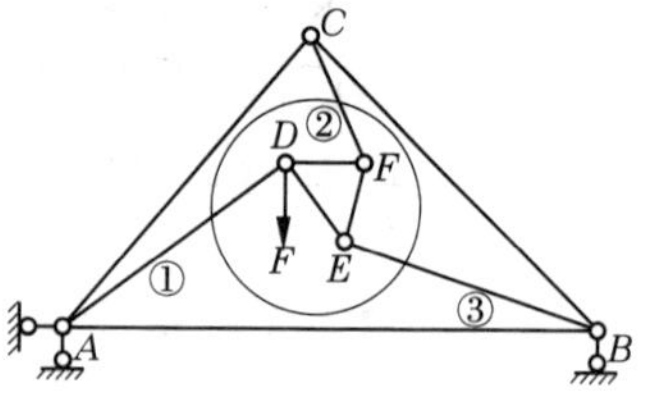

图 14-24

以上分别介绍了计算桁架内力的基本方法，即结点法和截面法。对有些桁架在具体计算其内力时，需两种方法联合使用，才能够方便地求出各杆内力。

【例 14-9】 试求如图 14-25(a)所示桁架 a、b 杆的内力。

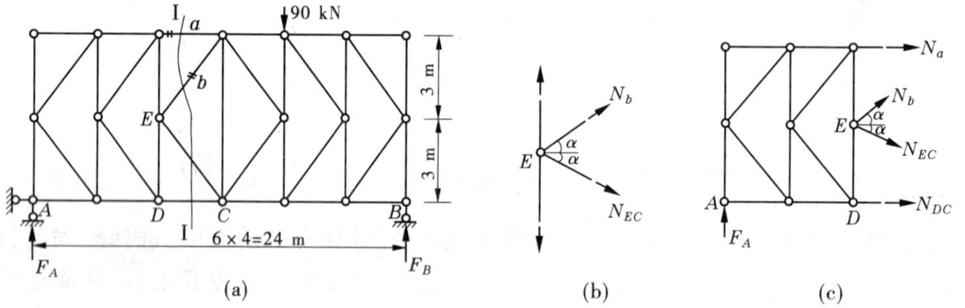

图 14-25

解：(1)求支座反力。

由 $\sum M_A=0$ $\qquad F_A=30\ \text{kN}\ (\uparrow)$

由 $\sum M_B=0$ $\qquad F_B=60\ \text{kN}\ (\uparrow)$

(2)求杆 a、b 的内力。

先取 E 结点为脱离体，如图 14-25(b)所示。

由 $\sum F_y=0$ $\qquad N_b\times\dfrac{4}{5}+N_{EC}\times\dfrac{4}{5}=0$

得
$$N_b=-N_{EC}$$

再以截面 Ⅰ—Ⅰ 截取桁架左部分为脱离体，如图 14-25(c) 所示。

由 $\sum F_y=0$ $\qquad 30+N_b\times\dfrac{3}{5}-N_{EC}\times\dfrac{3}{5}=0$

得
$$30+2\times N_b\times\frac{3}{5}=0$$

$$N_b = -25\ \text{kN}(\text{压力})$$

由 $\sum M_C = 0 \qquad 30 \times 12 + N_a \times 6 + N_b \times \frac{4}{5} \times 3 + N_b \times \frac{3}{5} \times 4 = 0$

$$N_a = -40\ \text{kN}\ (\text{压力})$$

第五节　组合结构

组合结构是由两类受力性质不同的杆件组合而成的。一类杆件为仅承受轴力的链杆，另一类杆件为同时承受弯矩、剪力和轴力的受弯杆件。如图 14-26 所示的组合结构中，AC、BC 杆为梁杆，而其余杆均为链杆。

组合结构计算内力的方法仍为截面法和结点法，计算时要注意区别两类杆件。其中：链杆是两端铰联结，杆中无横向力作用，截面内力只有轴力；受弯杆件则承受横向力作用，截面上内力一般有弯矩、剪力和轴力。

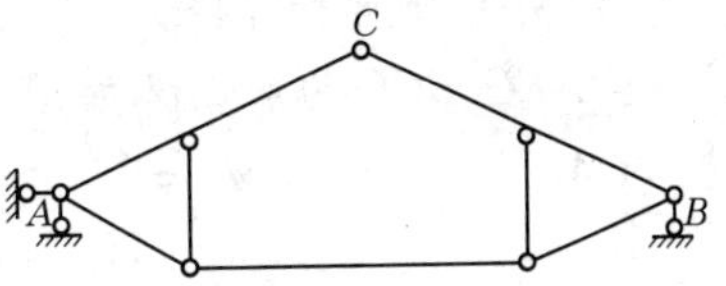

图 14-26

由于受弯杆件的截面上有三个内力，为了不使脱离体上的未知力过多，应尽可能避免截断受弯杆件。一般是先求出联系杆件的轴力及各链杆的轴力，再求受弯杆内力，绘制内力图。

【例 14-10】　试作出如图 14-27(a)所示组合结构的内力图。

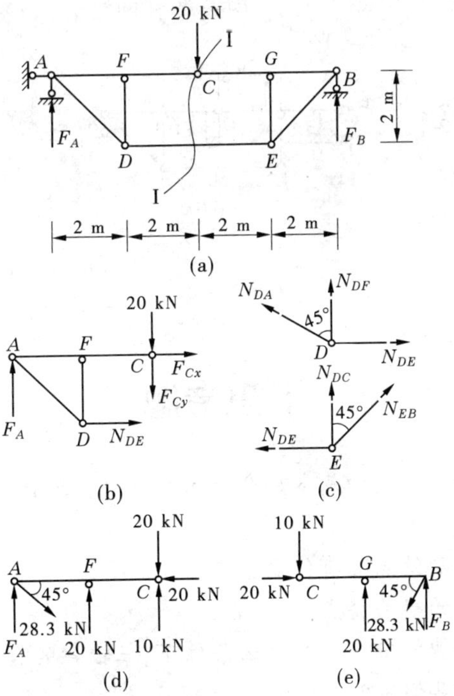

图 14-27

解:(1)先求支座反力。

由整体平衡条件求得 $F_A = F_B = 10\ \text{kN}\ (\uparrow)$

(2)计算各链杆的内力。

①用Ⅰ—Ⅰ截面取 $ADFC$ 为脱离体,如图 14-27(b)所示。由平衡条件

$$\sum M_C = 0 \qquad N_{DE} = 20\ \text{kN}$$

$$\sum F_y = 0 \qquad F_{Cy} = -10\ \text{kN}\ (\uparrow)$$

$$\sum F_x = 0 \qquad F_{Cx} = -20\ \text{kN}\ (\leftarrow)$$

②取结点 D 和 E 为脱离体,如图 14-27(c)所示。由平衡条件求得

$$N_{DA} = N_{EB} = 28.3\ \text{kN} \qquad N_{DF} = N_{GE} = -20\ \text{kN}$$

(3)计算受弯杆件内力,绘内力图。

取 AFC、BGC 为脱离体如图 14-27(d)、(e)所示,计算控制截面的内力。

①AC 杆: $M_A = M_C = 0 \qquad M_F = -(20-10)\times 2 = -20(\text{kN}\cdot\text{m})$ (上侧受拉)

$$Q_{AF} = 10 - 28.3\times\sin 45^\circ = -10(\text{kN})$$

$$Q_{FC} = 20 - 10 = 10(\text{kN})$$

$$N_{AC} = -20\ \text{kN}$$

②CB 杆: $M_B = M_C = 0 \qquad M_G = -10\times 2 = -20(\text{kN}\cdot\text{m})$ (上侧受拉)

$Q_{CG} = -10\ \text{kN} \qquad Q_{GB} = -10 + 20 = 10(\text{kN})$

$N_{CB} = -20\ \text{kN}$

③根据各杆件内力控制值,绘出 M、Q 图及各杆的轴力,如图 14-28 所示。

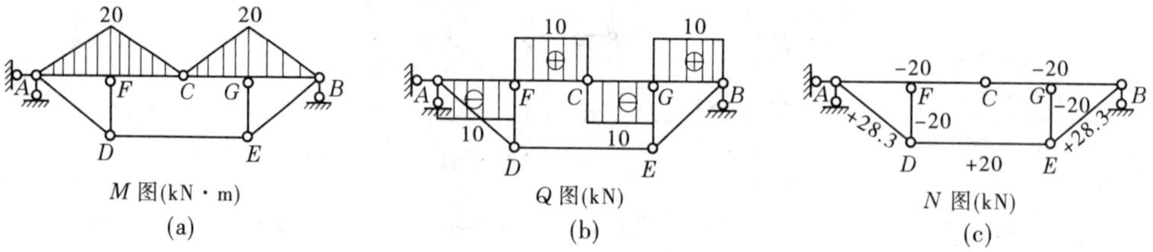

图 14-28

思考题

14-1 如何区分多跨静定梁的基本部分和附属部分?为什么多跨静定梁基本部分承受荷载时,附属部分不产生内力?

14-2 刚架内力图在刚结点处有什么特点?

14-3 试比较拱和梁的受力特点。

14-4 什么叫拱的合理拱轴线?在什么条件下,三铰拱的合理拱轴线为二次抛物线?

14-5 理想桁架有哪些假定?

14-6 静定桁架中的零杆表示该杆不受力,因此该杆可以拆去。这种说法是否正确?

习　题

14-1　试作图示多跨静定梁的 M、Q 图。

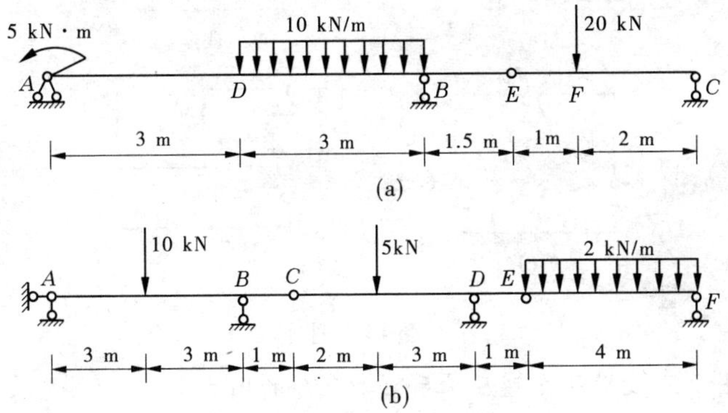

题 14-1 图

14-2　试作图示各刚架的内力图。

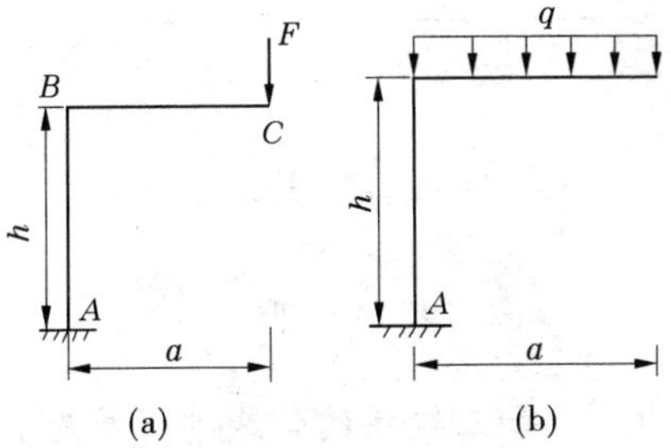

题 14-2 图

14-3　试作图示各刚架的 M、Q、N 图。

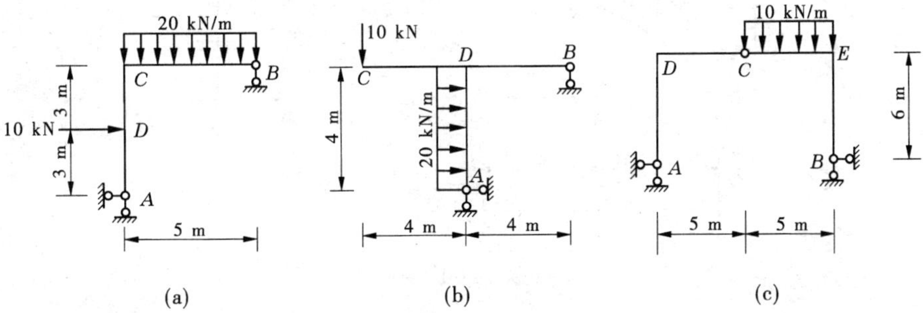

题 14-3 图

14-4　试直接绘出图示各刚架的弯矩图。

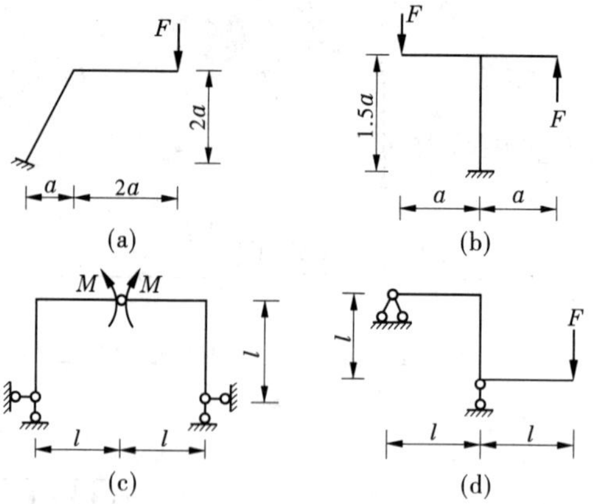

题 14-4 图

14-5　计算图示三铰拱的支座反力和拉杆 DE 的内力。

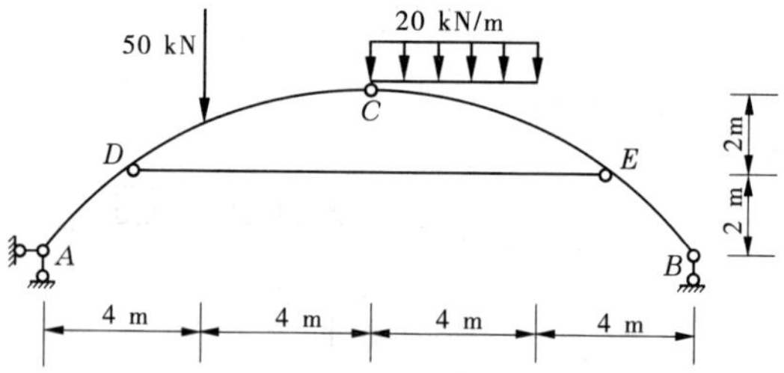

题 14-5 图

14-6　试求 K 截面的内力。已知三铰拱的轴线方程式为 $y=\dfrac{4f}{l^2}x(l-x)$。

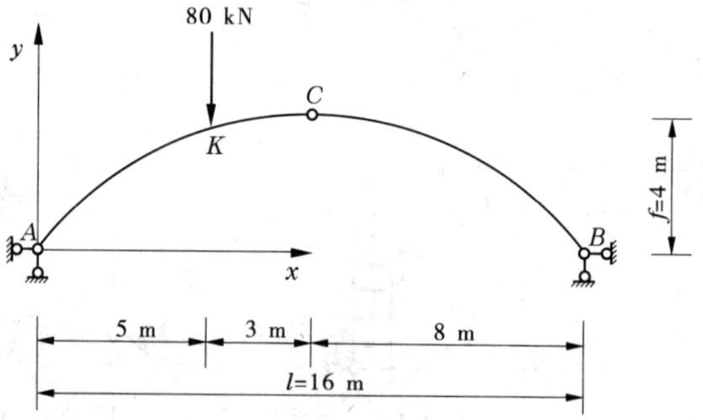

题 14-6 图

14-7　试判断图示桁架中的零杆。

14-8　试用结点法计算图示桁架杆件的内力。

14-9　试求指定桁架杆件(图(a)中的 a、b、c、d 杆及图(b)中的 1、2、3 杆)的内力。

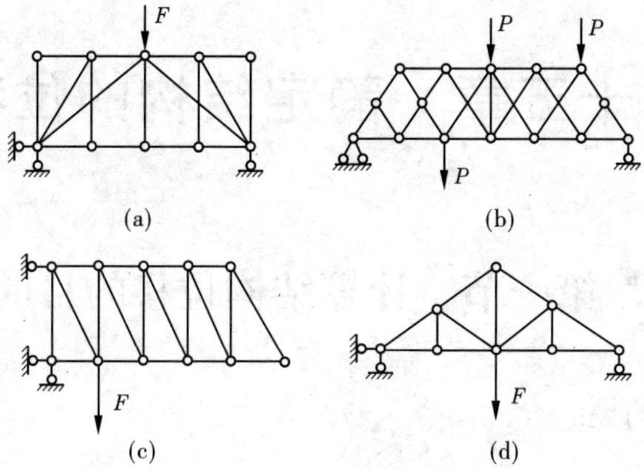

题 14-7 图

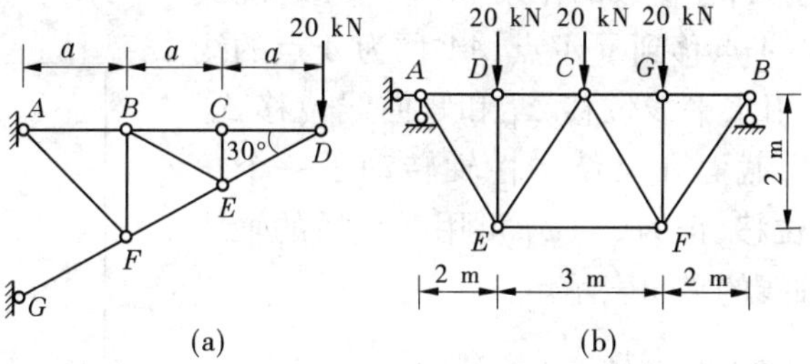

题 14-8 图

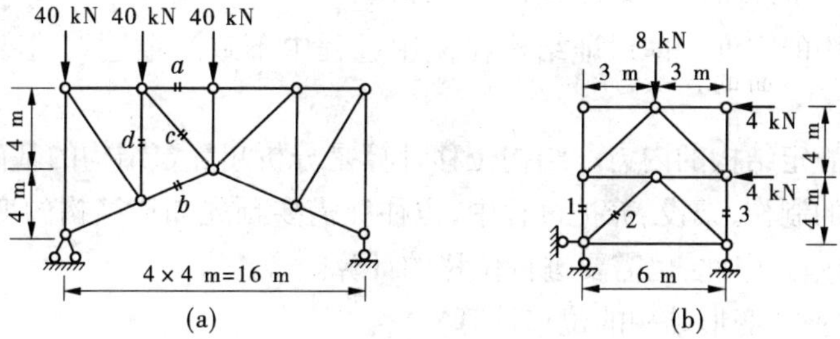

题 14-9 图

第十五章　静定结构的位移计算

第一节　计算结构位移的目的

一、结构位移的概念

杆系结构在荷载作用、温度变化、支座沉降等因素的影响下，会产生变形，使其上各点的位置发生移动，杆件的横截面也会发生转动，这些移动和转动统称为**位移**。

如图 15-1 所示刚架，在荷载的作用下产生变形（虚线所示），截面 A 的形心 A 点移到了 A' 点，AA' 称为 A 点的线位移，记为 Δ_A，Δ_A 可用水平线位移 Δ_{Ax} 和竖向线位移 Δ_{Ay} 两个分量表示；同时，截面 A 又绕中性轴转动了一个角度，称为截面 A 的**角位移**，记为 φ_A，φ_A 可用变形后的轴线在该点的切线与原轴线的夹角表示。

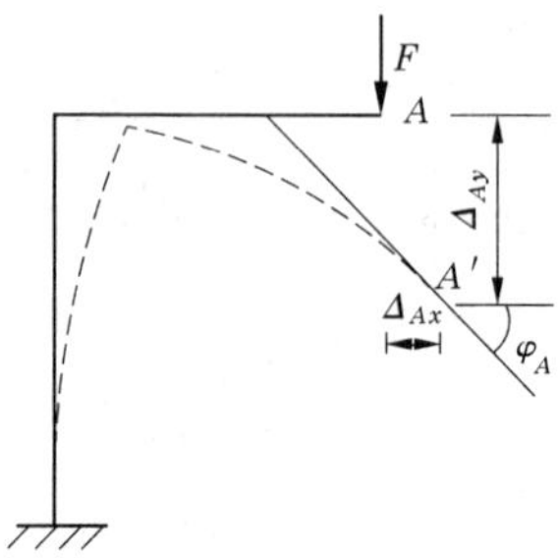

图 15-1

二、结构位移计算的目的

计算结构位移的目的，主要有以下三个方面：

(1) 校核结构的刚度。即保证结构在使用过程中不致产生过大的变形，以符合工程使用的要求。

(2) 求解超静定结构的内力。结构位移计算是分析超静定结构的基础。

(3) 在结构的制作、架设、养护过程中，也往往需要预先知道结构的变形情况，以便采取一定的施工措施。因此，也需要进行位移的计算。

本章研究线弹性变形结构的位移计算。

第二节　计算结构位移的一般公式

结构发生位移时，在一般情况下，结构内部也同时产生应变。因此，结构的位移计算问题，一般属于变形体体系的位移计算问题。计算变形体体系的位移要复杂一些，推导结构位移计算的一般公式有两种方法：一种方法是根据变形体体系的虚功原理，推导出变形体体系的位移公式；另一种方法是先应用刚体体系的虚功原理导出局部变形时的位移公式，然后应用叠加原理，推出整体变形时的位移公式。本节不对公式进行推导，只给出计算位移的一般公式：

$$\Delta_{KF} = \sum\int\overline{N}_K \mathrm{d}u_F + \sum\int\overline{M}_K \mathrm{d}\varphi_F + \sum\int\overline{Q}_K \mathrm{d}\nu_F - \sum\overline{F}_K C \qquad (15\text{-}1)$$

式中，$\overline{N}_K$，$\overline{M}_K$，$\overline{Q}_K$ 为虚拟状态下单位荷载作用下产生的内力；du_F，$d\varphi_F$，$d\nu_F$ 为实际状态在荷载作用下产生的位移；$\overline{F}_K$ 为单位荷载作用下支座的反力；C 为与单位荷载相对应的实际位移。

利用式(15-1)求结构的位移时，若计算结果为正值，说明结构上实际位移方向与假设的单位力 $F_K=1$ 方向一致；反之，说明与假设 $F_K=1$ 方向相反。

上述通过施加单位力应用虚功原理计算结构位移的方法称为**单位荷载法**。应当指出，单位荷载的设置，应遵循“**虚设单位力与拟求位移的性质相适应**”的原则，即施加的单位力与所求的位移应有广义力与广义位移的对应关系，如图 15-2 所示。

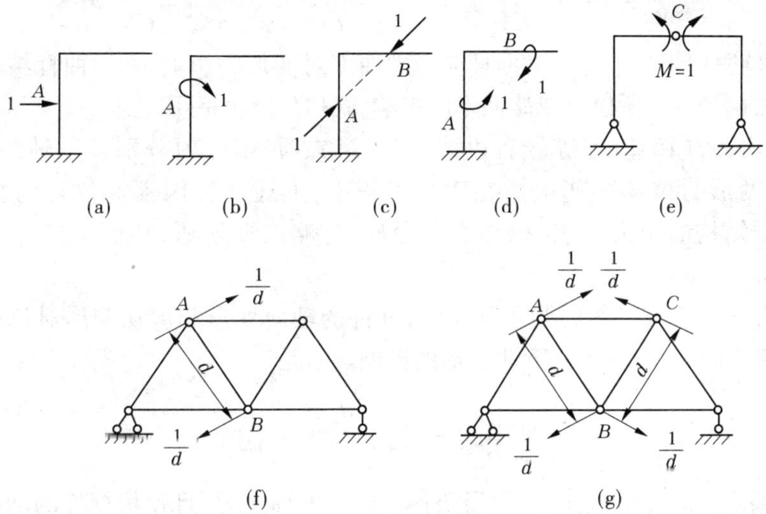

图 15-2

拟求结构上某一点沿某个方向的线位移，在该点沿该方向加一个单位力(见图 15-2(a))。

拟求结构上某截面的角位移，在该截面处加一个单位力偶(见图 15-2(b))。

拟求结构上某两点之间的相对线位移，在这两点连线上加一对反向单位力(见图 15-2(c))。

拟求结构上某两截面之间的相对角位移，在这两截面处加一对转向相反的单位力偶(见图 15-2(d)、(e))。

拟求桁架某杆角位移时，由于桁架各杆只受轴力作用，故应在该杆两端的结点上，各加一个集中力，使其构成一个单位力偶(见图 15-2(f)、(g))。

第三节　静定结构由于荷载引起的位移计算

式(15-1)是由虚功原理导出的结构位移计算的一般公式，静定结构在荷载的作用下，由于 $C=0$，所以式(15-1)成为

$$\Delta_{KF} = \sum\int\overline{N}_K du_F + \sum\int\overline{M}_K d\varphi_F + \sum\int\overline{Q}_K d\nu_F$$

上式中 du_F、$d\varphi_F$、$d\nu_F$ 是实际结构在荷载作用下与微段 ds 的内力 N_F、M_F、Q_F 产生的相应变形。由线弹性变形体的变形公式

$$du_F = \frac{N_F ds}{EA} \qquad d\varphi_F = \frac{M_F ds}{EI} \qquad d\nu_F = \frac{kQ_F ds}{GA}$$

式中,E、G 分别为材料的弹性模量和剪切弹性模量;A、I 分别为杆件的截面面积和惯性矩;k 为剪应力不均匀系数。对于矩形截面,$k=1.2$;对于圆形截面,$k=10/9$;对于工字形截面,$k=A/A_j$(A_j 为腹板面积)。

所以,得

$$\Delta_{KF} = \sum\int\frac{\overline{N}_K N_F}{EA}ds + \sum\int\frac{\overline{M}_K M_F}{EI}ds + \sum\int\frac{k\overline{Q}_K Q_F}{GA}ds \tag{15-2}$$

式(15-2)适用于等直杆。对曲杆应考虑曲率对变形的影响,常用曲杆结构的截面高度远远小于曲率半径,所以可忽略曲率的影响,式(15-2)也适用。

应当指出,式(15-2)中等号右边第一项、第二项、第三项分别表示轴向变形、弯曲变形和剪切变形对位移的影响。在实际工程中,上述三种因素对位移的影响各不相同,通常根据结构的受力特点,抓住主要矛盾,忽略次要矛盾,从而得到各类结构的位移简化公式。

(1)梁和刚架。在一般的梁和刚架中,杆件的轴向变形和剪切变形对位移的影响比较小,通常将它们略去,只考虑弯曲变形的影响。于是

$$\Delta_{KF} = \sum\int\frac{\overline{M}_K M_F}{EI}ds \tag{15-3}$$

(2)桁架。在结点荷载作用下,桁架各杆只产生轴向力,且每根杆件的轴向力 $\overline{N}_K$、N_F 及杆件的横截面面积 A 沿杆长通常是不变的。于是

$$\Delta_{KF} = \sum\int\frac{\overline{N}_K N_F}{EA}ds = \sum\frac{\overline{N}_K N_F l}{EA} \tag{15-4}$$

(3)组合结构。组合结构中有以受弯为主的受弯杆件和只有轴向变形的轴力杆,其中受弯杆件只计算弯矩一项,轴力杆只计算轴力一项。于是

$$\Delta_{KF} = \sum\int\frac{\overline{M}_K M_F}{EI}ds + \sum\frac{\overline{N}_K N_F l}{EA} \tag{15-5}$$

(4)拱。一般来讲,只考虑拱的弯曲变形的影响已足够精确,但是在扁平拱(曲杆的曲率半径 R 与杆件的截面高度 h 之比 $R/h\geqslant 5$)中还需考虑轴力的影响。于是

$$\Delta_{KF} = \sum\int\frac{\overline{M}_K M_F}{EI}ds + \sum\int\frac{\overline{N}_K N_F}{EA}ds \tag{15-6}$$

【例 15-1】 试计算如图 15-3 所示悬臂刚架 A 点的水平位移 Δ_{Ax} 和转角 φ_{AF}(略去剪力和轴力的影响)。

解:(1)分别建立虚设状态如图 15-3(b)、(c)所示。

(2)分别列出两种状态各杆段的弯矩方程。

求刚架 A 点的水平位移。以 A 点为原点,按 AB、BC 两段进行。

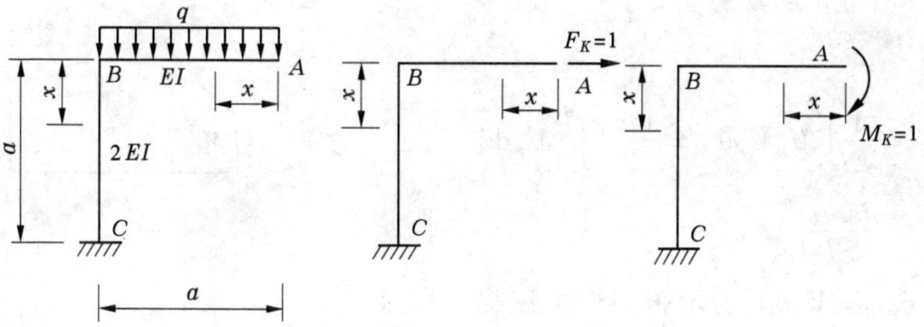

图 15-3

梁 $AB:M_F=-\dfrac{qx^2}{2}$　　柱 $BC:M_F=-\dfrac{qa^2}{2}$

梁 $AB:\overline{M}_K=0$　　柱 $BC:\overline{M}_K=-x$

求刚架 A 点的角位移。仍以 A 点为原点，按 AB、BC 两段分别列出弯矩方程。

梁 $AB:\overline{M}_K=-1$　　柱 $BC:\overline{M}_K=-1$

(3)由公式求位移。

将弯矩方程代入式(15-3)，计算 A 点水平位移 Δ_{Ax}。

$$\Delta_{Ax}=\int_0^a 0\times\left(-\frac{qx^2}{2}\right)\frac{\mathrm{d}x}{EI}+\int_0^a(-x)\left(-\frac{qa^2}{2}\right)\frac{\mathrm{d}x}{2EI}=\frac{qa^2}{4EI}\int_0^a x\mathrm{d}x=\frac{qa^4}{8EI}(\rightarrow)$$

将弯矩方程代入式(15-3)，计算 A 点角位移 φ_{AF}。

$$\varphi_{AF}=\int_0^a(-1)\left(-\frac{qx^2}{2}\right)\frac{\mathrm{d}x}{EI}+\int_0^a(-1)\left(-\frac{qa^2}{2}\right)\frac{\mathrm{d}x}{2EI}=\frac{q}{2EI}\int_0^a x^2\mathrm{d}x+\frac{qa^2}{4EI}\int_0^a\mathrm{d}x$$

$$=\frac{qa^3}{6EI}+\frac{qa^3}{4EI}=\frac{5qa^3}{12EI}(\downarrow)$$

第四节　图乘法

一、图乘法公式推导

利用式(15-3)计算梁和刚架的位移时，先要逐杆建立 M_F、$\overline{M}_K$ 方程，再分别积分。当结构的杆件较多且荷载较为复杂时，计算非常烦冗，但如果结构中各杆件同时满足下列三个条件：①杆轴为直线；②EI 为常数（包括截面分段变化的杆件）；③$\overline{M}_K$、M_F 图中至少有一个是直线图形，则可利用图乘法来代替积分运算。

设等截面直杆 AB 段的 $\overline{M}_K$、M_F 图如图 15-4所示。假设 $\overline{M}_K$ 图为直线图形，M_F 图为任意图形，$\overline{M}_K$ 图直线的倾角为 α：

因为　　$\overline{M}_K=x\tan\alpha$

$\tan\alpha=$ 常数

又因为　　$\mathrm{d}s=\mathrm{d}x$

$$EI = 常数$$

所以

$$\int \frac{\overline{M}_K M_F}{EI}ds = \frac{1}{EI}\int_A^B \overline{M}_K M_F dx = \frac{\tan\alpha}{EI}\int_A^B x M_F dx$$

$$= \frac{\tan\alpha}{EI}\int_A^B x d\omega_F$$

上式中 $d\omega_F = M_F dx$，表示 M_F 图中 dx 微段的微面积；$x d\omega_F$ 表示微面积 $d\omega_F$ 对 y 轴的静矩；$\int_A^B x d\omega_F$ 表示整个 M_F 图的面积对 y 轴的静矩。

若以 ω_F 表示 M_F 图的面积，以 x_C 表示面积 ω_F 的形心 C 到 y 轴的距离，则由合力矩定理得

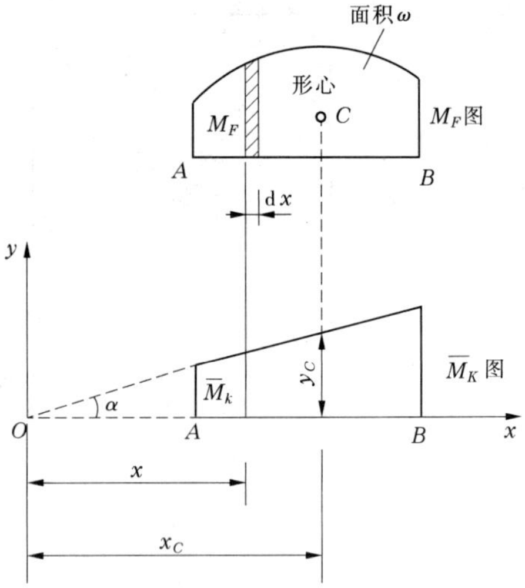

图 15-4

$$\int_A^B x d\omega_F = \omega_F x_C$$

所以，有

$$\int \frac{\overline{M}_K M_F}{EI}dx = \frac{\tan\alpha}{EI}\omega_F x_C = \frac{\omega_F y_C}{EI} \tag{15-7}$$

上式中的 y_C 表示 M_F 图形心 C 处对应于 $\overline{M}_K$ 图的纵坐标。在满足图乘法的三个条件的前提下，可用 $\frac{\omega_F y_C}{EI}$ 代替 $\int \frac{\overline{M}_K M_F}{EI}dx$ 的积分运算，这种方法称为**图乘法**。

二、图乘法注意事项

应用图乘法时需注意以下几点：

(1)必须符合图乘法应用条件。

(2) y_C 必须取自直线图形。若 $\overline{M}_K$ 图和 M_F 图均为直线图形，也可用 $\overline{M}_K$ 图的面积乘以其形心所对应的 M_F 图的纵坐标来计算。

(3)当面积 ω_F 与 y_C 在杆件同一侧时，图乘结果为正号；反之为负号。

注意：图 15-5 给出了位移计算中几种常见图形的面积和形心的位置，以便图乘时查用。图 15-5 中顶点是指该点的切线平行于底边的点（M 图中的极值点、剪力为零的点），图中的抛物线是标准抛物线，它的顶点在图形的中点或端点，顶点的切线与基线平行，即在顶点处剪力 $Q = 0$。

在实际计算中，会遇到比图 15-5 更为复杂的图形，这时，可将复杂的图形分解成几个简单的图形，然后分别将简单的图形图乘后再叠加。

应当指出，图乘法同样适用于剪力和轴力两项积分，即

$$\sum \int \frac{k\overline{Q}_K Q_F}{GA}ds = k\sum \frac{\omega_F y_C}{GA} \qquad \sum \int \frac{\overline{N}_K N_F}{EA}ds = \sum \frac{\omega_F y_C}{EA}$$

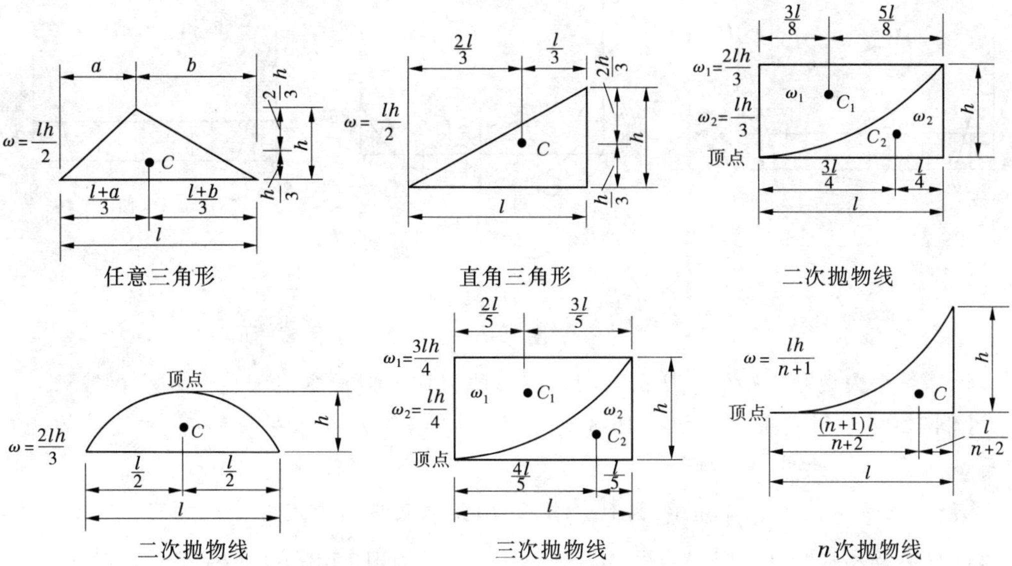

图 15-5

【例 15-2】 试求如图 15-6 所示外伸梁 C 点的竖向位移 Δ_{Cy}。已知 EI 为常数。

解:在结点 C 加单位竖向力,分别作出 M_F 图和 $\overline{M}_K$ 图,如图 15-6(b)、(c)所示。

由图乘法,得

$$\Delta_{Cy} = \sum \frac{\omega_F y_C}{EI} = \frac{1}{EI}(\omega_1 y_1 + \omega_2 y_2 + \omega_3 y_3)$$

$$= \frac{1}{EI}\left[\left(\frac{1}{3} \times \frac{ql^2}{8} \times \frac{l}{2}\right) \times \frac{3l}{8} + \left(\frac{1}{2} \times \frac{ql^2}{8} \times l\right) \times \frac{l}{3} - \left(\frac{2}{3} \times \frac{ql^2}{8} \times l\right) \times \frac{l}{4}\right]$$

$$= \frac{ql^4}{128EI}(\downarrow)$$

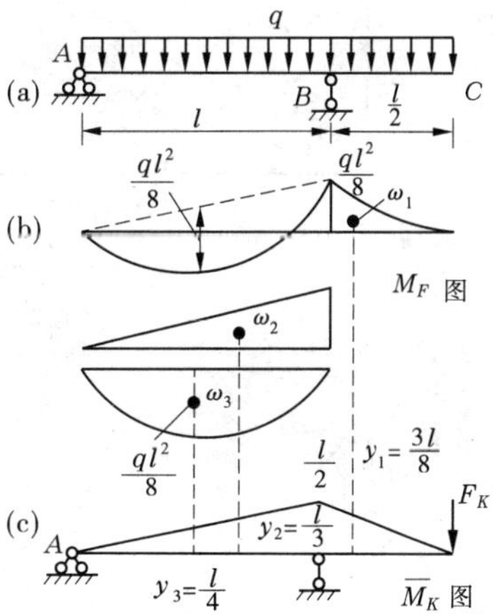

图 15-6

【例 15-3】 试求如图 15-7 所示渡槽上 C、D 两点之间的距离变化。已知各杆 EI 为常数。

解:沿 C、D 两点连线方向加一对指向相反的单位力,分别作出 M_F 图和 $\overline{M}_K$ 图,如图 15-7(b)、(c)所示。

由图乘法得

$$\Delta_{CD} = \frac{1}{EI}\left[2 \times \left(\frac{1}{4}a \times \frac{qa^2}{6}\right) \times \frac{4a}{5} + 2a \times \frac{qa^2}{6}a - \frac{2}{3} \times 2a \times \frac{qa^2}{2}a\right]$$

$$= \frac{1}{EI}\left(\frac{qa^4 + 5qa^4 - 10qa^4}{15}\right) = -\frac{4qa^4}{15}(\rightarrow\leftarrow)$$

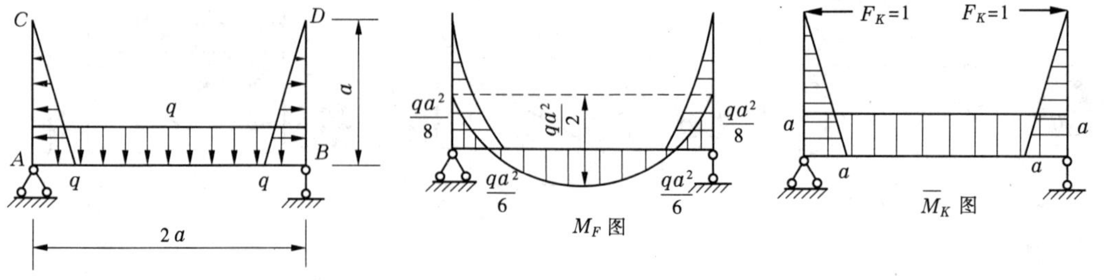

(a) (b) (c)

图 15-7

计算结果为负值,说明 C、D 两点相对移动的方向与假设方向相反。

【例 15-4】 用图乘法求如图 15-8(a)所示组合结构 C 点水平位移 Δ_{Cx} 和两端的相对转角 φ_{AB}。

解:在组合结构位移计算中,链杆只有轴力,受弯构件只考虑弯矩的影响。求 Δ_{Cx}、φ_{AB} 的虚设状态及相应的 M_F 图、N_F 图、$\overline{M}_K$ 图、$\overline{N}_K$ 图分别如图 15-8(b)、(c)、(d)所示。

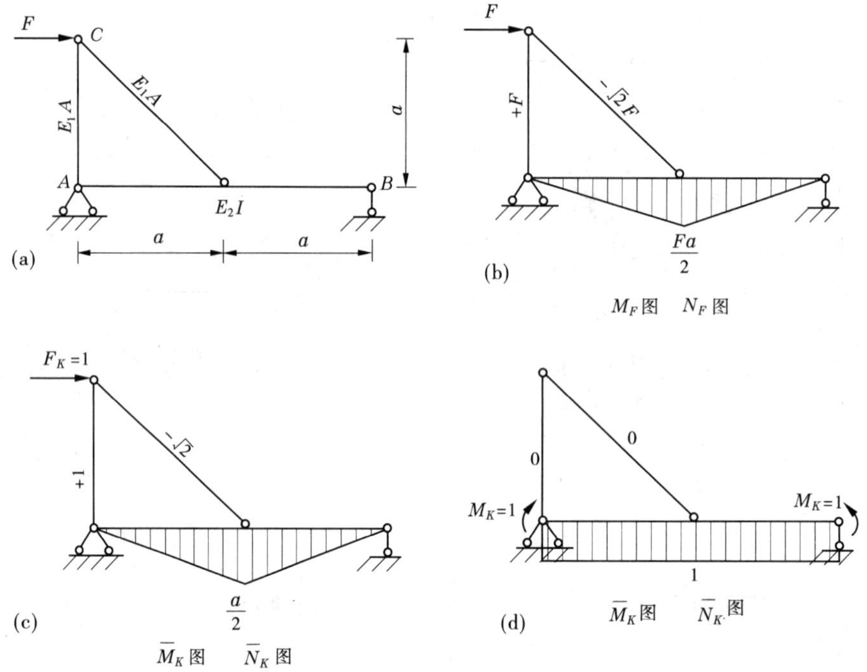

图 15-8

由式(15-5),C 点水平位移

$$\Delta_{Cx} = \sum \frac{\omega_F y_C}{EI} + \sum \frac{\overline{N}_K N_F l}{EA}$$

$$= \frac{1}{E_2 I}\left(\frac{1}{2} \times a \times \frac{Fa}{2} \times \frac{a}{3} \times 2\right) + \frac{1}{E_1 A}\left[1 \times Fa + (-\sqrt{2})(-\sqrt{2}F) \times \sqrt{2}a\right]$$

$$= \frac{Fa^3}{6E_2I} + \frac{3.83}{E_1A}Fa(\rightarrow)$$

A、B 两端的相对转角

$$\varphi_{AB} = \sum \frac{\omega_F y_C}{EI} + \sum \frac{\overline{N}_K N_F l}{EA} = \frac{1}{E_2I}(\frac{1}{2} \times 2a \times \frac{Fa}{2} \times 1) + 0 = \frac{Fa^2}{2E_2I}(\text{下侧受拉})$$

第五节　支座移动和温度改变引起的静定结构的位移

一、支座移动引起的静定结构的位移

静定结构在支座移动时不引起任何内力和变形，杆件只产生刚体位移。因此，在虚功原理中内力虚功等于零。由式(15-4)知

$$\Delta_{KC} = -\sum \overline{F}_K C \tag{15-8}$$

式中：$\sum \overline{F}_K C$ 为虚设状态的支座反力在实际支座位移上所做的虚功之和。当 $\overline{F}_K$ 与 C 的方向相同时，乘积 $\overline{F}_K C$ 为正，相反时为负，应注意总和号 $\sum$ 前的负号不能漏掉。

【例 15-5】　如图 15-9 所示一静定刚架，若支座 A 发生如图所示的位移：$a = 1.0$ cm，$b = 1.5$ cm。试求 C 点的水平位移 Δ_{Cx}、竖向位移 Δ_{Cy} 及其总位移。

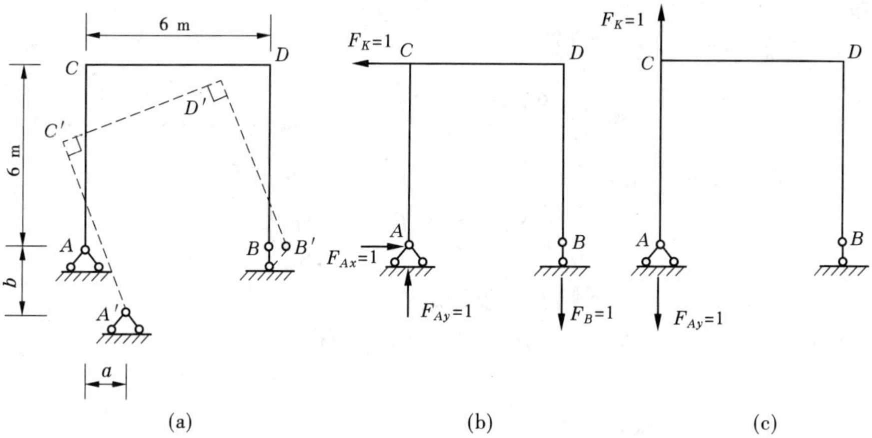

图 15-9

解：在 C 点分别加水平单位力和竖向单位力，求其支座反力，如图 15-9(b)、(c)所示。由式(15-8)知：

$$\Delta_{Cx} = -(1 \times 1.0 - 1 \times 1.5) = 0.5(\text{cm})(\leftarrow)$$

$$\Delta_{Cy} = -1 \times 1.5 = -1.5(\text{cm})(\downarrow)$$

$$\Delta = \sqrt{\Delta_{Cx}^2 + \Delta_{Cy}^2} = \sqrt{0.5^2 + 1.5^2} = 1.58(\text{cm})$$

二、温度改变引起的静定结构的位移

静定结构在温度发生变化时，杆件因自由变形而不产生内力。但材料的热胀冷缩将使结构发生变形而产生位移。

计算温度改变引起的静定结构的位移仍由式(15-1)来推导。产生位移的原因是温度的改变且支座的移动 $C=0$，所以式(15-1)写成

$$\Delta_{Kt} = \sum\int\overline{N}_K \mathrm{d}u_t + \sum\int\overline{M}_K \mathrm{d}\varphi_t + \sum\int\overline{Q}_K \mathrm{d}\nu_t \tag{a}$$

上式中 $\overline{M}_K$、$\overline{Q}_K$、$\overline{N}_K$ 分别为虚设状态下单位力产生的结构内力，$\mathrm{d}u_t$、$\mathrm{d}\varphi_t$、$\mathrm{d}\nu_t$ 分别为实际状态中由温度改变而使微段 ds 产生的变形。

下面推导 $\mathrm{d}u_t$、$\mathrm{d}\varphi_t$、$\mathrm{d}\nu_t$ 的表达式。

为简化计算，假定温度沿杆件厚度 h 成直线规律变化，则变形后截面仍保持为一个平面。从结构的某一杆件上截取任意微段 ds，如图 15-10 所示。设 ds 微段上侧的温度升高 t_1，下侧温度升高 t_2，且 $t_1 > t_2$，于是微段 ds 上下边缘纤维的伸长量分别为 $\alpha t_1\mathrm{d}s$ 和 $\alpha t_2\mathrm{d}s$（α 是材料线膨胀系数），设 h_1、h_2 分别表示截面形心轴线至上、下边缘的距离，t_0 表示轴线处温度的升高值。由比例关系知：

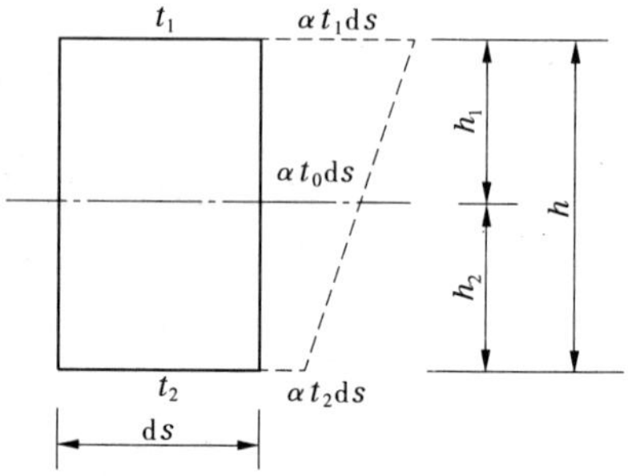

图 15-10

微段 ds 的轴向伸长量为

$$\mathrm{d}u_t = \frac{\alpha(t_1h_1 + t_2h_2)\mathrm{d}s}{h} = \alpha t_0\mathrm{d}s \tag{b}$$

微段 ds 两侧的相对转角为

$$\mathrm{d}\varphi_t = \frac{\alpha t_1\mathrm{d}s - \alpha t_2\mathrm{d}s}{h} = \alpha\frac{\Delta t}{h}\mathrm{d}s \tag{c}$$

式中：$\Delta t = t_1 - t_2$，表示杆件上、下侧温度改变之差。

因为温度沿杆轴方向均匀变化，并不引起剪切变形，因而

$$\mathrm{d}\nu_t = 0 \tag{d}$$

将式(b)、(c)、(d)代入式(a)得

$$\Delta_{Kt} = \sum(\pm)\alpha t_0\int\overline{N}_K\mathrm{d}s + \sum(\pm)\alpha\frac{\Delta t}{h}\int\overline{M}_K\mathrm{d}s \tag{15-9}$$

如果结构各杆件沿全长温度改变相同且截面高度不变，则上式可写成

$$\Delta_{Kt} = \sum(\pm)\alpha t_0\omega_{\overline{N}_K} + \sum(\pm)\alpha\frac{\Delta t}{h}\omega_{\overline{M}_K} \tag{15-10}$$

式中，$\omega_{\overline{N}_K}$、$\omega_{\overline{M}_K}$分别为 $\overline{N}_K$ 图、$\overline{M}_K$ 图的面积。

需要指出的是：①如果杆件截面对称于轴线，即 $h_1 = h_2 = h/2$，则 $t_0 = (t_1 + t_2)/2$；

②式(15-10)中各项的正、负号,可按虚功符号确定,即若虚力状态中虚设内力的变形与温度改变所引起的变形方向一致,取正号,反之取负号,计算时 t_0 和 Δt 及 $\omega_{\overline{N}_K}$、$\omega_{\overline{M}_K}$ 均以绝对值代入;③在计算温度改变引起的静定结构的位移时,不能略去轴向变形的影响。

【例 15-6】 求如图 15-11(a)所示刚架 C 点的竖向位移 Δ_{Ct}。梁下侧和柱右侧温度升高 10 ℃,梁上侧和柱左侧温度无改变。各杆截面为矩形,截面高度 $h=60$ cm,$a=6$ m,$\alpha=0.000\ 01$。

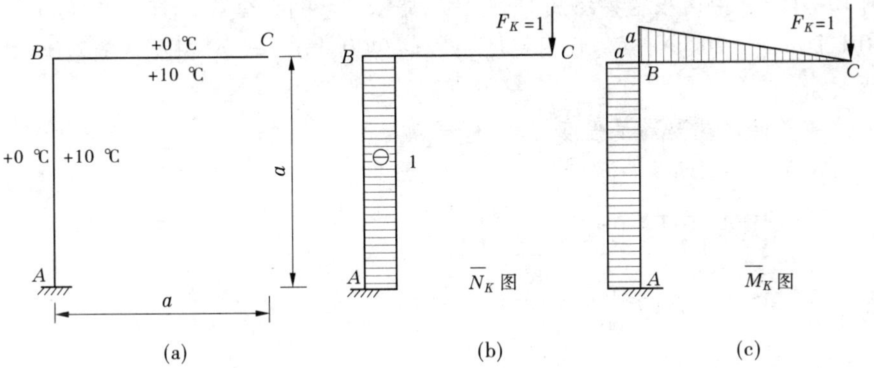

图 15-11

解:在 C 点加竖向单位力,作相应的 $\overline{N}_K$ 图、$\overline{M}_K$ 图,如图 15-11(b)、(c)所示。

杆轴线处温度升高为

$$t_0=\frac{10+0}{2}=5(℃)$$

代入式(15-10)得

$$\Delta_{Ct}=\sum(\pm)\alpha t_0\omega_{\overline{N}_K}+\sum(\pm)\alpha\frac{\Delta t}{h}\omega_{\overline{M}_K}=-5\alpha a+\frac{-10\alpha}{h}\frac{3}{2}a^2$$

$$=-5\alpha a\left(1+\frac{3a}{h}\right)=-0.93(\text{cm})(\uparrow)$$

若静定结构同时承受荷载、温度改变和支座移动的作用,则计算其位移的一般公式为

$$\Delta=\sum\int\frac{\overline{N}_K N_F}{EA}ds+\sum\int\frac{\overline{M}_K M_F}{EI}ds+\sum\int\frac{k\overline{Q}_K Q_F}{GA}ds+$$
$$\sum(\pm)\int\overline{N}_K\alpha t_0 ds+\sum(\pm)\int\alpha\overline{M}_K\frac{\Delta t}{h}ds-\sum\overline{F}C \qquad (15\text{-}11)$$

第六节　刚度计算及提高刚度的措施

一、梁的刚度校核

计算变形的主要目的在于对梁进行刚度计算。所谓梁要满足刚度要求,就是要把梁

的变形控制在规范所规定的范围内。梁的变形过大，就会影响结构的正常工作。因此，对于受弯构件，不仅要有一定的强度，还必须满足刚度要求，即保证全梁中的最大挠度小于许用挠度，最大转角小于许用转角。这就是梁的刚度条件，即

$$y_{max} \leqslant [y] \tag{15-12}$$

$$\theta_{max} \leqslant [\theta] \tag{15-13}$$

式中，$[y]$和$[\theta]$为规定的许可挠度和转角，可根据构件的不同用途在有关的规范中查出。

【例 15-7】 一由两根槽钢组成的简支梁，跨长 $l=4$ m，荷载如图 15-12(a)所示。已知 $q=10$ kN/m，$F=20$ kN，梁的许用挠度$[y]=l/400$，$[\sigma]=170$ MPa，$E=210$ GPa，试选择截面尺寸。

解：这一类问题既要满足强度问题，也要满足刚度问题。

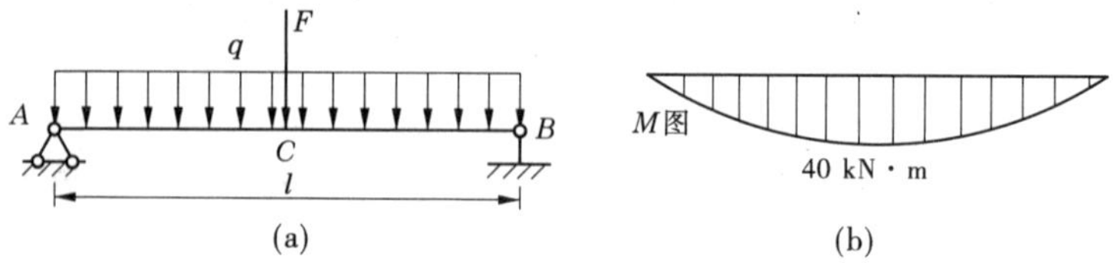

图 15-12

(1)按强度条件设计。

由叠加法绘出弯矩图，见图 15-12(b)，最大弯矩发生在 C 截面处，其值为

$$M_{max} = 40 \text{ kN} \cdot \text{m}$$

根据梁的正应力强度条件

$$\sigma_{max} = \frac{M_{max}}{W_z} \leqslant [\sigma]$$

得该梁所需的抗弯截面系数为

$$W_z \geqslant \frac{M_{max}}{[\sigma]} = \frac{40 \times 10^6}{170} = 235 \times 10^3 (\text{mm}^3)$$

一根槽钢所需要的抗弯截面系数为

$$\frac{W_z}{2} = \frac{235 \times 10^3}{2} = 117.5 \times 10^3 (\text{mm}^3)$$

查型钢表，选用 18a 号槽钢，其数据 $W_z=141.4\times10^3$ mm^3，$I_z=1\ 272.7\times10^4$ mm^4。

(2)按刚度条件校核。

根据梁的刚度条件 $y_{max} \leqslant [y]$

由已知条件得梁的许用挠度为 $[y] = \dfrac{l}{400} = \dfrac{400}{400} = 1(\text{cm})$

最大挠度发生在 C 界面处，查有关手册其值为

$$y_{max} = \frac{Fl^3}{48E(2I_z)} + \frac{5ql^4}{384E(2I_z)}$$

$$= \frac{20 \times 103 \times 4\ 000^3}{48 \times 210 \times 10^3 \times 2 \times 1\ 272.7 \times 10^4} + \frac{5 \times 10 \times 4\ 000^4}{384 \times 210 \times 10^3 \times 2 \times 1\ 272.7 \times 10^4}$$

$= 11.23(\text{mm}) > [y]$

按强度条件设计的截面不满足刚度条件，重新按刚度条件设计截面，由刚度条件得此梁的惯性矩应满足

$$2I_z \geqslant \left(\frac{Fl^3}{48E} + \frac{5ql^4}{384E}\right)\frac{1}{[y]} = \frac{20 \times 10^3 \times 4\,000^3}{48 \times 210 \times 10^3 \times 10} + \frac{5 \times 10 \times 4\,000^4}{384 \times 210 \times 10^3 \times 10}$$
$$= 2\,860 \times 10^4 \text{mm}^4$$

一根槽钢的惯性矩 $I_z = 2\,860 \times 10^4/2 = 1\,430 \times 10^4(\text{mm}^4)$。选用 20a 工字钢，$I_z = 1\,780.4 \times 10^4 \text{mm}^4$。

二、提高梁刚度的措施

根据梁的挠度计算知，梁的最大挠度与梁的荷载、跨度 l、抗弯刚度 EI 等情况有关，因此，要提高梁的刚度，需从以下几方面考虑。

(一) 提高梁的抗弯刚度 EI

梁的变形与 EI 成反比，增大梁的 EI 将会使梁的变形减小。同类材料的弹性模 E 值是不变的，因而只能设法增大梁横截面的惯性矩 I。在面积不变的情况下，采用合理的截面形状，如采用工字型、箱型及圆环等截面，可提高惯性矩 I，从而提高抗弯刚度 EI。

(二) 减小梁的跨度

由梁的位移计算可知，梁的变形与梁的跨长 l 的 n 次方成正比。减小梁的跨度，会有效地减小梁的变形。例如，将简支梁的支座向中间适当移动变成外伸梁，或在简支梁的中间增加支座，都是减小梁变形的有效措施。

(三) 改善荷载的分布情况

在结构允许的条件下，合理地改变荷载的作用位置及分布情况，可降低最大弯矩，从而减小梁的变形。例如，将集中荷载分散作用，或改为分布荷载都可以起到降低弯矩，减小变形的目的。

思考题

15-1　图中用图乘法求 Δ_{Cy} 时，下列哪个答案是正确的？为什么？

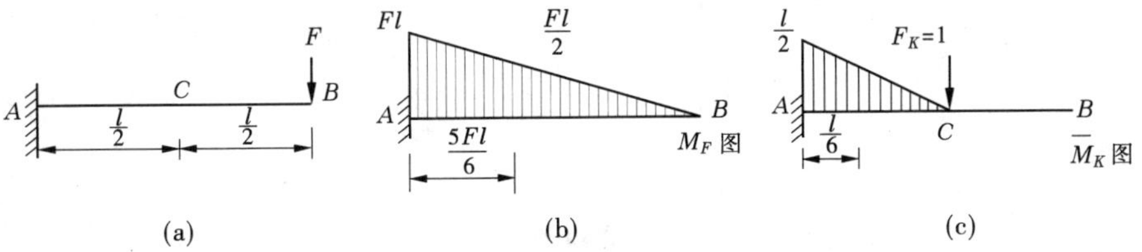

思 15-1 图

答案(1)：$\Delta_{Cy} = 0 + \frac{1}{EI} \times \frac{1}{8}l^2 \times \frac{5}{6}Fl = \frac{5Fl^3}{48EI}(\downarrow)$

答案(2)：$\Delta_{Cy}=\dfrac{1}{EI}\times\dfrac{1}{2}Fl^2\times\dfrac{l}{6}=\dfrac{Fl^3}{12EI}(\downarrow)$

习 题

15-1 用位移公式计算图示各梁中 A 点的转角 φ_A 和 C 截面的竖向位移 Δ_{Cy}。EI 为常数。

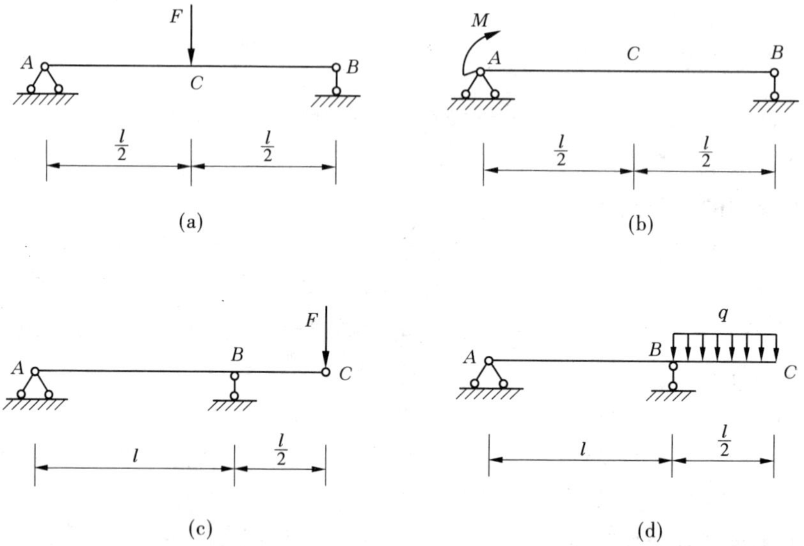

题 15-1 图

15-2 求结点 C 的水平位移 Δ_{Cx}。设各杆 EA 为常数。

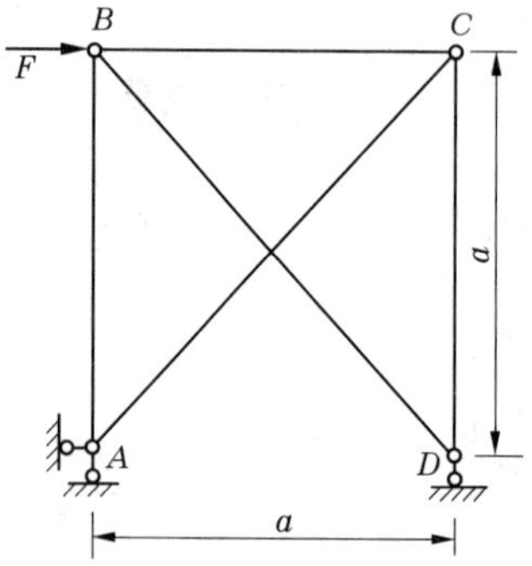

题 15-2 图

15-3 求图示各阶梯柱 B 点的水平位移 Δ_{Bx}。

15-4 用图乘法计算图示结构中各指定截面的位移。求：(a)跨中挠度及 A 端转角；(b)A 端转角；(c)C 点竖向位移 Δ_{Cy}。

15-5 用图乘法求梁的最大挠度。

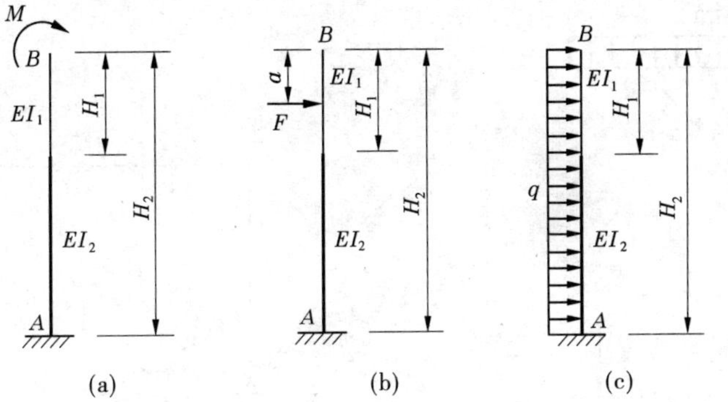

题 15-3 图

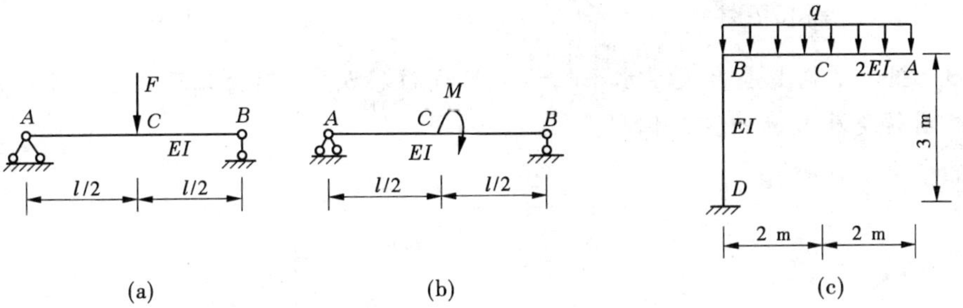

题 15-4 图

15-6 求 D 点的竖向位移 Δ_{Dy}。设 EI 为常数。

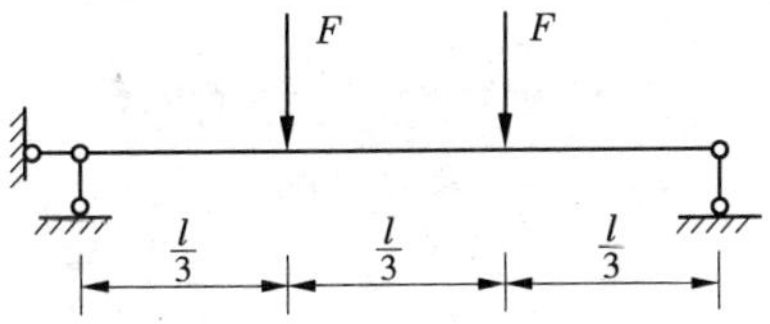

题 15-5 图

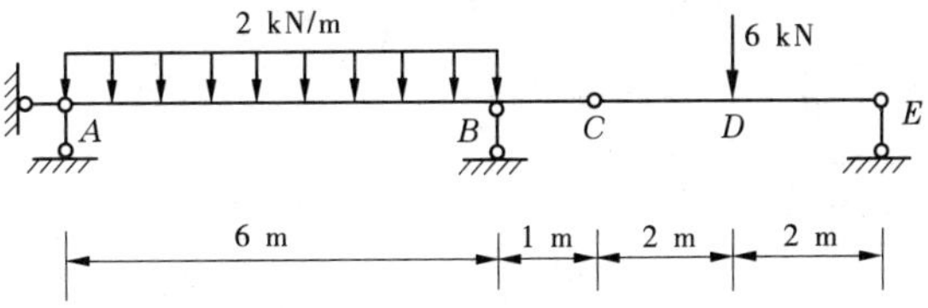

题 15-6 图

15-7 用图乘法求图示结构中 a 点的竖向位移。已知：$E = 2.1\times10^4\ \text{kN/cm}^2$，$A = 12\ \text{cm}^2$，$I = 3\ 600\ \text{cm}^4$。

15-8 设三角刚架内部升温 30 ℃，材料的线膨胀系数为 α，各杆截面为矩形，截面高度 h 相同。求 C 点的竖向位移 Δ_{Cy}。

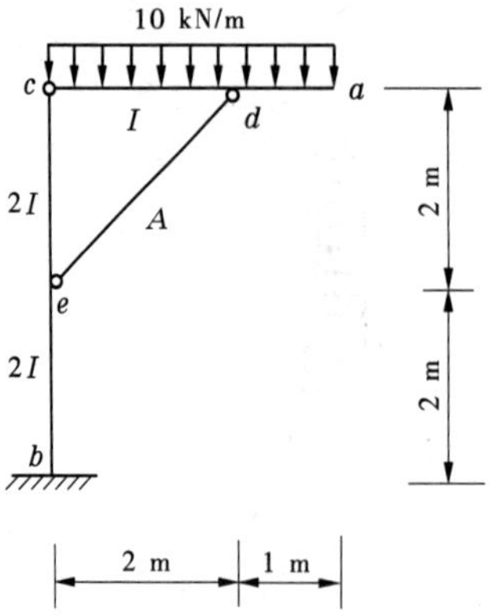

题 15-7 图

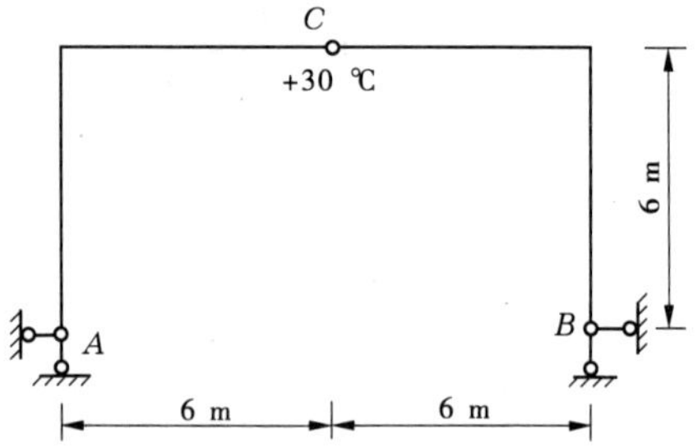

题 15-8 图

15-9 图示结构支座 B 发生水平位移 a，竖向位移 b。试求由此而产生的铰 C 左右两截面的相对转角及 C 点的竖向位移。

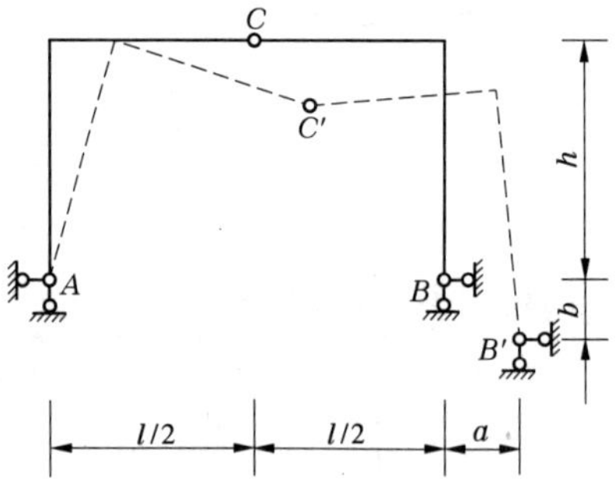

题 15-9 图

第十六章　力　法

第一节　超静定结构概述

一、超静定结构的特点

前面各章讨论了静定结构的支座反力、内力和位移的计算。在实际工程中还大量采用了超静定结构。求解超静定结构的方法有很多,其中最基本的是力法和位移法两种。本章将讨论用力法求解超静定结构。

由第十三章的几何组成分析可知,静定结构是无多余约束的几何不变体系,其反力、内力仅由静力平衡条件就可完全确定,如图 16-1(a)所示。超静定结构是具有多余约束的几何不变体系,如图 16-1(b)所示。由于具有多余约束,不仅它的反力和内力不能由静力平衡方程完全确定,而且在支座移动等因素作用下也会引起反力和内力。可见,有多余约束是超静定结构区别于静定结构的基本特点。多余约束增加结构的强度和刚度,因而超静定结构在工程中得到广泛应用。

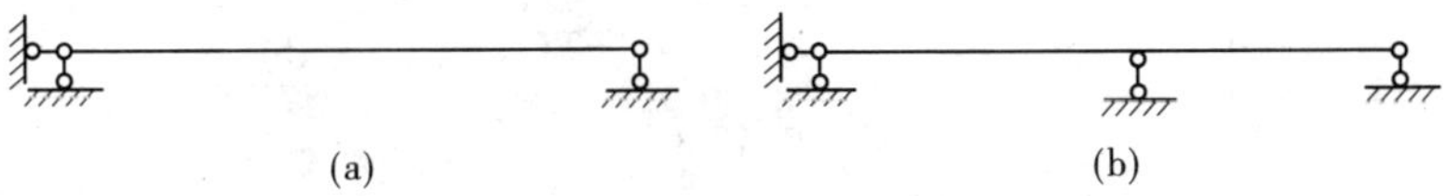

图 16-1

工程上常见的超静定结构的类型有梁、刚架、拱、桁架及组合结构等,分别如图16-2(a)、(b)、(c)、(d)、(e)所示。

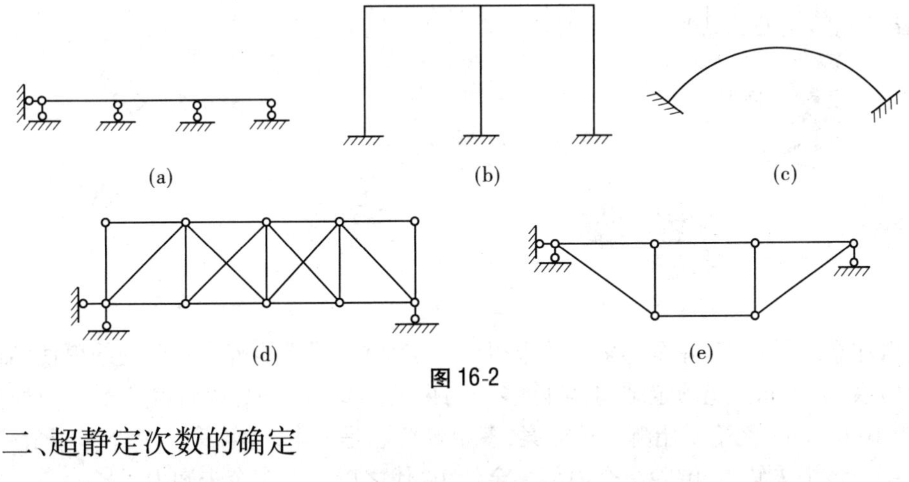

图 16-2

二、超静定次数的确定

由上面分析可知,超静定结构的几何组成特征是具有多余约束,多余约束产生的约束力称为**多余约束反力**。把超静定结构中多余约束或多余约束反力的个数称为**超静定次数**。

通常采用解除多余约束法来确定超静定次数。该方法是解除结构中的多余约束，代之以相应的多余约束反力，使之成为静定结构，解除多余约束的个数即为超静定次数。

解除多余约束法通常有以下几种情况：

(1)去掉一个链杆支座或切断一根二力杆，相当于解除 1 个约束。

(2)去掉一个固定铰支座或拆开一个单铰，相当于解除 2 个约束。

(3)去掉一个固定端支座或切断一根梁式杆，相当于解除 3 个约束。

(4)把刚结点改为单铰或者把固定端支座改为固定铰支座，相当于解除一个约束。

如图 16-2(a)所示的超静定梁，去掉中间两链杆支座并代以多余未知力 X_1 和 X_2，就变成了简支梁，如图 16-3(a)所示。如图 16-2(d)所示的桁架，切断两根二力杆并代以多余未知力 X_1 和 X_2，则变为如图 16-3(b)所示的静定桁架。将图 16-4(a)的铰 C 拆开代之以 2 个约束反力 X_1 和 X_2，变成如图(b)所示的两个悬臂刚架。对如图 16-5(a)所示的超静定刚架，在 C 处切断，须代之以图(b)所示的 3 个约束反力。如图 16-2(c)所示的无铰拱把两固定端支座和中间截面改为铰结点，则解除了 3 个限制转动约束，如图 16-6(a)所示。

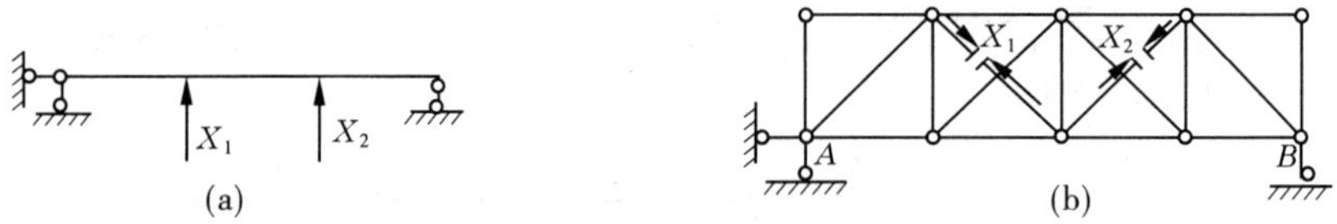

图 16-3

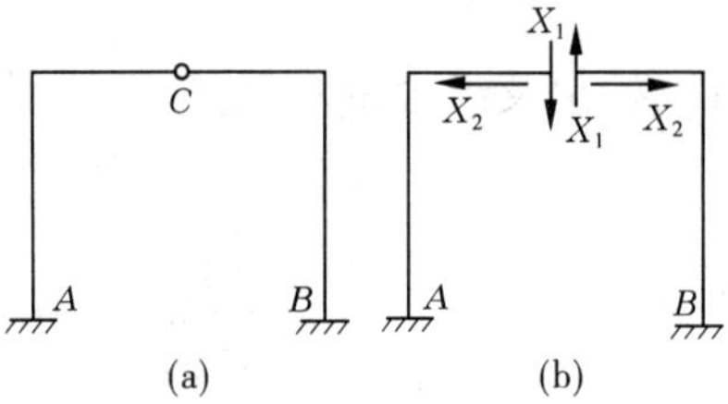

图 16-4

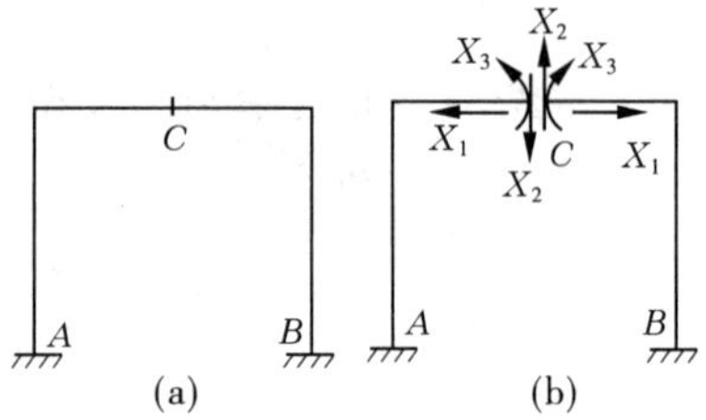

图 16-5

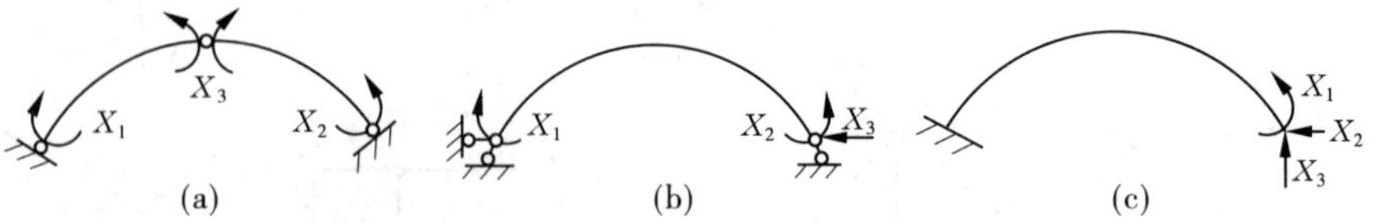

图 16-6

值得注意的是：①解除全部多余约束得到静定结构，但不能解除必要的约束使结构变成可变体系；②对同一超静定结构，解除多余约束的方式有多种，从而得到不同的静定结构，如图 16-6 所示，无论采用哪一种方案，多余约束总是三个；③解除一个外部多余约束，代之以一个多余未知力，解除一个内部多余约束，代之以一对多余未知力。

第二节　力法基本原理

力法是求解超静定结构的一种基本方法，它可以计算任意形式的超静定结构，故其应用范围较广。

力法的基本思路是把超静定结构的计算转化为静定结构的计算。即解除超静定结构的多余约束，使之变成静定结构；由该静定结构在解除多余约束处的变形与原超静定结构一致的位移协调条件，求出多余约束反力；再利用静力平衡方程解出其余反力或内力。

下面以图16-7(a)所示一次超静定梁为例说明力法的解题原理。

将图16-7(a)的B支座解除得到静定的悬臂梁称为原结构的**基本结构**，多余未知力X_1称为力法的**基本未知量**，在基本结构上同时作用原荷载和多余未知力即得基本结构的计算简图，如图16-7(b)所示。根据基本结构与原结构受力等效和变形协调的条件，可确定基本未知量X_1。只要求出X_1，则可按悬臂梁求出其余反力、内力和变形。

不论X_1取何值，基本结构恒满足平衡条件。因此，必须考虑变形条件求X_1，即只有当图16-7(a)、(b)二结构变形完全一致时，X_1才正好等于原结构B支座多余约束力，故有变形条件$\Delta_1=0$。由叠加原理可建立如下的力法基本方程

$$\Delta_1=\Delta_{11}+\Delta_{1F}=0 \tag{a}$$

式中，Δ_{11}为多余未知力X_1单独作用下，基本结构在B点沿X_1方向的位移；Δ_{1F}表示外荷载单独作用下基本结构在B点沿X_1方向的位移。如图16-7(c)、(d)所示。

由于X_1本身为未知量，故Δ_{11}也必然是未知量。为了计算方便，设δ_{11}表示$X_1=1$单独作用在基本结构上B点沿X_1方向的位移，如图16-7(e)所示，则$\Delta_{11}=\delta_{11}X_1$。于是式(a)可写成

$$\delta_{11}X_1+\Delta_{1F}=0 \tag{16-1}$$

式(16-1)称为**力法的典型方程**。

式中的系数δ_{11}和自由项Δ_{1F}均为基本结构在已知荷载作用下的位移，可按第十五章静定结构位移计算的方法求得。现用图乘法来计算δ_{11}和Δ_{1F}。作基本结构在荷载作用下的弯矩图M_F图和在单位力$X_1=1$作用下的弯矩图$\overline{M}_1$图，如图16-8(b)、(c)所示。于是

$$\delta_{11}=\frac{1}{EI}\left(\frac{1}{2}l\times l\right)\times\left(\frac{2}{3}l\right)=\frac{l^3}{3EI}$$

$$\Delta_{1F}=-\frac{1}{EI}\left(\frac{1}{3}\times\frac{1}{2}ql^2\times l\right)\times\left(\frac{3}{4}l\right)=-\frac{ql^4}{8EI}$$

代入力法方程式(16-1)，得

$$X_1=-\frac{\Delta_{1F}}{\delta_{11}}=\frac{ql^4}{8EI}\times\frac{3EI}{l^3}=\frac{3}{8}ql(\uparrow)$$

求出X_1后即可按静定结构方法计算并作内力图。通常，作内力图时还可利用已绘出的$\overline{M}_1$图和M_F图用叠加法作弯矩图，而后作剪力图及轴力图。

现用叠加法画弯矩图，即

$$M = \overline{M}_1 X_1 + M_F \tag{16-2}$$

例如：

$$M_A = \overline{M}_A X_1 + M_F$$

$$= l \times \frac{3}{8}ql - \frac{1}{2}ql^2 = -\frac{1}{8}ql^2 \text{（上拉）}$$

从而可作弯矩图如图 16-8（d）所示，进而再作出剪力图如图 16-8（e）所示。

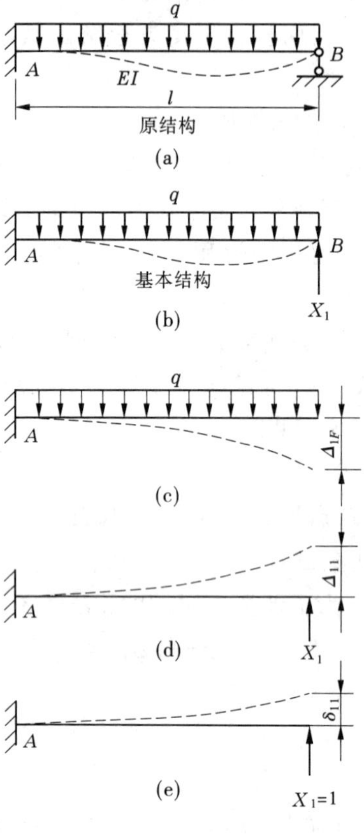

图 16-7

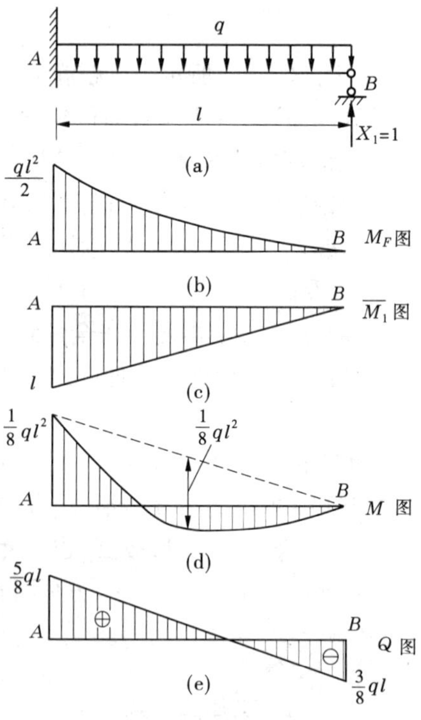

图 16-8

第三节　力法的典型方程

现以如图 16-9（a）所示的二次超静定结构为例，说明力法分析多次超静定问题及建立力法典型方程的方法。以简支梁 AD 作为基本结构，解除 B 处和 C 处的链杆约束，并代以多余未知力 X_1 和 X_2，如图 16-9（b）所示。由于原结构在 B 处和 C 处受到链杆支座的制约而没有竖向位移，故基本结构在原荷载和 X_1、X_2 共同作用下，其 B 处和 C 处的竖向位移 Δ_1、Δ_2 都应当等于零。即

$$\left.\begin{aligned} \Delta_1 = 0 \\ \Delta_2 = 0 \end{aligned}\right\} \tag{b}$$

现考虑Δ_1、Δ_2的表达式。设单位力$X_1=1$、$X_2=1$及外荷载分别单独作用在基本结构上时，B点沿X_1方向的位移为δ_{11}、δ_{12}和Δ_{1F}；C点沿X_2方向的位移为δ_{21}、δ_{22}和Δ_{2F}（如图16-9(d)、(e)、(c)所示）。于是根据叠加原理，上述位移条件(b)就变为

$$\left.\begin{aligned}\delta_{11}X_1+\delta_{12}X_2+\Delta_{1F}=0\\ \delta_{21}X_1+\delta_{22}X_2+\Delta_{2F}=0\end{aligned}\right\}\qquad(16\text{-}3)$$

式(16-3)就是二次超静定结构的力法方程。由于方程中的系数和自由项都是静定结构（即基本结构）的位移，可按第十五章求静定结构位移的方法求得。这样，通过解方程就可求出X_1和X_2，从而把原二次超静定结构计算转化成简支梁在原外荷载和X_1、X_2共同作用下的静定结构计算。即把超静定问题转化为静定问题计算。

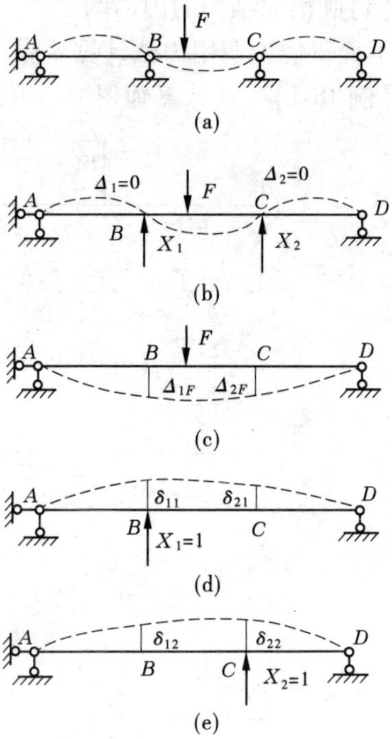

图16-9

对于n次超静定结构就有n个变形条件，就可建立n个变形协调方程

$$\left.\begin{aligned}\Delta_1&=\delta_{11}X_1+\delta_{12}X_2+\cdots+\delta_{1n}X_n+\Delta_{1F}=0\\ \Delta_2&=\delta_{21}X_1+\delta_{22}X_2+\cdots+\delta_{2n}X_n+\Delta_{2F}=0\\ &\vdots\\ \Delta_n&=\delta_{n1}X_1+\delta_{n2}X_2+\cdots+\delta_{nn}X_n+\Delta_{nF}=0\end{aligned}\right\}\qquad(16\text{-}4)$$

式(16-4)就是n次超静定结构的力法典型方程。

上述方程中，主对角线上的系数δ_{ii}称为**主系数**，它表示$X_i=1$单独作用下基本结构沿X_i方向的位移。显然，δ_{ii}存在且与X_i方向一致，故其数值$\delta_{ii}>0$。主对角线两侧的系数$\delta_{ij}(i\neq j)$称为**副系数**，它表示$X_j=1$单独作用下基本结构沿X_i方向的位移。根据位移互等定理可知：$\delta_{ij}=\delta_{ji}$。自由项Δ_{iF}表示荷载单独作用下基本结构沿X_i方向的位移。

应当注意：选择不同的基本结构来计算同一超静定结构，力法方程形式相同，但其系数和自由项的值一般不相同。系数和自由项均按静定结构的位移计算方法求解。

由力法方程解出多余未知力$X_1,X_2,\cdots,X_n$后，结合计算过程中已作出的单位弯矩图和荷载弯矩图，根据叠加原理用下式求超静定结构的各截面弯矩，而后作出弯矩图。

$$M=\overline{M}_1X_1+\overline{M}_2X_2+\cdots+\overline{M}_nX_n+M_F$$

综上所述，用力法计算超静定结构的步骤为：

(1)选择基本结构，确定基本未知量。

(2)建立力法典型方程。

(3)求系数和自由项。

(4)解方程求基本未知量。

(5)画出原结构的内力图。

下面举例说明用力法计算超静定结构。

【例 16-1】 试计算如图 16-10(a)所示的单跨超静定梁,并画出内力图。

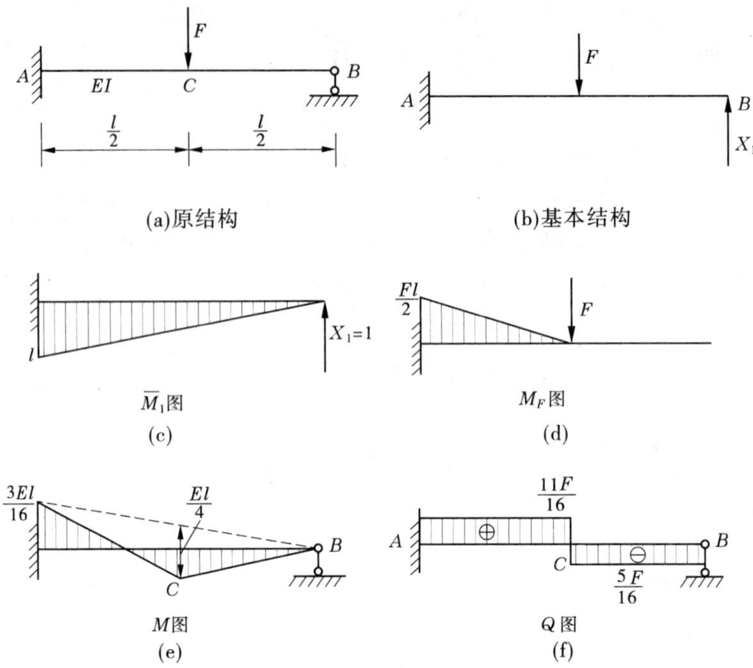

图 16-10

解:(1)取悬臂梁为基本结构,基本未知量为 X_1,如图 16-10(b)所示。

(2)建立力法方程:

$$\delta_{11}X_1 + \Delta_{1F} = 0$$

(3)求系数和自由项:首先作出基本结构的 $\overline{M}_1$ 和 M_F 图,如图 16-10(c)、(d)所示,而后用图乘法计算系数和自由项

$$\delta_{11} = \frac{1}{EI} \times (\frac{1}{2}l \times l) \times \frac{2}{3}l = \frac{l^3}{3EI}$$

$$\Delta_{1F} = -\frac{1}{EI}(\frac{1}{2} \times \frac{1}{2}l \times \frac{1}{2}l \times \frac{1}{3} \times \frac{Fl}{2} + \frac{1}{2}l \times \frac{1}{2}l \times \frac{2}{3} \times \frac{Fl}{2}) = -\frac{5Fl^3}{48EI}$$

(4)解方程求基本未知量:

$$X_1 = -\frac{\Delta_{1F}}{\delta_{11}} = \frac{5Fl^3}{48EI} \times \frac{3EI}{l^3} = \frac{5F}{16}(\uparrow)$$

(5)绘出内力图:利用 $M = \overline{M}_1X_1 + M_F$ 可得

$$M_A = l \times \frac{5F}{16} + (\frac{-Fl}{2}) = -\frac{3}{16}Fl(\text{上侧受拉})$$

用叠加法画出弯矩图如图 16-10(e)所示。

再由平衡条件得

$$Q_{AC} = F - X_1 = \frac{11}{16}F \qquad Q_{CB} = -X_1 = -\frac{5F}{16}$$

画出剪力图如图 16-10(f)所示。

【例 16-2】 作如图 16-11(a)所示超静定刚架的内力图。已知刚架各杆 EI 均为常数。

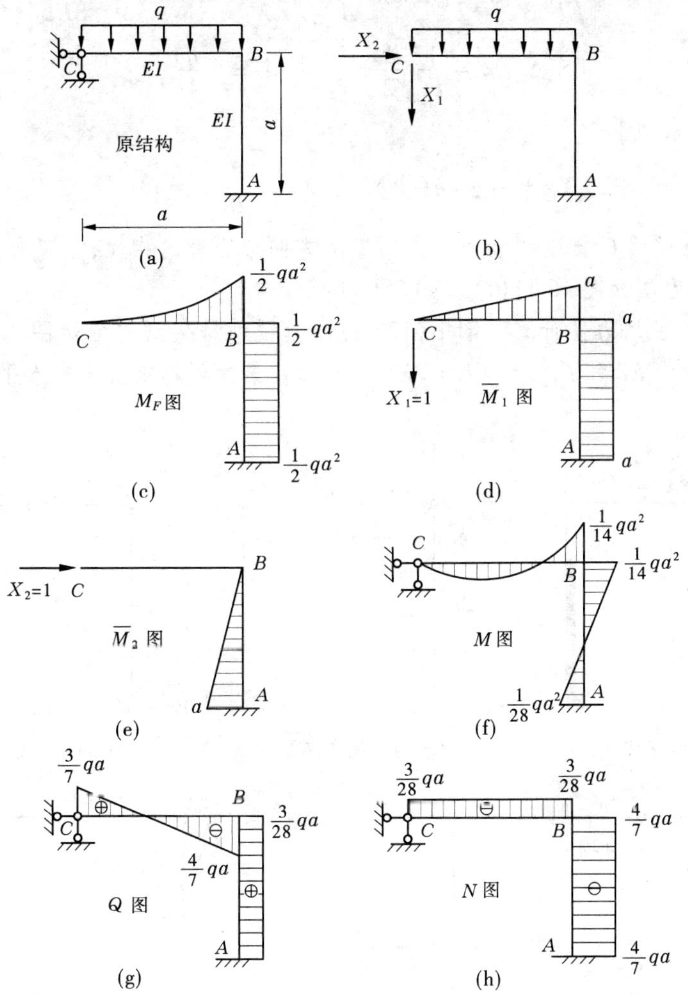

图 16-11

解:(1)取基本结构,基本未知量为 X_1 和 X_2,如图 16-11(b)所示。

(2)建立力法方程:

$$\delta_{11}X_1 + \delta_{12}X_2 + \Delta_{1F} = 0$$
$$\delta_{21}X_1 + \delta_{22}X_2 + \Delta_{2F} = 0$$

(3)计算系数和自由项:作 $\overline{M}_1$ 图、$\overline{M}_2$ 图及 M_F 图分别如图 16-11(d)、(e)、(c)所示,用图乘法计算各系数和自由项

$$\delta_{11} = \frac{1}{EI}\left(\frac{1}{2} \times a^2 \times \frac{2}{3}a + a \times a \times a\right) = \frac{4a^3}{3EI}$$

$$\delta_{22} = \frac{1}{EI}(\frac{1}{2} \times a^2 \times \frac{2}{3} \times a) = \frac{a^3}{3EI}$$

$$\delta_{12} = \delta_{21} = -\frac{1}{EI}(\frac{1}{2} \times a^2 \times a) = -\frac{a^3}{2EI}$$

$$\Delta_{1F} = \frac{1}{EI}(\frac{1}{3} \times \frac{qa^2}{2} \times a \times \frac{3}{4}a + \frac{qa^2}{2} \times a \times a) = \frac{5qa^4}{8EI}$$

$$\Delta_{2F} = -\frac{1}{EI}(\frac{1}{2}a^2 \times \frac{qa^2}{2}) = -\frac{qa^4}{4EI}$$

(4)求基本未知量：

解方程得　　$X_1 = -\frac{3}{7}qa(\uparrow)$　　$X_2 = \frac{3}{28}qa(\rightarrow)$

其中 X_1 为负值，说明 C 支座的竖向反力的实际方向与假设的相反，即应向上。

(5)作出内力图如图 16-11(f)、(g)、(h)所示。

【例 16-3】 试用力法计算如图 16-12(a)所示铰结排架结构弯矩图。设阶梯上下段的抗弯刚度分别为 EI_1和 EI_2，且 $EI_2 = 7EI_1$。已知柱子受到起重机传来水平制动力 $F = 20$ kN。

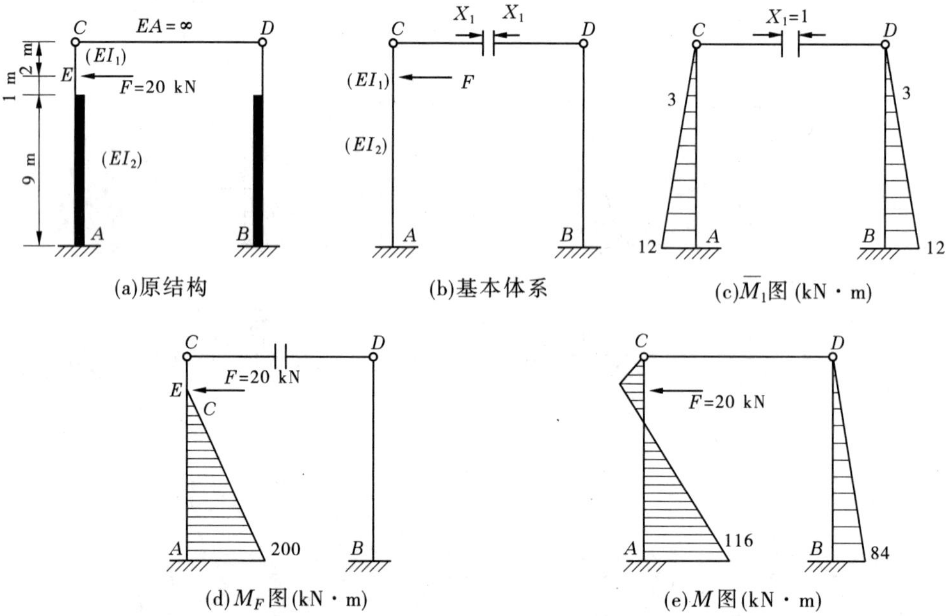

(a)原结构　(b)基本体系　(c)$\overline{M}_1$图(kN·m)

(d)M_F图(kN·m)　(e)M图(kN·m)

图 16-12

解：(1)去掉刚性链杆 CD，以一对约束反力作为多余未知力 X_1，选取如图 16-12(b)所示的基本体系。

(2)建立力法方程：因为 CD 为刚性杆件，所以相对轴向线位移应为零，即有

$$\delta_{11}X_1 + \Delta_{1F} = 0$$

(3)求主系数和自由项：绘出 $\overline{M}_1$、M_F图，分别如图 16-12(c)、(d)所示。按阶梯柱抗弯刚度不同分段图乘，可得

$$\delta_{11}=\frac{1}{EI_1}\left(\frac{1}{2}\times3\times3\times\frac{2}{3}\times3\right)\times2+\frac{1}{EI_2}\left(\frac{1}{2}\times3\times9\times6+\frac{1}{2}\times12\times9\times9\right)\times2$$

$$=\frac{18}{EI_1}+\frac{1\ 134}{EI_2}=\frac{1}{EI_2}\left(18\times\frac{I_2}{I_1}+1\ 134\right)=1\ 260\times\frac{1}{EI_2}$$

$$\Delta_{1F}=-\frac{1}{EI_1}\left(\frac{1}{2}\times20\times1\times\frac{8}{9}\times3\right)\times2-\frac{1}{EI_2}\left(\frac{1}{2}\times20\times9\times6+\frac{1}{2}\times200\times9\times9\right)$$

$$=-\frac{1}{EI_1}\left(\frac{240}{9}\right)-\frac{1}{EI_2}\times8\ 640=-\frac{1}{EI_2}\left(26.7\times\frac{I_2}{I_1}+8\ 640\right)$$

$$=-\frac{1}{EI_2}\times8\ 826.9$$

(4)求解多余未知力：

$$X_1=-\frac{\Delta_{1F}}{\delta_{11}}=-\frac{-8\ 826.9/EI_2}{1\ 260/EI_2}\text{ kN}\approx7\text{ kN}$$

(5)绘内力图：按叠加法 $M=\overline{M}_1X_1+M_F$ 可以作出立柱的弯矩图，如图 16-12(e)所示。

【例 16-4】 试计算如图 16-13(a)所示超静定桁架，设各杆 EA 为常数。

解：(1)此桁架为一次超静定。截断 CF 杆，基本未知量 X_1 为该杆轴力，基本结构如图 16-13(b)所示。

(2)建立力法方程：

$$\delta_{11}X_1+\Delta_{1F}=0$$

(3)计算系数和自由项。桁架各杆内力及有关的计算列于下面的计算表内。

杆件	l (m)	N_F (kN)	$\overline{N}_1$	$\overline{N}_1N_Fl$ (kN·m)	$\overline{N}_1^{\,2}l$ (m)	$X_1\overline{N}_1$ (kN)	$N=X_1\overline{N}_1+N_F$ (kN)
AC	2.83	−18.86	0	0	0	0	−18.86
BD	2.83	−23.57	0	0	0	0	−23.57
AE	2	+13.33	0	0	0	0	+13.33
BF	2	+16.67	0	0	0	0	+16.67
EF	2	+16.67	−0.707	−23.57	1	−1.67	+15.00
CD	2	−13.33	−0.707	18.85	1	−1.67	−15.00
CF	2.83	0	1	0	2.83	2.36	+2.36
DE	2.83	−4.71	1	−13.33	2.83	2.36	−2.35
DF	2	0	−0.707	0	1	−1.67	−1.67
CE	2	+3.33	−0.707	−4.71	1	−1.67	+1.67
Σ				−22.76	9.66		

得出 $\Delta_{1F}=\sum\overline{N}_1N_Fl/EA=-22.76/EA$ 及 $\delta_{11}=\sum\overline{N}_1^{\,2}l/EA=9.66/EA$。

(4)求基本未知量：

$$X_1=-\frac{\Delta_{1F}}{\delta_{11}}=-\frac{\sum\overline{N}_1N_Fl}{\sum\overline{N}_1^{\,2}l}=-\frac{-22.76}{9.66}=2.36\ (\text{kN})$$

(5)各杆最后轴力的计算结果列在表格最右一列,并标在图 16-13(e)中。

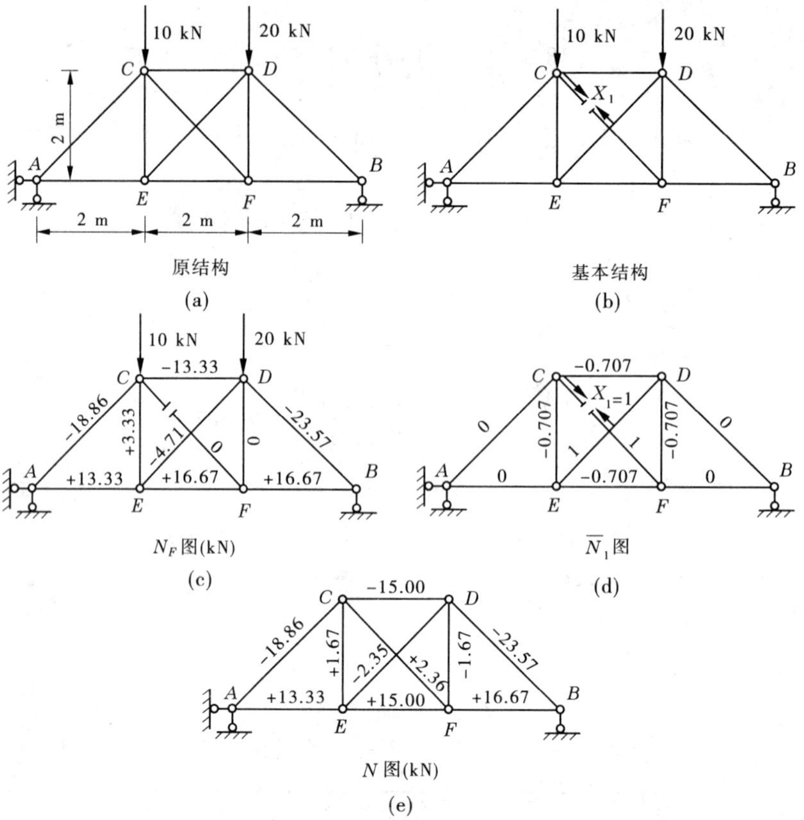

图 16-13

第四节　对称性的利用

一、对称结构

对称结构是指结构形式、材料特性及截面尺寸都对称于某轴的结构。如图 16-14(a)、(b)所示,分别具有图示对称轴。对图 16-14(c),在仅有竖向结点荷载作用下,左端的水平支座反力为零,故也可看作对称结构。

工程中存在着大量的对称结构,用力法计算时,可利用结构的对称性来简化计算。这时应选择对称的基本结构和对称与反对称的基本未知量,这样可使力法典型方程中的部分副系数为零。如图 16-15 所示,力法方程中系数 $\delta_{12}=\delta_{21}=\delta_{23}=\delta_{32}=0$。

二、一般荷载分解为正对称荷载和反对称荷载

对称结构承受的任意荷载可分解为正对称荷载与反对称荷载两部分,如图16-15(b)、(c)所示。分别计算其内力后,叠加即可得原结构内力。

在正对称荷载作用下,对称结构的变形、反力、M 图和 N 图均为正对称,只有 Q 图反

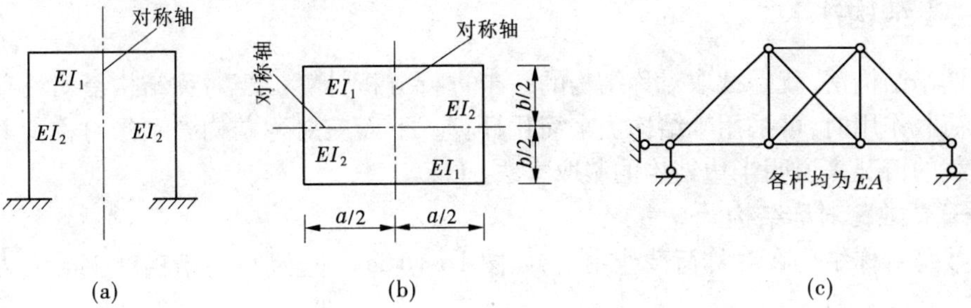

图 16-14

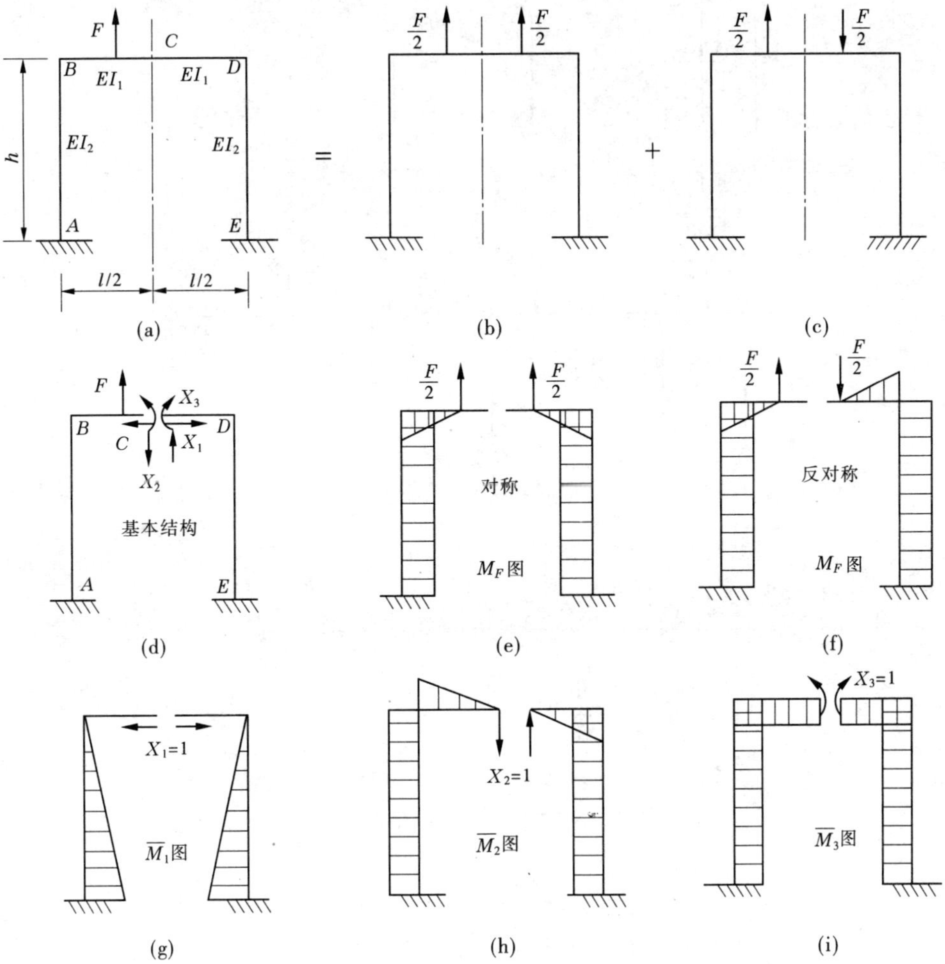

图 16-15

对称。由图 16-15(e)、(h)图乘得 $\Delta_{2F}=0$，故由 $\Delta_2=\delta_{22}$、$X_2=0$ 知，反对称基本未知量 $X_2=0$。于是三次超静定的力法计算就变为二次的计算了。

在反对称荷载作用下，对称结构的变形、反力、M 图和 N 图均反对称，只有 Q 图正对称。因自由项 Δ_{1F}、Δ_{3F} 均为零，从而对称基本未知量 X_1、X_3 为零。力法方程变为只含 X_2 的一元方程。

三、半结构法

所谓半结构法，就是截取对称结构的一半进行分析计算。当对称结构受对称荷载或反对称荷载作用时，可采用半结构法来简化计算。下面就对称结构分别受对称荷载与反对称荷载的情况来说明半边结构的截取方法。

（一）奇数跨对称结构

奇数跨对称结构在对称荷载作用下，如图 16-16（a）、（c）所示，结构产生的内力和变

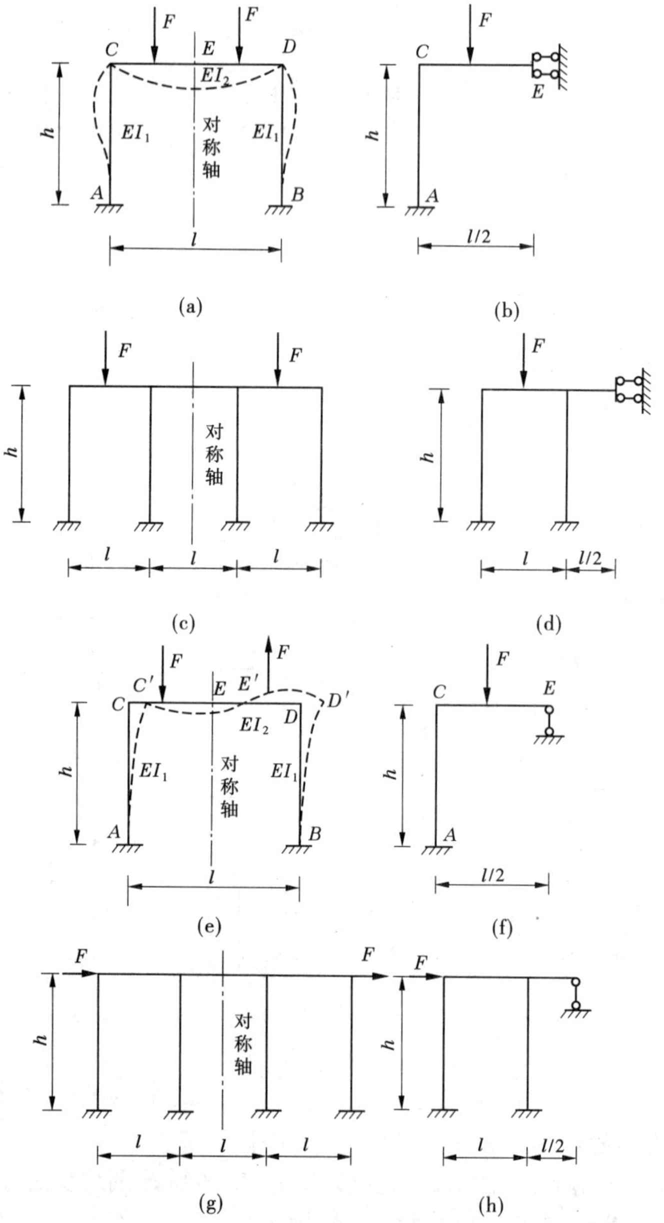

图 16-16

形也对称。在对称截面 E 不发生转角和水平位移，只有竖向线位移，同时截面 E 将只有对称的内力弯矩和轴力。因此，取半边结构计算时，依据位移相同、受力等效的原则，在 E 截面处可用一个定向支座来代替另半边结构的作用，故得到计算简图如图 16-16(b)、(d)所示。

奇数跨对称结构在反对称荷载作用下，如图 16-16(e)、(g)所示，结构产生的变形也为反对称。在对称截面 E 处没有竖向位移，但可以转动和沿水平侧移，该截面的弯矩和轴力为零，仅有反对称内力即剪力。取半边结构计算时，可在 E 截面处用竖向链杆支座约束来代替，得到计算简图如图 16-16(f)、(h)所示。

(二)偶数跨对称结构

如图 16-17(a)所示，偶数跨对称结构受对称荷载作用时，在对称截面 E 处不可能产生转角和水平侧移，若忽略中间柱的轴向微小变形，则 E 截面无任何位移，故可将 E 处视为固定端约束，其半结构的计算简图如图 16-17(b)所示。

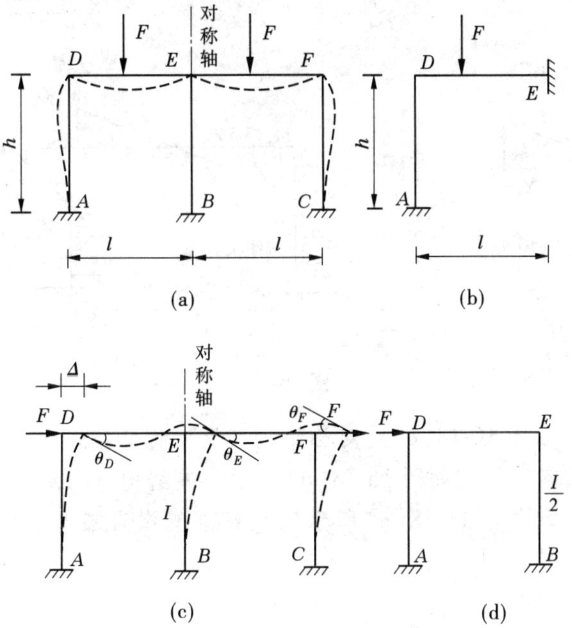

图 16-17

如图 16-17(c)所示，偶数跨对称结构受反对称荷载作用时，中柱产生弯曲变形。当取半结构计算时，可将中间柱设想为由两根刚度各为$\dfrac{EI}{2}$的立柱组合而成，两柱顶端分别与柱两侧横梁刚性联结。其半边结构的计算简图如图 16-17(d)所示。

【例 16-5】 作如图 16-18(a)所示三次超静定刚架的弯矩图。已知刚架各杆的 EI 均为常数。

解：1. 取半结构及其基本结构

(1)分解荷载：为简化计算，首先将如图 16-18(a)所示荷载分解为对称和反对称荷载叠加，分别如图 16-18(b)、(c)所示。其中，在如图 16-18(b)所示的称荷载作用下，由于荷载通过 CD 杆轴，故只有 CD 杆有轴力，各杆均无弯矩和剪力。因此，只作反对称荷载作用下的弯矩图即可。

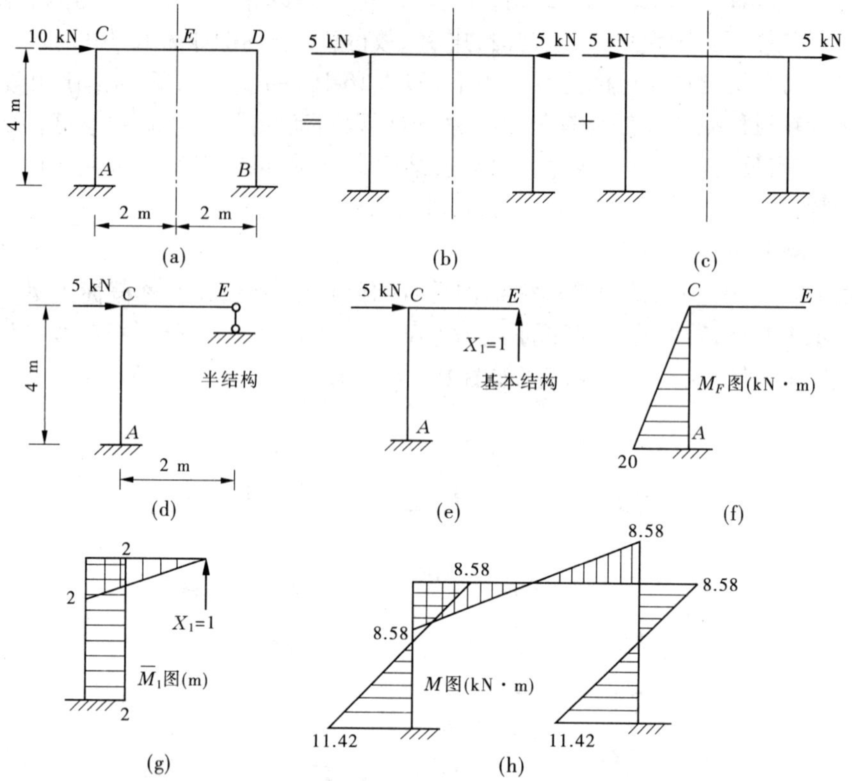

图 16-18

(2)取半刚架:由于图 16-18(c)是对称结构在反对称荷载作用下,故可沿对称轴截面切开,加活动铰支座,取半结构如图 16-18(d)所示。该结构为一次超静定结构。

(3)取基本结构:取如图 16-18(e)所示的悬臂刚架作为基本结构,以支座反力 X_1 为基本未知量。

2. 建立力法典型方程

$$\delta_{11}X_1 + \Delta_{1F} = 0$$

3. 计算系数和自由项

画出如图 16-17(f)、(g)所示的弯矩图并图乘计算系数和自由项

$$\delta_{11} = \frac{1}{EI}\left[\frac{1}{2} \times 2 \times 2 \times \frac{4}{3} + 2 \times 4 \times 2\right] = \frac{56}{3EI}$$

$$\Delta_{1F} = -\frac{1}{EI}\left[\frac{1}{2} \times 4 \times 20 \times 2\right] = -\frac{80}{EI}$$

4. 求多余未知力

将 δ_{11}、Δ_{1F}代入力法方程得

$$X_1 = 4.29 \text{ kN}$$

5. 作弯矩图

根据叠加原理作 ACE 半刚架弯矩图，如图 16-18(h)所示。BDE 半刚架弯矩图可根据反对称荷载作用下的弯矩图为反对称的规律画出。

【例 16-6】　试利用对称性计算图 16-19(a)所示刚架结构，并绘出 M 图。设 EI = 常数。

解：该刚架结构对称，且承受反对称荷载，可取如图 16-19(b)所示一半作为等代结构。

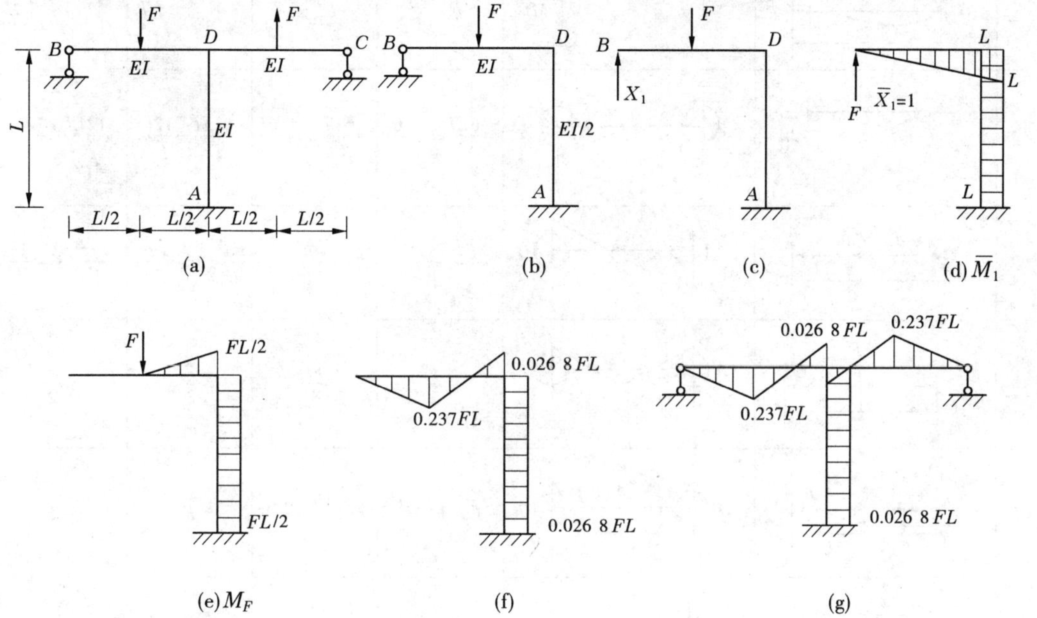

图 16-19

(1) 选基本体系如图 16-19(c)所示，为一次超静定结构。

(2) 力法典型方程：$\delta_{11}X_1+\Delta_{1F}=0$。

(3) 求主系数和自由项：绘出如图 16-19(d)、(e)所示的 $\overline{M}_1$、M_F 图，则有

$$\delta_{11}=\frac{1}{EI}\left(\frac{1}{2}\times L\times L\times\frac{2L}{3}\right)+\frac{2}{EI}(L\times L\times L)=\frac{7L^3}{3EI}$$

$$\Delta_{1F}=-\frac{1}{EI}\left(\frac{L}{2}\times\frac{FL}{2}\times\frac{L}{2}\times\frac{5L}{6}\right)-\frac{2}{EI}\left(\frac{FL}{2}\times L\times L\right)=-\frac{106FL^3}{96EI}$$

(4) 求多余未知力：$X_1=-\dfrac{\Delta_{1F}}{\delta_{11}}=\dfrac{106}{224}F$。

(5) 绘最后弯矩图：按叠加法 $M=\overline{M}_1\cdot X_1+M_F$，可得左半刚架的弯矩图，如图 16-19(f)所示。绘全刚架弯矩图时，应考虑到在反对称荷载作用下弯矩应呈反对称分布，且中柱弯矩值应为其 2 倍，故最后弯矩图如图 16-19(g)所示。

第五节　等截面单跨超静定梁的杆端内力

用力法可计算出各种因素作用下单跨超静定梁的内力，表 16-1 中列出了一些计算成

表 16-1　单跨超静定梁杆端弯矩和杆端剪力计算成果(形常数和载常数)

编号	简图	弯矩图(绘于受拉边)	杆端弯矩值		杆端剪力值	
			M_{AB}	M_{BA}	Q_{AB}	Q_{BA}
1	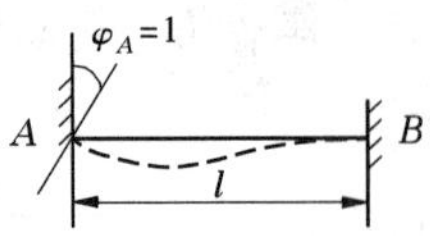	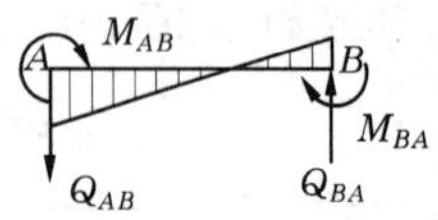	$\frac{4EI}{l}=4i$	$\frac{2EI}{l}=2i$	$-\frac{6EI}{l^2}=-\frac{6i}{l}$	$-\frac{6EI}{l^2}=-\frac{6i}{l}$
2	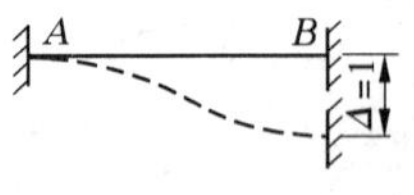	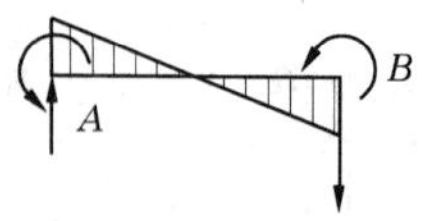	$-\frac{6EI}{l^2}=-\frac{6i}{l}$	$-\frac{6EI}{l^2}=-\frac{6i}{l}$	$\frac{12EI}{l^3}=\frac{12i}{l^2}$	$\frac{12EI}{l^3}=\frac{12i}{l^2}$
3	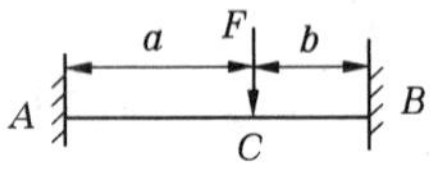	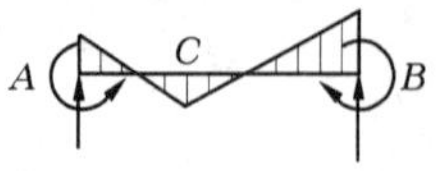	$-\frac{Fab^2}{l^2}$	$+\frac{Fa^2b}{l^2}$	$\frac{Fb^2}{l^2}(1+\frac{2a}{l})$	$-\frac{Fa^2}{l^2}(1+\frac{2b}{l})$
4	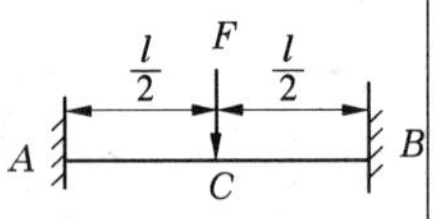	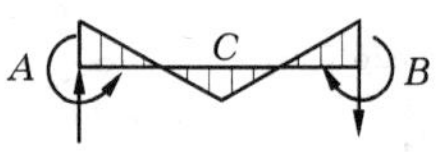	$-\frac{Fl}{8}$	$\frac{Fl}{8}$	$\frac{F}{2}$	$-\frac{F}{2}$
5	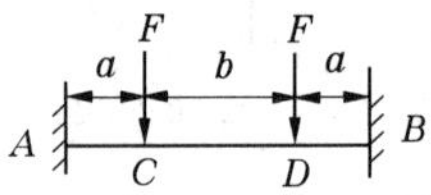	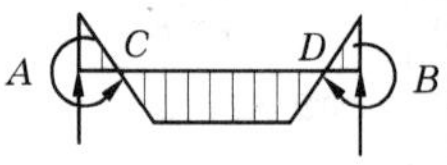	$-Fa(1-\frac{a}{l})$	$Fa(1-\frac{a}{l})$	F	$-F$
6	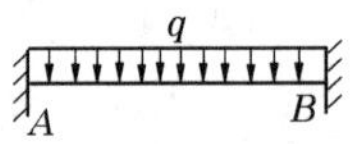	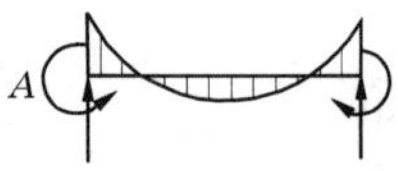	$-\frac{ql^2}{12}$	$\frac{ql^2}{12}$	$\frac{ql}{2}$	$-\frac{ql}{2}$
7	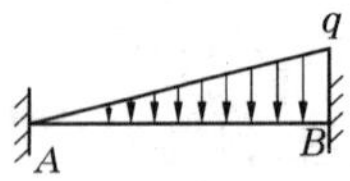		$-\frac{ql^2}{30}$	$\frac{ql^2}{20}$	$\frac{3ql}{20}$	$-\frac{7ql}{20}$
8	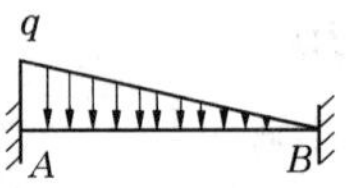	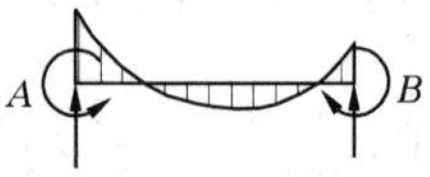	$-\frac{ql^2}{20}$	$\frac{ql^2}{30}$	$\frac{7ql}{20}$	$-\frac{3ql}{20}$
9	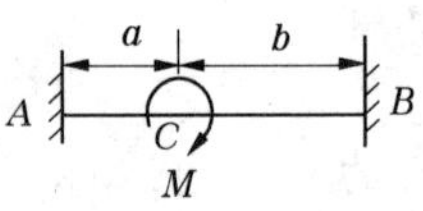	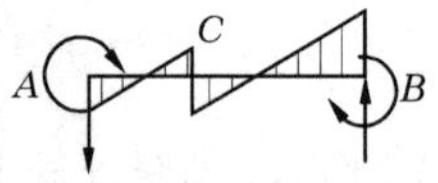	$\frac{Mb}{l^2}(2l-3b)$	$\frac{Ma}{l^2}(2l-3a)$	$-\frac{6ab}{l^3}M$	$-\frac{6ab}{l^3}M$
10	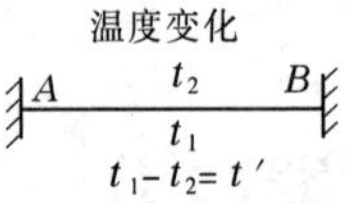	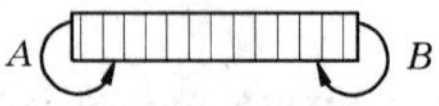	$-\frac{EI\alpha t'}{h}$ h——横截面高度 α——线膨胀系数	$\frac{EI\alpha t'}{h}$	0	0

续表 16-1

编号	简图	弯矩图（绘于受拉边）	杆端弯矩值		杆端剪力值	
			M_{AB}	M_{BA}	Q_{AB}	Q_{BA}
11	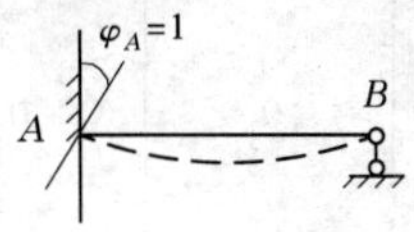	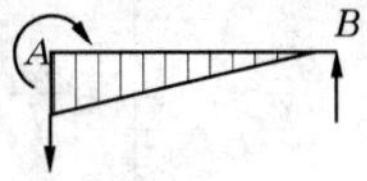	$\frac{3EI}{l}=3i$	0	$-\frac{3EI}{l^2}=-\frac{3i}{l}$	$-\frac{3EI}{l^2}=-\frac{3i}{l}$
12	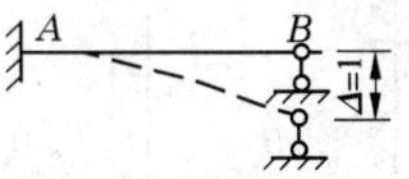	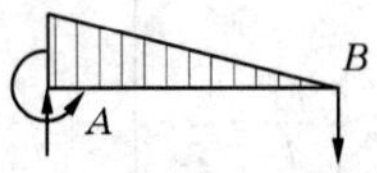	$-\frac{3EI}{l^2}=-\frac{3i}{l}$	0	$\frac{3EI}{l^3}=\frac{3i}{l^2}$	$\frac{3EI}{l^3}=\frac{3i}{l^2}$
13	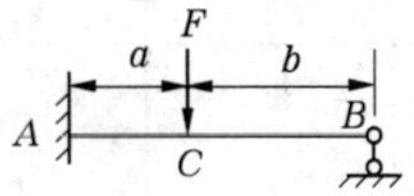	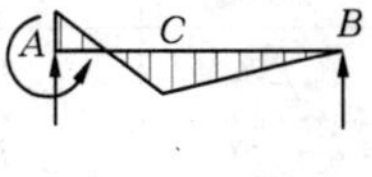	$-\frac{Fb(l^2-b^2)}{2l^2}$	0	$\frac{Fb(3l^2-b^2)}{2l^3}$	$-\frac{Fa^2(3l-a)}{2l^3}$
14	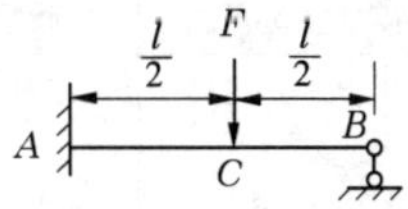	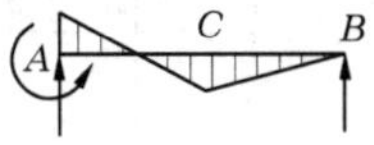	$-\frac{3Fl}{16}$	0	$\frac{11}{16}F$	$-\frac{5}{16}F$
15	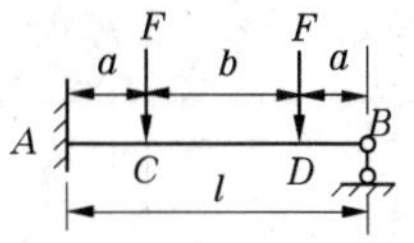	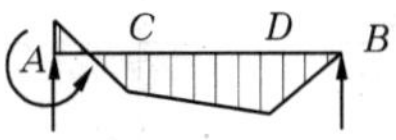	$-\frac{3Fa}{2}(1-\frac{a}{l})$	0	$F+\frac{3Fa(l-a)}{2l^2}$	$-F+\frac{3Fa(l-a)}{2l^2}$
16	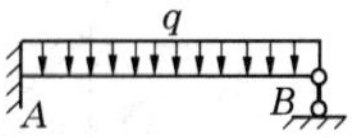	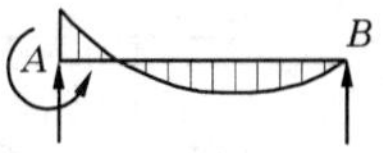	$-\frac{ql^2}{8}$	0	$\frac{5}{8}ql$	$-\frac{3}{8}ql$
17	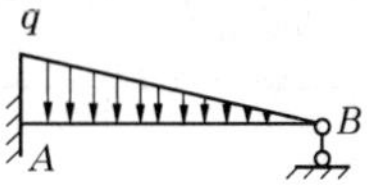	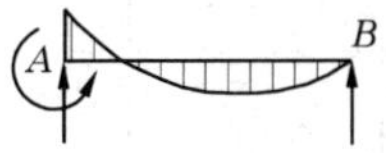	$-\frac{ql^2}{15}$	0	$\frac{2}{5}ql$	$-\frac{1}{10}ql$
18	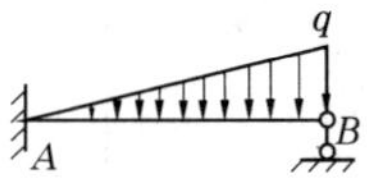	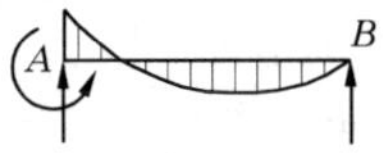	$-\frac{7ql^2}{120}$	0	$\frac{9}{40}ql$	$-\frac{11}{40}ql$
19	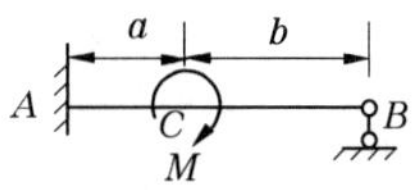	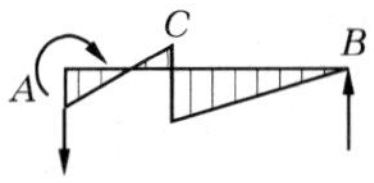	$\frac{M(l^2-3b^2)}{2l^2}$	0	$-\frac{3M(l^2-b^2)}{2l^3}$	$-\frac{3M(l^2-b^2)}{2l^3}$
20	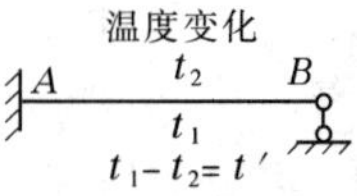	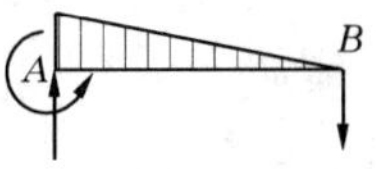	$-\frac{3EI\alpha t'}{2h}$ h——横截面高度 α——线膨胀系数	0	$\frac{3EI\alpha t'}{2hl}$	$\frac{3EI\alpha t'}{2hl}$

续表 16-1

编号	简图	弯矩图（绘于受拉边）	杆端弯矩值		杆端剪力值	
			M_{AB}	M_{BA}	Q_{AB}	Q_{BA}
21	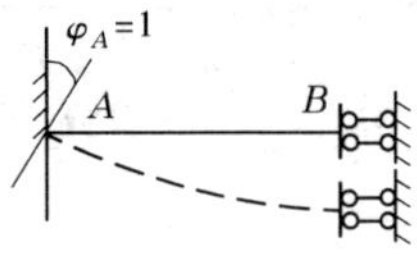	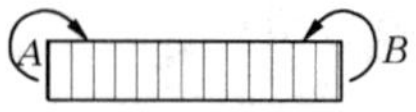	$\frac{EI}{l}=i$	$-\frac{EI}{l}=-i$	0	0
22	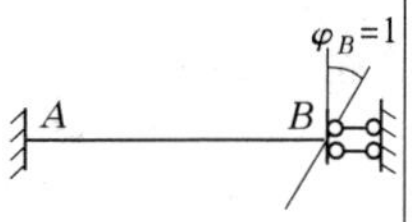	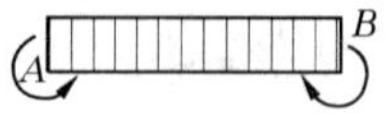	$-\frac{EI}{l}=-i$	$\frac{EI}{l}=i$	0	0
23	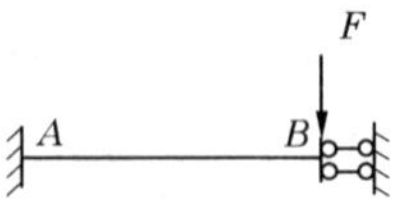	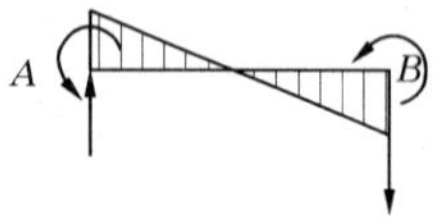	$-\frac{Fl}{2}$	$-\frac{Fl}{2}$	F	F
24	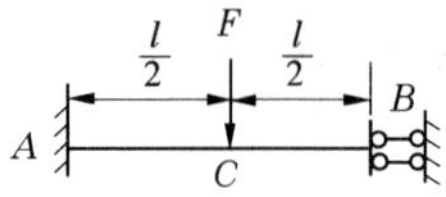	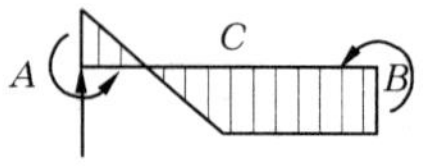	$-\frac{3Fl}{8}$	$-\frac{Fl}{8}$	F	0
25	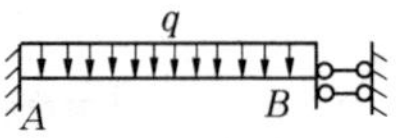	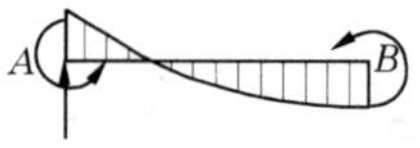	$-\frac{ql^2}{3}$	$-\frac{ql^2}{6}$	ql	0
26	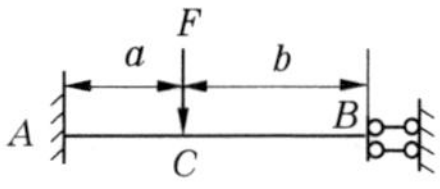	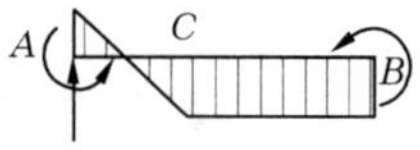	$-\frac{Fa(l+b)}{2l}$	$-\frac{Fa^2}{2l}$	F	0
27	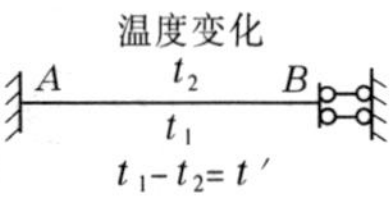	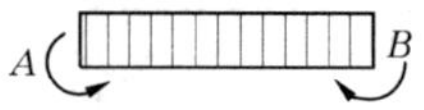	$-\frac{EI\alpha t'}{h}$ h——横截面高度 α——线膨胀系数	$\frac{EI\alpha t'}{h}$	0	0
28	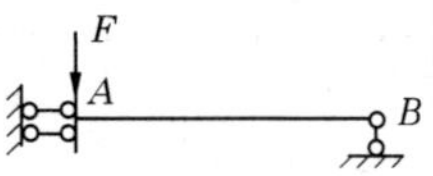	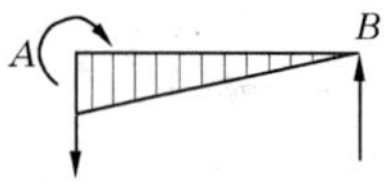	Fl	0	$-F$	$-F$
29	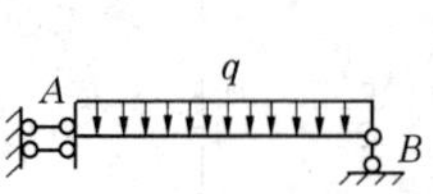	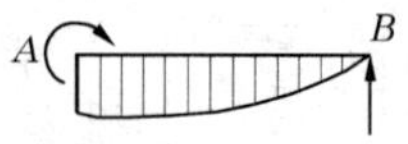	$\frac{ql^2}{2}$	0	0	$-ql$

果。这些成果不仅可以供设计时直接查用，而且超静定结构的其他计算方法也要使用。习惯上将杆端单位位移引起的杆端内力称为**形常数**，将荷载或温度变化产生的杆端内力称为**载常数**。表中 $i=\dfrac{EI}{l}$ 称为杆件的**线刚度**。

查表16-1时注意事项：

(1)杆端弯矩和杆端剪力的符号规定为：杆端弯矩以顺时针转向为正，反之为负；杆端剪力的符号同前面一样，即使杆件产生顺时针转动趋势的为正，反之为负。

(2)当荷载或杆端位移方向与表中情况相反时，其杆端内力的正负也应作相应的改变。

(3)在竖向荷载作用下，一端固定一端铰支梁不论其铰支座是可动铰支座还是固定铰支座，其杆端弯矩和剪力是一样的，也应查同一个表。

(4)支座对调或者荷载方向与表中方向相反时，载常数也应改变正负号。

思考题

16-1　超静定结构与静定结构在几何组成上有何区别？解法上有什么不同？

16-2　力法中超静定结构的次数是如何确定的？

16-3　力法方程及方程中各系数和自由项的物理意义是什么？

16-4　举例说明用力法解超静定结构的步骤。

16-5　力法方程中为什么主系数必为正值，而副系数可为正值、负值或为零？

16-6　如何判定结构是否为对称结构？在分析对称结构时，应如何简化计算？

习　题

16-1　试确定图示各结构的超静定次数。

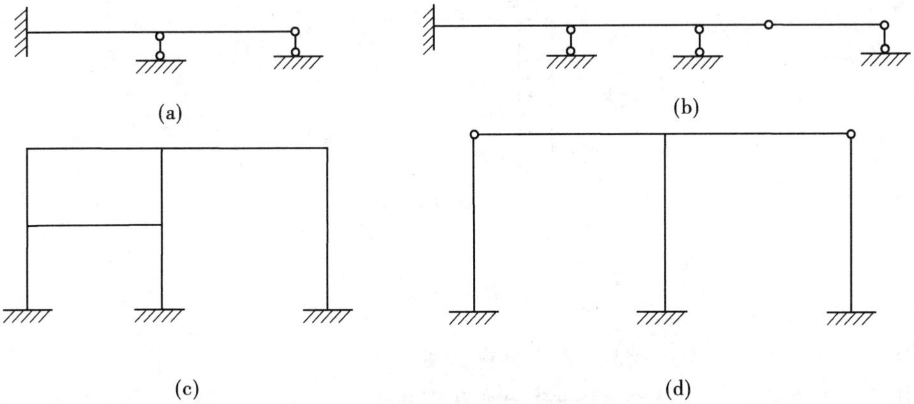

题16-1图

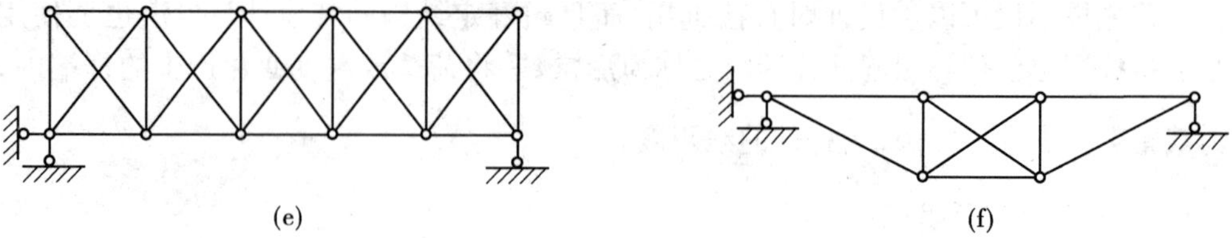

续题 16-1 图

16-2　试用力法计算图示超静定梁，并绘出内力图。

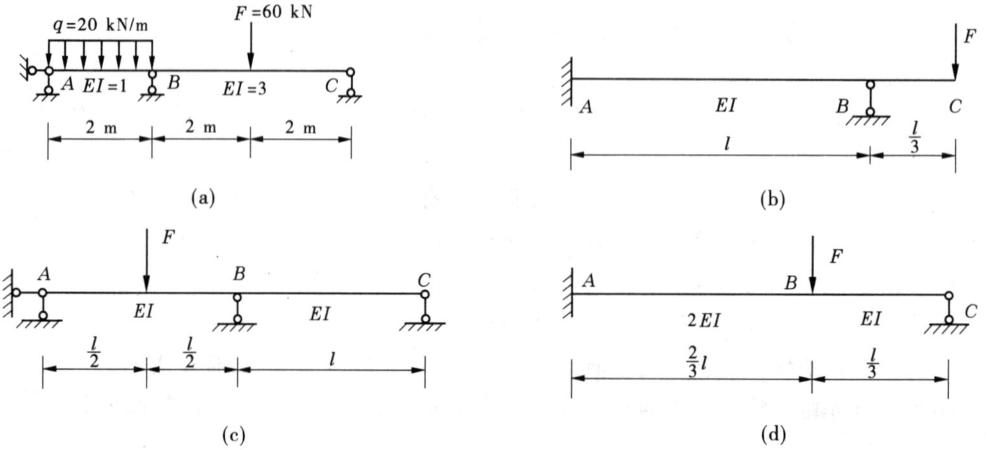

题 16-2 图

16-3　用力法计算图示刚架，并作出内力图。

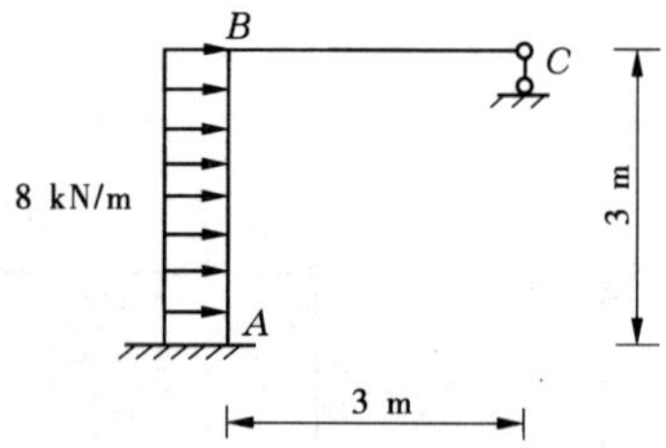

题 16-3 图

16-4　用力法计算图示刚架，并作出内力图。

16-5　用力法计算图示刚架，并作出弯矩图。

16-6　试求图示超静定桁架各杆的内力。各杆 EA 均相同。

16-7　试用力法计算图示排架，作弯矩图。

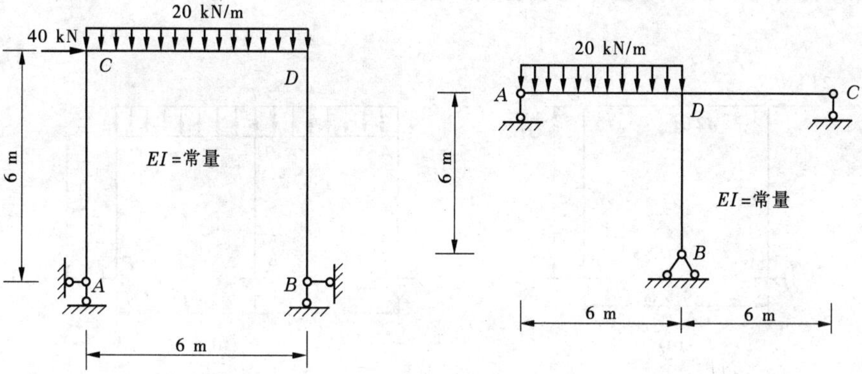

(a)　　(b)

题 16-4 图

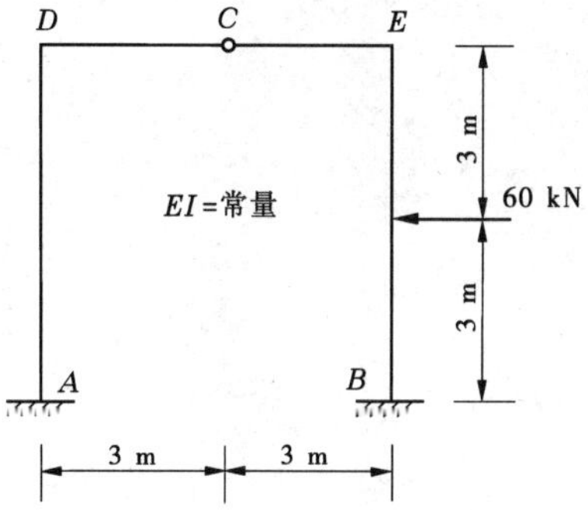

题 16-5 图

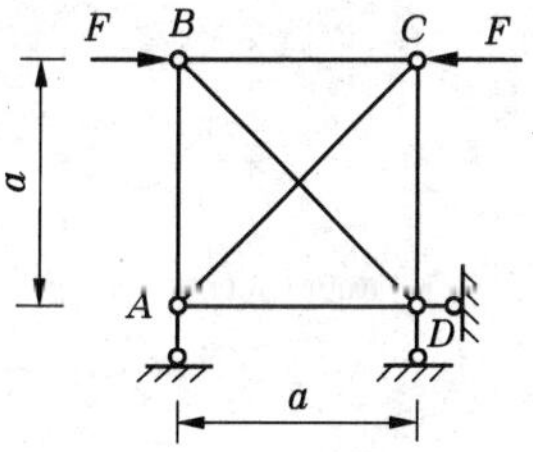

题 16-6 图

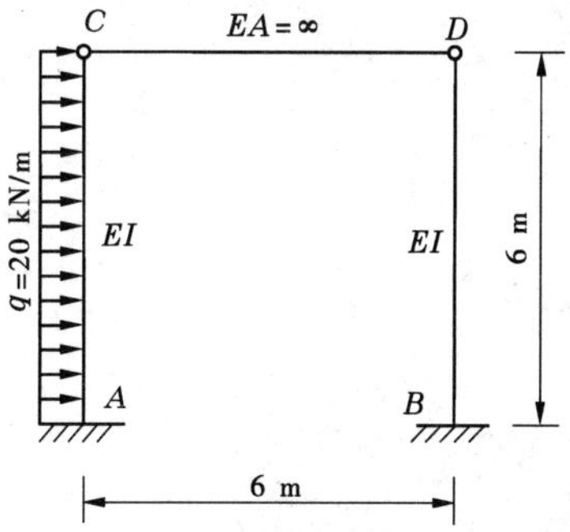

题 16-7 图

16-8　利用对称性计算图示结构,绘出弯矩图。

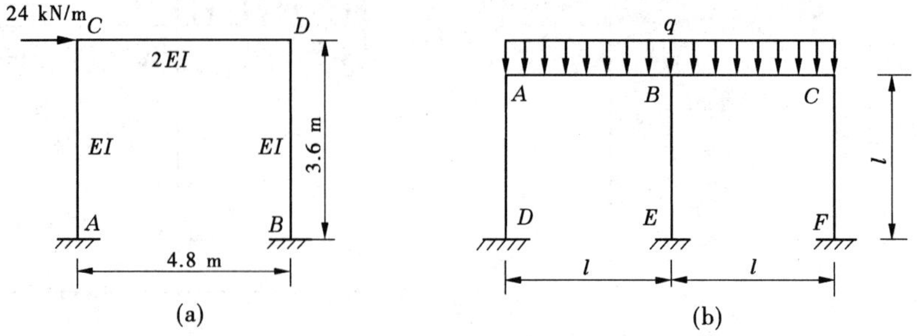

题 16-8 图

第十七章　位移法

第一节　位移法的基本原理

力法和位移法是计算超静定结构的两种基本方法。力法以多余约束力作为基本未知量，将超静定结构转化为静定结构计算；而位移法则以结点位移作为基本未知量，将结构的各杆转化为单跨超静定梁，利用力法的已有成果（见表 16-1）计算杆端内力，进而计算各截面的内力。下面举例说明位移法的基本思路。

图 17-1(a)所示为一超静定刚架，在给定荷载作用下，将发生如图中虚线所示的变形。对于受弯直杆，通常略去轴向变形和剪切变形的影响，并假定弯曲变形是微小的，故可认为各杆两端之间的距离在变形前后保持不变。这样，在图示刚架中，由于支座 B、C 不能移动，而结点 A 分别与 B、C 两点之间的距离又都保持不变，所以结点 A 既无水平线

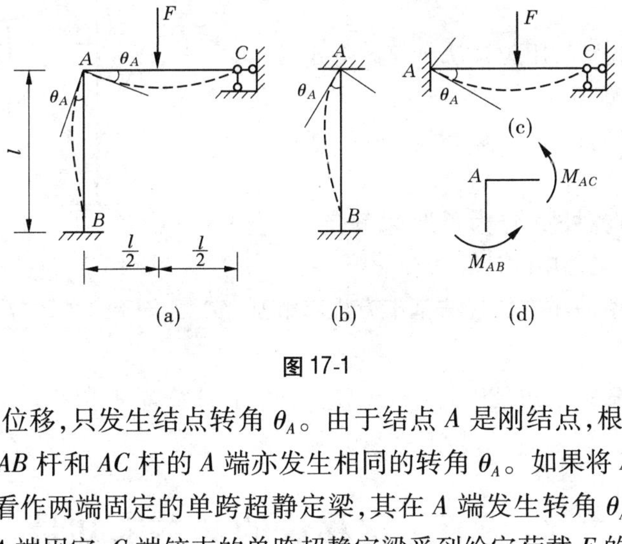

图 17-1

位移，也无竖向线位移，只发生结点转角 θ_A。由于结点 A 是刚结点，根据变形协调条件，汇交于 A 结点的 AB 杆和 AC 杆的 A 端亦发生相同的转角 θ_A。如果将 A 结点看成是固定支座，则 AB 杆可看作两端固定的单跨超静定梁，其在 A 端发生转角 θ_A，如图 17-1(b)所示；AC 杆可看作 A 端固定、C 端铰支的单跨超静定梁受到给定荷载 F 的作用，同时其 A 端还发生了转角 θ_A，如图 17-1(c)所示。根据叠加原理，查表 16-1，可写出各杆端弯矩的计算式为

$$M_{AB} = 4\frac{EI}{l}\theta_A \qquad M_{BA} = 2\frac{EI}{l}\theta_A$$

$$M_{AC} = 3\frac{EI}{l}\theta_A - \frac{3}{16}Fl \qquad M_{CA} = 0$$

由杆端弯矩的表达式可看出，只要能求出 θ_A，即可确定各杆端弯矩的值，故 θ_A 称为位移法的基本未知量。利用平衡条件可建立位移法基本方程，求解基本未知量 θ_A。为此，

取结点 A 为脱离体，如图 17-1(d)所示，其力矩平衡条件为

$$\sum M_A=0 \quad M_{AB}+M_{AC}=0$$

将杆端弯矩的计算式代入后，得

$$7\frac{EI}{l}\theta_A-\frac{3}{16}Fl=0$$

即**位移法的基本方程**，由此可求出

$$\theta_A=\frac{3Fl^2}{112EI}$$

将 θ_A 代回到各杆端弯矩的计算式中可计算出各杆端弯矩为

$$M_{BA}=2\frac{EI}{l}\times\frac{3Fl^2}{112EI}=\frac{3}{56}Fl$$

$$M_{AB}=4\frac{EI}{l}\times\frac{3Fl^2}{112EI}=\frac{3}{28}Fl$$

$$M_{AC}=3\frac{EI}{l}\times\frac{3Fl^2}{112EI}-\frac{3}{16}Fl=\frac{9}{112}Fl-\frac{3}{16}Fl=-\frac{3}{28}Fl$$

$$M_{CA}=0$$

由杆端弯矩和荷载可逐杆画出弯矩图，如图 17-2所示。

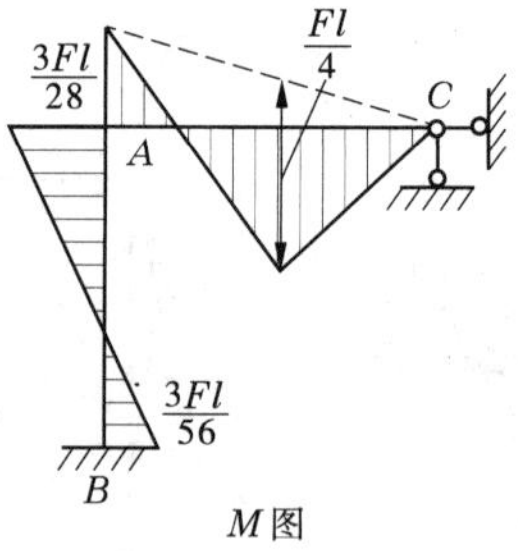

图 17-2

通过上述解题过程，用位移法计算超静定结构的基本思路可归纳如下：

(1)分析结构的结点位移情况，确定基本未知量。

(2)将结构的各杆拆分为单跨超静定梁，查表 16-1写出各杆杆端弯矩的计算式。

(3)利用平衡条件建立位移法基本方程求解基本未知量。

(4)将求出的基本未知量代回杆端弯矩的计算式计算各杆端弯矩。

(5)作内力图。

第二节　位移法的基本未知量

如上节所述，位移法以结点位移作为基本未知量。结点位移有两种，即**结点角位移(转角)**和**结点线位移**，现分述如下。

一、结点角位移

如图 17-3(a)所示刚架中，有两个刚结点 B、C，故有两个结点转角未知量 θ_B 和 θ_C，因铰结点的弯矩等于零，θ_A 和 θ_D 可以不作为基本未知量。

结论：**结点角位移基本未知量的数目等于结构自由刚结点的数目**。如图 17-3(b)所

示刚架中只有一个角位移 θ_B 为基本未知量。

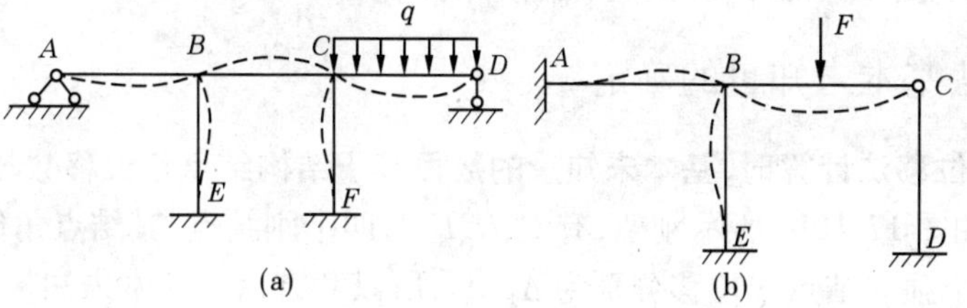

图 17-3

二、结点线位移

如前所述，在轴向变形和剪切变形可以忽略，弯曲变形是微小的这一前提下，可以假定各杆长度在变形前后是不发生变化的。这样有些结构无任何结点线位移产生，例如图 17-3所示刚架。有些结构虽然有结点线位移产生，但其中某些结点线位移是彼此相关而非独立的，在此情况下，需要确定独立的结点线位移个数，通常有两种方法，现分别叙述如下。

（一）直观确定法

对于一般刚架，独立结点线位移的数目可直接观察确定。如图 17-4（a）所示的刚架，在不考虑各杆长度变化时，结点 C 和 D 没有竖向位移而只有水平位移 Δ_C 和 Δ_D，且 $\Delta_C = \Delta_D$，即该刚架只有一个独立结点线位移 Δ。如图 17-4（b）所示两层刚架的各结点均没有竖向位移而只有水平位移，且结点 C、D 的水平位移相同，可用 Δ_1 表示；结点 E、F 的水平位移相同，可用 Δ_2 表示。因此，这个刚架的独立结点线位移数目有两个，即 Δ_1、Δ_2。一般地，**对于多层刚架（无侧向约束），独立结点线位移数目等于刚架的层数。**

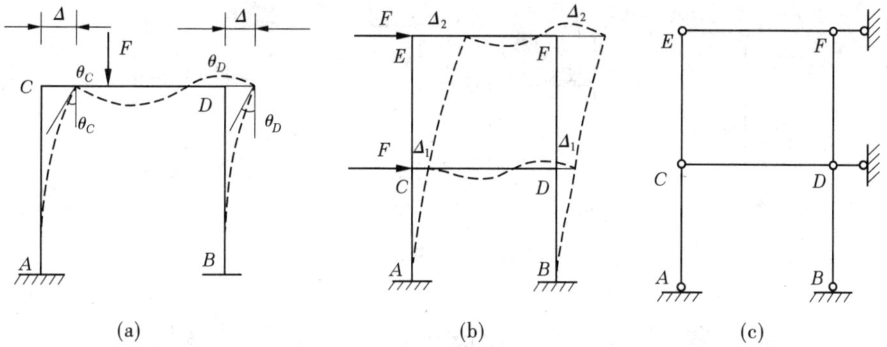

图 17-4

（二）铰化结点判定法

对于比较复杂的结构，常采用“铰化结点、增设链杆”的方法，即把结构中所有的刚结点都改为铰结点，所有的固定支座都改为铰支座，从而得到一个相应的铰结体系。若该体系为几何不变体系，则原结构的各结点无结点线位移；若该体系为几何可变或瞬变体系，则在结点处增设链杆使其恰好成为几何不变体系，所增设的链杆数目就是原结构的独立结点线位移数。如图 17-4（b）所示刚架，铰化后成为几何可变体系，在结点 D、F 处分别增设水平链杆后成为几何不变体系，如图 17-4(c)所示。由此知，该刚架有两个独立的结点线位移，分别发生在 CD、EF 所在的层，沿水平方向。

三、位移法基本未知量的确定

综上所述，**位移法计算时，基本未知量的数目等于结构结点角位移数与独立结点线位移数的总和**。如图 17-4(b)所示刚架，有 C、D、E、F 四个刚结点，其结点角位移分别为 θ_C、θ_D、θ_E、θ_F；有两个独立结点线位移分别为 Δ_1、Δ_2，所以共有六个基本未知量。

对如图 17-5(a)所示刚架，结点 E、F 为刚结点，其角位移 θ_E、θ_F 为基本未知量。用铰化结点法确定独立的结点线位移，如图 17-5(b)所示，故原刚架结点 G 的竖向线位移 Δ_G 为基本未知量。由此得知，该刚架位移法的基本未知量共有三个，即角位移 θ_E、θ_F 和线位移 Δ_G。

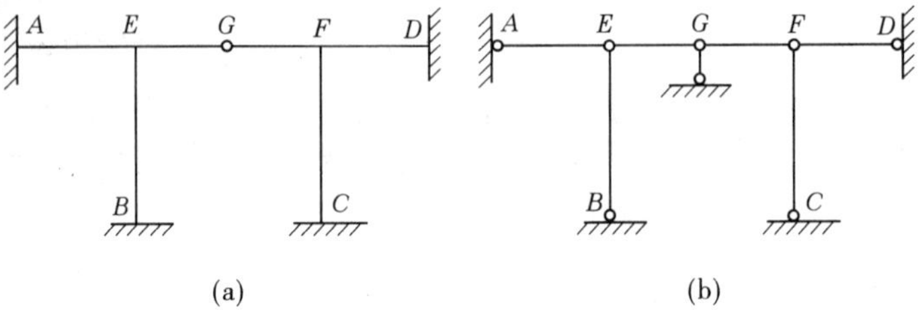

图 17-5

对如图 17-6(a)所示排架，确定角位移时，要注意结点 F 是一个组合结点，杆 BF 与 EF 在 F 结点的角位移 θ_F 应作为基本未知量；用铰化结点法确定独立结点线位移，如图17-6(b)所示，则结点 G、E 的水平线位移 Δ_G、Δ_E 应作为基本未知量。由此得知，该排架用位移法计算时的基本未知量共有三个，分别为 θ_F、Δ_G 和 Δ_E。

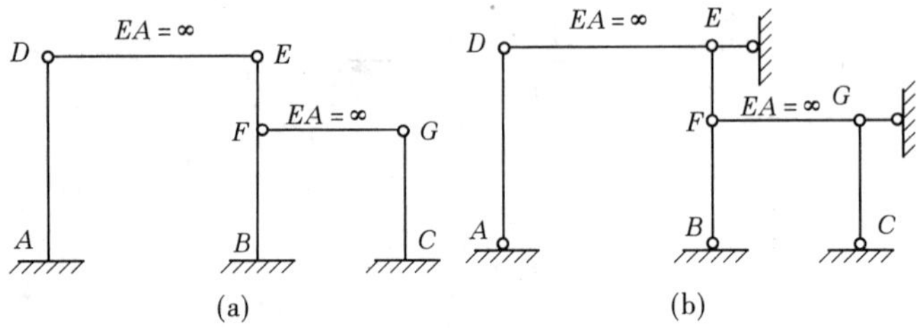

图 17-6

第三节　用位移法计算超静定结构

一、无结点线位移结构

如果结构的各结点只有转角而没有线位移，则为无结点线位移结构。用位移法计算时，只有结点转角基本未知量，故仅需建立刚结点处的力矩平衡方程，就可求解出全部未知量，进而计算杆端弯矩，绘内力图。下面举例说明具体计算过程。

【例 17-1】　用位移法计算如图 17-7(a)所示刚架，并作其内力图。设各杆 EI = 常量。

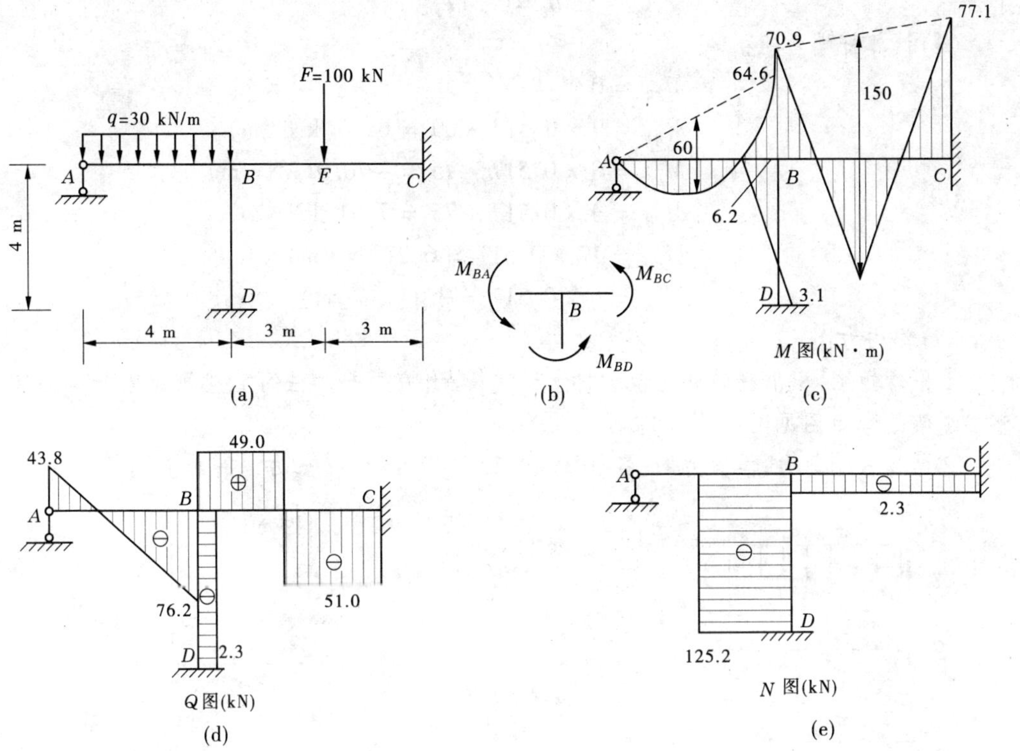

图 17-7

解:(1)确定基本未知量。基本未知量为刚结点 B 的转角 θ_B。

(2)列各杆杆端弯矩的计算式。各杆线刚度取相对值,为方便计算,设 $EI=12$,则

$$i_{AB}=i_{BD}=\frac{EI}{4}=3 \qquad i_{BC}=\frac{EI}{6}=2$$

查表 16-1 并利用叠加原理写出各杆杆端弯矩的计算式为

AB 杆:

$$M_{AB}=0$$

$$M_{BA}=3i_{AB}\theta_B+\frac{1}{8}ql_{AB}^2=9\theta_B+60$$

BC 杆:

$$M_{BC}=4i_{BC}\theta_B-\frac{1}{8}Fl_{BC}=8\theta_B-75$$

$$M_{CB}=2i_{BC}\theta_B+\frac{1}{8}Fl_{BC}=4\theta_B+75$$

BD 杆:

$$M_{BD}=4i_{BD}\theta_B=12\theta_B$$

$$M_{DB}=2i_{BD}\theta_B=6\theta_B$$

(3)建立位移法基本方程,求解基本未知量。取结点 B 为脱离体,如图 17-7(b)所示,由力矩平衡方程:

$$\sum M_B=0 \qquad M_{BA}+M_{BC}+M_{BD}=0$$

即

$$9\theta_B+60+8\theta_B-75+12\theta_B=0$$

解得 $\theta_B = 0.517$

(4)计算杆端弯矩:

$$M_{AB} = 0$$
$$M_{BA} = 9 \times 0.517 + 60 = 64.6(\text{kN}\cdot\text{m})$$
$$M_{BC} = 8 \times 0.517 - 75 = -70.9(\text{kN}\cdot\text{m})$$
$$M_{CB} = 4 \times 0.517 + 75 = 77.1(\text{kN}\cdot\text{m})$$
$$M_{BD} = 12 \times 0.517 = 6.2(\text{kN}\cdot\text{m})$$
$$M_{DB} = 6 \times 0.517 = 3.1(\text{kN}\cdot\text{m})$$

(5)作内力图。

①作弯矩图:根据杆端弯矩值和杆上荷载情况,应用叠加法可直接画出各杆弯矩图。整个刚架的弯矩图见图 17-7(c)。

②计算杆端剪力,作剪力图:各杆脱离体如图 17-8 所示(轴力没有画出)。

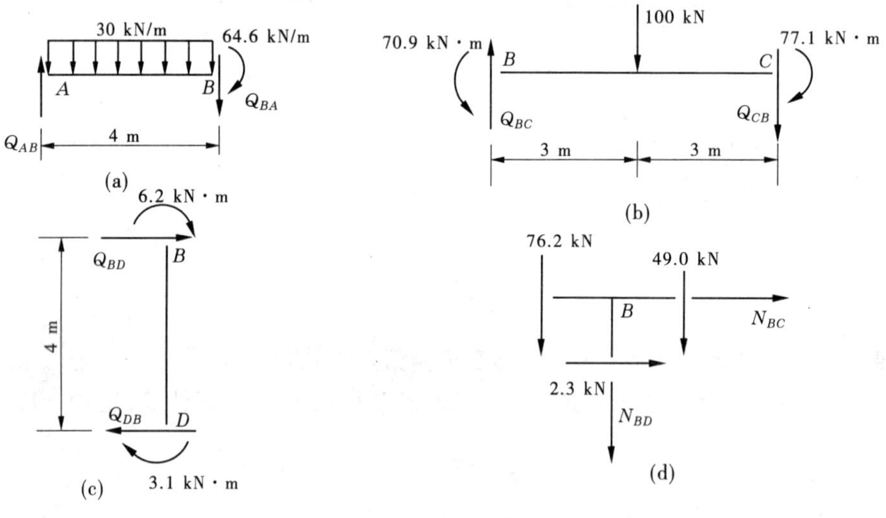

图 17-8

AB 杆:剪力图为斜直线。由图 17-8(a) 得

$$\sum M_B = 0 \qquad Q_{AB} \times 4 + 64.6 - \frac{30}{2} \times 4^2 = 0$$

$$\sum M_A = 0 \qquad Q_{BA} \times 4 + 64.6 + \frac{30}{2} \times 4^2 = 0$$

求得 $Q_{AB} = 43.8\ \text{kN} \qquad Q_{BA} = -76.2\ \text{kN}$

BC 杆:剪力图为两段水平线,由图 17-8(b) 得

$$\sum M_C = 0 \qquad Q_{BC} \times 6 + (77.1 - 70.9) - 100 \times 3 = 0$$

$$\sum M_B = 0 \qquad Q_{CB} \times 6 + (77.1 - 70.9) + 100 \times 3 = 0$$

求得 $Q_{BC} = 49.0\ \text{kN} \qquad Q_{CB} = -51.0\ \text{kN}$

BD 杆:剪力为常量,由图 17-8(c) 得

$$\sum M_D = 0 \qquad Q_{BD} \times 4 + (6.2 + 3.1) = 0$$

求得

$$Q_{BD} = Q_{DB} = -2.3\ \text{kN}$$

整个刚架的剪力图见图 17-7(d)。

③ 计算各杆轴力,作轴力图:取结点 B 为脱离体如图 17-8(d) 所示(弯矩不用画出),已知 BA 杆的轴力等于零。

由

$$\sum F_y = 0 \qquad N_{BD} + 76.2 + 49.0 = 0$$

$$\sum F_x = 0 \qquad N_{BC} + 2.3 = 0$$

求得

$$N_{BD} = -125.2\ \text{kN} \qquad N_{BC} = -2.3\ \text{kN}$$

整个刚架的轴力图见图 17-7(e)。

【例 17-2】 作如图 17-9(a)所示刚架的弯矩图。

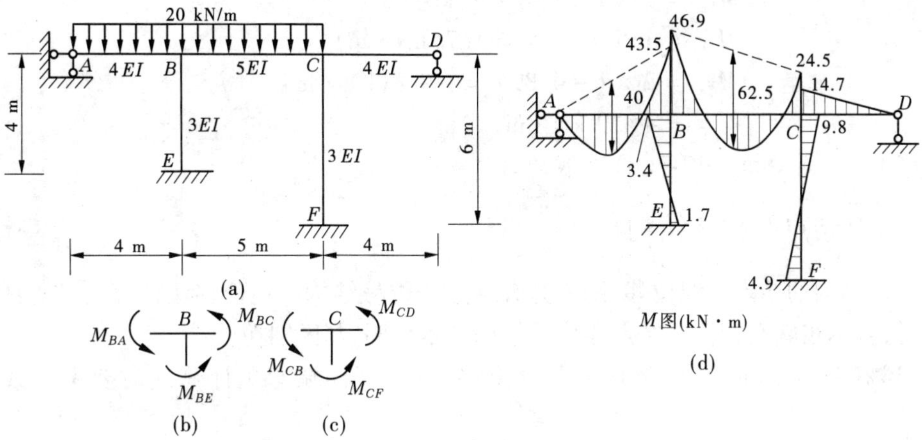

图 17-9

解:(1)基本未知量为刚结点 B、C 的转角 θ_B、θ_C。

(2)列各杆杆端弯矩计算式。设 $EI=1$,各杆线刚度为

$$i_{BA} = \frac{4EI}{4} = 1 \quad i_{BC} = \frac{5EI}{5} = 1 \quad i_{CD} = \frac{4EI}{4} = 1$$

$$i_{BE} = \frac{3EI}{4} = \frac{3}{4} \quad i_{CF} = \frac{3EI}{6} = \frac{1}{2}$$

则

$$M_{BA} = 3i_{BA}\theta_B + \frac{20 \times 4^2}{8} = 3\theta_B + 40$$

$$M_{BC} = 4i_{BC}\theta_B + 2i_{BC}\theta_C - \frac{20 \times 5^2}{12} = 4\theta_B + 2\theta_C - 41.7$$

$$M_{CB} = 2i_{BC}\theta_B + 4i_{BC}\theta_C + \frac{20 \times 5^2}{12} = 2\theta_B + 4\theta_C + 41.7$$

$$M_{CD} = 3i_{CD}\theta_C = 3\theta_C$$

$$M_{BE} = 4i_{BE}\theta_B = 3\theta_B \qquad M_{EB} = 2i_{BE}\theta_B = 1.5\theta_B$$

$$M_{CF} = 4i_{CF}\theta_C = 2\theta_C \qquad M_{FC} = 2i_{CF}\theta_C = \theta_C$$

(3)建立位移法基本方程求解基本未知量:

结点 B,如图 17-9(b) 所示 $\sum M_B = 0$ $M_{BA} + M_{BE} + M_{BC} = 0$

结点 C,如图 17-9(c) 所示 $\sum M_C = 0$ $M_{CB} + M_{CF} + M_{CD} = 0$

杆端弯矩代入后得 $10\theta_B + 2\theta_C - 1.7 = 0$

$2\theta_B + 9\theta_C + 41.7 = 0$

联立求解得 $\theta_B = 1.15$ $\theta_C = -4.89$

(4)计算杆端弯矩:

$$M_{BA} = 3 \times 1.15 + 40 = 43.5(\text{kN} \cdot \text{m})$$
$$M_{BC} = 4 \times 1.15 + 2 \times (-4.89) - 41.7 = -46.9(\text{kN} \cdot \text{m})$$
$$M_{CB} = 2 \times 1.15 + 4 \times (-4.89) + 41.7 = 24.5(\text{kN} \cdot \text{m})$$
$$M_{CD} = 3 \times (-4.89) = -14.7(\text{kN} \cdot \text{m})$$
$$M_{BE} = 3 \times 1.15 = 3.4(\text{kN} \cdot \text{m})$$
$$M_{EB} = 1.5 \times 1.15 = 1.7(\text{kN} \cdot \text{m})$$
$$M_{CF} = 2 \times (-4.89) = -9.8(\text{kN} \cdot \text{m})$$
$$M_{FC} = -4.9\ \text{kN} \cdot \text{m}$$

(5)作弯矩图如图 17-9(d)所示。

二、有结点线位移结构

如果结构的结点有线位移,则称为有结点线位移结构。用位移法计算有结点线位移结构时,基本步骤与计算无结点线位移结构基本相同,其区别在于:

(1)在基本未知量中,含有结点线位移,故在写杆端弯矩计算式时要考虑线位移影响。

(2)在建立基本方程时,与线位移对应的平衡方程是截取线位移所在层为脱离体,建立沿其方向的投影平衡方程(也可称为剪力方程)。因此,还须补充写出有关杆端剪力的计算式。

一般地,用位移法计算有结点线位移结构时,基本未知量包括刚结点的角位移和独立的结点线位移。对应于每一个角位移,取其所在结点为脱离体,建立力矩平衡方程;对应于每一个独立结点线位移,取其所在的层为脱离体,建立投影平衡方程。平衡方程的个数与基本未知量的个数相等,故可求解出全部基本未知量。

【例 17-3】 作如图 17-10(a)所示刚架的内力图。

解:(1)确定基本未知量。基本未知量为刚结点 D 的转角 θ_D 和结点 E、D、C 共同的线位移 Δ。

(2)列各杆杆端弯矩和有关杆端剪力计算式:

$$M_{AE} = -\frac{3}{6} \times 2i_0\Delta - \frac{1}{8} \times \frac{50}{3} \times 36 = -i_0\Delta - 75$$

$$M_{DE} = 3 \times 3i_0\theta_D + \frac{3}{16} \times 160 \times 8 = 9i_0\theta_D + 240$$

$$M_{DC} = 3 \times 4i_0\theta_D - \frac{1}{8} \times 10 \times 16 = 12i_0\theta_D - 20$$

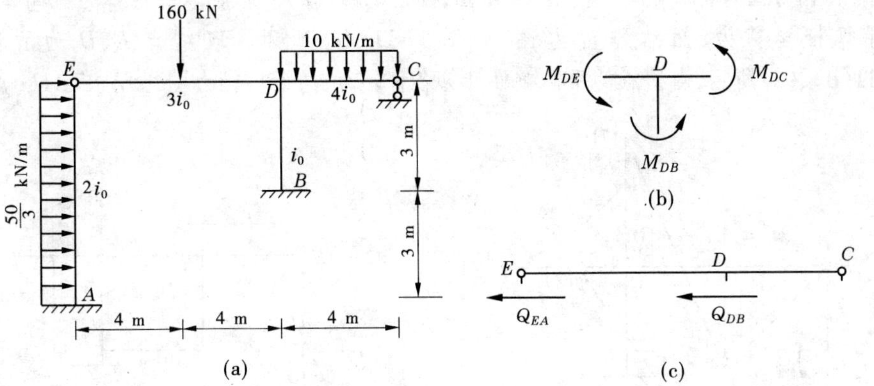

图 17-10

$$M_{DB} = 4i_0\theta_D - \frac{6}{3}i_0\Delta = 4i_0\theta_D - 2i_0\Delta$$

$$M_{BD} = 2i_0\theta_D - 2i_0\Delta$$

$$Q_{EA} = \frac{3}{36} \times 2i_0\Delta - \frac{3}{8} \times \frac{50}{3} \times 6 = \frac{1}{6}i_0\Delta - 37.5$$

$$Q_{DB} = -\frac{6}{3}i_0\theta_D + \frac{12}{9}i_0\Delta$$

(3)建立位移法基本方程求解基本未知量:

取结点 D,如图 17-10(b)所示,由

$$\sum M_D = 0 \quad M_{DE} + M_{DB} + M_{DC} = 0$$

杆端弯矩代入后得

$$25i_0\theta_D - 2i_0\Delta + 220 = 0 \tag{a}$$

取柱顶以上横梁为脱离体,如图 17-10(c)所示。

由 $$\sum X = 0 \quad Q_{EA} + Q_{DB} = 0$$

杆端剪力代入后得

$$-2i_0\theta_D + 1.5i_0\Delta - 37.5 = 0 \tag{b}$$

联立求解(a)、(b)两式得 $\theta_D = -\dfrac{7.61}{i_0} \qquad \Delta = \dfrac{14.85}{i_0}$

(4)计算杆端弯矩:

$$M_{AE} = -i_0 \times \left(\frac{14.85}{i_0}\right) - 75 = -89.8(\text{kN} \cdot \text{m})$$

$$M_{DE} = 9i_0 \times \left(-\frac{7.61}{i_0}\right) + 240 = 171.5(\text{kN} \cdot \text{m})$$

$$M_{DC} = 12i_0 \times \left(-\frac{7.61}{i_0}\right) - 20 = -111.3(\text{kN} \cdot \text{m})$$

$$M_{DB} = 4i_0 \times \left(-\frac{7.61}{i_0}\right) - 2i_0 \times \left(\frac{14.85}{i_0}\right) = -60.1(\text{kN} \cdot \text{m})$$

$$M_{BD} = 2i_0 \times \left(-\frac{7.61}{i_0}\right) - 2i_0 \times \left(\frac{14.85}{i_0}\right) = -44.9(\text{kN} \cdot \text{m})$$

(5)作内力图。由杆端弯矩作出的 M 图,如图 17-11(a)所示。取每一杆为脱离体,用平衡条件计算杆端剪力,然后作剪力图,如图 17-11(b)所示。取结点 E、D 为脱离体,如图 17-11(d)、(e)所示,由结点的平衡条件计算各杆轴力,然后作轴力图,如图 17-11(c)所示。

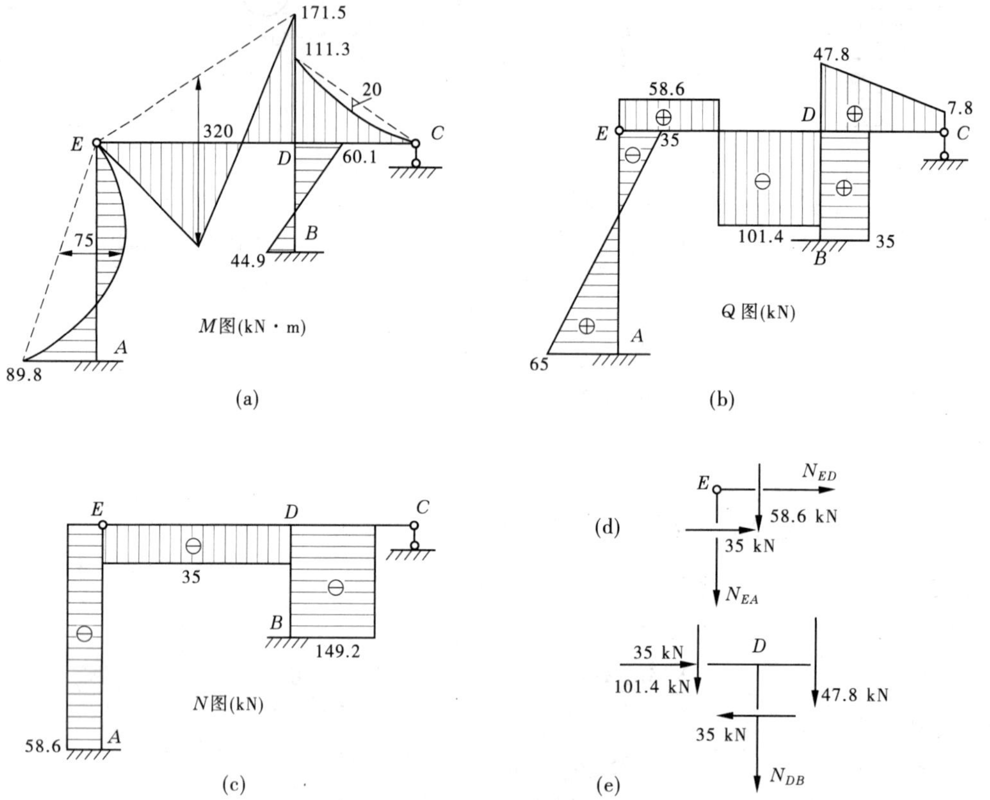

图 17-11

思考题

17-1　用位移法计算结构时,为什么能够用结点位移作为基本未知量?

17-2　为什么一个刚结点只有一个转角作为基本未知量?为什么铰结点处的转角不作为基本未知量?

17-3　位移法能否用于求解静定结构,为什么?

习　题

17-1　确定图示结构用位移法计算时的基本未知量数目。

17-2　用位移法求解图示结构,作内力图。

17-3　用位移法计算图示结构,作 M 图。设 EI 为常数。

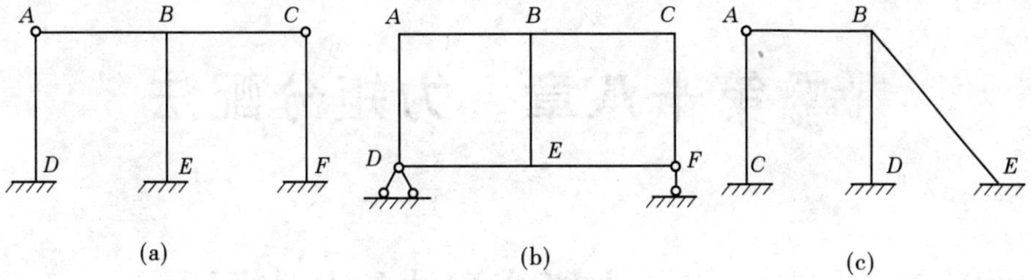

题 17-1 图

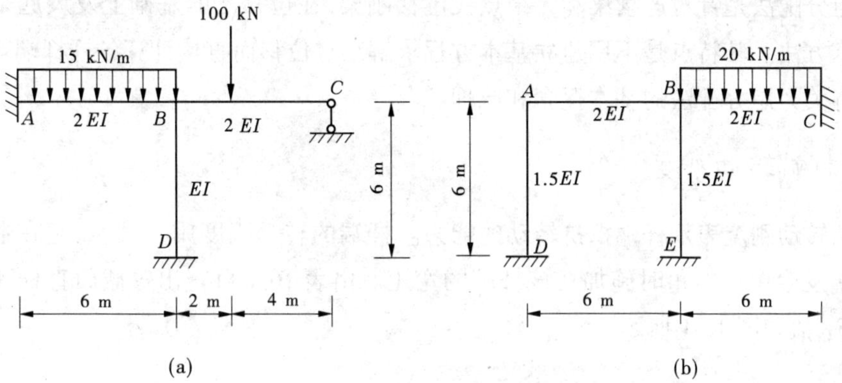

题 17-2 图

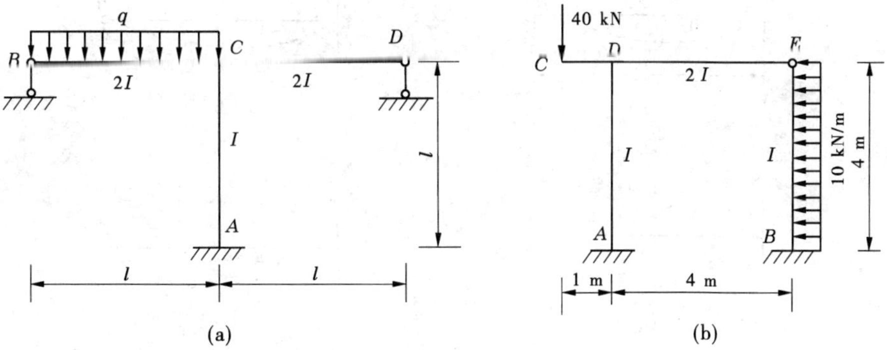

题 17-3 图

第十八章　力矩分配法

第一节　力矩分配法的基本原理

力矩分配法是针对连续梁和无结点线位移刚架,在位移法的基础上发展起来的一种渐近计算方法。其特点是不用建立基本方程求解结点位移而直接计算各杆杆端弯矩。本节介绍有关力矩分配法的基本概念和原理。

一、杆端转动刚度

杆端转动刚度表示杆端抵抗转动的能力。杆端的转动刚度用 S 表示,它在数值上等于使杆端发生单位转角时施加在该杆端的弯矩。由表 16-1 可查出等截面直杆 A 端的转动刚度 S_{AB} 值如图 18-1 所示。

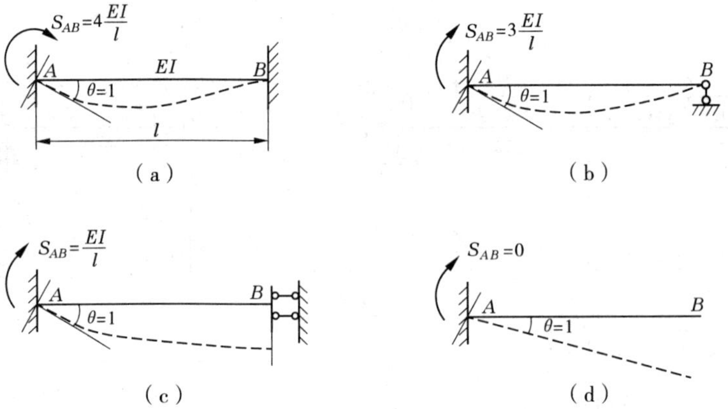

图 18-1

从图 18-1 可以看出,杆端转动刚度的大小取决于杆件本身的线刚度和另一端的支承情况。在力矩分配法中,将发生转角的一端称为**近端**,另一端称为**远端**。设各杆线刚度 $i=\frac{EI}{l}$,则杆端转动刚度可表述为:

远端固定	$S=4i$
远端铰支	$S=3i$
远端滑动	$S=i$
远端自由	$S=0$

二、力矩的分配与传递

设有如图 18-2(a)所示刚架，只有一个刚结点 A，无结点线位移，并且只在结点 A 处受一外力矩 m 作用。作用在结点上的外力矩仍以顺时针转为正。下面利用位移法推出在此情况下各杆杆端弯矩的计算方法。

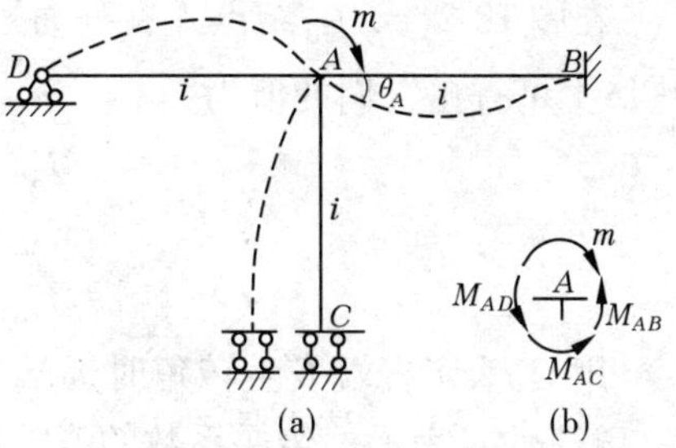

图 18-2

(一) 近端弯矩的计算

由图 18-2(a)知，各杆 A 端与结点 A 发生相同转角 θ_A，A 端即为各杆近端。由转动刚度的定义，各杆近端弯矩可写为

$$\left.\begin{aligned}M_{AB}&=S_{AB}\theta_A\\M_{AC}&=S_{AC}\theta_A\\M_{AD}&=S_{AD}\theta_A\end{aligned}\right\}\qquad\text{(a)}$$

取结点 A 为脱离体(见图 18-2(b))，由力矩平衡条件 $\sum M_A=0$，得

$$M_{AB}+M_{AC}+M_{AD}=m$$

将式(a)中各值代入上式得 $(S_{AB}+S_{AC}+S_{AD})\theta_A=m$

由此可求得

$$\theta_A=\frac{m}{S_{AB}+S_{AC}+S_{AD}}=\frac{m}{\sum\limits_A S}$$

其中：$\sum\limits_A S$ 表示汇交于结点 A 的各杆杆端转动刚度之和。

将求得的 θ_A 代入式(a)得各杆近端弯矩为

$$\left.\begin{aligned}M_{AB}&=S_{AB}\theta_A=\frac{S_{AB}}{\sum\limits_A S}m\\M_{AC}&=S_{AC}\theta_A=\frac{S_{AC}}{\sum\limits_A S}m\\M_{AD}&=S_{AD}\theta_A=\frac{S_{AD}}{\sum\limits_A S}m\end{aligned}\right\}\qquad\text{(b)}$$

式(b) 表明，各杆近端弯矩与该杆端转动刚度成正比。可用下列公式统一表示为

$$M_{Aj}=\mu_{Aj}m$$

$$\mu_{Aj}=\frac{S_{Aj}}{\sum\limits_A S}$$

μ_{Aj} 称为各杆在近端的**分配系数**。其中，j 代表各杆的远端，在本例中分别为 B、C、D。汇交于同一结点的各杆分配系数之和应等于 1，即

$$\sum\mu_{Aj}=\mu_{AB}+\mu_{AC}+\mu_{AD}=1$$

由上述可见，作用在结点 A 的外力矩 m，按各杆的分配系数分配给各杆的近端，因而近端弯矩又称作**分配弯矩**。

(二)远端弯矩的计算

在图 18-2(a)中，结点 A 在外力矩 m 的作用下发生转角 θ_A，使各杆两端产生弯矩。由表 16-1 可查出它们的值为

$$M_{AB}=4i\theta_A \qquad M_{BA}=2i\theta_A$$
$$M_{AC}=i\theta_A \qquad M_{CA}=-i\theta_A$$
$$M_{AD}=3i\theta_A \qquad M_{DA}=0$$

用 C_{Aj}表示杆端发生转角时远端弯矩与近端弯矩的比值，称为近端向远端的**传递系数**，用符号 C 表示。传递系数的值随远端约束情况而异，远端为不同约束(如图 18-2(a)所示的情况)时，传递系数的值分别为

远端固定　$C_{AB}=\dfrac{1}{2}$

远端滑动　$C_{AC}=-1$

远端铰支　$C_{AD}=0$

由此，远端弯矩可视为近端向远端的传递，各杆远端弯矩又称为**传递弯矩**。可用下式计算

$$M_{jA}=C_{Aj}M_{Aj}$$

即传递弯矩等于分配弯矩乘以传递系数。

综上所述，对于只有一个刚结点的无结点线位移结构，当它只在刚结点上受外力矩作用时，各杆近端弯矩等于外力矩乘以该杆的分配系数，称为力矩的分配；各杆远端弯矩等于其近端弯矩乘以传递系数，称为力矩的传递。

如图 18-2(a)所示刚架，各杆杆端弯矩的具体计算如下：

计算分配系数：

设各杆线刚度 $i=$常数，已知 $S_{AB}=4i,S_{AC}=i,S_{AD}=3i$，则 $\sum\limits_{A}S=8i$，由此

$$\mu_{AB}=\frac{1}{2} \qquad \mu_{AC}=\frac{1}{8} \qquad \mu_{AD}=\frac{3}{8}$$

近端弯矩　$M_{AB}=\dfrac{1}{2}m \qquad M_{AC}=\dfrac{1}{8}m \qquad M_{AD}=\dfrac{3}{8}m$

远端弯矩　$M_{BA}=\dfrac{1}{4}m \qquad M_{CA}=-\dfrac{1}{8}m \qquad M_{DA}=0$

三、力矩分配法的基本概念

(一)单结点的力矩分配

1. 固定状态

以如图 18-3(a)所示连续梁为例，在荷载作用之前，先在刚结点 B 加上一个阻止转动的约束，称为**附加刚臂**，使结点 B 不能转动，由此各杆可分别视 B 端为固定端的单跨超静定梁。然后作用荷载，由表 16-1 可查出荷载作用下各杆的杆端弯矩，称为**固端弯矩**，用

M^F表示。设附加刚臂的约束力矩用 M_B 表示，以顺时针转为正。取结点 B 为脱离体（见图 18-3(c)），由力矩平衡条件 $\sum M_B=0$ 得

$$M_B = M_{BA}^F + M_{BC}^F = \sum M_{Bj}^F$$

即附加刚臂的约束力矩等于结点处各杆端的固端弯矩的代数和。由此也可看出，附加刚臂对如图 18-3(a)所示连续梁的影响相当于在结点 B 处加了一个外力矩 M_B。

2. 放松状态

如图 18-3(b)所示的计算结果实际上是在荷载和约束力矩 M_B 共同作用下产生的，而原连续梁的结点 B 处，本来没有约束，也不存在约束力矩 M_B，所以必须将 M_B 影响消除。为此，只须在图 18-3(b)的结点 B 上再加一个与 M_B 等值、反向的外力矩（$-M_B$）就行了。为了便于计算，根据叠加原理，将其单独画出，如图 18-3(d)所示。在此情况下，只在结点 B 处受外力矩（$-M_B$），可通过力矩的分配与传递进行计算。分配弯矩与传递弯矩用 M' 表示。将图 18-3(b)、(d) 两种情况叠加，就消除了附加刚臂的影响。对应的杆端弯矩 M^F、M'叠加即原结构的杆端弯矩。

$$M_{AB} = M_{AB}^F + M_{AB}'$$

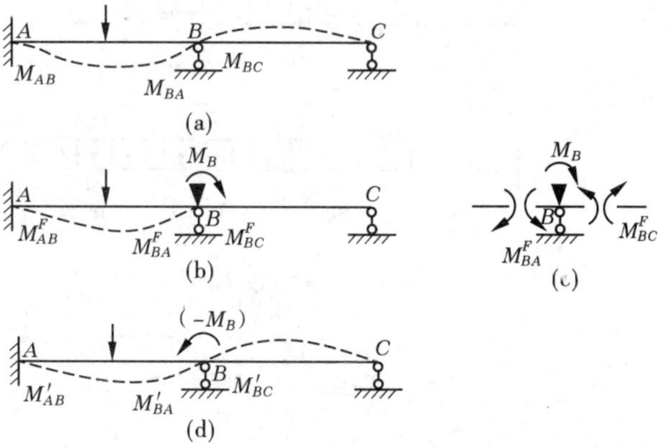

图 18-3

概括以上所述内容，对于只具有一个刚结点的无结点线位移结构，受一般荷载作用时，其计算过程分为以下三步：第一，在刚结点 B 上附加刚臂将每一杆改造为单跨梁，计算固端弯矩，并由刚结点力矩平衡条件计算附加刚臂处的约束力矩；第二，单独在附加刚臂处加与约束力矩反向的力偶矩进行分配与传递，以消除附加刚臂的影响；第三，叠加各杆端的固端弯矩与分配弯矩（或传递弯矩）的代数和即为实际的杆端弯矩。这种计算方法称为力矩分配法。

（二）多结点的力矩分配

（1）固定状态。固定结构的刚结点，将每一杆改造为单跨梁，形成固定状态，求出固定状态下的杆端弯矩与附加刚臂上的约束力矩。

（2）放松状态。为了使受力状态与实际相同，必须消除附加刚臂上的约束力矩。每次放松一个结点（其余结点仍固定）进行力矩分配与传递。对每个结点轮流放松，经多次循环，直至各结点约束力矩趋近零时，即可停止分配和传递。实际计算一般进行 2 ~ 3 个

循环就可获得足够精度。

(3)叠加。把各杆端固端弯矩和各轮的分配弯矩与传递弯矩叠加,即得到最后杆端弯矩。

第二节　用力矩分配法计算连续梁和无侧移刚架

上节介绍了力矩分配法的基本运算。对于具有多个结点的连续梁和无结点线位移刚架,只要逐次对每一刚结点应用上节的基本运算,就可求出杆端弯矩。下面结合具体例子加以说明。

【例 18-1】 如图 18-4(a)所示连续梁,用力矩分配法作弯矩图。

解:(1)在结点 B 附加刚臂(见图 18-4(b))。

查表 16-1 计算荷载作用下的固端弯矩,写在各杆端的下方。

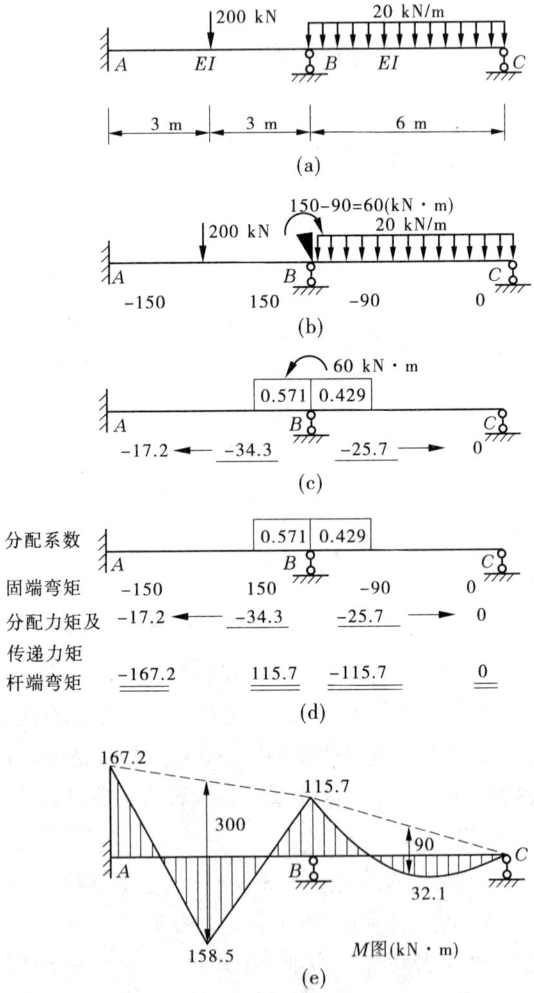

图 18-4

$$M_{AB}^F=-\frac{Fl}{8}=-\frac{200\times6}{8}=-150(\mathrm{kN\cdot m})$$

$$M_{BA}^F=\frac{Fl}{8}=\frac{200\times6}{8}=150(\mathrm{kN\cdot m})$$

$$M_{BC}^F=-\frac{ql^2}{8}=-\frac{20\times6^2}{8}=-90(\mathrm{kN\cdot m})$$

计算约束力矩　　$M_B=150-90=60(\mathrm{kN\cdot m})$

(2)在结点 B 上加 $-M_B$,如图 18-4(c)所示。计算分配弯矩和传递弯矩。

杆 AB 和 BC 的线刚度相等：　　$i=\dfrac{EI}{6}$

转动刚度：　　$S_{BA}=4i$　　$S_{BC}=3i$　　$\sum\limits_B S=4i+3i=7i$

分配系数：　　$\mu_{BA}=\dfrac{4i}{7i}=0.571$　　$\mu_{BC}=\dfrac{3i}{7i}=0.429$

校核：　　$\mu_{BA}+\mu_{BC}=0.571+0.429=1$

分配系数写在结点 B 处各杆杆端上面的方框内。

分配弯矩：　　$M'_{BA}=0.571\times(-60)=-34.3(\mathrm{kN\cdot m})$

$M'_{BC}=0.429\times(-60)=-25.7(\mathrm{kN\cdot m})$

分配力矩写在各杆杆端处并在下面画一横线,表示已进行分配,横线以上的力矩平衡。

传递弯矩：　　$M'_{AB}=\dfrac{1}{2}M'_B=\dfrac{1}{2}\times(-34.3)=-17.2(\mathrm{kN\cdot m})$

$M'_{CB}=0$

将结果按图 18-4(d)写出,并用箭头表示力矩传递的方向。

(3)将以上结果叠加,即得到最后的杆端弯矩。

【例 18-2】　作如图 18-5(a)所示连续梁的弯矩图。

解:(1)在刚结点 B、C 处附加刚臂(刚臂不必画出),计算各杆固端弯矩(见图 18-5(b))。

$$M_{AB}^F=-\frac{ql^2}{12}=-\frac{20\times6^2}{12}=-60(\mathrm{kN\cdot m})$$

$$M_{BA}^F=\frac{ql^2}{12}=\frac{20\times6^2}{12}=60(\mathrm{kN\cdot m})$$

$$M_{BC}^F=-\frac{Fl}{8}=-\frac{100\times8}{8}=-100(\mathrm{kN\cdot m})$$

$$M_{CB}^F=\frac{Fl}{8}=\frac{100\times8}{8}=100(\mathrm{kN\cdot m})$$

DC 杆上无荷载,其固端弯矩为零,见图 18-5(b)中第一行。

(2)计算各杆杆端分配系数。

将汇交于每一结点的各杆视为一个单结点的结构,分别计算各杆杆端的分配系数。

结点 B：　　$S_{BA}=4i_{BA}=4\times\dfrac{1}{6}=0.667$　　$S_{BC}=4i_{BC}=4\times\dfrac{2}{8}=1$

所以　　$\mu_{BA}=\dfrac{0.667}{0.667+1}=0.4$　　$\mu_{BC}=\dfrac{1}{0.667+1}=0.6$

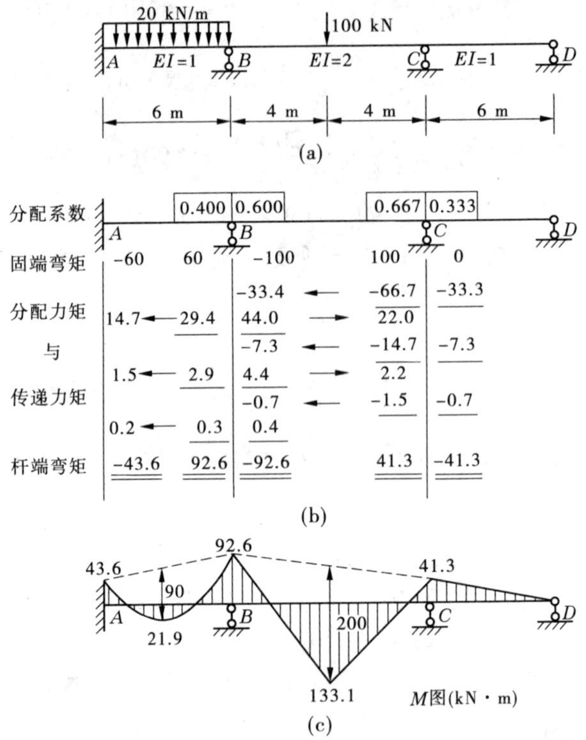

图 18-5

结点 C: $S_{CB}=4i_{CB}=4\times\frac{2}{8}=1$ $\qquad S_{CD}=3i_{CD}=3\times\frac{1}{6}=0.5$

所以 $\mu_{CB}=\frac{1}{1+0.5}=0.667$ $\qquad \mu_{CD}=\frac{0.5}{1+0.5}=0.333$

分配系数写在各自杆端上面的方框内,见图 18-5(b)。

(3)逐次对各结点进行分配和传递。

逐个对每一结点进行分配和传递。每次分配一个结点,分配结点的先后顺序可以任取,一般先从约束力矩较大的结点开始。本题先从 C 结点开始,在此点施加一反向的约束力矩,其他结点固定不动。

结点 C 的约束力矩 $\qquad M_C=M_{CB}^F+M_{CD}^F=100\ \text{kN}\cdot\text{m}$

结点 C 近端的分配弯矩 $\qquad M'_{CB}=0.667\times(-100)=-66.7(\text{kN}\cdot\text{m})$

$$M'_{CD}=0.333\times(-100)=-33.3(\text{kN}\cdot\text{m})$$

远端的传递弯矩 $\qquad M'_{BC}=\frac{1}{2}M'_{CB}=\frac{1}{2}\times(-66.7)=-33.4(\text{kN}\cdot\text{m})$

$$M'_{CD}=0\times M'_{CD}=0$$

经过分配和传递,结点 C 已经平衡,可在分配弯矩的下面画一横线,表示横线以上的结点力矩总和已等于零。

结点 B 的约束力矩 $\qquad M_B=60-100-33.4=-73.4(\text{kN}\cdot\text{m})$

结点 B 近端的分配弯矩　$M'_{BA}=0.4\times73.4=29.4(\text{kN}\cdot\text{m})$

$$M'_{BC}=0.6\times73.4=44(\text{kN}\cdot\text{m})$$

远端传递弯矩　$M'_{AB}=\frac{1}{2}M'_{BA}=\frac{1}{2}\times29.4=14.7(\text{kN}\cdot\text{m})$

$$M'_{CB}=\frac{1}{2}M'_{BC}=\frac{1}{2}\times44.0=22(\text{kN}\cdot\text{m})$$

此时,结点 B 已经平衡。以上完成了力矩分配法的第一轮循环。但由于力矩的传递,结点 C 又出现了新的约束力矩 $M_C=22\ \text{kN}\cdot\text{m}$,不过已比最初的约束力矩小了许多。按照完全相同的步骤,继续进行第二轮循环后,C 点的约束力矩已为 $M_C=2.2\ \text{kN}\cdot\text{m}$,进行第三轮循环后,$M_C$ 已经非常小,可略去不计。将每一轮计算结果均记录在图 18-5(b)中,可以看出,结点约束力矩的衰减进程是很快的。如此经过若干轮循环后,到约束力矩小到可以略去不计时,便可停止循环。此时,结构已接近恢复到原来状况。一般进行二到三轮后,即可达到精度要求。

(4)叠加计算杆端弯矩。

将各杆端固端弯矩、历次的分配弯矩或传递弯矩叠加,即得到该杆端实际的杆端弯矩。

(5)根据杆端弯矩,可画出 M 图,如图 18-5(c)所示。

【例 18-3】　作如图 18-6(a)所示刚架的内力图。各杆 E 为常数。

解:(1) 固端弯矩

$$M^F_{BA}=\frac{ql^2}{8}=\frac{20\times4^2}{8}=40(\text{kN}\cdot\text{m})$$

$$M^F_{BC}=-\frac{ql^2}{12}=-\frac{20\times5^2}{12}=-41.7(\text{kN}\cdot\text{m})$$

$$M^F_{CB}=\frac{ql^2}{12}=\frac{20\times5^2}{12}=41.7(\text{kN}\cdot\text{m})$$

(2)分配系数。设 $EI_0=1$,各杆线刚度及杆端转动刚度为

$$i_{AB}=\frac{4EI_0}{4}=1\qquad S_{BA}=3i_{BA}=3$$

$$i_{BC}=\frac{5EI_0}{5}=1\qquad S_{CB}=S_{BC}=4i_{BC}=4$$

$$i_{BE}=\frac{3EI_0}{4}=\frac{3}{4}\qquad S_{BE}=4i_{BE}=3$$

$$i_{CD}=\frac{4EI_0}{4}=1\qquad S_{CD}=3i_{CD}=3$$

$$i_{CF}=\frac{3EI_0}{6}=\frac{1}{2}\qquad S_{CF}=4i_{CF}=2$$

结点 B:　$\sum_B S=S_{BA}+S_{BC}+S_{BE}=3+4+3=10$

分配系数　$\mu_{BA}=0.3\qquad \mu_{BC}=0.4\qquad \mu_{BE}=0.3$

结点 C:　　　　　　$\sum_{C} S = S_{CB} + S_{CD} + S_{CF} = 4 + 3 + 2 = 9$

分配系数　　　　　　$\mu_{CB} = 0.445$　　$\mu_{CD} = 0.333$　　$\mu_{CF} = 0.222$

(3)分配与传递。按 C、B 顺序分配两轮,计算过程如图 18-6(b)所示。

(4)内力图。根据杆端弯矩可作出 M 图,Q 图与 N 图的绘制与前面位移法相同。该刚架的内力图见图 18-6(c)、(d)、(e)。

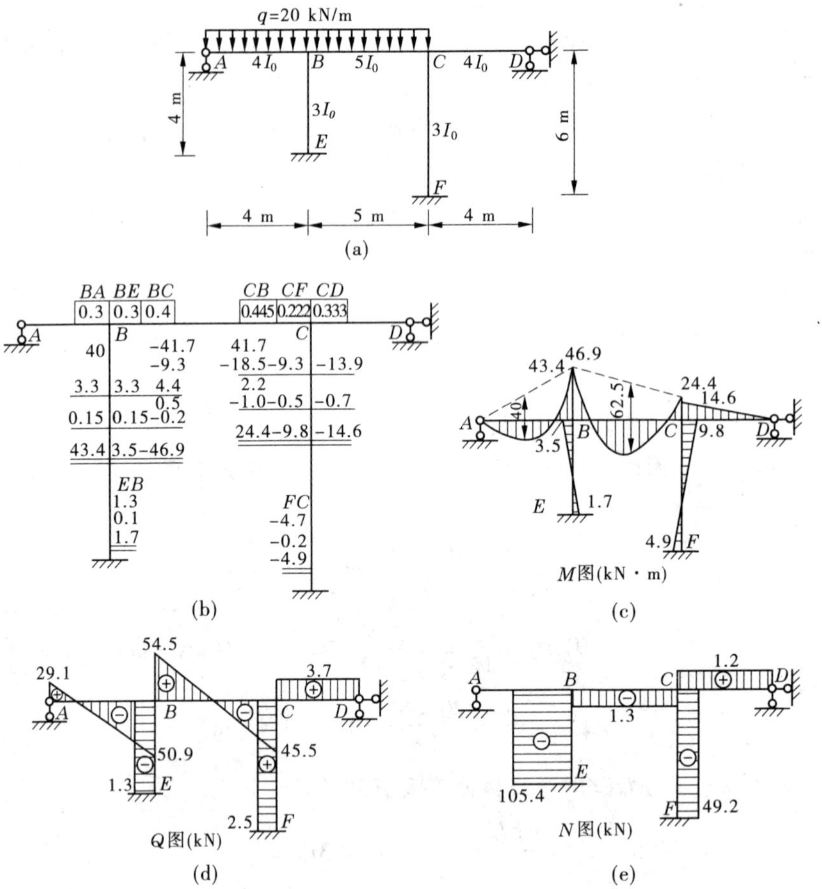

图 18-6

【例 18-4】　如图 18-7(a)所示为一带悬臂的连续梁,试作 M 图。

解:本例主要说明悬臂的处理。

(1)固端弯矩。

悬臂杆 DE 是静定部分,可将 DE 部分截去,以 D 截面上的弯矩和剪力作为外力施加于结点上,D 处化为铰支座处理,如图 18-7(b)所示。DE 部分内力图按悬臂梁绘出。作用在 D 支座的集中力为支座直接承受,不引起内力,M_{DE} 作为外荷载将引起 CD 杆产生固端弯矩。各杆固端弯矩计算如下

$$M_{AB}^{F} = 0 \qquad M_{BA}^{F} = 0$$

$$M_{BC}^{F}=-\frac{ql^{2}}{12}=-\frac{20\times4^{2}}{12}=-26.67(\mathrm{kN\cdot m})$$

$$M_{CB}^{F}=\frac{ql^{2}}{12}=\frac{20\times4^{2}}{12}=26.67(\mathrm{kN\cdot m})$$

$$M_{CD}^{F}=-\frac{3Fl}{16}+\frac{M}{2}=-\frac{3\times60\times4}{16}+\frac{40}{2}=-25(\mathrm{kN\cdot m})$$

$$M_{DC}^{F}=40\ \mathrm{kN\cdot m}$$

(2)分配系数与分配与传递计算过程如图 18-7(c)所示。

(3)作弯矩图。由计算结果绘制 M 图,如图 18-7(d)所示。

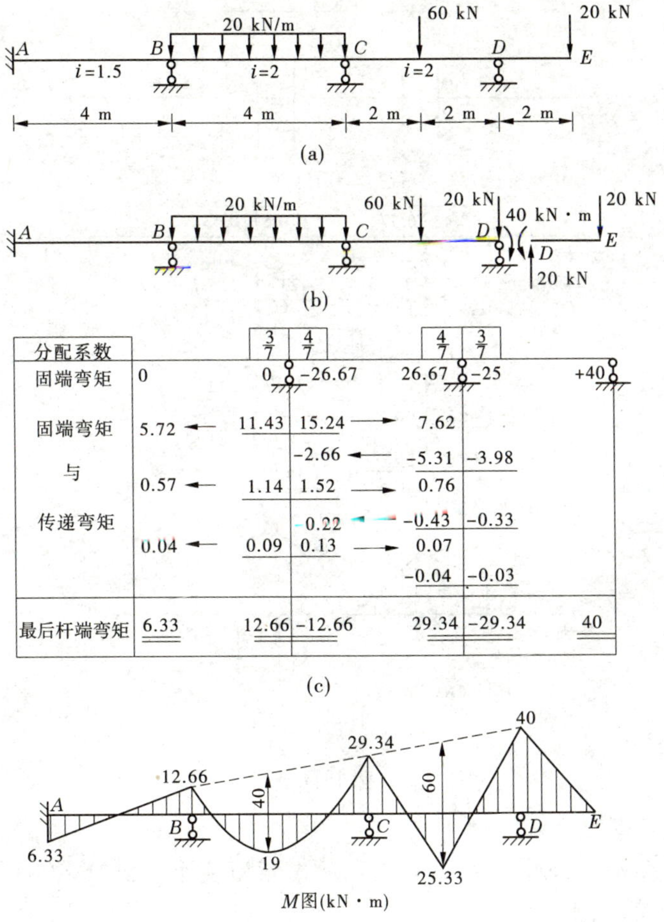

图 18-7

第三节　超静定结构在支座移动和温度改变时的计算

超静定结构在发生支座移动或温度改变时,将使结构产生内力。由于支座移动或温度改变所引起的内力,也可以用力矩分配法计算。其计算步骤与荷载作用时一样,不同的只是固端弯矩的计算,例如由荷载产生的固端弯矩改变成由已知位移或温度改变产生的"固端弯矩",可查表 16-1 计算固端弯矩。下面分别举例说明具体计算步骤。

一、支座移动时的计算

【例 18-5】 作如图 18-8(a)所示连续梁(支座 C 下沉 $\Delta = 1$ cm)的弯矩图。$EI = 1.4 \times 10^5$ kN · m^2。

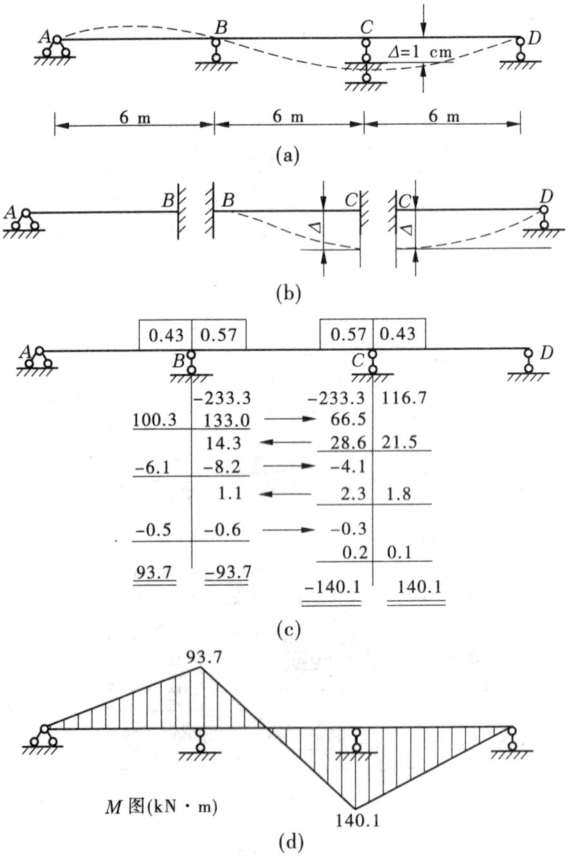

图 18-8

解:(1)固端弯矩的计算。

设在结点 B、C 处附加刚臂后,结点 C 下沉 Δ,各杆变形如图 18-8(b)所示。

AB 杆两端无位移,则

$$M_{AB}^F = M_{BA}^F = 0$$

BC 杆 C 端向下位移 Δ,查表 16-1 得

$$M_{BC}^F = M_{CB}^F = -\frac{6EI}{l^2}\Delta = -\frac{6 \times 1.4 \times 10^5}{36} \times 0.01 = -233.3(\text{kN} \cdot \text{m})$$

$$M_{CD}^F = \frac{3EI}{l^2}\Delta = \frac{3 \times 1.4 \times 10^5}{36} \times 0.01 = 116.7(\text{kN} \cdot \text{m})$$

$$M_{DC}^F = 0$$

(2)分配系数及计算过程如图 18-8(c)所示。

(3)弯矩图如图 18-8(d)所示。

由例 18-5 可看出，支座移动时结构的内力与刚度 EI 的实际值有关。

二、温度改变时的计算

温度改变时的计算，与支座移动时的计算基本相同。需要注意的是：温度改变不仅使杆发生弯曲，还使杆的长度发生改变。杆长的改变，使得其他杆件两端可能发生与杆轴垂直的相对线位移。所以，温度改变时，固端弯矩由两项组成：一项根据内外侧温差计算；另一项根据两端相对线位移计算。

【例 18-6】 图 18-9(a)所示刚架由于温度改变而产生弯矩，作其 M 图。图中所标温度为温度变化值。各杆截面尺寸相同，截面高度 $h=0.6$ m。

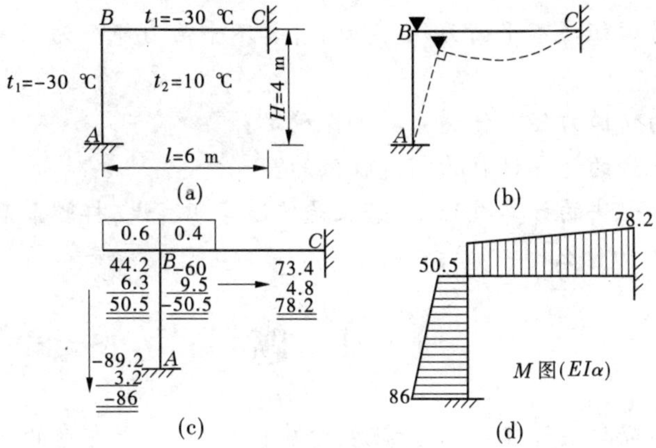

图 18-9

解：(1)固端弯矩的计算。各杆内外侧温度差相等，为

$$\Delta t = t_1 - t_2 = -30 - 10 = -40(℃)$$

各杆轴线平均温度改变值也相等，为

$$t_0 = \frac{t_1 + t_2}{2} = \frac{-30+10}{2} = -10(℃)$$

各杆长度变化：

AB 杆缩短　　$at_0 H = 40\alpha$

BC 杆缩短　　$at_0 l = 60\alpha$

各杆两端产生的相对线位移(绕杆顺时针转为正)为

$$\Delta_{BA} = 60\alpha \qquad \Delta_{BC} = -40\alpha$$

如图 18-9(b)所示，由表 16-1 查得各杆固端弯矩为

$$M_{AB}^F = \frac{EI\alpha\Delta t}{h} - \frac{6EI}{H^2}\Delta_{BA} = -\frac{40}{0.6}EI\alpha - \frac{6EI}{4^2}\times(60\alpha) = -89.2EI\alpha$$

$$M_{BA}^F = -\frac{EI\alpha\Delta t}{h} - \frac{6EI}{H^2}\Delta_{BA} = -\frac{-40}{0.6}EI\alpha - \frac{6EI}{4^2}\times(60\alpha) = 44.2EI\alpha$$

$$M_{BC}^{F}=\frac{EI\alpha\Delta t}{h}-\frac{6EI}{l^2}\Delta_{BC}=-\frac{40}{0.6}EI\alpha-\frac{6EI}{6^2}\times(-40\alpha)=-60EI\alpha$$

$$M_{CB}^{F}=-\frac{EI\alpha\Delta t}{h}-\frac{6EI}{l^2}\Delta_{BC}=-\frac{-40}{0.6}EI\alpha-\frac{6EI}{6^2}\times(-40\alpha)=73.4EI\alpha$$

(2)分配系数及计算过程如图 18-9(c)所示。

(3)M 图如图 18-9(d)所示。

思考题

18-1 什么是转动刚度？影响转动刚度确定的因素是什么？

18-2 分配系数与转动刚度有什么关系？为什么一刚结点处各杆杆端的分配系数之和等于1？

18-3 何为固端弯矩与不平衡力矩？如何计算不平衡力矩？为何将它反号才能进行分配？

18-4 什么称为传递力矩？传递系数如保确定？

18-5 力矩分配法的计算过程为何是收敛的？

18-6 在力矩分配法的计算过程中，若仅是传递弯矩有误，杆端最后弯矩能否满足结点的力矩平衡条件？为什么？

习 题

18-1 试用力矩分配法计算图示连续梁，绘出内力图，并求支座的反力。

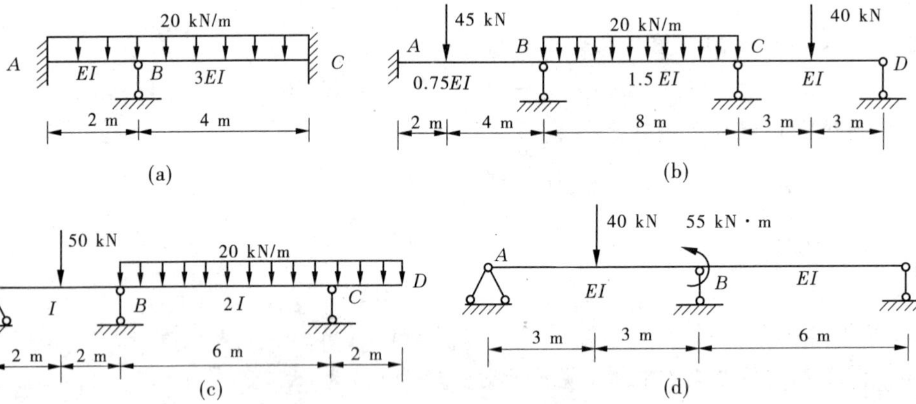

题 18-1 图

18-2 试用力矩分配法计算图示刚架，并绘出弯矩图。

18-3 试作出图示对称刚架的弯矩图。

18-4 试作图示结构在支座移动时的弯矩图。

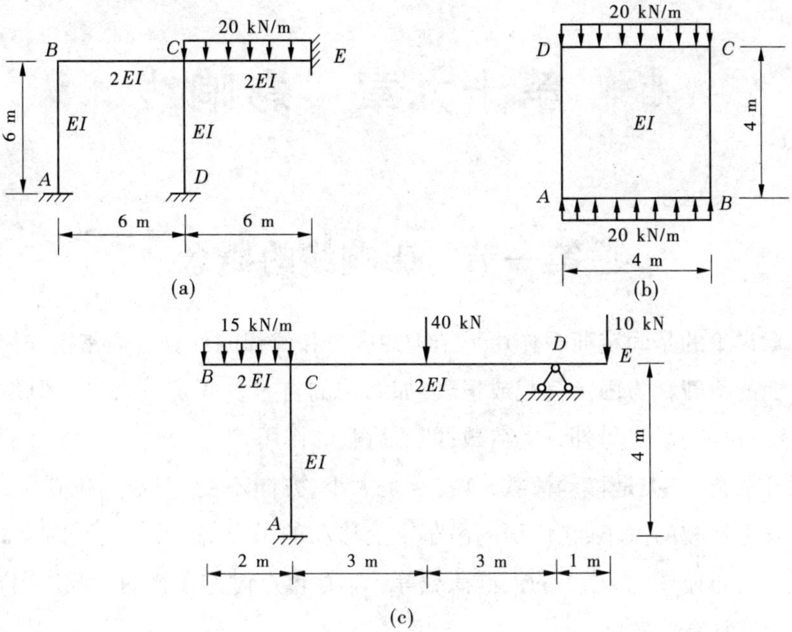

题 18-2 图

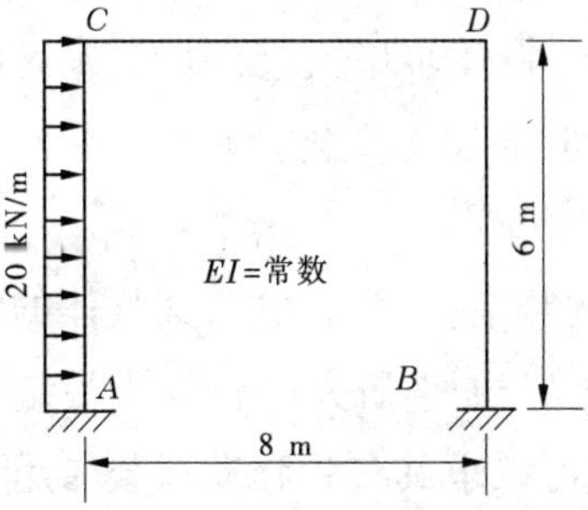

题 18-3 图

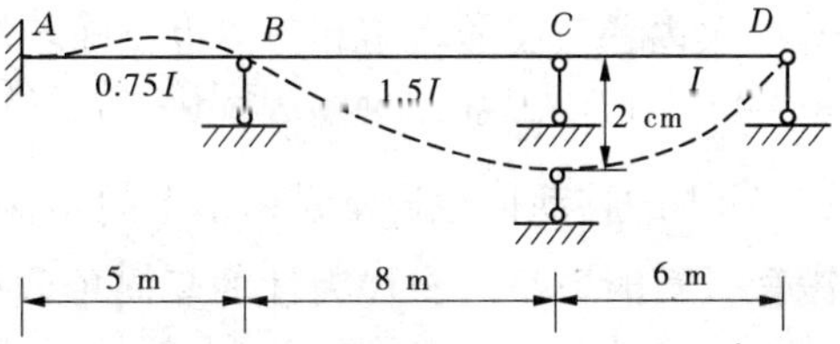

题 18-4 图

18-5　图示刚架，设支座 B 下沉 $\Delta_B=0.5\ \mathrm{cm}$，试作 M 图。

18-6　求图示刚架在温度改变时的弯矩图。设 $EI=1.4\times10^5\ \mathrm{kN\cdot m^2}$，截面高度 $h=0.6\ \mathrm{m}$，温度膨胀系数 $\alpha=1\times10^{-5}$。

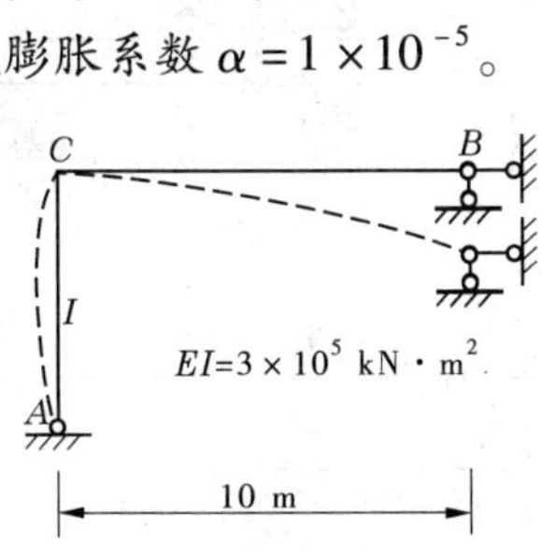

题 18-5 图

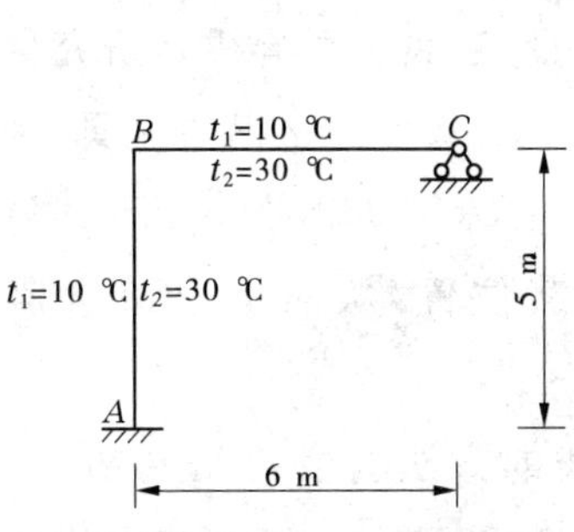

题 18-6 图

第十九章 影响线

第一节 影响线的概念

前面几章讨论的是固定荷载作用下结构的内力和位移的计算。**通常把作用在结构上位置固定不变的荷载称为固定荷载或恒载**，如结构的自重及固定设备等。但是工程中有些结构除了恒载外还承受另外一类荷载，即活荷载的作用。

活荷载分两类：一类是移动荷载，其特点是大小、方向不变，但作用位置可以移动，常见的有在桥梁上行驶的汽车、在厂房的吊车梁上移动的吊车等；另一类是时有时无，可任意断续布置的均布荷载，如楼上的人群荷载等。本章重点讨论在移动荷载作用下，静定梁的反力与内力的计算问题。

为叙述方便，本章把反力、内力、位移等量称为**量值**。结构在荷载作用下各量值都随荷载位置移动而变化，在设计中应计算使量值达到最大值时荷载的最不利位置。如图 19-1 所示的简支梁 AB，当汽车由右向左行驶时，反力 F_{Ay} 将逐步增大，反力 F_{By} 则逐渐减小。显然，梁内各截面的弯矩和剪力也将随着汽车的行驶而发生变化。研究荷载对结构的影响时，每次只讨论某一个量值。

工程实际中的移动荷载通常是由多个间距保持不变的竖向荷载组成的，其具体的组合多种多样，计算时取最具有代表性的竖向单位移动荷载 $F=1$ 来研究，当 $F=1$ 沿结构移动时，某一量值的变化规律就能找出，根据叠加原理，就可以求其各种移动荷载作用下的变化规律。

当竖向单位集中荷载 $F=1$ 沿结构移动时，表示某一量值的变化规律的函数图形，称为该量值的影响线。影响线是研究移动荷载作用下结构计算问题的基本工具，利用影响线可确定实际移动荷载作用下某量值的最不利荷载位置，从而求出该量值的最大值。

作影响线的方法有静力法和机动法。本章先介绍用这两种方法绘制静定梁的影响线，然后再讨论影响线的应用。

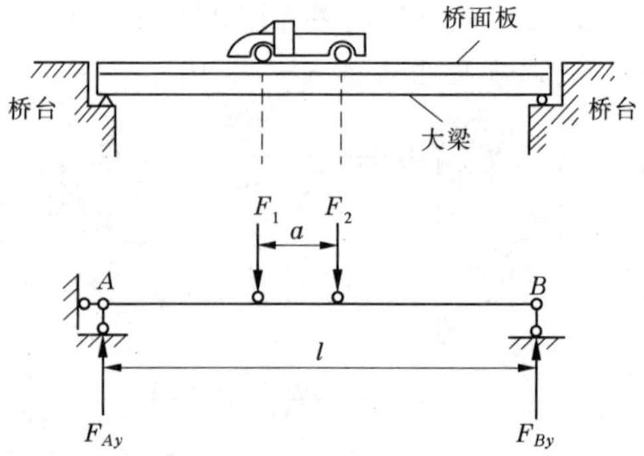

图 19-1

第二节　静定梁的影响线

一、静力法作单跨静定梁的影响线

静力法就是以单位移动荷载 $F=1$ 的作用位置 x 为自变量，利用静力平衡条件求出某量值与 x 的函数关系式(即影响线方程)，再据此作出影响线的方法。

(一)简支梁的影响线

1. 反力影响线

如图 19-2(a)所示简支梁，作支座反力 F_{Ay}、F_{By} 的影响线。

选取 A 点为坐标原点，以梁轴线为 x 轴，设 $F=1$ 作用位置为 x，显然 $x\in[0,l]$。设支座反力向上为正，由梁整体的平衡条件

$$\sum M_B=0 \quad 得\ F_{Ay}=\frac{l-x}{l} \quad \text{(a)}$$

$$\sum M_A=0 \quad 得\ F_{By}=\frac{x}{l} \quad \text{(b)}$$

式(a)、式(b)分别为反力 F_{Ay}、F_{By} 的影响线方程。由方程可绘出 F_{Ay}、F_{By} 的影响线，如图 19-2(d)、(e)所示。作影响线时，通常规定正值画在基线的上方，负值画在基线的下方，并标出正负号。

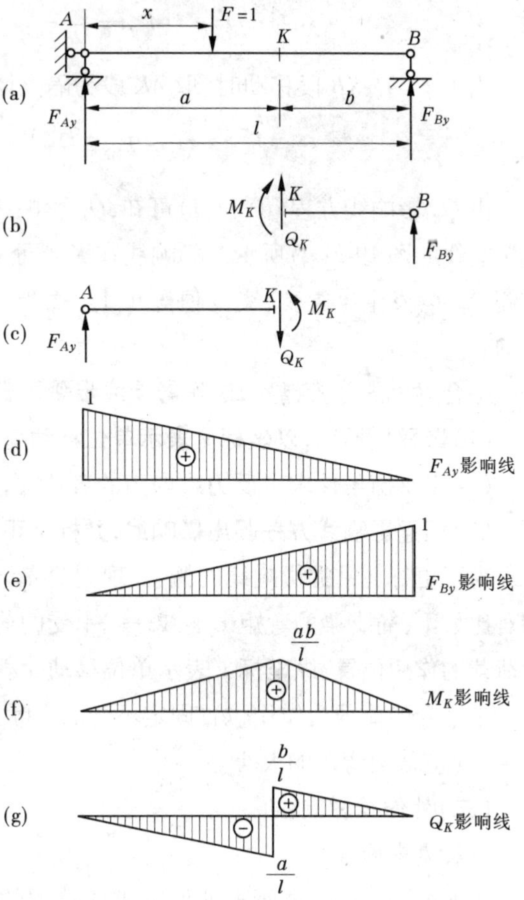

图 19-2

2. 弯矩影响线

作简支梁截面 K 的弯矩影响线，弯矩规定以下侧纤维受拉为正。由于单位移动荷载 $F=1$ 在 K 截面左边和右边时，M_K 的表达式不同，故应分别考虑，分段列出影响线方程。

当 $F=1$ 在 AK 段移动时，取 K 截面右边为隔离体，如图 19-2(b)所示。由 $\sum M_K=0$，得

$$M_K=F_{By}\cdot b=\frac{x}{l}\cdot b \quad (0\leqslant x\leqslant a) \tag{c}$$

当 $F=1$ 在 KB 段移动时，取 K 截面左边即 AK 段为隔离体，可得

$$M_K=F_{Ay}\cdot a=\frac{l-x}{l}\cdot a \quad (a\leqslant x\leqslant l) \tag{d}$$

式(c)、式(d)是 M_K 影响线方程，作 M_K 影响线如图 19-2(f)所示。由图可见，M_K 影响线由左、右两段直线组成，并形成一个三角形。当 $F=1$ 移动到 K 截面时，弯矩 M_K 为极大值 $\frac{ab}{l}$。

3. 剪力影响线

作简支梁截面 K 的剪力影响线，剪力正负号规定同前面。和弯矩影响线一样，需分段列出剪力影响线方程。

当 $F=1$ 在 AK 段移动时，取 KB 段为隔离体，如图 19-2(b)所示。由 $\sum F_y=0$，得

$$Q_K=-F_{By}=-\frac{x}{l}\qquad(0\leqslant x<a)\tag{e}$$

当 $F=1$ 在 KB 段移动时，取 AK 段为隔离体，如图 19-2(c)所示。由 $\sum F_y=0$，得

$$Q_K=F_{Ay}=\frac{l-x}{l}\qquad(a<x\leqslant l)\tag{f}$$

由 Q_K 影响线方程(e)和(f)可知，Q_K 影响线由左、右两段互相平行的直线段组成，绘出影响线如图 19-2(g)所示。影响线在 K 点处有突变，表明 $F=1$ 由 K 截面的左侧移动到右侧时，Q_K 发生了突变，突变值等于 1。而当 $F=1$ 正好作用于 K 点时，Q_K 的值是不确定的。

综合以上的分析，**静力法作影响线步骤可归纳如下：**

(1)**选取坐标系，以坐标 x 表示单位移动荷载 $F=1$ 的作用位置。**

(2)**由平衡条件求出反力或内力的表达式，即为影响线方程。**

(3)**根据影响线方程画出影响线，并标上正负号。**

为了更好地掌握影响线的概念，现把简支梁的弯矩影响线与恒载作用下弯矩图的区别对比如下：简支梁的弯矩影响线——承受的荷载为单位移动荷载，横坐标 x 表示单位移动荷载的作用位置，纵坐标 y 表示单位移动荷载作用在该点时指定截面弯矩的大小；弯矩图——承受的荷载为作用位置固定不变的实际荷载，横坐标 x 表示梁各截面位置，纵坐标 y 表示对应截面弯矩的大小。

(二)外伸梁影响线

1. 反力影响线

要作如图 19-3(a)所示外伸梁支座反力的影响线，仍选 A 为坐标原点，由平衡条件 $\sum M_B=0$ 和 $\sum M_A=0$ 得两支座反力 F_{Ay}、F_{By} 的影响线方程为

$$F_{Ay}=\frac{l-x}{l}\qquad F_{By}=\frac{x}{l}$$

可见方程与相应简支梁的反力影响线方程完全相同，反力影响线如图 19-3(b)、(c)所示。很明显，简支梁的反力影响线向外伸部分延长，即得到外伸梁的反力影响线。

2. 跨间各截面内力影响线

如图 19-3(a)所示，K 截面在 AB 段内，现讨论 M_K、Q_K 的影响线。

按简支梁求弯矩和剪力影响线方程同样的方法可求出

$$\begin{cases} M_K = \dfrac{b}{l} \cdot x & (-l_1 < x \leqslant a) \\ M_K = \dfrac{l-x}{l} \cdot a & (a \leqslant x < l + l_2) \end{cases}$$

$$\begin{cases} Q_K = -\dfrac{x}{l} & (-l_1 < x < a) \\ Q_K = \dfrac{l-x}{l} & (a < x < l + l_2) \end{cases}$$

外伸梁影响线方程与简支梁的方程形式完全相同，影响线如图19-3(d)、(e)所示。与图19-2比较发现，简支梁的弯矩和剪力影响线向外伸部分延长即得外伸梁的影响线。

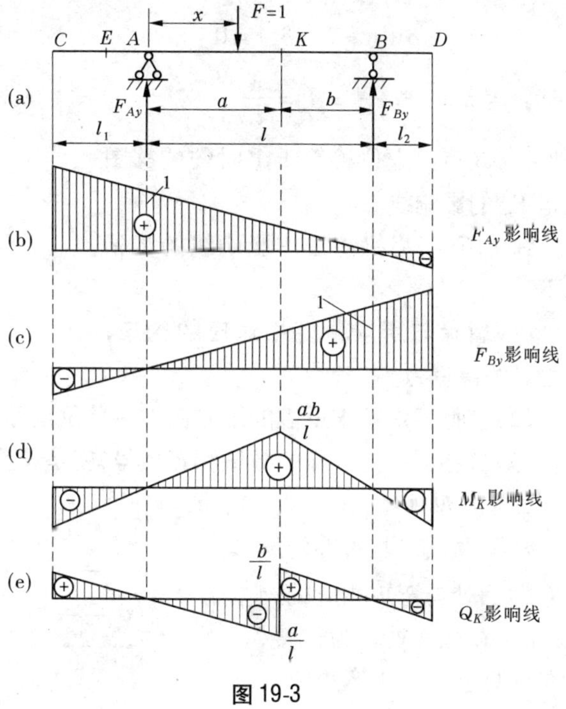

图 19-3

3. 外伸部分内力影响线

现作外伸部分 CA 段上 E 截面的 M_E、Q_E 影响线。以 E 截面为坐标原点，$F=1$ 作用点到 E 的距离为 x，如图19-4(a)所示。

当 $F=1$ 在 CE 段上时，有

$M_E = -x \qquad Q_E = -1$

当 $F=1$ 在 ED 段上时，有

$M_E = 0 \qquad Q_E = 0$

由此可作出 M_E、Q_E 的影响线如图19-4(b)、(c)所示。

二、机动法作静定梁的影响线*

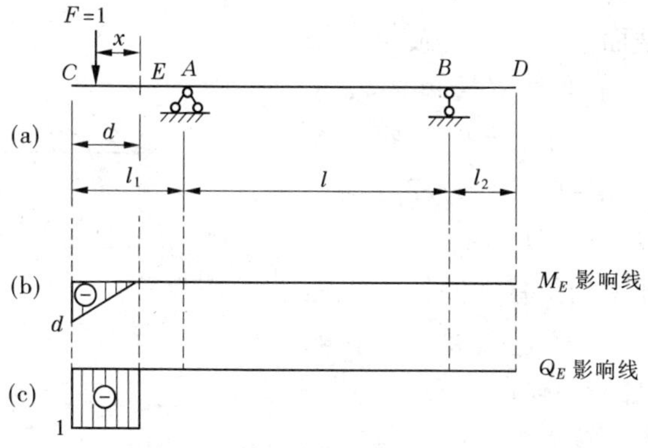

图 19-4

用静力法作影响线，需要先求影响线方程，而后才能作出相应的图形。特别是当结构较复杂时，静力法就更烦琐，而且工程上有时只需画出影响线的轮廓即可，此时常采用机动法作影响线。

机动法就是依据虚功原理，把作影响线的静力问题转化为作位移图的几何问题。下面以简支梁和多跨静定梁为例简要介绍绘制影响线的机动法。

(一)简支梁

1. 反力影响线

简支梁如图 19-5(a)所示,绘制 F_{By} 的影响线。先解除 B 点约束,代以约束反力 F_{By},如图 19-5(b)所示。其次,令梁 B 端沿反力正方向产生一个微小的单位虚位移 $\delta=1$,$F=1$ 作用点相应的虚位移为 δ_p,如图 19-5(c)所示。根据刚体的虚功原理,得

$$F_{By}\cdot\delta+(-F\cdot\delta_p)=0$$

于是
$$F_{By}=\frac{F\delta_p}{\delta}=\delta_p=\frac{x}{l}$$

可见,令 B 点的虚位移等于 1 时的位移图就是 F_{By} 的影响线。

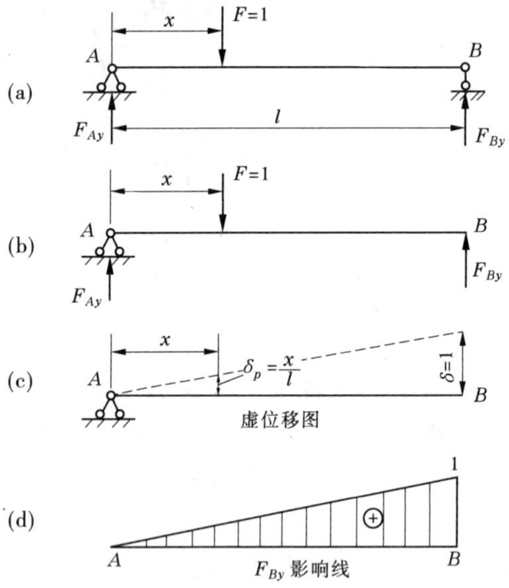

图 19-5

综上所述,用机动法作影响线的步骤如下:

(1)解除与所求量值相对应的约束,代之以约束反力。

(2)使体系沿所求量值的正方向发生单位位移,即得位移图。

(3)位移图标上纵标的数值和正负号,就是该量值的影响线。

2. 弯矩影响线

要作 M_C 影响线,首先解除 C 截面处与弯矩相应的约束,即在 C 截面处视为铰接,并在铰两边加上正弯矩 M_C,如图 19-6(b)所示。让铰两侧截面沿 M_C 正向做相对微小转动,当相对转角 $\theta=\alpha+\beta=1$ 时,由虚功原理,得

$$M_C(\alpha+\beta)+(-F\delta_p)=0$$

所以 $M_C=\delta_p$

由此得到位移图并标上纵标和正负号,这就是 M_C 影响线,如图 19-6(c)所示。

3. 剪力影响线

要作 Q_C 影响线,首先解除 C 截面处与剪力相应的约

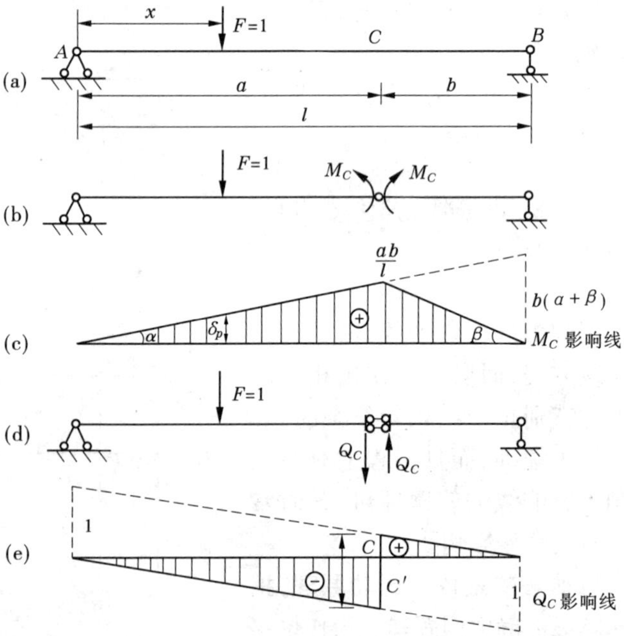

图 19-6

束，即将截面 C 切开，在切口处用两个与梁轴平行且等长的链杆相连，并加上一对正剪力 Q_C，如图 19-6(d)所示。当 C 截面两侧的相对位移 $\Delta=1$ 时，这时梁的位移图就是 Q_C 的影响线，如图 19-6(e)所示。

(二)多跨静定梁

作如图 19-7(a)所示多跨静定梁 F_{By} 的影响线，先解除 B 支座并代以反力 F_{By}，令 B 点沿 F_{By} 正向产生单位位移 $\delta=1$，因解除一个约束使多跨静定梁变成具有一个自由度的几何可变体系，故可得到如图 19-7(b)所示的位移图，标上纵标和正负号，即为 F_{By} 的影响线。M_I 与 Q_I 影响线的做法与简支梁的基本相同，如图 19-7(d)、(c)所示。

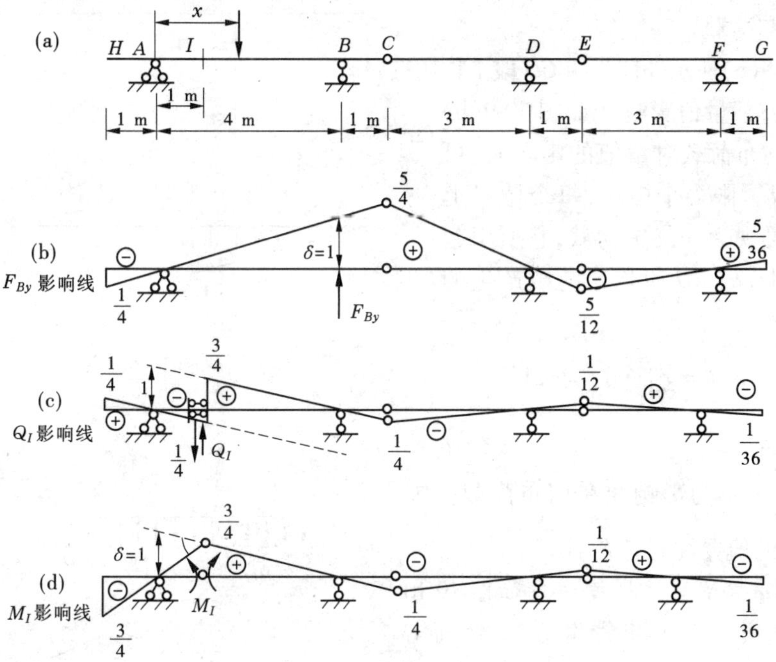

图 19-7

第三节　影响线的应用

一、利用影响线求量值 S

利用影响线可以进行固定荷载作用时的量值计算。

(一)集中荷载

影响线上的竖标 y 表示单位移动荷载 $F=1$ 作用于该截面时量值的大小。由此，荷载 F 作用在该截面时量值应为 F_y。如图 19-8(a)所示，有一组集中力 F_1、F_2 作用于简支梁 AB 上。M_C 的影响线如图 19-8(b)所示。F_1 和 F_2 作用点对应的影响线纵标为 y_1 和 y_2。根据叠加原理，M_C 的值为

$M_C = F_1y_1 + F_2y_2 = 80 \times 1.5 + 100 \times 1.06 = 226(\text{kN} \cdot \text{m})$

若作用位置已知的集中力为 F_1，F_2，…，F_n，其影响线纵标分别为 y_1，y_2，…，y_n，则量值 S 为

$$S = F_1y_1 + F_2y_2 + \cdots + F_ny_n = \sum F_iy_i \tag{19-1}$$

注意：y_i 在影响线的基线上方为正，反之为负。

（二）均布荷载

如图 19-9(a)所示外伸梁的 CD 段上作用有均布荷载 q，某量值影响线如图 19-9(b)所示。计算均布荷载对量值的影响时，可将 CD 段分成无限多个微段，每个微段上的荷载 $q\mathrm{d}x$ 可视为一集中荷载，它所引起的量值为 $yq\mathrm{d}x$，故 CD 段均布荷载产生的某量值为

$$S = \int_C^D yq\mathrm{d}x = q\int_C^D y\mathrm{d}x = qA \tag{19-2}$$

式中，$A = \int_C^D y\mathrm{d}x$ 为影响线在均布荷载范围内的面积，A 的值要注意正负号。

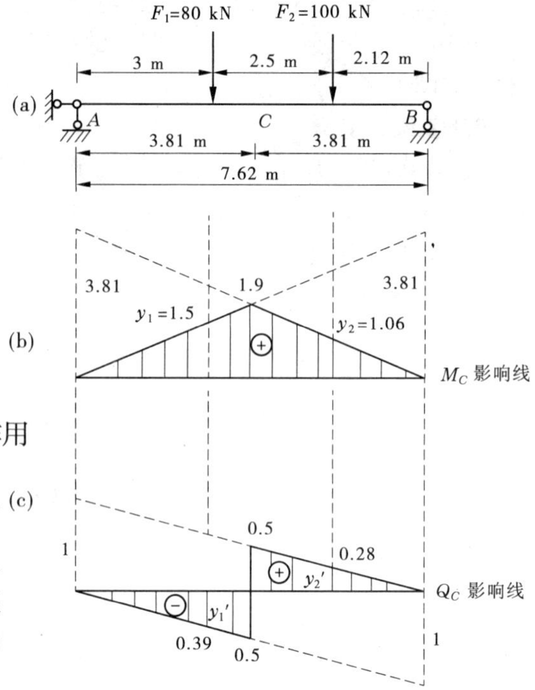

图 19-8

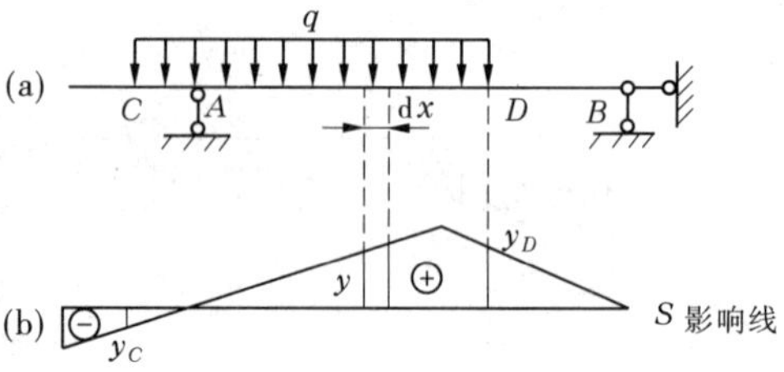

图 19-9

【例 19-1】 试利用影响线求如图 19-10(a)所示简支梁在图示荷载作用下，截面 C 的剪力值 Q_C。

解：(1) 作 Q_C 影响线如图 19-10(b)所示。

(2) 求出 F 的作用点 D 及 E、F 两点所对应的影响线上的纵标数值。

$$y_D = 0.4 \quad y_E = -0.2 \quad y_F = 0.2$$

(3) 求 Q_C 值为

$$Q_C = Fy_D + qA_{EF} = 20 \times 0.4 + 10 \times [\frac{1}{2} \times (0.2 + 0.6) \times 2.4 - \frac{1}{2} \times (0.2 + 0.4) \times 1.2] = 14(\text{kN})$$

二、确定最不利荷载位置

使量值产生最大或最小值时，移动荷载的位置，称为该量值的**最不利荷载位置**。量值的最大或最小值是结构设计的依据。下面讨论如何利用影响线确定量值的最不利荷载位置。

(一)移动均布荷载

1. 可任意布置的均布荷载

如图 19-11(a)所示简支梁承受可任意布置的均布荷载作用,如人群、货物等。当影响线正号面积布满荷载时,可求得最大正值;当影响线负号面积布满荷载时,可求得最大负值,如图 19-11(c)、(d)所示。

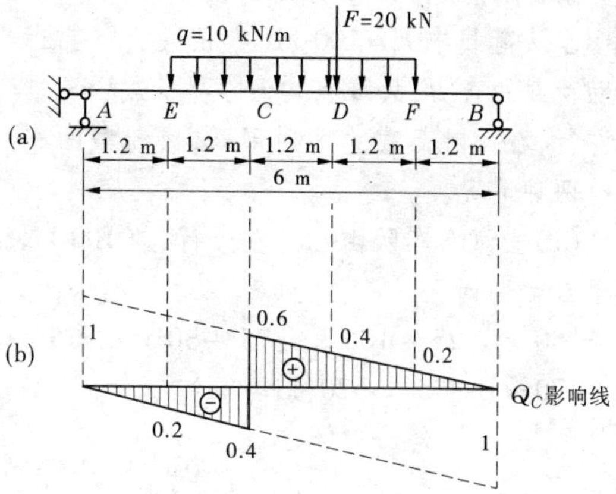

图 19-10

2. 固定长度的均布荷载

如图 19-12 所示为某履带式机车对桥梁的作用以及某截面的弯矩影响线。当 $y_1 = y_2$ 时,阴影面积 A 最大,这样 $S_{max} = q \cdot A_{max}$,也取得最大值。此时的荷载位置即为最不利位置。

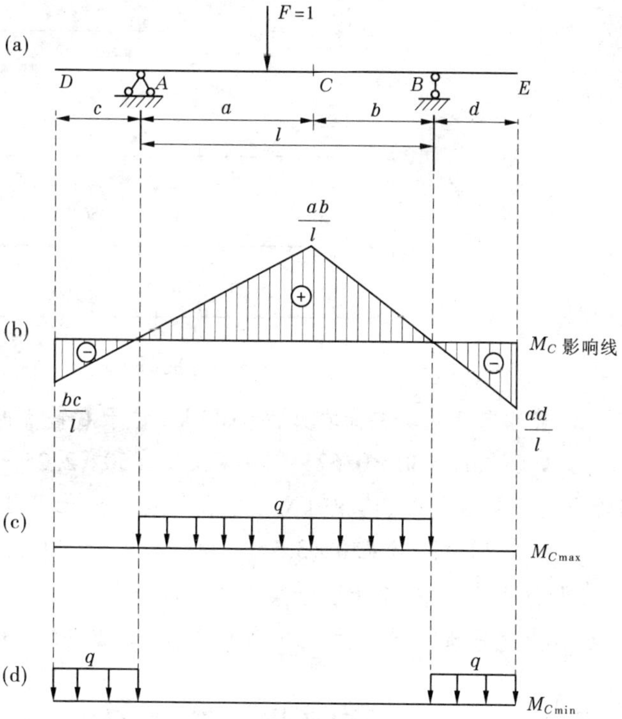

图 19-11

(二)移动集中荷载

1. 单个移动荷载

由式(19-1),量值 $S = Fy$,当 $y \to y_{max}$ 时,$S \to S_{max}$,故只要把 F 移动到 y_{max} 对应位置即可。也即把 F 作用在影响线的顶点上。

2. 一组移动荷载

汽车、吊车等轮压荷载是由一组间距不变的竖向移动集中荷载组成的,按式 $S = \sum F_i y_i$ 可求出 S 的最大值,相应的荷载位置即为其最不利的荷载位置。可以证明,此时必有一集中荷载位于影响线的顶点,通常将这一荷载称为**临界荷载**,用 F_{cr} 表示。最不利荷载位置可用试算法或判别式来确定。在荷载不太复杂时常采用试算法,即将各个集中力依次移到影响线的顶点位置上,分别求出量值 S 的大小,其中产生最大量值 S_{max} 的荷载位置就是最不利荷载位置。临界荷载常为靠近移动荷载合力处数值最大的集中荷载。

【例 19-2】 求如图 19-13(a)所示简支梁 C 截面的最大弯矩。已知简支梁承受汽车荷载,各荷载为汽车轮压。

解：作出 M_C 的影响线如图 19-13(b) 所示。车队荷载中 $F=100$ kN 数值最大且靠近移动荷载的合力，故可取其为临界荷载。因车队左行、右行时荷载的序列不同，故荷载的布置有两种情况。

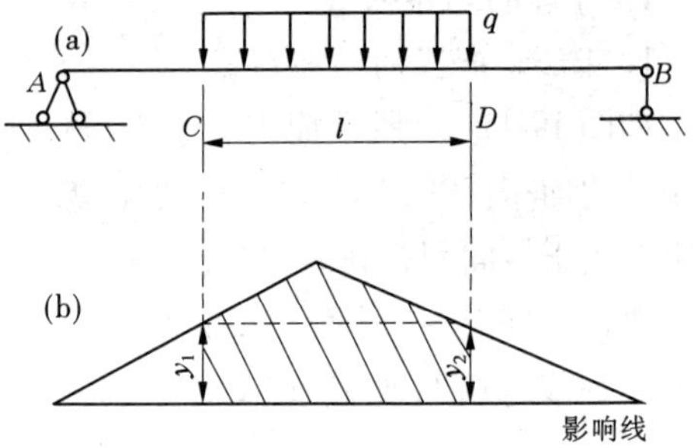

图 19-12

(1) 当汽车车队由右向左开行，使 100 kN 位于 C 截面时

$$M_C = 50 \times 1.25 + 100 \times 3.75 + 30 \times 1.875 + 70 \times 0.375 = 520(\text{kN} \cdot \text{m})$$

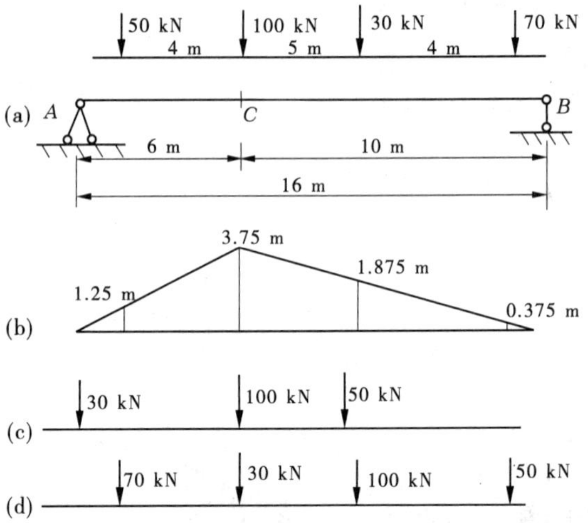

图 19-13

(2) 若考虑车队从左向右开，使 100 kN 位于 C 截面时

$$M_C = 30 \times 0.625 + 100 \times 3.75 + 50 \times 2.25 = 506.25(\text{kN} \cdot \text{m})$$

(若车队继续向右开行，使 30 kN 位于影响线顶点，如图 19-13(d) 所示，则

$$M_C = 70 \times 1.25 + 30 \times 3.75 + 100 \times 1.875 + 50 \times 0.375 = 406.25(\text{kN} \cdot \text{m})$$

再向右开行的情形中，由于位于梁上的荷载较少，M_C 值必小于上述值，故无需考虑)

综合上述分析，C 截面的最大弯矩 $M_{C\max} = 520$ kN · m。

第四节　简支梁的内力包络图

一、简支梁的内力包络图

利用影响线可计算移动荷载作用下简支梁某指定截面内力的最大值(最大正值和最大负值)。在设计吊车梁等承受移动荷载的结构时，必须求出每一截面内力的最大值，作为结构设计的依据。**梁中各截面的内力最大值连成的曲线称为内力包络图**。包络图分为**弯矩包络图和剪力包络图**。它们也是钢筋混凝土梁设计的依据。

下面举例说明简支梁的弯矩包络图和剪力包络图的作法。

如图 19-14(a)所示吊车梁，跨度为 12 m，承受两台桥式吊车的作用，吊车传来的最大轮压力为 280 kN，轮距为 4.8 m，吊车并行的最小间距为 1.44 m。

通常将梁等分为 10～12 段，再用试算法逐个求出每一等分截面在移动荷载作用下的最大弯矩值，根据计算结果，按比例绘出弯矩包络图如图 19-14(c)所示。同理，作出剪力包络图如图 19-14(d)所示。

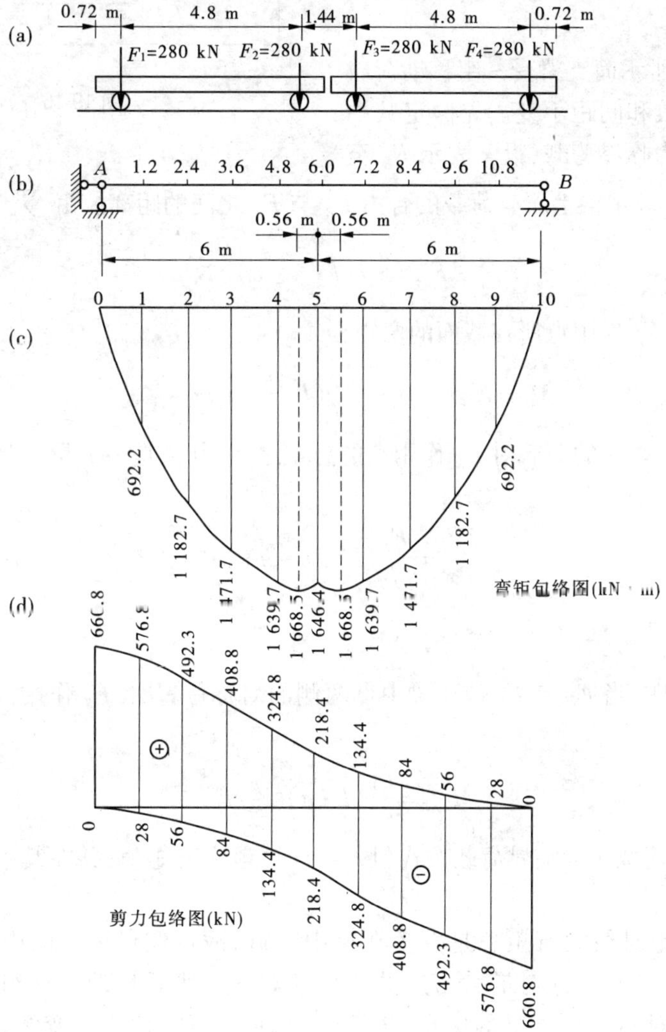

图 19-14

二、简支梁绝对最大弯矩*

弯矩包络图中的最大纵标值即为该简支梁的绝对最大弯矩。它代表在确定的移动荷载作用下梁内可能出现的弯矩最大值。如图 19-14(c)所示，该梁的绝对最大弯矩为 1 668.5 kN·m。

在设计钢梁等均质材料梁时,通常只需知道梁的绝对最大弯矩,故此时不必作弯矩包络图,而是直接求绝对最大弯矩。

由弯矩最不利荷载位置的确定可以推知,产生绝对最大弯矩的截面必然是某个临界荷载 F_{cr} 的作用截面,据此可用试算法确定最大弯矩。影响简支梁的绝对最大弯矩,有两个可变因素,即产生 M_{max} 的截面位置和荷载位置。

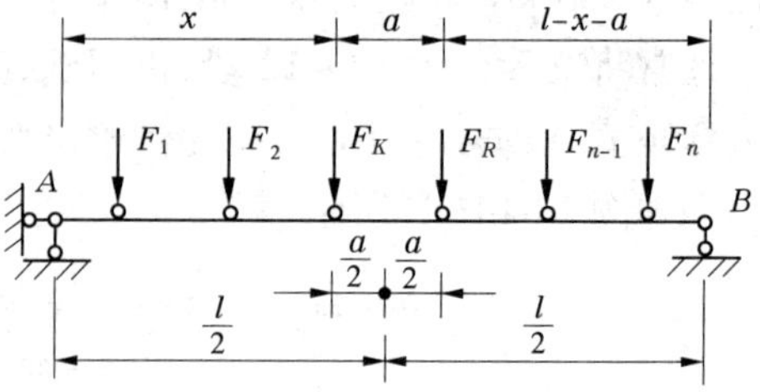

图 19-15

如图 19-15 所示简支梁受一组移动荷载作用,其荷载个数和间距不变。先假定其中荷载 F_K 可能成为临界荷载,设 x 表示 F_K 至支座 A 的距离,a 表示梁上所有荷载的合力 F_R 与 F_K 之间的距离。由 $\sum M_B=0$,得

$$F_{Ay}=\frac{F_R}{l}(l-x-a)$$

进而可求得 F_K 作用点所在截面的弯矩为

$$M_x=F_{Ay}x-M_K=\frac{F_R}{l}(l-x-a)x-M_K$$

式中,M_K 表示 F_K 以左的荷载对 F_K 作用点的力矩之和,其值是一个与 x 无关的常数。

根据 M_x 为极值的条件

$$\frac{dM_x}{dx}=\frac{F_R}{l}(l-2x-a)=0$$

得

$$x=\frac{l}{2}-\frac{a}{2} \tag{19-3}$$

式(19-3)表明,当 F_K 与 F_R 位于梁中点两侧的对称位置时,F_K 作用截面的弯矩达到最大值

$$M_{max}=\frac{F_R}{4l}(l-a)^2-M_K \tag{19-4}$$

依次将每个荷载作为临界荷载按式(19-4)计算最大弯矩值,并在其中确定梁的绝对最大弯矩。

经验表明,绝对最大弯矩总是发生在跨中附近,故可假设使梁的中点发生最大弯矩的临界荷载就是发生绝对最大弯矩的临界荷载 F_{cr},然后移动荷载组,使 F_{cr} 与梁上荷载的合力 F_R 对称作用于梁的中点,再算出此时 F_{cr} 所在截面的弯矩,即得绝对最大弯矩。

【例 19-3】 试求如图 19-16(a)所示简支梁在所给移动荷载作用下的绝对最大弯矩。

解:先作出梁中点截面 C 的弯矩 M_C 影响线如图 19-16(b)所示,并确定临界荷载 F_{cr}。轮 2 荷载最大且靠近合力 F_R,故它即是使梁跨中截面 C 发生最大弯矩的临界荷载 F_{cr},此荷载也就是发生绝对最大弯矩的临界荷载。

设合力 F_R 距轮 5 的距离为 x',则

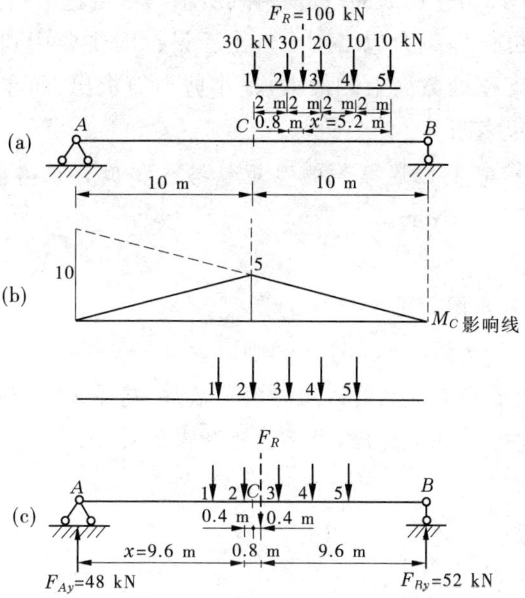

图 19-16

$$F_R x' = 10\times2+20\times4+30\times(6+8)$$
$$=520(\mathrm{kN\cdot m})$$
$$x'=\frac{520}{F_R}=\frac{520}{100}=5.2(\mathrm{m})$$

得 $a=0.8$ m。

使轮 2 与合力 F_R 对称于梁的中点如图 19-16(c)所示，或直接按式(19-3)计算，可得

$$x=\frac{20-0.8}{2}=9.6(\mathrm{m})$$

故　$$F_{Ay}=\frac{100\times9.6}{20}=48(\mathrm{kN})$$

据此求得绝对最大弯矩为

$$M_{\max}=F_{Ay}x-M=48\times9.6-30\times2$$
$$=400.8(\mathrm{kN\cdot m})$$

第五节　连续梁的内力包络图简介

工程中的板、次梁和主梁，一般都按连续梁进行计算。这些连续梁受到恒载和活载的共同作用，故设计时必须考虑两者的共同影响。把连续梁上各截面的最大内力和最小内力用图形表示出来，就得到连续梁的内力包络图。

在计算连续梁各截面内力时，常将恒载和活载的影响分别考虑，然后再叠加。由于恒载所产生的内力是固定不变的，而活载所引起的内力则随活载分布的不同而改变。因此，求梁各截面最大内力和最小内力的关键在于确定活载的影响。

连续梁承受均布活载作用时，其各截面弯矩的最不利荷载位置是在若干跨内布满荷载。因此，连续梁各截面弯矩的最大值或最小值可由某几跨单独布满活载时的弯矩叠加得到。即将每一跨单独布满活载的情况逐一作出弯矩图，然后对任一截面，将所有弯矩图中对应的正弯矩值相加，得到该截面在活载作用下的最大正弯矩；若将所有弯矩图中对应的负弯矩值相加，则得到该截面在活载作用下的最大负弯矩。

综上分析，绘制连续梁在恒载及可任意布置的均布活载作用下的弯矩包络图的步骤为：

(1)作出恒载作用下的弯矩图。

(2)依次作每一跨上单独布满活载时的弯矩图。

(3)将各跨分为若干等份，对每一等份截面处，将恒载弯矩图中该截面的纵坐标值和所有各活载弯矩图中该截面所对应的正的纵坐标值(或负的纵坐标值)相叠加，便可得到该截面的最大弯矩值(或最小弯矩值)。

(4)将上述各最大、最小弯矩值在图中标出并连成曲线，便得到所求的弯矩包络图。

按绘制连续弯矩包络图相同的方法，可作出剪力包络图。但由于设计时主要用到支座附近截面上的剪力值，故通常是将靠近支座处截面上的最大、最小剪力值求出，而在每跨中以直线相连，近似地作为所求的剪力包络图。

【例 19-4】 求如图 19-17(a)所示三跨等截面连续梁的弯矩包络图和剪力包络图。梁承受的恒载为 $q=20$ kN/m，活载为 $p=37.5$ kN/m。

解：1. 作弯矩包络图

(1)用力矩分配法作出恒载作用下的弯矩图如图 19-17(b)所示。

(2)每跨分别承受活载时的弯矩图如图 19-17(c)、(d)、(e)所示。

(3)将梁的每一跨四等分，求出各弯矩图中等分点的纵坐标值。然后，将图 19-17(b)中的纵坐标值和图 19-17(c)、(d)、(e)中对应的正(负)纵坐标值相加得到最大(最小)弯矩值。

例如，在支座 1 处

$$M_{1\max} = (-32.0) + 10.0$$
$$= -22.0(\text{kN} \cdot \text{m})$$
$$M_{1\min} = (-32.0) + (-40.0) + (-30.0)$$
$$= -102.0(\text{kN} \cdot \text{m})$$

对 01 跨中间截面 A 处

$$M_{A\max} = 24.0 + 55.0 + 5.0$$
$$= 84.0(\text{kN} \cdot \text{m})$$
$$M_{A\min} = 24.0 + (-15.0)$$
$$= 9.0(\text{kN} \cdot \text{m})$$

(4)把各个最大、最小弯矩值分别用曲线相连，即为弯矩包络图，如图 19-17(f)所示。

2. 作剪力包络图

(1)作恒载作用下的剪力图如图 19-18(a)所示。

(2)分别作出各跨单独布满活载时的剪力图如图 19-18(b)、(c)、(d)所示。

(3)将图 19-18(a)恒载作用下各支座左、右两边截面处的剪力纵坐标值，分别与图 19-18(b)、(c)、(d)中对应的正(负)纵坐标值相加，便得到最大(最小)剪力值。

例如，在支座 2 左侧截面上

$$Q_{2\max}^{左} = -40 + 12.5$$
$$= -27.5(\text{kN})$$
$$Q_{2\min}^{左} = (-40.0) + (-75.0) + (-12.5)$$
$$= -127.5(\text{kN})$$

(4)工程中把各支座两边截面上的最大剪力值和最小剪力值分别连以直线，得到近似的剪力包络图如图 19-18(e)所示。

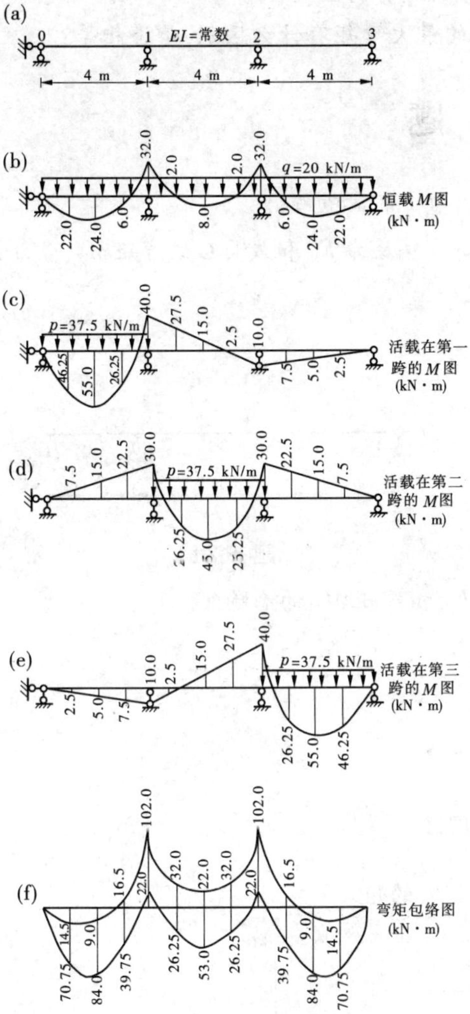

图 19-17

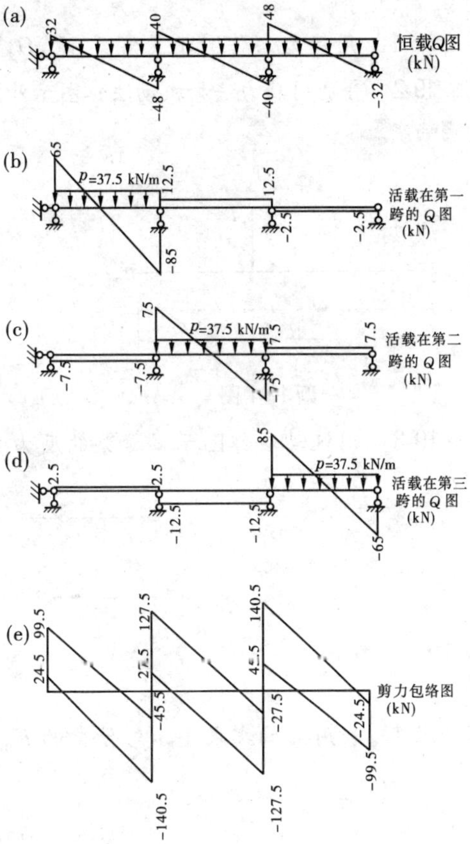

图 19-18

思考题

19-1　什么是影响线？它的横坐标和纵坐标各代表什么物理意义？各有什么样的单位？

19-2　内力图和内力影响线有什么区别？它们各有什么用处？

19-3　试述如何用静力法作静定梁上某截面的弯矩影响线。

19-4　试述如何用机动法作静定梁某量值的影响线。

19-5　从静定多跨梁的传力特点说明附属部分的内力影响线在基本部分的纵坐标为零。

19-6　什么叫临界荷载和临界位置？

19-7　什么叫内力包络图？它与内力图、影响线有何区别？

19-8　简支梁的绝对最大弯矩与跨中截面的最大弯矩有什么区别，是否相等？

习　题

19-1　用静力法作图示悬臂梁 M_A、Q_A 和 M_C、Q_C 的影响线。

19-2　分别用静力法和机动法作图示外伸梁的支座反力 F_{By} 和截面 C 的弯矩 M_C、剪力 Q_C 的影响线。

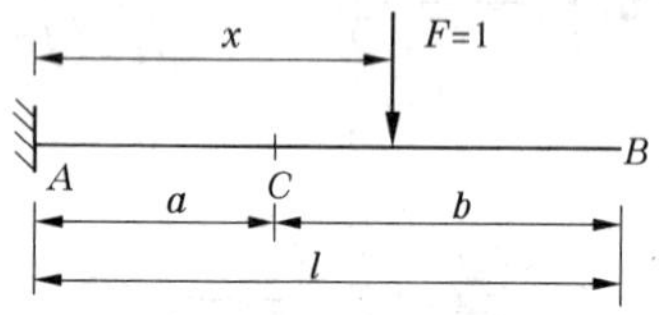

题 19-1 图

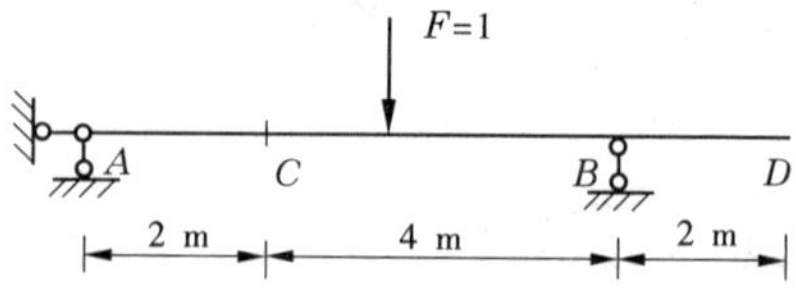

题 19-2 图

19-3　用机动法作图示多跨梁的反力 F_{Cy}、F_{Ay} 和弯矩 M_C 的影响线。

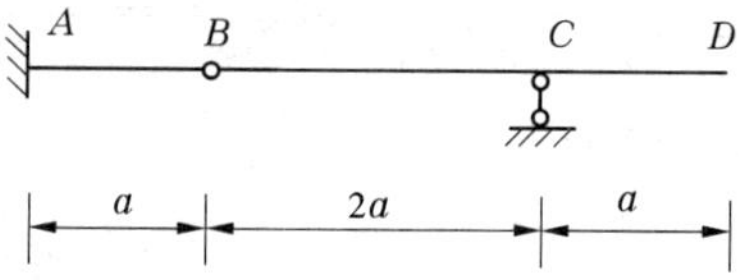

题 19-3 图

19-4　利用影响线求图示外伸梁的 F_{By}、M_C、Q_C 的值。

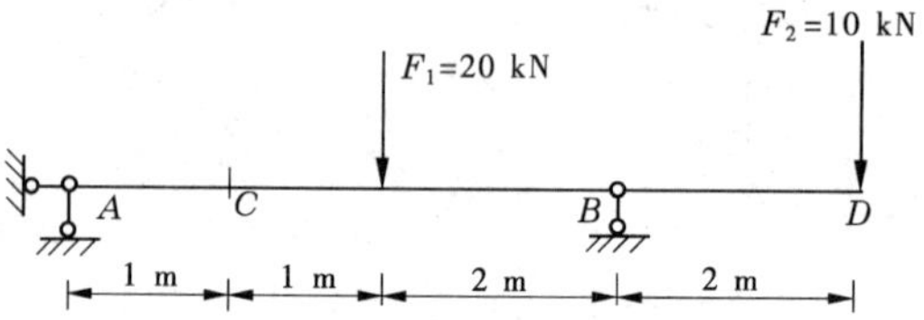

题 19-4 图

19-5　求图示简支梁在所给移动荷载作用下截面 C 的最大弯矩。

19-6　求图示简支梁在移动荷载作用下的绝对最大弯矩。

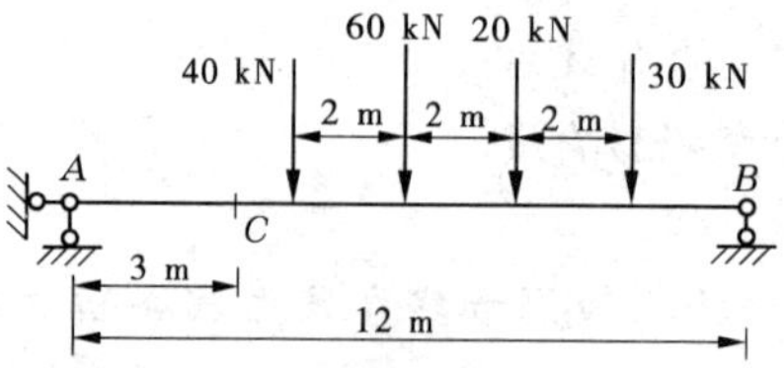

题 19-5 图

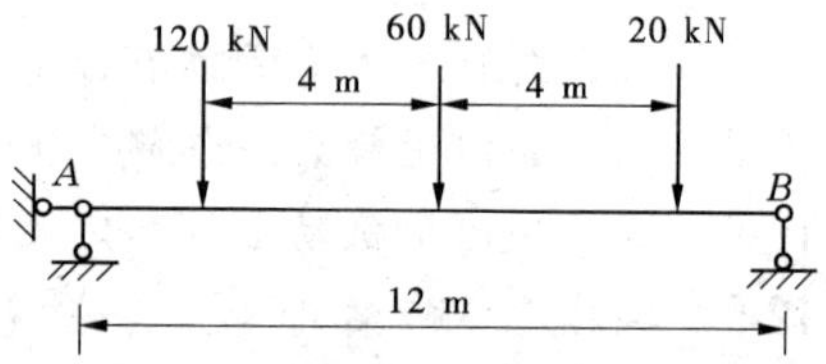

题 19-6 图

附录　型钢规格和截面特性

附表 1　热轧等边角钢截面特性

单角钢

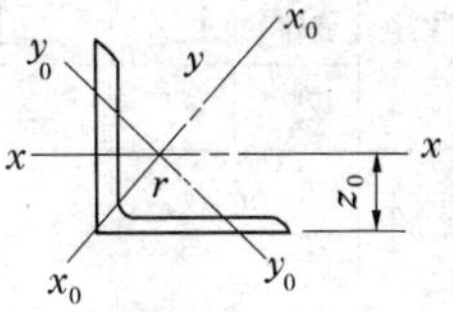

双角钢

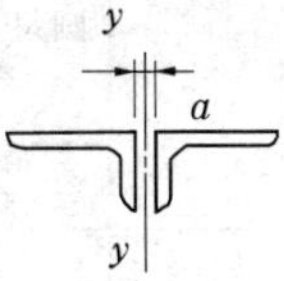

型号	圆角 r (mm)	形心距 z_0 (mm)	截面面积 (cm^2)	质量 (kg/m)	惯性矩 I_x (cm^4)	截面抵抗矩 W_x^{max} (cm^3)	截面抵抗矩 W_x^{min} (cm^3)	回转半径 i_x (cm)	回转半径 i_{x0} (cm)	回转半径 i_{y0} (cm)	当 a 为下列数值时的 i_y 6 mm (cm)	8 mm	10 mm	12 mm
∟20×3	3.5	6.0	1.13	0.89	0.40	0.67	0.29	0.59	0.75	0.39	1.08	1.16	1.25	1.34
∟20×4		6.4	1.46	1.15	0.50	0.78	0.36	0.58	0.73	0.38	1.11	1.19	1.28	1.37
∟25×3	3.5	7.3	1.43	1.12	0.82	1.12	0.46	0.76	0.95	0.49	1.28	1.36	1.44	1.53
∟25×4		7.6	1.86	1.46	1.03	1.36	0.59	0.74	0.93	0.48	1.30	1.38	1.46	1.55
∟30×3	4.5	8.5	1.75	1.37	1.46	1.72	0.68	0.91	1.15	0.59	1.47	1.55	1.63	1.71
∟30×4		8.9	2.28	1.79	1.84	2.06	0.87	0.90	1.13	0.58	1.49	1.57	1.66	1.74
∟36×3		10.0	2.11	1.66	2.58	2.58	0.99	1.11	1.39	0.71	1.71	1.75	1.86	1.95
∟36×4		10.4	2.76	2.16	3.29	3.16	1.28	1.09	1.38	0.70	1.73	1.81	1.89	1.97
∟36×5		10.7	3.38	2.65	3.95	3.70	1.56	1.08	1.36	0.70	1.74	1.82	1.91	1.99
∟40×3	5	10.9	2.36	1.85	3.59	3.30	1.23	1.23	1.55	0.79	1.85	1.93	2.01	2.09
∟40×4		11.3	3.09	2.42	4.60	4.07	1.60	1.22	1.54	0.79	1.88	1.96	2.04	2.12
∟40×5		11.7	3.79	2.98	5.53	4.73	1.96	1.21	1.52	0.78	1.90	1.98	2.06	2.14
∟45×3		12.2	2.66	2.09	5.17	4.24	1.58	1.40	1.76	0.90	2.06	2.14	2.21	2.29
∟45×4		12.6	3.49	2.74	6.65	5.28	2.05	1.38	1.74	0.89	2.08	2.16	2.24	2.32
∟45×5		13.0	4.29	3.37	8.04	6.19	2.51	1.37	1.72	0.88	2.11	2.18	2.26	2.34
∟45×6		13.3	5.08	3.99	9.33	7.0	2.95	1.36	1.70	0.88	2.12	2.20	2.28	2.36
∟50×3	5.5	13.4	2.97	2.33	7.18	5.36	1.96	1.55	1.96	1.00	2.26	2.33	2.41	2.49
∟50×4		13.8	3.90	3.06	9.26	6.71	2.56	1.54	1.94	0.99	2.28	2.35	2.43	2.51
∟50×5		14.2	4.80	3.77	11.21	7.89	3.13	1.53	1.92	0.98	2.30	2.38	2.45	2.53
∟50×6		14.6	5.69	4.47	15.05	8.94	3.60	1.52	1.91	0.98	2.32	2.40	2.48	2.56
∟56×3	6	14.8	3.34	2.62	10.19	6.89	2.46	1.75	2.20	1.13	2.49	2.57	2.64	2.71
∟56×4		15.3	4.39	3.45	13.18	8.63	3.24	1.73	2.18	1.11	2.52	2.59	2.67	2.75
∟56×5		15.7	5.42	4.25	16.02	10.2	3.97	1.72	2.17	1.10	2.54	2.62	2.69	2.77
∟56×8		16.8	8.37	6.57	23.63	14.0	6.03	1.68	2.11	1.09	2.60	2.67	2.75	2.83

续附表1

型号	单角钢 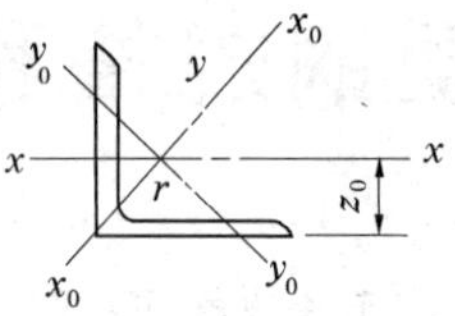										双角钢 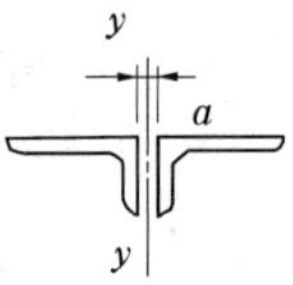			
	圆角 r	形心距 z_0	截面面积	质量	惯性矩 I_x	截面抵抗矩		回转半径			当 a 为下列数值时的 i_y			
						W_x^{max}	W_x^{min}	i_x	i_{x0}	i_{y0}	6 mm	8 mm	10 mm	12 mm
	(mm)		(cm^2)	(kg/m)	(cm^4)	(cm^3)		(cm)			(cm)			
4		17.0	4.98	3.91	19.03	11.2	4.13	1.96	2.46	1.26	2.80	2.87	2.94	3.02
5		17.4	6.14	4.82	23.17	13.3	5.08	1.94	2.45	1.25	2.82	2.89	2.97	3.04
∟63×6	7	17.8	7.29	5.72	27.12	15.2	6.0	1.93	2.43	1.24	2.84	2.91	2.99	3.06
8		18.5	9.52	7.47	34.46	18.6	7.75	1.90	2.40	1.23	2.87	2.95	3.02	3.10
10		19.3	11.66	9.15	41.09	21.3	9.39	1.88	2.36	1.22	2.91	2.99	3.07	3.15
4		18.6	5.57	4.37	26.39	14.2	5.14	2.18	2.74	1.40	3.07	3.14	3.21	3.28
5		19.1	6.88	5.40	32.21	16.8	6.32	2.16	2.73	1.39	3.09	3.17	3.24	3.31
∟70×6	8	19.5	8.16	6.41	37.77	19.4	7.48	2.15	2.71	1.38	3.11	3.19	3.26	3.34
7		19.9	9.42	7.40	43.09	21.6	8.59	2.14	2.69	1.38	3.13	3.21	3.28	3.36
8		20.3	10.7	8.37	48.17	23.8	9.68	2.12	2.68	1.37	3.15	3.23	3.30	3.38
5		20.4	7.41	5.82	39.97	19.6	7.32	2.33	2.92	1.50	3.30	3.37	3.45	3.52
6		20.7	8.79	6.91	46.95	22.7	8.64	2.31	2.90	1.49	3.31	3.38	3.46	3.53
∟75×7	9	21.1	10.16	7.98	53.57	25.4	9.93	2.30	2.89	1.48	3.33	3.40	3.48	3.55
8		21.5	11.50	9.03	59.96	27.9	11.2	2.28	2.88	1.47	3.35	3.42	3.50	3.57
10		22.2	14.13	11.09	71.98	32.4	13.6	2.26	2.84	1.46	3.38	3.46	3.53	3.61
5		21.5	7.91	6.21	48.79	22.7	8.34	2.48	3.13	1.60	3.49	3.56	3.63	3.71
6		21.9	9.40	7.38	57.35	26.1	9.87	2.47	3.11	1.59	3.51	3.58	3.65	3.72
∟80×7	9	22.3	10.86	8.53	65.58	29.4	11.4	2.46	3.10	1.58	3.53	3.60	3.67	3.75
8		22.7	12.30	9.66	73.49	32.4	12.8	2.44	3.08	1.57	3.55	3.62	3.69	3.77
10		23.5	15.13	11.87	88.43	37.6	15.6	2.42	3.04	1.56	3.59	3.66	3.74	3.81
6		24.4	10.64	8.35	82.77	33.9	12.6	2.79	3.51	1.80	3.91	3.98	4.05	4.13
7		24.8	12.30	9.66	94.83	38.2	14.5	2.78	3.50	1.78	3.93	4.00	4.07	4.15
∟90×8	10	25.2	13.94	10.95	106.47	42.1	16.4	2.76	3.48	1.78	3.95	4.02	4.09	4.17
10		25.9	17.17	13.48	128.58	49.7	20.1	2.74	3.45	1.76	3.98	4.05	4.13	4.20
12		26.7	20.31	15.94	149.22	56.0	23.6	2.71	3.41	1.75	4.02	4.10	4.17	4.25

续附表1

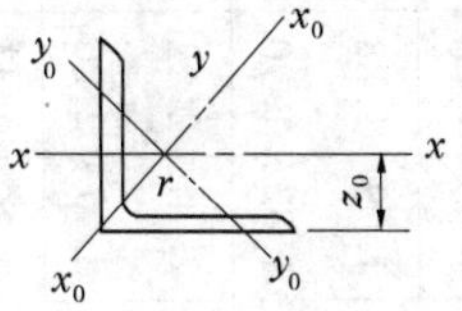

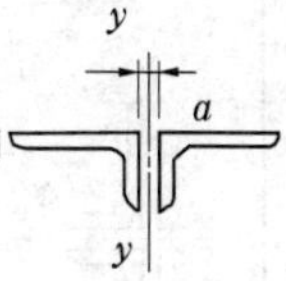

型号	圆角 r	形心距 z_0	截面面积	质量	惯性矩 I_x	截面抵抗矩		回转半径			当 a 为下列数值时的 i_y			
						W_x^{max}	W_x^{min}	i_x	i_{x0}	i_{y0}	6 mm	8 mm	10 mm	12 mm
	(mm)		(cm^2)	(kg/m)	(cm^4)	(cm^3)		(cm)			(cm)			
6		26.7	11.93	9.37	114.95	43.1	15.7	3.10	3.90	2.00	4.30	4.37	4.44	4.51
7		27.1	13.80	10.83	131.86	48.6	18.1	3.09	3.89	1.99	4.31	4.39	4.46	4.53
8		27.6	15.64	12.28	148.24	53.7	20.5	3.08	3.88	1.98	4.34	4.41	4.48	4.56
∟100×10		28.4	19.26	15.12	179.51	63.2	25.1	3.05	3.84	1.96	4.38	4.45	4.52	4.60
12		29.1	22.80	17.90	208.90	71.9	29.5	3.03	3.81	1.95	4.41	4.49	4.56	4.63
14	12	29.9	26.26	20.61	236.53	79.1	33.7	3.00	3.77	1.94	4.45	4.53	4.60	4.68
16		30.6	29.63	23.26	262.53	89.6	37.8	2.98	3.74	1.94	4.49	4.56	4.64	4.72
7		29.6	15.20	11.93	177.16	59.9	22.0	3.41	4.30	2.20	4.72	4.79	4.86	4.92
8		30.1	17.24	13.53	199.46	64.7	25.0	3.40	4.28	2.19	4.75	4.82	4.89	4.96
∟110×10		30.9	21.26	16.69	242.19	78.4	30.6	3.38	4.25	2.17	4.78	4.86	4.93	5.00
12		31.6	25.20	19.78	282.55	89.4	36.0	3.35	4.22	2.15	4.81	4.89	4.96	5.03
14		32.4	29.06	22.81	320.71	99.2	41.3	3.32	4.18	2.14	4.85	4.93	5.00	5.07
8		33.7	19.75	15.50	297.03	88.1	32.5	3.88	4.88	2.50	5.34	5.41	5.48	5.55
10		34.5	24.37	19.13	361.67	105	40.0	3.85	4.85	2.48	5.38	5.45	5.52	5.58
∟125×12		35.3	28.91	22.69	423.16	120	41.2	3.83	4.82	2.46	5.41	5.48	5.56	5.63
14	14	36.1	33.37	26.19	481.65	133	54.2	3.80	4.78	2.45	5.45	5.52	5.60	5.67
10		38.2	27.37	21.49	514.65	135	50.6	4.34	5.46	2.78	5.98	6.05	6.12	6.19
12		39.0	32.51	25.52	603.58	155	59.8	4.31	5.43	2.76	6.02	6.09	6.16	6.23
∟140×14		38.9	37.56	29.49	688.81	173	68.7	4.28	5.40	2.75	6.05	6.12	6.20	6.27
16		40.6	42.54	33.39	770.24	190	77.5	4.26	5.36	2.74	6.09	6.16	6.24	6.31
10		43.1	31.50	24.73	779.53	180	66.7	4.98	6.27	3.20	6.78	6.85	6.92	6.99
12		43.9	37.44	29.39	916.58	208	79.0	4.95	6.24	3.18	6.82	6.89	6.96	7.02
∟160×14		44.7	43.30	33.99	1 048.36	234	90.9	4.92	6.20	3.16	6.85	6.92	6.99	7.07
16	16	45.5	49.07	38.52	1 175.08	258	103	4.89	6.17	3.14	6.89	6.96	7.03	7.10
12		48.9	42.24	33.16	1 321.35	271	101	5.59	7.05	3.58	7.63	7.70	7.77	7.84
14		49.7	48.90	38.38	1 514.48	305	116	5.56	7.02	3.56	7.66	7.73	7.81	7.87
∟180×16		50.5	55.47	43.54	1 700.99	338	131	5.54	6.98	3.55	7.70	7.77	7.84	7.91
18		51.3	61.96	48.63	1 875.12	365	146	5.50	6.94	3.51	7.73	7.80	7.87	7.94
14		54.6	54.64	42.89	2 103.55	387	145	6.20	7.82	3.98	8.47	8.53	8.60	8.67
16		55.4	62.01	48.68	2 366.15	428	164	6.18	7.79	3.96	8.50	8.57	8.64	8.71
∟200×18	18	56.2	69.30	54.40	2 620.64	467	182	6.15	7.75	3.94	8.54	8.61	8.67	8.75
20		56.9	76.51	60.05	2 867.30	503	200	6.12	7.72	3.93	8.56	8.64	8.71	8.78
24		58.7	90.66	71.17	3 338.25	570	236	6.07	7.64	3.90	8.65	8.73	8.80	8.87

附表 2　热轧不等边角钢截面特性

单角钢

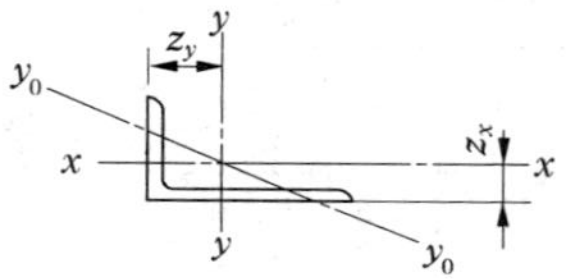

双角钢

双角钢

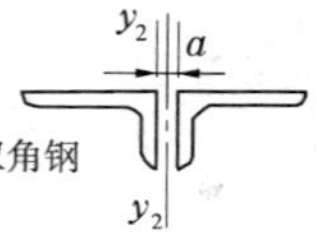

型号	圆角 r	重心距 z_x	重心距 z_y	截面面积	质量	惯性矩 I_x	惯性矩 I_y	回转半径 i_x	回转半径 i_y	回转半径 i_{y0}	当 a 为下列数值时的 i_{y1} 6 mm	8 mm	10 mm	12 mm	当 a 为下列数值时的 i_{y2} 6 mm	8 mm	10 mm	12 mm
		(mm)		(cm^2)	(kg/m)	(cm^4)		(cm)			(cm)				(cm)			
∟25×16×3	3.5	4.2	8.6	1.16	0.91	0.22	0.78	0.44	0.70	0.34	0.84	0.93	1.02	1.11	1.40	1.48	1.57	1.65
∟25×16×4		4.6	9.0	1.50	1.18	0.27	0.77	0.43	0.88	0.34	0.87	0.96	1.05	1.14	1.42	1.51	1.60	1.68
∟32×20×3		4.9	10.8	1.49	1.17	0.46	1.53	0.55	1.01	0.43	0.97	1.05	1.14	1.22	1.71	1.79	1.88	1.96
∟32×20×4		5.3	11.2	1.94	1.52	0.57	1.93	0.54	1.00	0.42	0.99	1.08	1.16	1.25	1.74	1.82	1.90	1.99
∟40×25×3	4	5.9	13.2	1.89	1.48	0.93	3.08	0.70	1.28	0.54	1.13	1.21	1.30	1.38	2.06	2.14	2.22	2.31
∟40×25×4		6.3	13.7	2.47	1.94	1.18	3.93	0.69	1.26	0.54	1.16	1.24	1.32	1.41	2.09	2.17	2.26	2.34
∟45×28×3	5	6.4	14.7	2.15	1.69	1.34	4.45	0.79	1.44	0.61	1.23	1.31	1.39	1.47	2.28	2.36	2.44	2.52
∟45×28×4		6.8	15.1	2.81	2.20	1.70	5.69	0.78	1.42	0.60	1.25	1.33	1.41	1.50	2.30	2.38	2.46	2.55
∟50×32×3	5.5	7.3	16.0	2.43	1.91	2.02	6.24	0.91	1.60	0.70	1.38	1.45	1.53	1.61	2.49	2.56	2.64	2.72
∟50×32×4		7.7	16.5	3.18	2.49	2.58	8.02	0.90	1.59	0.69	1.40	1.48	1.56	1.64	2.52	2.59	2.67	2.75
∟56×36×3	6	8.0	17.8	2.74	2.15	2.92	8.88	1.03	1.80	0.79	1.51	1.58	1.66	1.74	2.75	2.83	2.90	2.98
∟56×36×4		8.5	18.2	3.59	2.82	3.76	11.45	1.02	1.79	0.79	1.54	1.62	1.69	1.77	2.77	2.85	2.93	3.01
∟56×36×5		8.8	18.7	4.42	3.47	4.49	13.86	1.01	1.77	0.78	1.55	1.63	1.71	1.79	2.80	2.87	2.96	3.04

续附表2

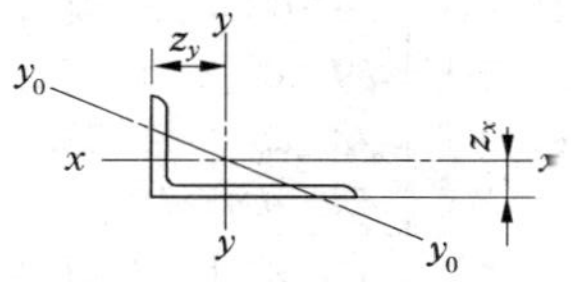

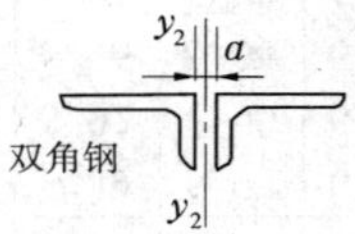

型号	圆角 r	重心距 z_x	重心距 z_y	截面面积	质量	惯性矩 I_x	惯性矩 I_y	回转半径 i_x	回转半径 i_y	回转半径 i_{y0}	当 a 为下列数值时的 i_{y1} 6 mm	8 mm	10 mm	12 mm	当 a 为下列数值时的 i_{y2} 6 mm	8 mm	10 mm	12 mm
		(mm)		(cm^2)	(kg/m)	(cm^4)		(cm)			(cm)				(cm)			
∟63×40×4	7	9.2	20.4	4.06	3.18	5.23	16.49	1.14	2.02	0.88	1.67	1.74	1.82	1.90	3.09	3.16	3.24	3.32
∟63×40×5		9.5	20.8	4.99	3.92	6.31	20.02	1.12	2.00	0.87	1.68	1.76	1.83	1.91	3.11	3.19	3.27	3.35
∟63×40×6		9.9	21.2	5.91	4.64	7.29	23.36	1.11	1.98	0.86	1.70	1.78	1.86	1.94	3.13	3.21	3.29	3.37
∟63×40×7		10.3	21.5	6.80	5.34	8.24	26.53	1.10	1.96	0.86	1.73	1.80	1.88	1.97	3.15	3.23	3.30	3.39
∟70×45×4	7.5	10.2	22.4	4.55	3.57	7.55	23.17	1.29	2.26	0.98	1.84	1.92	1.99	2.07	3.40	3.48	3.56	3.62
∟70×45×5		10.6	22.8	5.61	4.40	9.13	27.95	1.28	2.23	0.98	1.86	1.94	2.01	2.09	3.41	3.49	3.57	3.64
∟70×45×6		10.9	23.2	6.65	5.22	10.62	32.54	1.26	2.21	0.98	1.88	1.95	2.03	2.11	3.43	3.51	3.58	3.66
∟70×45×7		11.3	23.6	7.66	6.01	12.01	37.22	1.25	2.20	0.97	1.90	1.98	2.06	2.14	3.45	3.53	3.61	3.69
∟75×50×5	8	11.7	24.0	6.13	4.81	12.61	34.86	1.44	2.39	1.10	2.05	2.13	2.20	2.28	3.60	3.68	3.76	3.83
∟75×50×6		12.1	24.4	7.26	5.70	14.70	41.12	1.42	2.38	1.08	2.07	2.15	2.22	2.30	3.63	3.71	3.78	3.86
∟75×50×8		12.9	25.2	9.47	7.43	18.53	52.39	1.40	2.35	1.07	2.12	2.10	2.27	2.35	3.67	3.75	3.83	3.91
∟75×50×10		13.6	26.0	11.6	9.10	21.96	62.71	1.38	2.33	1.06	2.16	2.23	2.31	2.40	3.72	3.80	3.88	3.96
∟80×50×5	8	11.4	26.0	6.88	5.01	12.82	41.96	1.42	2.56	1.10	2.02	2.09	2.17	2.24	3.87	3.95	4.02	4.10
∟80×50×6		11.8	26.5	7.56	5.94	14.95	49.49	1.41	2.55	1.08	2.04	2.12	2.19	2.27	3.90	3.98	4.06	4.14
∟80×50×7		12.1	26.9	8.72	6.85	16.96	56.16	1.39	2.54	1.08	2.06	2.13	2.21	2.28	3.92	4.00	4.08	4.15
∟80×50×8		12.5	27.3	9.87	7.75	18.85	62.83	1.38	2.52	1.07	2.08	2.15	2.23	2.31	3.94	4.02	4.10	4.18

续附表 2

型号	单角钢 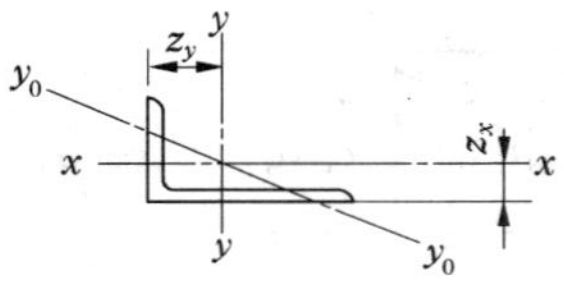										双角钢  双角钢 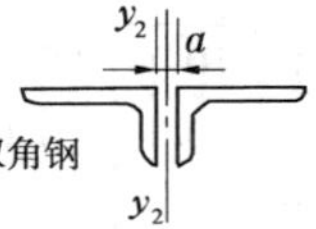							
	圆角	重心距		截面面积	质量	惯性矩		回转半径			当 a 为下列数值时的 i_{y1}				当 a 为下列数值时的 i_{y2}			
	r	z_x	z_y			I_x	I_y	i_x	i_y	i_{y0}	6 mm	8 mm	10 mm	12 mm	6 mm	8 mm	10 mm	12 mm
		(mm)		(cm^2)	(kg/m)	(cm^4)		(cm)			(cm)				(cm)			
∟90×56×5	9	12.5	29.1	7.21	5.66	18.32	60.45	1.59	2.90	1.23	2.22	2.29	2.37	2.44	4.32	4.40	4.47	4.55
6		12.9	29.5	8.56	6.72	21.42	71.03	1.58	2.88	1.23	2.24	2.32	2.39	2.46	4.34	4.42	4.49	4.57
7		13.3	30.0	9.88	7.76	24.36	81.01	1.57	2.86	1.22	2.26	2.34	2.41	2.49	4.37	4.45	4.52	4.60
8		13.6	30.4	11.18	8.78	27.15	91.03	1.56	2.85	1.21	2.28	2.35	2.43	2.50	4.39	4.47	4.55	4.62
∟100×63×6	10	14.3	32.4	9.62	7.55	30.94	99.06	1.79	3.21	1.38	2.49	2.56	2.63	2.71	4.78	4.85	4.93	5.00
7		14.7	32.8	11.11	8.72	35.26	113.45	1.78	3.20	1.38	2.51	2.58	2.66	2.73	4.80	4.87	4.95	5.03
8		15.0	33.2	12.58	9.88	39.39	127.37	1.77	3.18	1.37	2.52	2.60	2.67	2.75	4.82	4.89	4.97	5.05
10		15.8	34.0	15.46	12.14	47.12	153.81	1.74	3.15	1.35	2.57	2.64	2.72	2.79	4.86	4.94	5.02	5.09
∟100×80×6		19.7	29.5	10.64	8.35	61.24	107.04	2.40	3.17	1.72	3.30	3.37	3.44	3.52	4.54	4.61	4.69	4.76
7		20.1	30.0	12.30	9.66	70.08	123.73	2.39	3.16	1.72	3.32	3.39	3.46	3.54	4.57	4.64	4.71	4.79
8		20.5	30.4	13.94	10.95	78.58	137.92	2.37	3.14	1.71	3.34	3.41	3.48	3.56	4.59	4.66	4.74	4.81
10		21.3	31.2	17.17	13.48	94.65	166.87	2.35	3.12	1.69	3.38	3.45	3.53	3.60	4.63	4.70	4.78	4.85
∟110×70×6		15.7	35.3	10.64	8.35	42.92	133.37	2.01	3.54	1.54	2.74	2.81	2.88	2.97	5.22	5.29	5.36	5.44
7		16.1	35.7	12.30	9.66	49.01	153.00	2.00	3.53	1.53	2.76	2.83	2.90	2.98	5.24	5.31	5.39	5.46
8		16.5	36.2	13.94	10.95	54.87	172.04	1.98	3.51	1.53	2.78	2.85	2.93	3.00	5.26	5.34	5.41	5.49
10		17.2	37.0	17.17	13.47	65.88	208.39	1.96	3.48	1.51	2.81	2.89	2.96	3.04	5.30	5.38	5.46	5.53
∟125×80×7	11	18.0	40.1	14.10	11.07	74.42	227.98	2.30	4.02	1.76	3.11	3.18	3.25	3.32	5.89	5.97	6.04	6.12
8		18.4	40.6	16.99	12.55	83.49	256.67	2.28	4.01	1.75	3.13	3.20	3.27	3.34	5.92	6.00	6.07	6.15
10		19.2	41.4	19.71	15.47	100.67	312.04	2.26	3.98	1.74	3.17	3.24	3.31	3.38	5.96	6.04	6.11	6.19
12		20.0	42.2	23.35	18.33	116.67	364.41	2.24	3.95	1.72	3.21	3.28	3.35	3.43	6.00	6.08	6.15	6.23

续附表2

单角钢

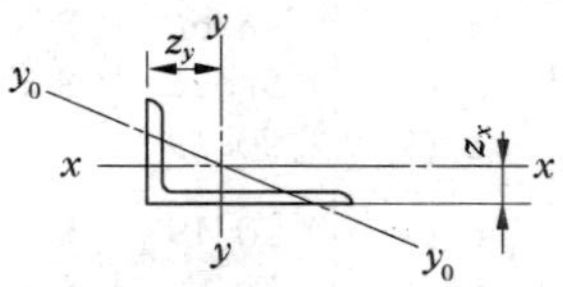

双角钢

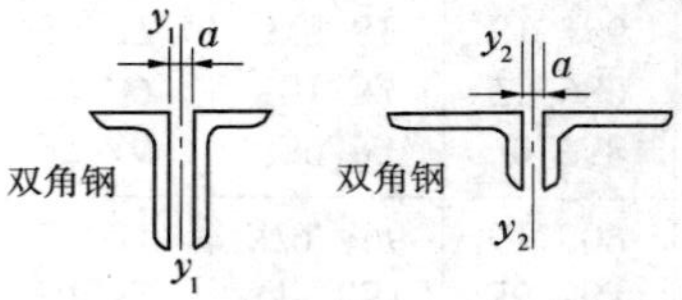

型号	圆角 r	重心距 z_x	重心距 z_y	截面面积	质量	惯性矩 I_x	惯性矩 I_y	回转半径 i_x	回转半径 i_y	回转半径 i_{y0}	当 a 为下列数值时的 i_{y1} 6 mm	8 mm	10 mm	12 mm	当 a 为下列数值时的 i_{y2} 6 mm	8 mm	10 mm	12 mm
		(mm)		(cm^2)	(kg/m)	(cm^4)		(cm)			(cm)				(cm)			
⌊140×90×8	12	20.4	45.0	18.04	14.16	120.69	365.64	2.59	4.50	1.98	3.49	3.56	3.63	3.70	6.58	6.65	6.72	6.79
⌊140×90×10	12	21.2	45.8	22.26	17.46	146.03	445.50	2.56	4.47	1.96	3.52	3.59	3.66	3.74	6.62	6.69	6.77	6.84
⌊140×90×12	12	21.9	46.6	26.40	20.72	169.79	521.59	2.54	4.44	1.95	3.55	3.62	3.70	3.77	6.66	6.74	6.81	6.89
⌊140×90×14	12	22.7	47.4	30.47	23.91	192.10	594.10	2.51	4.42	1.94	3.59	3.67	3.74	3.81	6.70	6.78	6.85	6.93
⌊160×100×10	13	22.8	52.4	25.32	19.87	206.03	668.69	2.85	5.14	2.19	3.84	3.91	3.98	4.05	7.56	7.63	7.70	7.78
⌊160×100×12	13	23.6	53.2	30.05	23.59	239.06	784.91	2.82	5.11	2.17	3.88	3.95	4.02	4.09	7.60	7.67	7.75	7.82
⌊160×100×14	13	24.3	54.0	34.71	27.25	271.20	896.30	2.80	5.08	2.16	3.91	3.98	4.05	4.12	7.64	7.71	7.79	7.86
⌊160×100×16	13	25.1	54.8	39.28	30.84	301.60	1 003.04	2.77	5.05	2.16	3.95	4.02	4.09	4.17	7.68	7.75	7.83	7.91
⌊180×110×10	14	24.4	58.9	28.37	22.27	278.11	956.25	3.13	5.80	2.42	4.16	4.23	4.29	4.36	8.47	8.56	8.63	8.71
⌊180×110×12	14	25.2	59.6	33.71	26.46	325.03	1 124.72	3.10	5.78	2.40	4.19	4.26	4.33	4.40	8.53	8.61	8.68	8.76
⌊180×110×14	14	25.9	60.6	38.97	30.59	369.55	1 286.91	3.08	5.75	2.39	4.22	4.29	4.36	4.43	8.57	8.65	8.72	8.80
⌊180×110×16	14	26.7	61.4	44.14	34.65	410.85	1 443.06	3.06	5.72	2.38	4.26	4.33	4.40	4.47	8.61	8.69	8.76	8.84
⌊200×125×12	14	28.3	65.4	37.91	29.76	483.16	1 570.90	3.57	6.44	2.74	4.75	4.81	4.88	4.95	9.39	9.47	9.54	9.61
⌊200×125×14	14	29.1	66.2	43.87	34.44	550.83	1 800.97	3.54	6.41	2.73	4.78	4.85	4.92	4.99	9.43	9.50	9.58	9.65
⌊200×125×16	14	29.9	67.0	49.74	39.05	616.44	2 023.35	3.52	6.38	2.71	4.82	4.89	4.96	5.03	9.47	9.54	9.62	9.69
⌊200×125×18	14	30.6	67.8	55.53	43.59	677.19	2 238.30	3.49	6.35	2.70	4.85	4.92	4.99	5.07	9.51	9.58	9.66	9.74

附表 3　热轧普通工字钢截面特性

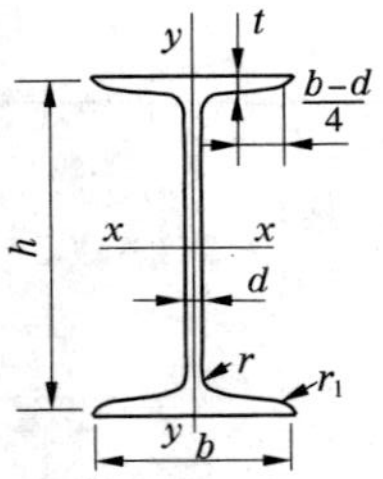

符号意义：

h——高度；
b——腿宽度；
d——腰厚度；
t——平均腿宽度；
r——内圆弧半径；
r_1——腿端圆弧半径；
I——惯性矩；
W——截面因数；
i——惯性半径；
S——半截面的静矩

型号	尺寸(mm)						截面面积 (cm^2)	理论质量 (kg/m)	参考数值						
									x—x				y—y		
	h	b	d	t	r	r_1			I_x (cm^4)	W_x (cm^3)	i_x (cm)	$I_x:S_x$ (cm)	I_y (cm^4)	W_y (cm^3)	i_y (cm)
10	100	68	4.5	7.6	6.5	3.3	14.3	11.2	245.0	49	4.14	8.59	33	9.72	1.52
12.6	126	74	5	8.4	7	3.5	18.1	14.2	488.43	77.529	5.195	10.85	46.906	12.677	1.609
14	140	80	5.5	9.1	7.5	3.8	21.5	16.9	712	102	5.76	12	64.4	16.1	1.73
16	160	88	6	9.9	8	4	26.1	20.5	1 130	141	6.58	13.8	93.1	21.1	1.89
18	180	94	6.5	10.7	8.5	4.3	30.6	24.1	1 660	185	7.36	15.4	122	26	2
20a	200	100	7	11.4	9	4.5	35.5	27.9	2 370	237	8.15	17.2	158	31.5	2.12
20b	200	102	9	11.4	9	4.5	39.5	31.1	2 500	250	7.96	16.9	169	33.1	2.06
22a	220	110	7.5	12.3	9.5	4.8	42	33	3 400	309	8.99	18.9	225	40.9	2.31
22b	220	112	9.5	12.3	9.5	4.8	46.4	36.4	3 570	325	8.78	18.7	239	42.7	2.27
25a	250	116	8	13	10	5	48.5	38.1	5 023.54	401.88	10.18	21.58	280.046	43.283	2.403
25b	250	118	10	13	10	5	53.5	42	5 283.96	422.72	9.938	21.27	309.297	52.423	2.404
28a	280	122	8.5	13.7	10.5	5.3	55.45	43.4	7 114.14	508.15	11.32	24.62	345.051	56.565	2.495
28b	280	124	10.5	13.7	10.5	5.3	61.05	47.9	7 480	534.29	11.08	24.24	379.496	61.209	2.493
32a	320	130	9.5	15	11.5	5.8	67.05	52.7	11 075.5	692.2	12.84	27.46	459.93	70.758	2.619
32b	320	132	11.5	15	11.5	5.8	73.45	57.7	11 621.4	726.33	12.58	27.09	501.53	75.989	2.614
32c	320	134	13.5	15	11.5	5.8	79.95	62.8	12 167.5	760.47	12.34	26.77	543.81	81.166	2.608

续附表 3

型号	尺寸(mm)						截面面积 (cm^2)	理论质量 (kg/m)	参考数值						
									$x—x$				$y—y$		
	h	b	d	t	r	r_1			I_x (cm^4)	W_x (cm^3)	i_x (cm)	$I_x:S_x$ (cm)	I_y (cm^4)	W_y (cm^3)	i_y (cm)
36a	360	136	10	15.8	12	6	76.3	59.9	15 760	875	14.4	30.7	552	81.2	2.69
36b	360	138	12	15.8	12	6	83.5	65.6	16 530	919	14.1	30.3	582	84.3	2.64
36c	360	140	14	15.8	12	6	90.7	71.2	17 310	962	13.8	29.9	612	87.4	2.6
40a	400	142	10.5	16.5	12.5	6.3	86.1	67.6	21 720	1 090	15.9	34.1	660	93.2	2.77
40b	400	144	12.5	16.5	12.5	6.3	94.1	73.8	22 780	1 140	15.6	33.6	692	96.2	2.71
40c	400	146	14.5	16.5	12.5	6.3	102	80.1	23 850	1 190	15.2	33.2	727	99.6	2.65
45a	450	150	11.5	18	13.5	6.8	102	80.4	32 240	1 430	17.7	38.6	855	114	2.89
45b	450	152	13.5	18	13.5	6.8	111	87.4	33 760	1 500	17.4	38	894	118	2.84
45c	450	154	15.5	18	13.5	6.8	120	94.5	35 280	1 570	17.1	37.6	938	122	2.79
50a	500	158	12	20	14	7	119	93.6	46 470	1 860	19.7	42.8	1 120	142	3.07
50b	500	160	14	20	14	7	129	101	48 560	1 940	19.4	42.4	1 170	146	3.01
50c	500	162	16	20	14	7	139	109	50 640	2 080	19	41.8	1 220	151	2.96
56a	560	166	12.5	21	14.5	7.3	135.25	106.2	65 585.6	2 343.31	22.02	47.73	1 370.16	165.08	3.182
56b	560	168	14.5	21	14.5	7.3	146.45	115	68 512.5	2 446.69	21.63	47.17	1 486.75	174.25	3.162
56c	560	170	16.5	21	14.5	7.3	157.85	123.9	71 439.4	2 551.41	21.27	46.66	1 558.39	183.34	3.158
63a	630	176	13	22	15	7.5	154.9	121.6	93 916.2	2 981.47	24.62	54.17	1 700.55	193.24	3.314
63b	630	178	15	22	15	7.5	167.5	131.5	98 083.6	3 163.38	24.2	53.51	1 812.07	203.6	3.289
63c	630	180	17	22	15	7.5	180.1	141	102 251.1	3 298.42	23.82	52.92	1 924.91	213.88	3.268

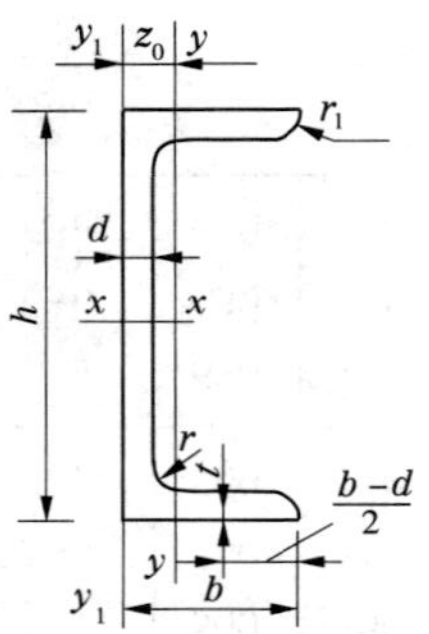

附表 4　热轧普通槽钢截面特性

符号意义：

h——高度；
b——腿宽度；
d——腰厚度；
t——平均腿宽度；
r——内圆弧半径；
r_1——腿端圆弧半径；
I——惯性矩；
W——惯性因数；
i——惯性半径；
z_0——$y—y$ 轴与 $y_1—y_1$ 轴的间距

型号	尺寸(mm)						截面面积 (cm^2)	理论质量 (kg/m)	参考数据							
									$x—x$			$y—y$			$y_1—y_1$	z_0(cm)
	h	b	d	t	r	r_1			W_x (cm^3)	I_x (cm^4)	i_x (cm)	W_y (cm^3)	I_y (cm^4)	i_y (cm)	I_{y_1} (cm^4)	
5	50	37	4.5	7	7	3.5	6.93	5.44	10.4	26	1.94	3.55	8.3	1.1	20.9	1.35
6.3	63	40	4.8	7.5	7.5	3.75	8.444	6.63	16.123	50.786	2.453	4.50	11.872	1.185	28.38	1.36
8	80	43	5	8	8	4	10.24	8.04	25.3	101.3	3.15	5.79	16.6	1.27	37.4	1.43
10	100	48	5.3	8.5	8.5	4.25	12.74	10	39.7	198.3	3.95	7.8	25.6	1.41	54.9	1.52
12.6	126	53	5.5	9	9	4.5	15.69	12.37	62.137	391.466	4.953	10.242	37.99	1.567	77.09	1.59
14a	140	58	6	9.5	9.5	4.75	18.51	14.53	80.5	563.7	5.52	13.01	53.2	1.7	107.1	1.71
14b	140	60	8	9.5	9.5	4.75	21.31	16.73	87.1	609.4	5.35	14.12	61.1	1.69	120.6	1.67
16a	160	63	6.5	10	10	5	21.95	17.23	108.3	866.2	6.28	16.3	73.3	1.83	144.1	1.8
16	160	65	8.5	10	10	5	25.15	19.74	116.8	934.5	6.1	17.55	83.4	1.82	160.8	1.75
18a	180	68	7	10.5	10.5	5.25	25.69	20.17	141.4	1 272.7	7.04	20.03	98.6	1.96	189.7	1.88
18	180	70	9	10.5	10.5	5.25	29.29	22.99	152.2	1 369.9	6.84	21.52	111	1.95	210.1	1.84
20a	200	73	7	11	11	5.5	28.83	22.63	178	1 780.4	7.86	24.2	128	2.11	244	2.01
20	200	75	9	11	11	5.5	32.83	25.77	191.4	1 913.7	7.64	25.88	143.6	2.09	268.4	1.95

续附表 4

型号	尺寸(mm)						截面面积 (cm^2)	理论质量 (kg/m)	参考数值							
									x—x			y—y			y_1—y_1	
	h	b	d	t	r	r_1			W_x (cm^3)	I_x (cm^4)	i_x (cm)	W_y (cm^3)	I_y (cm^4)	i_y (cm)	I_{y_1} (cm^4)	z_0(cm)
22a	220	77	7	11.5	11.5	5.75	31.84	24.99	217.6	2 393.9	8.67	28.17	157.8	2.23	298.2	2.1
22	220	79	9	11.5	11.5	5.75	36.24	28.45	233.8	2 571.4	8.42	30.05	176.4	2.21	326.3	2.03
25a	250	78	7	12	12	6	34.91	27.47	269.597	3 369.62	9.823	30.607	175.529	2.243	322.256	2.065
25b	250	80	9	12	12	6	39.91	31.39	282.402	3 530.04	9.405	32.657	196.421	2.218	353.187	1.982
25c	250	82	11	12	12	6	44.91	35.32	295.236	3 690.45	9.065	35.926	218.415	2.206	384.133	1.921
28a	280	82	7.5	12.5	12.5	6.25	40.02	31.42	340.328	4 764.59	10.91	35.718	217.989	2.333	387.566	2.097
28b	280	84	9.5	12.5	12.5	6.25	45.62	35.81	366.460	5 130.45	10.60	37.929	242.144	2.304	427.589	2.016
28c	280	86	11.5	12.5	12.5	6.25	51.22	40.21	392.594	5 496.32	10.35	40.301	267.602	2.286	426.597	1.951
32a	320	88	8	14	14	7	48.7	38.22	474.879	7 598.06	12.49	46.473	304.787	2.502	552.31	2.242
32b	320	90	10	14	14	7	55.1	43.25	509.012	8 144.20	12.15	49.157	336.332	2.471	592.933	2.158
32c	320	92	12	14	14	7	61.5	48.28	543.145	8 690.33	11.88	52.642	374.175	2.467	643.299	2.092
36a	360	96	9	16	16	8	60.89	47.8	659.7	11 874.2	13.97	63.54	455	2.73	818.4	2.44
36b	360	98	11	16	16	8	68.09	53.45	702.9	12 651.8	13.63	66.85	496.7	2.7	880.4	2.37
36c	360	100	13	16	16	8	75.29	50.1	746.1	13 429.4	13.36	70.02	536.4	2.67	947.9	2.34
40a	400	100	10.5	18	18	9	75.05	58.91	878.9	17 577.9	15.30	78.83	592	2.81	1 067.7	2.49
40b	400	102	12.5	18	18	9	83.05	65.19	932.2	18 644.5	14.98	82.52	640	2.78	1 135.6	2.44
40c	400	104	14.5	18	18	9	91.05	71.47	985.6	19 711.2	14.71	86.19	687.8	2.75	1 220.7	2.42

参考文献

[1] 李舒瑶,赵云翔. 工程力学[M]. 2 版. 郑州:黄河水利出版社,2009.
[2] 王长连. 土木工程力学[M]. 2 版. 北京:机械工业出版社,2009.
[2] 杨慧丽. 工程力学[M]. 北京:中国水利水电出版社,2007.
[3] 于英. 建筑力学[M]. 3 版. 北京:中国建筑工业出版社,2013.
[4] 吴建生. 工程力学[M]. 北京:机械工业出版社,2003.
[5] 祁凯. 结构力学[M]. 北京:中国建筑工业出版社,2012.
[6] 张如三. 材料力学[M]. 北京:中国建筑工业出版社,2007.

部分习题参考答案

第二章

2-7 $m_{抗}=86.833\ kN\cdot m>m_{倾}=77.412\ kN\cdot m$ 不会倾倒

2-8 $m_A(\boldsymbol{F})=1.6F$ $m_A(\boldsymbol{F}_T)=-1.2F_T$

第三章

3-1 $F_R=247.9\ N$ $\alpha=-83.8°$

3-2 $F_R=7.48\ kN$ $\alpha=70.3°$

3-3 $F_{1x}=-70.7\ N$ $F_{2x}=-129.9\ N$ $F_{3x}=0$ $F_{4x}=100\ N$

$F_{1y}=70.7\ N$ $F_{2y}=75\ N$ $F_{3y}=-200\ N$ $F_{4y}=-173.2\ N$

3-4 $F_R'=162.68\ kN$ $\alpha=12.99°$ $m_O=-3\ 119.6\ kN\cdot m$ $h=|m_O|/F_R'=19.18\ m$

3-5 $m=400\ N\cdot m$

3-6 $F_R'=10\ 405.94\ kN$ $\alpha=-70.38°$ $m_O=-116\ 500\ kN\cdot m$ $h=|m_O|/F'_R=11.20\ m$

3-7 $F=0.5\ kN$

3-8 $T_A=81.8\ kN$

3-9 $F_A=28\ kN(\uparrow)$ $F_B=12\ kN(\uparrow)$

3-10 $F_{max}=7.41\ kN$

3-11 $m_2=\frac{m_1}{2}$ $F_A=F_C=F_D=\frac{m_1}{l}$

3-12 $m_2=3\ N\cdot m$ $F_{BC}=5\ N$(拉)

3-13 (a) $F_{Ay}=F(\uparrow)$ $m_A=m+2Fa(\circlearrowright)$

(b) $F_{Ax}=1\ kN(\rightarrow)$ $F_{Ay}=3.732\ kN(\uparrow)$ $m_A=10.93\ kN\cdot m(\circlearrowright)$

3-14 (a) $F_A=5.83\ kN(\uparrow)$ $F_B=89.2\ kN(\uparrow)$

(b) $F_A=9.5\ kN(\uparrow)$ $F_B=3.5\ kN(\uparrow)$

3-15 (a) $F_{Ax}=3\ kN(\leftarrow)$ $F_{Ay}=0.25\ kN(\downarrow)$ $F_B=4.25\ kN(\uparrow)$

(b) $F_A=4\ kN(\uparrow)$ $m_A=0$

3-16 $F_{Ax}=-\frac{1}{4}ga(\leftarrow)$ $F_{Ay}=\frac{3}{4}ga(\uparrow)$ $F_{Bx}=\frac{3}{4}ga(\leftarrow)$ $F_{By}=\frac{5}{4}ga(\uparrow)$

$F_{Cx}=\frac{3}{4}ga$(压) $F_{Cy}=-\frac{1}{4}ga$(压)

3-17 $F_{Ay}=200\ N$(压) $F_{Ax}=129.7\ kN$(压) $F_T=129.7\ kN$

3-18 $F_A=25\ kN(\uparrow)$ $m_A=80\ kN\cdot m(\circlearrowright)$ $F_C=15\ kN(\uparrow)$

3-19 (1) $F_{抗}=17\ 160\ kN$ $F_{抗}>F_{滑}$ 大坝不会滑动

(2) $M_{倾}=44\ 070\ kN\cdot m$ $M_{抗}=827\ 200\ kN\cdot m$ $M_{抗}>M_{倾}$ 不会倾倒

3-20 $F_{min}=20.92\ kN$ $F_{max}=26.06\ kN$ $20.92\ kN\leqslant F_T\leqslant 26.06\ kN$

第四章

4-1 $F_{1x}=-2.8\ \text{kN}$ $F_{1y}=2.8\ \text{kN}$ $F_{1z}=0$

$F_{2x}=-4.2\ \text{kN}$ $F_{2y}=0$ $F_{2z}=4.2\ \text{kN}$

$F_{3x}=1.15\ \text{kN}$ $F_{3y}=-1.15\ \text{kN}$ $F_{3z}=1.15\ \text{kN}$

4-2 $F_x=61.2\ \text{kN}$ $F_y=-35.4\ \text{kN}$ $F_z=70.7\ \text{kN}$

4-3 $M_x(\boldsymbol{F}_1)=-1.44\ \text{kN}\cdot\text{m}$ $M_y(\boldsymbol{F}_1)=0$ $M_z(\boldsymbol{F}_1)=0.96\ \text{kN}\cdot\text{m}$

$M_x(\boldsymbol{F}_2)=-2.16\ \text{kN}\cdot\text{m}$ $M_y(\boldsymbol{F}_2)=2.7\ \text{kN}\cdot\text{m}$ $M_z(\boldsymbol{F}_2)=-3.6\ \text{kN}\cdot\text{m}$

$M_x(\boldsymbol{F}_3)=-5.2\ \text{kN}\cdot\text{m}$ $M_y(\boldsymbol{F}_3)=0.54\ \text{kN}\cdot\text{m}$ $M_z(\boldsymbol{F}_3)=1.8\ \text{kN}\cdot\text{m}$

4-4 $F_x=0.866\ \text{kN}$ $F_y=0$ $F_z=0.5\ \text{kN}$ $M_z(\boldsymbol{F})=-0.61\ \text{kN}\cdot\text{m}$

4-5 (a) $x_C=y_C=67.86\ \text{mm}$

(b) $x_C=-\frac{r}{3}$ $y_C=0$

(c) $x_C=139.4\ \text{mm}$ $y_C=84.55\ \text{mm}$

(d) $x_C=0.686\ \text{m}$ $y_C=0.839\ \text{m}$

第五章

5-1 (a) $N_1=40\ \text{kN}$ $N_2=0$ $N_3=-20\ \text{kN}$

(b) $N_1=-F$ $N_2=-4F$ $N_3=0$

5-2 $N_1=-F$ $N_2=F$ $N_3=-2F$

5-3 (a) $N_1=50\ \text{kN}$ $N_2=10\ \text{kN}$ $N_3=-20\ \text{kN}$

(b) $N_1=F$ $N_2=0$ $N_3=F$

(c) $N_1=0$ $N_2=4F$ $N_3=3F$

5-4 $M_{x12}=859.5\ \text{N}\cdot\text{m}$ $M_{x23}=-2\ 005.5\ \text{N}\cdot\text{m}$

$M_{x34}=-1\ 432.5\ \text{N}\cdot\text{m}$ $M_{x45}=-382\ \text{N}\cdot\text{m}$

5-5 $m_O=1.326\ \text{N}\cdot\text{m/m}$

5-6 (a) $Q_1=0$ $M_1=Fa$; $Q_2=-F$ $M_2=Fa$; $Q_3=0$ $M_3=0$

(b) $Q_1=-100\ \text{N}$ $M_1=-20\ \text{N}\cdot\text{m}$; $Q_2=-100\ \text{N}$ $M_2=-40\ \text{N}\cdot\text{m}$;

$Q_3=200\ \text{N}$ $M_3=-40\ \text{N}\cdot\text{m}$

(c) $Q_1=-qa$ $M_1=0$; $Q_2=-2qa$ $M_2=-\frac{3}{2}qa^2$; $Q_3=-2qa$ $M_3=-\frac{1}{2}qa^2$

(d) $Q_1=-qa$ $M_1=-\frac{1}{2}qa^2$; $Q_2=-\frac{3}{2}qa$ $M_2=-2qa^2$; $Q_3=qa$ $M_3=-qa^2$

(e) $Q_1=-\frac{1}{2}qa$ $M_1=-\frac{1}{6}qa^2$; $Q_2=\frac{1}{12}qa$ $M_2=-\frac{1}{6}qa^2$

(f) $Q_1=-qa$ $M_1=-2qa^2$; $Q_2=2qa$ $M_2=-2qa^2$; $Q_3=2qa$ $M_3=0$

5-7 (a) $|Q|_{\max}=F$,在 CD 梁段;$|M|_{\max}=Fa$,在 AC 梁段

(b) $|Q|_{\max}=200\ \text{N}$,在 BD 段;$|M|_{\max}=40\ \text{N}\cdot\text{m}$,在 D 支座

(c) $|Q|_{\max}=2qa$,在 CB 段;$|M|_{\max}=\frac{5}{2}qa^2$,在 B 支座

(d) $|Q|_{\max}=\frac{3}{2}qa$,;在 CD 段;$|M|_{\max}=2qa^2$,在 $D_{左}$ 截面

(e) $|Q|_{\max}=\frac{1}{2}qa$,在 1 截面;$|M|_{\max}=\frac{1}{6}qa^2$,在 C 支座

(f) $|Q|_{max}=2qa$,在 CD 段;$|M|_{max}=2qa^2$,在 C 支座和 BD 中点

5-8 (a) $|Q|_{max}=F$,在左梁段;$|M|_{max}=Fa$,在固定端支座

(b) $|Q|_{max}=0$;$|M|_{max}=m$,在全梁段

(c) $|Q|_{max}=\frac{5}{4}qa$,在简支梁段;$|M|_{max}=\frac{7}{4}qa^2$,在 m 左侧截面

(d) $|Q|_{max}=\frac{1}{2}qa$,在 $B_{左}$ 截面;$|M|_{max}=\frac{1}{8}qa^2$,在 B 支座

(e) $|Q|_{max}=12$ kN,在 $B_{左}$ 截面;$|M|_{max}=8$ kN · m,在 BC 段

(f) $|Q|_{max}=18$ kN,在 $B_{右}$ 截面;$|M|_{max}=18$ kN · m,在 B 支座

(g) $|Q|_{max}=6.5$ kN,在 $D_{右}$ 截面;$|M|_{max}=5.28$ kN · m,在距 D 支座 1.625 m 处

(h) $|Q|_{max}=\frac{2}{3}qa$,在 $B_{左}$ 截面;$|M|_{max}=\frac{\sqrt{3}}{27}qa^2$,在距 A 支座$\frac{\sqrt{3}}{3}l$ 处

(i) $|Q|_{max}=1.61q$,在 AB 支座处;$|M|_{max}=0.9q$,在跨中

5-9 (a) $|Q|_{max}=qa$,在 BC 段和 $A_{右}$、$C_{右}$ 截面,$Q_{C右}=qa$;$|M|_{max}=\frac{1}{2}qa^2$,在 BC 梁段

(b) $|Q|_{max}=\frac{5}{3}qa$,在 A 支座;$|M|_{max}=\frac{25}{18}qa^2$,在距 A 支座$\frac{5}{3}a$ 处,$M_{B右}=\frac{qa}{3}$,$M_{B左}=\frac{4}{3}qa$

5-10 (a) $|Q|_{max}=2qa$,在固定端;$|M|_{max}=\frac{3}{2}ql^2$,在固定端

(b) $|Q|_{max}=\frac{3}{2}ql$,在左支座;$|M|_{max}=Fl$,在左支座

(c) $|Q|_{max}=10$ kN,在 A、B 支座;$|M|_{max}=12$ kN · m,在跨中

(d) $|Q|_{max}=16$ kN,在 A、C 支座;$|M|_{max}=30$ kN · m,在跨中

5-11 (a) $|Q|_{max}=qa$,在左梁段;$|M|_{max}=\frac{3}{2}ql^2$,在固定端

(b) $|Q|_{max}=\frac{3}{8}qa$,在左支座;$|M|_{max}=\frac{9}{128}qa^2$,在距左支座$\frac{3l}{8}a$ 处

(c) $|Q|_{max}=\frac{11}{8}qa$,在右支座;$|M|_{max}=\frac{9}{16}qa^2$,在跨中右侧截面

(d) $|Q|_{max}=\frac{1}{2}qa$,在两支座;$|M|_{max}=\frac{1}{2}qab+\frac{1}{8}qb^2$,在跨中

(e) $|Q|_{max}=qa$,在右支座右侧截面;$|M|_{max}=\frac{1}{2}qa^2$,在右支座

(f) $|Q|_{max}=qa$,在右支座两侧截面;$|M|_{max}=\frac{1}{2}qa^2$,在右支座

第六章

6-1 $\sigma_{AB}=31.07$ MPa　　$\sigma_{AC}=37.65$ MPa

6-2 ①的强度高;②的刚度大;③的塑性好

6-3 $\sigma_{AB}=-100$ MPa　　$\sigma_{BC}=-33.3$ MPa　　$\sigma_{CD}=25$ MPa

6-4 $\alpha=0°$时:$\sigma_0=200$ MPa　　$\tau_0=0$

$\alpha=30°$时:$\sigma_{30°}=150$ MPa　　$\tau_{30°}=86.6$ MPa

$\alpha=45°$时:$\sigma_{45°}=100$ MPa　　$\tau_{45°}=100$ MPa

$\alpha=60°$时:$\sigma_{60°}=25$ MPa　　$\tau_{60°}=-43.3$ MPa

$\alpha=90°$时：$\sigma_{90°}=0$　　$\tau_{90°}=0$

6-5　$\sigma_1=66.1\ \text{MPa}$　　$\sigma_2=47.8\ \text{MPa}$

6-6　5.66 mm

6-7　$\Delta l_{AC}=0.17\ \text{mm}$　　$\Delta l_{BD}=0.164\ \text{mm}$

6-8　$\sigma=5.63\ \text{MPa}<[\sigma]=10\ \text{MPa}$　　绳索满足强度要求

6-9　(3)$\sigma_g=200\ \text{Pa}$；$\sigma_h=28\ \text{Pa}$

6-10　$F=19\ 287.45\ \text{N}=19.3\ \text{kN}$

6-11　$x=0.86l$

6-12　$d\geqslant 26\ \text{mm}$　　$a\geqslant 95\ \text{mm}$

6-13　$a=14\ \text{mm}$　　$b=28\ \text{mm}$

6-14　$F_{G\max}\leqslant 159.6\times 10^3\ \text{N}$，取$F_{G\max}=160\ \text{kN}$

$\sigma_{AB}=162.3\ \text{MPa}<105\%[\sigma]=170\ \text{MPa}$　　满足强度要求

6-15　$A\geqslant 3.97\ \text{cm}^2$

6-16　$d=21.6\ \text{mm}$，取 $d=22\ \text{mm}$

6-17　$\sigma=6.36\ \text{MPa}<[\sigma]=7\ \text{MPa}$；$\sigma=7.78\ \text{MPa}>[\sigma]=7\ \text{MPa}$　　不满足强度条件

6-18　$\tau\leqslant 59.7\ \text{MPa}<[\tau]=60\ \text{MPa}$；$\sigma_c\leqslant 93.75\ \text{MPa}<[\sigma_c]=120\ \text{MPa}$　　满足强度要求

6-19　$h=14\ \text{mm}$

6-20　$\sigma=139.5\ \text{MPa}$　　$\tau=66.12\ \text{MPa}$　　$\sigma_c=56.2\ \text{MPa}$　　均满足强度要求

6-21　$l=16\ \text{cm}$　　$a=2\ \text{cm}$

6-22　$t=80\ \text{mm}$

第七章

7-1　(a)$S_z=\dfrac{bh^2}{6}$

(b)$S_z=\dfrac{h}{2}\left(bh-\dfrac{\pi d^2}{4}\right)$

(c)$S_z=\dfrac{H}{2}(bH-bh+dh)$

7-2　(1)$z_c=0$　　$y_c=0.28\ \text{m}$

(2)$S_z=15\ 135\ \text{cm}^3$

7-3　(a)$I_z=\dfrac{BH^3}{12}-\dfrac{bh^3}{12}$

(b)$I_z=I_y=\dfrac{\pi D^4}{64}-\dfrac{\pi d^4}{64}$

7-4　$I_x=101.1\times 10^6\ \text{mm}^4$

7-5　$z_c=0$，$y_c=121.9\ \text{mm}$，$I_z=3.37\times 10^9\ \text{mm}^4$

7-6　$a=9.76\ \text{cm}\approx 10\ \text{cm}$

第八章

8-1　(1)$\tau_A=71.4\ \text{MPa}$　　$\tau_B=35.7\ \text{MPa}$　　$\tau_C=0$

(2)$\tau_{\max}=71.4\ \text{MPa}$

8-2 (1)$\tau_{max}=15.56$ MPa $\tau_{min}=12.09$ MPa

8-3 $\tau_{max}=52.2$ MPa $\theta=0.984°/$ m 强度和刚度均满足要求

8-4 $\tau_{max}=64$ MPa

8-5 $\tau_{max}=22.6$ MPa $\varphi=0.302°$

8-6 $l=1.09$ m

第九章

9-1 $\sigma_a=-6.56$ MPa $\sigma_b=-4.685$ MPa $\sigma_c=0$ $\sigma_d=4.685$ MPa

9-2 $\tau_{max}=12.5$ MPa $\tau_C=8.65$ MPa

9-3 (a)$\sigma_{max}=8.75$ MPa

(b)$\sigma_{max}=13.82$ MPa

9-4 $\sigma^+_{max}=30.15\text{ MPa}=\sigma^{上}_A=\sigma^{上}_B$ $\sigma^-_{max}=30.15\text{ MPa}=\sigma^{上}_C$

9-5 (a)$b\times h=145\text{ mm}\times 290\text{ mm}$

(b)$a=230$ mm

(c)$d=275$ mm

9-6 $a=2.12$ m $q=24.6$ kN/m

9-7 (1)工字钢选28a,误差小于5%

(2)槽钢选25b

9-8 $F=56.86$ kN,取$[F]=57$ kN

9-9 $\sigma^+_{max}=34.5\text{ MPa}=\sigma^{下}_C$ $\sigma^-_{max}=69\text{ MPa}=\sigma^{下}_B$

9-10 $\sigma^+_{max}=35\text{ MPa}=\sigma^{下}_C$ $\sigma^-_{max}=70\text{ MPa}=\sigma^{下}_A$

9-11 $\sigma_{max}=9.26$ MPa $\tau_{max}=0.52$ MPa

9-12 工字钢选No16

9-13 $b\times h=140\text{ mm}\times 210\text{ mm}$

9-14 $b\times h=150\text{ mm}\times 300\text{ mm}$

9-15 $[F]=15.16$ kN

第十章

10-3 (a)$\sigma_\alpha=-20$ MPa,$\tau_\alpha=69.28$ MPa

(b)$\sigma_\alpha=-43.3$ MPa,$\tau_\alpha=25$ MPa

(c)$\sigma_\alpha=9.02$ MPa,$\tau_\alpha=-23.66$ MPa

(d)$\sigma_\alpha=239.78$ MPa,$\tau_\alpha=-8.19$ MPa

10-4 (a)$\sigma_{max}=60$ MPa $\sigma_{min}=-40$ MPa $\alpha_0=-18°26'$

(b)$\sigma_{max}=128.1$ MPa $\sigma_{min}=-28.1$ MPa $\alpha_0=25°06'$

(c)$\sigma_{max}=47.08$ MPa $\sigma_{min}=-87.08$ MPa $\alpha_0=13°16'$

(d)$\sigma_{max}=40$ MPa $\sigma_{min}=-40$ MPa $\alpha_0=-45°$

10-5 (a)$\tau_{max}=25$ MPa $\tau_{min}=-25$ MPa

(b)$\tau_{max}=0$ $\tau_{min}=0$

(c)$\tau_{max}=58.31$ MPa $\tau_{min}=58.31$ MPa $\alpha_1=29°31'$

(d)$\tau_{max}=36.06$ MPa $\tau_{min}=-36.06$ MPa $\alpha_1=28°09'$

10-6 a 点：$\sigma_{max}=31.3$ MPa $\sigma_{min}=0$ $\alpha_0=0°$

b 点：$\sigma_{max}=15.69$ MPa $\sigma_{min}=-0.09$ MPa $\alpha_0=-4°22'$

c 点：$\sigma_{max}=1.6$ MPa $\sigma_{min}=-1.6$ MPa $\alpha_0=-45°$

10-7 $\sigma_{max}=1.657$ MPa $\sigma_{min}=-0.861$ MPa $\tau_{max}=1.259$ MPa $\tau_{min}=-1.259$ MPa

10-8 $\sigma_{xd3}=165$ MPa $\sigma_{xd4}=147.7$ MPa

10-9 25a 工字钢

第十一章

11-1 $\sigma_{max}=151.83$ MPa

11-2 $\sigma_{max}=14.82$ MPa σ_{max}^{+}在 A 截面 2 点 σ_{max}^{-}在 A 截面 3 点

11-3 $b=94$ mm $h=141$ mm

11-4 $q_{max}=1.385$ kN/m

11-5 $\sigma_{max}^{+}=10.35$ MPa（$C_{左}$ 截面下边缘） $\sigma_{max}^{-}=10.47$ MPa（$C_{左}$ 截面上边缘）

11-6 $\sigma_{max}^{-}=\dfrac{8F}{3a^2}$

11-7 （1）1—1 截面：$A_1=bh_1$ $\sigma_{min}^{max}=\begin{matrix}0.0425\\-0.3825\end{matrix}$ MPa

（2）2—2 截面：$A_2=bh_2$ $\sigma_{min}^{max}=\begin{matrix}-28\\-52\end{matrix}$ kPa

11-8 $h\geqslant 23$ cm

11-9 $\sigma_{min}^{max}=\begin{matrix}-0.01\\-0.71\end{matrix}$ MPa

计算结果表明，坝底截面不出现拉应力，最小正应力即最大压应力小于坝体材料许用应力，所以满足强度要求，故取 $B=19.5$ m

11-10 $\sigma_B=\sigma_{max}^{-}=-\dfrac{N}{A}-\dfrac{M}{W_z}=-0.277\ \text{MPa}\leqslant[\sigma^{-}]$

$\sigma_C=\sigma_{max}^{-}=-\dfrac{N}{A}+\dfrac{M}{W_z}=0.0842\ \text{MPa}\leqslant[\sigma^{+}]$

第十二章

12-1 （a）$\mu l=4l$（最不易失稳）

（b）$\mu l=5l$（最易失稳）

（c）$\mu l=4.9l$

（d）$\mu l=4.5l$

12-2 $F_{cr1}=F_{cr2}=4\,287.67$ kN $F_{cr3}=4\,689.2$ kN

12-3 $F_{cr1}=373.96$ kN $F_{cr2}=583.8$ kN $F_{cr3}=571.5$ kN $F_{cr4}=746.85$ kN

12-4 $\sigma_{cr}=155.25$ MPa

12-5 $F\leqslant\varphi[\sigma]A=1\,448.4$ kN

12-6 选 28a 工字钢

12-7 （1）$\lambda_p=92.28$

（2）$\lambda_p=73.64$

12-8 $\sigma=130.7\ \text{MPa}<\varphi[\sigma]$ 压杆稳定性满足要求

12-9 $d=20$ cm

第十三章

13-1 (a)几何不变体系,无多余约束

(b)几何不变体系,无多余约束

(c)瞬变体系

(d)几何不变体系,无多余约束

(e)可变体系

(f)几何不变体系,无多余约束

(g)几何不变体系,无多余约束

(h)可变体系

(i)几何不变体系,无多余约束

(j)可变体系

(k)瞬变体系

(l)几何不变体系,无多余约束

(m)几何不变体系,无多余约束

(n)几何不变体系,无多余约束

(o)可变体系

(p)瞬变体系

(q)可变体系

(r)几何不变体系,无多余约束

(s)几何不变体系,无多余约束

(t)几何不变体系,有一个多余约束

(u)几何不变体系,有一个多余约束

(v)几何不变体系,有一个多余约束

第十四章

14-1 (a) $Q_{FC}=Q_{CF}=-6.7$ kN　$Q_{FE}=Q_{EF}=13.3$ kN　$Q_{AD}=Q_{DA}=5$ kN

$Q_{DB}=5$ kN　$Q_{BD}=-25$ kN　$Q_{BE}=13.3$ kN

$M_{FE}=13.3$ kN · m(下拉)　$M_{AD}=5$ kN · m(上拉)

$M_{DA}=10$ kN · m(下拉)　$M_{BD}=20$ kN · m(上拉)

(b) $Q_{FE}=-4$ kN　$Q_{EF}=4$ kN　$Q_{CD}=2.2$ kN　$Q_{DC}=-2.8$ kN

$Q_{DE}=4$ kN　$Q_{AB}=4.6$ kN　$Q_{BA}=-5.4$ kN　$Q_{BC}=2.2$ kN

$M_{DE}=4$ kN · m(上拉)　$M_{BC}=2.2$ kN · m(上拉)

14-3 (a) $N_{AC}=-44$ kN　$Q_{BC}=-56$ kN　$Q_{CB}=44$ kN　$Q_{AD}=10$ kN　$Q_{CD}=0$

$M_{CB}=30$ kN · m(下拉)　$M_{CD}=30$ kN · m(右拉)　$M_{DA}=30$ kN · m (右拉)

(b) $N_{DA}=20$ kN　$Q_{CD}=-10$ kN　$Q_{DB}=-30$ kN　$Q_{AD}=80$ kN　$Q_{DA}=0$

$M_{DB}=120$ kN · m (下拉)　$M_{DC}=40$ kN · m (上拉)　$M_{DA}=160$ kN · m (右拉)

(c) $N_{AD}=-12.5$ kN　$N_{DC}=N_{CE}=-10.4$ kN　$N_{BE}=-37.5$ kN

$Q_{DA}=-10.4$ kN　$Q_{DC}=12.5$ kN　$Q_{EB}=10.4$ kN　$Q_{EC}=-37.5$ kN

$M_{DA}=62.4$ kN · m (左拉)　$M_{EB}=62.4$ kN · m (右拉)

14-5　$F_{Ay}=67.5\ \text{kN}(\uparrow)$　$F_B=62.5\ \text{kN}(\uparrow)$　$N_{DE}=170\ \text{kN}$（拉力）

14-6　$M_K=103.1\ \text{kN}\cdot\text{m}$　$Q_{K左}=33.9\ \text{kN}$　$Q_{K右}=-41.0\ \text{kN}$　$N_{K左}=66.1\ \text{kN}$　$N_{K右}=38.0\ \text{kN}$

14-8　(a) $N_{CD}=N_{BC}=N_{AD}=34.6\ \text{kN}$　$N_{ED}=N_{FE}=N_{GF}=-40\ \text{kN}$　$N_{CE}=N_{BE}=N_{BF}=N_{AF}=0$

(b) $N_{AD}=N_{DC}=N_{CG}=N_{GB}=-30\ \text{kN}$　$N_{AE}=N_{FB}=42.4\ \text{kN}$

$N_{DE}=N_{GF}=-20\ \text{kN}$　$N_{CE}=N_{CF}=-12.5\ \text{kN}$　$N_{EF}=37.5\ \text{kN}$

14-9　(a) $N_a=-60\ \text{kN}$　$N_b=37.3\ \text{kN}$　$N_c=37.7\ \text{kN}$　$N_d=-66.7\ \text{kN}$

(b) $N_1=-6.7\ \text{kN}$　$N_2=-6.7\ \text{kN}$　$N_3=-1.3\ \text{kN}$

第十五章

15-1　(a) $\varphi_A=\dfrac{Fl^2}{16EI}$（上侧受拉）　$\Delta_{Cy}=\dfrac{Fl^3}{48EI}(\downarrow)$

(b) $\varphi_A=\dfrac{Ml}{3EI}$（上侧受拉）　$\Delta_{Cy}=\dfrac{Ml^2}{16EI}(\downarrow)$

(c) $\varphi_A=\dfrac{Fl^2}{12EI}$（下侧受拉）　$\Delta_{Cy}=\dfrac{Fl^3}{8EI}(\downarrow)$

(d) $\varphi_A=\dfrac{ql^3}{48EI}$（下侧受拉）　$\Delta_{Cy}=\dfrac{11ql^4}{384EI}(\downarrow)$

15-2　$\Delta_{Cx}=3.828\dfrac{Fa}{EA}(\rightarrow)$

15-3　(a) $\Delta_{Bx}=\dfrac{MH_1^2}{2EI_1}+\dfrac{M(H_2^2-H_1^2)}{2EI_2}(\rightarrow)$

(b) $\Delta_{Bx}=\dfrac{F}{6E}\left\{\dfrac{(H_1-a)^2(2H_1+a)}{I_1}+\dfrac{(H_2-H_1)[2(H_1^2+H_2^2)-3a(H_1+H_2)+2H_1H_2]}{I_2}\right\}(\rightarrow)$

(c) $\Delta_{Bx}=\dfrac{q}{E}\left(\dfrac{H_1^4}{8I_1}+\dfrac{H_2^4-H_1^4}{8I_2}\right)(\rightarrow)$

15-4　(a) $\varphi_{AF}=\dfrac{Fl^2}{16EI}$（上侧受拉）　$f_{CF}=\dfrac{Fl^3}{48EI}(\downarrow)$

(b) $\varphi_{AF}=\dfrac{Ml}{24EI}$（下侧受拉）

(c) $\Delta_{Cy}=\dfrac{53.67q}{EI}(\downarrow)$

15-5　$f_{\max}=\dfrac{23pl^3}{648EI}(\downarrow)$

15-6　$\Delta_{Dy}=\dfrac{5}{2EI}(\downarrow)$

15-7　$\Delta_{ay}=24.8\ \text{mm}(\downarrow)$

15-8　$\Delta_{Cy}=180\alpha+\dfrac{1\,080\alpha}{h}(\uparrow)$

15-9　$\Delta_C=\left(\dfrac{b}{2}+\dfrac{l\cdot a}{4h}\right)\cdot F(\downarrow)$　$\varphi_c=\dfrac{a}{h}$（↺↻）

第十六章

16-1　(a) 二次　(b) 二次　(c) 九次　(d) 四次　(e) 五次　(f) 一次

16-2　(a) $M_{BA}=24\ \text{kN}\cdot\text{m}$（上侧受拉）

(b) $M_{AB} = Fl/6$（下侧受拉）

(c) $M_{BA} = \dfrac{3Fl}{32}$（上侧受拉）

(d) $M_{AB} = -\dfrac{Fl}{6}$（上侧受拉） $F_{Cy} = \dfrac{F}{2}$（↑）

16-3 $F_{Cy} = 3$ kN $M_{BC} = 9$ kN · m（下侧受拉）

16-4 (a) $M_{CA} = 84$ kN · m（右侧受拉） $M_{DB} = 156$ kN · m（右侧受拉）

(b) $M_{DA} = M_{DC} = 45$ kN · m（上侧受拉） $M_{DB} = 0$

16-5 $M_{AD} = 36.99$ kN · m（右侧受拉） $M_{BE} = 104.43$ kN · m（左侧受拉）

16-6 $N_{CB} = -0.896P$

16-7 $M_{AC} = 225$ kN · m（左侧受拉）

16-8 (a) $M_{CA} = 19.44$ kN · m（右侧受拉） $M_{AC} = 23.76$ kN · m（左侧受拉）

(b) $M_{AB} = ql^2/24$（上侧受拉） $M_{DA} = ql^2/48$（右侧受拉）

第十七章

17-1 (a) $\Delta = 1$ $\theta = 1$

(b) $\Delta = 1$ $\theta = 4$

(c) $\theta = 1$

17-2 (a) $M_{AB} = -30.31$ kN · m $M_{BA} = 74.39$ kN · m $M_{BA} = -89.07$ kN · m

$M_{CB} = 0$ $M_{BD} = 14.68$ kN · m $M_{DB} = 7.34$ kN · m

(b) $M_{DA} = -2.47$ kN · m $M_{AD} = -4.93$ kN · m $M_{AB} = 4.93$ kN · m

$M_{BA} = 19.73$ kN · m $M_{BD} = -36.99$ kN · m $M_{BC} = 17.26$ kN · m,

$M_{CB} = 71.51$ kN · m $M_{BE} = 8.63$ kN · m

17-3 (a) $M_{BC} = 0$ $M_{CB} = \dfrac{7}{104}ql^2$ $M_{CD} = -\dfrac{6}{104}ql^2$ $M_{DC} = 0$

$M_{CA} = -\dfrac{1}{104}ql^2$ $M_{AB} = \dfrac{1}{104}ql^2$

(b) $M_{CD} = 0$ $M_{DC} = -40$ kN · m $M_{AD} = 29.67$ kN · m

$M_{DA} = 32.25$ kN · m $M_{ED} = 0$ $M_{EB} = 0$ $M_{BE} = 33.55$ kN · m $M_{DE} = 7.75$ kN · m

(c) $M_{AE} = -280$ kN · m $M_{BF} = M_{CG} = M_{DH} = -120$ kN · m

第十八章

18-1 (a) $M_{BC} = -14.67$ kN · m $F_{By} = 61.5$ kN（↑）

(b) $M_{BC} = -75.83$ kN · m $M_{CB} = 80.84$ kN · m $F_{By} = 105$ kN（↑） $F_{Cy} = 114.1$ kN（↑）

(c) $M_{BC} = -51.43$ kN · m $F_{By} = 99.77$ kN（↑） $F_{Cy} = 98.09$ kN（↑）

(d) $M_{BA} = -5$ kN · m $M_{BC} = -50$ kN · m $F_{By} = 27.5$ kN（↑）

$F_{Cy} = 111.76$ kN（↑）

18-2 (a) $M_{BC} = 4.27$ kN · m $M_{CE} = -34.3$ kN · m

(b) $M_{BC} = -13.33$ kN · m

(c) $M_{CD} = -35$ kN · m $M_{CA} = 5$ kN · m

18-3 $M_{CD} = -24.06$ kN · m $M_{DC} = -7.7$ kN · m

18-4 $M_{BC} = -7.51 \times 10^{-4}$ kN · m　　$M_{CD} = 13.67 \times 10^{-4}$ kN · m

18-5 $M_{CB} = -M_{CA} = 56.25$ kN · m

18-6 $M_{BA} = -M_{BC} = 49.58$ kN · m

第十九章

19-4 $F_{By} = 25$ kN　　$M_C = 5$ kN · m　　$Q_C = 5$ kN

19-5 $M_{C\max} = 242.5$ kN · m

19-6 $M_{\max} = 426.7$ kN · m